Weltrekordflugzeuge

ISBN 3-925505-48-2

2., durchgesehene Auflage / Sonderausgabe in einem Band

Graphische Gestaltung und Satz Band 1:
Michael Bauer, Weißenfeld

Graphische Gestaltung Band 2:
Walter Rottiers, Pliezhausen

Gesamtherstellung:
Bosch-Druck GmbH, Landshut

Printed in Germany

Ferdinand C.W. Käsmann

Weltrekordflugzeuge

Band 1
Die schnellsten Propellerflugzeuge der Welt

Band 2
Die schnellsten Jets der Welt

AVIATIC VERLAG

Inhalt

Band 1

Die schnellsten Propellerflugzeuge der Welt

Band 2

Die schnellsten Jets der Welt

Ferdinand C. W. Käsmann

Die schnellsten Propellerflugzeuge der Welt

Weltrekordflugzeuge

AVIATIC VERLAG

Einführung

Der Wunsch, schneller zu sein als andere, hat Tradition. Spätestens bei den römischen Wagenrennen kam die Technik ins Spiel. Das im 19. Jahrhundert beginnende technische Zeitalter ergab die Möglichkeit ganz anderer Geschwindigkeitsdimensionen. Wegen der unzureichenden Straßenbeschaffenheit erwiesen sich zunächst dampfgetriebene Schienenfahrzeuge als die schnellsten. Deren erstes Rennen „gegen die Uhr" wurde im Jahre 1829 in Rainhill, England, von Robert Stephenson und seiner „Rocket" mit 46,83 km/h gewonnen. 1848 waren es schon 126 km/h („Liverpool") und 1893 erstaunliche 182 km/h (NYC „Empire State Express No. 999"). Um die Jahrhundertwende zeigten sich dann deutsche Elektrolokomotiven von Siemens & Halske und AEG als die schnellsten der Welt und schraubten im Oktober 1902 den Rekord auf eindrucksvolle 210,2 km/h hoch. Auch die zur gleichen Zeit registrierten ersten Geschwindigkeitsrekorde für Straßenfahrzeuge wurden mit Elektro- und Dampfwagen aufgestellt, waren aber mit zunächst 63,2 km/h (Jeantaud, 1898), dann 105,9 km/h (Jenatzys „La Jamais Contente", 1899) und schließlich 120,8 km/h (Serpollets „Œuf de Pâques", 1902) noch nicht so eindrucksvoll. Zur Erzielung höherer Geschwindigkeiten bedurfte es ausreichend leichter und leistungsfähiger Verbrennungsmotoren.

Derartige Verbrennungsmotoren, Kolbentriebwerke in Verbindung mit einer Luftschraube, dem Propeller, ermöglichten auch erst den etwa zur gleichen Zeit erfolgten ersten Motorflug. Die ab 1906 amtlich registrierten Flugzeug-Geschwindigkeitsrekorde waren mit anfänglichen 41,3 km/h ebenfalls noch recht bescheiden. Die 200-km/h-Marke hatte man mit einem Automobil (Benz) im Jahre 1909 offiziell überschritten; mit einem Flugzeug (Deperdussin) war dies erst im Jahre 1913 der Fall. Kolbentriebwerke beherrschten insgesamt rund vierzig Jahre lang unangefochten das Feld. Als Rotations- bzw. Umlauf-, Stern- oder Reihenmotor mit zwei bis zu sechsunddreißig Zylindern und mit einem Hubraum von bis zu 127 l konstruiert, dienten in der Regel auch die jeweils stärksten Exemplare als Antriebsquellen für die jeweils schnellsten Flugzeuge ihrer Zeit. Diese Rolle ist in den vierziger Jahren vom Turbinentriebwerk übernommen worden, entweder in purer Form als Luftstrahlturbine (Jet) oder, in abgewandelter Form, als Propellerturbine – auch als Turboprop bekannt.

Durch den gemeinsamen Beschluß der acht nationalen Aéroclubs von Belgien, Deutschland, Frankreich, Großbritannien, Italien, Spanien, der Schweiz und den Vereinigten Staaten war im Jahre 1905 in Paris die Fédération Aéronautique Internationale (FAI) ins Leben gerufen worden. Fünf Jahre später beschloß man dort die Aufstellung einer internationalen Rekordliste, deren Grundstock eine Reihe der vom Aéro Club de France (ACF) bereits anerkannten französischen Rekorde bildete. Die ursprünglichen Bestimmungen und Kriterien wurden im Laufe der Jahre dem technischen Fortschritt angepaßt und mehrmals abgeändert. Heutzutage wird zwischen FAI-Rekorden nationaler und internationaler Art unterschieden, die wiederum in siebzehn Klassen, bis zu vier Unterklassen, vier (Triebwerks-)Gruppen und/oder bis zu sechzehn (Gewichts-)Kategorien unterteilt sind. Die Klasse A betrifft Freiballone, die Klasse B Luftschiffe und die Klasse C Motorflugzeuge. Die weiteren Klassen D bis S reichen von Segelflugzeugen und Drehflüglern bis hin zu Fallschirmspringern und Modellraketen. Die Gruppe 1betrifft Kolbentriebwerke, die Gruppe 2Propellerturbinen, die Gruppe 3Luftstrahltriebwerke und die Gruppe 4 Raketenantriebe. Als ausgesprochene Weltrekorde gelten lediglich die folgenden absoluten Bestleistungen, unbeschadet der Klasse, Unterklasse, Gruppe oder Kategorie:

- Entfernung in einer geraden Linie
- Entfernung in einer geschlossenen Bahn
- Absolute Steighöhe
- Höhe in waagerechtem Flug
- Geschwindigkeit über eine gerade Strecke
- Geschwindigkeit in einer geschlossenen Bahn.

In den ersten Jahren hatte man für die geforderte gerade Strecke noch keine bestimmte Länge festgelegt, und die entsprechenden (Geschwindigkeits-)Weltrekorde wurden über Strecken von 82,6 Metern (!) bis 100 Kilometern aufgestellt. Erst im Jahre 1920 bestimmte man eine zweimal, später viermal hintereinander in entgegengesetzten Richtungen und in Bodennähe – anfänglich maximal 50 m, später 100, dann 150 m – zu durchfliegende Meßstrecke von 1 km Länge, die drei Jahre später auf 3 km verlängert wurde. Der Mittelwert der in den einzelnen Durchgängen erzielten Geschwindigkeiten (zuweilen auch der Zeiten) mußte den bestehenden Wert anfänglich um mindestens 4 km/h, später um mindestens 1 Prozent übersteigen, um als neuer Rekord anerkannt zu werden. Dabei kam (und kommt) es gelegentlich zu falschen und sogar lächerlichen Angaben, die nur zum Teil auf fehlerhafter Umrechnung der in englischsprachigen Ländern vereinzelt noch üblichen Miles, Feet und Pounds in die offiziellen metrischen Werte beruhen. Zur Erinnerung: 1 englische Meile (Statute Mile bzw. mph) entspricht genau 1,609344 km (1760 Yards zu je 3 Feet zu je 12 Inches zu je 25,4 mm). Eine Seemeile (Nautical Mile bzw. kn) hingegen entspricht 1,852 km. Ein Pound (lb) schließlich „wiegt" metrisch (rund) 0,4536 kg.

Da sich die geforderte maximale Flughöhe lediglich auf die Höhe über dem Boden und nicht auf die über dem Meeresspiegel bezog, ergab sich zuweilen ein schiefes Bild – je nachdem, ob ein Rekord an einer Meeresküste oder in höher gelegenen Regionen erflogen wurde. Ein Beispiel dafür bot der im Jahre 1939 ausgetragene Wettstreit der deutschen Weltrekordmaschinen Heinkel He 100 (Ostsee) und Messerschmitt Me 209 (Bayern). Aus diesem Grund und auch, weil man die bodennahe Kurzstrecke wegen der inzwischen erreichten hohen Geschwindigkeiten als äußerst riskant anerkannte, beschloß man im Juli 1950 eine weitere Regeländerung. Fortan galt zusätzlich zur bisherigen bodennahen 3-km-Distanz auch eine zweimal in entgegengesetzten Richtungen hintereinander und in beliebiger Höhe zu durchfliegende Meßstrecke von 15 bis 25 km Länge als offiziell anerkannte Rekorddistanz.

Was den absoluten Geschwindigkeitsweltrekord anbetrifft, so ist noch zu vermerken, daß er nicht weniger als zwölf Jahre lang, nämlich von 1927 bis 1939, von Schwimmerflugzeugen gehalten wurde – ein ausgesprochener Anachronismus, der nur auf der internationalen Prestige- und Werbewirkung des „Coupe d'Aviation Maritime Jacques Schneider" beruhte. Seit dem Jahre 1945 wird der Weltrekord von Düsenflugzeugen (Jets), also Landflugzeugen mit Luftstrahlantrieb (FAI-Klasse C-1, Gruppe 3) gehalten. Das bedeutet, daß von diesem Zeitpunkt an alle Geschwindigkeitsrekorde von Propellerflugzeugen nur noch Klassen-Weltrekorde darstellen. Das sind:

Landflugzeuge mit Kolbentriebwerken
(FAI-Klasse C-1, Gruppe 1,
Landflugzeuge mit Propellerturbinen
(FAI-Klasse C-1, Gruppe 2),
Wasserflugzeuge mit Kolbentriebwerken
(FAI-Klasse C-2, Gruppe 1),
Wasserflugzeuge mit Propellerturbinen
(FAI-Klasse C-2, Gruppe 2).

Das sind auch die Flugzeuge, deren interessante und oft dramatische Geschichte in diesem Buch geschildert wird. Ursprünglich 1989 vom Deutschen Museum herausgebracht, erschien es 1990 in einer aktualisierten englischen Fassung. Eine 1992 geplante russische Fassung konnte dagegen nicht verwirklicht werden. Die vorliegende jüngste Fassung wurde weiter aktualisiert und durch Einbeziehung der schnellsten Wasser- und Turbopropflugzeuge erheblich erweitert.

Köln-Frechen, im Juni 1996
Ferdinand C. W. Käsmann

Die Zeit der Pioniere 1903–1914

Santos-Dumont 14bis

Ein Wiesengelände bei Bagatelle, einem kleinen Flecken im Bois de Boulogne vor den Toren der französischen Hauptstadt Paris, am Nachmittag des 12. November 1906.
Einem übergroßen Kastendrachen ähnelnd, rumpelt ein ungefüges Gefährt über das Gras, gesteuert von einem zierlichen, korrekt in einen dunklen Anzug gekleideten Herrn mit schwarzem Schnurrbart: Alberto Santos-Dumont. Aufrecht steht er in einem engen Weidenkorb unmittelbar vor den im Heck der Flugmaschine angeordneten doppelten Tragflügeln, vor sich die Steuerorgane – Hebel, ein Handrad – oben auf dem langen Rumpfvorderteil, das genau wie die Flügel aus einem mit Baumwollstoff bespannten Holz-Bambusgerüst besteht. An beiden Rumpfseiten eine große Zahl „14bis", ganz vorne ein kastenförmiges Leitwerk – ein Flugzeug in Entenbauweise also. Die Querruder, achteckige Gebilde zwischen den Außenflügeln, sind durch Leinen mit den Schultern des Piloten verbunden und werden betätigt, indem er sich zur einen oder anderen Seite beugt. Ganz im Heck des recht stakelig wirkenden und insgesamt 300 Kilogramm schweren Fluggeräts sitzt ein 50 PS starker „Antoinette"-Achtzylinder-V-Motor mit einem zweiflügeligen Metall-Druckpropeller.
Alberto Santos-Dumont, 33 Jahre alt, Sohn eines brasilianischen Kaffee-Millionärs, war bereits 1891 nach Paris gekommen und galt schon rasch als enthusiastischer Aviatiker und Playboy. Sein erstes, allerdings recht erfolgloses Luftschiff entstand 1898; es war 25 Meter lang und 3,5 Meter dick. Doch Santos-Dumont machte sich unverdrossen an den Bau weiterer Prall-Luftschiffe, anfänglich durch einen 3 PS starken De Dion-Bouton-Automobilmotor, dann durch einen 7 PS, später 12 PS starken Buchet-Flugmotor angetrieben. Mit seinem sechsten Modell, jetzt schon 33 Meter lang und 6 Meter im Durchmesser, gelang ihm dann am 19. November 1901 die erhoffte Umrundung des Eiffelturms. Dieser halbstündige Flug von St. Cloud und zurück brachte ihm den mit 150000 Francs dotierten „Prix Deutsch de la Meurthe" ein. Zur Ehre des Brasilianers sei aber gesagt, daß er das Geld seinen Mechanikern und gemeinnützigen Einrichtungen zukommen ließ.

Santos-Dumont 14bis (mod) (1906)

Santos-Dumont 14bis, Erprobung am Drahtseil (1906)

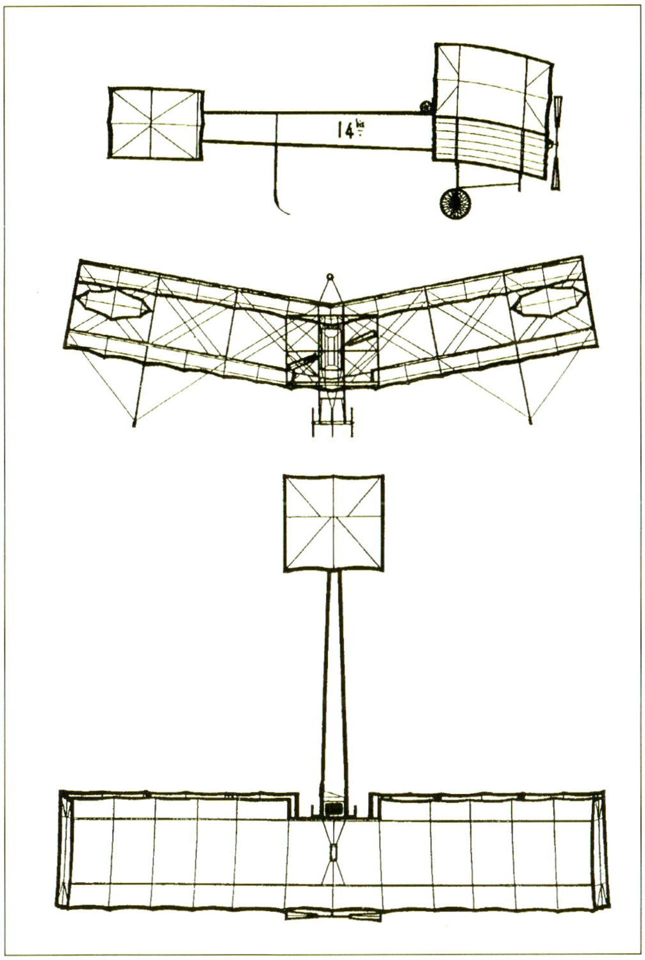

Santos-Dumont 14bis (mod) (1906)

Zwei Probeflüge am Vormittag des 12. November sind nicht gemessen worden. Der dritte Versuch nun, um 16.09 Uhr gestartet, erbringt eine erflogene Distanz von genau 82,60 m, in 7,2 Sekunden durcheilt. Beim vierten Versuch endlich, er findet um 16.45 Uhr statt, gelingt es Alberto Santos-Dumont, seine Flugmaschine tatsächlich 21,2 Sekunden lang in der Luft zu halten und eine Strecke von 220 Metern zu durchfliegen. Er hat es geschafft; wiederum wird ihm der Preis zuerkannt. Die 220 Meter gelten als erster französischer Streckenrekord. Die beim dritten Versuch erzielten exakt 41,292 Stundenkilometer werden dagegen zunächst als französischer Geschwindigkeitsrekord betrachtet.
Die ein Jahr zuvor durch den gemeinsamen Beschluß acht nationaler Aéroclubs in Paris ins Leben gerufene internationale Luftfahrtbehörde „Fédération Aéronautique Internationale" (FAI) entschließt sich kurz darauf zur Schaffung ihrer eigenen, internationalen Rekordliste. Sie übernimmt kurzerhand die geeigneten französischen Rekorde, und als erster Inhaber von Flugzeugweltrekorden steht nun Alberto Santos-Dumont auf dieser Liste.

Voisin-Farman I (mod) (1907)

Weitere Luftschiffkonstruktionen folgten, doch auch erste Versuche mit Luftfahrzeugen „schwerer als Luft" fanden statt. Mit dem Modell Nr.11 unternahm der Brasilianer 1905 ein paar Luftsprünge im Schlepp eines schnellen Motorboots; Modell Nr.12 hingegen blieb mehr oder weniger auf dem Papier: für diesen Doppelrotor-Hubschrauber fand sich kein geeigneter Motor. Die zunächst fragwürdige Stabilität seines anschließend gebauten Modells „14bis" erprobte Santos-Dumont, indem er die Flugmaschine – unter einem straff gespannten Drahtseil hängend – von einem galoppierenden Vierbeiner mit dem simplen Namen „Cuigno" (Esel) auf „Touren" bringen ließ. Weitere Versuche unter einem Luftschiff, dem Modell 14, folgten. Der erste Flug mit eigener Motorkraft schließlich fand am 13. September 1906 statt; er führte allerdings nur sieben Meter weit und zu einer etwas unsanften Landung. Nach erfolgter Reparatur und dem Austausch des zunächst eingebauten 24 PS starken „Antoinette"-Motors gegen einen kräftigeren von 50 PS gelang am 23. Oktober dann schon ein kleiner Flug von 7 Sekunden Dauer und 60 Metern Länge, was dem kühnen Aviatiker einen weiteren Preis von 3000 Francs einbrachte: den bereits 1904 gestifteten „Archdeacon"-Preis für den ersten 25-Meter-Flug in Europa.
Und nun, knapp drei Wochen später, schickt sich der unternehmungslustige Brasilianer an, in Gegenwart von offiziellen Zeitnehmern des bereits 1898 gegründeten „Aéro Club de France" (ACF) dessen 1500-Francs-Preis für den ersten offiziell gemessenen 100-Meter-Flug zu erringen und dazu nach Möglichkeit noch ein paar Rekorde aufzustellen. Hierfür ist die „14bis" erstmalig mit den neuartigen Querrudern versehen.

Der patriotisch eingefärbte Stolz der führenden Luftfahrtnation Frankreichs wies leider einen kleinen Schönheitsfehler auf: er war unberechtigt!
Schon seit längerer Zeit hatte man in Europa von angeblich erfolgreichen Gleit- und Motorflügen zweier Amerikaner aus dem US-Bundesstaat Ohio gehört. Doch gar zu viele Möchtegern-Aviateure hatten in ähnlicher Weise von sich reden gemacht und waren dann prompt die Proben ihrer Kunst schuldig geblieben. Auch in diesem Fall gab es vorerst keinerlei Beweise für die Richtigkeit der Angaben, jedenfalls keine, die bei den europäischen, das heißt den französischen Luftfahrtexperten anerkannt waren. Ja, die ausgeprägte Geheimniskrämerei der beiden Herren aus Übersee forderte den Hohn und den Spott in Europa geradezu heraus – aus den „Flying Brothers" machte man flugs die „Lying Brothers", die „lügenden Brüder" ...
Tatsächlich hatten Wilbur und Orville Wright, zwei Brüder aus Dayton, Ohio, wo sie eine kleine Fahrradfabrik betrieben, bereits am 17. Dezember 1903, also drei Jahre zuvor, ihre ersten vier Motorflüge unternommen, von denen der längste nicht weniger als 59 Sekunden dauerte. Ort dieses historischen Ereignisses war eine abgelegene Stelle in den Kill Devil Hills in North Carolina gewesen, und der Erfolg war nicht von ungefähr gekommen. Vier Jahre lang hatten die beiden Amerikaner experimentiert, angeregt durch die Gleitflüge und den tragischen Tod des Deutschen Otto Lilienthal. Zuerst entstand ein Modell auf der Grundlage des seit längerer Zeit bekannten Kastendrachens, die Spannweite betrug etwa eineinhalb Meter. Auch die Experimente Octave Chanutes, eines anderen Ame-

rikaners, wurden von den Gebrüdern Wright berücksichtigt, die sich außerdem auf die von Lilienthal erarbeiteten Daten stützten, auch auf dessen Schrift „Der Vogelflug als Grundlage der Fliegekunst". Bald jedoch stießen die beiden sehr systematisch vorgehenden Brüder auf Ungenauigkeiten, Widersprüche und logische Fehler, so daß sie sich entschlossen, ihre eigene Grundlagenforschung zu betreiben – und das mit bemerkenswerter Gründlichkeit.

Eines der größten Probleme der ersten Flugmaschinen, ob mit oder ohne Motor, war ihre mangelnde Stabilität: sie taumelten praktisch durch die Luft, ganz besonders in den Kurven, soweit sie diese überhaupt fliegen konnten. Zwar hatten sowohl Lilienthal als auch sein Schüler Alois Wolfmüller sich zuvor schon Gedanken über eine Form der Flügelverwindung gemacht, diese Überlegungen jedoch nicht konsequent in die Praxis umgesetzt. Dagegen besaß das schon 1899 entstandene kleine Modell der Wright Brothers eine Vorrichtung zur Verwindung der äußeren Flügelhinterkanten:sie ließen sich nach oben oder unten verdrehen, und das unabhängig voneinander. Diese Erfindung alleine löste die meisten der bestehenden Stabilitätsprobleme.

Im September 1900 hatten sie ihren ersten Gleiter in voller Größe – die Spannweite des Doppeldeckers betrug 5,18 Meter – fertiggestellt und erprobten ihn anfänglich ohne, dann mit (liegendem) Piloten in einer Reihe von Fessel- und Freiflügen in den Dünen von Kitty Hawk in North Carolina. 1901 folgte der zweite Gleiter, im Herbst 1902 der dritte. An die tausend Gleitflüge konnten sie mit diesem durchführen, bis zu 26 Sekunden lang und 189 Meter weit.

Auf der Grundlage dieser systematischen Flugerprobungen konstruierten die Brüder im darauffolgenden Jahr nicht nur ihr erstes Motorflugzeug, den „Flyer I", sondern auch noch den erforderlichen leichten Flugmotor samt der Propeller. Schon wenige Monate nach ihren epochalen Erstflügen am 17. Dezember 1903 startete der „Flyer II" vom „Aerodrom" der Huffman Prairie, einem Weidegelände östlich ihrer Vaterstadt Dayton, das ihnen ein Freund zur Verfügung gestellt hatte. Ungefähr 100 weitere Flüge folgten, wobei auch Kurven und geschlossene Kreise geflogen werden konnten. Vom September 1904 ab erfolgte der Start mit der zusätzlichen Hilfe eines 800 kg schweren Fallgewichts, das über Umlenkrollen das Flugzeug von der auch zuvor benutzten Startschiene zog – eine Art Katapult. Bis zu 5 Minuten Flugdauer und 4,4 Kilometer Distanz erreichten diese Flüge, und es war ausgesprochenes Pech, daß ausgerechnet zwei Pressevorführungen fehlschlugen, weil der Motor versagte. Die angereisten Journalisten waren recht sauer und äußerten sich auch dementsprechend in ihren Blättern.

Im Juni 1905 entstand dann der Wright „Flyer III", eine logische Weiterentwicklung der ersten beiden Maschinen, wiederum von dem bäuchlings auf dem Unterflügel liegenden Piloten gesteuert und wiederum mit langen Gleitkufen versehen. Mit diesem ersten „richtigen" Flugzeug der Weltgeschichte gelang es den Brüdern, die Flugdauer von anfänglich 18 Minuten auf großartige 38 Minuten zu steigern – am 5. Oktober 1905 –, wobei dann eine Flugstrecke von rund 39 Kilometern zurückgelegt werden konnte.

Durch diese Erfolge ermutigt, boten die Wrights zunächst der amerikanischen, dann der britischen und schließlich noch der französischen Regierung ihre Flugmaschine zum Kauf an – doch alle drei Regierungen zeigten sich erst einmal ausgesprochen desinteressiert. Zu einem nicht geringen Teil mag dies an der reichlich starren, sogar sturen Haltung der Herren Wright gelegen haben, die sich strikt weigerten, kaufwilligen

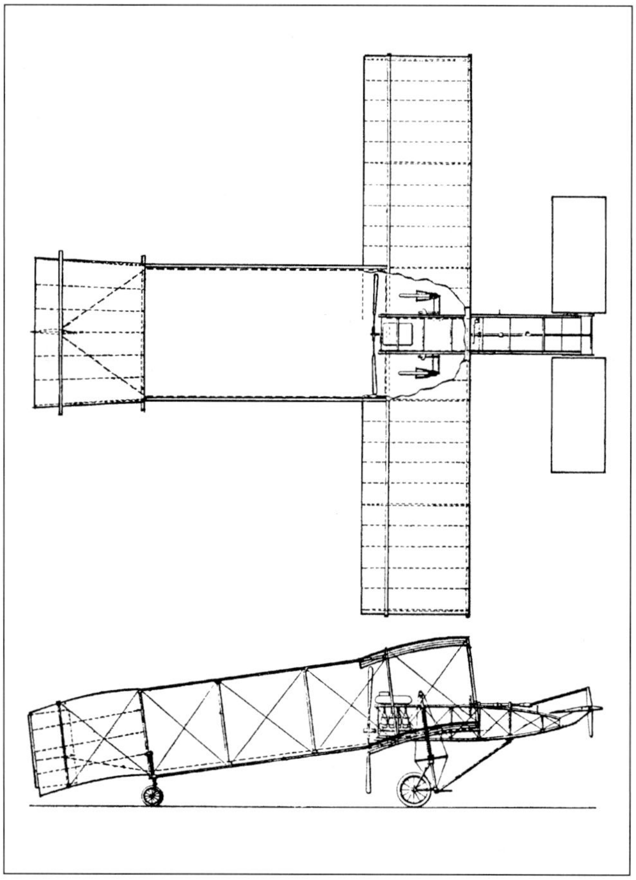

Voisin-Farman I (mod) (1907)

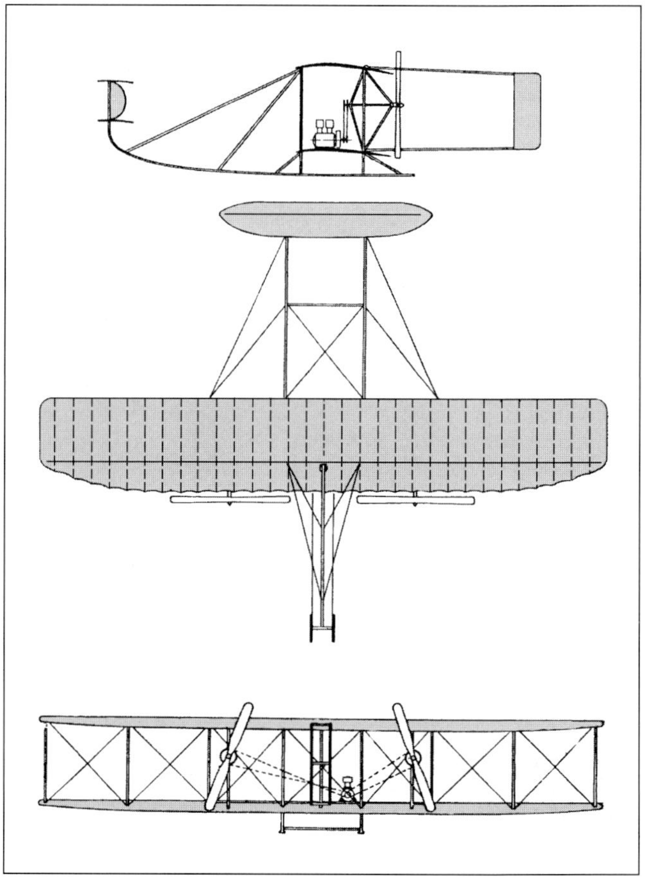

Wright Model A (1908)

Interessenten die Maschine und selbst Konstruktionszeichnungen vor einer eventuellen Vertragsunterzeichnung zu zeigen – so sehr fürchteten sie den Diebstahl ihres geistigen Eigentums durch Konkurrenten. Daß potentielle Kunden wenig geneigt waren, eine derartige „Katze im Sack" zu kaufen, lag wohl auf der Hand. Zweieinhalb Jahre lang, vom Oktober 1905 bis zum Mai 1908, führten die Gebrüder Wright weder einen einzigen Flug durch noch ließen sie einen Blick auf ihre Erfindung zu. Wen wundert es, daß man ihre Erfolgsberichte in Europa nicht allzu ernst nahm.

Voisin-Farman I

Europa, genauer gesagt Frankreich, hatte seinen neuen Helden der Lüfte gefunden:Henry (Henri) Farman, einen in Frankreich lebenden, begüterten und motorsportbegeisterten Engländer. Bei den Gebrüdern Gabriel und Charles Voisin, die im Pariser Vorort Billancourt mit dem Bau von Gleitflugzeugen nach Wrightschem Vorbild begonnen hatten, bestellte er im Juni 1907 ein Motorflugzeug – das dritte dort entstandene –, das stolz den Namen „Voisin-Farman I" trug. Es ähnelte im großen und ganzen dem amerikanischen Vorbild, trug aber das Leitwerk im Heck, hatte Räder, und der Pilot besaß einen richtigen Sitz. Als Antrieb diente ein „Antoinette"-Flugmotor von 50 PS. Am 26. Oktober 1907, knapp vier Wochen nach dem Erstflug, gelang Farman bei Issy-les-Moulineaux, unweit von Paris, ein Flug von 52,6 Sekunden Dauer und 771 Metern Distanz – was ihm prompt den ersten offiziellen Langstrecken- und zweiten Geschwindigkeitsweltrekord der FAI bescherte. Vierzehn Tage später schaffte er sogar eine Strecke von 1030 Metern in 74 Sekunden, womit er den vom luftfahrtbegeisterten Pariser Rechtsanwalt Ernest Archdeacon gestifteten Preis für den ersten amtlich verbürgten 150-Meter-Flug gewann. Am 13. Januar 1908 – inzwischen hatte er das Flugzeug nach eigenen Vorstellungen modifiziert – gelang ihm dann der erste offiziell beobachtete 1-Kilometer-Flug in geschlossener Bahn: eine 500 Meter vom Startpunkt entfernte Wendemarke war zu umfliegen gewesen. Dies trug ihm nicht nur den mit 50000 Francs dotierten „Grand Prix d'Aviation" nebst anderer Preise ein, sondern auch euphorische Lobpreisungen der Londonder „Times".

Wright A

In Amerika war es etwa zur gleichen Zeit, im Februar 1908, nach zähen Verhandlungen der Gebrüder Wright endlich zu einem Vertragsabschluß mit der US Army gekommen, und im darauffolgenden Monat auch mit einer französischen Firma. Um ihre fliegerischen Fertigkeiten aufzupolieren, unternahmen die beiden Brüder in der ersten Maihälfte eine Reihe von Probeflügen in Kitty Hawk, darunter auch zwei Flüge mit einem Passagier, einem gewissen Mr. Furnas. Diese erfolgten mit dem umgebauten „Flyer III", der jetzt zwei aufrecht sitzenden Personen Platz bot. Während Orville Wright anschließend die Aufgabe übernahm, das zwischenzeitlich gebaute „Modell A" entsprechend den Forderungen der US Army herzurichten, begab sich sein Bruder Wilbur Ende Mai nach Frankreich, wo bereits seit dem Juli 1907 ein „Flyer" in Le Havre unter Zollverschluß lagerte. Der Zusammenbau dieser Maschine geschah in der Automobilfabrik Leon Bollées in Le Mans, und am 8. August 1908 konnte der langerwartete erste Flug einer Wright-Maschine in Europa erfolgen, vor den Augen Hunderter kritischer, spöttischer oder einfach neugieriger Zeitgenossen, die sich auf der nahegelegenen kleinen Pferderennbahn von Hunaudières eingefunden hatten.

Der Flug – Rampenstart, zwei Vollkreise, sanfte Landung – dauerte genau 1 Minute und 45 Sekunden – aber er revolutionierte die Welt der Aviateure. Die Flugtüchtigkeit und Steuerbarkeit – dank der Wrightschen Methode der Flügelverwindung – stellten für die bislang ausgesprochen skeptischenEuropäer eine Offenbarung dar. Vom erfolgreichen Pariser Bildhauer und Flugpionier Léon Delagrange stammte das Eingeständnis:„Nun also, wir sind geschlagen! Wir existieren einfach nicht!"

Einen Monat später, am 3. September 1908, begann Orville Wright in Fort Myer in der Nähe der US-Bundeshauptstadt Washington mit den offiziellen Abnahmeflügen für die US Army, einige davon mit Offizieren des US Signal Corps als mutige Passagiere. Und auch diese Flüge wurden zu einem Triumph, und sie überzeugten die Skeptiker – trotz eines Propellerbruchs beim zehnten Flug am Nachmittag des 17. September, der zum Absturz des „Modell A" führte, wobei der Passagier, Lieutenant Selfridge, getötet wurde und Orville Wright ernsthafte Verletzungen erlitt.

Die grundsätzliche Überlegenheit des Wrightschen Konzepts zurAufrechterhaltung der Querstabilität durch Verwindung der äußeren Flügelhinterkanten – später durch Querruder ersetzt – wirkte auf die gesamte Fliegerei in Europa als heilsamer Schock. Umgehend wurden die bereits existierenden und die geplanten Flugmaschinen in diesem Sinne umkonstruiert. Wilbur Wright zog im Januar 1909 in einen wärmeren Teil Frankreichs um: er führte in Pau die vertraglich festgelegte Schulung von drei französischen Piloten weiter. Der seine Verletzungen auskurierende Orville samt Schwester Katharine folgte ihm noch im selben Monat. Im April führte er weitere erfolgreiche Demonstrations- und Schulflüge in Rom durch, und dann ging es wieder heim nach Dayton, Ohio.

Wright Model A in Berlin-Tempelhof (1909)

Paul Tissandier, dem ersten der französischen Flugschüler Wrights, gelang es am 20. Mai 1909 in Pau, den ersten und einzigen offiziell registrierten Geschwindigkeitsrekord einer Wright-Maschine aufzustellen. Die Gebrüder Wright waren weitaus mehr am Verkauf ihrer Erfindung als an der Aufstellung von Rekorden interessiert gewesen. Das von Tissandier geflogene Exemplar ist als „Modell A (France)" bekannt und besaß einen von der französischen Firma Barriquand et Marre in Lizenz hergestellten Wright-Vierzylinder von 35 PS. Unter den wachsamen Augen der ACF-Sportzeugen legte der Franzose eine Strecke von 57,5 Kilometern in genau einer Stunde und zwei Minuten zurück. Das entsprach einer durchschnittlichen Geschwindigkeit von 54,8 km/h und stellte einen neuen Flugzeug-Geschwindigkeitsweltrekord dar.

Im Juni und Juli 1909 absolvierte Orville in Fort Myer erfolgreich die erneut geforderten Abnahmeflüge für die US Army mit einem leicht modifizierten „Modell A". Anschließend begab er sich nach Deutschland, wo er in Berlin-Tempelhof eine größere Anzahl von Demonstrations- und Schulflügen durchführte. Das dabei verwendete „Modell A" existiert heute noch – als einziges Exemplar seiner Gattung – im Deutschen Museum in München.

Flugwoche Reims 1909

200000 Francs an Preisgeldern versprach ein künstlerisch wohlgestaltetes, wenngleich technisch ein wenig unbedarftes Plakat, das zur „Großen Luftfahrtwoche der Champagne" vom 22. bis 29. August 1909 in Reims einlud. Von den dort ansässigen Champagnerkellereien finanziert, wurde sie – trotz miserablen Wetters – ein voller Erfolg. Sorgte in jenen Tagen schon ein einzelner Flugapparat für beträchtliches Aufsehen, so sollten nicht weniger als 38 der zuweilen skurrilen Gebilde an dieser allerersten Flugveranstaltung teilnehmen. Darunter befanden sich – die französische Vormachtstellung in Europa demonstrierend – jeweils mehrere Maschinen der Firmen Antoinette, Blériot, Farman und Voisin sowie nicht weniger als sechs Wright-Maschinen aus Frankreich. Die Gebrüder Wright selbst blieben allerdings der Veranstaltung fern, getreu der Devise, daß Bau und Verkauf ihrer Produkte absoluten Vorrang vor irgendwelchem sportlichen Firlefanz hätten. So kam es, daß die USA lediglich durch den bescheidenen Eigenbau eines hoffnungsvollen Außenseiters vertreten waren, eines gewissen Glenn Curtiss.

Obwohl Wolkenbrüche am Vorabend der Veranstaltung die auf einem großen Feld bei Bétheny vor den Toren der Stadt geschaffene „Aéropolis" in glitischigem Schlamm versinken ließen und auch der Rest der Flugwoche nicht gerade als Schönwetterperiode bezeichnet werden konnte, fand sich über eine halbe Million Zuschauer in Reims ein, so groß war das nationale und internationale Interesse an der Luftfahrt. (Fast sechzig Jahre später diente dieses Flugmeeting noch als Vorlage für den englischen Film „Die tollkühnen Männer in ihren fliegenden Kisten".) Unter den verschiedenen ausgesetzten Preisen war der finanziell attraktivste der „Grand Prix de la Champagne et de la Ville de Reims" für die längste Flugstrecke dieses Treffens. Dem glücklichen Gewinner winkten 50000 Francs an Siegesprämie.

Der „Coupe Internationale d'Aviation Gordon Bennett", von dem in Frankreich lebenden amerikanischen Zeitungskönig James Gordon Bennett, einem außerordentlich sportbegeisterten Mann, gestiftet, war zwar „nur" mit 25000 Francs dotiert, jedoch von einer pompösen Trophäe begleitet, beide für den Piloten bestimmt, der zwei Runden des 10-Kilometer-Kurses am schnellsten durchflog.

Schon am Eröffnungstag der „Grande Semaine" gelang es Paul Tissandier mit seiner „Wright A", seinen ein Vierteljahr zuvor in Pau aufgestellten Weltrekord zu übertreffen. Kurz darauf wurde er jedoch von einem anderen französischen Wright-Piloten, Eugène Lefebrve, geschlagen, der noch ein wenig schneller war. Bevor diese Geschwindigkeiten allerdings offiziell angemeldet und anerkannt worden waren, hatte sie – am zweiten Tage der Veranstaltung – der amerikanische Außenseiter Curtiss schon wieder verbessert. Mit seinem kleinen „Rheims Racer", dem man eine gewisse Ähnlichkeit mit den Wright-Maschinen nicht absprechen konnte, waren ihm hochoffizielle 69,8 km/h gelungen. Er war damit der jüngste Weltrekordler.

Curtiss „Rheims Racer" (1909)

Curtiss „Rheims Racer", Blériot XII

Glenn H. Curtiss hatte sich schon früher als Konstrukteur und Fahrer schneller Motorräder einen Namen gemacht: im Januar 1907 soll er mit fast 220 km/h (!) über den Strand von Daytona Beach in Florida gefegt sein. Im gleichen Jahr trat er der von Alexander Graham Bell gegründeten „Aerial Experiment Association" bei, und im Juni 1908 flog seine erste Eigenkonstruktion „June Bug". Knapp vierzehn Tage später, am werbewirksamen 4. Juli – Amerikas Unabhängigkeitstag – gewann er den vom Wissenschaftsjournal „Scientific American" ausgesetzten Geldpreis für den ersten offiziell gemessenen Flug von mehr als einem Kilometer Länge in den USA –, der eigentlich eine Art Freundschaftsgeste den Gebrüdern Wright gegenüber hatte sein sollen, die jedoch von ihnen unbeachtet blieb. Statt dessen verklagten sie Curtiss wegen der von ihm verwendeten Art der Flügelverwindung, die sie als ihr ausschließliches Patent ansahen – ein langwieriger Rechtsstreit, in den noch eine ganze Reihe anderer Flugzeugkonstrukteure hineingezogen wurde. Bei seinem zweiten Entwurf, dem „Golden Bug", und auch beim „Rheims Racer" wich Curtiss deswegen

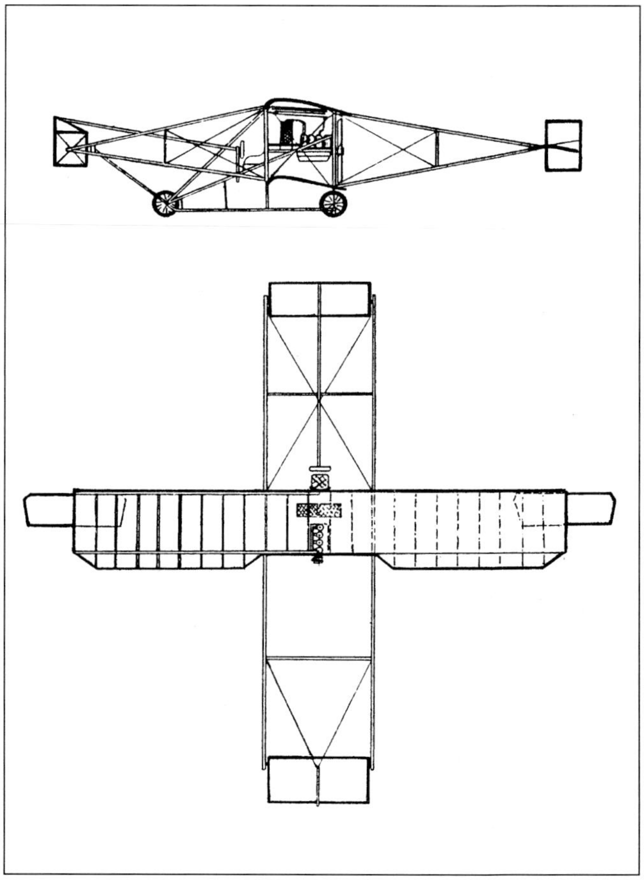

Curtiss „Rheims Racer" (1909)

Blériot XII (1909)

auf eine Art von zwischen den Hauptflügeln angeordnetem Querruder aus. Der Motor war ebenfalls eine Curtiss-Konstruktion, ein V8-Motor von 52 PS. Der Weltrekordflug vom 23. August 1908 in Reims war übrigens der Jungfernflug des Flugzeugs; zur Flugerprobung war in den USA keine Zeit mehr gewesen. Doch auch dieser Weltrekord sollte nur knappe 24 Stunden Bestand haben ...

Louis Blériot, ein wohlhabender Fabrikant von Automobilzubehör, hatte sich schon seit einigen Jahren intensiv mit der Konstruktion von Flugmaschinen befaßt, allerdings mit wechselvollen und zuweilen recht enttäuschenden Ergebnissen. Erst mit der „Blériot VIII" gelangen ihm, nach wiederholten Änderungen, einige beachtliche Flüge. Der große Wurf war dann die „Blériot XI", mit der er am 25. Juli 1909 als erster Motorflieger den Kanal zwischen Calais undDover überfliegen konnte, was damals ungeheures Aufsehen erregte. In Reims war er unter anderem auch mit seiner „Blériot XII" erschienen, einer vergrößerten Variante der Kanalmaschine, genau wie diese ein verspannter Eindecker mit Zugpropeller, von einem 60 PS starken E.N.V.-Achtzylindermotor angetrieben. Mit diesem Flugzeug schaffte es Blériot am dritten Wettbewerbstag, die Geschwindigkeit des Amerikaners mit flinken 74,3 km/h zu überbieten; und vier Tage später, allerdings mit reduzierter Flügelfläche, ein weiteres Mal mit fast 77 km/h. Somit war der Weltrekord – doppelt genäht hält besser – wieder fest in französischer Fliegerhand. Glenn Curtiss blieb allerdings die Genugtuung, den am selben Tag ausgetragenen „Gordon-Bennett"-Wettflug für sich entscheiden zu können.

Den „Grand Prix" hatte übrigens Henri Farman auf seiner Eigenkonstruktion „Farman III" mit in drei Stunden, vier Minuten und sechsundfünfzig Sekunden erflogener Strecke von 180 Kilometern errungen. Er hatte ihn damit dem mit seinen erzielten 150 Flugkilometern als Sieger betrachteten Hubert Latham entreißen können.

Levavasseur „Antoinette VII"

Der reiche Pariser Playboy Latham hatte damit zum dritten Mal hintereinander Pech gehabt. Schon am 19. Juli 1909 hatte er beim erstmaligen Versuch der Kanalüberquerung wegen Motorstörung notwassern müssen. Eine Woche später gelang Blériot dann der Triumphflug. Beim Versuch, es Blériot gleichzutun, fiel Latham ein paar Tage danach erneut ins Kanalwasser, in Sichtweite der Kreideklippen von Dover. Seine Flugzeuge, elegante Eindecker, waren vom Chefkonstrukteur der „Société Antoinette", Léon Levavasseur, konstruiert worden, von dem auch die schon früher in einer ganzen Reihe von Flugmaschinen – unter ihnen die „Santos-Dumont 14 bis" und die „Voisin-Farman I" – verwendeten Achtzylindermotoren

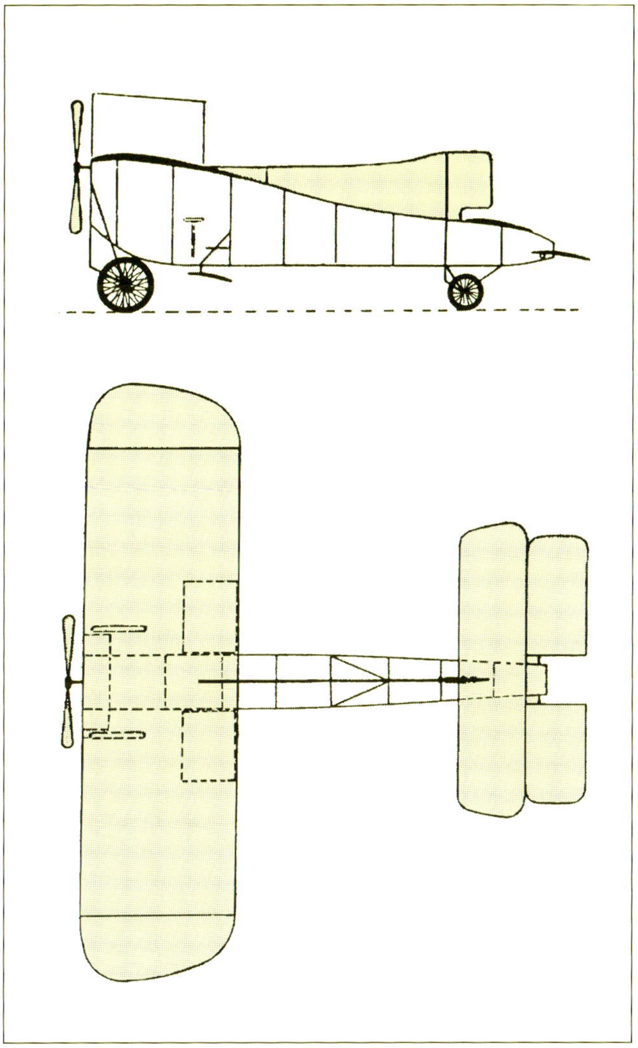

Blériot XII (1909)

stammten. Die „Antoinette VII" wies im Gegensatz zu ihren meist aus offenen Holz- oder Metallgestellen bestehenden Konkurrenten einen bildhübschen, vollkommen geschlossenen Rumpf in Form eines Rennboots auf, vorn mahagonibeplankt, im Heckbereich stoffbespannt. Obwohl größer als die „Blériot XII", noch dazu mit einem schwächeren Motor ausgestattet, war es die überlegenere aerodynamische Form dieses Flugzeugs, dank derer Latham die Weltrekordmarken Blériots im Frühjahr 1910 verbessern konnte, wenn auch denkbar knapp um nur 0,6 Stundenkilometer. Dieser 77,56-km/h-Weltrekord wurde – gewissermaßen als Höhepunkt – am 23. April 1910, dem letzten Tag des „Meeting d'Aviation" in Nizza aufgestellt. Das glaubte Latham wohl den Veranstaltern schuldig zu sein; schließlich prangte auf dem farbenfrohen Einladungsplakat, wenn auch künstlerisch etwas verfremdet, eine „Antoinette" als Blickfang.

Blériot XI

Doch Blériot gab sich so rasch nicht geschlagen. Seine bislang auch kommerziell erfolgreichste Konstruktion, die Kanal-Maschine „Blériot XI", diente als Ausgangsmuster für eine Reihe ganz auf Geschwindigkeit getrimmter Spezialflugzeuge. Als erster trat mit einem dieser Renneindecker Léon Morane auf

Levavasseur/Latham „Antoinette VII" (1909)

den Plan, zu jener Zeit Werkspilot bei Blériot, der später als Konstrukteur schneller Jäger berühmt werden sollte. Anläßlich der zweiten Reimser Flugwoche im Juli 1910 gelang es ihm, erstmalig die 100-Kilometer-Marke zu überwinden: 106,5 km/h lautete die neue Weltbestleistung, obwohl, um genau zu sein, die noch vorhandenen Unterlagen einige Widersprüche enthalten. Gar zu oft können offenkundig fehlerhafte Angaben nicht eindeutig revidiert werden, da einigermaßen zuverlässige Unterlagen für immer verschwunden sind.

Was nun die im Jahre 1910 endlich erreichte 100-Kilometer-Barriere anbetrifft, so sei an dieser Stelle zur Wahrung der richtigen Perspektive erwähnt, daß Landfahrzeuge zu diesem Zeitpunkt schon seit Jahren doppelt so schnell waren. Bereits 1903 hatte ein deutsches Schienenfahrzeug, ein AEG-Triebwagen, 210 km/h erreicht, und 1906 war ein amerikanischer Dampfwagen, der Stanley „Beetle", mit mehr als 205 km/h über den Strand von Daytona Beach in Florida gefegt – von den angeblich von Glenn Curtiss auf seinem Motorrad 1907 an derselben Stelle erzielten 220 km/h gar nicht einmal zu sprechen.

Ende Oktober 1910 entschloß sich die internationale Luftfahrtbehörde FAI, die bislang vom „Aéro Club de France" ein wenig eigenmächtig vorgenommene Messung und Anerkennung von Flugzeugweltrekorden in die eigenen, internationalen Hände zu übernehmen. Bereits einen Tag nach Inkrafttreten dieser Entscheidung, am 29. Oktober 1910, wurde der erste Weltrekord über nichtfranzösischem Boden aufgestellt, und zwar im Rahmen der ersten Großveranstaltung dieser Art in den Vereinigten Staaten in Belmont Park, New York, vom „Aero Club of America" organisiert und durchgeführt. Doch es war wiederum ein französischer Pilot, Alfred Leblanc, auf einer französischen Maschine, einer speziellen „Blériot XI", der beim „Gordon-Bennett"-Rennen mit knapp 110 Stundenkilometern neuer Weltrekordinhaber wurde. Bei dieser Gelegenheit hatte sich auch Orville Wright am Steuerknüppel seines kleinen Renndoppeldeckers „Baby Grand" als äußerst schnell erwiesen. Das jüngste Wright-Erzeugnis wies im Gegensatz zu den früheren Produkten ein Heckleitwerk und sogar ein Radfahrwerk – anstelle der bisherigen Kufen – sowie einen 60 PS starken V8-Motor auf. Doch ins Rekordgeschehen selbst griff Orville nicht ein, hohe Geschwindigkeit oder nicht.

Vier Monate nach diesem Ereignis, im April 1911, gelang es Leblanc, seinen in Amerika erzielten Rekord noch ein wenig höher zu schrauben. Dies geschah mit derselben Maschine,

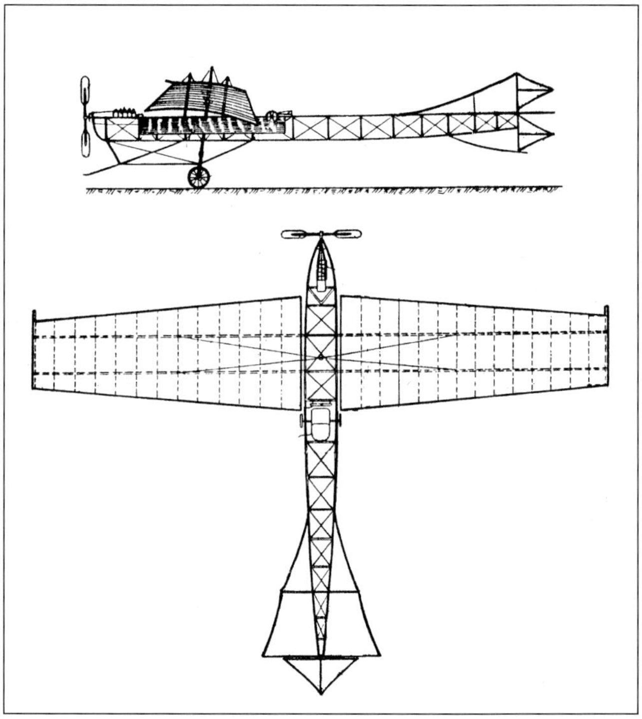

Levavasseur/Latham „Antoinette VII" (1909)

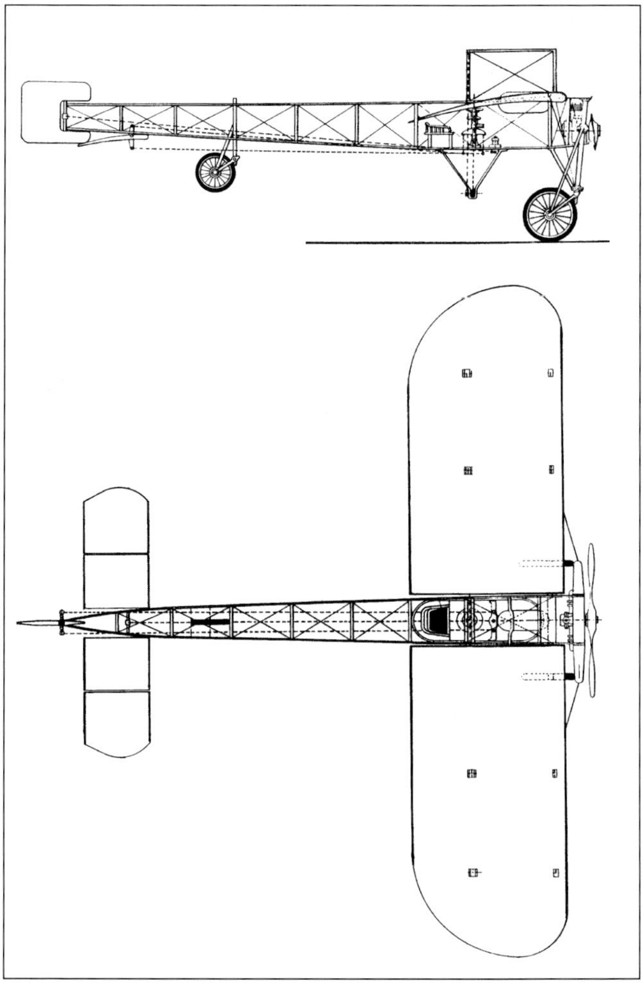

Blériot IXbis (1910)

Blériot XI (1910) (Musée de l'Air)

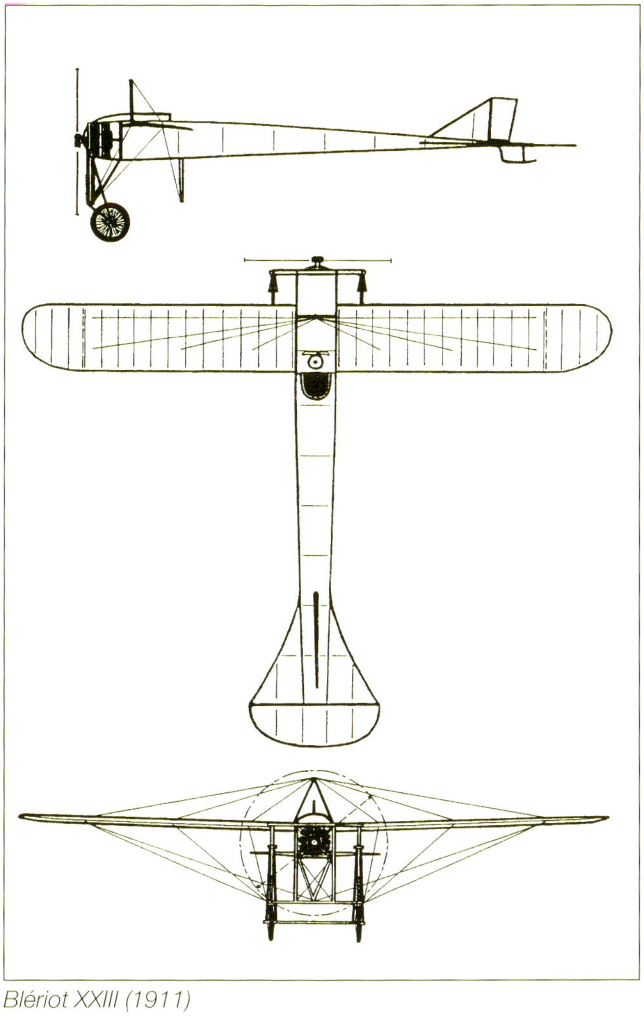

Blériot XXIII (1911)

aber über heimischem Boden, in Pau, der Stätte des zwei Jahre zuvor von Tissandier erflogenen Rekordes. Und wieder zwei Monate später, am 12. Juni 1911, schaffte Leblanc es zum dritten Mal, diesmal mit einer noch weiter auf Tempo getrimmten Variante der bewährten „Blériot XI". Mit genau 125 km/h wurde er über dem Flugplatz von Étampes neuer Weltrekordler, doch er blieb es nur vier Tage lang. Denn nun war ein neuer Konkurrent mit einem neuen Flugzeug aufgetaucht und, was von entscheidender Bedeutung war, mit neuen Ideen.

Nieuport II

Édouard de Niéport war der außerordentlich begabte, wenn auch etwas aufsässige Sohn eines konservativen Offiziers. Man kann sich das Entsetzen seine Eltern und seiner Lehrer vorstellen, als er nach einigen in der École Supérieure d'Electricité verbrachten Jahren kurzerhand den Entschluß faßte, seinen Lebensunterhalt als Radsportprofi zu verdienen und sich darüber hinaus schlicht Edouard Nieuport zu nennen. Ein Herzfehler veranlaßte ihn allerdings nach ein paar Jahren, sich vom Radsport zurückzuziehen und eine kleine Fabrik für Elektroartikel in Suresnes zu eröffnen, die dank seines Erfindungsreichtums bald florierte. Schon früher hatte sich Nieuport stark für die Flugversuche der allerersten Pioniere, wie beispielsweise Lilienthal, interessiert. Nun wurde der Kontakt zu Leuten wie Farman, Levavasseur und Voisin noch intensiver. Es dauerte dann auch nicht lange, und Nieuport konstruierte sein erstes Flugzeug. Der 1909 entstandene kleine Ein-

Nieuport IIN (1911)

decker wies noch den damals allgemein üblichen Gitterrumpf auf, doch entsann sich Nieuport nur zu gut des Luftwiderstandes, den er als Radrennfahrer hautnah erfahren hatte. Seine zweite Konstruktion im folgenden Jahr, die „Nieuport II", war in aerodynamischer Hinsicht zukunftsweisend:ein voll verkleideter, strömungsgünstig geformter Rumpf, ein ebenso durchdachtes Fahrgestell mit nur wenigen Streben, ein mit wenigen Kabeln verspannter Flügel. Keine ausgesprochene Sensation, doch in der konsequenten Anwendung der zu diesem Zeitpunkt gewonnenen aerodynamischen Erkenntnisse von großer Bedeutung.
Der Erfolg ließ auch nicht lange auf sich warten. Nachdem Nieuport eine Reihe anderer Rekorde mit einem Flugzeug dieses Typs aufgestellt hatte, darunter solche mit Passagier, wagte er sich an den absoluten Geschwindigkeitsrekord. Am 11. Mai 1911 gelang ihm mit einer „Nieuport IIN" in Mourmelon bei Chalons-sur-Marne ein 100-Kilometer-Flug mit einem neuen Weltrekordschnitt von annähernd 120 Stundenkilometern. Das Außerordentliche an diesem Rekord war die Tatsache, daß das Flugzeug von einem Zweizylindermotor vom Typ Darracq-Nieuport angetrieben worden war, der nur 28 PS leistete. Eindrucksvoller konnte der Einfluß geringen Luftwiderstandes auf die Geschwindigkeit eines Flugzeuges kaum demonstriert werden.
Daß ihn Alfred Leblanc auf einer „Blériot XXIII" (zuweilen als „Blériot XI Vitesse" bezeichnet), ausgerüstet mit einem 100 PS starken Gnome-Doppelstern-Umlaufmotor, überrundete, störte Edouard Nieuport wenig. Am 16. Juni 1911, vier Tage später, trat er erneut zur Erringung der Geschwindigkeitskrone an. Diesmal hatte er seine Rekordmaschine mit einem Umlaufmotor ähnlichen Typs ausgestattet, einem 80 PS starken Gnome „Monosoupape A". Und wiederum gelang es ihm auf Anhieb, die Rekordmarke höher zu schrauben, auf knapp über

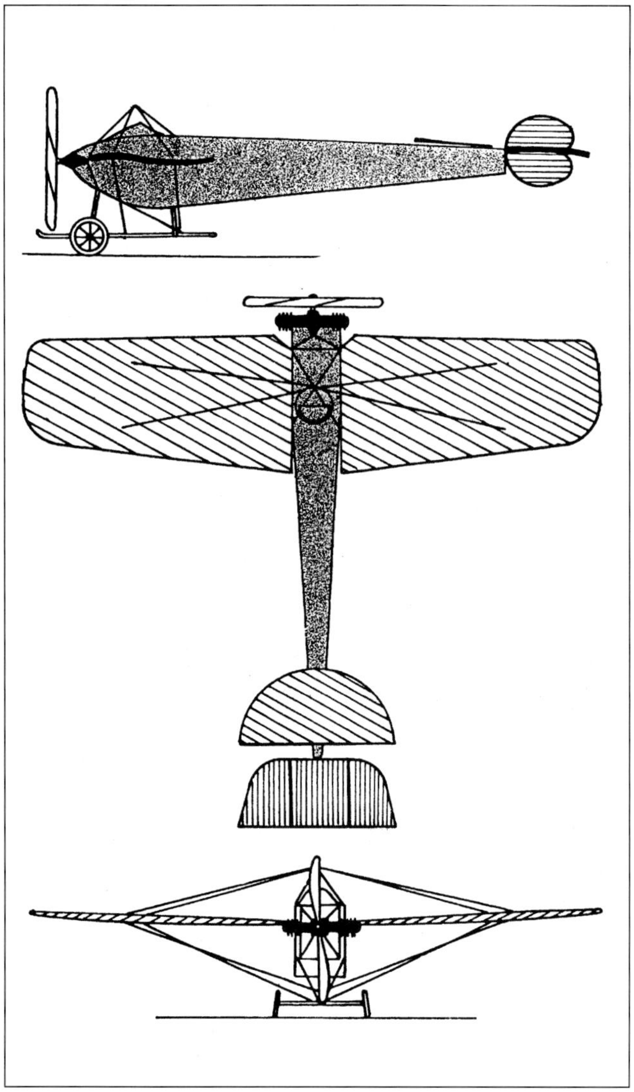

Nieuport IIN (1911)

130 km/h; und weitere fünf Tage später sogar auf über 133 Stundenkilometer. Leblanc oder ein anderer Konkurrent sollte ruhig versuchen, diese Leistungen zu überbieten. Nieuport war unbesorgt, er konnte schließlich immer noch einen 100-PS-Motor einbauen, der ihm die erforderliche Überlegenheit verleihen würde, wenn es darauf ankäme. Doch die Konkurrenz schätzte die Lage realistisch ein und hielt sich zurück. Und ein Vierteljahr später, am 15. September 1911, starb Edouard Nieuport beim Absturz einer Maschine bei Demonstrationsflügen im Rahmen des „Concours Militaire".

Deperdussin 1912

Bei diesen von der französischen Armee ausgeschriebenen Vergleichsflügen zeichneten sich die Flugzeuge einer erst im Vorjahr gegründeten Pariser Firma aus, der „Société des Productions des Aéroplanes Deperdussin", abgekürzt SPAD. Armand Deperdussin, der Firmeninhaber, ein selbstbewußter und charmanter Seidengroßhändler, umworben von der vornehmen Pariser Gesellschaft und an mannigfaltigen Dingen interessiert, hatte das Glück gehabt, als Chefkonstrukteur für sein jüngstes Unternehmen einen jungen Ingenieur namens Louis Béchereau engagieren zu können. Ihm standen dazu noch andere befähigte Mitarbeiter zur Seite, darunter der holländische Ingenieur Frits Koolhoven, der Werkstattleiter Henri Papa und, einige Monate später, der junge und ideenreiche Tischlermeister André Herbemont.

Entsprachen die ersten Konstruktionen des Béchereau-Teams weitgehend herkömmlicher Praxis, so wandte man sich recht bald einer im Flugzeugbau noch neuen Konstruktionsmethode zu, der freitragenden Schalenbauweise. Ursprünglich vom Schweizer Bootsbauer Eugène Buchonnet übernommen, wurde hierbei der bisher aus einer verspannten Holz- oder Metallgitterkonstruktion – entweder unverkleidet oder mit Leinwand und/oder Sperrholz bedeckt – bestehende Flugzeugrumpf durch Sperrholz-Halbschalen ersetzt, die, zusammengefügt, innen und außen zusätzlich mit Stoff überzogen und anschließend gefirnißt wurden. Diese als „Monocoque"-Bauweise bekannte Konstruktionsmethode bot sehr hohe Festigkeit bei relativ geringerem Gewicht und außerdem eine hohe Oberflächengüte. Der Nachteil war allerdings ein recht hoher Bauaufwand. Anfänglich war bei den Deperdussin-Maschinen nur der vordere Teil des Rumpfes in dieser Monocoque-Bauweise ausgeführt, doch übernahm man aufgrund der erwiesenen Vorzüge diese Bauweise schließlich für den gesamten Rumpf.

Jules Védrines, ein ehemaliger Automechaniker und jetzt als fliegerisches Naturtalent Deperdussin-Werkspilot, unternahm den ersten Rekordversuch am 13. Januar 1912 in Pau. Diese erste Deperdussin-Rekordmaschine war nicht vollständig in Monocoque-Bauweise gefertigt, ihr Rumpf wies noch flache Flanken auf; lediglich die Rumpfober- und -unterseiten waren

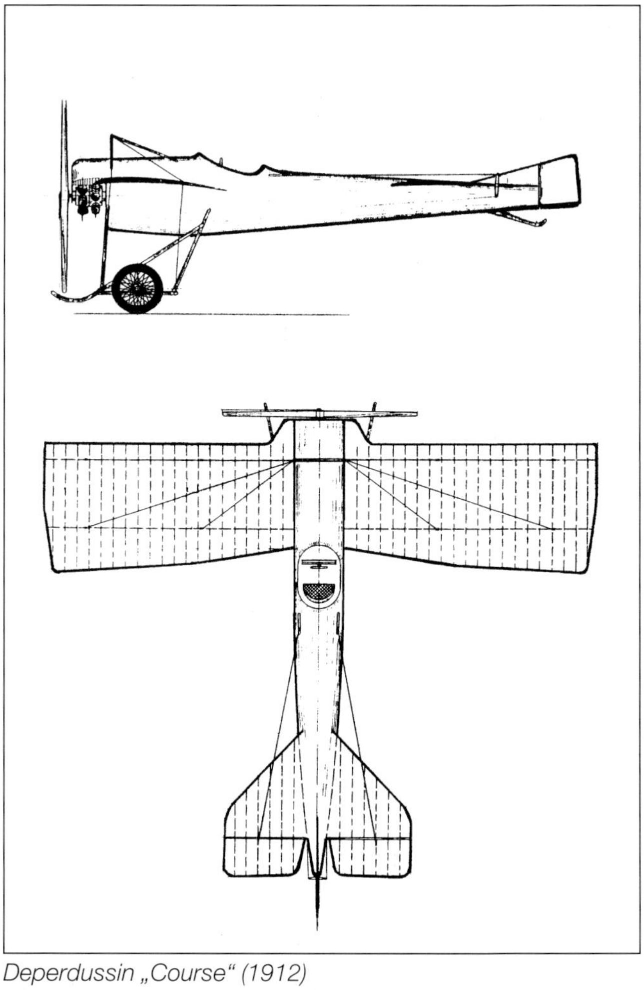

Deperdussin „Course" (1912)

strömungsgünstig gerundet. Das Fahrgestell besaß eine Zentralkufe zusätzlich zu den beiden Laufrädern, und als Antriebsquelle diente der bewährte 100 PS starke Umlaufmotor Gnome „Double Omega". Dreißigmal umflog Védrines den 5-Kilometer-Rundkurs, und er schlug dabei alle für diese Entfernungen bestehenden Rekorde, einschließlich des absoluten Geschwindigkeitsrekords, den er auf über 145 km/h hochschrauben konnte. Doch das war erst der Anfang. Das in Maschine und Pilot steckende Potential würde mit einem stärkeren Motor noch besser realisiert werden können, einem 140 PS leistenden Gnome „Double Lambda". Die Rechnung ging auf, denn im folgenden Monat Februar ging Védrines erneut an den Start, und wieder setzte er neue Rekordmarken, die Geschwindigkeit stieg auf mehr als 161 km/h, eine Woche später auf 162,4 km/h, am nächsten Tag auf 166,8 km/h und wiederum am darauffolgenden Tag, dem 2. März 1912, auf knapp 168 Stundenkilometer – eine erstaunliche und beeindruckende Leistung.

Natürlich waren Deperdussin und Védrines nicht die einzigen Anwärter auf Weltrekordlorbeer. Die 1911 erbaute „Aéro-Torpille No.1" der beiden französischen Konstrukteure Louis Paulhan und Victor Tatin besaß einen Druckpropeller am Schwanzende, der über eine Fernwelle von dem im Rumpfmittelteil liegenden Motor angetrieben wurde. Leider erfüllte der futuristisch aussehende Renneinsitzer nicht die Hoffnungen seiner beiden Schöpfer:statt der erwarteten 150 km/h erreichte er nur knapp 130 km/h. Hingegen gelang es dem französischen Piloten Bathiat am 26. Januar 1912 mit seinem Sommer Monoplan, Védrines allererste Rekordgeschwindig-

Deperdussin „Course" (1912) (Modell)

keit von rund 145 km/h einzustellen – zu mehr reichte es allerdings nicht.

Boris Lutzkoy schließlich, Angehöriger der russischen Handelsdelegation in Deutschland, hatte den bekannten deutschen Konstrukteur Edmund Rumpler mit dem Bau einer speziellen „Taube" beauftragt, deren zwei über- und hintereinander im Rumpfbug liegende Argus-Motoren zwei koaxiale Zugpropeller mit gleicher Drehrichtung, aber unterschiedlichen Durchmessern (2,6 und 3,1 m) und unterschiedlichen Drehzahlen (1350 und 800/min) antrieben. Diese Rumpler-Lutzkoy-Taube (zuweilen als Lutzkoy No.2 bezeichnet) stellte übrigens das erste zweimotorige deutsche Flugzeug dar und wurde zu Beginn des Jahres 1912 vom Rumpler-Piloten Hellmuth Hirth eingeflogen. Statt der vorhergesagten 160 km/h reichte es aber allenfalls zu knappen 120 km/h.

Gordon-Bennett-Rennen 1912

Der prestigeträchtige „Gordon-Bennett"-Wettbewerb mußte satzungsgemäß jeweils im Heimatland des Vorjahressiegers ausgetragen werden. 1910 waren das, nach dem Sieg von Glenn Curtiss in Reims, die USA gewesen. Dort, in Belmont Park, New York, hatte dann der Engländer Claude Grahame-White auf einer „Blériot XI bis" gesiegt, woraufhin der Wettbewerb des Jahres 1911 in Eastchurch, England, abgehalten wurde. Diesmal siegte wieder ein Amerikaner, Charles Weymann, auf einer französischen Maschine, einer „Nieuport IIG". Für das Jahr 1912 waren also erneut die USA das Austragungsland und Chicago der Austragungsort. Natürlich stand es für Armand Deperdussin fest, daß er sich mit seinen schnellen Produkten an dieser internationalen Veranstaltung beteiligen würde. Ein neues Muster wurde vom Béchereau-Team entwickelt, diesmal mit vollem Monocoque-Rumpf und windschnittigerem Fahrgestell. Als Motor behielt man den 140 PS leistenden Gnome „Double Lambda" bei, der jetzt aber von einer aerodynamisch geformten Haube eng umschlossen wurde, die nicht nur den Luftwiderstand verringerte, sondern auch die Menge des versprühten Rhizinusöls. Bei den am 13. Juni 1912 in Reims durchgeführten Ausscheidungsflügen erwiesen sich die Deperdussin-Renner von Jules Védrines und Maurice Prévost, einem hoffnungsvollen Nachwuchspiloten, als die schnellsten Teilnehmer, dicht gefolgt von einem Hanriot-Eindecker des Konstrukteurs Pagny, geflogen vom Piloten André Frey. Védrines gelang es bei dieser Gelegenheit erneut, sämtliche Rekorde über die Distanzen von 10 bis 200 Kilometer zu verbessern, wobei die gemessene Höchstgeschwindigkeit fast 171 km/h betrug: neuer Weltrekord!

Auf amerikanischer Seite hatte sich die Firma Burgess daran gemacht, eine Art Nieuport-Kopie unter dem Namen „Cup Defender" zu bauen, ausgerüstet mit dem stärksten verfügbaren Motor, dem neuen 160-PS-Doppelsternmotor Gnome „Double Gamma". Der Pilot Glenn L. Martin sollte den Franzosen Paroli bieten, doch blieb es bei der Absichtserklärung: die Maschine erschien nicht am Start.

Ebensowenig waren die beiden anderen angekündigten amerikanischen Konkurrenten zu sehen:der Rex „Gordon-Bennett Racer" folgte ebenfalls dem Nieuport-Beispiel und hätte von einem Kirkham-Vierzylinder-Reihenmotor angetrieben werden sollen, wurde aber nicht rechtzeitig fertig. Der Gallaudet „Bullet" hingegen hatte Paulhan-Tatins „Aéro-Torpille" zum Vorbild und wies an seiner Heckspitze einen Dreiblatt-Druckpropeller auf, von einem im stromlinienförmigen Rumpf untergebrachten 100-PS-Gnome-Umlaufmotor über eine Fernwelle angetrieben. Eine „geheime" Vorrichtung zur Änderung des Flügelanstellwinkels im Fluge war wohl schuld am spektakulären Absturz der Maschine unmittelbar nach ihrem ersten, einzigen und fast senkrechten Startversuch am 14. Juli 1912, wobei ihr Pilot/Konstrukteur Edson F. Gallaudet schwer verletzt wurde. Die mit über 200 km/h angegebene Höchstgeschwindigkeit blieb also reines Wunschdenken. So war das französische Team in Chicago ganz unter sich, und der nicht gerade hart erkämpfte Sieg fiel erwartungsgemäß an Jules Védrines. Im Anschluß an das eigentliche „Gordon-Bennett"-Rennen über 200 Kilometer flog Védrines dreimal mit Höchstgeschwindigkeit um den Kurs:174,1 km/h lautete das Resultat, ein neuer Weltrekord und Védrines siebter hintereinander. Eine auf der linken Rumpfseite unterhalb des Cockpits aufgemalte „Mona Lisa" hatte wohl erfolgreich als Talisman gewirkt. So eindrucksvoll die Geschwindigkeitssteigerungen das Können der Piloten und der Flugzeugkonstrukteure demonstrierten, einen wesentlichen Anteil daran besaßen aber auch die neuartigen Flugmotoren der französischen Brüder Seguin. Bekanntlich hing in den Anfangsjahren der Fliegerei fast alles von

der Verfügbarkeit leistungsfähiger und zugleich leichter Flugmotoren ab. Die frühren Flugmaschinen waren größtenteils nach dem Prinzip des Flugdrachens konstruiert. Ihre Tragflächen besaßen also praktisch kein Profil, sondern waren – mehr oder weniger gewölbt – dem Luftstrom gegenüber schräg angestellt. Die resultierende Stauwirkung erforderte einen relativ starken Motor, der die Flugmaschine mit ihrem beachtlichen Luftwiderstand durch die Luft ziehen mußte. Der berühmte Ausspruch eines Flugpioniers ist dafür symptomatisch: „Mit einem guten Motor fliegt sogar ein Scheunentor". Auftriebserzeugende Flügelprofile fanden erst allmählich Eingang in den Flugzeugbau.
Die Gebrüder Seguin hatten im Jahre 1900 den Lizenzbau eines deutschen Einzylindermotors für den stationären Betrieb aufgenommen. Es war der „Gnom" der Motorenfabrik Oberursel. Einige Jahre später begannen sie, diesen Motor in Sternform für die Verwendung in Flugzeugen weiterzuentwickeln. Beim neuen „Gnome" – so die französische Schreibweise, zuweilen auch als Gnôme zu lesen – war nun die Kurbelwelle fest mit dem Flugzeug verbunden, während das Kurbelgehäuse mit denZylindern und dem daran befestigten Propeller im kühlenden Luftstrom rotierte. Deswegen wurden diese Motoren als Rotations- oder Umlaufmotoren bezeichnet. Trotz reichlichen Verbrauchs des zu ihrer Schmierung benötigten reinen Rhizinusöls erfreuten sich diese Motoren ob ihres geringen Leistungsgewichts und ihrer relativen Zuverlässigkeit recht bald internationaler Wertschätzung. Im Laufe der Zeit stieg ihre Zylinderzahl von sieben auf neun, und später sogar – durch Verdoppelung der Zylindersterne – auf vierzehn und achtzehn. Ihre Leistung stieg dementsprechend von zunächst 50 bis auf 200 PS. Unter den zahlreichen Lizenznehmern befand sich auch die Motorenfabrik Oberursel.
Nach dem im September 1912 in Chicago erzielten Sieg Védrines' im vierten „Gordon-Bennett"-Rennen war die nun dominierende Luftfahrtnation Frankreich mehr denn je bestrebt, ihren Vorsprung so deutlich wie möglich zu demonstrieren und weiter auszubauen. Schließlich waren ja die vorhergegangenen „Gordon-Bennett"-Siege britischer und amerikanischer Piloten auch auf französischen Maschinen errungen worden. Die USAhatten zu diesem Zeitpunkt ihre einstige Führungsrolle längst eingebüßt, trotz der bahnbrechenden Arbeiten der Gebrüder Wright, ihres Rivalen Curtiss und anderer amerikanischer Flugpioniere. Nicht zuletzt waren aber daran – zumindest teilweise – die Gebrüder Wright selbst schuld, die sich eigensinnig und verbissen in zahlreiche Patentprozesse stürzten, statt sich der Weiterentwicklung ihrer Ideen zu widmen. Sie wirkten zuweilen geradezu als Hemmschuh des fliegerischen Fortschritts in den USA.

Deperdussin Monocoque, Ponnier-Eindecker 1913

Auf französischer Seite wurde dagegen eine ganze Reihe neuer Maschinen im Hinblick auf die für den Herbst des Jahres 1913 angesetzte „Gordon-Bennett"-Veranstaltung von verschiedenen Firmen entwickelt und gebaut. Bei Deperdussin entstanden zwei neue Superrenner, jetzt mit 160 PS starken Umlaufmotoren der Typen „Gnome" und „Le Rhône" versehen, noch windschnittigere Weiterentwicklungen der Chicago-Maschine Védrines' aus dem Vorjahr. So war beispielsweise die Propellernabe mit einer größeren, fast halbkugelförmigen Haube versehen, die Motorverkleidung war eleganter gestaltet, und die Stromlinienverkleidung hinter der Kopfstütze des Piloten wurde strömungsgünstiger ausgebildet. Die ersten ernsthaften Probeflüge fanden im Juni 1913 auf dem zwischenzeitlich von Armand Deperdussin erworbenen und auf-

Paulhan-Tatin „Aéro-Torpille No. 1" (1911)

Burgess „Cup Defender" (1912)

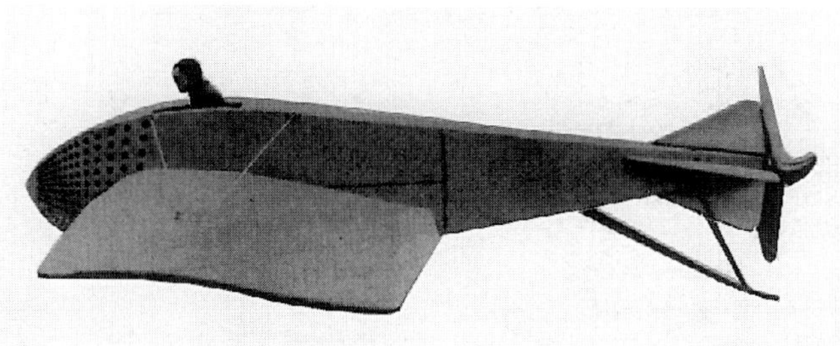
Gallaudet „Bullet" (1912)

Deperdussin Monocoque „Gordon Bennett" (1912)

Deperdussin Monocoque „Gordon Bennett" (1913)

Deperdussin Monocoque „Gordon Bennett“ (1913) – (Musée de l'Air)

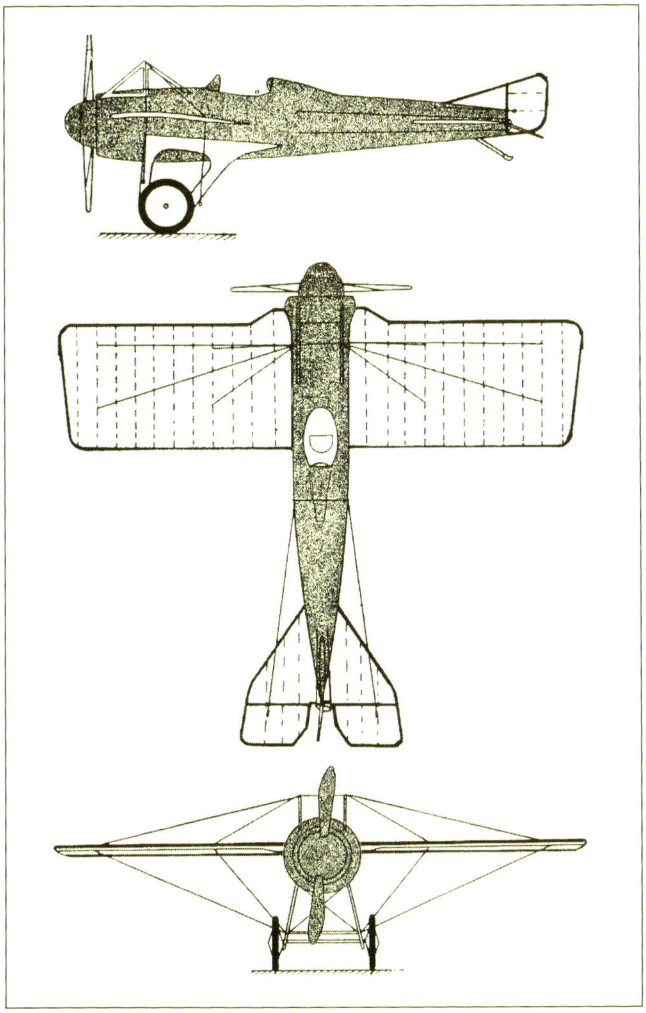

Deperdussin Monocoque „Gordon Bennett“ (1913)

wendig modernisierten „Aérodrome de la Champagne“ bei Reims statt. Hier erwies sich nun Maurice Prévost in dem „Gnome“-Einsitzer als der Schnellste. Am 17. Juni gelang es ihm, den Vorjahresrekord Védrines' um rund 5 km/h auf fast 180 km/h zu verbessern. Dankbar hatte darüber hinaus der „Aéro Club de France“ das hochherzige Anerbieten Deperdussins angenommen, seinen „Aérodrome“ für das erwähnte „Gordon-Bennett“-Rennen zur Verfügung zu stellen und außerdem noch Preisgelder in Höhe von 100000 Francs zu stiften. Der edle Spender wurde dann auch umgehend mit Empfehlungen vieler einflußreicher Zeitgenossen für das Band der Ehrenlegion vorgeschlagen. Die Vorbereitungen für den französischen Großflugtag liefen auf hohen Touren. Und dann, am 5. August, platzte die Bombe: Armand Deperdussin wurde als Schwindler verblüffenden Ausmaßes verhaftet!

Nach und nach stellte sich heraus, daß er sich im Laufe der Jahre durch Unterschlagungen, Fälschungen, Manipulationen und Wechselreiterei 28 Millionen Francs angeeignet hatte – eine in der damaligen Zeit atemberaubende Summe. Frankreich war schockiert: der Liebling des Pariser Establishment, der Funktionär des „Automobile Club de France“, das Vorstandsmitglied des „Aéro Club de France“, der Ritter der Ehrenlegion im Gefängnis. Nun, das Band der „Legion d'Honneur“ wurde ihm schließlich ins Gefängnis nachgereicht. Der versprochene „Aérodrome“ wurde vom Konkursverwalter, trotz verschiedener Bedenken, dann doch noch zur Verfügung gestellt, und die 100000 Francs Preisgelder zahlte der Industrielle Henry Deutsch de la Meurthe.

Das große Flugmeeting in Reims konnte also vom 27. bis zum 29. September 1913 stattfinden. Der erste Tag sah die Ausscheidungsflüge des französischen „Gordon-Bennett“-Teams. Von den acht gemeldeten Flugzeugen – drei Deperdussins, zwei Borels, je eine Breguet, Nieuport und Ponnier – erwiesen sich die beiden 160-PS-Deperdussins der Piloten Maurice Prévost (Gnome) und Eugène Gilbert (Le Rhône) sowie überraschend der Ponnier des Piloten Emile Védrines, eines Namensvetters des berühmten Deperdussin-Piloten, als die Schnellsten. Vom ehemaligen Hanriot-Konstrukteur Pagny entworfen, zeigte der kleine Ponnier-Eindecker eine deutliche

Familienähnlichkeit mit den Hanriots. Er war aber ebenfalls mit dem 160 PS starken „Gnome"-Triebwerk ausgerüstet. Obwohl Prévost beim Ausscheidungsfliegen seinen eigenen Weltrekord vom Juni erneut und auf annähernd 192 km/h steigern konnte – dank einer weiter verbesserten Maschine –, war Emile Védrines nur geringfügig langsamer und lag sogar noch vor der von Gilbert gesteuerten „Le Rhône"-Deperdussin. Auf jeden Fall bildeten diese drei Piloten das französische Team. Die Mitbewerber waren, bis auf die schwächer motorisierte dritte Deperdussin, erst gar nicht zu den Ausscheidungsflügen angetreten.

Bei Deperdussin – den Namen hatte man wohl oder übel beibehalten – schrillten die Alarmglocken ob der gefährlichen Ponnier-Konkurrenz. Da das eigentliche „Gordon-Bennett"-Rennen erst am übernächsten Tag stattfinden würde – die Zwischenzeit war mit anderen Flugwettbewerben ausgefüllt –, nutzte das Béchereau-Team die Zeit und ersetzte den sowieso schon gestutzten Flügel der Prévost-Maschine mit einem noch kleineren Flügel, den André Herbemont konstruiert hatte. Der Erfolg gab ihnen recht: am 29. September 1913 gelang es Prévost im „Gordon-Bennett"-Rennen mit dieser Maschine erstmalig, die 200-Kilometer-Grenze in der Luft zu überwinden. Knapp 204 km/h war das neue Weltrekordergebnis. Der nach ihm gestartete Védrines – man flog allein gegen die Uhr – kam ebenfalls über die Zweihunderter-Marke, wobei ihm mangelnde Kurventechnik beim Umrunden der Wendemarken wahrscheinlich Sieg und Weltrekord kostete, denn seine kleine Ponnier war die schnellere Maschine. Sie wurde kurz darauf inoffiziell mit 230 km/h gemessen. Gilberts „Le-Rhône-Deperdussin" kam auf den dritten Platz, und der Belgier Crombez landete – weit abgeschlagen – auf dem vierten Platz, ebenfalls auf einer Deperdussin.

Frankreich hatte erneut seine Stellung als dominierende Luftfahrtnation demonstriert und war zu diesem Zeitpunkt allen anderen Staaten weit überlegen. In Deutschland jedenfalls hatte man allzulange das Luftschiff dem optisch unscheinbaren Flugzeug vorgezogen. Doch um das Jahr 1909 herum begannen von patriotischen Industriellen und Großverlegern ausgesetzte hohe Geldpreise, deutsche Flugzeugkonstrukteure und Piloten zu motivieren, den Wettbewerb gegen die übermächtige französische Konkurrenz aufzunehmen. Die vom Prinzen Heinrich von Preußen, dem Bruder Kaiser Wilhelms II., 1912 ins Leben gerufene „National-Flugspende" erbrachte sogar über 7 Millionen Mark.

Die Erfolge blieben dann auch nicht aus, und eine ganze Reihe eindrucksvoller Rekorde fiel an Deutschland, nicht jedoch der Geschwindigkeitsrekord. Selbst die schnellsten deutschen Rennflugzeuge kamen allenfalls auf 150 km/h; die französischen Spitzenreiter von Deperdussin und Ponnier waren so nicht zu schlagen.

Ponnier „Gordon Bennett" (1913)

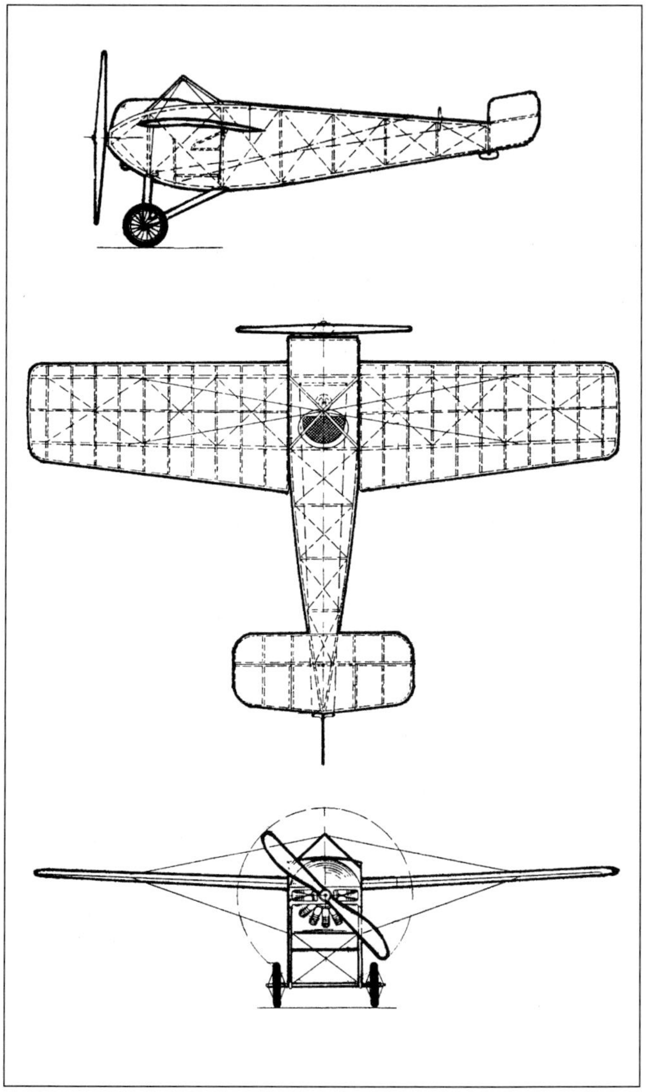

Ponnier „Gordon Bennett" (1913)

Royal Aircraft Factory S.E.4

Zu den schnellsten Flugzeugen dieser Zeit gesellte sich wenige Monate später ein weiteres. Es war die „S.E.4" der britischen „Royal Aircraft Factory" in Farnborough, ein aerodynamisch hochwertiger, unverspannter Doppeldecker, mit dem unschlagbaren 160-PS-„Gnome" ausgerüstet, allerdings mit einem Vierblattpropeller anstelle der von den Franzosen für ihre verspannten Eindecker bevorzugten Zweiblatt-Luftschraube. Sogar einen vollständig geschlossenen Kabinenaufsatz hatten die beiden Konstrukteure Henry Folland und Geoffrey de Havilland für ihren Einsitzer vorgesehen, doch weigerten sich die Piloten, derart „eingesperrt" zu fliegen.

Das Flugzeug erreichte im Juni des Jahres 1914 eine gemessene Geschwindigkeit von 217 Stundenkilometern. Diese Leistung jedoch fand wenig Beachtung;es gab Wichtigeres als sportliche Rekorde. Am 28. Juni fielen die Schüsse von Sarajewo, und am 1. August 1914 begann der Erste Weltkrieg.

Es sei an dieser Stelle kurz auf das weitere Schicksal einiger der Hauptbeteiligten an der Frühgeschichte der Flugzeugrekorde eingegangen. Wilbur Wright, der ältere der beiden Wright-Brüder, starb, auch von den erbitterten Patentstreitigkeiten zermürbt, schon 1912 an Typhus. Orville war noch für lange Zeit in forschender und beratender Funktion in der amerikanischen Luftfahrtindustrie tätig. Er überlebte sogar den

Zweiten Weltkrieg und starb erst imJahre 1948. Ihr Hauptwidersacher Glenn Curtiss wandte sich imJahre 1910 der Entwicklung von Marineflugzeugen zu. Im Jahre 1929 kam es dann sogar zum Zusammenschluß der „Curtiss Aeroplane and Motor Company“ mit der „Wright Aeronautical Corporation“ zur „Curtiss-Wright Airplane Company“ – ironischerweise in dieser Reihenfolge der beiden Namen. Glenn Curtiss starb kurz darauf, im Jahre 1930.
Auch einige andere Konstrukteure der ersten Stunden gaben ihre Namen erfolgreichen Flugzeugfirmen, beispielsweise Blériot, Farman, Nieuport und Voisin sowie de Havilland, Folland und Koolhoven. Alberto Santos-Dumont konstruierte im vor dem Ersten Weltkrieg bei einer Großwildjagd in Afrika ums Leben.
Und was schließlich das weitere Schicksal der ehemaligen „Société des Production des Aéroplanes Deperdussin“ (SPAD) anbetraf, so führten zunächst der Chefkonstrukteur Louis Bécherau und sein Assistent André Herbemont das Unternehmen unter der Schirmherrschaft von Louis Blériot unter leicht geändertem Namen weiter („Société Anonyme pour l'Aviation et ses Dérivés“) und konstruierten die legendären SPAD-Jagdflugzeuge des Ersten Weltkrieges.
Béchereau wurde 90 Jahre alt; er starb erst im Jahre 1970. Armand Deperdussin mußte nach seiner Verhaftung im Jahre

Royal Aircraft Factory S.E.4 (1914)

Anschluß an seinen Weltrekord-Flugapparat des Jahres 1906 noch ein Luftschiff, ein Gleitboot und ein paar Flugzeuge, von denen einzig die grazile „Demoiselle“ als erfolgreich zu bezeichnen war. Von dieser Ahnfrau der heutigen „Ultralights“ wurden etwa ein Dutzend Exemplare gebaut. Doch schon 1910 zog sich Santos-Dumont wegen multipler Sklerose von allen Aktivitäten zurück.
Deprimiert vernichtete er 1914 alle persönlichen Unterlagen, und nach weiteren zwei freudlosen Jahrzehnten beging er im Jahre 1932 Selbstmord. Hubert Latham dagegen kam noch

1913 noch fast vier Jahre auf seinen Prozeß warten, denn in Frankreich hatte man mitten im Krieg begreiflicherweise andere Sorgen.
Am 30. März 1917 schließlich wurde er zu fünf Jahren Gefängnis verurteilt. Bald darauf kam er – wohl im Rahmen einer Amnestie – wieder frei, war aber ein gebrochener Mann, mittellos, von allen einstigen Freunden geschnitten. Am 11. Juni 1924 meldeten drei Zeilen in Pariser Zeitungen, daß sich in einem kleinen Hotelzimmer in der Rue Saint-Lazare ein gewisser A. Deperdussin das Leben genommen habe.

Der Doppeldecker triumphiert 1918–1927

In den vier mörderischen Jahren des Ersten Weltkrieges vollzog sich die technische Entwicklung des Flugzeugs in Riesenschritten. Anfänglich noch von der Mehrzahl der General- und Admiralstäbe als lächerliches Spielzeug ohne großen militärischen Wert angesehen, wurde das Flugzeug zunehmend zu einem potenten Mittel der Kriegsführung. Anfänglich dienten die Flugzeuge beider Seiten fast ausschließlich der Aufklärung, später in zunehmendem Maße auch dem Bombenwurf, der Jagd und der Infanterieunterstützung.

Eine erstaunlich lange Zeit schien es jedoch, als ob all die in den vorangegangenen Jahren so mühsam gewonnenen Erkenntnisse über strömungsgünstige Bauweisen über Bord geworfen worden seien. Reine Geschwindigkeit war nicht gefragt. Sie galt in den Augen vieler der nun maßgeblichen Militärs als suspekt. So sah man auf britischer Seite beispielsweise die ausgezeichnete S.E.4 schon aufgrund ihrer Landegeschwindigkeit von 84 km/h als viel zu schnell an. Stabilität, Ausdauer, Zuverlässigkeit und Tragfähigkeit waren die bevorzugten Tugenden. Eindecker wurden, der angeblich ungenügenden Festigkeit wegen, in den meisten Fällen abgelehnt. Zu den wenigen Ausnahmen zählte, zumindest auf der deutschen und österreichischen Seite, die „Taube" des österreichischen Konstrukteurs Igo Etrich, ein von vielen Firmen nachgebauter und äußerst stabiler Flugapparat, dessen großzügig verspannter Tragflügel die Planform eines Zanoniasamens besaß und der Geschwindigkeiten von mehr als 100 km/h nur mit Mühe zuließ. Ansonsten mißtraute man weitgehend den „zerbrechlichen" Eindeckern. In nennenswerter Zahl kamen nur die Maschinen der französischen Konstrukteure Morane und Saulnier, die britische Bristol M. I und die deutschen E-Einsitzer des holländischen Konstrukteurs Anthony Fokker zum Einsatz;letztere erstmalig mit einem mit der Motordrehzahl synchronisierten Maschinengewehr, mit dem man durch den Propellerkreis schießen konnte. Doch auch diese Eindecker verschwanden allmählich vom Himmel, der dann – etwa ab 1916 – praktisch ausschließlich von Doppeldeckern beherrscht wurde. Vereinzelt setzte man auch Dreidecker (Sopwith, Fokker) ein.

Auf französischer und britischer Seite gab man einige Zeit lang Gitterrumpfkonstruktionen mit Druckpropellern den Vorrang. Auf deutscher Seite hatte man sich aber schon frühzeitig für Flugzeuge mit geschlossenem Rumpf und Zugpropeller entschieden, was sich allmählich als Normalbauweise durchsetzte.

Auch die berühmten Eindecker-Konstrukteure der Vorkriegsjahre wie Louis Béchereau, André Herbemont und Gustave Delage beugten sich dem Doppeldecker-Diktat. So ist es kaum verwunderlich, daß die Spitzengeschwindigkeit selbst der schnellsten Jagdflugzeuge nur knapp an die Zweihundert-Kilometer-Grenze herankam und nur in Ausnahmefällen überstieg. Zu der Handvoll Maschinen, die schließlich die Vorkriegsgeschwindigkeit der „Gordon-Bennett"-Einsitzer von Deperdussin und Ponnier sowie der S.E.4 überboten, gehörten die französische SPAD S.XVII, die italienische Ansaldo S.V.A.5, die britische Sopwith 7F.I „Snipe" und die amerikanische Curtiss 18-T – alles Einsitzer aus dem Jahre 1918, die ersten drei von ihnen Doppeldecker. Der Curtiss-Dreidecker

Fiat BR (1919)

Junkers J9/I (D I) (1918)

soll sogar angeblich 263 km/h schnell gewesen sein. Dabei ist allerdings zu berücksichtigen, daß gelegentlich gemeldete Supergeschwindigkeiten einer genaueren Nachprüfung nur selten standhielten. So soll beispielsweise der amerikanische Anderthalbdecker „Bullet" des Dr. Christmas zu Beginn des Jahres 1919 erstaunliche 281 km/h erzielt haben; besonders erstaunlich auch deshalb, weil jeder der beiden Prototypen (mehr gab es nicht) bereits beim Erstflug abstürzte.
Rühmliche Ausnahmen bildeten freitragende Ganzmetalleindecker der deutschen Konstrukteure Claude Dornier und Hugo Junkers. Den Stahlblech-Konstruktionen J1 und J2 des letzteren waren einige Ein- und Zweisitzer in der neuartigen Aluminium-Wellblechbauweise gefolgt. Von diesen stellte der gegen Kriegsende 1918 produzierte Prototyp J9/Ides Jagdeinsitzers DI, ein ansonsten konventioneller freitragender Tiefdecker, mit seinen 240 km/h eines der schnellsten Flugzeuge dieser Zeit dar. Doch zuviel Fortschrittlichkeit war nicht gefragt – Vorurteile haben bekanntlich ein zähes Leben. Der schnittige Einsitzer kam jedenfalls nicht mehr zum Fronteinsatz. Bei einem von Dornier kurz zuvor entworfenen Ganzmetall-Jagdeinsitzer mit Zentralgondel, Fernwelle und Druckpropeller sowie doppelten Leitwerksträgern blieb es lediglich bei einer Patentschrift (Nr. 404406 vom 28. Dezember 1917). Die Zeit war für derartig wagemutige Konstruktionen noch nicht reif.
Dagegen war bei den Flugmotoren ein gewaltiger Sprung nach vorn zu verzeichnen. Die anfänglich alles übertreffenden Umlaufmotoren ließen sich aus technischen Gründen in ihrer Leistung kaum über die bereits 1914 erzielten 200 PS hinaus steigern. Der wassergekühlte Reihenmotor, später in seiner V-Variante mit zwei auf eine gemeinsame Kurbelwelle wirkenden Zylinderreihen in V-Stellung, begann seinen Siegeszug. Bei Kriegsende entwickelten Serienausführungen derartiger

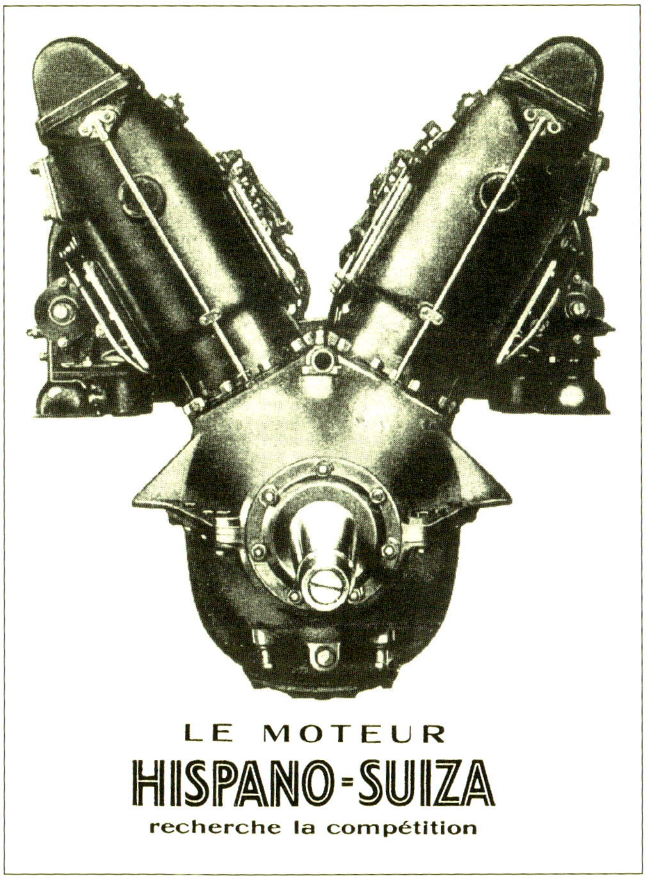

Flugmotor Hispano-Suiza 42 (1919)

Triebwerke schon über 300PS in Achtzylinderausführung und weit über 400 PS in Zwölfzylinderbauart bei gleichzeitig erheblich reduziertem Stirnwiderstand. Vereinzelte Versuchsmuster brachten es sogar auf bedeutend höhere Leistungen. Zu diesen gehörte der riesige Fiat A-14, der bei einem Gesamtzylinderinhalt von 57,2 Litern anfänglich über 600 PS und später sogar bis 825 PS leistete. Da ein derartiges Ungetüm von nahezu einer Tonne Gewicht nicht in einem kleinen Jagdeinsitzer Platz hatte, entwarf ein junger Konstrukteur, der gerade seinen Platz als einer der drei Konstrukteure des Ansaldo A.S.V. gegen eine Spitzenposition bei Fiat eingetauscht hatte, einen Bomber, den Fiat BR. Celestino Rosatelli sollte für viele Jahre noch als Fiat-Chefkonstrukteur tätig sein. Im Sommer 1919 stellte der neue Bomber eine Reihe von Bestleistungen auf, darunter auch Spitzengeschwindigkeiten von über 260 km/h – und das mit Passagieren. Pilot war Francesco Brack-Papa, Fiat-Chefpilot. Doch eine offizielle oder gar internationale Anerkennung dieser Rekorde erfolgte nicht. Die FAI in Paris war noch nicht wieder bereit, Flugzeugweltrekorde anzuerkennen.
Damit ließ man sich noch ein weiteres halbes Jahr Zeit. So kam es, daß alle im Jahre 1919 von ungeduldigen Rekordaspiranten aufgestellten Bestleistungen trotz einwandfreier Messungen keinerlei offizielle Geltung besaßen.
Aus diesem Grund kamen auch einige andere potentielle Rekordbrecher nicht zum Zuge, so die britische Sopwith „Schneider" mit 450-PS-Sternmotor und eine weitere italienische Maschine, die Savoia MVT. Am ärgsten waren jedoch von dieser offiziellen Schwerfälligkeit die beiden führenden französischen Jägerproduzenten SPAD und Nieuport mit ihren Chefpiloten Sadi Lecointe und Bernard de Romanet betroffen. Louis Béchereau, ehemals Deperdussin-Chefkonstrukteur und dann Schöpfer der erfolgreichen SPAD-Jagdflugzeuge, hatte im Sommer 1919 überraschenderweise die Firma verlassen, um sich fortan mit der Entwicklung von Sport- und Rennflugzeugen für andere Auftraggeber zu befassen. Seinen Platz nahm sein langjähriger Assistent André Herbemont ein, der kurz vor Kriegsende die S.XX konstruiert hatte, einen bulligen, aber sehr schnellen Jagdzweisitzer. Nachdem nun die Schrecken des Krieges auch in Frankreich allmählich in den Hintergrund traten und man, wenn auch zögernd, wieder an luftsportliche Aktivitäten zu denken vermochte, bot sich diese schnellste aller SPADs als Ausgangsmuster für eine ganze Reihe ziviler Varianten an, die von einsitzigen Rennflugzeugen bis zu mehrsitzigen Passagiermaschinen reichte. Unter der neuen Bezeichnung Spad-Herbemont S.20bis entstanden etliche Spezialversionen für Renn- und Rekordzwecke, deren Spitzengeschwindigkeiten man durch laufende Verringerung des Luftwiderstandes zu erhöhen vermochte. Der zweite Sitz wurde abgedeckt, strömungsgünstige Verkleidungen wurden ausprobiert, die Flügelspannweiten schrittweise reduziert und die Flügel selbst verändert.

Nieuport 29V, Spad-Herbemont S.20bis

Gustave Delage, der Chefkonstrukteur der Konkurrenzfirma Nieuport, beschritt ähnliche Wege bei der Weiterentwicklung seines Jagdeinsitzers Nieuport 29. Auch dieser stammte aus dem Jahre 1918, war aber erheblich schlanker und zierlicher als die Spad-Herbemont S.20bis. Auch hier suchte man die erforderliche Widerstandsverminderung durch fortgesetzte aerodynamische Verbesserungen und durch Spannweitenverringerung zu erreichen. Ansonsten besaßen ≠beide Doppeldecker einen hölzernen Monocoque-Rumpf, und beide waren mit dem ausgezeichneten Hispano-Suiza Modell 42 ausgerüstet, dem besten Flugmotor des Ersten Weltkriegs.

Nieuport 29 C1 (1919)

Der Genfer Maschinenbauer Marc Birkigt hatte ab 1900 in Barcelona Automobile konstruiert und dort 1904 auch seine Firma Hispano-Suiza gegründet, die bald wegen ihrer hochwertigen Produkte weltberühmt wurde. Im Jahr 1911 eröffnete man ein Zweigwerk in Paris. Der erste V8-Flugmotor, das Modell 34, entstand 1914 und leistete zunächst 150, später 180 PS. 1915 folgte das Modell 35 mit Untersetzungsgetriebe, das 200 PS abgab. 1918 schließlich erschien das vergrößerte Modell 42 mit 280 PS, dessen Leistung aber später auf 320 PS gesteigert werden konnte. Wegen ihrer ausgezeichneten Leistungen wurden bis zum Jahr 1919 in Frankreich, England und den USA nicht weniger als 50000 dieser Achtzylinder-Flugmotoren gefertigt.

Die erste große Nachkriegs-Luftsportveranstaltung in Frankreich wurde im Herbst 1919 bekanntgegeben, der Wettbewerb um den „Prix Henry Deutsch de la Meurthe". Die ursprünglichen Regeln aus dem Jahr 1912 besagten, daß zum Erringen dieses Preises der bestehende Rekord über eine 200-Kilometer-Rundstrecke um mindestens zehn Prozent verbessert werden müsse, der dann ein Jahr lang nicht überboten werden dürfe. Erster Preisinhaber war im Mai 1912 der Pilot Emmanuel Helen gewesen, der mit seiner Nieuport 125 km/h erzielen konnte, danach – im Oktober 1912 – Eugène Gilbert mit einer Deperdussin und 163 km/h. Kaum war die Bekanntmachung erfolgt, da jagte auch schon Sadi Lecointe mit seiner Spad-Herbemont S.20bis1 um die Vorkriegsstrekke, wobei er einen Schnitt von mehr als 249 km/h erreichte. Den Erst-flug dieser Maschine hatte er übrigens erst am Vortag, dem 1. September 1919, durchgeführt. Doch Sadi Lecointe war zu voreilig gewesen, denn die offizielle Neuausschreibung des Preises erfolgte erst vier Wochen später, legte eine neue, etwas kürzere Strecke fest und lief vom 13. Oktober 1919 bis zum 31. Oktober 1920. Am ersten Tag der Freigabe erflog der Pilot Leth Jensen auf einem Nieuport-Eindecker seinen vorläufigen Siegesanspruch mit einem Schnitt

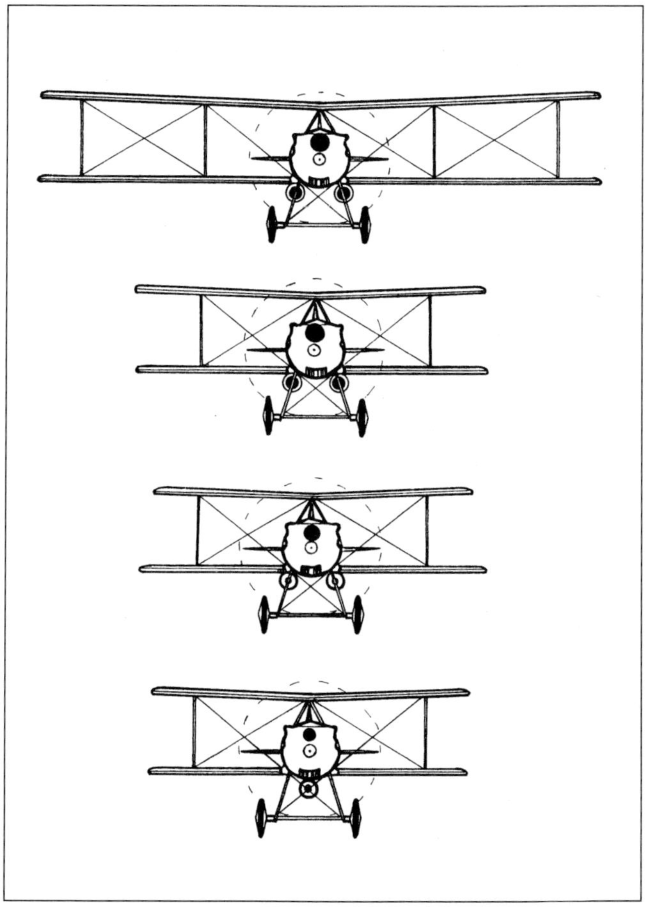

Nieuport 29V, Varianten (1918, 2/1920, 9/1920, 12/1920)

von etwas über 200 km/h. Das bedeutete für einen Herausforderer also mindestens 222 km/h. Nach einigen zwischenzeitlich durchgeführten Trainingsflügen gelang es Sadi Lecointe am 15. Oktober mit einer neuen S.20bis2 mit verkürzten Flügeln, den Kurs mit annähernd 248 km/h zu umrunden, fünf Tage später – diesmal wieder mit einer neuen Maschine, der S.20bis3 mit weiter verkürzter Spannweite – sogar mit 252 km/h, wobei er seinen Mechaniker im zweiten Sitz mitnahm. Natürlich schlief auch die Nieuport-Konkurrenz nicht, und nur zwei Tage später durchflog der Comte de Romanet die Wettbewerbsstrecke rund um Paris mit fast 269 km/h. Seine Maschine war die neugeschaffene Rennversion des Jagdeinsitzers Nieuport 29 C1, die 29V – wobei V = Vitesse (Geschwindigkeit) bedeutete. Doch die schwierige 10-Prozent-Marke konnte er damit nicht überbieten.

Kurz darauf, im Dezember 1919, wechselten beide Piloten getreu der Devise, daß das Gras beim Nachbarn grüner ist, zur jeweiligen Konkurrenz: Bernard de Romanet ging zu Spad und Sadi Lecointe zu Nieuport. Am 16. Dezember, bei seinem allerersten Flug mit der Nieuport 29V, wurde Lecointe mit 307 km/h gestoppt – bei einem Durchgang mit Rückenwind sogar mit 364 km/h ... Nur zweieinhalb Wochen später, am 3. Januar 1920, überbot Sadi Lecointe seinen eigenen „Prix Deutsch"-Rekord erneut mit über 366 km/h – und diesmal konnte er sicher sein, alle potentiellen Konkurrenten abgehängt zu haben.

Am 6. Januar 1920 endlich verfügte die FAI in Paris, daß die Jagd auf den Geschwindkeitsweltrekord wieder eröffnet sei, allerdings mit geänderten Regeln. Von nun an waren vier Meßflüge über einen ein Kilometer langen Kurs erforderlich, zwei in jeder Richtung, deren Schnitt die Rekordgeschwindigkeit ergab. Dabei durfte eine Flughöhe von 50 Metern nicht überschritten werden, sogar schon 500 Meter vor Überfliegen der ersten Meßmarke. Das Flugzeug mußte außerdem kurz vor dem Rekordflug mindestens zwei sichere Landungen vollführt haben und nach dem Rekordflug zu seinem Startpunkt zurückkehren. Schließlich mußte die bisherige Rekordgeschwindigkeit um mindestens 4 Stundenkilometer überboten werden.

Am 1. Februar 1920 begann Sadi Lecointe über dem Flugplatz von Villacoublay mit seinen Rekordversuchen am Steuerknüppel der schwarzlackierten Nieuport 29V und kam dabei auf eine Spitzengeschwindigkeit von 274 km/h. Knapp eine Woche später, am 7. Februar, machte er Ernst und stellte mit einem Schnitt von knapp 276 km/h einen neuen Geschwindigkeitsweltrekord auf, den ersten nach dem Ersten Weltkrieg. Allerdings hielt er ihn nur ganze drei Wochen lang. Dann trat

Fiat ARF mit Konstrukteur Rosatelli und Pilot Brack-Papa (1920)

die Konkurrenz in Person des talentierten Spad-Piloten Jean Casale mit der verbesserten Spad S.20bis4 auf den Plan, deren Flügel man auf eine Mini-Spannweite von 6,60 Metern gestutzt hatte. Mit mehr als 283 km/h war er über derselben Meßstrecke zwar knapp, aber ausreichend schneller als die Kombination Lecointe-Nieuport;und sein Rekord sollte weit über ein halbes Jahr Bestand haben. Daran änderte auch eine aufsehenerregende Serie von Schnellflügen des italienischen Starpiloten Brack-Papa nichts, die dieser im Frühjahr 1920 mit einem großen Fiat-Doppeldecker durchführte, der ursprünglich für die Atlantiküberquerung vorgesehen war. Die ARF (Atlantico Rosatelli Fiat) stellte eine vergrößerte Variante der im Vorjahr erfolgreichen Rosatelli-Konstruktion BR dar und besaß ebenfalls den bärenstarken A-14-Motor. Am 26. Februar kam Brack-Papa auf 261 km/h – mit vier Passagieren an Bord. Am 4. März waren es schon 277 km/h, diesmal mit zwei Passagieren, einer von ihnen der Dichter Gabriele D'Annunzio, und am 5. Mai schließlich kam er an die 280-Kilometer-Marke heran. Doch zu einem Weltrekord reichte es nicht ganz. Das traf auch auf englische Rekordversuche zu, die bei Martlesham Heath, Suffolk, stattfanden. Im März war der Pilot Raynham mit einer Martinsyde „Semiquaver" nur auf einen besten Schnitt von fast 260 km/h gekommen, und im Juni schaffte Leslie R. Tait-Cox mit seiner Nieuport & General L.S.3 nur knapp 268 Stundenkilometer. Aus den USA drang die Kunde von inoffiziellen 306 km/h, die ein Pilot namens Rudolph Schroeder mit einem Spezialdoppeldecker VCP-R erzielt haben sollte, doch traute man diesen Angaben nicht so ganz.

Schließlich hatten die USA kläglich versagt, als es daran ging, im Ersten Weltkrieg ein brauchbares Frontflugzeug zu bauen oder wenigstens einen vernünftigen Flugmotor. Die mächtige US-Automobilindustrie, fette Rüstungsaufträge witternd, hatte sich für den Flugzeugbau allein zuständig erklärt, ohne davon etwas zu verstehen.

Das Resultat waren nutzlos verpulverte Dollars, zahlreiche Bereicherungs- und Bestechungsaffären, aber keine vernünftigen Flugzeuge. Was die Flugmotoren anbetraf, so brachte es der mit vielen Vorschußlorbeeren bedachte, großspurig „Liberty" benannte Zwölfzylindermotor nach endlosen Fehlschlägen wohl zu einer beachtlichen Stückzahl – etwa 18000 –, kam jedoch für den Fronteinsatz zu spät. Allein aufgrund seiner großen Zahl kam er in den Nachkriegsjahren überall zum Einsatz. Immerhin dienten 6500 in England gebaute Exemplare im Zweiten Weltkrieg britischen Panzern als Antriebsquelle.

Dayton-Wright RB

Doch jetzt bot der für den September 1920 erneut ausgeschriebene „James Gordon Bennett Aviation Cup" die exzellente Möglichkeit, die sowohl von den Amerikanern als auch von den Briten gemachten Behauptungen bezüglich der Überlegenheit ihrer Rennflugzeuge in der Praxis nachzuprüfen. Die USA hatten, getreu den Bestimmungen des Wettbewerbs, drei Maschinen gemeldet, Großbritannien ebenfalls, und sogar Italien bekundete seine Absicht, zwei Ansaldos teilnehmen zu lassen. Doch Italien zog seine Meldung umgehend zurück. Von den drei britischen Maschinen wurde die Nennung der ersten, der Sopwith 107 „Rainbow", ebenfalls zurückgenommen, und zwar wegen Pleite der Firma. Die zweite, die L.S.3 „Goshawk", verpaßte den Meldeschluß und wurde ausgesondert. Die dritte Maschine schließlich, die Martinsyde „Semiquaver", war gezwungen, schon nach der ersten, wenn auch schnellen Runde wegen Schadens an der Ölpumpe notzulanden. Den drei amerikanischen Maschinen ging es – schnell oder nicht – kaum besser. Die erste, die Curtiss-Cox „Texas Wildcat", baute bei der Landung in Étampes, dem Austragungsflugplatz, restlosen Bruch, nachdem sie in Villacoublay in aller Eile wegen ungenügender Flugeigenschaften von einem Schulterdecker in einen Doppeldecker umgebaut worden war. Die zweite, die Verville VCP-R, fiel im Rennen in der ersten Runde aus, weil ihr Motor sauer wurde. Und die dritte Maschine, die futuristische Dayton-Wright RB, mußte nach der ersten Runde aufgrund mysteriöser mechanischer Schäden aufgeben. Das war besonders bedauerlich, da gerade dieses Flugzeug eine ganze Reihe zukunftsweisender Konstruktionsmerkmale aufwies:ein freitragender Schulterdecker mit geschlossenem Cockpit und einziehbarem Fahrgestell, für das Jahr 1920 eine Sensation. Der Tragflügel, aus einem Balsaholzkern mit Sperrholzbeplankung bestehend, konnte sowohl im vorderen als auch im hinteren Drittel über die gesamte Spannweite hinweg abgesenkt werden, um bei Start und Landung die Flügelwölbung und somit den Auftrieb zu erhöhen. Beim weltberühmten „Starfighter", vierzig Jahre später, fand sich eine sehr ähnliche Anordnung der Auftriebshilfen. Bei der RB befand sich allerdings das entsprechende Betätigungsgestänge unverkleidet und damit widerstandserzeugend auf der Flügeloberseite. Immerhin wies der Flügel eine außerordentliche Festigkeit auf. Die beiden Räder des Hauptfahrwerks konnten vom Piloten mit Hilfe einer großen Handkurbel auf

Dayton-Wright RB (1920)

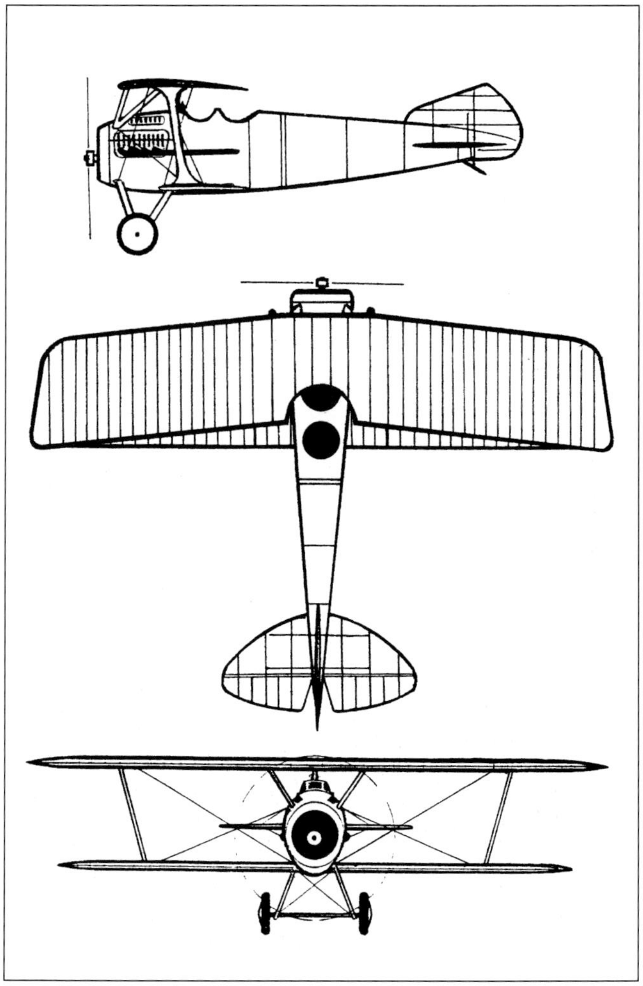

Spad-Herbemont S.20 C2 (1918)

Spad-Herbemont S.20bis 6 (1920)

dem Instrumentenbrett vollständig in die Rumpfseiten eingefahren werden, was zwölf bis zwanzig Sekunden dauerte. Bei einem Trainingsflug drei Tage vor dem Rennen hatte der Pilot Howard M. Rinehart einen bequemen Schnitt von 265 km/h erfliegen können, bei gedrosseltem Motor, da die Richtungsstabilität des silbernen Einsitzers mit zunehmender Geschwindigkeit alarmierend abnahm.
Was das Einziehfahrwerk betraf, so war bereits auf dem Pariser Aéro-Salon des Vorjahres ein kleiner französischer Renneinsitzer, der verstrebte Eindecker von Louis Clément, mit einem ähnlichen Mechanismus zu sehen gewesen. Allerdings kam die Maschine nie zum Fliegen. Und bei den Ausscheidungsflügen zum „Gordon-Bennett"-Rennen, von den Franzosen am 25. September durchgeführt, schied ein weiterer

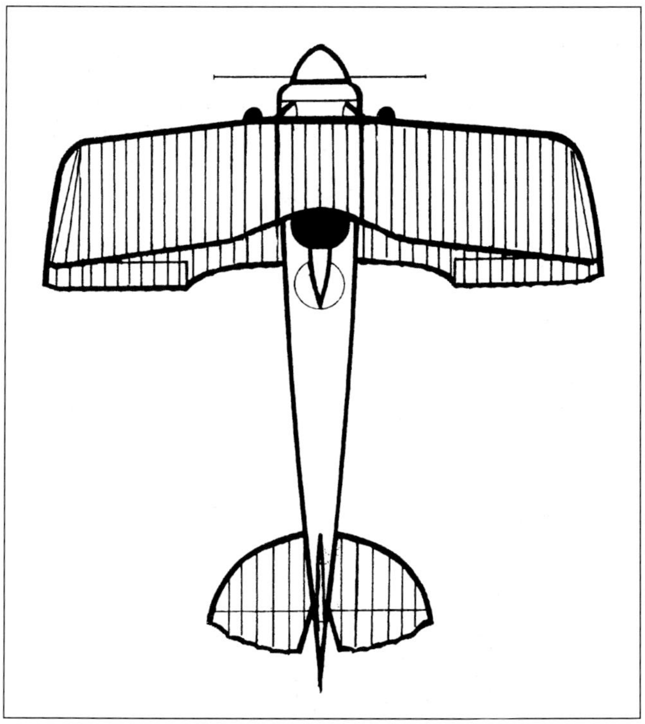

Spad-Herbemont S.20bis 6 (1920)

Spad-Herbemont S.20bis 5 (1920)

Nieuport 29V — 313 km/h (1920)

Nieuport 29V — 302,5 km/h (1920)

Neuling aus technischen Gründen aus, der Renndoppeldekker „Borel-Boccaccio", obwohl er als Drittschnellster in das Dreierteam gehört hätte. Auch ein Champion durfte nicht zum Rennen starten:Jean Casale hatte sich nicht mit seiner Spad S.20bis5 qualifizieren können, da aufgrund der weiteren Reduzierung aller Flächen, auch der Seitenruder, die Richtungsstabilität sehr zu wünschen übrig ließ. Das betraf genauso die Schwestermaschine de Romanets. Beiden Flugzeugen hatte man neue, noch kürzere Tragflügel verpaßt, wobei der Flügelabstand um 20 cm verringert worden war, so daß der Oberflügel jetzt direkt in den Rumpf überging. Die beiden Nieuports 29V, die sich hatten qualifizieren können, waren ebenfalls weiter verfeinert worden. Beim Rennen am 29. September waren also die Franzosen völlig unter sich. Sieger wurde Sadi Lecointe in einer weißen Nieuport 29V mit der Renn-Nummer 10, zweiter Bernard de Romanet in seiner Spad-Herbemont S.20bis5 – und das auch nur, weil er der einzige weitere Pilot im Rennen war. Die zweite Nieuport war kurz vor dem Ziel mit verölten Zündkerzen ausgefallen.

Um ihre Überlegenheit noch deutlicher zu demonstrieren, hielten die Franzosen knapp zwei Wochen später auf dem Spad-Werksflugplatz in Buc ein Rekord-Meeting ab. André Herbemont hatte – so schnell konnte man damals reagieren – eine der Spads erneut mit anderen Flügeln versehen und auch die Leitwerksflächen vergrößern lassen. Eine riesige Propellerhaube vervollständigte die Modifikationen. Am 9. Oktober verbesserte de Romanet mit dieser S.20bis6 den Weltrekord auf fast 293 km/h. Sein Rivale Sadi Lecointe war noch am selben Nachmittag um genau einen Kilometer schneller, doch das reichte den strengen Bestimmungen zufolge nicht aus. Aber de Romanet wollte sichergehen und raste erneut über den Kurs, um seinen eigenen Rekord höher zu schrauben. Da platzte die Propellerhaube, der Propeller zerbarst ebenfalls. Mit Mühe und Not konnte de Romanet die schlingernde Maschine in einen Acker setzen. Fliegerpech! Am nächsten Tag schaffte es Sadi Lecointe dann auch tatsächlich. Sein neuer Weltrekord: 296,3 km/h. Und, um etwaige Unklarheiten zu beseitigen, startete er zehn Tage danach in Villacoublay erneut zu einem Weltrekordflug, bei dem er als erster Pilot mit über 300 Stundenkilometer über den Meßkilometer raste:auf 302,5 km/h stand nun die Rekordmarke.

Das Team de Romanet/Herbemont gab jedoch nicht so rasch auf. Die lädierte S.20bis6 war in aller Eile wieder aufgebaut worden, mit noch kleineren Flügeln und einem noch stärkeren Motor. Am 4. November, wieder über dem Werksflugplatz in Buc, holte de Romanet sich den Weltrekord zurück, mit stolzen 309 km/h – trotz Nebels. Doch Sadi Lecointe und Gustave Delage waren nicht gewillt, sich den Weltrekord entreißen zu lassen. Die zweite „Gordon-Bennett"-Maschine, die Nr.11, wurde einer weiteren Schlankheitskur unterzogen. Das offene Cockpit deckte man mit einer Haube über dem jetzt tief im Rumpf hockenden Piloten völlig ab und entfernte auch die stromlinienförmige Kopfstütze. Zwei tropfenförmige Mini-Fenster in den beiden Rumpfflanken mußten für die Sicht ausreichen. Und sie reichten aus:am 12. Dezember fegte Sadi Lecointe viermal über die Meßstrecke in Villacoublay – in knapp vier Metern Höhe. Sein Lohn: Weltrekord mit 313 km/h – und eine verdiente Goldmedaille des dankbaren „Aéro Club de France". Sadi Lecointe hatte im Jahre 1920 den „Prix Deutsch", den „Grand Prix de Monaco" (für Wasserflugzeuge) und den „Gordon-Bennett-Cup" gewonnen und außerdem noch vier Weltrekorde aufgestellt – eine einzigartige Bilanz.

de Monge 5.1

Der belgische Vicomte Louis P. de Monge de Franeau, ideen- und erfolgreicher Hersteller der Lumière-Holzpropeller im Ersten Weltkrieg, faßte im Herbst 1920 den Entschluß, das schnellste Flugzeug der Welt zu bauen. Im Frühjahr 1921 entstand sein Modell 5.1, ein außerordentlich elegant geformter Hochdecker mit völlig geschlossenem Cockpit, angetrieben von einem Zwölfzylindermotor Hispano-Suiza Modell 42 und – natürlich – einem speziellen Lumière-Holzpropeller mit großer, strömungsgünstiger Nabenhaube. Der Rumpf wurde von einem verwindungssteifen Holzrohr als Kern gebildet, auf dem Sperrholzspanten saßen, die wiederum die äußere Stoffbespannung trugen. Auch der zweiholmige Flügel – mit Einzelstreben zum Rumpf hin abgestützt – war, wie allgemein üblich, stoffbespannt. Für die Anfangs-Flugerprobung war die Maschine noch mit einem abnehmbaren Unterflügel ausgestattet.
Der Comte de Romanet, Freund des Konstrukteurs und darauf erpicht, den ihm zweimal entrungenen Weltrekord wieder zurückzugewinnen, flog die Maschine und erreichte schon beim allerersten Flug 340 km/h – allerdings von unerklärlichen Vibrationen begleitet. Nach verschiedenen Modifikationen und Abbau des Unterflügels stand der braune Renneinsitzer am 23.September 1921 auf demFlugplatz von Villesauvage zur erneuten Erprobung durch Bernard de Romanet bereit. Schon wenige Minuten nach dem Start begannen die Vibrationen erneut;sie nahmen mit der Geschwindigkeit noch zu. De Romanet versuchte, das Flugzeug zum Flugplatz zurückzubringen und ging in eine steile Linkskurve. Da riß plötzlich die Bespannung der linken Flügelunterseite, und die Maschine schmierte bei hohem Tempo aus rund 50 m Höhe ab, zerschellte auf einem Feld – de Romanet war sofort tot. Die Ursache – erst einige Zeit danach erkannt – war Flattern des unzureichend abgestrebten und dadurch ungenügend festen Flügels einschließlich der Querruder. Der Absturz war auch das Ende der Firma Lumière. Doch gelang es de Monge schon im darauffolgenden Jahr, in Zusammenarbeit mit dem Möbelhersteller Buscaylet ein neues Flugzeug zu präsentieren: den Jagdeinsitzer, Modell 5-2, der dem glücklosen Rekordaspiranten stark ähnelte. Obwohl – oder vielleicht gerade weil – von sehr fortschrittlicher Konstruktion, blieb auch dieser elegante Jäger erfolglos und wurde nicht vom Staat akzeptiert. Späteren Entwürfen Louis de Monge ging es nicht besser – einschließlich des rasanten Bugatti 100P, eines Weltrekordflugzeuges gegen Ende der dreißiger Jahre.

Nieuport-Delage Sesquiplan

Auch Gustave Delage, der Schöpfer der erfolgreichen Nieuport 29, war – genau wie Louis de Monge – der Ansicht, daß die Tage des Doppeldeckers mit seinen vielen widerstanderzeugenden Streben und Drähten gezählt waren, selbst wenn dadurch die Festigkeit bei geringem Gewicht sehr hoch sein mochte. Sein im Herbst 1921 vorgestellter neuer Entwurf war folgerichtig ebenfalls ein einzeln verstrebter Schulterdecker in Holzbauweise, stoffbespannt und mit dem Hispano-Suiza Modell 42 ausgerüstet. Seine Bezeichnung „Sesquiplan" (Anderthalbdecker) war irreführend, da der halbe Flügel eigentlich nur aus einem Flügelprofil um die Fahrwerkachse herum bestand. Mit ihrem von der Ni.D.29 übernommenen Monocoque-Rumpf war die neue Nieuport erheblich schlanker als die glücklose de-Monge-Konstruktion. Trotz identischer Spannweite der beiden Maschinen war die Flügelfläche der „Sesquiplan" um ein gutes Viertel kleiner, die Flächenbelastung um die Hälfte größer. Waren beim Vorgängermuster, der Nieuport 29, die zwischen den Fahrwerkstreben montierten, tonnenförmigen „Lamblin"-Lamellenkühler eine notwendige, jedoch unschöne Einrichtung gewesen, so wirkten sie bei aerodynamisch „sauberen" Flugzeugen noch häßlicher. Sie boten aber gegenüber den beispielsweise in den Spads eingebauten, großflächigen Waben-Stirnkühlern bei gleicher Kühlleistung einen erheblich reduzierten Widerstand, was bei der Nieuport glatte 40 Stundenkilometer Spitzengeschwindigkeit ausmachte. Bei der Lumière-de-Monge 5.1 hatte sich einer dieser „casier à homards" (Hummerkörbe) genannten Kühler zentral auf dem Oberflügel befunden; bei der „Sesquiplan" waren es zwei davon unterhalb des Rumpfes, genau wie beim Modell 29.
Zwei Exemplare der „Sesquiplan" waren gebaut worden, ein weiß-rotes (Nummer 6) und ein weiß-blaues (Nummer 7). Nur zwei Tage nach dem Absturz Bernard de Romanets erreichte der unerschütterliche Sadi Lecointe bei Probeflügen mit der ersten der beiden neuen Maschinen schon inoffizielle 353 km/h – und am darauffolgenden Tag, dem 26. September 1921, einen hochoffiziellen Rekordschnitt von über 330 km/h, mit dem er seinen eigenen Weltrekord vom vergangenen Dezember verbessern konnte. Fünf Tage später allerdings, noch in der allerersten Runde des diesjährigen Rennens um den „Prix Deutsch de la Meurthe", brach die Maschine auseinander. Sadi Lecointe konnte gerade noch eine spektakuläre Bruchlandung in einem nahegelegenen Rübenfeld hinlegen, wobei er ernsthaft verletzt wurde. Die Ursache: möglicherweise Propellerbruch, wahrscheinlich Flügelflattern – ein Phänomen, mit dem sich Konstrukteure noch lange abzugeben hatten. Der zweite Nieuport-Pilot Georges Kirsch mit der verbliebenen „Sesquiplan", der weiß-blauen Nummer 7, gewann das Rennen. Zweiter wurde Fernand Lasne auf der erneut umgebauten 1920er Nieuport 29V. Die Mitbewerber waren schon vorher ausgeschieden oder gar nicht erst gestartet.
Der vom Konstrukteur M. R. Pouit in Metallbauweise geschaffene Renneinsitzer Hanriot HD.22 war zweifelsohne eine inter-

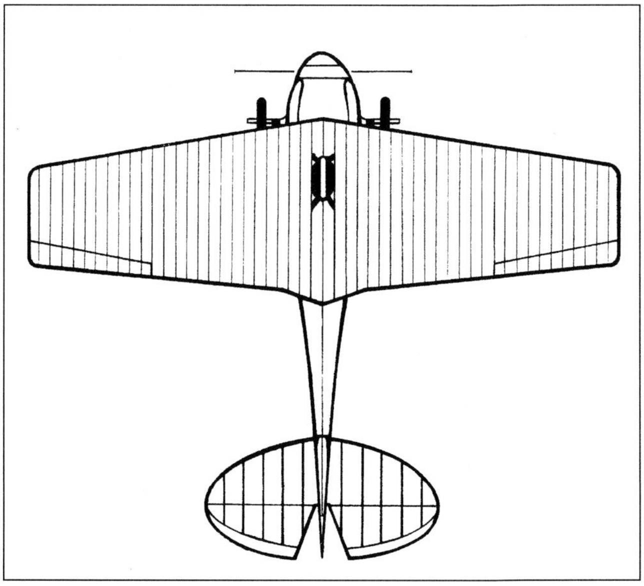

de Monge 5.1 (1921)

Nieuport-Delage Sesquiplan (1921)

essante und fortschrittliche Konstruktion. Als freitragender Schulterdecker mit Einziehfahrwerk der amerikanischen Dayton-Wright RB des Vorjahres ähnelnd, besaß die bullige Maschine – was wohl zum guten Ton gehörte – einen wohlverkleideten Hispano-Suiza 42 im Rumpfbug. Obwohl aufgrund von Windkanalmessungen 400 Stundenkilometer vorausgesagt worden waren, kam dieses Flugzeug aus einer Reihe von Gründen nie zum Fliegen.

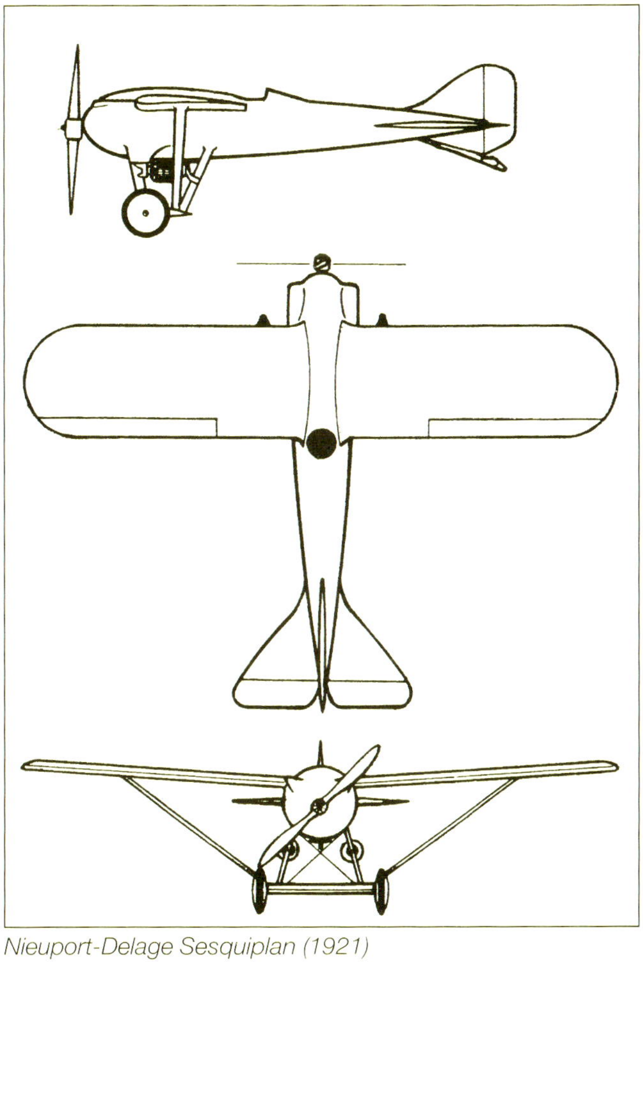

Nieuport-Delage Sesquiplan (1921)

Curtiss CR-1, Gloster „Bamel", Bristol 72, Fiat R.700

Natürlich war man auch im Ausland nicht untätig geblieben, weder in Großbritannien noch in Italien, und erst recht nicht in den Vereinigten Staaten. Deutschland, schon früher nicht zu den „schnellsten" Luftfahrtnationen gehörend, war zu dieser Zeit aufgrund der von den Siegermächten des Ersten Weltkrieges verhängten Restriktionen weder wettbewerbsberechtigt noch -befähigt. Erst fünfzehn Jahre später sollte sich das Blatt wenden. In den USA hatte es schon im vorangegangenen November einen ernsthaften Weltrekordversuch gegeben; allerdings war man mit der schon beim „Gordon-Bennett"-Rennen in Frankreich eingesetzten VCP-R wegen fortgesetzter Zündaussetzer des hochverdichteten Packard-Zwölfzylinders nur auf einen Schnitt von 299,5 km/h gekommen. Die Firma Curtiss hatte ihrem vom texanischen Ölmanager Cox in Auftrag gegebenen Modell 22 das von der US Navy als CR-1 (Curtiss Racer No.1) georderte Modell 23 folgen lassen. Beide Muster beteiligten sich an Hochgeschwindigkeits- und Rekordversuchen. So erreichte der Pilot Bert Acosta mit der Curtiss-Cox „Cactus Kitten" – in Dreidecker-Ausführung – Ende Oktober 1921 schon eine Spitzengeschwindigkeit von 310 km/h und mit der CR-1 einen Monat später 318 km/h, wobei allerdings der ausschlaggebende Durchschnittswert aus den erforderlichen vier Durchgängen nur 297,5 km/h betrug – viel zu wenig, um den Franzosen gefährlich werden zu können.

Auch auf britischer Seite gab es energische Bestrebungen, die französische Rekordvorherrschaft zu brechen. Im Juni erprobte man den mit einem starken Napier „Lion" ausgerüsteten Renndoppeldecker Avro 539 B/1, der jedoch beim ersten Flug bei einer Bruchlandung völlig zerstört wurde. Und bei einem anderen potentiellen Rekordbrecher, der schnellen Gloucestershire „Mars 1" – bekannter unter dem seltsamen Namen „Bamel" (Bear/Camel) – hatten sich schon beim Rennen um den „Prix Deutsch" genau wie bei der „Sesquiplan" alarmierende Anzeichen von Flügelflattern gezeigt. Der Pilot James H. James hatte in der zweiten Runde aufgeben müssen, da sich die Flügelbespannung zu lösen begann. Doch im Dezember 1921 gelang ihm über heimischem Boden ein Durchschnittstempo von 316,4 km/h. Das bedeutete zwar britischen Rekord, aber noch keinen Weltrekord. Den hatte wohl auch die im Sommer 1922 fertiggestellte Bristol 72 im Visier, ein freitragender Mitteldecker mit einem Neunzylinder-Sternmotor in

einem voluminösen Rumpf und mit einem Einziehfahrwerk. Man erhoffte sich Geschwindigkeiten von über 350 km/h von dieser etwas ungefüge aussehenden Maschine. Doch die wenigen Probeflüge verliefen enttäuschend, selbst nach zusätzlicher Verspannung des sich als recht flexibel erweisenden Flügels. Noch im selben Jahr wurde die Hoffnung der Firma Bristol begraben, vielmehr verschrottet:die beiden auseinandergesägten Rumpfhälften dienten den Kindern eines Bristol-Managers als hochwillkommene Indianerzelte.
Einige Zeit davor, im April 1922, hatte Bert Acosta mit dem Curtiss-Dreidecker „Cactus Kitten" sogar eine Spitze von 335 km/h erreichen können – doch von einem Weltrekord konnte keine Rede sein.
Francesco Brack-Papa, der Fiat-Starpilot, hatte ebenfalls am Rennen um den „Prix Deutsch" des Jahres 1921 teilgenommen, und auch er fiel in der zweiten Runde aus:wegen eines Lecks in der Kraftstoffzufuhr seiner neuen Fiat R.700. Dem Konstrukteur Rosatelli war es gelungen, den riesigen und außergewöhnlich kräftigen Fiat-Flugmotor A.14 – er leistete jetzt schon 837 PS – in einem verhältnismäßig kleinen Renndoppeldecker konventioneller Bauart unterzubringen, der in der Hand Brack-Papas als durchaus rekordfähig erschien. Schließlich war die R.700 vor ihrem vorzeitigen Ausfall im Rennen schneller als die gesamte Konkurrenz gewesen. Am 26. August 1922, nach gründlicher Vorbereitung, jagte Brack-Papa in Mirafiori bei Turin viermal über die 1-Kilometer-Meßstrecke und die offiziellen Zeitnehmer. 336,112 km/h lautete das Weltrekord-Ergebnis;Brack-Papa, Rosatelli, Fiat und Italien waren begeistert. Doch dabei blieb es seltsamerweise. Der FAI in Paris wurden die Meßunterlagen zwecks amtlicher Anerkennung nie übergeben.
Angespornt durch die Erfolge der „Sesquiplan" war man bei Nieuport dabei, einen noch besseren Nachfolger zu konstruieren. Gerüchte wollten von einem neuen „Sesquiplan", einem echten Anderthalbdecker wissen, der eine außergewöhnlich hohe Flächenbelastung von 105 kg/m^2 und einen ausländischen Flugmotor von 500 PS aufweisen solle, den Sunbeam-Coatalen-Zwölfzylinder „Matabele". Bei der im Sommer 1922 fertiggestellten Maschine handelte es sich tatsächlich um einen echten Anderthalbdecker mit ausländischem Flugmotor, nämlich dem amerikanischen Achtzylinder Wright H-3 von mehr als 400 PS – obwohl dies amtlicherseits nie zugegeben

Curtiss 23 CR-1 (1921)

Bristol 72 „Racer" (1922)

Nieuport-Delage Ni.D.41 (1922)

Fiat R.700 mit Pilot Brack-Papa (1922)

Nieuport-Delage Sesquiplan „Eugène Gilbert" (1922)

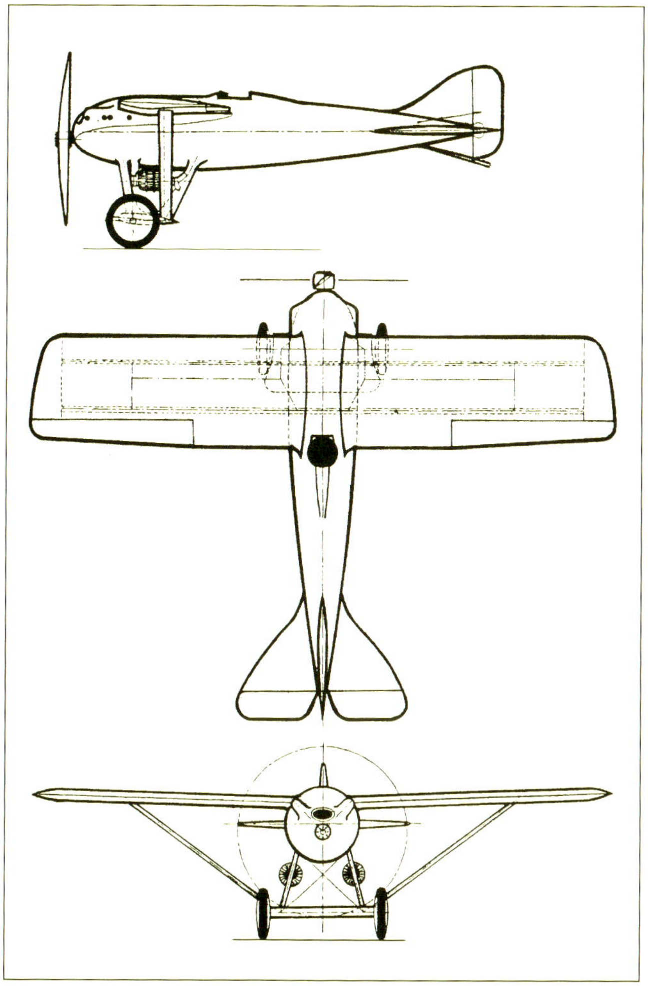

Nieuport-Delage Sesquiplan „Eugène Gilbert" (1922)

wurde. Er saß tief unten im Vorderteil des dicken, tropfenförmigen Monocoque-Holzrumpfes, darunter der unvermeidliche „Lamblin"-Kühler zwischen den Fahrwerkstreben, die vorne durch einen echten Halbflügel miteinander verbunden waren. Als Rennvariante eines in Entwicklung befindlichen Höhenjägers Nieuport-Delage 37 bot die grotesk geformte Course-Maschine Ni.D.41 zwar dem Piloten ausgezeichnete Sicht nach oben – sein Kopf ragte aus dem Mittelstück des völlig freitragenden, sperrholzbeplankten Oberflügels heraus –, erwies sich aber ansonsten als völliger Fehlschlag. Selbst Sadi Lecointe gelang es nicht, das weiß-rot lackierte Monstrum mit der Renn-Nummer 6 vom Boden hochzubringen. Als dann noch der Vergaser Feuer fing, brach man die Versuche und kurz danach das gesamte Projekt ab. Der Höhenjäger Ni.D.37 war kurz auf dem Pariser Aéro-Salon im Dezember 1922 zu sehen – jetzt mit verstrebtem Oberflügel –, dann verschwand auch er in der Versenkung.

Der Not gehorchend – schließlich stand der „Prix Deutsch" vor der Tür – nahm man sich wieder der einzigen noch verbliebenen „Sesquiplan" an. Sie erhielt einen neuen, weitgehend sperrholzbeplankten Flügel mit identischer Spannweite und gleichem Flächeninhalt, aber geändertem Umriß und Profil. Der Erfolg dieser Zwischenlösung ließ tatsächlich nicht lange auf sich warten. Bei Probeflügen in Villesauvage am 10. September 1922 kam Sadi Lecointe mit der auf den Namen „Eugène Gilbert" getauften Maschine schon auf 358 km/h. Den bewährten Hispano-Suiza-Motor hatte man auf über 360 PS hochgetrimmt. Bei den für den 21. September anberaumten neuerlichen Weltrekordversuchen ging alles glatt. Sadi Lecointe konnte seinen Rekord vom Vorjahr um 11 km/h auf gute 341 km/h steigern.

Das zehn Tage später stattfindende Rennen um den „Prix Deutsch" versprach das mit Abstand exotischste aller dieser Veranstaltungen zu werden. Leider erwiesen sich dann die meisten der angekündigten Superflugzeuge als Versager – man denke an die Bristol 72 und die Nieuport-Delage 41 –, als entwicklungsbedürftig oder als nicht fertiggewordenen. Letzteres galt für zwei französische „schwanzlose" Konstruktionen.

René Arnoux, ein Pionier des Nurflügelprinzips, hatte einen kleinen, robusten Holzeindecker mit freitragendem Flügel ohne jegliche Pfeilung geschaffen. Als Antriebsquelle diente auch hier der Hispano-Suiza 42. Leider ging die interessante und schnelle „Simplex-Arnoux" eine Woche vor dem Rennen bei einer Landung zu Bruch. Der von den Konstrukteuren Landwerlin und Berreur entwickelte Schulterdecker war größer und wurde von einem mächtigen Fiat A.14 angetrieben. Der ebenfalls freitragende Flügel besaß eine Vorwärtspfeilung von 22 Grad, und man hatte dem Flugzeug aufgrund von Windkanaluntersuchungen 450 Stundenkilometer geweissagt. Der berühmte Flieger Charles Nungesser hätte sie fliegen sollen. Doch die Maschine wurde nicht rechtzeitig fertig und kurze Zeit danach völlig aufgegeben.
Was blieb, waren die weniger exotischen, aber dennoch gefährlich schnellen Konkurrenzmaschinen in Form der britischen „Bamel" und der italienischen Fiat R.700, zu denen noch eine Spad-Herbemont 58 und – lediglich als Ausfallreserve – die altgediente Nieuport 29V aus den Jahren 1920 und 1921 kamen. Das Rennen am 1. Oktober endete paradox. Dem britischen Piloten James H. James wehten in der allerersten Runde die Streckenkarten aus dem Cockpit seiner „Bamel", woraufhin er – navigationsunfähig – aufgeben mußte. Francesco Brack-Papas erster Durchgang wurde wegen eines Formfehlers für ungültig erklärt, und in der zweiten Runde des zweiten Durchgangs mußte er wegen eines Vergaserschadens notlanden. Jean Casale war ebenfalls gezwungen, wegen Kühlerschaden an seiner S.58 in der zweiten Runde

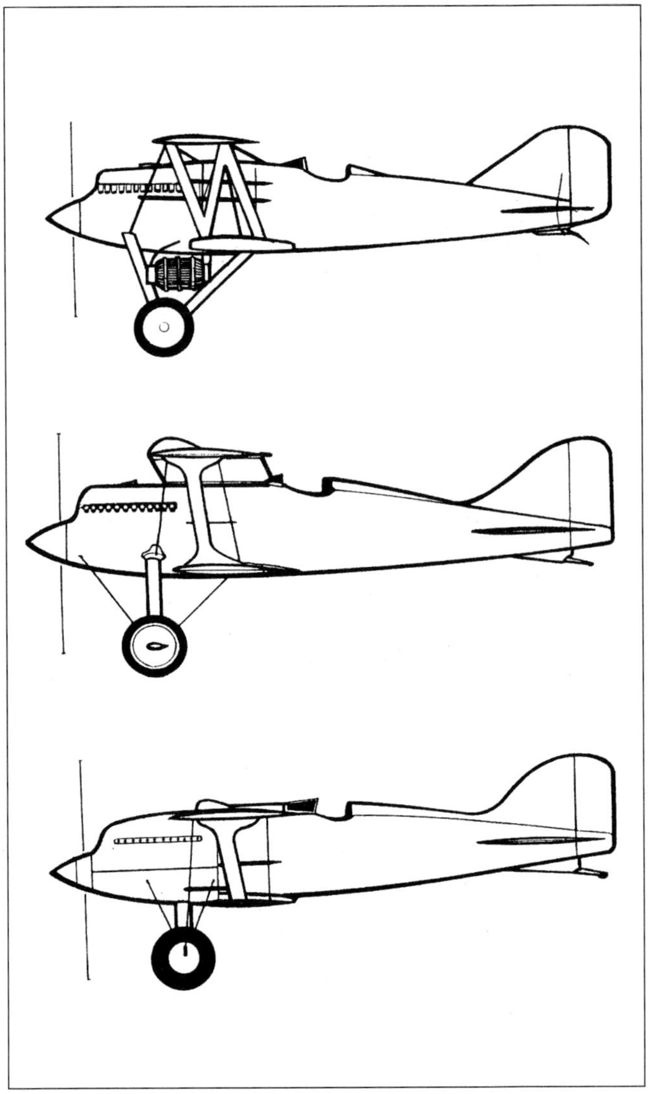

Curtiss CR-1 (1921), R-6 (1922), R2C-1 (1923)

Curtiss R-6 (1922)

Curtiss R2C-1 und Pilot Alford Williams (1923)

Nieuport-Delage Sesquiplan „Eugène Gilbert" (1923)

aufzugeben. Sadi Lecointe, der große Favorit, hatte das Pech, daß ihm nach einer sehr schnell absolvierten ersten Runde eine Zündkerze aus dem allzu gestreßten Motor flog. Bei der anschließenden Notlandung überschlug sich die „Sesquiplan", glücklicherweise ohne Schaden für den Piloten. Sieger wurde dann der als einziger übriggebliebene Fernand Lasne in seiner betagten Nieuport-Delage 29V. Immerhin war es Lecointe – trotz seines vorzeitigen Überschlags – vergönnt gewesen, einen neuen 100-Kilometer-Rekord in geschlossener Bahn mit einem Schnitt von über 325 km/h aufzustellen.

Curtiss R-6

Die internationale Konkurrenz, bislang noch ohne große Chancen, ließ sich nun nicht mehr so leicht abschütteln. Genau einen Tag später erzielte der US Army-Pilot Russell Maughan beim ersten Probeflug mit den zweiten Exemplar des Curtiss-Renndoppeldeckers R-6 eine Durchschnittsgeschwindigkeit von 353 km/h über den Meßkilometer – wenn auch inoffiziell. Zwei Tage darauf, am 4. Oktober, stellte der britische Pilot James H. James mit einem gemessenen Schnitt von 341,2 km/h den erst zwei Wochen alten Weltrekord Sadi Lecointes ein. Am 8. Oktober kam Maughan in den USA schon auf einen inoffiziellen Schnitt von annähernd 355 km/h, und zwar beim Training für den knapp eine Woche später stattfindenden Wettflug um den von dem amerikanischen Zeitungsbesitzer Pulitzer gestifteten Preis, der in den USA einen außerordentlich hohen Prestigewert besaß. Maughan siegte auch in diesem Rennen. Zwei Tage später, am 16. Oktober 1922, erzielte er bei einem weiteren Testflug sogar 373,7 km/h. Und dann – um die Erfolgsserie zu krönen – fiel am 18. Oktober mit einem Schnitt von fast 359 km/h der Geschwindigkeitsweltrekord an die USA. Doch statt Russell Maughan, der sich auf Urlaub bei seiner Frau und seinem während des Pulitzer-Rennens geborenen Sohn befand, war William „Billy" Mitchell der Rekordpilot gewesen – der wegen seiner lautstarken und zuweilen unorthodoxen Ansichten berühmte Brigadegeneral und zweiter Mann des US Army Air Service. Böse Zungen behaupteten dann auch prompt, er habe in diesem Fall seinen Rang ausgespielt.

Mit der R-6 war es Curtiss endlich gelungen, nach den exotischen und unzuverlässigen Konstruktionen der vergangenen vier Jahre – dem Modell 18-T, der „Cactus Kitten" und der CR-1 – einen echten „Winner" zu produzieren. Kernstück des vom jungen Ingenieur William Wait unter Chefkonstrukteur Filmore entworfenen Holzdoppeldeckers war der vom Motorenspezialisten Arthur Nutt geschaffene Hochleistungs-Zwölfzylinder-Flugmotor Curtiss D-12 von 470 PS, sehr sauber in den Bug der schnittigen Maschine eingefügt. Widerstandsarme Oberflächenkühler auf den Ober- und Unterseiten beider Flügel vervollständigen die leistungssteigernden Maßnahmen. Die US Army, angespornt durch Erfolge der US Navy-Rennflugzeuge – ebenfalls von Curtiss –, hatte darauf bestanden, daß beide von ihr am 27. Mai 1922 georderten Maschinen in genau drei Monaten fertig sein müßten, da sie der US Navy beim diesjährigen „Pulitzer"-Rennen Paroli bieten wollte. Und das gelang ihr in eindrucksvoller Weise. Auch die tief in den roten Zahlen steckende Firma Curtiss konnte wieder hoffen, denn sowohl die US Army als auch die US Navy waren auf schnelle Curtiss-Jagdeinsitzer mit Curtiss-Flugmotoren erpicht. Zu erwähnen bleibt übrigens noch, daß die Weltrekordflüge gleichzeitig „Billy" Mitchells allererste Flüge in der R-6 darstellten.

Es verstand sich von selbst, daß man in Frankreich und insbesondere bei Nieuport auf Revanche bedacht war. Die „Sesquiplan" wurde sofort unter Leitung des Nieuport-Ingenieurs Mary überholt und erhielt einen neuen Propeller der Firma Regy. Hatte bei der Curtiss R-6, den „Pulitzer"-Regeln entsprechend, die Landegeschwindigkeit 120 km/h betragen, so lag sie bei der „Sesquiplan" nun um die Hälfte höher, nämlich bei 180 km/h. Auf jeden Fall begann Sadi Lecointe gegen

Nieuport-Delage Ni.D.42S (1924)

Ende des Jahres 1922 in Istres, dem französischen Erprobungszentrum, mit den Testflügen. Doch es reichte nicht für die erforderliche Rekordgeschwindigkeit. Daraufhin entfernte man die unschönen „Lamblin"-Tonnen und ersetzte sie – dem Beispiel von Curtiss folgend – durch Oberflächenkühler der Firma Moreux an den Flügelunterseiten. Außerdem tauschte man den Hispano-Suiza 42 gegen den (daraus entwickelten) Wright H-3 aus der aufgegebenen Nieuport 41 aus. Offiziell bezeichnete man ihn allerdings als „in Lizenz hergestellten Hispano"; schließlich stimmten Bohrung und Hub der beiden Achtzylinder überein. Am 15. Februar 1923 nun schaffte es Sadi Lecointe mit der modifizierten „Eugène Gilbert", und mit genau 375 km/h gehörte der Weltrekord jetzt wieder ihm, Nieuport und Frankreich.
Doch leider sollte die französische Genugtuung nur sechs Wochen lang dauern. Die beiden US Army-Piloten Russell Maughan und Lester Maitland – dieser hatte beim „Pulitzer"-Rennen mit der zweiten R-6 den zweiten Platz belegt – wollten den Weltrekord über einen Kilometer unbedingt zurück in die USA holen. Ab 1. April 1923 würden nämlich neue FAI-Bestimmungen in Kraft treten, denen zufolge sich die Meßstrecke auf drei Kilometer verlängerte. Dies geschah mit Rücksicht auf die höheren Geschwindigkeiten und um etwaige Meßungenauigkeiten zu reduzieren. Die Versuche begannen am 21. März, und schon fünf Tage später gelang Maughan ein Schnitt von 376,4 km/h – leider weniger als die erforderlichen 4 km/h „mehr". Am 29. März flog Maitland dreißig aufeinanderfolgende Durchgänge, wobei der Durchschnitt der vier besten zusammenhängenden Flüge über 386 km/h betrug. Leider fand Maitlands voller Einsatz keine offizielle Anerkennung, da er nur ungenügend auf den vorgeschriebenen waagerechten Flug geachtet hatte. Statt dessen wurde der kurz nach ihm gestartete Maughan – auch er hatte 24 Durchgänge geflogen – mit einem offiziellen Schnitt von 380,751 km/h zum neuen Weltrekordinhaber erklärt. Zwar hatte auch er die Meßstrecke im Sturzflug – zwecks Erzielens höherer Geschwindigkeit – angeflogen, war aber dann über die gesamte vorgeschriebene Distanz in gleichbleibender Höhe geblieben. Wie schon so oft gab es auch hier Fehler bei der endgültigen Berechnung der Rekordgeschwindigkeit, die aber durch die Anerkennung seitens der FAI offiziellen Status erhielten und fortan nicht mehr zu ändern waren. Erneute Versuche des enttäuschten Maitland im April blieben wegen einiger leichter Unfälle beim Rollen erfolglos.

Curtiss R2C-1

So erfolgreich die Curtiss R-6 gewesen war, sie bekam jetzt einen übermächtigen Konkurrenten – aus dem eigenen Haus. Die US Navy, verärgert über den vorjährigen „Pulitzer"-Sieg der Army-Piloten mit den schnellen R-6, hatte zwei noch schnellere Maschinen als R2C-1 in Auftrag gegeben, ebenfalls bei Curtiss. Im wesentlichen eine weiter verfeinerte R-6, wies die Neukonstruktion allerdings einen auf über 500 PS gesteigerten Curtiss D-12A und einen Reed-Leichtmetallpropeller auf. Letzterer sorgte allein schon für ein Plus von 16 Stundenkilometern. Selbst die beiden Räder des Fahrwerks waren von strömungsgünstigem Querschnitt und besaßen Innenfederung.
Die Konkurrenzfirma Wright hatte schon im Oktober 1922 Weltrekordversuche mit ihrem als „Mystery Racer" bekanntgewordenen Anderthalbdecker NW-1 durchgeführt, der sich aber als nicht schnell genug erwies. Jetzt hatte man, ebenfalls für die US Navy, zwei Exemplare eines neuen Renndoppeldekkers F2W-1 gebaut, welcher der Curtiss R-6 ähnelte. Auch hier fanden Oberflächenkühler an beiden Flügeln Anwendung, doch als Antriebsquelle diente der 760 PS leistende Zwölfzylindermotor Wright T-3 „Tornado".
Bei der Erprobung im September erwies sich die Curtiss-Konstruktion wiederum als die schnellste. Beim Rennen um den „Pulitzer"-Preis, das am 6. Oktober 1923 in St. Louis, Missouri, stattfand, belegten dann auch die beiden Curtiss-Maschinen – geflogen von den Navy-Piloten Alford Williams und Harold Brow – die ersten Plätze, in einigem Abstand gefolgt von den Wrights und dann erst von den Curtiss R-6 der US Army. Bemerkenswert war, daß die Durchschnittsgeschwindigkeit der zwei Siegermaschinen mit über 390 km/h über dem Kurzstrecken-Weltrekord vom Frühjahr lag, trotz der insgesamt zwölf in diesem 200-Kilometer-Rennen zu fliegenden Steilkurven.
Schon am Tag nach dem Rennen wollte Williams mit seiner R2C-1 einen Angriff auf den offiziellen Weltrekord unternehmen, doch mußte man dies aus organisatorischen Gründen um vier Wochen verschieben. Diesmal war auf dem Curtiss-Werksflugplatz auf Long Island die amtliche Drei-Kilometer-Strecke abgesteckt, über welcher die beiden Piloten Williams und Brow eine Art freundlschaftliches Geschwindigkeitsduell austragen sollten, so ganz nach dem Geschmack der Amerikaner. Am 2. November startete Brow als erster und kam auf durchschnittlich 414,3 km/h, dann folgte Williams mit 416,2 km/h und schließlich noch einmal Brow mit 417,6 km/h – und dieser Rekordflug wurde offiziell angemeldet und anerkannt. Heftiger Wind verhinderte die Fortsetzung des Wettkampfes schon am folgenden Tag, doch am 4. November 1923 schraubte Williams das Tempo auf 423,56 km/h. Brow konterte mit 427,3 km/h, woraufhin Williams noch einmal in seinen Renneinsitzer stieg und einen endgültigen Weltrekordschnitt von 429 km/h herausholen konnte. Seinen letzten Durchgang beendete er, indem er seine Curtiss steil in den Himmel zog – und mitten durch eine Formation von Martin-Bombern, die sich im Anflug auf das benachbarte Mitchel Field befanden. Das reichte sowohl dem zuständigen Admiral als auch dem Marineminister, die mit ihren telegraphischen Glückwünschen auch gleich ein Verbot weiterer Rekordversuche aussprachen.

Bernard (SIMB) V.2

In Frankreich wurde die atemberaubende Rekordserie der Amerikaner als nationale Tragödie empfunden. Offiziell und inoffiziell wurde verlautbart, daß es unbedingt erforderlich sei, französische Konstrukteure diese Rekorde angreifen zu lassen, denn solche Rekorde seien für eine Nation die beste Werbung. Man setzte auch zwei Preise von je 50000 Francs für diejenigen Konstrukteure aus, deren Flugzeuge den Geschwindigkeits- und den Höhenweltrekord zurückerobern würden. Gustave Delage und die Firma Nieuport reagierten am schnellsten. Ihr Modell 40, im wesentlichen eine Nieuport 29 mit größerer Spannweite, holte sich mit dem unverdrossenen Sadi Lecointe am Steuer den Preis für die größte Höhe. Und zur Erringung der Geschwindigkeitsprämie entstand das Modell 42S, eine weiterentwickelte, etwas größere „Sesquiplan" mit neuem Zwölfzylindermotor Hispano-Suiza 51. Doch diesmal erwies sich die Delage-Schöpfung als zu langsam. Es reichte wohl zu einer Reihe von Rekorden über längere Distanzen, doch nicht zum absoluten Geschwindigkeitsrekord – trotz zahlreicher Versuche. Sadi Lecointe gab schließlich die Rekordjagd ganz auf. Er blieb noch über ein Dutzend Jahre lang Nieuport-Chefpilot, war dann politisch tätig und starb 1944 in Paris.
Als zweiter Rekordaspirant trat die Firma SIMB (Société Industrielle des Méteaux et du Bois) des Unternehmers Adolphe Bernard auf denPlan. Sie war gelegentlich auch unter

Bernard (SIMB) V.1 (1924)

Bernard (SIMB) V.2 (1924)

dem Namen „Ferbois“ (Eisen/Holz) bekannt. Chefkonstrukteur Jean Hubert hatte schon 1922 einen modernen Jagdeinsitzer-Prototyp, die Bernard C.1, auf dem Pariser Aero-Salon ausgestellt, einen freitragenden Leichtmetall-Tiefdecker. Doch man begegnete soviel Fortschrittlichkeit mit großer Skepsis und kritisierte die in der Tat zuweilen noch unausgereifte Konstruktionsmethode. Die im Jahre 1924 von Hubert und seinem jungen Assistenten Bruner konstruierten beiden Renneinsitzer ähnelten dann zwar dem Jagdeinsitzer, bestanden aber ganz aus Holz. Das erste dieser „Vitesse“-Modelle, die V.1, war mit einem 540 PS starken Lorraine-Dietrich-Flugmotor und einem Holzpropeller ausgerüstet, das zweite, die V.2, mit einem 620 PS leistenden Hispano-Suiza 50 und einem Levasseur/Reed-Metallpropeller. Beide Motoren besaßen 12 Zylinder in W-Anordnung.

Die V.1 erwies sich allerdings schon beim allerersten Flug im Mai 1924 als instabil – ihr Höhenleitwerk war viel zu klein geraten – und ging bei der Landung zu Bruch. Der Pilot, Florentin Bonnet, wurde glücklicherweise nur leicht verletzt.

Inzwischen war der Staatspreis auf 200000 Francs erhöht worden, wovon 140000 Francs auf den Flugzeugbauer entfallen sollten und 60000 Francs auf den Motorenkonstrukteur. Kein Wunder, daß man bei SIMB mit Feuereifer an der Fertig-

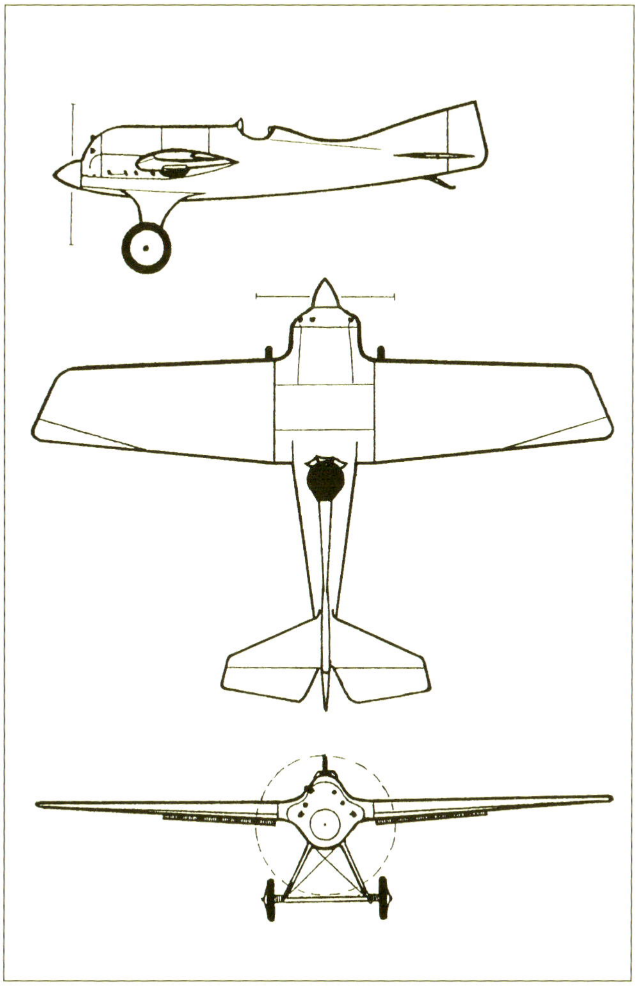

Bernard (SIMB) V.2 (1924)

Kirkham-Williams „Vespa“ und Pilot Alford Williams (1927)

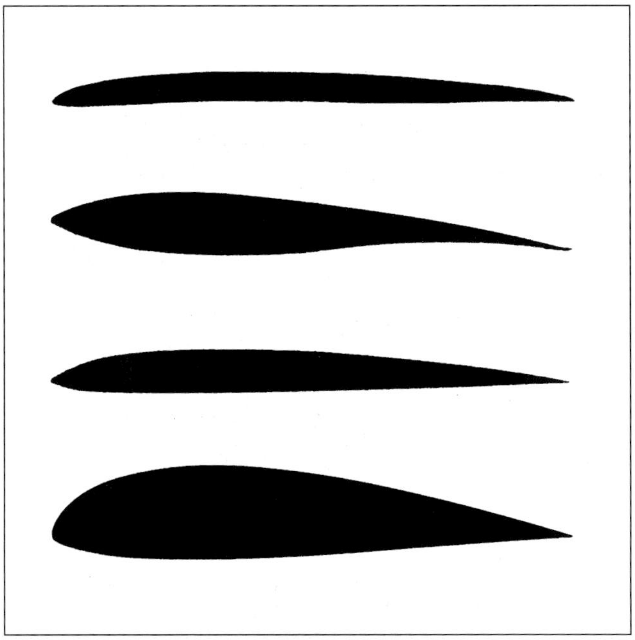

Flügelprofile R-6, Sesquiplan, R2C-1, V.2

stellung der V.2 arbeitete. Doch der erste Weltrekordversuch am 8. November erbrachte nur einen Durchschnittswert von rund 393 km/h. Zehn Prozent fehlten noch an Geschwindigkeit, um Alford Williams und seine Curtiss R2C-1 zu schlagen. Man unterzog die hellblaue Maschine einer gründlichen Abmagerungskur, stutzte ihre Flügel, modifizierte die Lufteinlässe und Auspuffstutzen, brachte neue Räder an, polierte sie auf Hochglanz. Am 11. Dezember 1924 wurden dann die Mühen vom heiß ersehnten Erfolg gekrönt: viermal jagte Bonnet in Baumwipfelhöhe über den Flugplatz von Istres, dann befand sich der Geschwindigkeits-Weltrekord wieder in französischer Hand. Bei mehr als 448 Stundenkilometern lag die Marke, die von einem Landflugzeug – einem amerikanischen – erst acht Jahre später überboten werden sollte, zumindest offiziell.
Entsprechende Versuche gab es genug, sowohl auf französischer als auch auf britischer und amerikanischer Seite. Sogar in der jungen Tschechoslowakei hegte man Weltrekordambitionen, doch die Letov Š-8 „Osmička“ (Achtelchen) des Konstrukteurs Alois Šmolik, ein abgestrebter Hochdecker, schaffte 1923 lediglich einen Schnitt von 342 km/h über die 3-km-Meßstrecke. In Frankreich zogen sich die verbissenen Probeflüge mit der unvermögenden Nieuport 42S bis zum Herbst 1925 hin, und bei der Firma SIMB existierten Pläne für eine V.3 – eine weiterentwickelte V.2 mit einem Lorraine-Kompressormotor und Einziehfahrwerk. Doch diese Maschine wurde nie gebaut. Von der britischen Firma Gloster erschien im Jahr 1925 eine speziell für Rekordflüge bestimmte Weiterentwicklung der berühmten „Bamel“ unter der Bezeichnung Gloster II „Bluebird“, ebenfalls von einem Napier „Lion“-Flugmotor angetrieben. Im Juni 1925 jedoch, während des vierten Probeflugs, fing das Leitwerk zu vibrieren an. Das Flugzeug schlug mit weit über 300 km/h auf den Boden auf und rutschte, die Einzelteile verlierend, 150 Meter weit. Der Pilot, Larry Carter, wurde schwer verletzt und starb im darauffolgenden Jahr. Was die amerikanischen Rekordversuche anbetraf, so hatte sich schon früher der Renneinsitzer Verville-Sperry R-3, ein freitragender Tiefdecker mit Einziehfahrwerk und ganz aus Holz hergestellt, vergeblich um höhere Geschwindigkeiten und Rekorde bemüht. Ein weiteres Projekt dieser Firma aus dem Jahr 1924, ein Tiefdecker mit zwei Curtiss-Zwölfzylindermotoren in Tandemanordnung, blieb auf dem Papier. Bei der Firma Curtiss entstand als weiter verfeinerte Variante der R2C-1 die R3C-1, mit der im Herbst 1925 Spitzengeschwindigkeiten um die 480 km/h herum erzielt wurden, allerdings inoffiziell. Das Hauptinteresse der Flugwelt hatte sich inzwischen den ungeheuer prestigeträchtigen Rennen um den „Schneider-Pokal“ für Wasserflugzeuge zugewandt, und auch das Streben der Konstrukteure war ziemlich einseitig auf diese hochgezüchteten Schwimmermaschinen und Flugboote gerichtet. Mit Schwimmern versehene Ausführungen der Curtiss-Renneinsitzer waren – ein Beweis für die Güte der Grundkonstruktion – auch bei diesen Wettbewerben mehrere Male erfolgreich. Der letzte, wenn auch halbherzige, Versuch zur Erringung des Geschwindigkeitsweltrekords mit einem Landflugzeug in den zwanziger Jahren fand im November 1927 statt. Alford Williams hatte sich von den früheren Curtiss-Konstrukteuren Booth und Thurston einen Zweischwimmer-Doppeldecker für das „Schneider“-Rennen des Jahres 1927 bauen lassen, der durch einen 24-Zylinder-Packard-Flugmotor von 1265 PS angetrieben wurde und ausgezeichnete Siegeschancen besaß. Doch aus einer Reihe von Gründen schlug dieses Vorhaben fehl. Die Maschine versah man anschließend mit einem normalen Radfahrwerk. Am 4. November 1927 wurde der Weltrekord vom italienischen Piloten Mario De Bernardi mit 479,3 km/h erstmals offiziell von Italien gewonnen – mit der Macchi M.52, einem Wasserflugzeug. Zwei Tage später erreichte Williams in seiner „Vespa“ inoffizielle 519 km/h. Einen offiziellen Rekordversuch hat er nie unternommen.

Der Kampf um den Schneider-Pokal 1927–1934

Eine skurrile Logik sorgte Mitte der zwanziger Jahre dafür, daß nahezu ein Dutzend Jahre lang Wasserflugzeuge die „Schnellsten der Welt" waren. Die Ursache dafür war eine bereits im Dezember 1912 vom Franzosen Jacques Schneider gestiftete Trophäe. Als gut situierter Sohn des Rüstungsmanagers Schneider in Le Creusot hatte er ursprünglich Bergwerksingenieur werden wollen. Sein großes Interesse an schnellen Wasser- und Luftfahrzeugen gewann dann aber rasch die Oberhand. Trotz einer schweren Armverletzung aufgrund eines Motorbootunfalls in Monaco war er noch im selben Jahr 1910 dem Aéro Club de France beigetreten, um im darauffolgenden Jahr sowohl seinen Piloten- als auch seinen Ballonführerschein zu erwerben. An Bord seines Freiballons „Icare" stellte er nur wenig später mit 10081 m erreichter Höhe sogar einen französischen Rekord auf. Nachdem seinem Landsmann Henri Fabre im März 1910 erstmals der Start und Flug in einem Wasserflugzeug gelungen war, suchte Schneider das Interesse an dieser Flugzeuggattung durch Stiftung des „Coupe d'Aviation Maritime Jacques Schneider" zu beleben. Die fälschlicherweise auch als „Schneider Cup" oder „Pokal" bezeichnete kitschige silberne Trophäe auf einem Marmorsockel stellte eine über den Wellen schwebende FKK-Nymphe mit Libellenflügeln extrem hoher Flächenbelastung dar, die einen von drei kühnen Schwimmern küßte. Zusätzlich war noch ein ansehnlicher Geldpreis ausgesetzt, zumindest in den ersten Jahren. Die ursprüngliche Zielsetzung war die Weiterentwicklung der damals noch sehr leistungsschwachen Wasserflugzeuge in zuverlässige Transozean-Transportmittel gewesen. Deswegen wurde neben Einzelflügen gegen die Uhr über eine Distanz von mindestens 150 Seemeilen (277,8 km) über die offene See auch großer Wert auf die Seetüchtigkeit der Flugapparate gelegt. Jede teilnehmende Nation konnte bis zu drei Wasserflugzeuge oder Flugboote melden. Die zunächst alljährlich abgehaltenen Wettbewerbe sollten jeweils in demjenigen Land stattfinden, das zuletzt den Sieger gestellt hatte. Drei aufeinanderfolgende Siege in fünf Jahren würden einer Nation den endgültigen Besitz der Trophäe sichern und den Wettbewerb ein für allemal beenden.

Sehr rasch jedoch arteten die Wettbewerbe zu reinen Geschwindigkeitsveranstaltungen aus. Die Erringung des Pokals galt bald als großer nationaler Prestigegewinn – was neben dem Wohlwollen der führenden Politiker und Industriellen des entsprechenden Landes in der Regel auch die Verfügbarkeit der dazu erforderlichen beträchtlichen Mittel bedeutete. Kein Wunder also, daß sich allmählich die führenden Flugzeug- und Flugmotorenkonstrukteure in aller Welt der Schaffung immer schnellerer Wasser-Renneinsitzer mit immer stärkeren Triebwerken zuwandten.

Der erste der „Schneider"-Wettbewerbe fand im April 1913 in Monaco statt und wurde von Maurice Prévost auf einem Zweischwimmer-Eindecker der Marke Deperdussin gewonnen. Die Trophäe blieb also in Frankreich. Ein Jahr darauf reiste sie allerdings nach Großbritannien, dank des Überraschungssieges von Howard Pixton mit einem ebenfalls auf zwei Schwim-

Curtiss R3C-2 mit Pilot Jimmy Doolittle (1925)

mer gestellten Doppeldecker Sopwith „Tabloid“. Der wenige Monate später ausgebrochene Erste Weltkrieg brachte dann zunächst eine brutale Unterbrechung des internationalen Wettbewerbsgeschehens. Der dritte „Schneider“-Wettbewerb fand deswegen erst im September 1919 in Bournemouth statt, wurde aber wegen schlechten Wetters vorzeitig abgebrochen und für nichtig erklärt. Als eine Art Anerkennung für den einzigen zuletzt noch in der Luft befindlichen Teilnehmer Guido Jannello mit seinem Doppeldecker-Flugboot Savoia S.13 betraute man Italien mit der Austragung des nächsten Wettbewerbs. Dieser fand im September 1920 in Venedig statt und wurde von Luigi Bologna auf einer Savoia S.12 gewonnen. Deswegen sah der August 1921 auch eine Wiederholung des italienischen Erfolges am selben Ort, wenn auch mit Mühe und Not. Dank vorzeitigen Ausscheidens aller schnelleren Maschinen siegte der langsamste Teilnehmer Giovanni De Briganti auf einer Macchi M.7, auch dieses ein Doppeldecker-Flugboot wie die beiden Savoias zuvor.
Der nach Neapel verlegte Wettbewerb im August 1922 brachte allerdings die Unterbrechung der italienischen Erfolgsserie, denn es siegte der Brite Henri Biard auf einer Supermarine „Sea Lion II“, ebenfalls ein Doppeldecker-Flugboot. So wurde also der 1923er Wettbewerb vor der Isle of Wight abgehalten. Wieder gab es einen Überraschungssieger. Es war der US Army Lieutenant David Rittenhouse auf einer Curtiss CR-3, einer von Rädern auf Schwimmer umgerüsteten CR-1 des Jahres 1921. Wegen Fehlens der internationalen Konkurrenz sagten die USA den für Oktober 1924 geplanten Wettbewerb fairerweise ab, obwohl sie ihn ohne Mühen gewonnen hätten. Dies zeigte sich ganz deutlich im Oktober 1925 in Baltimore, als ein anderer US Army Lieutenant namens James Doolittle erneut auf einem Curtiss-Doppeldecker R3C-2 siegte. Auch bei diesem handelte es sich um ein nunmehr mit zwei Schwimmern versehenes Landflugzeug, nämlich um die Siegermaschine des vierzehn Tage zuvor geflogenen Pulitzer-Rennens. Ohne ihre faire Absage im Jahre zuvor hätten die USA den „Schneider“-Pokal nunmehr endgültig in Besitz nehmen können. Im folgenden Jahr allerdings mochte man dem britischen Ansinnen auf eine neuerliche Absage nicht entsprechen, erklärte sich aber großzügigerweise bereit, dem italienischen Wunsch um einen zweiwöchigen Aufschub bis Mitte November 1926 zuzustimmen. Leider zahlen sich faire Gesten nicht immer aus, denn in Norfolk, Virginia, siegte ausgerechnet der italienische Pilot Mario De Bernardi auf einem Zweischwimmer-Tiefdecker Macchi M.39. So wanderte die Trophäe also wieder über den Atlantik zurück nach Europa.

Ursinus, Pegna P.c.1, Supermarine S.4, Macchi M.39

Bis zu diesem Zeitpunkt waren Schwimmerflugzeuge und Flugboote wegen ihrer hydrodynamisch erforderlichen, doch aerodynamisch ungünstigen Form durchweg langsamer als entsprechende Landflugzeuge gewesen. Zum Jahresende 1924 beispielsweise lagen die entsprechenden Geschwindigkeitsweltrekorde bei 448 km/h (Land) und 303 km/h (Wasser). Vereinzelte Ansätze zur Überwindung dieses Handicaps hatte es allerdings schon gegeben. So entwarf der deutsche Konstrukteur und Herausgeber der Zeitschrift „Flugsport“, Oskar Ursinus, im Jahre 1916 einen bemerkenswerten See-Jagdeinsitzer, von dem es später hieß: „Die Schwerfälligkeit der mit Schwimmern ausgestatteten Flugzeuge und ihren beträchtlichen Luftwiderstand beseitigt O. Ursinus, Frankfurt a.M., gem. Pat. 316640, veröff. 29.11.1919, dadurch, daß er der Flugzeugrumpf-Unterseite und den heb- und senkbaren Schwimmkörpern eine solche Gestalt gibt, daß Rumpf und

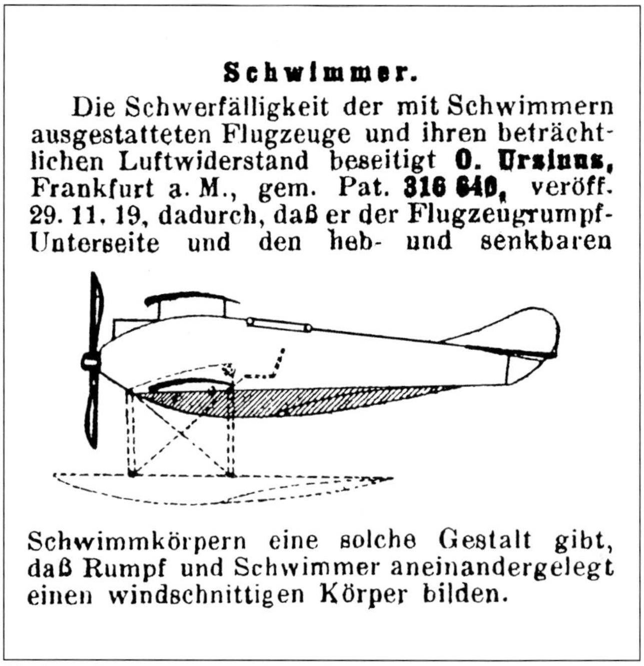
Schwimmer.
Die Schwerfälligkeit der mit Schwimmern ausgestatteten Flugzeuge und ihren beträchtlichen Luftwiderstand beseitigt **O. Ursinus**, Frankfurt a. M., gem. Pat. **316 640**, veröff. 29. 11. 19, dadurch, daß er der Flugzeugrumpf-Unterseite und den heb- und senkbaren Schwimmkörpern eine solche Gestalt gibt, daß Rumpf und Schwimmer aneinandergelegt einen windschnittigen Körper bilden.

Ursinus-Patent 316 640 (1916/1919)

Ursinus-See-Jagdeinsitzer (1917)

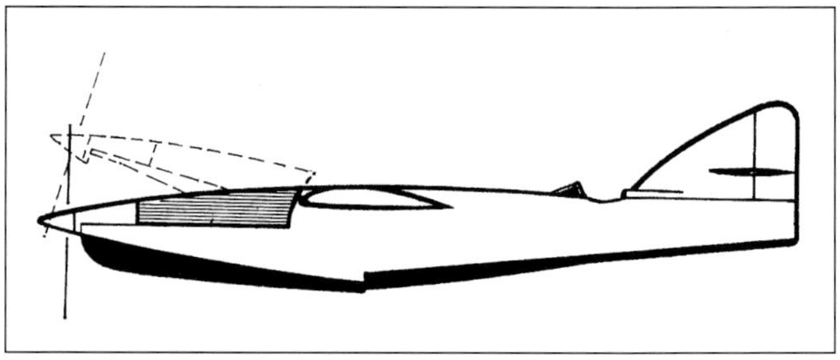

Pegna P.c.1 (1921)

Schwimmer aneinandergelegt einen windschnittigen Körper bilden.“ Der Zweiblatt-Zugpropeller des Doppeldeckers wurde übrigens über eine Fernwelle von dem in Schwerpunktnähe des Flugzeugs angeordneten Benz-Flugmotor angetrieben. Der einzige Prototyp ging allerdings schon zu Beginn der Erprobung im April 1917 verloren.
Ganz andere Wege hingegen beschritt zur gleichen Zeit der italienische Konstrukteur Giovanni Pegna, ebenfalls Herausgeber einer Luftfahrtzeitschrift, „L'Aeronautica“. Aufbauend

Supermarine S.4 (1925)

Macchi M.39 und Pilot Mario De Bernardi (1926)

auf ballistischen und hydrodynamischen Untersuchungen entwarf er verschiedene Tragflügelboote und propagierte schon bald die Verwendung derartiger Auftriebsflächen an Stelle der vergleichsweise riesigen Schwimmer von Wasserflugzeugen. Sein erster Entwurf eines „Coppa Schneider"-Renneinsitzers war allerdings auf einem völlig anderen Prinzip aufgebaut. Bei diesem freitragenden Eindeckerflugboot wurden Zugpropeller und Oberflächenkühler bei Start und Wasserlandung um 17 Grad nach oben geschwenkt, um außerhalb des Wassers zu bleiben. Der Bau der äußerst fortschrittlichen hölzernen P.c.1 (Pegna corsa Uno), deren Rumpf vom Konstrukteur Arrigoni stammte, begann im Jahre 1921 bei der römischen Società Bastianelli, mußte aber wegen technischer und finanzieller Schwierigkeiten nach einiger Zeit eingestellt werden. Pegna ließ sich jedoch nicht entmutigen, sondern meldete offiziell zwei Flugzeuge für den „Coppa Schneider" des Jahres 1922. Zum Bau dieser relativ konventionellen Zweischwimmer-Tiefdecker gründete er im Mai 1922 in Rom die Firma Pegna-Bonmartini Costruzioni Navali-Aeronautiche. Die Maschinen wurden aber erst nach Übernahme der Firma durch die Società Anonima Piaggio & C. im Jahre 1923 als Piaggio-Pegna P.2 mit starrem Fahrwerk fertiggestellt, obwohl Pegna auch die Verwendung eines Einziehfahrwerks erwogen hatte. Zwei verfeinerte Zweischwimmer-Varianten P.c.2 und P.c.3 wurden für den „Schneider-Wettbewerb 1924" entworfen, aber ebenfalls nicht gebaut. Jedoch sollten sowohl diese als auch spätere Pegna-Entwürfe einer Reihe anderer Konstrukteure als Vorbild dienen, darunter auch dem damals ebenfalls in Italien tätigen Deutschen Claude Dornier und seinem britischen Kollegen Reginald Mitchell. Dieser hatte sich bei seinem äußerst eleganten Renneinsitzer Supermarine S.4 durch die gewählte Holzbauweise und die Verwendung freitragender Flügel erheblich enger an die italienische Vorgabe gehalten, was sich dann allerdings als etwas zu voreilig herausstellen sollte. In der bemerkenswert knappen Zeit von fünf Monaten fertiggestellt, wurde sie am 25. August 1925 vom Supermarine-Piloten Henri Biard erstmalig geflogen. Aufgrund der trotz einiger Stabilitätsprobleme gezeigten ausgezeichneten Leistungen entschloß man sich sofort zum Angriff auf den Wasserflugzeug-Geschwindigkeitsrekord. Der „Schneider"-Wettbewerb stand unmittelbar bevor, und ein wenig psychologische Kriegsführung konnte bestimmt nicht schaden. Am 13. September 1925 gelang Biard vor Southampton auch tatsächlich ein 3-km-Rekordschnitt von fast 365 km/h.

Doch knapp sechs Wochen später fielen die britischen „Schneider"-Hoffnungen zusammen mit der schnittigen S.4 wortwörtlich ins Wasser. Durch unzureichende Festigkeit der freitragenden Flügel kam es bei einem Testflug über der Chesapeake Bay zum gefürchteten Flügelflattern und zum Abschmieren der Maschine, wobei ihr Pilot Biard glücklicherweise überlebte, wenngleich nach 40minütigem Wasserbad reichlich durchgefroren. Sowohl Lieutenant Doolittles siegreiche Curtiss R3C-2 – mit der er zwei Tage später mit 395 km/h einen neuen Wasserflugzeugrekord aufstellte – als auch die zweitplazierte britische Gloster III-A waren klassische, verspannte Zweischwimmer-Doppeldecker gewesen. Lediglich bei der mit gehörigem Abstand als Dritte gewerteten italienischen Macchi M.33 hatte es sich um ein Flugboot mit freitragenden Flügeln gehandelt. Die Flatter-Lektion wurde von allen Konstrukteuren gehörig zu Herzen genommen, denn die bei den „Schneider"-Wettbewerben fortan dominierenden Flug-

zeuge waren verspannte Zweischwimmer-Eindecker;So auch die siegreiche Macchi M.39 Mario De Bernardis des Jahres 1926. Mit derselben Maschine holte er auch wenige Tage später den Geschwindigkeitsrekord für Wasserflugzeuge nach Italien zurück. Der dabei erzielte Rekordwert von 416,6 km/h war zwar beachtlich, lag aber immer noch um mehr als 30 km/h unter dem zwei Jahre zuvor vom Franzosen Florentin Bonnet auf dem Landflugzeug Bernard (SIMB) V.2 mit 448,171 km/h aufgestellten absoluten Weltrekord.
Doch es war offensichtlich nur eine Frage kurzer Zeit, wann dieser „kleine Unterschied" der Geschwindigkeiten von einem Wasserflugzeug wettgemacht und überwunden werden würde. Denn während die Entwicklung schneller Landflugzeuge jahrelang stagnierte, konzentrierten sich die staatlichen Entwicklungsgelder und damit auch die Prioritäten der führenden Konstrukteure zunächst einmal auf die Züchtung siegversprechender Wasserflugzeuge zur Teilnahme am nächsten „Schneider"-Wettbewerb. Dieser würde dank des italienischen Vorjahreserfolges in den USA im September 1927 vor Venedig ausgetragen werden. Auf britischer Seite gingen also neben dem Supermarine-Chefkonstrukteur Reginald Mitchell die Konstrukteure Henry Folland (Gloster) und George Carter (Short-Bristow) an die Arbeit, auf italienischer Seite Mario Castoldi (Macchi). In den USA hingegen blieb die staatliche Unterstützung aus, und man überließ es einer Gruppe von Geschäftsleuten, die erforderlichen Gelder, einen geeigneten Konstrukteur und einen guten Piloten aufzutreiben. Dies waren dann der Konstrukteur Charles Kirkham und der Rennpilot Alford Williams, beide mit ausgesprochener Curtiss-Erfahrung. Obwohl man bei allen Entwürfen eine Höchstgeschwindigkeit von 450 bis 500 km/h ins Auge gefaßt hatte, waren die Unterschiede doch beträchtlich. Während man bei Supermarine, Short und Macchi verspannte Tiefdecker vorsah, setzte man bei Gloster und Kirkham-Williams auf aerodynamisch ausgefeilte Doppeldecker. Was die Triebwerke anbetraf, so fiel die Wahl bei Gloster, Supermarine und Macchi, wie nicht anders zu erwarten, auf wassergekühlte Zwölfzylindermotoren. Für die amerikanische Maschine sollte es ein ebenfalls wassergekühlter 24-Zylinder-X-Motor sein, doch für die Short-Bristow hatte man überraschenderweise einen luftgekühlten Neunzylinder-Sternmotor vom Typ Bristol „Mercury" auserwählt.

Short-Bristow „Crusader"

Wegen ihres leicht unorthodoxen Aussehens und ihrer gewöhnungsbedürftigen Flugeigenschaften wurde diese weiße Maschine an Stelle ihres offiziellen Namens „Crusader" (Kreuzritter) von den Piloten des RAF High Speed Flight in Felixstowe umgehend mit dem weniger heroischen Spitznamen „Curious Ada" (Komische Ada) belegt. Das auf ungewöhnliche Weise strömungsgünstig verkleidete Triebwerk erwies sich bald als ausgesprochen unzuverlässig und darüber hinaus auch als zu schwach. Deswegen entschied man, die dennoch nach Venedig transportierte „Crusader" als reines Trainingsflugzeug einzusetzen, um die potenteren Wettbewerbsmaschinen von Gloster und Supermarine zu schonen. Unmittelbar nach dem ersten Start in Venedig am 11. September jedoch stürzte die Maschine nach einer jähen Rechtsrolle ins Wasser und zerbrach: man hatte beim Zusammenbau die Querruder versehentlich über Kreuz angeschlossen. Kaum verwunderlich, daß der arg verschrammte Pilot Schofield „not amused" war.
Dem amerikanischen Kirkham-Williams-Doppeldecker blieb zwar eine derartige Schmach erspart, aber auch hier erwiesen sich Triebwerk und Schwimmer als unausgereift und die Leistungen als ungenügend. Deswegen waren die sparsamen

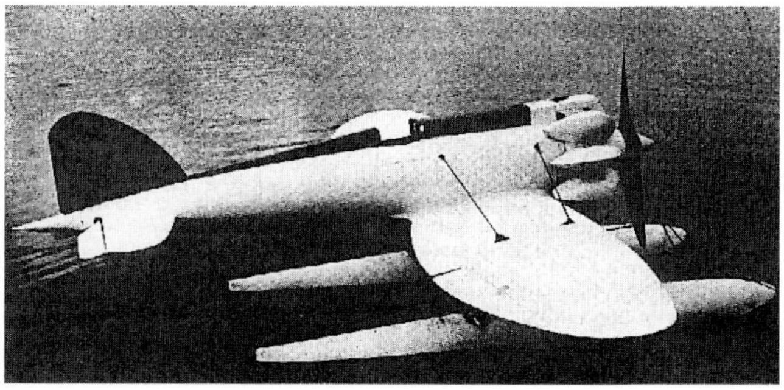

Short-Bristow „Crusader" (1927)

Sponsoren gegen weitere unnötige Ausgaben und schickten die Maschine erst gar nicht nach Venedig. Nach Auskurieren des neu entwickelten Triebwerks und Austausch der Schwimmer gegen ein Radfahrgestell soll es „Al" Williams aber einige Zeit später gelungen sein, mit dem nunmehr „Vespa" genannten Renneinsitzer eine Geschwindigkeit von etwas mehr als 519 km/h zu erreichen – allerdings inoffiziell. Ein offizieller Rekordangriff des recht schnittigen Doppeldeckers ist nie erfolgt, weder als Land- noch als Wasserflugzeug.

Gloster IV, Supermarine S.5, Macchi M.52

Die zur gleichen Zeit vom Gloster-Chefkonstrukteur Folland und seinem Assistenten Preston zum Gesamtpreis von 24750 Pounds Sterling geschaffenen drei Gloster-Maschinen IV, IVA und IVB waren die letzten „Schneider"-Doppeldecker überhaupt und gelten darüber hinaus als die schönsten Doppeldecker aller Zeiten. In der Eleganz der Linienführung wurden sie allenfalls von ihrer Nachfolgerin, dem Tiefdecker Gloster VI, übertroffen. Die drei Maschinen unterschieden sich in einigen Einzelheiten. Die Gloster IV (N224) besaß eine Spannweite von 8,12 m, einen 900 PS starken Napier „Lion VIIA" mit direkt angetriebenem starren Zweiblatt-Metallpropeller von 2,06 m Drehkreisdurchmesser. Die Gloster IVA (N222) wies das gleiche Triebwerk, einen Propeller von 2,13 m Durchmesser und eine Spannweite von 6,90 m auf. Die Gloster IVB (N223) schließlich war mit denselben kurzen Flügeln, aber einem 885 PS starken „Lion VIIB" mit Untersetzungsgetriebe und einem Propeller von 2,35 m Durchmesser ausgerüstet. Alle drei Flugzeuge wurden zur äußerst kurzen Flugerprobung durch den High Speed Flight ab Ende Juli 1927 nach Calshot transportiert, wonach die Gloster IV (N224) als die langsamste daheim bleiben mußte. Die beiden anderen verschiffte man Mitte August nach Venedig, wo bei weiteren kurzen Testflügen sich die Gloster IVB (N223) mit 475 km/h als die schnellste erwies und somit als die von Flight Lieutenant Kinkead geflogene Wettbewerbsmaschine nominiert wurde. Die in England verbliebene Gloster IV (N224) sollte übrigens drei Jahre später mit einem anderen „Lion"-Triebwerk und einem Radfahrwerk versehen werden, um mit ihr den nach wie vor seit 1924 bestehenden Landflugzeug-Geschwindigkeitsrekord anzugreifen. Wie bei der amerikanischen „Vespa" wurde auch hier nichts aus dem Vorhaben. Die Zeit des Doppeldeckers war endgültig vorbei.
Davon waren auch Reginald Mitchell und sein Supermarine-Team schon seit langem überzeugt, wie der elegante, doch etwas zu anspruchsvolle freitragende Mitteldecker S.4 des Vorjahres bewiesen hatte. Für die neu entstehende Supermarine S.5 standen drei Konfigurationen zur Wahl: ein verstrebter Tiefdecker, ein verstrebter Schulterdecker und ein verspannter Tiefdecker. Auch hier würde als Antriebsquelle ein Napier

Gloster IVB (1927)

„Lion" mit starrem Zweiblattpropeller dienen. Man entschied sich für die dritte Lösung, von der dann ebenfalls drei Exemplare (N219, 220 und 221) gebaut wurden, die man alle nach Venedig sandte. Auffallend bei diesen schnittigen Maschinen waren lange, schmale Oberflächenkühler an den Rumpfflanken. Zugunsten eines möglichst geringen Rumpfquerschnitts brachte man den Kraftstofftank im rechten Schwimmer unter, womit man praktischerweise auch gleich dem Propellerdrehmoment begegnete. Nach ermutigenden ersten Probeflügen, bei denen 457 km/h erreicht wurden, erhielten die beiden für den Wettbewerb gemeldeten Exemplare neue Triebwerke: die S.5/21 (N219) einen „Lion VIIA" und die S.5/25 (N220) einen „Lion VIIB". Das britische Schneider-Team war bereit.

Supermarine S.5 (1927)

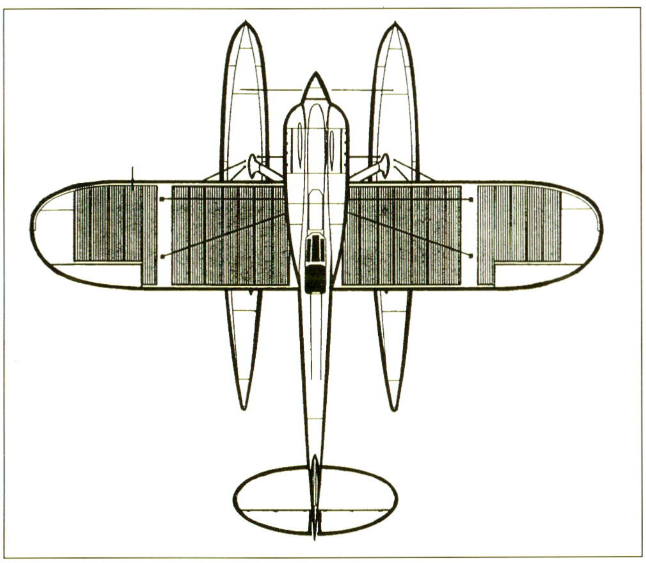
Supermarine S.5 (1927)

Auf Seiten des italienischen Titelverteidigers gab es keinerlei Meinungsverschiedenheiten: die 1926 so erfolgreiche Macchi M.39 würde, in gründlich überarbeiteter Form und mit einem noch stärkeren Fiat-Triebwerk versehen, den britischen Maschinen erneut die siegreiche Stirn bieten. Darüber war man sich bei Macchi, Fiat und im Luftfahrtministerium einig: die neue M.52 mit dem 1000 PS starken Fiat AS.3 und einer garantierten Höchstgeschwindigkeit von mindestens 470 km/h würde die Briten wiederum das Fürchten lehren. Auch hier gab man drei Exemplare der M.52 und fünf Triebwerke AS.3 in Auftrag. Die Neufassung der M.39 – genau wie diese knallrot lakkiert – war etwas kleiner und schlanker und besaß stärker gepfeilte Tragflügel, wiederum mit Oberflächenkühlern versehen. Doch schon bei den ersten Probeflügen nach ihrer Fertigstellung Anfang August zeigten sich die neuen Triebwerke als recht störungsanfällig. Offenbar waren die neuen Magnesiumkolben noch nicht ausgereift. Doch schnell waren die Maschinen jedenfalls, äußerst schnell.
Der für den 25. September 1927 angesetzte Wettbewerb sollte über sieben Runden von je 50 km führen, mußte aber wegen schlechten Wetters um 24 Stunden auf den 26. September verschoben werden. Um 14.29 Uhr fiel der Startschuß für

den ersten Teilnehmer, Kinkead auf der Gloster IVB. Dann folgten im Fünf-Minuten-Abstand die anderen Wettbewerber, als erster der Vorjahressieger Mario De Bernardi auf einer M.52. Ihm folgten Webster auf der S.5/25, Guazetti auf einer weiteren M.52, Worsley auf der S.25/21 und schließlich Ferrarin auf der dritten M.52. Letzterer hatte kaum die Startlinie passiert, als sein Motor Feuer fing und er gezwungen war, sofort aufzugeben. Unmittelbar darauf fiel Mario De Bernardis M.52 zu Beginn der zweiten Runde aus, ebenfalls wegen Motorschadens. Jetzt war nur noch die dritte und langsamste M.52 im Rennen, auf den Ausfall aller drei britischen Maschinen hoffend, die mit hohem Tempo über die Strecke jagten. Bei ihrem vierten Durchgang wurde die Gloster IVB etwas langsamer, schaffte gerade noch ihre fünfte Runde und mußte in der sechsten Runde wegen einer angeknacksten Propellerwelle ebenfalls aufgeben. Doch auch für Guazetti war die sechste Runde die letzte: eine Kraftstoffleitung war gebrochen. So oblag es den beiden verbliebenen Supermarines lediglich, den Sieg unter sich auszumachen. Websters siegende S.5/25 hatte mit ihrem Rennschnitt von 453,282 km/h den bestehenden Weltrekord überboten, wenn auch inoffiziell. Doch war der 100-km-Rekord in geschlossener Bahn offiziell gebrochen worden, sogar mit 456,506 km/h. Worsley war mit der zweiten S.5/21 und einem „Schneider"-Schnitt von 439,472 km/h nur geringfügig langsamer gewesen.
In Großbritannien triumphierte man, in Italien war man sauer, sehr sauer sogar. Den praktisch schon einverleibten „Coppa d'Aviazione Marittima Giacomo Schneider" durch eigene Schuld zu verlieren, war schwer zu verkraften. Der Macchi-Konstrukteur Mario Castoldi, wütend über die schwache Leistung der Fiat-Motoren, höhnte: „Das waren keine Pferdestärken, sondern Eselsstärken!". Um die nationale Schmach zu tilgen oder wenigstens zu lindern, stimmte Luftfahrtminister Italo Balbo ohne Zögern dem vom maßlos enttäuschten De Bernardi gemachten Vorschlag zu, als Ausgleich wenigstens den Geschwindigkeitsweltrekord für Italien zu erringen. Der geschockten Nation würde man auf diese Weise die real existierende Überlegenheit italienischer Erzeugnisse beweisen. So kam es also, daß knapp vier Wochen nach der italienischen „Schneider"-Niederlage, nämlich am Morgen des 22. Oktober 1927, Mario De Bernardi mit seiner grundüberholten M.52 achtmal über die auf dem Lido eingerichtete 3-Kilometer-Meßstrecke jagte, knapp 2 m über dem Wasserspiegel, wobei sein Schnitt 470,5 km/h betrug. Dieser Wert hätte zur Erringung des Weltrekordes ausgereicht, doch man wollte auf Nummer Sicher gehen und einem erwarteten britischen Gegenangriff vorbeugen. In drei Stunden fieberhafter Arbeit tauschte man den bisherigen Propeller gegen einen schon seit Wochen bereitliegenden neu konstruierten Propeller aus. Dann wiederholte De Bernardi seinen Rekordangriff mit weiteren acht Durchgängen. Diesmal betrug sein Schnitt sogar 485 km/h. Doch De Bernardi war außerordentlich ärgerlich. Noch am selben Abend schrieb er einen wütenden Brief an Balbo, in dem er sich bitter darüber beklagte, daß aufgrund bürokratischer Hemmnisse dieser neue Propeller nicht beim Schneider-Rennen zum Einsatz gekommen sei und ihn dies praktisch um den Sieg gebracht habe. Er bat um seinen Abschied als Offizier der Regia Aeronautica, der italienischen Luftwaffe. Dies wurde ihm verwehrt, doch es gab einen ziemlichen Aufruhr. Das mag durchaus eine Rolle bei der offiziellen Entscheidung gespielt haben, die Flüge nicht als Weltrekord zu homologieren. Statt dessen wurde dem aufmüpfigen und widerstrebenden De Bernardi praktisch befohlen, am 4. November 1927 einen weiteren Angriff auf den Geschwindigkeitsweltrekord zu unternehmen. Diesmal preschte De Bernardi mit seinem „bolide rosso", knapp 3 m über dem Wasserspiegel fliegend, fünfmal über die Kurzstrecke. Erste Stoppuhr-Kalkulationen zeigten einen Schnitt von über 484 km/h bei einem Spitzenwert von 495 km/h an. Die amtliche Auswertung ergab dann zwar einen Schnitt von „nur" 479,29 km/h, der aber wurde von der FAI offiziell anerkannt. Zum erstenmal hatte ein Wasserflugzeug den absoluten Geschwindigkeitsrekord errungen – Wasserflugzeuge sollten ihn dann fast zwölf Jahre lang halten – und Italien war glücklich.
Sauer waren jetzt die Briten. Schon bald nach der triumphalen Rückkehr des erfolgreichen Teams des RAF High Speed Flight war dieser aufgelöst worden, und die Mitglieder mußten wieder ungeliebten Routinedienst bei ihren alten Staffeln versehen. Doch der italienische Vorstoß sorgte dafür, daß der High Speed Flight Anfang 1928 wieder reaktiviert wurde. Der Auftrag lautete, den Italienern diesen „Rekord der Rekorde" so schnell wie möglich wieder abzunehmen. Als Rekordpilot wurde Flight Lieutenant Kinkead bestimmt und in Calshot die Supermarine S.5/25 (N221) präpariert. Schlechtes Wetter verzögerte das Rekordvorhaben zunächst, und es dauerte bis zum Nachmittag des 12. März, ehe ein ernsthafter Versuch unternommen werden konnte. Zwar war es ein wenig diesig, doch es herrschte praktisch kein Seegang. Gleich nach dem Start schwenkte Kinkead die S.5 in großem Bogen auf die Zielgerade ein, schob den Gashebel nach vorn und drückte die Maschine zum ersten Anflug in Richtung Startlinie. Wenige Sekunden später war alles vorbei, die S.5 ein Haufen splitternden Sperrholzes, Kinkead tot. Die Maschine war mit voller Geschwindigkeit von rund 500 km/h geradewegs ins Wasser geknallt. Wahrscheinlich hatte Kinkead wegen des diesigen Wetters den Horizont aus den Augen verloren und seine Flughöhe falsch eingeschätzt. England war entsetzt. Doch damit nicht genug: zweieinhalb Wochen später überboten die Italiener ihren eigenen Weltrekord.
Sowohl bei Fiat als auch bei Macchi hatte man die Zeit genutzt. Einerseits wurde die Standfestigkeit des allzu forsch entwickelten 1000-PS-Triebwerks AS.3 verbessert, andererseits fand man noch Wege zur aerodynamischen Optimierung

Macchi M.52 (1927)

Macchi M.52R (1928)

der M.52. Die beiden waagerechten Schwimmerstreben ersetzte man durch dünne Profildrähte, die Spannweite reduzierte man um 1,14 m auf 7,85 m und das Fluggewicht um 35 kg auf 1480 kg. Das Resultat dieser konstruktiven Schlankheitskur war die M.52R (Ridotto = reduziert), gelegentlich auch als M.52bis bezeichnet. Darüber hinaus nahm man eine Reihe weiterer Projekte in Angriff, denn schließlich gedachte man auch in Zukunft die Geschwindigkeits-Spitzenposition zu behaupten. Zunächst aber galt es, den Briten zuvorzukommen, deren Rekordvorbereitungen auf Hochtouren liefen. Der immer noch widerstrebende Mario De Bernardi beugte sich wohl oder übel einem patriotischen Appell des Staatsoberhauptes Mussolini, zum Ruhme der Nation auch noch diesen Rekordangriff zu unternehmen. Ein, zwei kurze Probeflüge über die bekannte Meßstrecke vor Venedig, und dann – am 30. März 1928, gegen 13 Uhr – machte De Bernardi Ernst. Sechsmal fegte er im 500-km/h-Tempo über die 3-Kilometer-Distanz, wiederum ganz knapp über dem Wasserspiegel dahinjagend. Nach dem Flug die übliche Warterei, bis endlich das Ergebnis feststand: ein Schnitt von genau 512,776 km/h. Zum erstenmal hatte ein Flugzeug, ein Wasserflugzeug sogar, im Horizontalflug die Fünfhunderter-Grenze offiziell überschritten. Ganz Italien war stolz. Commandante De Bernardi jedoch, außerplanmäßig zum Tenente Colonnello befördert, nahm endgültig seinen Abschied als Militärpilot.
Nach dem tödlichen Unfall des britischen Piloten Kinkead mit der Supermarine S.5 war RAF Flight Lieutenant D. D'Arcy A. Greig an seine Stelle getreten, um den ersehnten Weltrekord für Großbritannien zu erringen. Es sollte aber fast acht Monate dauern, bis er am 4. November 1928 von Calshot aus mit der S.5/25 (N220) zu seinem Weltrekordangriff starten konnte – genau ein Jahr nach dem ersten der italienischen Rekorde. Die anschließende Auswertung der Meßergebnisse ergab tatsächlich eine höhere Durchschnittsgeschwindigkeit als die der Macchi M.52R, nämlich 514,3 km/h. Doch dies bedeutete leider nicht die von der FAI geforderte einprozentige Verbesserung und somit auch keinen Weltrekord. Den behielten weiterhin die Italiener.

Hochgeschwindigkeitsteams in Italien und Frankreich

Insgesamt sollte sich das Jahr 1928 als eines der markantesten Jahre in der Geschichte des „Coupe Schneider" erweisen. Veranlaßt durch eine vorangegangene persönliche Intervention Italo Balbos im Herbst 1927 hatte die FAI im Januar 1928 beschlossen, diesen bislang alljährlich abgehaltenen Wettbewerb zukünftig im Zweijahresrhythmus durchzuführen. Der Coupe solle endgültig in den Besitz derjenigen Nation übergehen, die in fünf aufeinanderfolgenden Rennen dreimal siegte, womit dann auch der ganze Wettbewerb sein Ende finden würde. Jacques Schneider, der Stifter der Trophäe, starb ziemlich enttäuscht kurze Zeit danach an den Folgen einer Blinddarmentzündung. Von seinem ursprünglichen Ziel eines globalen Verkehrsnetzes mit Transatlantik-Wasserflugzeugen war nicht mehr viel übrig geblieben. Reine Geschwindigkeit und sonst gar nichts hieß jetzt die Devise.
Folgerichtig war man auch in Italien dem britischen Beispiel des RAF High Speed Flight gefolgt und hatte im April 1928 in Desenzano am Ufer des Lago di Garda mit der „Reparto Alta Velocitá" eine Art Hochgeschwindigkeitsschule ins Leben gerufen. Die erste „Schulklasse" bestand aus acht geeigneten Militärpiloten namens Agello, Cadringher, Canaveri, Dal Molin, Gallone, Huber, Monti und Motta. Außerdem wollten Staatschef Mussolini und Minister Balbo eine erneute Konzentration auf eine einzige Flugzeugfirma und einen einzigen Flugmotorhersteller und somit eine Wiederholung des Vorjahresdesasters unbedingt vermeiden. In einer konzertierten Aktion wurden die führenden Firmen Fiat, Isotta-Fraschini, Macchi, Piaggio und Savoia zur Entwicklung siegessicheren Geräts aufgefordert. Auf britischer Seite hatte man sich nach längerem

Dornier/SCMP „Schneider", Windkanalmodell (1924)

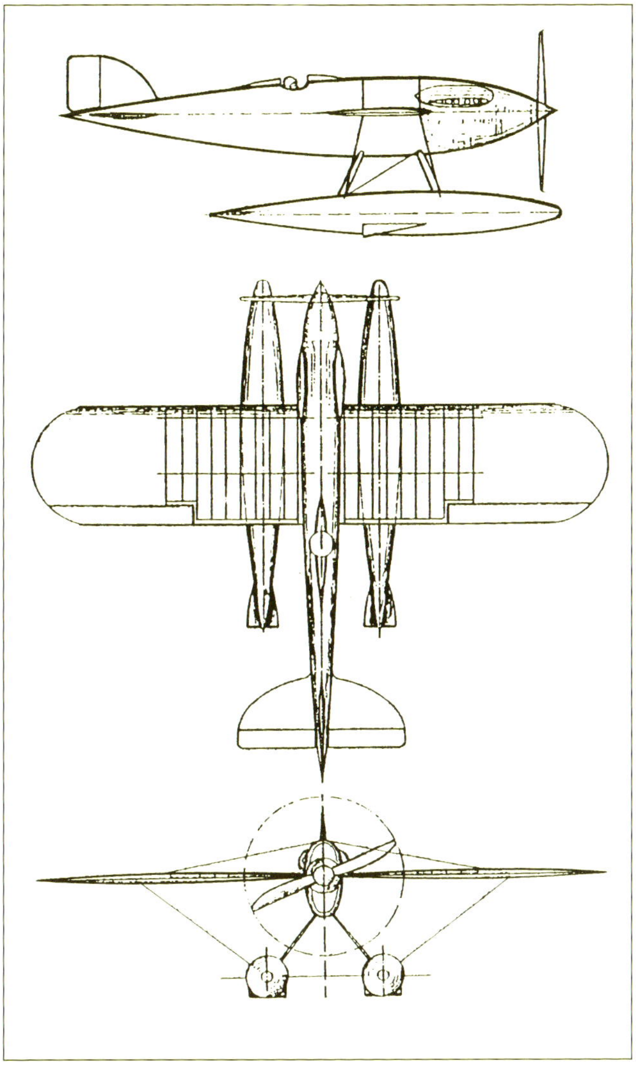

Dornier/SCMP „Schneider" (1924)

Dornier „Schneider", Modell (1928)

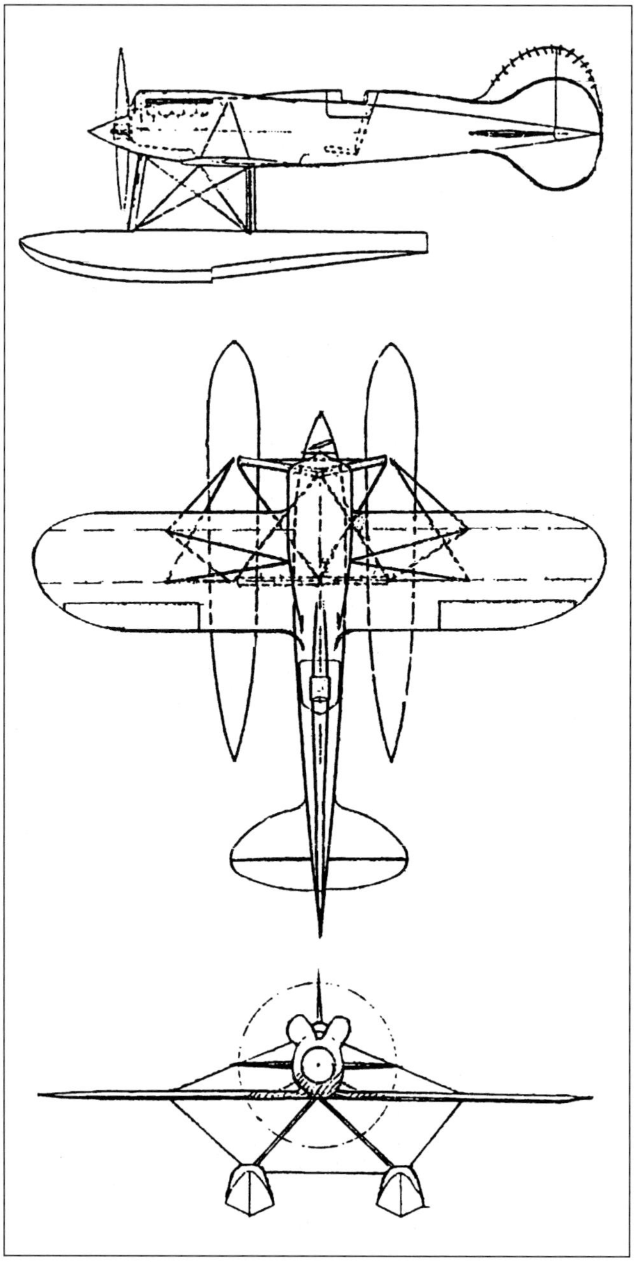

Heinkel P.897/HE 11 (1928/29)

Zögern und trotz erbitterten Widerstandes des RAF-Chefs, Lord Trenchard, zur weiteren Teilnahme entschlossen. Bei Gloster hielt man sich weiterhin an Napier als Triebwerkslieferant, doch bei Supermarine wandte man sich an Rolls-Royce zwecks Schaffung eines Supermotors. Auch in den USA war man nach wie vor gegen eine offizielle Schneider-Beteiligung, und so oblag es wieder dem unermüdlichen Alford Williams, Abhilfe zu schaffen. Es schien also mehr oder weniger alles beim alten zu bleiben, allerdings nicht so ganz. In zwei weiteren Ländern bekundete man ernsthaftes Interesse, beim „Tanz um die goldene Nymphe" mitzumachen: in Frankreich und in Deutschland. In Frankreich hatte man nach dem Jahre 1923 das Interesse am „Coupe Schneider" verloren. Schließlich war man seit 1924 im Besitze des absoluten Geschwindigkeitsrekords mit 448 km/h. Durch die erfolgreichen italienischen Attacken vom Herbst 1927 und Frühjahr 1928 war man jedoch aus dieser selbstzufriedenen Lethargie gerissen worden, und man entschloß sich zu Abhilfemaßnahmen. Zunächst einmal gab das Marineministerium bei den Flugzeugfirmen Bernard, Nieuport-Delage und SPCA einige Wasserflugzeuge in Auftrag, die sich sowohl zur Erringung des Geschwindigkeitsweltrekords als auch zur Teilnahme am „Coupe Schneider" eignen sollten. Darüber hinaus beauftragte man die Motorenbauer Farman, Gnome et Rhône, Hispano-Suiza und Lorraine mit der Entwicklung geeigneter Flugmotoren in der 1000- bis 2000-PS-Klasse. Etwas später entstand dann am abgelegenen Lac d'Hourtin-Carcans, 50 km nordwestlich von Bordeaux, auch ein Hochgeschwindigkeits-Trainingszentrum nach britischem und italienischem Vorbild. Frankreich krempelte gewissermaßen die Rekordärmel hoch.

Deutsche Projekte 1929

Ganz anders war die Ausgangssituation in Deutschland. Da hier der Versailler Friedensvertrag den Flugzeugbau zunächst völlig untersagte, hatten führende deutsche Flugzeugfirmen und ihre Konstrukteure ihre Tätigkeit – zumindest vorübergehend – ins Ausland verlagert. Unter letzteren befand sich auch Claude Dornier, der einst bei Zeppelin am Bodensee die Ganzmetall-Großflugboote RS-I bis RS-IV und dann den etwas kleineren „Wal" geschaffen hatte. Zunächst zog er im Jahre 1921 nach Rorschach am gegenüberliegenden Schweizer Ufer des Bodensees. Im darauffolgenden Jahr erfolgte in Oberitalien die Gründung der Societá di Costruzioni Meccaniche di Pisa, wo man zunächst begann, den epochalen „Wal" für internationale Kundschaft in Serie zu bauen. Schon 1923 war an Dornier, genau wie an Macchi, eine Aufforderung des italienischen Luftfahrtministeriums ergangen, sich an einer Ausschreibung für einen „Schneider"-Renneinsitzer zu beteiligen. Der Dornier-Entwurf vom 4. Januar 1924 zeigte einen schnittigen Ganzmetall-Mitteldecker mit verspannten, abgerundeten Rechteckflügeln, Forlanini-Auftriebsflächen an den ungekielten Schwimmern und einen 450 PS leistenden Curtiss D-12 mit Zweiblattpropeller. Trotz der vorhergesagten 330 km/h kam es nur zu einem Windkanalmodell dieses zuweilen auch als S.4 oder „Greif" bezeichneten Einsitzers. In etwas überarbeiteter Form und mit einem 600 PS starken Curtiss- oder Fiat-Triebwerk wurde er 1925 erneut präsentiert, wiederum ohne Erfolg. Drei Jahre später, im Oktober 1928, konnte man auf der ILA Berlin einen völlig neu konstruierten Dornier-Renneinsitzer bewundern. Vorn und hinten am kurzen Zentralrumpf saßen, ähnlich wie beim „Wal", zwei 800 bis 1000 PS starke Zwölfzylinder-V-Motoren von BMW oder Daimler-Benz mit Zweiblattpropellern. Die Seitenleitwerke auf den verlängerten Schwimmern waren oben durch das Höhenruder miteinander verbunden. Beachtliche 525 km/h wurden erwartet, doch es blieb auch hier beim Maßstabsmodell. Die neuartige Konfiguration allerdings regte einige führende englische, französische und italienische Konstrukteure wie W. G. Carter, Roger Robert, Alessandro Marchetti und Giovanni Pegna gleicherweise zu „Schneider"-Entwürfen mit Tandemtriebwerken an, von denen aber nur die Savoia Marchetti S.65 realisiert wurde. Etwas kleiner und mit einer weniger eleganten Leitwerksanordnung entsprach sie ansonsten weitgehend dem Dornier-Modell. Der zweite deutsche „Schneider"-Interessent war Ernst Heinkel. Sein Renneinsitzer-Projekt P 897 vom 10. Juli 1928 ähnelte den ersten Dornier-Entwürfen. In leicht abgeänderter Form und mit einer von 8 auf 7 m verkürzten Spannweite tauchte der verspannte Tiefdecker im März 1929 unter der Bezeichnung HE11 als „Rennflugzeug, ähnlich den Schneider Cup-Maschinen", erneut auf. Mit einem 800-PS-Motor, vermutlich einem BMW VI, hätte er eine Geschwindigkeit von 450 km/h erreichen sollen, womit er allerdings kaum konkurrenzfähig gewesen wäre. Das mag auch der Grund gewesen sein, daß auch der zweite der an der „Schneider"-Teilnahme interessierten deutschen Konstrukteure sein Vorhaben aufgab.

Französische und amerikanische Projekte 1929

Doch auch in Frankreich liefen die Dinge nicht wie geplant. Am 1. Juli 1929 hatte in Hourtin die „Escadrille Haute Vitesse" (Hochgeschwindigkeitsstaffel) ihr Training aufgenommen. Bis zum Eintreffen der Wasserflugzeuge schulte man mit Rad-Jagdeinsitzern vom Typ NiD.62. Als Instrukteure hatte man Frankreichs Rekordasse Sadi Lecointe und Florentin Bonnet verpflichtet. Aber die Fertigstellung der Wettbewerbsflugzeuge dauerte länger als angenommen, und mit den erforderlichen kräftigen Flugmotoren gab es noch größere Schwierigkeiten. Der SPCA-Entwurf mit Farman-Triebwerk wurde nicht weiter verfolgt. Bei Bernard hatte man sich nach dem Unfalltod des Chefkonstrukteurs Jean Hubert der Mitarbeit des früheren Deperdussin- und Spad-Konstrukteurs Louis Béchereau versichert. Die unter seiner Oberleitung von den Konstrukteuren Robert und Bruner entworfenen Zweischwimmer-Renneinsitzer H.V.40, 41 und 42 (H.V. = Haute Vitesse) wurden allerdings mit erheblicher Verspätung fertiggestellt, waren ausgesprochen untermotorisiert und nur als Schulmaschinen brauchbar. Der Bau der beiden „richtigen" Einsatzexemplare vom Typ H.V.120 verzögerte sich erst recht. Doch auch beim Konkurrenzmuster Nieuport-Delage NiD.450 sah es nicht besser aus. Die erste der beiden Maschinen zeigte bei ihrem Erstflug im August 1929 gravierende Mängel, die erhebliche und zeitaufwendige Änderungen erforderlich machten – und diese Zeit hatte man nicht mehr, denn der Wettbewerb war für den 7. September 1929 angesetzt. Zu allem Unglück war am 6. August Florentin Bonnet bei einem Looping in Bodennähe mit seiner NiD.62 tödlich abgestürzt. Aus diesen Gründen sah man sich in Frankreich gezwungen, die Teilnahme am „Coupe Schneider 1929" am 11. August offiziell abzusagen.
In den USA war es dem ehemaligen Curtiss-Rekordpiloten Alford Williams gelungen, das Bureau of Aeronautics der US-Marine zur Konstruktion einer Eindeckerversion seines Doppeldeckers „Vespa" zu veranlassen. Der verspannte Mitteldecker „Mercury" war auch mit demselben 24-Zylinder-Packard X-2775 versehen. Wiederum von einer Gruppe reicher Sponsoren finanziell unterstützt, wurde die bullige Maschine unter größter Geheimhaltung in der Naval Aircraft Factory in Philadelphia gebaut. Sie erwies sich aber als übergewichtig und schaffte mit vielen Mühen am 18. August 1929 gerade mal einen kurzen Luftsprung, wobei auch noch der Motor überhitzte. Ein neues Triebwerk hätte zwar an Bord des von der US Navy zugesagten Zerstörers während der Überfahrt nach England installiert werden sollen, doch die Navy hatte die Lust verloren und zog ihre Zusage zurück. Damit endete wieder einmal ein amerikanischer „Schneider"-Traum. Jetzt waren nur noch zwei Nationen im Rennen: Italien und Großbritannien.

Italienische Projekte 1929

In Italien war man dank der staatlichen Unterstützung in breiter Front angetreten, um den „Coppa Schneider" mit Sicherheit wieder zurückzuholen. Die von den vier aufgeforderten Flugzeugherstellern vorgestellten Produkte hätten unterschiedlicher kaum ausfallen können. Die in drei Exemplaren gebaute neue Macchi M.67 war die konsequente Weiterentwicklung von Mario Castoldis erfolgreichen Mustern M.39 und M.52, allerdings mit ungepfeilten Tragflügeln und – als Folge der vorangegangenen Enttäuschung mit Fiat-Triebwerken – diesmal mit 1800 PS starken 24-Zylinder-W-Motoren von Isotta-Fraschini. Die beiden Fiat-Renneinsitzer C.29 (C = Corsa) stammten von Celestino Rosatelli, waren von ähnlich orthodoxer Form und mit neuentwickelten Fiat-Flugmotoren AS.5 von nur 1000 PS ausgerüstet. Mit einem Fluggewicht von 1160 kg wogen sie allerdings nur die Hälfte der Macchi M.67, womit sie eine bislang unerreicht niedrige Leistungsbelastung aufwiesen. Die anderen beiden Muster hingegen waren ungewöhnlich, sogar radikal. Alessandro Marchettis in einem einzigen Exemplar gebaute Savoia S.65 zeigte, wie schon gesagt, auffallende Ähnlichkeit mit dem Dornier-Entwurf, war aber erheblich kleiner. Die beiden Isotta-Fraschini-V12-Triebwerke leisteten je 1050 PS. Piaggio-Konstrukteur Giovanni Pegna hingegen hatte eine ausgesprochen radikale Lösung gewählt. Seine Entwürfe P.c.5 – ähnlich der Dornier/Marchetti-Lösung – und P.c.6 – mit einziehbarer Gleitfläche – blieben zwar auf dem Papier, doch seine P.c.7 wurde als Piaggio P.7 in zwei Exemplaren gebaut. Es handelte sich dabei um einen größtenteils in Holzbauweise erstellten freitragenden Schulterdecker mit kleinen Auftriebsflächen an zwei Auslegern unter dem Rumpf. Das Isotta-Fraschini-Zwölfzylindertriebwerk im Rumpfbug sollte den tief im Wasser liegenden Einsitzer mit Hilfe eines kleinen Wasserpropellers unter dem Heck beschleunigen und mit Hilfe der Auftriebsflächen soweit aus dem Wasser heben, daß der dann eingekuppelte Zweiblatt-Zugpropeller in der Rumpfspitze den weiteren Startvorgang übernehmen könnte. Bei der Wasserlandung bzw. Wasserung müßte der Propeller sofort in waagerechter Lage arretiert werden, ehe der Flugzeugrumpf wieder in das Wasser eintauchte. Alles in allem ein ziemlich abenteuerliches Unterfangen.

Piaggio/Pegna P.7 (1929)

Doch auch in Italien hatte man sich das Ziel wohl etwas zu hoch gesteckt, denn trotz immenser Anstrengungen ließen die erwarteten Erfolgserlebnisse auf sich warten. Die mit der bereits Ende 1928 fertiggestellten Piaggio P.7 durchgeführten Versuche brachten nur Fehlschläge. Nach zahlreichen vergeblichen Versuchen des Piloten Tommasso Dal Molin, den Propeller der in hoher Fahrt über den Lago di Garda dümpelnden P.7 einzukuppeln, mußte man sich eingestehen, daß es so nicht ging. Der Kupplungsmechanismus zeigte sich der schwierigen Aufgabe nicht gewachsen und ließ den schnittigen roten Renner immer wieder ins Wasser zurücksacken. Die mit dem Spitznamen „Pinocchio" belegte Maschine ist jedenfalls nie geflogen. Aber das sollte nicht die einzige Enttäuschung bleiben. Auch die winzige Fiat C.29 erfüllte nicht die in sie gesetzten Erwartungen. Nach dem Erstflug Anfang August 1929 veranlaßte ihr Pilot Francesco Agello eine Justierung der Schwimmer. Die Folgen eines leichten Triebwerksbrandes gegen Ende des zweiten Fluges waren zwar schnell behoben, doch beim nächsten Flug wenige Tage später schmierte die Maschine kurz nach dem Start ab, verlor beim Aufprall auf das Wasser die Schwimmer und begann zu sinken. Agello wurde hinausgeschleudert, verlor die Besinnung, konnte aber von einem Rettungsboot aufgefischt werden. Die ungeflogene zweite C.29 wurde dennoch nach Calshot transportiert. Bei Italiens dritter Hoffnung, der Savoia Marchetti S.65, zeigten sich bei den ersten Versuchen auf dem Lago di Garda ernsthafte Überhitzungsprobleme ihrer Tandemtriebwerke, die man aber noch rechtzeitig in den Griff zu bekommen gedachte. Jedenfalls wurde auch sie nach England verfrachtet – wohl mehr aus psychologischen als aus praktischen Gründen. Die Hauptlast ruhte jedenfalls wieder auf Macchi und der M.67. Das erste Exemplar wurde von Giuseppe Motta Anfang August 1929 einige Male geflogen, bis eine Schlechtwetterperiode einsetzte. Erst am 22. August konnte er wieder zu einem Hochgeschwindigkeitsflug starten. In einer Steilkurve schmierte die M.67 ab, Motta wurde getötet. Dennoch verschiffte man die beiden verbliebenen und ungeflogenen Exemplare nach England, wo sie am 29. August eintrafen und am 4. und 5. September ihre Flugerprobung aufnahmen. Erwartungsgemäß zeigten sich hierbei einige Schwachstellen, insbesondere bei den Triebwerken, die bei Vollast aussetzten. Man drosselte deswegen ihre maximale Drehzahl und hoffte, daß sie auf diese Weise durchhalten würden. Diesen vier überhaupt nicht oder kaum erprobten Maschinen fügte man in letzter Minute noch zwei Reservemaschinen bei, nämlich eine M.52 und die Weltrekordmaschine M.52R. Insgesamt war das aber wirklich kein besonders verheißungsvoller Auftakt für das italienische Team. Eine offizielle Bitte Italiens um einen kurzen Aufschub des Wettbewerbs, in der Vergangenheit von anderen Staaten fairerweise entsprochen, wurde vom Royal Aero Club abgelehnt. Schließlich hatte auch Fairness ihre Grenzen, wenn sie auf Kosten Englands zu gehen drohte.

Macchi M.67 (1929)

Britische Projekte 1929

Denn auch jenseits des Kanals hatte man mit massiven Schwierigkeiten zu kämpfen gehabt. Hatte es zuerst gewaltiger Anstrengungen bedurft, die amtlichen Stellen zur Bereitstellung der erforderlichen Gelder zu bringen, so waren es später technische Probleme, deren Überwindung sich erheblich schwieriger als gedacht gestaltete. Entwürfe von Saunders-Beadle und Carter kamen nicht zur Verwirklichung, so

Fiat C.29 (1929)

Gloster VI (1929)

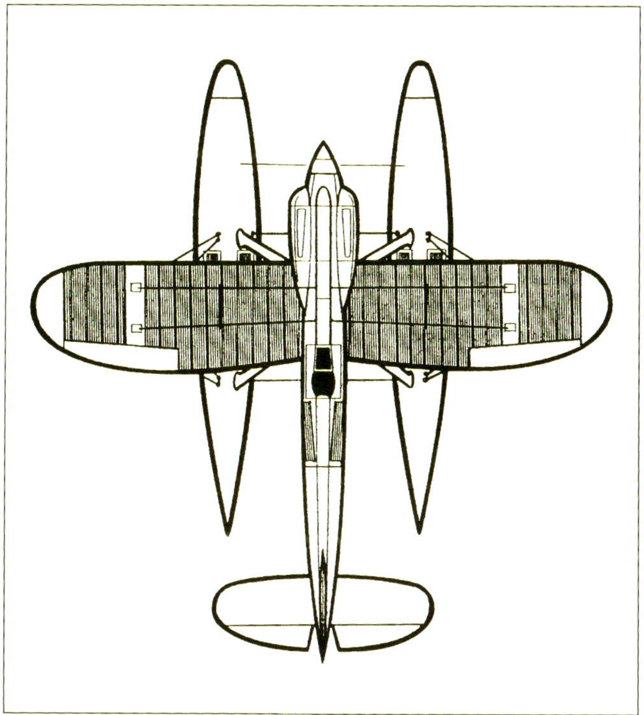

Gloster VI (1929)

daß es erneut den bewährten Konstruktionsteams der Firmen Gloster und Supermarine oblag, für ernstzunehmende Schneider-Hardware zu sorgen. Da man bei Gloster weiterhin beim bewährten Triebwerk Napier „Lion" bleiben wollte, jetzt allerdings in aufgeladener Form, mußte man den geplanten Doppeldecker Gloster V aufgeben. Triebwerk und oberer Flügelholm wären sich in die Quere gekommen. So war man praktisch gezwungen, einen neuen Entwurf als verspannten Tiefdecker auszulegen. Die resultierende Gloster VI bestand bis auf die Holzflügel aus Metall und stellte, nach nahezu einhelligem Urteil schreibender Zeitgenossen, eines der schönsten Flugzeuge dar, die je gebaut wurden. Das erste der beiden Exemplare erhielt wegen seiner Bemalung – bis auf die blauen Tragflügel ganz in Gold – den Beinamen „Golden Arrow" (Goldpfeil), den ein paar Monate zuvor schon der erfolgreiche Irving-Napier-Weltrekordwagen des Rennfahrers Henry Segrave getragen hatte. Der enge Rumpf der Gloster VI veranlaßte allerdings die Piloten zu dem weniger eleganten Spitznamen „Golden Bodkin" (goldene Nähnadel). Leider erwies sich das erheblich leistungsgestärkte Triebwerk als äußerst anfällig und versagte in den unumgänglichen Steilkurven regelmäßig seinen Dienst. Dieses überraschende Handicap ließ sich nicht beheben, so daß man schweren Herzens die Nennung der beiden bildschönen Gloster VI kurz vor dem Wettbewerb zurückziehen mußte.

Supermarine S.6

Reginald Mitchell hingegen hatte schon früh das Risiko dieses konstruktiv ziemlich ausgereizten Motors abgeschätzt und nach einem Triebwerk mit größerem Entwicklungspotential Ausschau gehalten. Am geeignetsten erschien der Rolls-Royce Typ H „Buzzard". Die Firma Rolls-Royce jedoch und insbesondere Henry Royce persönlich waren strikt gegen jegliche sportliche Aktivitäten der Firma. Es bedurfte eines eindringlichen Appells an das patriotische Gewissen von Royce, ehe sich dieser bereit erklärte, aus dem Typ H einen Spezial-Flugmotor zu entwickeln. Mit Hilfe von Aufladung und exotischen Kraftstoffmixturen würde dieser Rolls-Royce Typ R (Racer) eine garantierte Mindestleistung von 1500 PS erbringen. Am 14. Mai 1929 erreichte das erste Versuchstriebwerk der vorgesehenen sieben Exemplare auf dem Prüfstand 15 Minuten lang 1566 PS bei einer Drehzahl von 2750/min. Am 23. Juli waren es schon 60 Minuten mit 1636 PS bei 3000/min, am 27. August sogar 80 Minuten mit 1825 PS bei 2850/min. Die Einsatztriebwerke kamen schließlich auf 1925 PS bei 2900/min – bei Rolls-Royce hatte man das zögernd gegebene Versprechen mehr als nur gehalten. Um diesen anfänglich nur auf dem Zeichenpapier existierenden Wundermotor herum konstruierte Mitchell als logische Weiterentwicklung der in Mischbauweise entstandenen Supermarine S.5 die S.6, sein erstes Ganzmetallflugzeug. Von der älteren Maschine unterschied sich die S.6 in ihrem Äußeren hauptsächlich durch ihr neues Triebwerk und die noch ausgeprägteren waagerechten Kühlrippen an den Rumpfflanken. Bei der S.5 hatte man den Kraftstofftank im rechten Schwimmer untergebracht. Die durstigere S.6 hingegen besaß Tanks in beiden Schwimmern, der rechte davon erheblich größer, um das beachtliche Drehmoment des superstarken Triebwerks beim Start zu kontern. Sie hatte auch größere Abmessungen und wog etwa ein Drittel mehr. Als sich herausstellte, daß der Rolls-Royce R sogar 1900 PS erbrachte, revidierte man im Mitchell-Team für die S.6 die Schätzungen nach oben: eine Höchstgeschwindigkeit von über 560 km/h, eine Bahnneigungsgeschwindigkeit von mehr als 840 km/h und eine Steiggeschwindigkeit von 25 m/s – für das Jahr 1929 erstaunliche Werte. Natürlich waren bei der Erprobung der beiden gebauten Exemplare der S.6 noch einige „rauhe" Stellen auszubügeln. Trotz des enttäuschenden Ausfalls der beiden Gloster VI, an deren Stelle man die zweitplazierte S.5 des Jahres 1927 ins offizielle „Schneider"-Team holte, war man auf englischer Seite sehr zuversichtlich. Schließlich konnten die außerordentlichen Schwierigkeiten nicht verborgen bleiben, mit denen das italienisсne Team zu kämpfen hatte. Da weder die kleine Fiat C.29 noch die zweimotorige Savoia Marchetti S.65 flugklar gemacht werden konnten, nahm man – ähnlich wie auf britischer Seite – notgedrungen die etwas betagte Weltrekordmaschine Macchi M-52R als Dritte im Bunde neben den beiden neuen M.67 in das italienische Rennteam auf.

Der elfte Wettbewerb um den „Coupe Schneider" am 7. September 1929 fand bei idealem Schönwetter statt. Als erster startete R. D. Waghorn mit der Supermarine S.6 mit der RAF-Kennung N247 und der Wettbewerbsnummer 2, gefolgt von Dal Molin auf der Macchi M.52R mit der Nummer 4 und D'Arcy Greig auf der Supermarine S.5 (N219 bzw. 5). Dann kamen Remo Cadringher auf der Macchi M.67 (MM105 bzw. 7), Richard Atcherley auf der zweiten S.6 (N248 bzw. 8) und zuletzt Giovanni Monti mit der zweiten M.67 (MM103 bzw. 10). Das Rennresultat sah dann ähnlich aus, wenigstens für die ersten drei Piloten und Maschinen: Sieger wurde Waghorn auf der S.6 mit 528,88 km/h – also ein gutes Stück über dem Weltrekord liegend. An zweiter Stelle folgte Dal Molin auf der M.52R mit 457,38 km/h, ganz knapp vor D'Arcy Greig auf der S.5 mit 454,02 km/h. Die anderen drei Maschinen hatten keine Rolle mehr gespielt. Zuerst scherte Cadringhers M.67 – mit Dreiblattpropeller – in der zweiten Runde aus und mußte notwassern. Montis Maschine – mit Zweiblattpropeller – erlitt nahezu dasselbe Schicksal, auch sie schied zu Beginn ihrer zweiten Runde aus. Der Grund war in beiden Fällen derselbe gewesen: mangelhafte Abgasführung. Die in den steilen Linkskurven ins offene Cockpit dringenden Auspuffgase zwangen beide halb ohnmächtigen Piloten zur Aufgabe, wobei Monti noch durch eine geplatzte Kühlwasserleitung verbrüht worden war. Atcherley in der zweiten S.6 hatte beim Start seine beschlagene Fliegerbrille verloren und kam mit der Ersatzbrille nicht klar. Wegen ungenügender Sicht schnitt er gleich die erste Wendemarke und wurde prompt disqualifiziert. Dennoch zog er sein volles Rennprogramm durch, wohei er immerhin die Genugtuung hatte, in seiner sechsten und siebten Runde neue internationale 50- und 100-km-Rekorde mit 535,09 bzw. 533,9 km/h aufstellen zu können.

Italien war wohl enttäuscht, aber nicht geschlagen. Italo Balbo erklärte beim anschließenden Siegesbankett: „Unsere Rolle als Sportler ist hiermit beendet. Ab morgen sind wir Konkurrenten." Auch der britische Premier Ramsay MacDonald versicherte, daß England den entscheidenden dritten „Schneider"-Sieg erringen wolle. Als eine Art Bekräftigung dieser Ansicht jagte RAF-Pilot George Stainforth drei Tage später mit der bislang glücklosen Gloster VI „Golden Arrow" fünfmal über die offizielle 3-km-Strecke vor Calshot, wobei ihm ein Spitzenwert von 565,35 km/h und ein Mittelwert von 541,23 km/h gelang. Nocn am selben Tag überbot ihn sein Teamkollege Orlebar auf der siegreichen S.6 mit einem 3-km-Schnitt von 572,6 km/h, den er zwei Tage darauf sogar noch auf 575 km/h steigern konnte. Diese Flüge wurden der FAI als Weltrekorde gemeldet, von dieser aber aus irgendwelchen Gründen nicht anerkannt und blieben deswegen inoffiziell. Die wirtschaftliche Lage Englands war jedoch alles andere als günstig. Noch am Tage des Gloster-Weltrekordangriffs äußerte RAF-Marschall Trenchard, daß er keinen Sinn in einer weiteren Teilnahme an diesem Wettbewerb sähe und sich Hochgeschwindigkeitsflugzeuge auch ohne diesen Riesenaufwand entwickeln ließen. Prompt entschied die Regierung am 25. September gegen die RAF-Teilnahme am „Schneider Cup" 1931. Es sei nun allein Sache privater Unternehmer, die dafür erforderlichen geschätzten 80000 Pounds Sterling aufzubringen.

Bernard H.V.220, Dewoitine HD.410, Nieuport NiD.650

Obwohl man in Italien und Frankreich damit beschäftigt war, seine Wunden zu lecken, dachte man keineswegs an Aufgabe. Man war vielmehr entschlossen, die britische Vorherrschaft im Schnellflug mit verstärktem Einsatz zu brechen — Weltwirtschaftskrise oder nicht. Italien erholte sich am schnellsten vom Schock der jüngsten Niederlage. Sofort nach der Rückkehr des „Schneider"-Teams setzte man in Desenzano die Erprobung der am meisten erfolgversprechenden Muster fort. Zum einen wollte man sich frühzeitig auf den entscheidenden „Schneider"-Wettbewerb des Jahres 1931 vorbereiten, zum anderen sollte der nach wie vor in italienischer Hand befindliche Geschwindigkeitsweltrekord baldmöglichst verteidigt werden. Die im September 1929 von der Gloster VI und der Supermarine S.6 über die 3-km-Strecke erzielten Geschwindigkeiten waren zwar nicht als Weltrekorde ratifiziert worden, hatten aber erheblich über den im März 1928 von der Macchi M.52R offiziell erflogenen 512,776 km/h gelegen. Die Bilanz war ziemlich ernüchternd: Die Fiat C.29 war einfach nicht schnell genug. Auch die beiden Macchi M.67 hatten sich in der rauhen Praxis nicht bewährt, zeigten aber erhebliches Entwicklungspotential. Man entschloß sich aber zur weiteren Erprobung der störrischen Piaggio P.7, was sich allerdings auch weiterhin als erfolglos herausstellen sollte. Dagegen schien man die Launen der Tandemtriebwerke der Savoia Marchetti S.65 einigermaßen in den Griff bekommen zu haben, doch zeigte die Maschine bei hohem Tempo einen alarmierenden Mangel an Längsstabilität, den man aber ebenfalls rasch zu kurieren gedachte. Sowohl die Erprobung als auch ein Weltrekordangriff mit der der S.65 waren ausschließlich Sache Tommaso Dal Molins: er paßte als einziger in das enge Cockpit zwischen den beiden Isotta-Fraschini-Triebwerken. Am 18. Januar 1930 jedoch, bei einem Hochgeschwindigkeitsflug in niedriger Höhe, kippte die hölzerne Maschine plötzlich ab und zersplitterte im Gardasee. Dal Molin wurde getötet. Das bedeutete das vorläufige Ende italienischer Anstrengungen, doch nicht das endgültige Aus. Man besann sich wieder auf die Vorteile einer Konzentration auf eine einzige Flugzeug-/Triebwerk-Kombination. Für die Zelle war erneut der Macchi-Konstrukteur Mario Castoldi verantwortlich, für das Triebwerk wieder der Fiat-Konstrukteur Tranquillo Zerbi. Beide entschlossen sich, diesmal „Nägel mit Köppen" zu machen, um der internationalen Konkurrenz ein für allemal den Wind aus den Segeln zu nehmen. Auf der Basis der M.67 enstand der Entwurf eines Superrenners für Supergeschwindigkeiten bis zu 700 km/h. Er würde ein Tandemtriebwerk und gegenläufige Zweiblatt-Zugpropeller aufweisen. Das neue Triebwerk sollte etwa 2500 PS leisten. Es bestand im wesent-

Supermarine S.6 (1929)

Supermarine S.6 (1929)

Savoia Marchetti S.65 (1929)

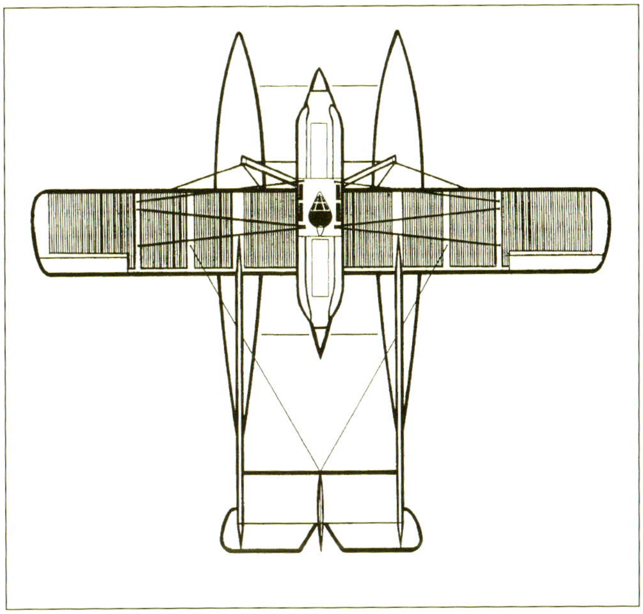

Savoia Marchetti S.65 (1929)

lichen aus zwei AS.5-Zwölfzylindern und hieß AS.6. Das Flugzeug trug als erstes sowohl den Anfangsbuchstaben der Firma als auch den des Konstrukteurs, nämlich MC.72.

Auf französischer Seite hingegen war man bestrebt, den bereits zum vorangegangenen Wettbewerb begonnenen konstruktiven Großangriff in breiter Front fortzuführen. Uneinigkeit und widersprüchliches Verhalten auf politischer Ebene auf der einen sowie Entwicklungsprobleme bei den in Auftrag gegebenen Supertriebwerken auf der anderen Seite resultierten, um es gleich vorwegzunehmen, in einer ausgesprochenen Pleite. Kein einziges wettbewerbsfähiges französisches „Schneider"-Rennflugzeug der drei beteiligten Firmen Bernard, Dewoitine und Nieuport wurde je fertiggestellt, auch nicht in späteren Jahren.

Die aus den Trainingsmustern H.V.40, 41 und 42 hervorgegangenen und ursprünglich für den 1929er Wettbewerb bestimmten und inzwischen überholten Bernard H.V.120 flogen erst im Frühjahr 1930 und dienten anfänglich zum Training und später zu Propellerversuchen. Dabei stürzte die zweite der beiden gebauten Maschinen im Juli 1931 ab, wobei ihr Pilot Bougault ums Leben kam. Die erste wanderte zurück ins Werk, um zwei Jahre später noch einmal hervorgeholt zu werden. Mit einem Radfahrwerk versehen, sollte der nunmehr als V.4 bezeichnete Renneinsitzer wenigstens den inzwischen von den Amerikanern errungenen Landflugzeug-Geschwindigkeitsrekord nach Frankreich zurückholen. Das Flugzeug ist in dieser Form aber nie geflogen. Von den anderen „Schneider"-Konstruktionen Bernards wurde die Zweischwimmer-H.V.220 zwar gebaut, erhielt aber nie das vorgesehene 2000-PS-Triebwerk Lorraine 12 Rcr „Radium", ein Entwurf von Marius Barbarou. Die Schwesterkonstruktion H.V.320 mit dem gleich starken Renault 12 Ncr blieb jedoch auf dem Papier, genauso wie der Entwurf zu einer Art „Renn-Wal" mit zwei Farman-Triebwerken in Tandemanordnung über dem Bootsrumpf und das im Jahre 1933 entstandene Projekt H.V.300. Dies ähnelte der Paggio P.7, besaß aber zwei hintereinander im Rumpf angeordnete Triebwerke und gegenläufige Zweiblatt-Zugpropeller. Der Start würde per Katapult und die Wasserung mit (quer) „stehenden Latten" erfolgen – eine ausgesprochen mutige Vorstellung.

Den beiden Nieuport-Maschinen ging es auch nicht besser. Die NiD.450-01 war schon nach kurzer Erprobung durch Sadi Lecointe zwecks erforderlicher Modifikation zurück ins Werk transportiert worden. Sie tauchte 1931 mit neuem Hispano-Suiza-Triebwerk samt Propeller sowie neuer Bezeichnung NiD.650-01 wieder auf, sollte aber später noch kürzere Tragflügel mit geändertem Umriß erhalten. Beim Überführungsflug ins Werk mußte man sie allerdings nach einer Bruchwasse-

Savoia Marchetti S.65 und Pilot Tommaso Dal Molin (1930)

rung auf der Seine abschreiben. Das von vornherein mit kurzen Flügeln ausgestattete zweite Exemplar NiD.650-02 flog erstmals am 3. September 1931 und sollte trotz unzureichender Geschwindigkeit – gerade 530 km/h – und mangelhafter Richtungsstabilität sofort als Teilnehmer am zehn (!) Tage später stattfindenden „Schneider"-Wettbewerb nach England verschifft werden, wozu es dann allerdings nicht mehr kam. Die gleicherweise für die 2000-PS-Triebwerke von Lorraine und Renault vorgesehenen Entwürfe NiD.651 und 652 wurden ebenfalls nicht verwirklicht. Von Dewoitine, der dritten beteiligten französischen Flugzeugfirma, war erst recht nichts zu erhoffen. Die Fertigstellung des ersten der beiden als HD.41 mit 2000-PS-Lorraine-Triebwerk georderten Schneider-Renneinsitzer unter der Bezeichnung HD.410 war im September 1931 gestoppt worden. Zwar hatte man die Zelle schon Schwimmtests unterworfen, doch ließ das Lorraine-Triebwerk immer noch auf sich warten. Im Dezember 1931 schlug Emile Dewoitine dann vor, die Maschine als HD.411 für einen Angriff auf den Geschwindigkeits-Weltrekord fertigzustellen. Gegenläufige Zweiblattpropeller sollten an Stelle des bisherigen Dreiblattpropellers treten, womit sich gleichzeitig auch der zum Ausgleich des Motordrehmoments größer gehaltene rechte

Nieuport-Delage Ni.D.650 (1931)

Bernard H.V.220, Windkanalmodell (1931)

Schwimmer auf die Größe des linken reduzieren ließe. Doch die Firma Lorraine stellte im Februar 1932 alle Arbeiten am Renntriebwerk „Radium" endgültig ein, womit auch das Weltrekordprojekt gestorben war. Die HD.410 – zwar ohne Triebwerk, doch mit Dreiblattpropeller – bildete schließlich das schönste Exponat des Pariser Aéro-Salons 1932. Das zweite Exemplar der HD.41 wurde später als Trainer HD.412 mit dem erheblich schwächeren Hispano-Suiza 18 gebaut. Auch diese Maschine ist nie geflogen. Doch zurück zum Schneider-Wettbewerb des Jahres 1931. Der von Frankreich und Italien dringend erbetene Aufschub wurde vom britischen Aero Club – Sportlichkeit hin, Sportlichkeit her – kaltlächelnd verweigert. So sah man sich auf französischer Seite gezwungen, seine Teilnahme eine Woche vor dem Wettbewerb, nämlich am 5. September 1931, offiziell und endgültig abzusagen.

Italienische Fehlschläge, Dornier-Projekt 1931

In Italien sah man sich mit demselben Problem konfrontiert. Die erste der fünf Macchi MC.72 hatte am 22. Juni 1931 mit Giovanni Monti am Steuerknüppel ihren Erstflug durchgeführt. Dabei zeigten sich gleich ernsthafte Motorstörungen im höheren Geschwindigkeitsbereich, die sich auch bei späteren Probeflügen kaum kurieren ließen. Dennoch setzte man die Hochgeschwindigkeitsflüge fort, denn die Teilnahme am wichtigen Schneider-Wettbewerb stand auf dem Spiel. So kam es, daß Monti am 2. August 1931 den skeptischen Motorenspezialisten den spuckenden Doppelmotor beim Überflug mit hoher Geschwindigkeit demonstrierte – und die Maschine unmittelbar darauf im Gardasee explodierte. Dies veranlaßte auch Italien zur Bitte an die Briten, den Wettbewerb ein wenig zu verschieben. Nach deren Weigerung hatte man auch inItalien keine andere Wahl, als in letzter Sekunde abzusagen. Die Erprobung der schwierigen MC.72 lief allerdings mit unverminderter Intensität weiter, wobei der Pilot Ariosto Neri eine Geschwindigkeit von 634 km/h erreichen konnte.
Möglicherweise war dies auch der Grund, weswegen man wohl noch in allerletzter Sekunde versuchen wollte, den praktisch unvermeidlichen britischen „Schneider"-Triumph zu unterlaufen, den Briten gewissermaßen die Schau zu stehlen. Jedenfalls unternahm der Pilot Stanislao Bellini noch am 11. September 1931, also zwei Tage vor dem „Schneider"-Wettbewerb, einen offiziellen Angriff auf den Geschwindigkeits-Weltrekord. Doch der Versuch endete erneut in einer Katastrophe. Das Triebwerk spuckte, die MC.72 fing Feuer und explodierte, die brennenden Trümmer mit dem unglücklichen Piloten zerschmetterten an einem der den Gardasee umgebenden Hügel. Zwei Abstürze mit zwei Toten in wenigen Wochen, der Preis war auch für Italien zu hoch: Mussolini selbst verfügte die sofortige Einstellung der Hochgeschwindigkeitsversuche.
Der Vollständigkeit halber sei erwähnt, daß in den USA Al Williams noch einen dritten Anlauf zu einer amerikanischen Teilnahme am „Schneider Cup" unternommen hatte, doch damit

erneut und diesmal endgültig gescheitert war. In einem dritten Anlauf hatte auch Claude Dornier in Deutschland versucht, ein wettbewerbsfähiges „Schneider“-Rennflugzeug auf die Beine zu stellen. Es handelte sich bei dem im Herbst 1931 vorgestellten Entwurf um ein Ganzmetall-Flugboot, eine verfeinerte Variante der zuvor von Carter in England und Robert in Frankreich präsentierten Tandemkonstruktionen. Im Gegensatz zu diesen waren die beiden 2000-PS-V12-Triebwerke unbekannten Ursprungs hintereinander im vorderen Bootsrumpf untergebracht und trieben über ein zwischen ihnen montiertes Winkelgetriebe einen an einem Ausleger über den Rumpf befindlichen Vierblatt-Druckpropeller an. Zur Ableitung der durch die gewaltige Motorleistung erzeugten Hitze waren zusätzlich zur nahezu gesamten Flügeloberfläche auch die Rumpfflanken und die Seitenflosse als Oberflächenkühler ausgebildet. Die natürlich in Flugrichtung angeordneten Kühlrippen verliehen der Maschine eine Art „Wellblech“-Aussehen. Die Stabilität auf dem Wasser wurde durch zwei kleine, seitlich in den Rumpf einziehbare Schwimmer beiderseits des offenen Cockpits gewährleistet.
Die theoretische Höchstgeschwindigkeit dieses 4-t-„Rennwals“ war mit 650 km/h errechnet worden. Natürlich blieb es bei diesem interessanten Entwurf wieder bei einem hübschen Maßstabsmodell, denn man hatte im Jahre 1931 auch in Deutschland andere Sorgen, als sich um die kostspielige Teilnahme an einem internationalen Hi-Tech-Wettbewerb zu bemühen.

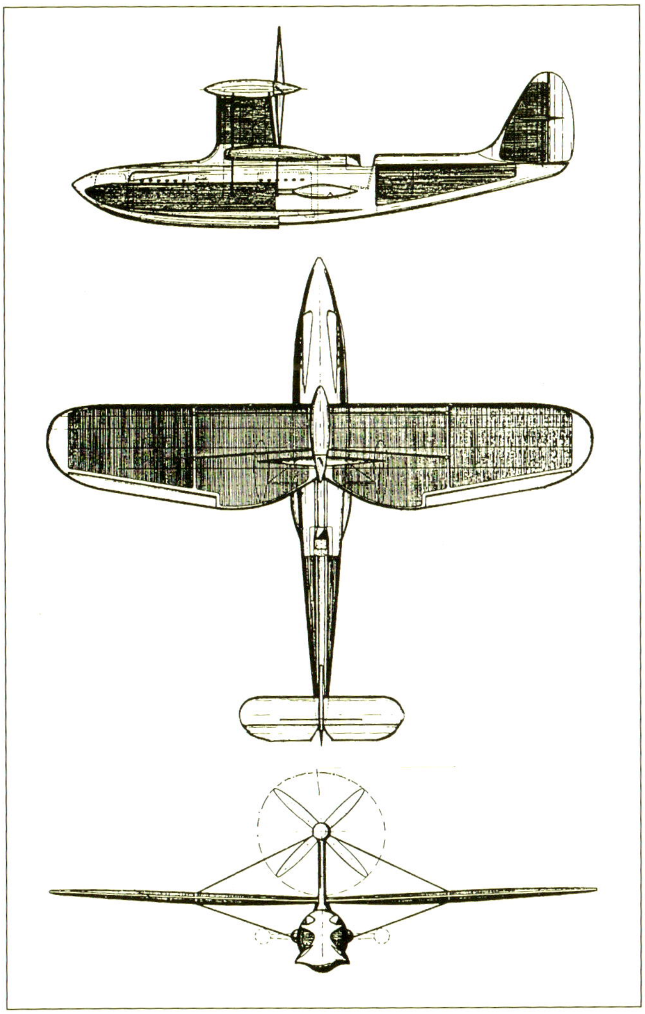

Dornier „Schneider“ (1931)

Supermarine S.6B

Im Klartext:es gab im Herbst 1931 keinerlei „Schneider“-Konkurrenz für Großbritannien. In ähnlich gelagerten Fällen hatten die Veranstalter Sportsgeist gezeigt und großmütig einer Verschiebung zugestimmt – nicht so der Royal Aero Club. Ausgesprochen anglophil eingestellte Fachleute haben Großbritannien allerdings zugute gehalten, daß man sich dort aufgrund der ungeheuren Schwierigkeiten in einer Zwangslage befunden und deswegen einfach keine Wahl gehabt habe. Wie dem auch sei, tatsächlich bedurfte es einer von den Medien geschürten patriotischen Revolte, um bei den ausgesprochen negativ eingestellten staatlichen und militärischen Stellen das Interesse an der „Schneider“-Teilnahme 1931 erneut zu beleben. Man war dort nicht ganz ohne Grund der Ansicht, daß die prekäre Finanzlage die offizielle Teilnahme an dieser reinen Schauveranstaltung nicht erlaube. Die Wende brachte Ende Januar 1931 ein Scheck über die märchenhafte Summe von 100000 Pounds Sterling – zu jener Zeit 2 Millionen Reichsmark –, gestiftet von Lady Houston. Deren Leben war übrigens ebenso märchenhaft verlaufen: als Tischler-Tochter Fanny Lucy Radnall hatte sie in dritter Ehe den Reeder Sir Robert Houston geheiratet und war nach dessen Tod 1926 die reichste Frau Englands geworden. Die aufgrund ihrer patriotischen Tat Ende Januar 1931 getroffene positive Entscheidung bedeutete, daß nur noch sieben Monate zur Verfügung standen, um ein kompetentes „Schneider“-Team mit wettbewerbsfähigen Maschinen auf die Beine zu stellen. Man entschloß sich deswegen, allein Supermarine mit der Konstruktion zweier Wettbewerbsflugzeuge zu betrauen und Rolls-Royce mit dem Bau der zugehörigen Triebwerke.
Die knappe zur Verfügung stehende Zeit zwang beide Firmen, auf Neuentwicklungen zu verzichten und sich statt dessen auf die Optimierung der vorhandenen Entwürfe S.6 bzw. R zu konzentrieren. Die erste der beiden neuen S.6B mit der Kennung S1595 wurde am 21. Juli dem wieder ins Leben gerufenen „High Speed Flight“ in Calshot übergeben und die zweite mit der Kennung S1596 am 11. August 1931. Darüber hinaus hatte man die beiden S.6 (N247 und N248) vom Jahre 1929 gründlich modifiziert, um sie als S.6A als Trainings- und Reservemaschinen einzusetzen. In der ersten der beiden S.6A kam der Fleet Air Arm-Pilot Brinton ums Leben, als er beim Start überzog und abschmierte. Aber auch mit den beiden S.6B gab es erhebliche Schwierigkeiten. Die kleineren Zweiblatt-Metallpropeller mit geschwindigkeitsoptimiertem Steigungswinkel (44,5 Grad) brachten die Maschinen zunächst nicht aus dem Wasser und mußten modifiziert werden. Die vom Kraftstoffexperten Rod Banks zusammengebrauten exotischen Mixturen für die um rund 20 Prozent auf über 2300 PS leistungsgesteigerten Triebwerke entpuppten sich als Dichtungsfresser. Eine Schlechtwetterperiode verhinderte zu-

Supermarine S.6B (1931)

nächst weitere Starts. Am 6. September war man sich jedoch sicher, mit den drei Wettbewerbsmaschinen aufs beste gerüstet zu sein:zwei S.6B und eine S.6A. Mangels Konkurrenz sah die britische Strategie folgendes vor: Zuerst sollte Flight Lieutenant Boothman mit der S.6B (S1595) versuchen, den 1929er-Strecken- und 100-km-Rekord zu verbessern. Sollte er ausfallen, würde es Flight Lieutenant Long mit der S.6A (N248) versuchen und, sofern erforderlich, nach ihm Flying Officer Snaith in der S.6B (S1596). Sollte man den „Coupe Schneider" schon beim ersten oder zweiten Anlauf gewinnen, würde der Teamchef, Flight Lieutenant Stainforth, als „added attraction" für das erwartete Millionenpublikum mit der zweiten S.6B anschließend noch einen 3-km-Weltrekordversuch unternehmen.

Das so kategorisch verteidigte Wettbewerbsdatum mußte zwar wegen schlechten Wetters um 24 Stunden auf den 12. September 1931 verschoben werden, aber sonst verlief alles nach Plan. Das Millionenpublikum hatte sich versammelt, John Boothman startete kurz nach 13 Uhr mit seiner S.6B und holte nach einem praktisch störungsfreien Flug mit einem neuen Schnitt von 547,297 km/h den zwar kitschigen, doch so

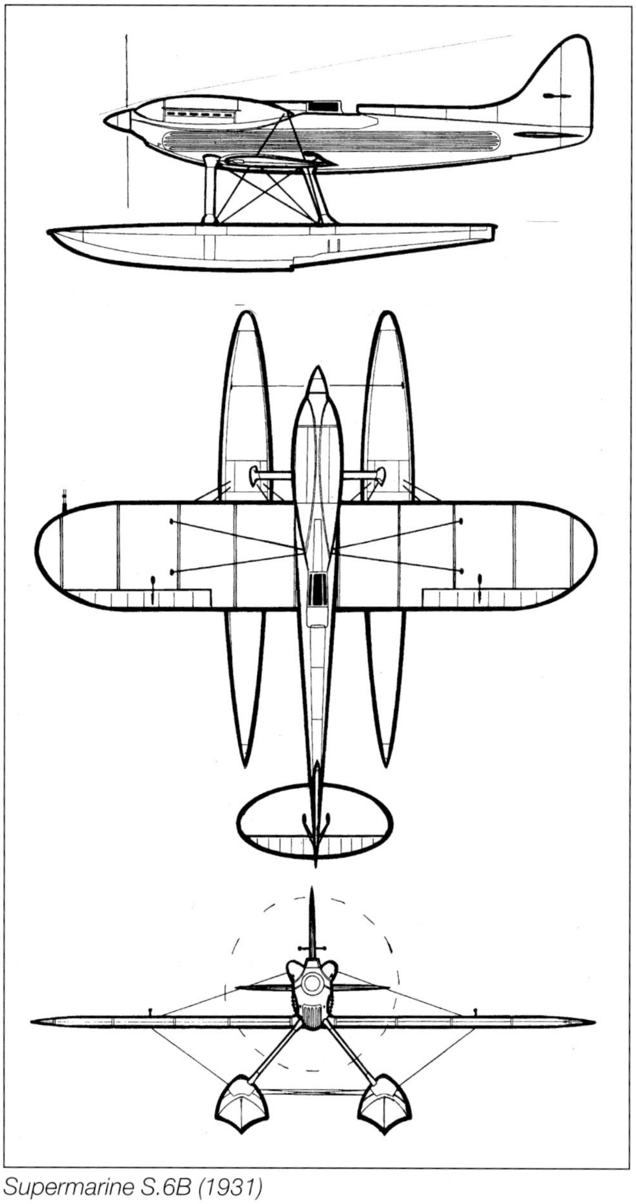

Supermarine S.6B (1931)

heiß begehrten „Coupe d'Aviation Maritime Jacques Schneider" für ewig und alle Zeiten nach Großbritannien. Um 16 Uhr startete dann, wie zuvor versprochen, George Stainforth mit der zweiten S.6B zum Angriff auf den Geschwindigkeitsweltrekord. Nach vier Durchgängen konnte der durchaus zufriedenstellende Durchschnittswert ermittelt werden:610,020 km/h – mehr als ausreichend für einen Weltrekord. Man zögerte aber mit dem Antrag auf den offiziellen FAI-Segen. Man wollte, wenn man schon einmal dabei war, ganz auf Nummer Sicher gehen und die Meßlatte für die potentielle italienische Konkurrenz so hoch wie möglich legen. Darüber hinaus klangen in englischen Ohren 400 mph (644 km/h) bedeutend besser als 379 mph (610 km/h). Wieder einmal war man im Air Ministry dagegen, doch gelang es Sir Henry Royce, die Verantwortlichen umzustimmen. Bei Rolls-Royce präparierte man ein spezielles Sprintexemplar des R-Triebwerks, das mit Hilfe eines höherdrehenden Verdichters und eines noch potenteren Wunderelixiers von Mr. Banks (60% Methanol, 30% Benzol, 10% Aceton und ein winziger Schuß Blei) auf dem Prüfstand über 2800 PS abgab – allerdings auf Kosten der Standfestigkeit und eines maßlosen Spritverbrauchs. Man verzichtete deswegen auf den schnelleren Verdichter und begnügte sich mit 2565 PS. Die Kraftstoffmixtur hatte allerdings die unschöne Neigung, die Dichtungen zu zerfressen, deren Überreste dann die Filter blockierten. Dennoch baute man dieses Sondertriebwerk R27 umgehend in die S.6B (S1595) ein, so daß der bislang inoffizielle Weltrekordpilot Stainforth noch im selben Monat, nämlich am 29. September 1931, zu einem weiteren Weltrekordversuch starten konnte, von dem man die offizielle Überwindung der 400-Meilen-Grenze erhoffte. Die Erwartungen wurden nicht enttäuscht:655,798 km/h waren das Ergebnis, also 407,5 mph. Das bedeutete, daß jetzt sämtliche absoluten Geschwindigkeitsrekorde in der Luft, zu Wasser und zu Lande fest in britischer Hand waren:der Motorbootweltrekord mit 177,378 km/h (9. Juli 1931, Kaye Don und „Miss England II"), der Motorradweltrekord mit 242,586 km/h (6. November 1930, Joe Wright und Zenith), der Automobilweltrekord mit 396,040 km/h (5. Februar 1931, Malcolm Campbell und „Blue Bird") und nun als absolute Krönung der Flugzeugweltrekord. Wirtschaftskrise oder nicht:England triumphierte: „We are the Champions!"

Macchi MC.72

Doch weder in Frankreich noch in Italien war man gesonnen, sich mit dem britischen Alleinvertretungsanspruch abzufinden, jedenfalls nicht in der Fliegerei. Während aber die französischen Bemühungen letztendlich fruchtlos blieben, war die italienische Haltung pragmatischer. Schließlich besaß man in der Macchi MC.72 das potentiell schnellste Flugzeug und im Fiat AS.6 das erwiesenermaßen stärkste, wenn auch problematische Triebwerk. Zur Lösung der mysteriösen Motorprobleme entschloß man sich deswegen auf Anraten des Generalingenieurs Crocco, den fachmännischen Rat des bisherigen Konkurrenten Rod Banks einzuholen. Dieser fand dann bald heraus, daß bei den Prüfstandläufen nicht der bei hohen Geschwindigkeiten wirksam werdende Staueffekt der langen Vergaserlufthutze berücksichtigt worden war. Das deswegen zu mager bemessene Kraftstoffgemisch brachte die fatalen Fehlzündungen. Der Einbau eines von einem 700-PS-Flugmotor angetriebenen Gebläses im Prüfstand sowie die Verwendung einer aus verbleitem Benzin, Benzol und Methylalkohol bestehenden Kraftstoffmixtur à la Banks brachte schließlich das erwünschte Resultat, nämlich eine Leistung von 2900, später sogar von 3000 PS. Auch das Geheimnis der plötzlichen Drehzahlerhöhungen durch an jedem Vormittag auftre-

tenden Druckabfall der direkt an die städtische Wasserleitung angeschlossenen Prüfstands-Wasserbremse konnte gelöst werden: die Turiner Hausfrauen bereiteten das Mittagessen vor. Was das 24-Zylinder-Doppeltriebwerk AS.6 anbetraf, so waren dessen beide 12-Zylinder-Hälften nur über den gemeinsamen Gashebel samt Gestänge miteinander verbunden und trieben jeweils eine der beiden gegenläufigen Zweiblattpropeller mit einer Steigung von 46,5° an.
Als Dank für die geleistete Amtshilfe sollte Rod Banks vom Duce Benito Mussolini der Ehrentitel eines Commendatore verliehen werden, wogegen allerdings das britische Außenministerium erfolgreich Einspruch erhob. Keine Schwierigkeiten gab es hingegen mit den von Banks erfolgreich kurierten Fiat-Doppeltriebwerken, die umgehend in die verbliebenen drei der ursprünglich fünf Exemplare der Macchi MC.72 zum Einbau gelangten. Doch die nunmehr erzielbaren hohen Geschwindigkeiten brachten weitere Probleme mit sich. Bei einem der ersten Hochgeschwindigkeitsflüge des Piloten Ariosto Neri am 15. Juni 1932 kam es bei über 700 km/h plötzlich zu starkem Leitwerksflattern mit Schäden am Rumpfheck. Glücklicherweise konnte der erfahrene Neri die angeschlagene Maschine sofort wassern. Ein knappes Vierteljahr später verließ ihn allerdings das Glück:am 6. September 1932 stürzte er mit seinem Trainer Fiat CR.20 idro wegen Propellerbruchs aus 150 m Höhe tödlich ab. Nach Capitano (Hauptmann) Monti und Tenente (Oberleutnant) Bellini war mit Tenente Neri nun auch der dritte Offizier des für 1931 vorgesehenen italienischen „Schneider"-Teams umgekommen, von dem jetzt nur noch der damals als Reservepilot eingeteilte Maresciallo 3° Classe (Feldwebel) Francesco Agello übriggeblieben war. Vom Teamchef Colonnello Bernasconi wurde ihm nun die ehrenvolle Aufgabe zugeteilt, den Geschwindigkeitsweltrekord zu erringen und damit das angeknackste italienische Selbstwertgefühl zu restaurieren.
Die fünf Exemplare der Macchi MC.72 hatten die Kennungen MM.177 bis MM.181 erhalten, von denen MM.178 (Monti) und MM.180 (Bellini) verloren gegangen waren. Die MC.72 MM.177 mit dem Triebwerk AS.6 N.12/MM.165 wurde im Frühjahr 1933 für den Rekordangriff präpariert, und Agello unternahm mit ihr die ersten Probeflüge. Nachdem er bei der „Generalprobe" am 30. März einen inoffiziellen Mittelwert von 664,558 km/h über die auf dem Lago di Garda eingerichtete

Macchi MC.72 (1933)

Macchi MC.72 (1934)

3-km-Meßstrecke erzielt hatte, setzte man den offiziellen Weltrekordangriff auf den 10. April 1933 an. Um 11 Uhr begann Agello seinen rund 60 s dauernden Start, um 11.15 Uhr setzte er aus nördlicher Richtung zum ersten seiner insgesamt fünf Durchgänge an, die er mit 678,477, 682,637, 674,662, 692,529 und 675,971 km/h absolvierte. Nach dem letzten Durchgang drehte er dicht über der Geschwindigkeitsschule voller Begeisterung noch eine Steilkurve, um dann zu wassern. Das Resultat konnte sich tatsächlich sehen lassen:682,403 km/h lautete das amtliche Endergebnis. Italien hatte „seinen" Weltrekord wieder.
Doch Bernasconi, Agello, Macchi und Fiat waren sicher, den Rekord noch über die magische 700-km/h-Grenze hinaus steigern zu können. Am 4. Juni 1933 startete Agello deswegen mit der jüngsten MC.72 mit der Kennung MM.181 und dem noch etwas stärkeren Triebwerk N.11/MM.149. Schon nach acht Minuten mußte er aber wegen eines geplatzten Ma-

nometers den geplanten Rekordflug abbrechen. Der im April erflogene absolute Weltrekord blieb also erst einmal bestehen. Aber schließlich gab es ja noch ein paar andere Rekorde, deren Erringung dem italienischen Prestige nicht abträglich wären, nämlich der ebenfalls noch von den Engländern gehaltene 100-km-Rekord und der frischgebackene „Coupe Blériot" für das erste Flugzeug, das 30 Minuten lang ein Tempo von mindestens 600 km/h durchhielt. Also machte man sich erneut an die Arbeit. Als erster kam Maggiore Guglielmo Cassinelli an die Reihe, hatte allerdings zunächst mit einigen Schwierigkeiten zu kämpfen. Am 25. September riß ein Spannkabel seiner MC.72 MM.177, der Agello-Rekordmaschine, und am 1. Oktober mußte er schon nach neun Minuten wegen anderer technischer Probleme aufgeben. Genau eine Woche später klappte es aber, und auch der 100-km-Rekord war mit 629,370 km/h in italienischem Besitz. Knapp zwei Wochen danach, nämlich am 21. Oktober 1933 um 9.14 Uhr, startete Tenente Pietro Scapinelli mit der MC.72 MM.179 zum „Blériot"-Schnellflug. Nicht weniger als 144 Sekunden dauerte es, ehe sich die schwerbeladene und dümpelnde Maschine vom Wasser gelöst hatte. Genau 31 Minuten und 44,2 Sekunden nach dem Einflug in die 327,616 km messende Dreieckstrekke verließ er sie wieder:619,374 km/h betrug die Geschwindigkeit. Auch der „Coupe Blériot" gehörte Italien, und das gleich beim ersten Anlauf.
Was nun den absoluten Geschwindigkeitsrekord anbetraf, so galt immer noch die Devise: Aufgeschoben ist nicht Aufgehoben. Durch die anderen Erfolge besänftigt, konnte man sich nun in aller Ruhe auf den Sturm auf den 700er-Gipfel vorbereiten. Der Macchi-Konstrukteur Mario Castoldi entwarf neue, kleinere Schwimmer aus Sperrholz, die einen Geschwindigkeitszuwachs von 15 km/h versprachen. Sie besaßen nur 15 Prozent Auftriebsreserve. Bei den bisherigen Metallschwimmern hatte diese noch 19 Prozent betragen, bei den Schwimmern von Reginald Mitchell's Supermarine S.6B sogar noch generöse 57 Prozent. Bei Fiat steigerte man die Leistung des Triebwerks AS.6 mit Hilfe einer auf 7,1 bar erhöhten Verdichtung und einer von 17000 auf 19000/min erhöhten Kompressor-Drehzahl auf nahezu 3100 PS bei einer Motordrehzahl von 3300/min. Nach wie vor waren nahezu die gesamten Flügelober- und -unterseiten, die beiden Schwimmeroberseiten sowie die vier Schwimmerstreben der MC.72 als Oberflächenkühler ausgebildet. Die bei früheren Einsätzen gelegentlich, besonders in den wärmeren Monaten, am Rumpfhinterteil angebrachten zusätzlichen Kühlflächen kamen dafür im Interesse eines möglichst geringen Luftwiderstands diesmal in Fortfall. Nachdem Agello die neuen Holzschwimmer erstmals im Herbst 1933 im Flug erprobt hatte, begann die mühsame und zuweilen frustrierende Arbeit der Feinabstimmung von Flugzeug, Triebwerk und Pilot. Dafür nur ein paar Beispiele:13. Mai 1934 – mit AS.6 N.11 = Abbruch nach sieben Minuten wegen heftiger Vibrationen; 22. Juni 1934 – mit AS.6 N.4 = Aufgabe nach 30 Minuten wegen Kompressorbruchs;4. Juni 1934 = Abbruch nach elf Minuten wegen Vibrationen;1. Oktober 1934 – mit AS.6 N.8 = Abbruch nach neun Minuten wegen Vibrationen; 13. Oktober 1934 =Abbruch nach zwölf Minuten wegen nachlassenden Benzindrucks. Doch dann war man überzeugt, die Dinge soweit im Griff zu haben, daß man zehn Tage später den offiziellen Weltrekordangriff ansetzen konnte. Im Tagebuch der „Reparto Alta Velocità" heißt es dazu: „23/10/1934 – Zwischen 14.56 Uhr und 15.11 Uhr (15 Minuten) brach der Maresciallo Agello Francesco am Himmel von Desenzano del Garda (zwischen Moniga und Manerba) den absoluten Geschwindigkeitsweltrekord für Wasserflugzeuge mit Flugzeug M.C.72 – MM.181 – Motor Fiat A.S.6 n.8 MM.147 – mit einer mittleren Geschwindigkeit von 709,209 km/h. Der Rekord wurde von der F.A.I. offiziell bestätigt. Der bisherige Rekord lag um 27,131 km/h niedriger. Die Geschwindigkeiten bei jedem der vier Durchgänge betrugen: 1. Durchgang 705,882 km/h; 2. Durchgang 710,433 km/h; 3. Durchgang 711,462 km/h; 4. Durchgang 709,444 km/h."

Das war vor mehr als 60 Jahren – und dieser spezielle Rekord ist bis heute nicht gebrochen worden. Wohl gelang es Deutschland knapp fünf Jahre danach, den absoluten Geschwindigkeitsrekord für kolbenmotorgetriebene Landflugzeuge zu erringen und der Sowjetunion fast 27 Jahre später, einen Geschwindigkeitsrekord für strahlturbinengetriebene Wasserflugzeuge aufzustellen. Auch gab es in den achtziger und neunziger Jahren in den USA und Rußland vereinzelt Pläne zu Schwimmervarianten von propellergetriebenen Rekord-Landflugzeugen, aus denen aber bislang nichts wurde. Das schnellste aller Wasserflugzeuge mit Kolbenmotor und Propeller ist nach wie vor die Macchi MC.72 aus dem Jahre 1934.

Flugmotor Fiat AS.6 (1933)

Die Stromlinie setzt sich durch 1931–1937

Gee Bee Z und Konstrukteur Bob Hall (1931)

Kurioserweise fanden die bei der Entwicklung der „Schneider"-Hochgeschwindigkeitsmaschinen gewonnenen umfangreichen theoretischen und praktischen Erkenntnisse kaum Anwendung bei den „normalen" Flugzeugentwürfen derselben Konstrukteure, selbst bei den „Schnellsten der Schnellen" jeder Luftwaffe, den Jagdflugzeugen. Denn Wendigkeit, die Fähigkeit, im klassischen Luftkampf den Gegner auskurven zu können, galt nach wie vor als das anzustrebende Ideal – wie fünfzehn, zwanzig Jahre zuvor im Ersten Weltkrieg. Geschwindigkeit kam erst an zweiter Stelle, und die Vorliebe der Experten in den Luftfahrtministerien aller Nationen galt dann auch unverdrossen dem für derartige Manöver besonders geeigneten Doppeldecker – möglichst noch mit offenem Cockpit. Nur unter Vorbehalten und zögernd entschloß man sich vereinzelt zur Auftragserteilung für die als „zerbrechlich" angesehenen Eindecker, die darum nur in Ausnahmefällen völlig freitragend konstruiert wurden. Von einziehbaren Fahrwerken war für längere Zeit kaum die Rede, allen Erkenntnissen aus Geschwindigkeitswettbewerben zum Trotz.

Diese Wettbewerbe konzentrierten sich zu Beginn der dreißiger Jahre auf die USA und auf Frankreich. Herrschte bei den alljährlich durchgeführten „National Air Races" der amerikanischen Mentalität entsprechend eine zirkusartige Atmosphäre, wenn eine buntgewürfelte Schar bärenstarker „Specials" mit ihren tollkühnen Piloten in halsbrecherischer Manier und Bodennähe um die Pylons jagte, angefeuert durch saftige Preise der Industrie und eine vieltausendköpfige sensationshungrige Menschenmenge (Vergleiche zu den „500 Meilen von Indianapolis" drängen sich auf), so war es in Frankreich eher unterkühlt. Die Wettflüge um den „Coupe Deutsch", nach den beiden ersten Serien von 1912 bis 1919 und von 1920 bis 1921 jetzt zum dritten Mal abgehalten – von 1933 bis 1936 –, waren reine Flüge gegen die Uhr, zudem noch über größere Distanzen, an denen sich die besten der etablierten Konstrukteure und Piloten beteiligten. Darüber hinaus gab es bestimmte Auflagen und Restriktionen des Hubraums.

Die in den USA von 1920 bis 1925 alljährlich abgehaltenen „Pulitzer"-Rennen und die ersten der daran anknüpfenden „National Air Races" wurden traditionell von den Jagdeinsitzern der US Army und US Navy dominiert, jedoch begann das militärische Interesse an diesen Rundstreckenrennen allmählich abzuflauen. Dennoch war es ein gehöriger Schock, als im schnellsten Rundstreckenrennen um die neu gestiftete „Thompson Trophy" im Rahmen der „National Air Races" des Jahres 1929 das Produkt einer kleinen Firma in Wichita, Kansas, die Travel Air „Mystery S", sämtlichen teilnehmenden Militärmaschinen davonflog. Im Gegensatz zu den kantigen Jagdflugzeugen zeigte sich die rot-schwarze „Mystery" als eleganter verspannter Tiefdecker mit großen stromlinienförmigen Radverkleidungen und einem mit einer NACA-Haube sauber ummantelten Sternmotor. Als dann im darauffolgenden Jahr beim gleichen Rennen der Marinepilot Page, durch Motor-

abgase betäubt, mit dem neuen Curtiss-Marinejäger XF6C-6 einen tödlichen Unfall erlitt, beendeten die US-Streitkräfte ihre Teilnahme an diesen Rennen. Auch anderem internationalen Wettbewerb stellten sich amerikanische Militärflugzeuge kaum, so daß der technische Rückstand zu internationalen Spitzenprodukten immer größer wurde.
Erst gegen Ende der dreißiger Jahre begann man diese isolationistische Haltung ein wenig zu lockern, doch die negativen Folgen der Abkapselung wirkten sich noch bis weit in den Zweiten Weltkrieg hinein aus.
Um so mehr wurden kleinere Flugzeugfirmen und „Hinterhof-Bastler" in den USA motiviert, sich an den zuweilen mit verlockenden Geldpreisen ausgestatteten Wettbewerben zu beteiligen, nicht zuletzt wegen der schlechten Wirtschaftslage. So spektakulär jedoch diese Rennerfolge waren, so lagen selbst die von den Siegermaschinen erreichten Spitzengeschwindigkeiten noch ein ganzes Stück unter den bereits im Jahre 1924 von der französischen Bernard V.2 erflogenen 448 km/h, von den Supergeschwindigkeiten der „Schneider"-Rennflugzeuge gar nicht erst zu reden. Auch die „Mystery" kam allenfalls auf 380 km/h Spitze, was aber immer noch besser als die von den besten amerikanischen Jagdeinsitzern jener Tage erreichten 310 km/h war. Doch hatten sich – angespornt durch den Erfolg des „Travel Air"-Teams aus Wichita, der Keimzelle der späteren Firma Beech – weitere Gruppen ambitionierter Flugzeugbauer zusammengefunden, die mit mehr oder weniger Erfolg versuchten, Geldgeber für ihre großartigen Projekte zu finden. Am erfolgreichsten darin erwiesen sich die fünf Granville-Brüder aus dem US-Staate Massachusetts. Nachdem sie der Firma „Gee Bee" aufgrund ihrer ausgezeichneten Flugzeugreparaturen ein lokales Ansehen verschafft hatten, wagten sie sich an den Bau eigener Konstruktionen. Die Gee Bee „Sportsters" waren kleine, einsitzige, verspannte Tiefdecker in Mischbauweise – der Rumpf bestand aus einem Stahlrohrgerüst, Sperrholzspanten und Stoffbespannung und die Flügel aus einer ebenfalls stoffbespannten Holzkonstruktion. Doch es gab zu viele derartiger Flugzeuge in den Vereinigten Staaten, und die Zahl zahlungskräftiger Kunden war klein. Deswegen hielt sich auch die Zahl der gefertigen Maschinen vom Typ „Gee Bee" in sehr engen Grenzen, und von wirtschaftlichem Erfolg konnte keine Rede sein.

Gee Bee „Super Sportsters"

Man entschloß sich zur Flucht nach vorn. Für das schnelle Rundstreckenrennen um die „Thompson Trophy" als Teil der „National Air Races" des Jahres 1931 in Cleveland, Ohio, war ein Preisgeld von 7500 Dollar für den Sieger ausgesetzt worden – und dieses Geld, verbunden mit der automatisch einsetzenden Publicity, wollte man unbedingt gewinnen. Bob Hall, ein junger und sehr talentierter Flugzeugkonstrukteur und Pilot, machte sich daran, einen kleinen Renneinsitzer mit einem starken Motor zu entwerfen, der die Maschinen der Konkurrenz in den Schatten stellen würde. Mit denPlänen zu diesem radikalen Renner unter dem Arm machte Hall sich auf die Suche nach Geldgebern, und es gelang ihm, eine Anzahl von Geschäftsleuten der Stadt Springfield in Massachusetts als Aktionäre zu gewinnen, die sich in der „Springfield Air Racing Association" (SARA) zusammenschlossen.
Das Gee-Bee-Modell Z „Super Sportster" war eine radikale, doch logische Weiterentwicklung des vorhergegangenen Modells Y, eines Sportzweisitzers. Als Antriebsquelle diente ein von der Firma Pratt & Whitney – die sich eine gute Werbewirkung versprach – geliehenes Exemplar ihres beliebten Neunzylinder-Sternmotors „Wasp Junior", das man auf eine Leistung von 540 PS gesteigert hatte. Der kurze, gedrungene Rumpf bestand wiederum aus einem Stahlrohrgerüst mit Sperrholzspanten und Stoffbespannung. Das völlig geschlossene Cockpit lag sehr weit hinten und ging direkt in die Heckflosse über. Leitwerk und Flügel des verspannten Tiefdeckers waren als stoffbespannte Holzkonstruktion ausgeführt. Strömungsgünstig verkleidete Fahrwerkbeine trugen die Räder mit großen tropfenförmigen Verkleidungen. Die gelb und schwarz lackierte Maschine trug auf der breiten NACA-Haube des Motors den Namen „City of Springfield". Am 22. August 1931 war sie fertiggestellt, genau eine Woche vor Beginn der „National Air Races". Eigentlich hatte Bob Hall seine Konstruktion auch selbst fliegen wollen, doch hatte sich der Pilot Lowell Bayles mit 500 Dollar in den Interessenverband SARA eingekauft und damit das Recht erworben, das gelb-schwarze Kraftpaket in den wichtigsten Rennen, darunter das um die „Thompson-Trophy", zu pilotieren. Bob Hall flog dafür die Maschine ein und startete in zwei kleineren Rennen der insgesamt 38 verschie-

Gee Bee R-1 (1932)

Gee Bee R-1 (1932)

dene Wettbewerbe umfassenden Mammutveranstaltung in Cleveland, die er beide mit Leichtigkeit gewann. Lowell Bayles war ebenfalls erfolgreich und siegte in einem weiteren Rennen mit über 80 km/h Geschwindigkeitsvorsprung, wobei er in einem Durchgang der dort mit einbezogenen „Shell Speed Dashes" sogar eine Spitze von 460 km/h erreichte – 12 km/h über dem schon seit siebenJahren bestehenden Weltrekord für Landflugzeuge. Beim Kampf um die „Thompson Trophy" mußte er gegen zwei ernstzunehmende Rivalen antreten:den sieggewohnten Jimmy Doolittle mit seinem schnittigen Doppeldecker Laird „Super Solution" und den einfallsreichen Jimmy Wedell mit seiner Eigenkonstruktion „No.44". Beide Maschinen besaßen ebenfalls den 540 PS starken „Wasp Junior". Beim Rennen jedoch fiel Doolittle wegen Motorschadens aus und Wedell konnte nicht mithalten:Bayles siegte auf der Gee Bee Z mit klarem Vorsprung.
Die Absicht, bei gleicher Gelegenheit auch den offiziellen Geschwindigkeitsrekord für Landflugzeuge anzugreifen, konnte nicht verwirklicht werden. Doch Bayles bereitete sich danach systematisch darauf vor. Zunächst erhielt das Rennflugzeug einen größeren und stärkeren „Wasp Senior" von 760 PS. Ende November startete Bayles dann seine offiziellen Rekordangriffe über dem Wayne County Airport in der Nähe von Detroit. Obwohl er Spitzengeschwindigkeiten von mehr als 500 km/h erzielen konnte, schaffte er nie die laut FAI-Reglement erforderlichen vier Durchgänge. Entweder gab es Schwierigkeiten mit dem Propeller oder mit dem Motor, und schließlich versagte die Meßkamera.
Am 5. Dezember 1931 hatte Bayles gerade seinen vierten Rekordversuch begonnen, als sich bei hohem Tempo der hinter der Motorhaube befindliche Tankdeckel löste, die Cockpitverglasung durchschlug und den Piloten voll ins Gesicht traf. In einer Reflexbewegung riß der halb bewußtlose Bayles die Maschine steil nach oben;doch überstieg dieses Manöver die Festigkeit der „Gee Bee": der rechte Flügel brach ab, zwei schnelle Rechtsrollen, Aufschlagbrand – Bayles war sofort tot. Die Filmaufnahmen des Unfalls tauchten später in einer Reihe von Hollywood-Streifen auf, wenn das Drehbuch einen spektakulären Flugzeugabsturz vorschrieb.
Der Konstrukteur Bob Hall hatte die Firma schon kurz nach den Cleveland-Rennen enttäuscht verlassen. Der neue Chefkonstrukteur, Howell Miller, wurde beauftragt, einen noch schnelleren Renneinsitzer zu schaffen, um den aufgrund dieses Unfalls stark angeschlagenen Ruf der Firma Gee Bee wieder herzustellen. Die neue Maschine, die „Gee Bee R", erwies sich als konsequente Weiterentwicklung in der mit dem Modell Z eingeschlagenen Richtung. Wiederum diente ein Pratt-&-Whitney-Sternmotor „Wasp Senior" als Antriebsquelle, diesmal mit einer Leistung von über 800 PS. Erstmals kam auch ein Zweiblatt-Verstellpropeller zur Anwendung. Das geschlossene Cockpit befand sich wie gewohnt unmittelbar vor dem Seitenleitwerk. Dessen Oberkante war ursprünglich waagerecht verlaufen, doch brachte man unmittelbar nach dem Erstflug am 13. August 1932 noch eine Seitenflosse und ein entsprechend vergrößertes Seitenruder an, da sich die Richtungsstabilität als ausgesprochen bedenklich erwiesen hatte. Im Gegensatz zur vorangegangenen Z waren die Flügel der Gee Bee R gänzlich mit Sperrholz beplankt, aber auf ähnliche Weise verspannt. Gleich zwei Exemplare des weiß-roten „Super Sportster" wurden gebaut:die R-1 (NR2100) mit dem starken „Wasp Senior" und die R-2 (NR2101) mit dem schwächeren „Wasp Junior", aber größerem Tankvolumen für den vorgesehenen Einsatz im Langstrecken-„Bendix"-Rennen.
Vierzehn Tage nach dem Erstflug begannen wieder die alljährlichen „National Air Races" in Cleveland, als eines der wenigen positiven Ereignisse in dieser deprimierenden Periode der Weltwirtschaftskrise dankbar begrüßt. Und wiederum war es die begehrte und prestigeträchtige „Thompson Trophy", die man bei Granville unbedingt wieder erringen wollte.
Anstelle des programmgemäß vorgesehenen Piloten Russell Boardman, der seine nur wenige Tage vor dem Rennen beim Absturz einer Gee Bee „E" erlittenen Verletzungen auskurieren mußte, hatte Zantford Granville kurz entschlossen den Konkurrenten des Vorjahres, Jimmy Doolittle, angeheuert, dessen weiterentwickelte „Super Solution" nach einer Bauchlandung nicht einsatzbereit war. Doolittles erster Flug in der „R-1" am 28. August 1932 führte ihn auch gleich von Springfield nach Cleveland. Beim anschließenden Ausprobieren der – gelinde gesagt – recht temperamentvollen Maschine mußte er dann verblüfft feststellen, daß sein Versuch, eine Steilkurve zu fliegen, sofort in zwei schnellen Rollen mündete, ehe er wieder die normale Fluglage einnehmen konnte. Steile Kurven waren also nichts für den dicken Brummer, nicht gerade ideal für die zehn Runden um jeweils drei Wendemarken des „Thompson Trophy Race". Doch in gerader Linie war der „Super Sportster" schnell, äußerst schnell sogar. Deswegen unternahm Doolittle bei den offiziell gemessenen „Shell Speed Dashes" auch gleich einen Angriff auf den Weltrekord. Leider wurde dieser Versuch aus technischen Gründen nicht anerkannt. Am 3.September jedoch klappte es. Viermal jagte Doolittle mit dem bulligen Renneinsitzer über die 3-Kilometer-Meßstrecke. Das Resultat:ein neuer Weltrekord für Landflugzeuge mit fast 474 km/h, nach siebenjähriger Pause. Und um die ganze Sache abzurunden, gelang ihm drei Tage später der klare Sieg in den „Thompson Trophy Races" – obwohl er wohlweislich jede Steilkurve vermied ...
Doolittles anschließende Kommentare über das Verhalten von Flugzeug- und Pressephotographen waren alles andere als schmeichelhaft. Seine Frau und seine Söhne waren während der Rennen auf Schritt und Tritt begleitet worden, um ihre Reaktionen bei einem eventuellen Absturz in Großaufnahme festhalten zu können. Aber das entsprach nur der üblichen Sensationsgier;schließlich hatten interessierte Zuschauer in einem anderen Fall ihre Taschentücher in das Blut eines zerschmetterten Piloten getaucht – als Souvenir! Doolittle hat nie wieder an einem Luftrennen teilgenommen.
Die weitere Geschichte der Gee Bee „Super Sportsters" ist rasch erzählt:Die „R-1", mit einem noch stärkeren Motor und einem vergrößerten Tank versehen, wurde beim Start im 1933er „Bendix Race" vom Piloten Russell Boardman über-

zogen und stürzte aus niedriger Höhe rücklings auf die Startbahn, wobei Boardman tödlich verletzt wurde. Die „R-2", auf ähnliche Weise umgebaut, schmierte ein paar Monate später bei einer Landung ab. Der nur leicht blessierte Pilot erklärte anschließend, die verdammte Maschine hätte sich dauernd selbst in den Schwanz zu beißen versucht ... Aus den Überresten der beiden Totalschäden zimmerte man einen neuen, etwas längeren, Renner zusammen, den „R-1/-2 Long Tail Racer", der schon bei seiner zweiten Landung in einen Graben rutschte. Erneut umgebaut und mit einem weiteren Tank im Heck versehen, schmierte zu guter Letzt auch diese Maschine beim Start zum 1935er „Bendix"-Rennen ab, wobei der Pilot den Tod fand. Doch trotz ihres katastrophalen Schicksals, und obwohl es weitaus erfolgreichere Rennflugzeuge gegeben hat, bleiben diese gedrungenen Gee Bee-Einsitzer als Verkörperung „fliegender Muskelpakete" bis zum heutigen Tage unvergessen.

Wedell-Williams No.44, SAB Bernard V.2

Jimmy Wedell, ein außerordentlich begabter Amateurkonstrukteur und Rennpilot, hatte sich schon 1931 in Cleveland mit seiner „Wedell-Williams No.44" als recht schnell erwiesen. Allerdings war sein kurz nach Lowell Bayles unternommener Rekordversuch fehlgeschlagen. Im darauffolgenden Jahr wurde er, obwohl inzwischen erheblich schneller geworden, nur knapp von Jimmy Doolittle in der „R-1" geschlagen. Daraufhin rüstete er seinen schwarz-roten verspannten Tiefdecker – im Aufbau den Gee Bee „Super Sportsters" nicht unähnlich, doch erheblich schlanker – anstelle des bisherigen 540 PS starken Pratt & Whitney-Sternmotors mit einem „Wasp Senior" von 810 PS aus, wie das zuvor schon in ähnlicher Weise mit der Gee Bee Z geschehen war. Und diesmal, anläßlich der in Glenview bei Chicago stattfindenden „National Air Races" im September 1933, war er erfolgreich. Der offizielle Mittelwert aus den vier aufeinanderfolgenden Flügen betrug 490,08 km/h, mit 16 km/h Steigerung also die erforderliche einprozentige Geschwindigkeitsverbesserung und gleichzeitig – zum ersten Mal bei einem Landflugzeug – die 300-Meilen-Marke klar übertreffend.

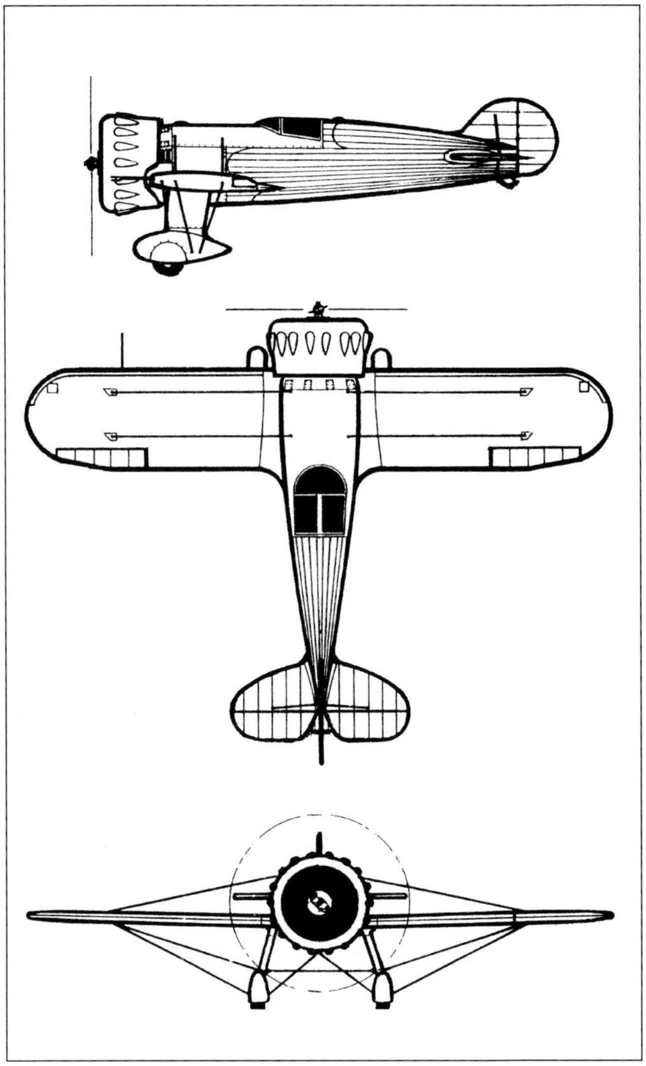

Wedell-Williams No.44 (1933)

Wedell-Williams No.44 und Konstrukteur Jimmy Wedell (1933)

So zufriedenstellend und von den amerikanischen Medien überschwenglich gefeiert diese Temposteigerungen waren – man übersah geflissentlich, daß der absolute Geschwindigkeitsweltrekord nach wie vor in europäischer Hand lag und dazu noch von einem Wasserflugzeug gehalten wurde. Seit dem April 1933 war das die italienische Macchi MC.72 mit Francesco Agello als Piloten. Seine über dem oberitalienischen Gardasee erzielte Rekordgeschwindigkeit lag mit 682 km/h gut 40 Prozent über der von Jimmy Wedell erreichten Marke.

Doch auch in Europa hatte man – da die geradezu magische Anziehungskraft der Wasserflugzeugrennen um den „Coupe Schneider" geschwunden war – begonnen, sich mit der Weiterentwicklung schneller Landflugzeuge zu befassen. So war nen Wasserflugzeuge des Typs H.V. 120. Die Schwimmer der jetzt V.4 benannten Maschine, die ebenfalls in Holzbauweise entstanden war, wurden durch ein mächtiges, abgestrebtes Fahrwerk ersetzt, und die freitragenden Flügel des Mitteldekkers wurden verkürzt. Beibehalten wurde der 1680 PS starke Hispano-Suiza 18-R, ein flüssigkeitsgekühlter 18-Zylinder-W-Motor. Oberflächenkühler befanden sich nicht nur auf der Flügeloberseite, sondern auch an den beiden Rumpfflanken und den Fahrwerkverkleidungen. Im Dezember 1933 wurde die Maschine in Istres, der Erprobungsstelle der französischen Luftwaffe, für den Angriff auf den Rekord vorbereitet.

Unglücklicherweise verhinderten Triebwerksprobleme und ein eiskalter Wind die Flugerprobung, von einem Rekordangriff noch vor dem 31. Dezember 1933 ganz zu schweigen. Beim

Payen Pa.101 „Flèche Volante" (1934) mit N. R. Payen im Cockpit.

SAB Bernard V.4 (1933)

von der französischen Regierung erneut ein Preis in Höhe von einer halben Million Francs für das Landflugzeug ausgesetzt, das den entschwundenen Geschwindigkeitsrekord noch im Jahre 1933 für Frankreich zurückerobern würde. Bei der Firma Bernard, deren elegante V.2 im Jahre 1924 den Weltrekord mit 448 km/h aufgestellt hatte, präparierte man daraufhin – denn die zur Verfügung stehende Zeit war recht knapp – das verbliebene der beiden für den „Schneider"-Wettbewerb geschaffe-

telefonisch informierten Luftfahrtministerium weigerte man sich aber, die gesetzte Frist zu verlängern, und so verfiel mit dem Preisgeld auch ein wesentlicher Anreiz. Zwar sorgte eine patriotisch eingefärbte Pressekampagne umgehend für eine einjährige Verlängerung des Rekordtermins, doch auch im März 1934, nach Abklingen eines wochenlangen, orkanartigen Mistrals, versagte das Triebwerk erneut, woraufhin man die Versuche endgültig einstellte. Die SAB Bernard V.4 ist nie geflogen.

Payen Pa.101

Demgegenüber hatte das Jahr 1933 in Frankreich eine Neuauflage des berühmten „Coupe Deutsch de la Meurthe" gesehen, der diesmal von der Gründer-Tochter Suzanne gestiftet worden war und eine über jeweils zehn Runden führende Strecke von 1000 km vorsah, die – mit Zwischenpause – zweimal durchflogen werden mußte. Außerdem war der Hubraum der teilnehmenden Maschinen auf acht Liter begrenzt. Neben den etablierten Flugzeugherstellern erregten einige jüngere Konstrukteure mit teilweise recht unkonventionellen Entwürfen Aufsehen, insbesondere der erst 19jährige Nicolas Roland Payen mit seiner „Flèche Volante" (Fliegender Pfeil). Es handelte sich um einen winzigen Holzeinsitzer mit hintenliegendem, stark gepfeilten Deltaflügel und vorn angebrachtem, ungepfeilten Enten-Höhenleitwerk. Das weit hinten liegende Cockpit ging direkt in die große Delta-Seitenflosse über, während das Fahrwerk aus einem in den Rumpf einziehbaren Zentralrad und zwei in die Flügel einzuklappenden Stützrädern gebildet wurde. Als ob dies noch nicht ausreichte, war als Antriebsquelle eine vom Blériot-Ingenieur Francois Baudot konzipierte Triebwerkskombination namens „Complexe Sécurité" vorgesehen, die aus vier hintereinander angeordneten Achtzylindermotoren bestand, die eine gemeinsame Antriebswelle besaßen, jedoch einzeln ausgekuppelt werden konnten, insgesamt also 32 Zylinder von je 250 ccm Hubraum. Die mit Hilfe eines Rateau-Radialverdichters erzielten kombinierten 600 PS sollten auf zwei gegenläufige Zweiblatt-Zugpropeller übertragen werden. Vorausgesagt war eine Geschwindigkeit von mindestens 480 km/h.

Doch Payen hatte wenig Glück mit seiner zunächst als SP-25 und später als Pa.100 bezeichneten Konstruktion. Das Baudot-Triebwerk erwies sich, wie zu erwarten, als viel zu kompliziert. Dank der Fürsprache eines interessierten Piloten, Louis Massotte, hatte der Motorenhersteller Regnier zugesagt, eines seiner 180 PS starken Achtzylindertriebwerke zu stiften. Nachdem sich allerdings bei seinem Besuch in Payens Werkstatt der ihn begleitende Spad-Konstrukteur André Herbemont recht ungnädig über die Payen-Konstruktion geäußert hatte – „In welche Richtung soll die ulkige Milchtüte eigentlich fliegen?" –, zog Regnier seine Zusage eilig zurück. Payen versuchte daraufhin, andere Triebwerksproduzenten zu interessieren, darunter auch die deutsche Firma Hirth. Sein entsprechend abgewandelter Basisentwurf No. 268 sah dann auch entweder zwei 4-Liter-Vierzylinder (HM 60P?) vor, gekoppelt à la Baudot und mit gegenläufigen Propellern versehen, oder einen einzelnen 8-Liter-Achtzylinder (HM150?) von 400 PS. Das einzige aufzutreibende Triebwerk jedoch war ein klobiger Siebenzylinder-Sternmotor Gnome et Rhône 7Kdr „Titan Major" von 380 PS und 19 Litern Hubraum – für den „Coupe Schneider" also völlig ungeeignet. Dennoch entschloß man sich für den erforderlichen Umbau – schließlich sollte das Flugzeug fliegen, egal wie. Des größeren Propellers wegen ersetzte man auch gleich das einziehbare Einradfahrwerk durch ein starres Normalfahrwerk und benannte das weiß-lackierte Flugzeug in Pa.101 um. Die ersten Rollversuche wurden im Herbst 1934 vom Piloten Armand Lutiau auf dem Flugplatz Étampes vorgenommen. Die drehbaren Spitzen des Entenleitwerks ersetzte man alsbald durch herkömmliche Ruder an seinen Hinterkanten und versah das Triebwerk mit einer großen NACA-Haube. Im Oktober 1934 erschien dort plötzlich Fürsprecher Massotte und verkündete nach kurzer Inaugenscheinnahme der Maschine, daß er sie umgehend zu fliegen wünsche, um mit ihr den Geschwindigkeitsrekord für Landflugzeuge für Frankreich zurückzuerobern – und natürlich die noch bis zum Jahresende 1934 bereitliegenden 500000 Francs. Payen war natürlich hoch begeistert, und man transportierte den mit geschätzten 570 km/h potentiellen Rekordbrecher sofort zu dem für derartige Vorhaben geeigneteren Flugplatz Istres zwecks des noch im November 1934 durchzuführenden Rekordfluges. In letzter Minute jedoch erhielt der für Blériot-Spad als Einflieger tätige Louis Massotte von seiner Firma Startverbot. Die ungeflogene Pa.101 wanderte also nach Étampes zurück und Massotte zu seinem Arbeitgeber. Ihm wurde keine neue Chance zuteil, denn drei Jahre später stürzte er mit einer Spad 710 tödlich ab, einer Konstruktion André Herbemonts. Der Pa.101 hingegen gelang am 17. April 1935 mit dem Piloten Jean Meunier am Knüppel der erste richtige, wenn auch kurze, Flug. Ein paar weitere Flüge folgten, bei denen man zufrieden feststellte, daß sowohl die Ruderwirkung ausreichte als auch das aufgrund der kurzen Spannweite erwartete Drehmoment des starken Triebwerks erheblich geringer als befürchtet ausfiel, die entsprechende Voraussage des Professors Toussaint vom Institut Aérotechnique voll bestätigend. Das Glück währte jedoch ganze elf Tage:schon am 28. April kam es wegen Sichtbehinderung durch das klobige Triebwerk zu einer Bumslandung. Das rechte Fahrwerkbein knickte nach außen weg, eine Kraftstoffleitung riß und das auslaufende Benzin fing Feuer. Glücklicherweise besaß der weiße Anstrich feuerhemmende Eigenschaften, so daß die rasch eintreffende Flugplatzfeuerwehr größeren Schaden verhüten konnte. Dennoch bedeutete dieser Unfall das vorzeitige und endgültige Ende einer hoffnungsvoll begonnenen Karriere.

Caudron C.460R (1934)

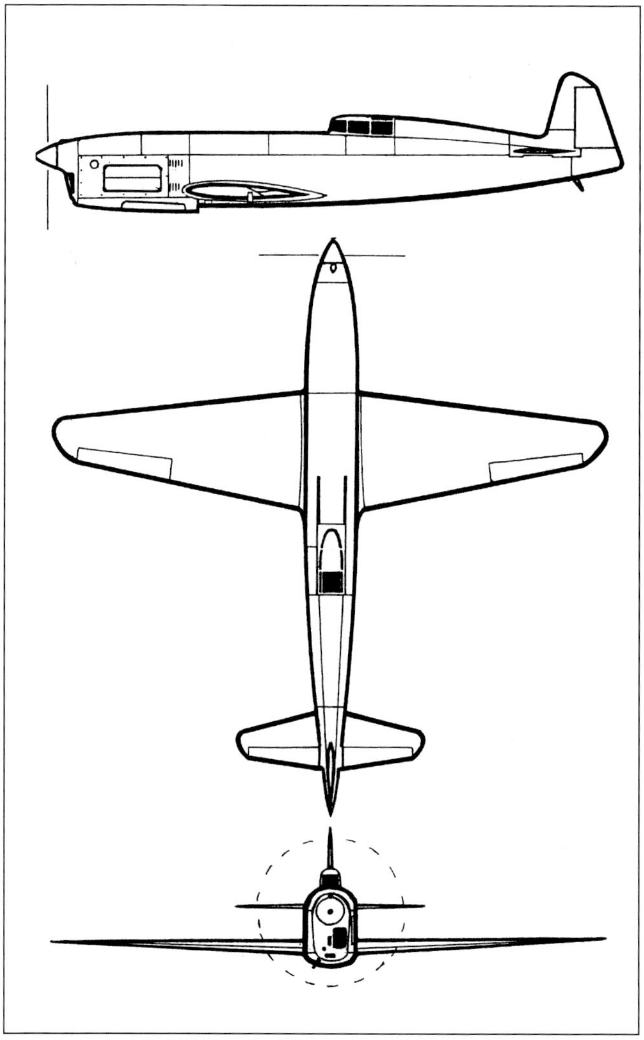

Caudron C.460R (1934)

Caudron C.460R

Als erfolgreicher erwiesen sich hingegen die neuen und sehr eleganten kleinen Caudron-Tiefdecker, die mit verhältnismäßig bescheidenen Motorleistungen erstaunliche Geschwindigkeiten erzielten. Im Januar 1932 war ein neuer technischer Direktor in die ehrwürdige Flugzeugfirma der Gebrüder Caudron eingetreten:Marcel Riffard. Wenige Monate danach folgte ihm der junge Ingenieur Georges Otfinowsky als Leiter des Projektbüros. Nach einer reinen Papierstudie R.300 entstand als erste Schöpfung das Modell C.360, das in drei Exemplaren zwecks Teilnahme am „Coupe Deutsch"-Rennen des Jahres 1933 gebaut wurde: zwei C.362 mit luftgekühltem Vierzylinder-Reihenmotor Renault „Bengali" von 170 PS und eine C.366 mit einem 205 PS starken Regnier-Sechszylindermotor. Diese schnittigen freitragenden Tiefdecker mit starrem Einbeinfahrwerk waren in Holzbauweise mit durchgehendem Flügel ausgeführt, wobei besonderes Augenmerk auf hohe aerodynamische Güte gelegt worden war. Das Cockpit hatte man aus Gründen besserer Gewichtsverteilung weit nach hinten verlegt, wobei die gesamte Haube im Flug verschoben werden konnte. Kraftstoff- und Ölbehälter lagen zwischen Führersitz und Motor, also in Schwerpunktnähe, um größere Trimmänderungen zu vermeiden. Daß diese Grundkonzeption „stimmte", zeigte sich darin, daß ein Großteil der Caudron-Konstruktionen der nachfolgenden Jahre, von Detailänderungen abgesehen, dem Urmuster C.360 „wie aus dem Gesicht geschnitten" schien. Doch das Debüt dieser blauen Rennmaschinen verlief alles andere als ermutigend: Fünf Tage vor dem Rennen flog Caudron-Flugdirektor Arrachart wegen Motorschadens in eine Hochspannungsleitung und wurde beim Absturz seiner C.362 getötet. Zwei Tage darauf sackte die C.366 beim Start durch und wurde schwer beschädigt. Die verbliebene C.362, vom Caudron-Cheftestpiloten Raymond Delmotte geflogen, konnte beim Rennen immerhin einen zweiten Platz erringen, hinter einer um mehr als die Hälfte PS-stärkeren Potez 53.

In den darauffolgenden Monaten begann man bei Caudron aufgrund der gemachten praktischen Erfahrungen mit der Konstruktion eines Nachfolgers. Den Rumpfquerschnitt der neuen Maschine verringerte man um zehn Prozent, und als Motor kam nun ein mehr als 300 PS leistender Renault-Sechszylindermotor zum Einbau. Ein völlig neu konstruierter Flügel, allerdings von gleichem Profil und Umriß wie bisher, sollte den Einbau eines Einziehfahrwerks ermöglichen. Vier Exemplare wurden gebaut, eine C.450 mit konventionellem starrem Fahrwerk und drei C.460 mit dem neuartigen Charlestop-Einziehfahrwerk, das sich jedoch als äußerst unzuverlässig erwies, weshalb man bei zwei der C.460 zwischenzeitlich auf das bewährte starre Fahrwerk zurückgriff. Beim zweiten Rennen um den „Coupe Deutsch" im Mai 1934 gab es – trotz etlicher Ausfälle – für die Firma Caudron einen erfreulichen Dreifachsieg. Als Spitzenreiter erwies sich die C.450, gefolgt von der wiedererstandenen C.366 des Vorjahres und der dritten C.460, deren streikendes Einziehfahrwerk man kurzerhand in ausgefahrener Stellung fixiert hatte.

Unmittelbar nach diesem Rennen rüstete man die drei C.460 mit neuen Einziehfahrwerken der Firma Messier aus, die sich als bedeutend zuverlässiger erwiesen. Darüber hinaus erhielt eine der Maschinen einen von 8 auf 9,5 Liter Hubraum vergrößerten Renault-Ladermotor, der bis zu 400 PS abgab. Dank der bis zumJahresende 1934 verlängerten Frist zur Erringung des Geschwindigkeitsrekordes für die „Grande Nation" hatte man bei Caudron beschlossen, sich der 500000-Francs-Herausforderung zu stellen. Nicht nur die Zeit drängte, sondern auch die internationale Konkurrenz, denn verschiedene Amerikaner hatten schon im April und September 1934 mit Hilfe von Wedell-Williams-Renneinsitzern ernsthafte, wenn auch bislang vergebliche, Rekordangriffe unternommen. Ihnen wollte man zuvorkommen. Die ersten Probeflüge im Dezember mit Raymond Delmotte am Steuerknüppel verliefen äußerst ermutigend, und man sprach sogar von mehr als 550 km/h. Am ersten Weihnachtsfeiertag war es dann soweit. Einwandfreier Start vom Flugplatz Istres, große Schleife, Anflug zum ersten Durchgang, dann zum zweiten, zum dritten und zum vierten. Alles verlief nach Plan, und am Erfolg war nicht zu zweifeln: 505,848 km/h lautete der neue Rekord – ein in Anbetracht der verhältnismäßig bescheidenen Motorleistung ausgezeichnetes Ergebnis. Delmotte, Riffard, Caudron und die Nation waren beglückt.

Iwensen I-5, Bartini Stal-8, Moskaljow „Sigma"

Doch begabte Flugzeugkonstrukteure gab es auch in anderen Ländern, nicht zuletzt in der Sowjetunion. So hatte der junge Pawel Iwensen einen kleinen Einsitzer I-5 entworfen, der für den Schnelltransport von „Prawda"-Zeitungsmatern von Moskau nach Leningrad vorgesehen war und eine bemerkenswerte Ähnlichkeit mit den amerikanischen Gee-Bee-Rennmaschinen aufwies. Aufgrund eines kurz zuvor erfolgten Unfalls der ähnlichen AIR-7 des Nachwuchskonstrukteurs Alexander Jakowlew wurde für die I-5 aber keine Bauerlaubnis erteilt. Der anschließend im Konstruktionsbüro von Pawel Grochowskij tätige Iwensen entwarf dann zusammen mit Boris Urlapow den „Leichten Kreuzer" (Legkij Krejser) Grochowskij G-38 (LK-2), einen 550 km/h schnellen zweimotorigen schweren Jäger. Diese „Doppelrumpf"-Maschine wurde dem Vernehmen nach gebaut, aber nicht geflogen. Ihr Schicksal scheint das gleiche wie das des fortschrittlichen einmotorigen Ganzmetall-Jagdeinsitzers G-26 aus dem Jahre 1936 und einer weiteren zweimotorigen Maschine mit Zug- und Druckpropellern und zwei Leitwerksträgern gewesen zu sein: sie wurden, so heißt es, jeweils kurz vor ihrem Erstflug auf Betreiben der allgewaltigen Designer-Stars Tupolew und Iljuschin in ihren Hangars von Traktoren auseinandergerissen. Man duldete keine unliebsame Konkurrenz. Die bei Tupolew „Augenschmerzen verursachenden" Konzepte fanden jedoch bald darauf außerhalb der Sowjetunion in Form der Fokker G.I und D.XXIII, der Lockheed P-38 und der Focke-Wulf Fw 189 ihre Verwirklichung. Erheblich erfolgreicher war hingegen der erfahrene Nikolai Polikarpow mit seinen Jagdeinsitzern, deren jüngster – ein freitragender Tiefdecker mit Einziehfahrwerk – ebenfalls eine gewisse Ähnlichkeit mit den Gee-Bee-Rennflugzeugen besaß. Der Prototyp ZKB-12 wurde zur Serienversion I-16 weiterentwikkelt, die nur wenige Jahre später im spanischen Bürgerkrieg als „Mosca" (Fliege) oder „Rata" (Ratte) eine gewisse Berühmtheit erlangen würde. Dagegen ließ die von dem aus Italien emigrierten Ingenieur Roberto Bartini bereits im Oktober

Bartini Stal-6 (1934)

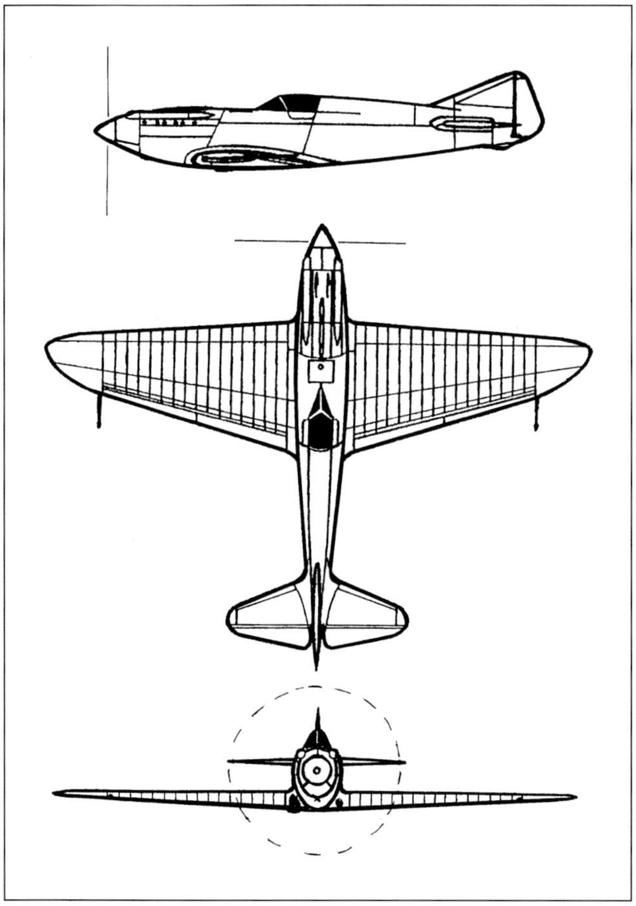

Bartini Stal-8 (1934)

1930 beantragte Baugenehmigung für seinen hochmodernen Versuchsjagdeinsitzer Stal-6 anderthalb Jahre auf sich warten. Die Gründe dafür mögen zum einen in der Voreingenommenheit gegenüber allzu fortschrittlichen Konzepten gelegen haben, zum anderen aber in der Werkstoffwahl:Der Preis des vorgesehenen Spezialstahls „Enersh-6" entsprach damals ungefähr dem von Silber! Der Rumpf des freitragenden Tiefdekkers bestand aus einem Stahlrohrgerüst mit Sperrholzbeplankung, wobei die Führerraumhaube bündig mit der Rumpfoberseite abschloß. Die Tragflügel waren vollständig aus Stahl gefertigt und besaßen Oberflächenkühler. Das Einziehfahrwerk bestand aus einem Zentralrad sowie Federkufen unter den Flügelspitzen. Angetrieben wurde das Flugzeug von einem importierten Zwölfzylinder-V-Motor Curtiss „Conqueror" von 680 PS. Die im Oktober 1933 begonnene Flugerprobung erbrachte beachtliche Leistungen: eine Höchstgeschwindigkeit von 420 km/h und eine Steiggeschwindigkeit von 1250 m/min. Daraufhin wurde Bartini die Erlaubnis erteilt, seinen noch schnelleren Entwurf Stal-8 zu verwirklichen. Dieser war etwas größer und schwerer, würde aber mit einem 860 PS starken Klimow M-100A – der sowjetische Version des französischen Hispano-Suiza 12Y – 630 km/h erreichen können. Doch trotz dieses beachtlichen Potentials wurden die Arbeiten an dem zu 90 Prozent fertiggestellten Prototyp der Stal-8 im Oktober 1934 eingestellt – offiziell des störanfälligen Verdampfungskühlsystems wegen, tatsächlich jedoch als Folge technokratischer Eifersüchteleien:Der ausländische Zivilkonstrukteur Bartini hatte bei Militärflugzeugen nichts zu suchen! Noch mutiger war schließlich der Entwurf „Sigma" von Alexander Moskaljow, seiner Zeit ebenfalls weit voraus. Dies Nurflügelflugzeug wies einen Deltaflügel mit 12 Prozent Profildicke und Endscheiben-Seitenleitwerken auf. Der liegend untergebrachte Pilot befand sich vor den beiden hintereinander angeordneten Hispano-Suiza 12Y von je 760 PS, die per Fernwelle zwei gegenläufige Zugpropeller antrieben. Auch hier war ein einziehbares Einradfahrwerk vorgesehen, und dem Flugzeug traute man sogar eine Geschwindigkeit von nicht weniger als 1000 km/h zu. Von einer mit einem RNII-Flüssigkeitsraketentriebwerk ausgerüsteten Variante erhoffte man sogar die Schallgeschwindigkeit – für das Jahr 1934 reichlich optimistische Prognosen. Auch dieser Entwurf blieb auf dem Papier.

Moskaljow SAM-4 „Sigma" (1934)

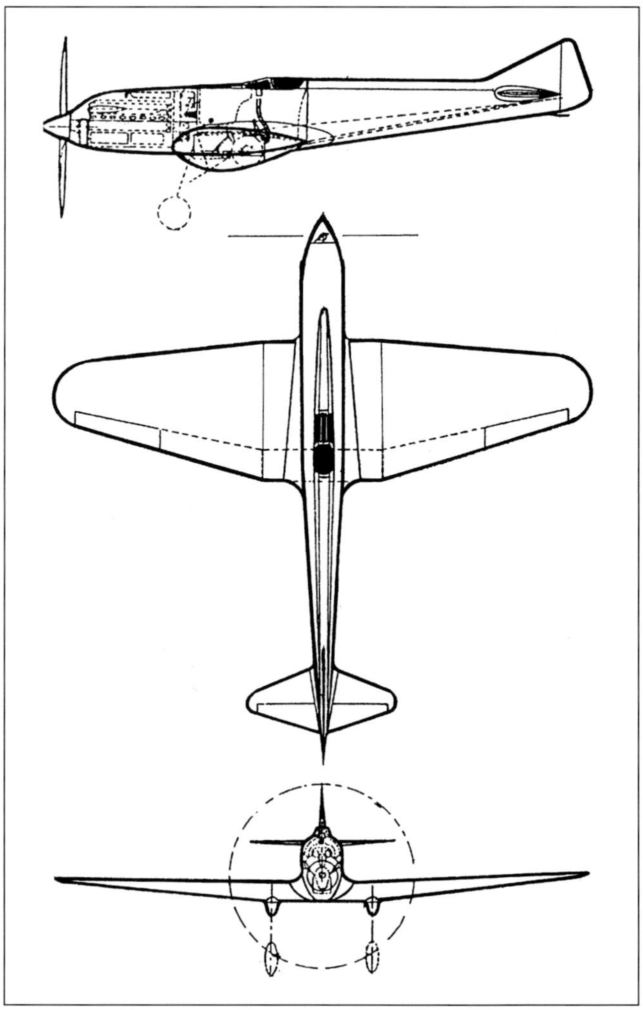

Keith Rider „Super-Speed Racer" (1934)

Lippisch, Hosler, Rider, Stack

Der deutsche Nurflügelpionier Lippisch, sein Vorname war ebenfalls Alexander, mußte ähnliche Erfahrungen machen, als er den zuständigen deutschen Behörden sein Projekt eines schnellen, schwanzlosen Jagdeinsitzers mit Druckpropeller im Heck präsentierte. Auch hier winkte man ab. Auch aus den USA kamen Meldungen über geplante Superflugzeuge. Russell Hosler, Erbauer und Pilot eines kleinen, aber cleveren Renneinsitzers „G & G Special" aus dem Jahre 1930, wollte an dem für Oktober 1934 ausgeschriebenen Mac Robertson-Luftrennen von England nach Australien mit einer weiteren Eigenkonstruktion teilnehmen. Diese wurde als eine Art „fliegender Pfannkuchen" beschrieben und sollte mit Hilfe eines Curtiss-D-12-Triebwerks eine Reichweite von 2650 km mit einer Reisegeschwindigkeit von mehr als 520 km/h aufweisen. Trotz günstiger Windkanalergebnisse scheiterte das Projekt an Geldmangel. Keith Rider, ein weiterer erfolgreicher Konstrukteur kleinerer Rennflugzeuge, stellte im September 1934 seinen Entwurf eines fast 750 km/h schnellen „Super-Speed Racers" vor.
Der einsitzige Ganzmetalltiefdecker mit Einziehfahrwerk sollte von einem über 2500 PS leistenden Miller-Sechzehnzylinder-V-Motor angetrieben werden. John Stack schließlich, ein NACA-Ingenieur, schlug den Bau eines weit über 900 km/h schnellen Spezialeindeckers vor, der als Besonderheiten ein einziehbares oder abwerfbares Fahrwerk sowie einen Einblattpropeller besaß.
Verwirklicht wurde keines dieser Projekte.

Bristol 142 „Britain First"

Ganz anders sah es hingegen in Großbritannien aus. Hier gelang es einem – zugegebenermaßen einflußreichen – Privatmann tatsächlich, die Lethargie staatlicher Behörden zu überwinden. Lord Rothermere, Zeitungsverleger wie schon der Amerikaner James Gordon Bennett vor ihm, beauftragte die Firma Bristol, ihm „das schnellste Reiseflugzeug Europas" zu bauen. Es entstand die Bristol 142 des Konstrukteurs Frank Barnwell, ein zweimotoriger freitragender Ganzmetall-Tiefdekker mit Einziehfahrwerk. Schon die allerersten Flüge im Frühjahr 1935 zeigten, daß diese Maschine außerordentlich schnell war. Nachdem ihre starren Vierblatt-Holzpropeller gegen Zweipositions-Dreiblatt-Metallpropeller ausgetauscht worden waren, erreichte sie bei der offiziellen Erprobung in Martlesham Heath erstaunliche 494 km/h. Vollbesetzt mit sechs Personen kam sie immerhin noch auf 458 km/h und erwies sich damit um genau 50 km/h schneller als der gerade für die Royal Air Force bestellte neue Jagdeinsitzer Gloster „Gladiator" – ein Doppeldecker mit starrem Fahrwerk. Jetzt wurde auch das Air Ministry hellhörig und bekundete sein Interesse. Der patriotische Lord Rothermere ließ sich nicht lumpen. Er taufte das Flugzeug auf den Namen „Britain First" und schenkte es dem Staat. Prompt entstand eine Militärvariante Bristol 142 M, die in größerer Stückzahl gefertigte „Blenheim".

Hughes Special 1B

„Back in the USA" war es nun ebenfalls ein reicher Privatmann, der ein ähnliches Problem auf seine Weise anging: der Multimillionär Howard Hughes. Als Alleinerbe einer äußerst erfolgreichen Firma für Ölbohrwerkzeug hatte dieser ausreichend Gelegenheit, seinen mannigfaltigen Leidenschaften – unter anderem als Filmregisseur und -Produzent, als Golfspieler und als Pilot – zu frönen. 1927 legte er seine Prüfung als Privatpilot ab, rasch gefolgt von allen weiteren zivilen „Ratings", und er erwies sich als exzellenter Flieger. Er war in der glücklichen Lage, sich eine ganze Reihe immer schnellerer Flugzeuge zuzulegen – ein Teil davon wirkte in seinem Fliegerfilm „Hell's Angels" mit –, einschließlich eines modernen Boeing-Jagdeinsitzers, den er sich anschließend von den Firmen Douglas und Lockheed noch weiter „frisieren" ließ. Bei Lockheed fiel ihm dabei ein Projektingenieur namens Richard Palmer auf. Ein Jahr später, zu Beginn des Jahres 1934, wurde dieser von Hughes beauftragt, ihm „das schnellste Flugzeug der Welt" zu bauen. Das sechzehn Monate später fertiggestellte Resultat war – zumindest dem Urteil vieler Fachleute nach – eines der schönsten Flugzeuge aller Zeiten. Rumpf und Leitwerkflossen waren in Aluminium-Schalenbauweise ausgeführt, der einteilige Holzflügel besaß zwei Holme und war sperrholzbeplankt, die Ruder bestanden aus stoffbespannten Aluminiumgerüsten. Das Einziehfahrwerk wies eine außergewöhnlich große Spurweite auf. AlsAntriebsquelle diente ein knapp verkleideter Pratt & Whitney-Doppelsternmotor „Twin Wasp", den man auf eine Leistung von rund 900 PS gesteigert hatte.
Die blau-silberne, auf Hochglanz polierte „Hughes Special 1B" wurde von Hughes am 17. und am 28. August 1935 erstmals eingeflogen. Vierzehn Tage später setzte er zum offiziellen Angriff auf den Landflugzeug-Weltrekord an. Der erste Versuch am späten Nachmittag des 12. September mußte wegen einbrechender Dunkelheit abgebrochen werden. Am darauffolgenden Freitag, dem 13. September 1935 – Hughes mochte manche seltsamen Gewohnheiten haben, abergläubisch war er nicht – flog er erneut die erforderlichen vier Durchgänge über dem Flugplatz von Santa Ana in Kalifornien und, um ganz sicher zu gehen, noch zwei dazu. Dann war der Tank leer; Hughes legte in einem Feld mit roter Beete eine einwandfreie Bauchlandung hin. Der Rekord war dennoch gültig, er stand nun auf 567,115 km/h. Doch sobald der Rekord offiziell bestätigt worden war, gab Hughes den Auftrag, den bisherigen kurzen Flügel – Spannweite 7,59 m – durch einen neuen Flügel mit größerer Spannweite – es wurden 9,75 m – zu ersetzen, um mit der modifizierten Maschine den „Transcontinental Record" brechen zu können, was den Flug quer über den amerikanischen Kontinent bedeutete. Das Flugzeug wurde also entsprechend umgebaut und erhielt auch größere Tanks sowie zusätzliche Ausrüstung und Instrumente. Im Januar 1937 war es dann soweit.
Howard Hughes startete in Burbank, Kalifornien, und erreichte Newark, New Jersey, knapp siebeneinhalb Stunden später, was einer Durchschnittsgeschwindigkeit von über 526 km/h entsprach. Danach wurde das Flugzeug, das seinen Zweck erfüllt hatte, nie wieder von Hughes geflogen. Versuche, die US Army Air Force für einen aus der Rekordmaschine zu entwickelnden Jagdeinsitzer, die Hughes XP-2, zu interessieren, schlugen fehl. Ähnlich erging es einem weiteren Palmer-Entwurf aus dem Jahre 1937, dem Doppelrumpfjäger Hughes D-2. 1943 im Verborgenen gebaut, wurde die Maschine nach nur zwei Flügen durch Blitzschlag in ihrer Halle in Brand gesetzt und zerstört. Eine erheblich vergrößerte Weiterentwicklung, das Luftbildflugzeug XF-11, stürzte bei seinem Erstflug im Juni 1946 ab, und Hughes wurde schwer verletzt. Wieder genesen, führte er im November einen ganz kurzen Flug mit seinem achtmotorigen Flugboot H-4 „Hercules" durch, dem mit einer Spannweite von knapp 98 Metern bis heute größten Flugzeug der Welt. Es blieb bei diesem einzigen Flug, und Howard Hughes wandte sich anschließend anderen Interessengebieten zu. Richard Palmer hingegen ging als Chefkonstrukteur zur Firma Vultee, wo er seine mit der Hughes-Rekordmaschine gewonnenen Erfahrungen in eine Reihe zwar gut aussehender, doch leistungsmäßig wenig aufregender Konstruktionen umsetzte.

Hughes Special 1B mit Pilot Howard Hughes (1935)

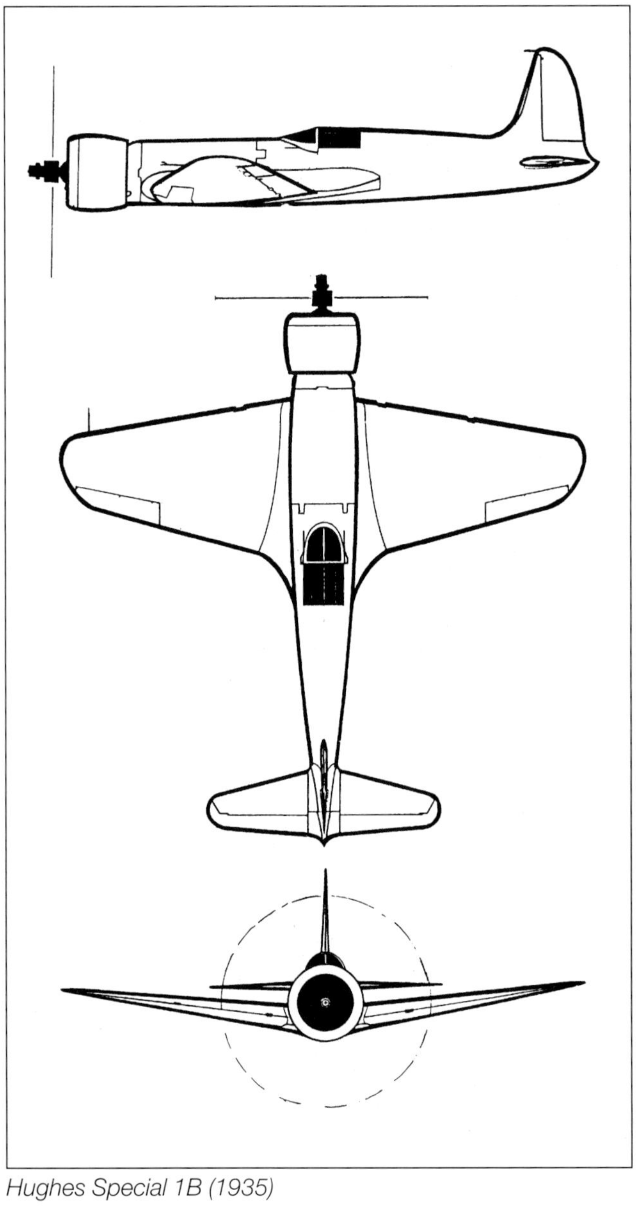
Hughes Special 1B (1935)

„Time Flies", „Delgado Maid", „Hosler Fury"

Damals schien man in den USA keine übertriebene Neigung zu verspüren, sich der internationalen Geschwindigkeitskonkurrenz zu stellen, weder zu Luft noch zu Lande; lediglich der Motorbootweltrekord war seit 1932 in amerikanischer Hand. Als alleinige Ausnahme befand sich, vom Rennpiloten Frank Hawks bestellt, ein Superrenner im Bau, die „Time Flies". Von Howell Miller in logischer Weiterentwicklung seiner Gee Bee „R-1" als freitragender Tiefdecker in Mischbauweise geschaffen, wies der schneeweiße Einsitzer einen 1160 PS starken „Twin Wasp"-Doppelsternmotor mit Dreiblattpropeller auf. Fahrwerk und Pilotensitz samt Windschutzscheibe waren einziehbar. Kleine tropfenförmige Sichtfenster in den Rumpfflanken sorgten für die Sicht während des Fluges. Geschwindigkeiten von weit mehr als 600 km/h hatte man dieser Maschine prophezeit, die man sowohl in Luftrennen als auch für Rekordflüge einsetzen wollte. Der Erstflug fand im Dezember 1936 statt. Doch hatte bereits ein Vierteljahr zuvor eine der drei französischen Caudron C.460, von Michel Détroyat geflogen, die gesamte US-Rennelite deklassiert, als sie bei den im September 1936 in der Nähe von Los Angeles abgehaltenen „National Air Races" sowohl beim Rennen um die „Greve Trophy" (20 Runden über insgesamt 100 Meilen für Maschinen mit maximal neun Litern Hubraum) als auch bei dem um die begehrte „Thompson Trophy" (15 Runden über insgesamt 150 Meilen) mit deutlichem Vorsprung siegte – und das mit einer nur halb so großen Motorleistung wie die US-Maschinen. Die amerikanischen Piloten, allen voran Roscoe Turner, protestierten lauthals gegen die angebliche unfaire Unterstützung eines Ausländers durch seinen Staat – daß sie selbst ihre bärenstarken Motoren von der US-Industrie zumNulltarif gestellt bekommen hatten, wurde geflissentlich übersehen. Peinlich berührt von dieser seltsamen Abart des „fair play", in den Vereinigten Staaten als „home-towning" wohlbekannt (was mit „Heimvorteil" nur unvollkommen übersetzt ist), zogen die Franzosen ihre weiteren Nennungen zurück, und weder sie noch andere Nationen verspürten fortan den Drang, an derartigen US-Rennen teilzunehmen. „Time Flies" erfüllte zudem aus mancherlei Gründen nie die in sie gesetzten Erwartungen. Bei einer harten Landung im April 1937 brach zudem noch der rechte Flügelholm. In der Hoffnung auf einen Militärauftrag baute man sie anschließend in einen Jagdzweisitzer HM-1 um, der sich zwar als sehr leistungsfähig erwies, aber aufgrund seiner Mischbauweise nicht akzeptiert wurde. Im Herbst 1938 brach die Maschine bei einem Testflug im Sturz auseinander, und der Pilot konnte noch gerade eben „aussteigen", bevor sie auf dem Boden aufschlug und völlig zerstört wurde.

Ein nämliches Schicksal hatte einige Zeit zuvor auch die 1935 von Studenten der Delgado Trades School in New Orleans unter Leitung ihres Ausbilders Byron Armstrong erbaute „Delgado Maid" getroffen. Dieser ganz aus Holz bestehende freitragende Tiefdecker mit Hosenbeinfahrwerk, ursprünglich mit einem 435 PS starken Curtiss D-12 ausgestattet, erhielt 1936 einen 700 PS starken Curtiss „Conqueror". Mit kürzeren Flügeln, abwerfbarem Fahrwerk und Landekufe unter dem Rumpf versehen, hätte sie eigentlich über den kurz zuvor vom britischen Weltrekordfahrer Sir Malcolm Campbell und seinem „Blue Bird" wiederentdeckten Bonneville Salt Flats mit satten 675 km/h einen neuen Flugzeugrekord aufstellen sollen. Noch bevor es dazu kam, setzte allerdings ein Motorschaden mit nachfolgendem Absturz einen Schlußpunkt hinter die kurze Karriere der knallrot lackierten „Delgado Maid". Der bereits 1934 mit seinem „Pfannkuchen"-Projekt in Erscheinung getretene Russell Hosler konstruierte vier Jahre später einen winzigen Schulterdecker, dessen Tragflügel nur 4,88 m Spannweite bei einer größten Dicke von nur 10 cm aufwiesen. Er wollte die kleine, einen chemisch gekühlten Curtiss D-12 sowie ein Einziehfahrwerk aufweisende „Hosler Fury" dem Army Air Corps als 725 km/h schnellen Langstrecken-Jagdeinsitzer anbieten. Zuvor jedoch gedachte er, natürlich mit riesigem Erfolg, am „Thompson Trophy Race" teilzunehmen. Leider kam die ebenfalls knallrot lackierte Maschine über ein paar Luftsprünge nie hinaus.

Airspeed A.S.31, Moskaljow „Strela", Koroljow RP-218

Aus dieser Zeit, also den Jahren 1936 und 1937, stammen auch vier unorthodoxe europäische Entwürfe zu ultraschnellen Spezialflugzeugen. Die britische Airspeed A.S.31 wurde aufgrund der Ausschreibung F.35/35 für einen schnellen Jäger entworfen. Bei dieser einmotorigen Maschine saß der Pilot in einer hinter dem Hauptrumpf mit Triebwerk getrennt angeordneten Kabine zwischen den beiden Leitwerksträgern. Trotz der behaupteten 725 km/h winkte man im Air Ministry dankend ab. In der UdSSR hatte es Alexander Moskaljow durchsetzen können, daß ein Prototyp seines aus dem früheren Projekt „Sigma" hervorgegangenen Nurflüglers „Strela" gebaut und geflogen wurde. Er besaß einen ogivalen Flügelgrundriß mit derselben Flügelstreckung von nur 0,975. Da man aber statt des geplanten starken Kolben- oder Raketentriebwerks lediglich einen 140-PS-Motor zur Verfügung stellte, verliefen die Flugversuche enttäuschend und man gab das ganze Projekt auf. Ebenso radikal war das Projekt des in der Moskauer Raketenversuchsanstalt RNII (Reaktiwny Nauchno-Issledowadelski Institut) tätigen Sergej Koroljow.
Sein geplantes Stratosphären-Raketenflugzeug RP-218 sollte zuerst von einer zweimotorigen Tupolew TB-3 auf 8 km Höhe getragen werden, um dann entweder mit eigener Kraft bis auf eine Höhe von 25 bis 37 km – später sogar bis 53 km – weiterzusteigen oder im Horizontalflug Weltrekordgeschwindigkeit bis zu 850 km/h zu erreichen. Der mehr als bescheidene Schub der drei je 30 kp leistenden Flüssigkeitstriebwerke dürfte allerdings den 1600 kg schweren Tiefdecker kaum zu derartigen Leistungen befähigt haben. Jedenfalls wurde auch dieses Flugzeug nicht gebaut. Koroljow selbst wurde kurz darauf, wie viele andere Spitzenkonstrukteure, im Zuge der paranoiden Stalinschen Säuberungsaktionen zur Zwangsarbeit nach Sibirien verbannt. Erst gegen Ende des Zweiten Weltkrieges konnte er seine Arbeiten wieder aufnehmen, die dann ein Dutzend Jahre später mit der Großrakete R-7, der berühmten „Semjorka", gekrönt wurden – der noch heute verwendeten „Sputnik"-, „Wostok"- und „Sojus"-Trägerrakete.

Caudron C.561 (1936)

Caudron C.712

In Frankreich war man in der Entwurfsabteilung von Caudron nicht untätig geblieben und war fest entschlossen, den eingeschlagenen Kurs weiter zu verfolgen. Zunächst entstand – in zwei Exemplaren — das Modell C.560, eine Weiterentwicklung der C.460 mit einem Zwölfzylindermotor von acht Litern Hubraum. Danach folgten zwei Exemplare des vom Ingenieur Maurice Devleiger entworfenen Modells C.461, einer verfeinerten Variante der C.460, bei der das Cockpit völlig in den Rumpf einbezogen worden war. Auf ähnliche Weise wurde eine der beiden Zwölfzylindermaschinen C.560 in die C.561 umgebaut. In der Praxis erwiesen sich die äußerst rasant aussehenden blauen Renner allerdings als ausgesprochen störungsanfällig. Bereits geplante Rekordversuche mußten deswegen verschoben und dann endgültig abgesagt werden. Für die „Armée de l'Air", die französische Luftwaffe, hatte man daneben zur selben Zeit den, im Prinzip den Rennflugzeugen gleichenden, leichten Jagdeinsitzer C.710 „Cyclone" konstruiert, der jedoch ein starres Fahrwerk, größere Flügel und einen größeren Zwölfzylindermotor besaß.
Eine Variante C.711 wurde zwar für Rekordzwecke ins Auge gefaßt und später auch auf einem „Salon de l'Aéronautique" zur Schau gestellt, aber dann nicht weiter verfolgt, weil der notwendige Geschwindigkeitsüberschuß nicht gewährleistet schien. Statt dessen entstand das Modell C.712, dessen Rumpf ursprünglich für eine C.710 bestimmt gewesen war, während die Flügel von der glücklosen C.561 stammten. Als Motor verwendete man eine leistungsgesteigerte Version des Jagdeinsitzer-Zwölfzylinders. Erste Rekordversuche, zum Jahresende 1936 in Istres durchgeführt, verliefen enttäuschend, da der Motor nicht die erhoffte Leistung erbrachte. Nur wenige Tage vorher hatte sich die französische Fliegerin Maryse Hilsz in allerletzter Sekunde mit dem Fallschirm retten können, als ihre C.460 beim Angriff auf den Frauenweltrekord in der Luft zerbrach. Nachdem man an der C.712 eine Reihe von Detailverbesserungen vorgenommen und den Motor auf volle Leistung gebracht hatte, startete Caudron-Chefpilot Raymond Delmotte am 29. April 1937 erneut zum Angriff auf den Geschwindigkeitsrekord. Istres besaß übrigens als einziger französischer Flugplatz eine Betonpiste – an diesem Zustand sollte sich bis zum Jahre 1940 nichts ändern –, die zudem in nordwestliche Richtung wies. Restausläufer eines wie üblich aus nördlicher Richtung wehenden Mistrals nötigten Delmotte deswegen zum Start diagonal über die Piste, wobei die letzten Meter über unbefestigten Boden führten. Nach einigen Proberunden drehte er auf die weiße Orientierungslinie zu, um in 100 Metern Höhe seinen ersten Hochgeschwindigkeitsflug zu beginnen. Plötzlich fing die Maschine an zu taumeln, stieg in einer steilen Linkskurve hoch, rollte jäh nach rechts. Delmotte ließ sich aus dem Cockpit fallen und zog die Reißleine seines Fallschirms. Das Flugzeug rollte anschließend noch einmal nach links, ehe es in steilem Winkel auf dem Boden aufschlug. Dem nur leicht verletzten Piloten händigte dann ein Radfahrer ein abgebrochenes Stück des Leitwerks aus: ein beim Start hochgewirbelter Stein hatte ein Höhenruder angeknackst, das dann anschließend abbrach. Das bedeutete das vorläufige Ende der französischen Rekordhoffnungen. Denn nun trat ein neuer Rekordbewerber auf den Plan: Deutschland!

Die Deutschen kommen 1937–1939

Dornier Do P 59

Das „IV. Internationale Flugmeeting Zürich" vom 23. Juli bis 1. August 1937 hatte der wiedererstarkten deutschen Luftfahrtindustrie eine günstige Gelegenheit geboten, der restlichen Welt ihre neuesten Produkte vorzuführen. Als einer der Stars dieses auf dem Zürcher Flugplatz Dübendorf abgehaltenen Meetings erwies sich der zweimotorige Schnellbomber-Prototyp Dornier Do17 V8. Er war schneller als die meisten Abfangjäger und wurde wegen seiner schlanken Form von einem britischen Journalisten mit dem Spitznamen „Flying Pencil" (Fliegender Bleistift) belegt. Der Zufall wollte es wohl, daß der Firma Dornier genau zu dieser Zeit, nämlich am 3. August 1937, das Deutsche Reichspatent Nr.728044 für ein erheblich schnelleres Propellerflugzeug von noch viel ungewöhnlicherer Form erteilt wurde. Es besaß Tandemmotoren mit einem Zugpropeller im Bug und einem über Fernwelle angetriebenen Druckpropeller im Heck, stellte also eine konsequente Weiterentwicklung des von Claude Dornier bereits in seinem Großflugboot RS IIb des Jahres 1916 angewendeten Konzepts dar. Möglicherweise in Anknüpfung an die Zürcher Erfolge entstand nur kurze Zeit später, nämlich im Dezember 1937, der Entwurf DoP 59 zu einem Sonderflugzeug, das speziell der „Erzielung hoher Fluggeschwindigkeiten sowie dem Studium aller sich hieraus ergebenden Fragen" dienen sollte. Vier Varianten der beiden Zwölfzylinder-Flugmotoren Daimler-Benz DB 601 wurden vorgeschlagen:

Plakat „Flugmeeting Zürich 1937"

1. Serienmotoren (1937)
   1150 PS = 715 km/h in 4000 m Höhe;
2. Rekordmotoren (1937)
   1760 PS = 780 km/h in 0 m Höhe;
3. Rekordmotoren (1938)
   2000 PS = 815 km/h in 0 m Höhe
4. Serienmotoren (1938)
   1250 PS = 755 km/h in 5000 m Höhe.

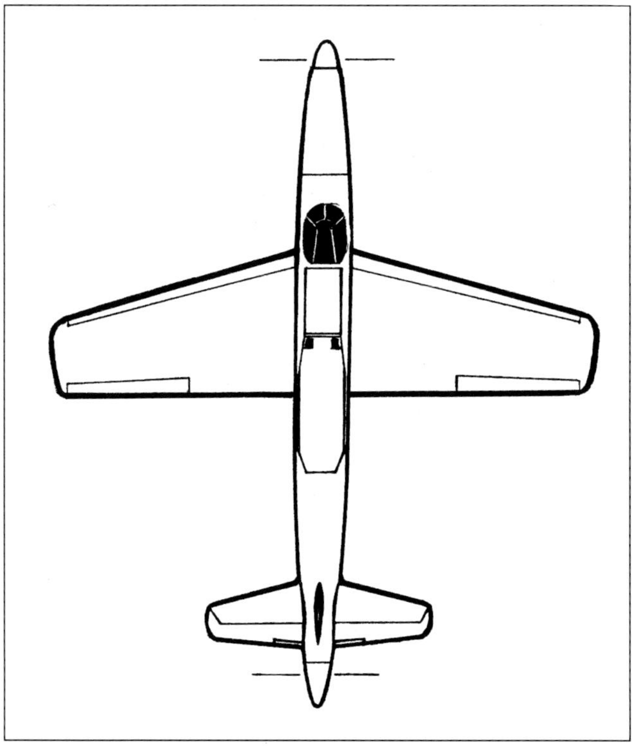
Dornier P59 (1937)

Der einsitzige Ganzmetall-Tiefdecker besaß ein einziehbares Normalfahrwerk mit dem Spornrad in der unteren Flosse des Kreuzleitwerks. Der Tragflügel wies mit den Querrudern und den Landeklappen gekuppelte Slots an der Flügelnase sowie auf etwa halber Spannweite ober- und unterhalb des Flügels angeordnete Sturzflugbremsen auf. Um die horizontale Rumpflage bei Start und Landung zu gewährleisten, ließ sich der gesamte Flügel um die in der Flügelnase liegende Querachse um 14 Grad nach unten schwenken. Dies Prinzip wurde übrigens in ähnlicher Form im deutschen Transportflugzeug Blohm & Voss Bv144 verwirklicht, das beim französischen

Partner Breguet in Biarritz entstand. Später griff auch die amerikanische Firma Vought das Konzept für ihren Träger-Düsenjäger F-8 „Crusader" auf. Im Jahre 1937 jedoch sah man im Reichsluftfahrtministerium (RLM) das Projekt DoP 59 als allzu fortschrittlich an – um es allerdings sechs Jahre später in Form der Do 335 dankbar zu begrüßen.
Auch bei der Firma Junkers hatte man sich um das Jahr 1937 Gedanken über ein ultraschnelles Rekordflugzeug gemacht, jedoch von vornherein die Verwendung des zu dieser Zeit unter strengster Geheimhaltung und von Herbert Wagner entwickelte Junkers-Strahltriebwerk vorgesehen. Der Entwurf zu einem kleinen, einsitzigen Rekord-Erprobungsflugzeug EFo-22 wies dann auch zwei dieser Axialtriebwerke auf, die an langen Auslegern vor den Tragflügeln montiert waren. Die besagten Geheimhaltungsvorschriften scheinen allerdings die Verwirklichung des Rekord-EF verhindert zu haben.

Messerschmitt Bf 109 V13 („Bf 113")

Neben der einzelnen Dornier Do17 hatten sich aber gleich mehrere Exemplare des von den Bayerischen Flugzeugwerken (BFW) in Augsburg hergestellten Ganzmetall-Jagdeinsitzers Bf 109 als überlegene Sieger erwiesen. Sie konnten einzeln oder im Kollektiv sowohl einige Rundstreckenrennen als auch den kombinierten Steig- und Sturzflugwettbewerb für sich entscheiden – vor Piloten und Flugzeugen aus fünf anderen Nationen. Besagte Bf 109 war von dem bislang hauptsächlich als Spezialist für leichte Sport- und Reiseflugzeuge geltenden BFW-Chefkonstrukteur Willy Messerschmitt und dem Leiter des BFW-Projektbüros, Robert Lusser, geschaffen worden. Vom Technischen Amt des Reichsluftfahrtministeriums waren im Dezember 1933 Entwicklungsaufträge für einen „Leichten Jäger" an die etablierten Firmen Arado, Focke-Wulf und Heinkel ergangen. Der geforderte Eindecker sollte neben einer Geschwindigkeit von mehr als 400 km/h in 6000 m Höhe gute Kurveneigenschaften und ein gutes Trudelverhalten aufweisen. Es entstanden daraufhin der freitragende Tiefdecker Ar 80 mit starrem Fahrwerk, der abgestrebte Hochdecker Fw 159 und der freitragende Tiefdecker He 112, letztere mit Einziehfahrwerk. Kurze Zeit später erhielt auch BFW einen solchen Auftrag, wobei dem Konstrukteur durch Fürsprache des Generalstabschefs Wever völlig freie Hand gelassen wurde – was Messerschmitt zu nutzen wußte. Aufbauend auf dem kurz zuvor entstandenen Reiseviersitzer Bf 108 „Taifun" war die Konstruktion des „Verfolgungsjägers" (VJ) Bf 109 modern, aber keineswegs radikal: Leichtmetall-Schalenrumpf, Einholmflügel mit automatisch betätigten Vorflügeln und Spaltklappen, Einbein-Einziehfahrwerk – alles bekannte Dinge, doch bislang nicht kombiniert verwendet. Um der RLM-Forderung nach Anklappbarkeit der Tragflügel nachzukommen, entschied man sich für ein am Rumpf befestigtes „Schmalspur"-Fahrwerk. Darüber hinaus war dank der von Messerschmitt konsequent verfolgten Leichtbauweise die Herstellung einfa-

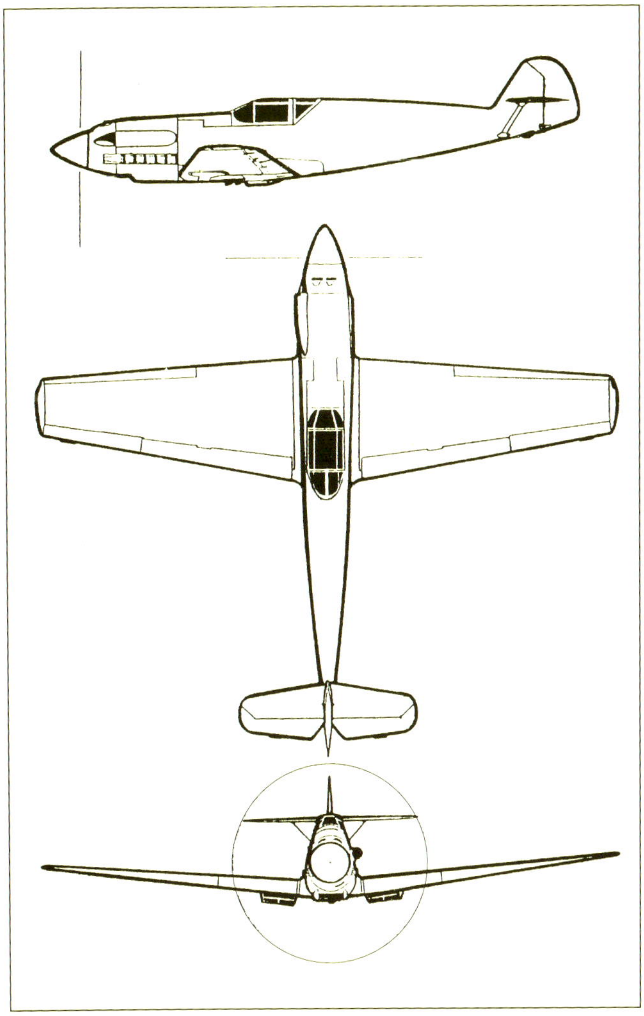

Messerschmitt Bf 109 V13 (1937)

Messerschmitt Bf 109 über Rekordstrecke (1937)

cher und damit auch billiger als bei den Konkurrenzmustern – bei den ins Auge gefaßten Stückzahlen ein wichtiger Faktor.
Erwartungsgemäß schieden die Ar 80 und die Fw 159 bald aus, und auch die konservativer konstruierte He 112 hatte gegenüber der fortschrittlichen Bf 109 wenig Chancen. Nach eindrucksvoller Vorführung durch den neuen BFW-Chefpiloten Dr. Hermann Wurster beim Vergleichsfliegen in Travemünde im Herbst 1936 wurde dann auch die Bf 109 als neuer Standardjäger für die deutsche Luftwaffe bestimmt.
Die Bf 109 V13 mit der Kennung D-IPKY, eine der erfolgreichen „Dübendorf"-Maschinen, wurde sofort nach ihrer Rückkehr gründlich überholt und für den nun beschlossenen Angriff auf den Geschwindigkeitsrekord präpariert. Sie erhielt ein neues Triebwerk, eine spezielle Sprintversion des neuen Zwölfzylinder-Einspritzmotors Daimler-Benz DB 601 mit einer (alkoholunterstützten) Kurzzeitleistung von annähernd 1700 PS. Eine strömungsgünstigere Kabinenhaube wurde montiert, alle Schlitze überklebt und verspachtelt – was die Betätigung der

Landeklappen praktisch ausschloß –, das Staurohr entfernt und die ganze Maschine auf Hochglanz poliert. Über die tatsächliche Form von Rumpfvorderteil und Propellerhaube gibt es – wie so oft – unterschiedliche Angaben und Fotos, letztere zum Teil erheblich retuschiert. Anfang November 1937 richtete man schließlich entlang der Eisenbahnlinie Augsburg-Buchloe-Kaufbeuren die offizielle Drei-Kilometer-Rekordstrecke ein. Am 11. November 1937 unternahm dann Chefpilot Dr. Wurster den offiziellen Rekordversuch, und das nahm nicht mehr als zwanzig Minuten in Anspruch. Sechsmal durchflog er die Meßstrecke entlang des Bahndamms, dreimal in jeder Richtung, und die vier schnellsten zusammenhängenden Flüge erbrachten einen Schnitt von genau 610,95 km/h, also fast 44 km/h mehr als die zwei Jahre zuvor von Howard Hughes erflogene Geschwindigkeit. Das bedeutete den allerersten von Deutschland errungenen Gcschwindigkeitsrekord für Landflugzeuge, was von den Medien entsprechend gefeiert wurde. In der „Berliner illustrierten Nachtausgabe" vom 12. November konnte man die Äußerung des hocherfreuten Piloten nachlesen, daß „die Rekordmaschine in größerer Höhe wegen des bedeutend geringeren Luftwiderstandes ohne weiteres eine Geschwindigkeit von 800 Stundenkilometer erzielen" könne – eine allzu optimistische Prognose. Die erneut erfolgreiche Bf 109 V13 wurde aus unerfindlichen Gründen offiziell als „Bf 113", ausgestattet mit einem DB 600, deklariert und taucht unter dieser Phantasiebezeichnung zuweilen noch heute in Rekordlisten auf.

Supermarine, Dewoitine, Payen, Bugatti

In den Luftfahrtministerien und Konstruktionsbüros anderer Länder war man verständlicherweise von den deutschen Erfolgen nicht erbaut und kümmerte sich erheblich intensiver um Projekte potentieller Rekordbrecher. In England war man besonders verstimmt darüber, daß dem als „schnellsten Jäger der Welt" bezeichneten neuen Jagdeinsitzer Supermarine 300 „Spitfire" von einem deutschen Konkurrenzprodukt die Schau gestohlen worden war. Schon die Zürcher Erfolge der Bf 109 hatten die Briten alarmiert. Bei Rolls-Royce begann man daraufhin noch im August 1937 mit den Arbeiten an einer Rennversion des Zwölfzylindermotors „Merlin", mit dem die „Spitfire" ausgerüstet war, und bereits am 7. September fand im Air Ministry eine erste Besprechung statt, die sich mit den technischen Vorbereitungen zu einem derartigcn Rekordvorhaben befaßte. Der Geschwindigkeitsrekord der Bf 109 V13 vom 11. November 1937 verlieh diesem Vorhaben natürlich eine noch höhere Dringlichkeit. Der Supermarine-Chefkonstrukteur Joseph Smith, Nachfolger des kurz zuvor an Leukämie verstorbenen legendären Reginald Mitchell, war zuversichtlich, mit einer speziellen „Speed Spitfire" – ausgerüstet mit einem von Rolls-Royce zugesagten 2100 PS starken „Merlin" – mehr als 630 km/h erreichen zu können, was zum Überbieten des deutschen Rekords von 611 km/h wohl ausreichen würde. Aus der anlaufenden „Spitfire"-Produktion wurde eine Zelle für die Rekordvariante Supermarine 323 bestimmt. Man beschloß u.a., die Tragflügel zu verkürzen und eine strömungsgünstigere Kabinenhaube anzubringen. Ein weiteres Supermarine-Projekt aus dieser Zeit, der zweimotorige Jagdeinsitzer Typ 327, war ebenfalls für hohe Geschwindigkeit ausgelegt – er sollte in 6700 m Höhe an die 750 km/h erreichen können Nach dem Bau einer 1:1-Holzattrappe wurde aber die weitere Entwicklung aufgegeben.
In Frankreich dachte man, ebenfalls vom Messerschmitt-Rekord angestachelt, zunächst an eine spezielle Rekordausführung des modernen Jagdeinsitzers Dewoitine D.520, der gerade für den Serienbau vorbereitet wurde. Mit kleineren Flügeln versehen und mit einem auf 1800 PS leistungsgesteigerten Hispano-Suiza 12Y ausgestattet, hielt man die als D.530 bezeichnete Maschine für fähig, auf eine Spitzengeschwindigkeit von rund 624 km/h zu kommen.
Doch es gab noch andere Rekordinteressenten in Frankreich: Roland Payen hatte sein bereits 1933 vorgestelltes Tandempfeilkonzept weiter verfeinert und eine ganze Serie futuristischer Schnellflugzeuge unter der Bezeichnung „Flèchair" entworfen. Die Pa.110CD war erneut für den „Coupe Deutsch" bestimmt und sollte von zwei gemäß dem Baudot-System gekoppelten Siebenzylinder-Sternmotoren vom Typ Salmson 7Kdr angetrieben werden, die ihre kombinierten 200 PS (!) auf zwei mächtige koaxiale Zweiblatt-Zugpropeller übertrugen. Eine Jagdeinsitzer-Variante Pa.112 C1 wurde sogar gebaut, allerdings nur als Attrappe und unter Verwendung des Delta-Tragflügels der 1935 bruchgelandeten Pa.101. Das französische Luftfahrtministerium war naturgemäß von den vorhergesagten 580 km/h in Anbetracht der mageren 200 PS Antriebsleistung nicht überzeugt und lehnte freundlich ab. Ebensowenig kamen andere Payen-Entwürfe zur Ausführung, so sein Renneinsitzer Pa.350CD für den „Coupe Deutsch 1938" mit einem aufgrund der geänderten Regeln nur 3,5 Liter Hubraum aufweisenden Triebwerk. Die Pfeilung des hinteren Flügels betrug bei diesem kleinen Renner sogar 78 Grad, und er sollte später, so hörte man, mit einem größeren und stärkeren Motor ausgestattet, auch den Geschwindigkeitsrekord angreifen. Ähnliches galt auch für die im Februar 1938 vorgestellte Pa.430CV, die mit zwei gekoppelten und je 650 PS starken Gnome-et-Rhône-Doppelsternmotoren 14M „Mars" 800 km/h erreichen würde. Die japanische Firma Mitsubishi erteilte sogar einen Entwicklungsauftrag für einen daraus abgeleiteten Jagdbomber Pa.400 für den Einsatz von Flugzeugträgern aus. Das einzige von Payen in dieser Zeit wirklich gebaute Flugzeug aber war die Pa.22/1R die – warum einfach, wenn's auch kompliziert geht – mittels eines vom französischen Erfinder Henri-Fabrice Melot entwickelten Staustrahltriebwerks überragende Geschwindigkeiten erzielen sollte. Das Flugzeug wurde dann auch tatsächlich fertiggestellt und geflogen, allerdings mit einem 180 PS starken Regnier-Kolbentriebwerk, nach weiteren Umbauten und erst im Herbst 1941 – letzteres unter Aufsicht der zu diesem Zeitpunkt anwesenden deutschen Besatzungsmacht ...
Schließlich hatte sich Ettore Bugatti, der weltberühmte Schöpfer außergewöhnlicher Automobile und Motoren, die Mitarbeit des schon in den zwanziger Jahren bekanntgewordenen Flugzeugkonstrukteurs Louis de Monge gesichert und ging an den Bau eines gleicherweise für den bevorstehenden „Coupe Deutsch" bestimmten Renn- und Rekordeinsitzers, die ganz aus Holz bestehende Bugatti 100. Die Ausschreibungsbedingungen hatten 6,5 l Hubraum als Höchstgrenze festgelegt. Für die kleine Maschine waren deswegen zwei 3,2-1-Bugatti-

Supermarine 323 „Speed Spitfire" (1937)

Payen Pa.112 C1 (Attrappe, oben), Pa.22 (unten) (1938)

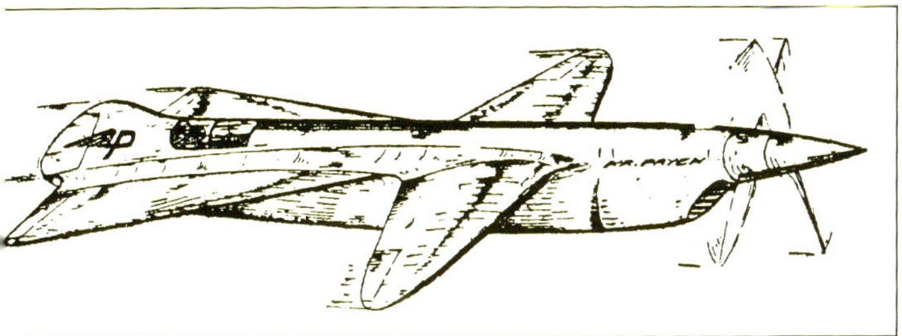

Payen Pa. 430 CV (1938)

Triebwerke vorgesehen, die hintereinander und versetzt im Rumpf hinter dem Cockpit untergebracht waren. Über zwei rechts und links am Piloten vorbeiführende Fernwellen trieben sie zwei gegenläufige Zweiblatt-Zugpropeller in der Rumpfspitze an. Sogar einen Piloten hatte man schon für den „Coupe Deutsch“ benannt: den einschlägig erfahrenen Maurice Arnoux; und einen aus der Rennmaschine abgeleiteten Jagdeinsitzer sollte es auch geben.

Bisnowat, Beresnjak, Bakschajew

Auch in der Sowjetunion gab es neue Hochgeschwindigkeitsprojekte. Im Zentralen Aero- und Hydrodynamischen Institut (ZAGI) begann der Ingenieur Matus Bisnowat mit der Konstruktion eines Versuchseinsitzers SK (Skorostnoje Krylo = Hochgeschwindigkeitsflügel), bei dem das Cockpit während des Fluges in den Rumpf eingezogen werden konnte, wie bei der amerikanischen „Time Flies“. Dank eines Zwölfzylindermotors Klimow M-105 von über 1000 PS wurden Geschwindigkeiten von weit über 700 km/h erwartet. Ähnlich sah auch der im Januar 1938 als Diplomarbeit des im OKB Bolchowitinow tätigen Alexander Beresnjak erstellte Entwurf zu einem ausgesprochenen Weltrekordeinsitzer aus. Auch hier war die Führerkabine des Tiefdeckers im Fluge einziehbar. Die beiden hintereinander eingebauten Klimow-Triebwerke M-103 wiesen Verdampfungskühlung mit einem einkalkulierten Kühlwasserverlust von 760 Liter pro Stunde auf. In 6800 m Flughöhe sollten, so ergaben die Kalkulationen, erstaunliche 937 km/h zu erzielen sein. Zwar kam es auch hier nicht zum Bau der Maschine, doch konnte Beresnjak kurz danach zusammen mit seinem Kollegen A. M. Isajew sein konstruktives Talent mit der Schaffung des Raketenjägers BI unter Beweis stellen. Das ungewöhnlichste Weltrekordflugzeug stammte allerdings von Grigori Bakschajew. Es besaß nämlich trapezförmige Tandemflügel, deren Fläche sich bei Start und Landung mittels teleskopartig ausgefahrener Flügelsegmente in 15 Sekunden mehr als verdoppeln ließ. Nachdem das Prinzip zunächst an einem kleinen Versuchsflugzeug LIG-7 bzw. RK (Rasdwishnoje Krylo = Ausfahrflügel) in der Praxis erprobt worden war, stellte die begutachtende staatliche Kommission Ende 1938 fest, daß das vorgeschlagene Rekordflugzeug RK-800 zwar nicht ganz die vorhergesagten 800 km/h, doch immerhin 780 km/h erreichen könne. Man entschied darüber hinaus – aufgrund einer Empfehlung Stalins höchstpersönlich, so heißt es – statt des vorgesehenen Klimow M-105 von 1000 PS einen gerade in der Entwicklung befindlichen 1200 PS starken M-106 zu verwenden und einen 800 km/h schnellen Jagdeinsitzer RK-I zu schaffen. Zuerst entstand ein Maßstabsmodell 1:5 und dann ein Prototyp in voller Größe, der 1940 im ZAGI-Windkanal getestet wurde. Der Rumpf war in Dural-Halbschalenbauweise gefertigt. Die starren Tandemflügel bestanden aus stahlblechbeplankten Duralrippen und die Teleskopsegmente, 15 auf jeder Seite, aus leinwandbespannten Duralprofilen. Da es mit dem Triebwerk M-106 Schwierigkeiten gab und man, wohl um den Zorn Stalins nicht herauszufordern, den Einbau eines anderen Triebwerks erst gar nicht erwog, ist das ansonsten komplette Flugzeug nie geflogen. Eine geplante Weiterentwicklung sah übrigens Tandemtriebwerke mit Zug- und Druckpropellern vor. – Wie man sieht, bereitete man sich zu Beginn des Jahres 1938 vielerorts ernsthaft auf die Erringung von Geschwindigkeitsrekorden vor.

Deutsche Rekorde, internationale Reaktionen

Doch am 6. Juni 1938 platzte mitten in diese Vorbereitungen die Meldung der Nachrichtenagenturen hinein, daß der Geschwindigkeitsrekord für Landflugzeuge erneut gebrochen worden sei, wieder von einem deutschen Flugzeug und sogar über eine Distanz von 100 Kilometern. Ein modifizierter Jagdeinsitzer vom Typ Heinkel He 112U, geflogen von Generalmajor Ernst Udet, habe am Vortage dabei einen Schnitt von mehr als 634 km/h erreicht. International fühlte man sich wieder einmal ungemütlich deklassiert von den Deutschen. Zu allem Überfluß erklärte kurze Zeit darauf Ernst Heinkel in einem Vortrag vor der Otto-Lilienthal-Gesellschaft in Berlin, daß besagte He 112U sogar genau so schnell sei wie die derzeitige Weltrekordmaschine, das Wasserflugzeug Macchi MC.72, also um die 709 km/h herum. Obwohl sofort die unvermeidlichen Zweifel darüber geäußert wurden, daß eine technisch klar überholte und der Bf 109 eindeutig unterlegene Konstruktion eine derartige Höchstleistung vollbracht haben sollte – schließlich wurden nur ein paar bewußt undeutlich gehaltene Bilder bekannt –, so war doch an der Echtheit des Rekords selbst nicht zu deuteln. Schon ein halbes Jahr davor, am 22. November 1937, hatte eine andere Heinkel-Maschine einen neuen internationalen Rekord über 1000 Kilometer in geschlossener Bahn mit 1000 kg Nutzlast aufgestellt. Die Durchschnittsgeschwindigkeit des als „zweimotoriges Kampfflugzeug vom Typ He 111U" bezeichneten Bombers hatte knapp 505 km/h betragen. Bilder gab es keine, und das Geheimnis wurde noch größer, als die offizielle FAI-Verlautbarung von einer „He 606" sprach. Die internationale Aufmerksamkeit wäre erheblich größer gewesen, wenn man gewußt hätte, daß diese mysteriöse Heinkel-Maschine in Wirklichkeit eine Spitzengeschwindigkeit von 620 km/h besaß. Aber auch so war weltweit eine gewisse Unruhe erzeugt worden – ein von der deutschen Regierung durchaus beabsichtigter Effekt.

In England begann man jedenfalls, sich mit der Tatsache vertraut zu machen, daß die im Bau befindliche „Speed Spitfire" diese Rekordmarke wohl kaum nennenswert übertreffen könnte. Dazu kam, daß der besonders für diese Maschine präparierte „Merlin Special" bei einem Prüfstandlauf zu Bruch

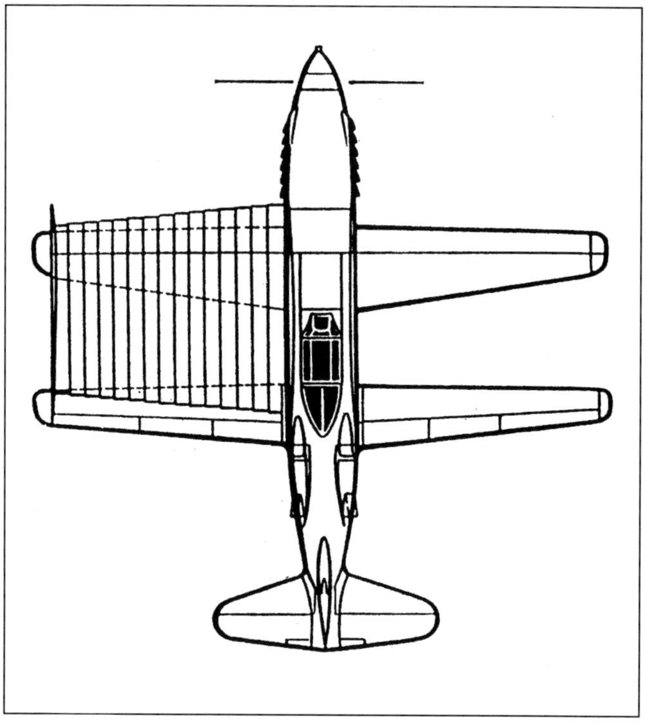

Bakschajew RK-800 (1939)

Bakschajew RK-800 (1938)

ging. Es wurde dann entschieden, daß die Arbeiten mit dem Ziel allgemeiner Hochgeschwindigkeitserprobungen weiterzuführen seien. Der Erstflug der Maschine erfolgte am 10. November 1938. Anschließend erprobte man systematisch Propellervarianten und Kühlersysteme und -formen, wobei im Frühjahr 1939 ein Spitzenwert von 656 km/h in rund 900 m Höhe erflogen wurde. Im Juli 1939 konnte man die blau-silberne „Speed Spitfire" mit der Kennung N.17 auf dem Brüsseler Aéro-Salon bewundern, allerdings ohne Bauchkühler und mit verstellbarem Dreiblatt-Metallpropeller an Stelle des besonders entwickelten festen Vierblatt-Holzpropellers hoher Steigung. Anschließend wurde die Erprobung trotz des inzwischen erfolgten Kriegsausbruchs bis zum Frühjahr 1940 weitergeführt. Dann wurde die Maschine, jetzt mit Normal-Cockpit und einem serienmäßigen „Merlin XII" nebst verstellbarem Dreiblatt-Metallpropeller, einer Luftbildabteilung zugeteilt, wo sie als unbewaffnetes Verbindungsflugzeug verwendet wurde, bis man sie im Juni 1946 nach einem erlittenen Schaden abschrieb und kurz darauf verschrottete.

In Frankreich waren die Reaktionen ähnlich, wenngleich weniger resigniert. Bei Caudron hatte Marcel Riffard nach dem Rekordflug der Bf 109 V13 spontan den Bau zweier weiterer Exemplare der im April des Jahres wegen Leitwerksbruch abgestürzten C.712 beschlossen, die aber nun ein verstärktes Heck erhalten sollten. Die zweite dieser beiden Maschinen, zunächst als C.712R bezeichnet, sollte darüber hinaus einen stärkeren Renault-Motor sowie weitere Verbesserungen aufweisen. Doch im Sommer 1938 stellte man angesichts des Heinkel-Rekordes die Arbeiten an der ersten neuen 712 ein, um sich ganz auf die Konstruktion der erheblich verfeinerten C.712R zu konzentrieren, von der man eine Weltrekordgeschwindigkeit von etwa 730 km/h erwartete. Um an diesem einkalkulierten Erfolg den zur gleichen Zeit erstmals geflogenen Leichtjäger Caudron C.714 – von dem man sich große internationale Verkaufserfolge erhoffte – teilhaben zu lassen, änderte man die Bezeichnung des potentiellen Rekordbrechers von C.712R in C.714R um, obwohl keinerlei konstruktive Beziehung zum Jagdflugzeug bestand. Doch mit solchen PR-Tricks stand Frankreich nicht alleine da, wie sich bald erweisen sollte.

Bei Dewoitine entschied man in vergleichbarer Manier. Das Projekt D.530 wurde gestoppt, und man entschloß sich statt dessen zu einer völligen Neuentwicklung, der D.550. Im Dezember 1938 begann man mit dem Bau dieses Schnellflugzeugs, das von vornherein zur Aufnahme des jeweils stärksten verfügbaren Reihenmotors ausgelegt war. Später wollte man daraus auch eine militärische Variante D.551 und eine verkleinerte Rennversion D.590 für den „Coupe Deutsch" des Jahres 1939 ableiten. Doch sollte sich schon nach kurzer Zeit herausstellen, daß auch dieser Wettbewerb ins Wasser fiel, genau wie schon in den Jahren 1937 und 1938.

Günstiger wurden dagegen die Aussichten des in einer Pariser Möbelfabrik in der Rue Débarcadère im Bau befindlichen Bugatti-Einsitzers vom Typ 100P beurteilt, nachdem man sich entschlossen hatte, zwei größere und stärkere Achtzylindermotoren vom Typ Bugatti 50B einzubauen. Eine vorgeschlagene Jägerausführung unterschied sich in erster Linie durch einen kleineren Flügel. Das Ministerium erteilte Ende 1938 einen Bauauftrag für beide Maschinen in Höhe von 6,9 Millionen Francs. Würde von einer oder von beiden der absolute Weltrekord und der 100-Kilometer-Rekord für Frankreich errungen, so erhielte der Konstrukteur weitere 1,8 Millionen Francs.

Was nun die Rekordambitionen der anderen Nationen anbetraf, so gingen in der UdSSR die Entwicklungsarbeiten an der schnellen ZAGI „SK" weiter, die aber primär als Versuchs- und weniger als Rekordflugzeug angesehen wurde. Doch entstanden auf den Zeichenbrettern anderer Konstruktionsbüros Entwürfe zu Rekordmaschinen. In England war dies die Heston J.5, in Italien die CMASA CS.15 und – überraschenderweise – in Japan die Ken-3. Den Anstoß zu all diesen Projekten hatten die beiden erfolgreichen deutschen Rekordflugzeuge von Messerschmitt und Heinkel gegeben, die „Bf 113" und die „He 112U".

Heinkel He 119 („He 111U", „He 606")

Doch nun zur „He 111U/606". Bereits 1935 von den Heinkel-Konstrukteuren Siegfried und Walter Günter als „P.1055" entworfen und im Sommer 1937 erstmalig geflogen, handelte es sich bei der He 119 – so lautete die richtige Bezeichnung – um eine von Heinkel ohne offizielle Kenntnis des RLM durchgeführte Eigenentwicklung eines unbewaffneten Schnellbombers und Fernaufklärers, dessen gegnerischen Abfangjägern überlegene Geschwindigkeit ihm ausreichende Sicherheit verleihen würde. Damals, nach Präsentation der Maschine, auf nahezu einhellige Ablehnung seitens des RLM gestoßen, sollte sich dieses Konzept nur fünf Jahre später als durchaus logisch und erfolgreich erweisen – in Form der britischen de Havilland „Mosquito". Der Güntersche Ganzmetall-Tiefdecker mit leicht negativ geknicktem Flügelmittelstück wies eine ausgeprägte Familienähnlichkeit mit der eleganten He 70 auf, der „klassischen" Günter-Konstruktion aus dem Jahre 1932. Allerdings gab es einen wesentlichen Unterschied: Zwei vor dem Hauptholm im Rumpfinnern angeordnete, gekoppelte Zwölfzylindermotoren des Typs DB 601 trieben über ein gemeinsames Getriebe und eine Fernwelle einen großen Vierblatt-Verstellpropeller in der Rumpfspitze an, direkt vor einer an die He 111 erinnernden Vollsichtkanzel. Diese Daimler-Benz-Sonderentwicklung unter der Bezeichnung DB 606 leistete zwar 2350 PS, entwickelte aber dermaßen hohe Temperaturen, daß sich die ursprünglich allein vorgesehene Oberflächenkühlung als unzureichend erwies und durch einen zusätzlichen Bauchkühler ergänzt werden mußte. Schon hier manifestierte sich ein Problem, das einige Zeit später bei dem mit demselben Triebwerk ausgerüsteten Bomber He 177 zu katastrophalen Bränden führen sollte.

Ernst Heinkel, vom schlechten Abschneiden seiner He 112 gegenüber der Messerschmitt-Konkurrentin Bf 109 begreiflicherweise stark angeschlagen, sah aufgrund der überragenden Leistungen der He 119 einen hochwillkommenen Weg, diese Scharte durch ein paar spektakuläre Rekordflüge der neuesten Heinkel-Maschine wieder auszuwetzen. Schon der zweite Prototyp He 119 V2, im Gegensatz zur He 119 V1 mit einem teilweise einziehbaren Bauchkühler ausgestattet, hatte in 4500 m Höhe 584 km/h erzielen können. Die nachfolgende He 119 V4 (D-AUTE) besaß einen völlig neuen Tragflügel von veränderter Planform und erreichte sogar 620 km/h. Sie wurde auf Anordnung Heinkels sofort für den Angriff auf den 1000-km-Rekord vorbereitet. Obwohl ihr Erzrivale Messerschmitt am 11. November 1937 mit dem 3-km-Rekord der Bf 109 V13 die Schau gestohlen hatte, fand der Heinkel-Rekordflug planmäßig am 22. November statt. Er führte von Hamburg nach Stolp in Pommern und zurück. Eine dichte Wolkendecke über Stolp zwang allerdings die Piloten, Gerhard Nitschke und Hans Dieterle, von ihrer optimalen Reiseflughöhe von 4000 m auf 800 m hinunterzugehen, um die Wendemarke erkennen zu können, was sich recht ungünstig auf die erzielte Durchschnittsgeschwindigkeit auswirkte. Dennoch reichten die erflogenen 505 km/h für den erhofften Rekord aus – allerdings nur eine gute Woche lang. Dann wurde dieser Rekord vom ersten Prototyp des zweimotorigen italienischen Schnellbombers Breda Ba 88 mit einem neuen Schnitt von 525 km/h erneut gebrochen. Heinkel, überzeugt von der

Heinkel He 119 V1 (1937)

Leistungsfähigkeit seiner Neukonstruktion, setzte umgehend einen neuen Rekordversuch an, der sich mit einem anfänglichen Schnitt von rund 590 km/h sehr erfolgversprechend anließ, aber dann leider aufgrund einer nicht vollzogenen Tankumschaltung in einer totalen Bruchlandung der Maschine auf dem wegen Drainagearbeiten gesperrten Flugplatz von Travemünde endete, bei der Nitschke ernsthaft und Dieterle leicht verletzt wurden.

Heinkel He 100 („He 112U", „He 113")

Heinkel hatte aber bereits einen neuen Pfeil im Köcher. Nachdem auch die erheblich modifizierten und verbesserten Varianten He 112B und C des glücklosen Jagdeinsitzers nicht zum Erfolg führen wollten, hatte Siegfried Günter im Oktober 1937 das schon von seinem im Mai 1937 mit dem Wagen tödlich verunglückten Bruder Walter begonnene Projekt 1035 eines superschnellen Verfolgungsjägers neu berechnet und Ernst Heinkel vorgelegt. Es handelte sich um einen extrem schnittigen Tiefdecker mit widerstandsarmer Oberflächenkühlung, die lediglich beim Start und Steigflug durch einen einziehbaren Bauchkühler ergänzt wurde, genau wie bei der He 119. Kurz darauf scheint auch die offizielle Genehmigung zur Entwicklung und zum Bau von zehn Prototypen und drei Nullserienexemplaren vom neuen Chef des Technischen Amtes erteilt worden zu sein, dem früheren Kunstflieger und jetzigen Generalmajor Ernst Udet. Das unter Leitung von Karl Schwärzler stehende Heinkel-Konstruktionsbüro nahm sich der Detailkonstruktion der neuen Maschine an, der auf Antrag Heinkels die einprägsame RLM-Typennummer 100 zugestanden worden war. Ursprünglich hatte man diese Nummer der Firma Fieseler zugewiesen, die sie aber nicht benutzt hatte.
Bislang waren Ellipsenflügel das Güntersche Markenzeichen gewesen. Sogar der britische Supermarine-Konstrukteur Reginald Mitchell hatte sie für seine berühmte „Spitfire" übernommen, die man zuweilen als „Dreiviertel-Ausgabe" der He 70 bezeichnete. Für die neue He 100 wählte Siegfried Günter jedoch einen konstruktiv weit weniger aufwendigen Trapezflügel mit gerader Vorderkante. Zur Erzielung besonders glatter

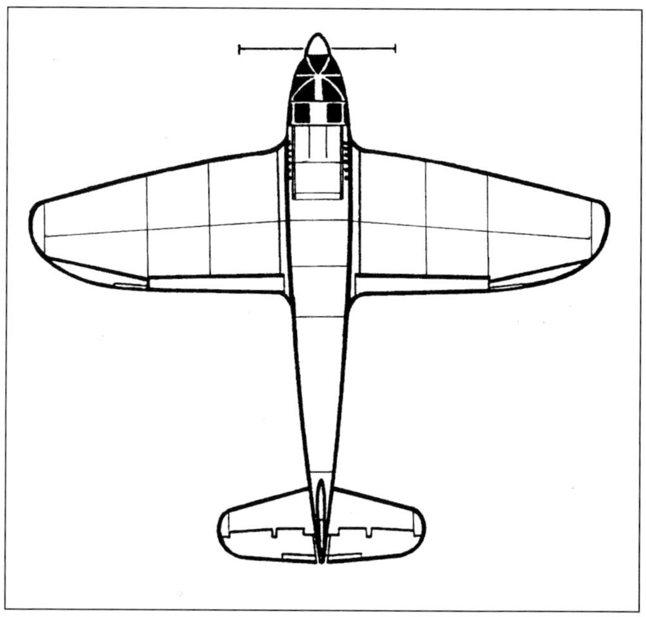

Heinkel He 119 V4 (1937)

Oberflächen wurde ein neuartiges Sprengnietverfahren angewandt. In der für ein Flugzeug dieser Art unerhört kurzen Zeitspanne von nur drei Monaten entstand der erste Prototyp He 100 V1 (D-ISVR) und konnte seine Flugerprobung am 22. Januar 1938 aufnehmen. Doch zeigten sich bald Schwierigkeiten mit der komplizierten Oberflächenkühlung, insbesondere mit den 22 kleinen Elektropumpen, die dem Motor das frische Kühlwasser zuzuführen hatten und zu denen 22 kleine Warnleuchten am Armaturenbrett gehörten. Auch ließ die Richtungsstabilität zu wünschen übrig. Die im Frühjahr 1938 fertiggestellte He 100 V2 (D-IUOS) erhielt deswegen auch eine stärkere Flügelbeplankung sowie ein größeres, eckigeres Seitenleitwerk. Als Antriebsquellen der ersten beiden V-Muster dienten reguläre Daimler-Benz-Einspritzmotoren DB 601Aa von 1100 PS Startleistung. Später mit einem etwas stärkeren

Triebwerk und mit einigen Verbesserungen versehen, wurde die erste Maschine dann als He 100 V1/U bezeichnet. Im Gegensatz zu den ersten beiden Exemplaren war das dritte – etwas zweckentfremdet – von vornherein für einen Angriff auf den absoluten Geschwindigkeitsweltrekord bestimmt, ein von Ernst Heinkel schon seit langem gehegtes Vorhaben. Es erhielt deswegen von 9,42 m auf 7,60 m verkürzte Flügel, eine strömungsgünstigere Kabinenhaube, einen von Daimler-Benz besonders präparierten Rennmotor von fast 2000 PS, die Bezeichnung He 100 V3/UR und schließlich die endgültige Kennung D-IDGH. Ursprünglich war nämlich die Kennung D-ISVR von der V1 auf sie übergegangen, die jetzt wieder zur V1/U zurückkehrte – ein etwas verwirrender Vorgang – wie so manches im Zusammenhang mit der He 100.
Da sich die Fertigstellung der Spezialmaschine V3/UR verzögerte, beschloß Heinkel, zunächst einen Angriff auf den 100-Kilometer-Rekord in geschlossener Bahn mit der He 100 V2 durchzuführen, deren reines Serientriebwerk DB 601Aa Nr. 60008 zu diesem Zweck ein wenig frisiert wurde. Der Flug selbst sollte in der günstigen Volldruckhöhe von 4500 m auf der 50-km-Strecke zwischen dem Flugplatz Wüstrow und dem Müritz-See durchgeführt werden. Als Rekordpiloten hatte der alte Fuchs Heinkel, so ist zu vernehmen, wegen des Propagandaeffekts von vornherein General Ernst Udet vorgesehen und als Datum den Pfingstmontag, den 5. Juni 1938, bestimmt. Die oft gehörte Geschichte, daß Udet „zufällig" hereingeschneit kam und dem ursprünglich dafür eingeteilten Heinkel-Einflieger Flugkapitän Fritjof Herting den Rekord wegschnappte, wurde wohl absichtlich verbreitet. Jedenfalls brauchte Udet genau 9 Minuten und 27,4 Sekunden für die zweimal 50 Kilometer. Das bedeutete mehr als 634 km/h und lag genau 80 km/h über dem im Dezember 1937 zusammen mit dem 1000-km-Rekord aufgestellten 100-km-Rekord einer italienischen Breda Ba 88. Während nach der Landung noch zischende Dampfwolken den Tragflügeln entwichen, erwähnte Udet ein paar dauernd brennende, störende Leuchten am Armaturenbrett, die er aber nicht weiter beachtet habe. Die Heinkel-Techniker wurden blaß: es handelte sich um die Kühlwasser-Warnleuchten, und die Kolben hätten jeden Moment

Udet-Karikatur (1937)

Heinkel He 100 V2 (1938)

fressen können ... Aus unerfindlichen Gründen – vielleicht wollte man die Exportchancen des „Aschenbrötels" He 112 verbessern – verwendete man auch in diesem Fall eine irreführende Bezeichnung und nannte die Rekordmaschine offiziell He 112U, U wie Udet.
Trotz dieses Erfolges wurde Heinkel seitens des RLM wiederholt angedeutet, daß an einen Bau der He 100 als zweiten Jäger für die Luftwaffe nicht zu denken sei, da man alle verfügbaren Kräfte auf die Produktion der Bf 109 als Standardjäger konzentrieren wolle. Heinkel solle sich statt dessen lieber auf den Bau von Kampfflugzeugen, also Bombern, spezialisieren, was diesem überhaupt nicht behagte, da er sich als ausgesprochenen Schnellflugspezialisten betrachtete. Zu allem Überfluß erging zur gleichen Zeit an die als besonders fortschrittlich geltende Firma Focke-Wulf ein Entwicklungsauftrag des Technischen Amtes auf einen Bf-109-Nachfolger mit luftgekühltem Doppelsternmotor, die spätere Fw 190. Es scheint, als habe der dortige Chefkonstrukteur Kurt Tank einen bedeutend besseren Draht zum RLM besessen als Heinkel. Allerdings war Tank mit seinem vorangegangenen Projekt seines sehr schnellen zweimotorigen Jagdeinsitzers „Falke" beim RLM auf wenig Gegenliebe gestoßen. Ein halbherzig erteilter Auftrag über zunächst drei Versuchsmuster – später kamen noch sechs hinzu – schrieb dazu noch die Verwendung von relativ schwachen Jumo 210 an Stelle der geplanten DB 600 vor. Dennoch kam der erste Prototyp Fw 187 V1 im Frühjahr 1937 auf beachtliche 525 km/h. Erst knapp zwei Jahre später, nämlich im Januar 1939, konnte die mit zwei DB 600A und – störanfälliger – Oberflächenkühlung versehene zweisitzige Fw 187 V6 zeigen, was in ihr steckte: Sie kam in Bodennähe auf 635 km/h. Doch auch spätere Vorschläge zu Varianten mit noch stärkeren Triebwerken wie DB 605 oder BMW 801 fanden beim Technischen Amt kein Gehör; es blieb bei den neun Exemplaren.
Doch Ernst Heinkel war als erfahrener Geschäftsmann nach wie vor bestrebt, für seine Produkte zu werben. Er ließ nicht locker. Im Herbst 1938 war die He 100 V4 fertiggestellt worden, die erste Maschine der sogenannten B-Serie mit einigen baulichen Verbesserungen. Sie kam zwar gelegentlich auf

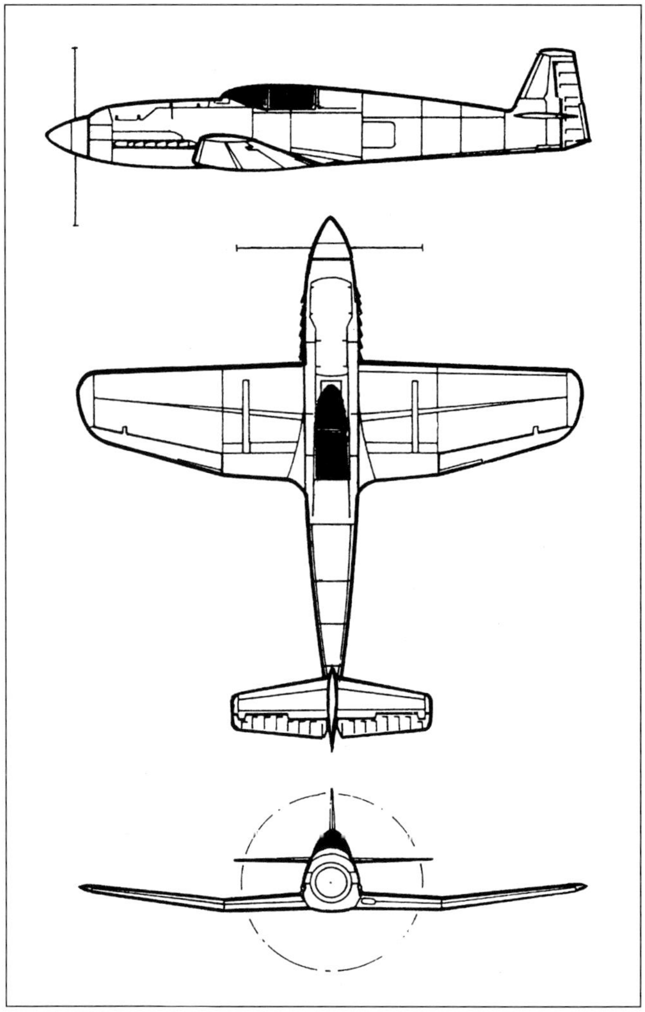

Heinkel He 100 V8 (1939)

Heinkel He 100 V3/UR (1938)

Spitzenwerte von rund 670 km/h in mittleren Höhenbereichen, bewies aber weiterhin die hohe Störanfälligkeit des von Heinkel angewendeten Systems der Oberflächenkühlung, bei dem sich das im Motor bei 110 bis 130 °C unter Druck stehende Kühlwasser erst beim Überleiten in den dichtgenieteten Flügel zu Dampf entspannte, durch den Fahrtwind wieder zu Wasser kondensiert und mit Hilfe besagter kleiner Elektropumpen zum Motor zurückgeführt wurde. Zur gleichen Zeit erfolgte auch die Fertigstellung der zur Erringung des absoluten Geschwindigkeitsrekords bestimmten He 100 V3/UR mit den kurzen Flügeln, und die ersten Probeflüge wurden im August 1938 von Hans Dieterle durchgeführt. Beim allerletzten Probeflug Anfang September durch den inzwischen wieder genesenen Chefpiloten Gerhard Nitschke, der auch den unmittelbar danach angesetzten Rekordversuch fliegen sollte, verklemmte sich beim Einfahren ein Reifen und blockierte den Fahrwerkseinziehmechanismus. Da eine Einbeinlandung mit der hochgezüchteten Rekordmaschine nicht in Frage kam, mußte Nitschke mit dem Fallschirm aussteigen, wobei er sich durch Leitwerkberührung erneute Verletzungen zuzog. Die kostbare Spezialmaschine ging durch Aufschlagbrand verloren.
Trotz dieses Rückschlags gab man bei Heinkel die Hoffnung keineswegs auf und bereitete einen weiteren Prototyp, die He 100 V8 zum neuen Rekordbrecher vor. Damit die Dinge kompliziert blieben, erhielt das neue Flugzeug die Kennung D-IDGH der sehr ähnlichen, aber nun leider „zerlegten" V3, von der es sich aber in einer Reihe von Einzelheiten unterschied, so beispielsweise durch eine längere und flachere Kabinenhaube und ein geringfügig tiefer angeordnetes Höhenleitwerk. Außerdem kam ein neuartiger Wärmetauscher zur Ölkühlung zum Einbau, der auf ähnliche Weise wie die Kühlwasser-Oberflächenkühlung arbeitete, jedoch Methylalkohol als Kühlmittel und das Leitwerk als Kühlflächen verwendete. Der neue Daimler-Benz-Rekordmotor V schließlich würde kurzzeitig bis zu 2770 PS abgeben, allerdings bei einer Gesamtlebensdauer von nicht mehr als einer halben Stunde.
Ende Februar 1939 fertiggestellt, wurde die V8 samt dem zugehörigen Team von 25 Mann von Rostock in das Heinkel-Zweigwerk Oranienburg bei Berlin, wegen der dort günstigeren Rekordbedingungen, verlegt. Als Pilot war jetzt Hans Dieterle bestimmt worden. Die 3-km-Meßstrecke wurde wiederum entlang einer Bahnlinie eingerichtet, und Mitte März 1939 startete Dieterle zum ersten Rekordversuch. Dieser mußte allerdings rasch wegen ungenügender Leistung der Kraftstoffpumpe abgebrochen werden. Auch ein zweiter Versuch scheiterte nach zwei erfolgreichen Durchgängen, diesmal an überhöhter Öltemperatur. Der dritte Versuch am 30. März 1939 war endlich von Erfolg gekrönt. Nach den vier einwandfreien Durchgängen und einer glatten Landung nach insgesamt 13 Minuten Flugzeit stand die neue Weltbestleistung fest: 746,606 km/h, und Hans Dieterle war der schnellste Mann der Welt. Doch was das schnellste Flugzeug der Welt anbetraf, so ging die Geheimniskrämerei des RLM unbeirrt weiter. Wieder gab es keine informativen Photos des Rekordflugzeugs, das offiziell als Weiterentwicklung des Musters He 112U des Vorjahres beschrieben wurde, ausgerüstet mit einem DB 601 von 1175 PS. Zuguterletzt zeigte eine für die internationale Kino-Wochenschau Pathé Gazette bestimmte kurze Szene die He 100 V5 als das angebliche Weltrekordflugzeug He 112U – komplett mit befremdlichem Antennenmast und der kuriosen Kennung HE+BE. Daß es sich beim Rekordmotor um einen DB 601 gehandelt hatte, entsprach der Wahrheit, allerdings nicht um die 1175 PS starke Normalausführung DB 601Aa. Schon frühzeitig hatte man bei Daimler-Benz, der Renntradition der Firma folgend, besonders präparierte Einzelexemplare des Einspritz-Zwölfzylinders DB 601 für Rekordzwecke geschaffen, die dank Spezialkraftstoff, Rennkerzen, Bodenlader und anderer Sonderleistungen bei erhöhter Drehzahl kurzzeitige Spitzenwerte in Bodennähe erbringen konnten. Beim Rekordmotor III des Jahres 1937 waren das schon 1660 PS bei 2650/min, beim Rekordmotor IV des folgenden Jahres 2060 PS bei 2980/min und beim Rekordmotor V aus dem Jahre 1939 schließlich 2770 PS bei 3100/min. Diese Prüfstand-Spitzenleistungen wurden natürlich in der Praxis nie erzielt, selbst bei Rekordeinsätzen nicht. Es darf deshalb nicht überraschen, daß die in der Fachliteratur angegebenen Leistungsangaben für ein und denselben Motor stark schwanken. Vom Rekordmotor V entstanden bei Daimler-Benz drei Exemplare, von denen eines (DB 601/ 60021) hauptsächlich der Prüfstanderprobung diente, das zweite (DB 601/M 159) in der He 100 V8 Verwendung fand und das dritte (DB 601/V10) für ein anderes Weltrekordflugzeug bestimmt war: die Messerschmitt Me 209.

Messerschmitt Me 209 („Me 109R")

Genau wie Ernst Heinkel war sich auch Willy Messerschmitt des hohen Werbeeffektes von Weltrekorden bewußt, ganz abgesehen von der damit verbundenen technischen Herausforderung. Aufgrund des Erfolges seines präparierten Jagdeinsitzers Bf 109 V13 vom 11. November 1937 vertrat Messerschmitt in einem am 26. November vor der Deutschen Akademie für Luftfahrtforschung gehaltenen Vortrag „Probleme des Schnellflugs" die Ansicht: „Wir brauchen reine Versuchsflugzeuge, bei deren Entwicklung der Konstrukteur von allen Hemmungen und Rücksichten auf vorhandene Werkzeuge und Geräte, Vorschriften und Anschauungen und auf eine praktische Verwendung des Versuchsflugzeuges durch einen Verbraucher frei ist." Das unter Beteiligung von Dipl. Ing. Robert Lusser als Leiter des Projektbüros gestartete Projekt 1059 sah infolgedessen einen „Motor mit Piloten" vor, einen möglichst kleinen Einsitzer mit nur einer einzigen Aufgabe: so schnell wie möglich zu sein. Das Cockpit des gedrungenen Tiefdeckers lag auffallend weit hinten. Die beiden Fahrwerkhälften wurden, im Gegensatz zur Bf 109, nach innen eingefahren, während der unter dem bis unter das Rumpfheck gezogenen Seitenleitwerk angeordnete Schleifsporn nicht eingezogen wurde. Genau wie bei der Konkurrenzmaschine He 100 sah man auch hier zunächst die widerstandsarme Oberflächen- bzw. Verdampfungskühlung vor. Doch verzichtete man bald als Folge technischer und thermischer Schwierigkeiten auf die Rückgewinnung des in den Tragflügeln nur unzureichend abgekühlten Kühlwassers und ließ es – bis zu einem halben Liter pro Sekunde – einfach ins Freie ab. Die Kapazität des Kühlwassertanks wurde dementsprechend verdoppelt, von zunächst 220l auf 450l. Im Gegensatz zur He 100 verwandte man einen normalen Ölkühler, der als Ringkühler unmittelbar hinter der Propellerhaube angeordnet war.
Vier Exemplare des mit der RLM-Typennummer 209 belegten Versuchseinsitzers mit den Werknummern 1185 bis 1188 wurden in Angriff genommen, und sie erhielten die Kennungen D-INJR, D-IWAH, D-IVFP und D-IRND. Die Me 209 V1 wurde erstmalig am 1. August 1938 geflogen, die Me 209 V2 am 8. Februar 1939. In beiden Fällen war Dr. Wurster der Pilot gewesen, doch wurde die weitere Flugerprobung des Musters dem jungen Einflieger Fritz Wendel übertragen. Besaß der Messerschmitt-Entwurf schon vom Äußeren her bei weitem nicht die Eleganz des Heinkel-Konkurrenten, so ließen die Flugeigenschaften der Me 209 noch mehr zu wünschen übrig, woran auch eine alsbald vorgenommene Vergrößerung des Seitenleitwerks und des Flügelmittelstücks nicht viel änderte. „Fliegender Sauzahn" war noch eine der milderen Bezeichnungen, mit denen die Maschine von den Piloten belegt wur-

de. Die V-Maschinen waren zunächst alle mit der 1175 PS starken Normalausführung des DB 601 ausgerüstet, wobei die noch im Bau befindliche Me 209 V3 für den für Juli 1939 geplanten Angriff auf den Weltrekord auserkoren war.
Zur kompletten Überraschung des Messerschmitt-Teams hatte Heinkel am 30. März 1939 seinen erfolgreichen Weltrekordversuch mit der He 100 V8 durchgeführt. Wütend ordnete Messerschmitt die sofortige Vorbereitung der Me 209 V1 für den eigenen Rekordangriff durch Einbau des kostbaren Einzelexemplars des DB-601-Rekordmotors an. Bei der nun intensivierten Flugerprobung der verbliebenen Me 209 V2

Messerschmitt Me 209 V1 mit Chefpilot Hermann Wurster (1939) oben und unten.

kam es infolge eines Kolbenfressers zu einer harten Landung auf dem Werkflugplatz, nach der die Maschine abgeschrieben werden mußte, der Pilot Fritz Wendel aber ohne nennenswerte Verletzungen davonkam. Doch konnte der ursprünglich für den Juli geplante Weltrekordflug auf Mitte April 1939 vorverlegt werden, wozu man wieder die bereits im November 1937 eingerichtete Rekordstrecke entlang der Bahnlinie Augsburg-Kaufbeuren vorbereitete. Da diese 450 m höher als die nördlicher gelegene Heinkel-Rekordstrecke lag, rechnete man sich bei Messerschmitt aufgrund der somit etwas dünneren Luft eine gewisse, wenn auch recht knappe, Chance aus, die 746,6 km/h der He 100 V8 um das laut FAI-Reglement erforderliche eine Prozent überbieten zu können. Fritz Wendel mußte also mit der Me 209 V1 einen Rekordschnitt von mindestens 754,1 km/h erzielen, um die offizielle Anerkennung als Weltrekord zu erlangen. Obwohl die dunkelblau lackierte Messerschmitt in der zweiten Aprilhälfte bereitgestellt werden konnte, kam es zu etlichen Verzögerungen. Zuerst herrschte tagelanger Dauerregen. Dann mußte eine Reihe technischer Probleme gelöst werden. So brach beispielsweise bei einem Hochgeschwindigkeits-Versuchsflugsflug entlang der Bahnlinie ein Stück der Motorverkleidung durch die Druckwelle

eines entgegenkommendes Zuges weg. Dann gab es Schwierigkeiten mit der ungenügenden Motorkühlung und der Querruderbefestigung. Am 26. April 1939 schließlich schaffte Wendel die geforderten vier Durchgänge mit 782, 734, 776 und 728 km/h, was einen Gesamtschnitt von 755,138 km/h ergab – gerade eben über der notwendigen Ein-Prozent-Marke liegend. Ein neuer Weltrekord für Deutschland, der zweite innerhalb von vier Wochen, und noch dazu mit einem ganz anderen Flugzeug. Der erfolgreiche Pilot Fritz Wendel wurde aus diesem Anlaß, genau wie schon Hans Dieterle vor ihm, zum Flugkapitän befördert. Was das Flugzeug betraf, so trat auch in diesem Fall wieder die Propagandamaschinerie des Dritten Reiches in Aktion: Es wurde als „Jagdflugzeug Me 109R“ bezeichnet, lediglich eine Variante des Standardjägers Bf 109 der Luftwaffe, und ein vernünftiges Photo gab es ebenfalls nicht.

Jetzt war die Reihe an Heinkel, wütend zu sein. Er war überzeugt, daß der Höhenunterschied von 450 m sowie ein paar kleine Änderungen seine He 100 V8 um rund 25 km/h schneller machen würden, also etwa 770 km/h schnell, und er war entschlossen, den Rekordflug in Süddeutschland zu wiederholen. Doch Ernst Udet und das RLM gaben Ernst Heinkel eindeutig zu verstehen, daß man von offizieller Seite keineswegs wünsche, daß ein nicht in Serie gebauter Jäger den Luftwaffen-Standardjäger übertreffe. Von der He 100 wurden tatsächlich nur rund zwei Dutzend Exemplare gebaut. Sechs Prototypen, nämlich die He 100 V1, V2, V4, V5, V6 und V7, gingen im Frühjahr 1940 an die damals offiziell noch befreundete Sowjetunion. Drei Vorserienmaschinen He 100D-0 wurden für 1,2 Millionen Reichsmark – plus 1,6 Millionen Reichsmark für die Nachbaulizenz – nach Japan verschifft. Zu einer Produktion des möglicherweise mit der Exportbezeichnung He 113 versehenen Flugzeugs unter der japanischen Bezeichnung AXHe1 kam es aber genausowenig wie im Falle der an die UdSSR gelieferten Prototypen. Sowjetische Testpiloten kritisierten übrigens die mangelnde Längsstabilität, hohe Flächenbelastung und zu schwache Bewaffnung mit nur zwei MGs.

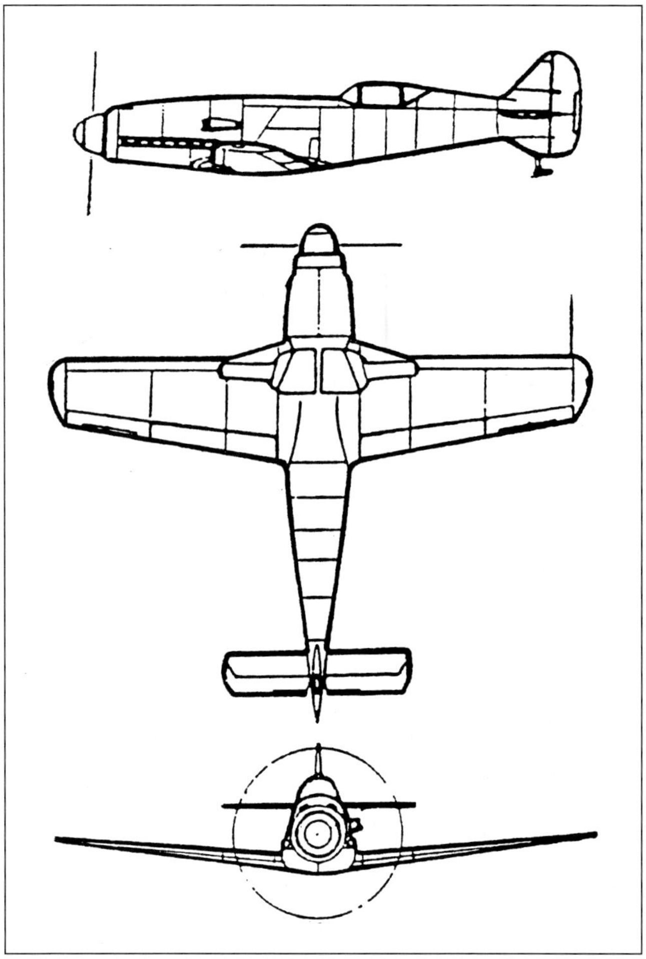

Messerschmitt Me 209 V1 (1939)

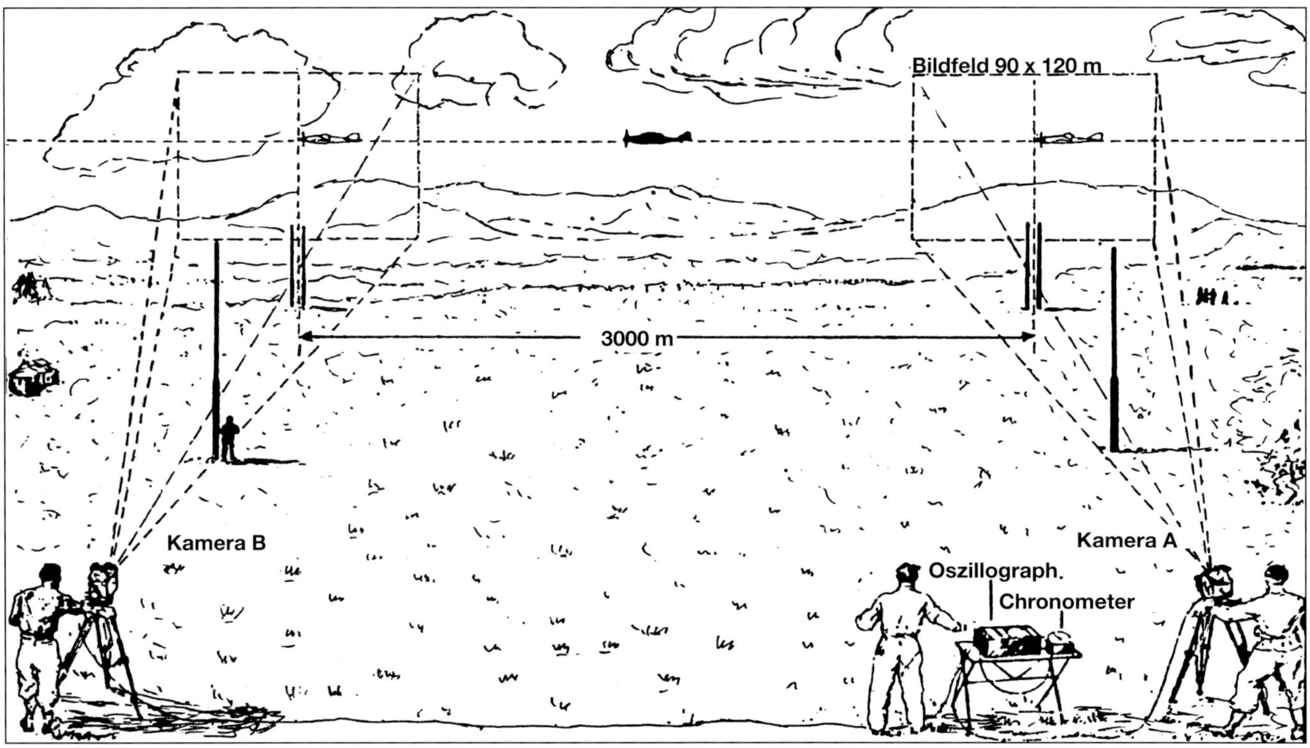

Weltrekordstrecke (1939)

Willy Messerschmitt und Rekordpilot Fritz Wendel (1939)

112U" ausgestellt, wo er später bei einem Luftangriff zerstört wurde.
Die wenigen Exemplare der Me 209 hatten noch weniger Erfolg. Die Me 209 V3, am 26. April 1939, dem Rekordtag, erstmalig geflogen, hatte man für einen Angriff auf den 100-km-Rekord vorgesehen. Doch der am 1. September 1939 beginnende Zweite Weltkrieg setzte allen Rekordaktivitäten ein Ende. Die im Mai 1939 fertiggestellte Me 209 V4 sollte als Ausgangsmuster für einen superschnellen Jagdeinsitzer dienen, erwies sich aber trotz zahlreicher Umbauten als ungeeignet. Auch die erheblich umkonstruierten Prototypen Me 209 V5 und V6 führten zu keinem Erfolg. Die Rekordmaschine Me 209 V1 wurde nach Kriegsbeginn an die Deutsche Luftfahrtsammlung in Berlin-Moabit übergeben. Der motor- und flügellose Rumpf mit Leitwerksresten tauchte nach Kriegsende wieder auf und befindet sich heuete im polnischen Luftfahrtmuseum in Krakau.

Bugatti 100P, Caudron C.714R, Dewoitine D.550

Trotz oder auch wegen der unbestreitbaren deutschen Erfolge auf diesem Gebiet war im Frühsommer 1939 die Entwicklung von Hochgeschwindigkeitsflugzeugen in den Konstruktionsbüros anderer Staaten ebenfalls fortgeschritten, wenngleich

Caudron C.714R (1939) (Musée de l'Air)

Die etwa zwölf „Serien"-Exemplare He-100D-1 dienten – mit phantasievollen Staffelabzeichen versehen – der deutschen Propaganda im Frühjahr 1940 als „der neue Jäger He 113", fanden aber in Wirklichkeit nur als „fliegender Werkschutz" der Heinkel-Werke Verwendung, ohne einen einzigen Schuß abzufeuern. Der Rumpf der He 100 V10 wurde schließlich mit den kurzen Flügeln und der flachen Kabinenhaube der He 100 V8 versehen und im Deutschen Museum in München als „He

mit weniger spektakulären Ergebnissen. In Frankreich hatte man die im Dezember 1938 in Angriff genommene Dewoitine D.550 nach nur sechsmonatiger Bauzeit fertiggestellt, und sie war am 23. Juni 1939 von Marcel Doret erstmalig geflogen worden. Das ursprünglich angestrebte Ziel von 650 km/h war wegen der deutschen Rekordflüge hinfällig geworden, doch war man bei Dewoitine nicht bereit, den Kampf so schnell aufzugeben. Trotz des Kriegsbeginns am 1. September 1939 wurden die Arbeiten fortgesetzt, und mit einem 1000 PS starken Hispano-Suiza 12 Y 51 anstelle des anfänglich installierten HS 12 Y 51 von 900 PS konnte Doret am 22. November eine Geschwindigkeit von über 702 km/h erreichen – allerdings in einer Flughöhe von 6000 m. Der endgültige Motor vom Typ HS 12Z hatte auf dem Prüfstand bereits 1200 PS entwickeln können, und man war zuversichtlich, diese Leistung in absehbarer Zeit auf 1300 bis 1400 PS steigern zu können, bei Drehzahlen von 2600 bis 2800/min. Doch kam weder dieser Motor zum Einbau in die D.550 noch führten Änderungen an den Kühlern und den Lufteinlässen zu erhofften Leistungssteigerungen. Durch die Kriegslage bedingt, erfolgte der letzte Flug der D.550-01 am 27. Mai 1940 von Toulouse aus. Im selben Monat sollte auch der Erstflug der D.551-01 erfolgen, des Prototyps der Militärvariante des Rekordeinsitzers. Doch auch dazu kam es nicht mehr, genauso wenig wie zum Bau der geplanten Weiterentwicklungen D.552, D.553, D.554 und D.555. Immerhin waren insgesamt zwölf Vorserienmaschinen D.551 fertiggestellt worden. Dem im August 1940 vorgetragenen Wunsch, zwei dieser Maschinen als unbewaffnete „Sportflugzeuge D.560" im Flug erproben zu können, verweigerte die inzwischen zuständige deutsche Waffenstillstandskommission aus naheliegenden Gründen ihre Zustimmung.

Bei Caudron war der Ingenieur Georges Otfinovsky von Marcel Riffard angewiesen worden, den Bau der hochgezüchteten C.714R voranzutreiben. Die typische Linienführung der Caudron-Rennflugzeuge war zum großen Teil beibehalten worden, und nur ein paar Detailänderungen dienten der weiteren Verringerung des Luftwiderstandes. Die Zelle des Tiefdeckers bestand aus einem Magnesiumgerüst mit Sperrholzbeplankung, und als Antriebsquelle diente der neu entwickelte Renault-Zwölfzylindermotor 12R Spécial von 900 PS mit einem Dreiblatt-Verstellpropeller von Ratier. Das Seitenleitwerk wies jetzt einen trapezförmigen Umriß auf, und die sehr knapp bemessene Führerraumhaube endete in einer senkrechten Schneide. Der Hecksporn war, wie schon zuvor, nicht einziehbar. Ende August 1939 stand die Maschine bereit, zur Flugerprobung nach Istres transportiert zu werden, doch der Kriegsbeginn wenige Tage später verhinderte dies. Statt dessen war der rassige kleine Einsitzer dazu bestimmt, die folgenden fünf Jahre im Keller des Hauses Nr. 53, Avenue des Champs Elysées, versteckt zu verbringen, direkt unter der ebenerdig gelegenen Renault-Ausstellungshalle. Heute bildet die tintenfarbige C.714R eines der interessantesten Exponate des „Musée de l'Air" in Le Bourget. Die von ihr erhofften 730 km/h, man sprach vereinzelt sogar von 795 km/h, wurden nie realisiert.

Der Bau des dritten der potentiellen französischen Weltrekordanwärter, des Einsitzers Bugatti 100P, wurde nach Kriegsbeginn fortgesetzt. Der erfahrene Konstrukteur Louis de Monge hatte eine ganze Reihe neuartiger Problemlösungen beim Entwurf dieses ganz aus Holz bestehenden Tiefdeckers berücksichtigt. So befand sich beispielsweise der Kühllufteintritt für die beiden hintereinander im Rumpfmittelteil angeordneten Achtzylinder-Reihenmotoren des Typs Bugatti 50B in der Vorderkante des V-Leitwerks.

Die Kühlluft durchströmte dann, nach vorn umgeleitet, den Kühler im Innern des Rumpfhecks, um schließlich in Höhe des hinteren Flügelansatzes wieder auszutreten. Der vordere der beiden Motoren lag auf der rechten Rumpfseite unmittelbar hinter dem Führersitz und trieb über eine rechts am Piloten vorbeigeführte Fernwelle den hinteren der beiden gegenläufigen Ratier-Zweiblatt-Zugpropeller in der Rumpfspitze an. Der vordere Propeller wurde über eine links neben dem Piloten liegende Fernwelle vom hinteren, leicht schräg ausgerichteten, Motor angetrieben. Eine weitere Besonderheit bildeten die neuartigen Flügelklappen, genau wie die anderen konstruktiven Einzelheiten durch spezielle Patente abgedeckt. Der schlanke Eindecker befand sich im Sommer 1940 kurz vor der Fertigstellung, als er – Rumpf und Flügel getrennt – auf einem LKW vor den alsbald in Paris einmarschierenden deutschen Truppen abtransportiert und in einer Scheune auf dem Gelände des Château d'Ermenonville nordöstlich von Paris versteckt wurde, dreißig Jahre lang. Dann entdeckte ein amerikanischer Bugatti-Restaurator aus Detroit den vergrabenen Schatz, verschiffte ihn in die USA und entnahm dem Rumpf die Motoren. Der Rest interessierte ihn kaum. Ein anderer Bugatti-Fan rettete die verbliebene leere Zelle und ließ sie in Connecticut restaurieren. Genau wie bei der Caudron C.714R kann man lediglich spekulieren, ob die angestrebte Geschwindigkeit von 830 km/h auch tatsächlich erreicht worden wäre. Zum Bau der geplanten Bugatti 110 C1 kam es übrigens nie.

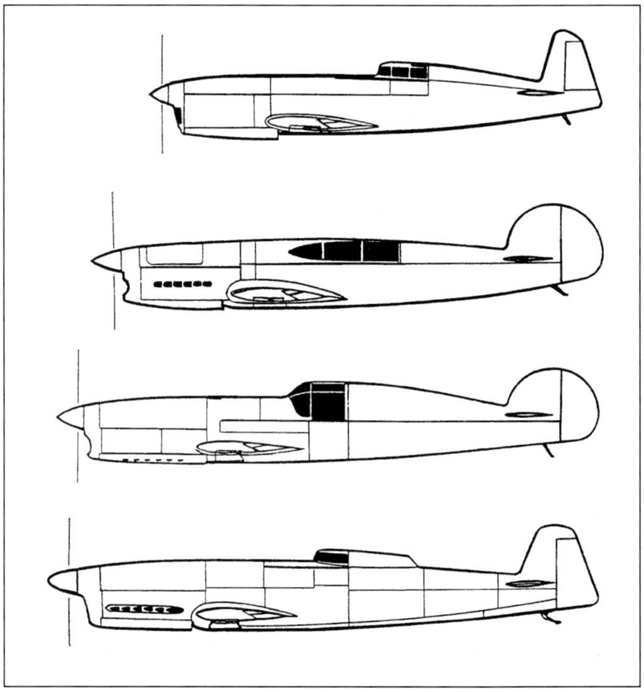

Caudron C.460, C.561, C.712, C.714R

Bugatti 100 P im Bau (1939)

Angeregt durch das Tandemtriebwerk Fiat AS.6 des italienischen Weltrekordflugzeugs Macchi MC.72 liefen schon seit dem Jahre 1937 beim französischen „Arsenal de l'Aéronautique" Entwicklungsarbeiten zur Schaffung eines derart motorisierten schweren Jägers. Um dies Projekt VB-10 der beiden

Heston J.5 (1940)

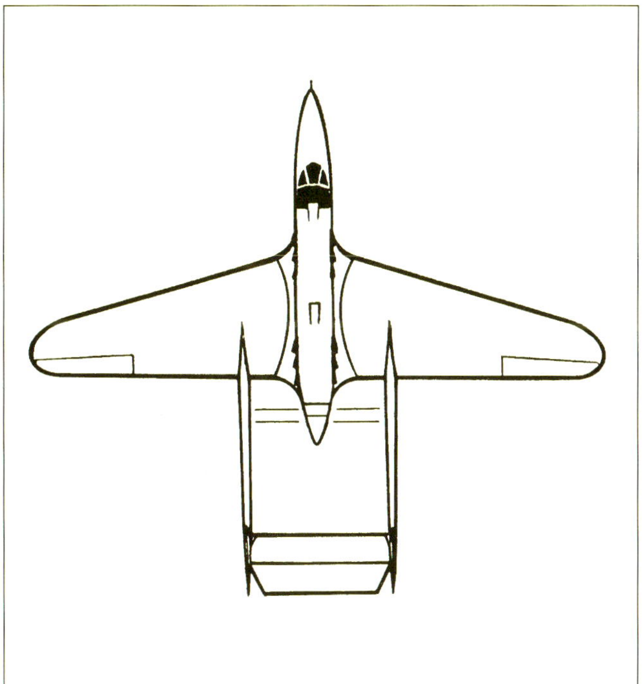

Berijew B-10 (1940)

Ingenieure Michel Vernisse und Robert Badie auch unter den mißtrauischen Augen der deutschen Besatzungsmacht weiterführen zu können, erdachte man zur Tarnung eine Reihe unverdächtiger ziviler Varianten für „reine Renn- und Rekordzwecke". Bei einem Entwurf lag der Führersitz in der Seitenflosse, andere waren schwanzlose Nurflügler. Die echte VB-10 wurde erst nach der 1944 erfolgten „Libération" gebaut und 1945 erprobt, wobei sie sich aber als ausgesprochen enttäuschend erwies. Man stoppte daraufhin sang- und klanglos die schon eingeleitete Großserienfertigung von 200 Maschinen – trotz eines israelischen Auftrags über 30 Exemplare.

Heston J.5

Was die britischen Rekordvorhaben anbetraf, so mag der bereits früher ausgesprochene Verzicht auf eine superschnelle „Spitfire" vielleicht deswegen leicht gefallen sein, da man überzeugt war, ein besseres Eisen im Feuer zu haben. Bei der Motorenfirma Napier war nämlich inzwischen ein extreme Leistung versprechender 24-Zylinder-Flugmotor im Entstehen, der „Sabre", und man kam dort auf die Idee, einen für Motorerprobung und Weltrekorde geeigneten Spezialeinsitzer zu bauen. Der werkseigene Konstrukteur Arthur Hagg wurde im Herbst 1938 mit der Ausarbeitung eines Entwurfs beauftragt und anschließend die kleine Flugzeugfirma Heston mit der Detailkonstruktion und dem Bau zweier Exemplare. Die Kosten wurden vom Industriellen Lord Nuffield getragen. Unter der Leitung von Heston-Chefkonstrukteur George Cornwall und Napier-„Berater" Hagg entstand im Laufe des Jahres 1939 die Heston J.5, ein kleiner, bulliger Tiefdecker in Holzbauweise; lediglich die Ruder bestanden aus stoffbespannten Leichtmetallgerüsten.

Das einziehbare Einbeinfahrwerk wies eine sehr große Spur auf. Das mit einer kleinen Klarsichthaube abgedeckte Cockpit lag ungefähr in der Mitte des gedrungenen Rumpfes, unter dem sich der Einlaß eines großen Tunnelkühlers befand. Der Auslaß war im Rumpfheck, beiderseits des Seitenleitwerks. Der über 2200 PS leistende Motor trieb einen großen, verstellbaren Dreiblatt-Metallpropeller der Firma de Havilland an. Die silberne Maschine war, wie üblich, auf Hochglanz poliert. Schwer in den Griff zu bekommende Kinderkrankheiten des neuen Motors – rasche Überhitzung mit schnell fressenden Kolben – verzögerten die Fertigstellung der ersten der beiden Maschinen, der G-AFOK, bis zum Frühjahr 1940. Der Erstflug am 12. Juni 1940 endete dann auch prompt nach knapp sieben Minuten wegen einer Motorstörung mit einer Bruchlandung.

Der Bau der zweiten Maschine G-AFOL, die mit einem stärkeren „Sabre" weit über 800 km/h schnell sein sollte, wurde daraufhin gestoppt – in England hatte man im Sommer 1940 andere Sorgen.

Tscheranowski, Moskaljow, Isajew, Berijew, Sokolow

In der Sowjetunion war man von den beachtlichen Geschwindigkeiten beeindruckt, die von den leichten französischen Caudron-Einsitzern mit verhältnismäßig hubraumschwachen Renault-Triebwerken bei den Rennen um den „Coupe Deutsch“ erzielt wurden. Die halbmilitärische Luftsportorganisation „Osoaviachim“ hatte deswegen gegen Ende der dreißiger Jahre zu einem Konstruktionswettbewerb für Rennsportflugzeuge (lies: Jagdübungseinsitzer) aufgerufen und als Triebwerke die Renault-Lizenzbauten MW-4 von 140 PS oder MW-6 von 220 PS vorgeschrieben. Zu den interessantesten und schnellsten der entstandenen Konstruktionen zählten die schwanzlose Tscheranowski BITsch-21 (SG-1) und die der Fokker D.XXIII ähnelnde zweimotorige Moskaljow SAM-13 mit Zug- und Druckpropellern und zwei Leitwerksträgern, für die bis zu 680 km/h vorausgesagt wurden. Das Wettfliegen der schnellsten Maschinen war für den August 1941 anberaumt worden. Doch es wurde nichts daraus, denn der am 22. Juni 1941 begonnene „große vaterländische Krieg“ machte einen dicken Strich durch dies Vorhaben.
Darüber hinaus wurden viele interessante, aber übermäßig aufwendige Projekte von Hochgeschwindigkeitsflugzeugen zugunsten möglichst unkomplizierter und robuster Jagd- und Erdkampfflugzeuge eingestellt, wie sie beispielsweise die Produkte von Iljuschin, Jakowlew, Lawotschkin, Gurjewitsch/ Mikojan und Tupolew darstellten. Das bedeutete auch die Aufgabe hochgezüchteter Spezialmaschinen wie der Bisnowat SK. Andere Entwürfe wurden überhaupt nicht verwirklicht, wie beispielsweise der Jagdbomber „I“ des Bolchowitinow-Mitarbeiters A. M. Isajew und die sehr ähnliche B-10 des Flugboot-OKB Berijew. Beide waren für zwei hintereinander angeordnete M-107-Triebwerke mit gegenläufigen Zug- („I“) bzw. Druckpropellern (B-10), zwei Leitwerksträger und Bugradfahrwerk ausgelegt. Dem Berijew-Team wurde darüber hinaus unmißverständlich zu verstehen gegeben, daß es sich fortan einzig und allein mit Flugbooten zu befassen habe – trotz der für die B-10 errechneten 818 km/h. Ausgesprochen futuristische Entwürfe wie der zweimotorige schwanzlose Deltaflügler von A. W. Sokolow mit proklamierten 1250 km/h hatten erst recht keine Chance.

CMASA CS.15

Auf italienischer Seite hatte man sich seit einiger Zeit Gedanken über einen würdigen Nachfolger des legendären Wasserflugzeuges Macchi MC.72 gemacht, mit dem Francesco Agello im Jahre 1933 den absoluten Weltrekord mit 682 km/h erringen und 1934 sogar auf 709 km/h steigern konnte. Der Chef der Fiat-Luftfahrtabteilung, Umberto Savoia, führte im Auftrage des Fiat-Präsidenten Giovanni Agnelli 1938 eine Durchführbarkeitsstudie durch. Es zeigte sich, daß die beiden besten Fiat-Flugzeugkonstrukteure Celestino Rosatelli und Guiseppe Gabrielli mit anderen Aufgaben voll eingedeckt waren, und so beauftragte man Manlio Stiavelli, den begabten Chefkonstrukteur der Fiat-Tochterfirma C.M.A.S.A. (Costruzioni Meccaniche Aeronautiche S.A.) in Marina di Pisa, mit den Entwurfsarbeiten. Am 10. April 1939, kurz nach dem Erfolg der Heinkel He 100 V8, stellte Stiavelli seinen Entwurf CS.15 vor (Corsa Stiavelli), einen Ganzmetall-Mitteldecker von geringem Stirnwiderstand und einem weit hinten befindlichen, in die Heckflosse integrierten Cockpit. Ein neu entwickelter Sechzehnzylindermotor Fiat AS.8 von 2250 PS trieb zwei gegenläufige Zweiblattpropeller. Auch hier verwendete man die widerstandsarme Kondensationskühlung, wobei etwa 80 Prozent der Tragflügeloberflächen als Kühlflächen dienten. Das Fahrwerk bestand aus zwei Querstreben am unteren Ende eines zentralen Fahrwerkbeins, die außen die beiden Laufräder trugen und beim Einfahren nach rückwärts in den schlanken Rumpf beigeklappt wurden. Aufgrund der Windkanalmessungen hatte man eine Höchstgeschwindigkeit von 850 km/h in Bodennähe errechnet. Nach dem Kriegseintritt Italiens am 10. Juni 1940 wurden die Arbeiten an der Maschine nur mit halber Kraft weitergeführt und nach dem Waffenstillstand am 8. September 1943 ganz eingestellt. Über den Verbleib des weitgehend fertiggestellten Rekordbrechers weiß man nicht mehr viel. Lediglich der Fiat-Flugmotor AS.8 überlebte und befindet sich heute im italienischen Luftwaffenmuseum Vigna di Valle.

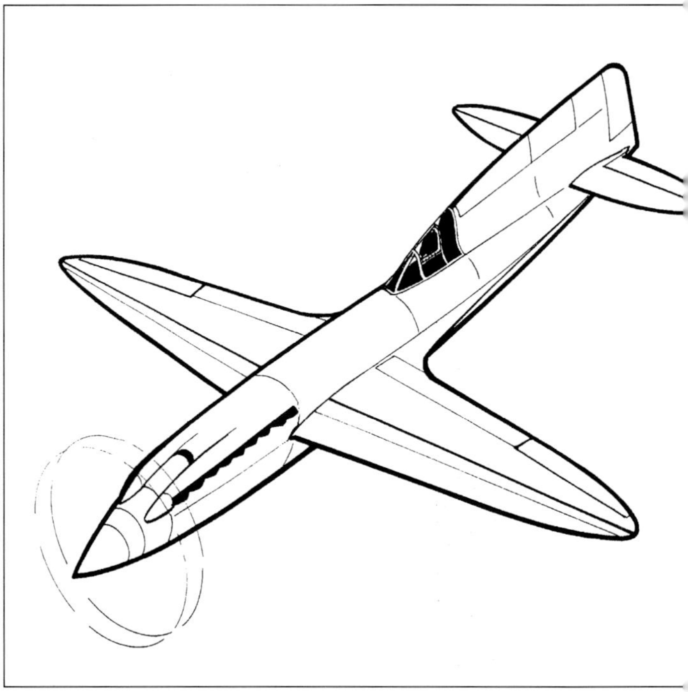

CMASA CS.15 (1940)

Kawasaki Ken-3 (Ki.78)

In Japan war man schon seit Jahren recht energisch bestrebt, den technischen Anschluß im Flugzeugbau an das westliche Ausland zu erzielen – von diesem allerdings nahezu völlig unbeachtet. Auch der Geschwindigkeitsweltrekord schien im Bereich des Möglichen zu liegen, und so begann im Auftrage des japanischen Luftfahrtministeriums Ende 1938 ein kleines Team des Luftfahrtforschungsinstituts der Universität Tokyo unter Leitung von Shoruku Wada mit den Entwurfsarbeiten zu einem japanischen Rekordbrecher. Eine in voller Größe im Mai 1941 fertiggestellte Attrappe dieser „Ken-3“ zeigte einen Ganzmetalltiefdecker üblichen Aufbaus mit einem flüssigkeitsgekühlten Reihenmotor.
Da die Firma Kawasaki bereits 1937 die Nachbaurechte für die deutschen Daimler-Benz-Flugmotoren erworben hatte, entschied man sich für einen DB 601A mit der neuartigen Methanol-Wasser-Einspritzung MW 50 zur kurzzeitigen Leistungssteigerung auf 1550 PS. Zwei „Kühltaschen“ beiderseits des Rumpfhecks, unterstützt durch eine 80 PS leistende Kleinturbine, dienten zur Regelung des Wärmehaushalts. Der annähernd ellipsenförmige Tragflügel wies Laminarprofil und kombinierte Fowler/ Spaltklappen auf. Nach dem Kriegseintritt Japans im Dezember 1941 übernahm die japanische Heeres-

luftwaffe das Projekt und ließ es von der Firma Kawasaki unter der Bezeichnung „Ki.78" in der Hoffnung weiterführen, ein überragendes Jagdflugzeug zu erhalten. Von den zwei geplanten Prototypen wurde schließlich nur einer gebaut, der am 26. Dezember 1942 zum ersten Male flog. Die Flugeigenschaften, besonders im unteren Geschwindigkeitsbereich, erwiesen sich als problematisch.
Nach erfolgten Änderungen begann die zweite Testphase im Sommer 1943. Sie dauerte bis zum 11. Januar 1944 und erbrachte beim 31. und vorletzten Flug am 27. Dezember in 3500 m Höhe eine Spitzengeschwindigkeit von genau 700 km/h – erhofft hatte man allerdings 850 km/h. Die weiteren Kriegsereignisse führten dann auch in diesem Fall zur Einstellung der Arbeiten.

Lockheed XP-38 („Lightning")

In den USA hatte man die Entwicklung moderner Jagdflugzeuge allzulange zugunsten von schweren Bombern vernachlässigt. Erst im Jahre 1937 hatte das US Army Air Corps die Ausschreibung X-608 für einen mit dem neuen flüssigkeitsgekühlten Reihenmotor Allison V-1710 ausgerüsteten Höhenjäger erlassen, dessen Leistung durch Abgasturbolader auch in größeren Höhen gewährleistet werden sollte. Bis zu diesem Zeitpunkt waren wortwörtlich alle amerikanischen Militärflugzeuge mit klobigen Sternmotoren ausgestattet gewesen und blieben es auch noch größtenteils für die nächsten zehn Jahre. Aus der Auschreibung ging die kalifornische Firma Lockheed mit ihrem Modell 22 als Sieger hervor, einem von den Konstrukteuren Hal Hibbard und Clarence „Kelly" Johnson in Anlehnung an die auf dem 1936er „Salon de l'Aéronautique" in Paris vorgestellte holländische Fokker G I entworfenen zweimotorigen Einsitzer mit kurzem Zentralrumpf und zwei Leitwerksträgern als verlängerte Motorengondeln. Sie trugen die Turbolader und die seitlichen „Kühltaschen", genau wie später von der japanischen „Ki.78" übernommen. Dem Entwurf wurde die USAAC-Nummer P-38 (P = Pursuit = Jäger) zugeteilt. Die Konkurrenzmuster Bell 11 und Curtiss 81, beide einmotorig und mit mechanischem Lader versehen, erhielten die Nummern P-39 und P-40.
Letztere erwiesen sich allerdings in der kriegerischen Praxis als ziemlich lahm, obwohl der – allerdings erheblich leichtere – Bell-Prototyp XP-39 bei seinen allerersten Flügen in 6100 m Höhe schon 628 km/h erreicht haben soll. Der Erstflug der Lockheed XP-38 wurde vom zuständigen USAAC-Projektoffizier, Major Ben Kelsey, am 27. Januar 1939 durchgeführt. So spektakulär waren die Leistungen des neuesten US-Jagdeinsitzers, daß man beschloß, schon beim sechsten Flug am 11. Februar 1939 den von Howard Hughes gehaltenen „Transcontinental Speed Record" mit einem Flug von Kalifornien nach New York zu brechen. Tatsächlich benötigte Kelsey dafür auch genau 7 Stunden und 43 Minuten – einschließlich zweier Tankstops in Texas und Ohio – bei einer zeitweiligen Spitzengeschwindigkeit von 676 km/h, allerdings mit einigem Rückenwind.
Der Übermüdung des Piloten schrieb man zu, daß er die kostbare Maschine beim Landeanflug auf den Flugplatz Mitchel Field, New York, nur 600 Meter vor der Landebahn auf einem Golfplatz völlig „zerlegte". Doch trotz dieses Rückschlags wurde die Lockheed P-38, wenn auch mit gehöriger Verzögerung, als „Lightning" zu einem der leistungsfähigsten und erfolgreichsten US-Flugzeuge. Und daß man bei Lockheed auch kurz darauf mit der Planung zu einem noch schnelleren Nachfolgemuster XP-49 begann, lag auf der Hand. Die Firma Douglas plante ebenfalls ein ultraschnelles Jagdflugzeug, den Höhenjäger XP-48. Doch hielt man amtlicherseits die Leistungsangaben für reichlich optimistisch und stoppte das Projekt noch auf dem Zeichenbrett. 845 km/h bei nur 525 PS – das schien doch ein wenig hochgestapelt.

Kawasaki Ki.78/Ken-3 (1942)

Die Grenzen werden deutlich 1939–1969

Daß für einen Jagdeinsitzer andere Kriterien ausschlaggebend sind als für ein reines Renn- oder Rekordflugzeug, ist offenkundig. Labile Spezialmaschinen mit hochgezüchteten Luxusmotoren von einer halben Stunde Lebensdauer eignen sich nicht für den militärischen Einsatz. Es liegt deswegen auf der Hand, daß Serienflugzeuge mit ihrer militärischen Ausrüstung bei weitem nicht die hohen Geschwindigkeiten von exotischen Einzelexemplaren erreichten. Zu Beginn des Zweiten Weltkrieges kamen die schnellsten Serienmaschinen, die deutsche Messerschmitt Bf 109E und die britische Supermarine „Spitfire1" auf 560 bis 580 km/h. Gute fünf Jahre später erreichten die letzten Varianten derselben Jagdeinsitzer, nämlich die Bf 109K und die „Spitfire 21", eine Höchstgeschwindigkeit von 720 bis 730 km/h. In beiden Fällen erfolgte dies in Flughöhen von 5000 bis 6000 m.

Selbstverständlich entstanden, wie auch früher schon, auf den Reißbrettern der Konstruktionsbüros aller Nationen Entwürfe zu ultraschnellen Mililitärflugzeugen, in erster Linie Jagdeinsitzer. Die errechneten Höchstgeschwindigkeiten – in der Regel reichlich optimistische Schätzungen – setzten neue Hochleistungstriebwerke voraus. Diese wiederum, sofern sie überhaupt aus dem Projektstadium herauskamen, erwiesen sich nur selten als so leistungsstark und/oder zuverlässig, wie ursprünglich angenommen. Daß darüber hinaus weitere Geschwindigkeitssteigerungen immer schwerer zu erzielen waren, lag an der steil ansteigenden Luftwiderstandskurve, verbunden mit den früher nahezu unbekannten Problemen der Kompressibilität. Schon zu Beginn der dreißiger Jahre waren derartige Probleme von einigen Wissenschaftlern vorausgesehen worden, und eine Handvoll unentwegter Außenseiter begann mit Experimenten, um die Möglichkeiten des Reaktionsantriebs für Luftfahrzeuge zu erforschen. Entgegen den pessimistischen Ansichten vieler Experten in der Industrie und den Luftfahrtministerien waren nach einiger Zeit Erfolge zu verzeichnen. Im Juni 1939 flog das erste richtige Raketenflugzeug und im August 1939 folgte das erste von einer Strahlturbine angetriebene Düsenflugzeug. Beide stammten aus dem Hause Heinkel, die He 176 (Flüssigkeitsrakete) und die He 178 (Strahlturbine). Doch bis zum Einsatz dieser Antriebe in Serienflugzeugen war noch ein weiter Weg zurückzulegen. In der Praxis dominierten nach wie vor die Propellerflugzeuge, und der Schwerpunkt der Entwicklungsarbeit lag immer noch dort.

Dornier Do 335 V1 (1944)

Dornier Do 335, Do P.247, Do P.252

Unter den zahlreichen Entwürfen zu neuen, superschnellen Propellerflugzeugen befanden sich etliche von ausgesprochen unorthodoxer Konfiguration, und die meisten von ihnen stammten aus Deutschland. Es war dann auch eine dieser ungewöhnlichen Maschinen, die im Frühjahr 1944 die fünf Jahre zuvor von der Me 209 erzielten 755 km/h im Horizontalflug erreichte: die Dornier Do 335 V1. Der erste Entwurf DoP 59 zu einem Schnellflugzeug mit Bug- und Heckpropeller aus dem Jahre 1937 war bekanntlich am Desinteresse des RLM gescheitert. Um den vorgeschlagenen Heckantrieb in der Praxis zu erproben und zu demonstrieren, ließ Dornier daraufhin bei der Segelflugzeugfirma Schempp-Hirth in Göppingen das Versuchsflugzeug Gö 9 bauen, in den Umrissen einer auf 40 Prozent verkleinerten Do 17 entsprechend, allerdings mit einziehbarem Bugradfahrwerk, Kreuzleitwerk und einem Vierblatt-Druckpropeller im Rumpfheck versehen, der über eine Fernwelle von einem 80 PS starken Hirth HM 60 unmittelbar hinter dem Führersitz angetrieben wurde. Aufgrund der erfolgreichen Flugerprobung dieses Einsitzers vom Februar 1940 an entstand bei Dornier das verbesserte Projekt P 231, ursprünglich als Schnellbomber vorgesehen, im Winter 1942/ 43 aber im Auftrage des RLM in einen schweren Mehrzweckjäger Do 335 umgewandelt. Der Erstflug der Do 335 V1 wurde vom ehemaligeh Weltrekordpiloten Hans Dieterle am 26. Oktober 1943 durchgeführt. Bei der anschließenden Flugerprobung im deutschen Erprobungszentrum in Rechlin erwies sich der inoffiziell „Ameisenbär" getaufte Jagdeinsitzer als ungemein schnell. In einer Höhe von 7500 m kam er auf eine Spitzengeschwindigkeit von fast 750 km/h. Andere Versuchsmuster erreichten später noch höhere Geschwindigkeiten. Abgesehen von ihrem ungewöhnlichen Äußeren war die Maschine in konventioneller Ganzmetall-Schalenbauweise erstellt. Die beiden wassergekühlten DB-603-Zwölfzylindermotoren wiesen je 1750 PS Startleistung auf, wobei das vordere Triebwerk einen Ringkühler besaß und das hintere einen Tunnelkühler mit dem Lufteinlaß unter dem Rumpf und Luftauslässen beidseitig unterhalb des Höhenleitwerks. Als eines der ersten Flugzeuge überhaupt war die Do 335 sowohl mit einem Bugradfahrwerk als auch mit einem – preßluftbetätigten – Schleudersitz ausgerüstet. Außerdem ließen sich im Notfall der Heckpropeller und die untere Seitenflosse absprengen. Allerdings war der Abwurf der Kabinenhaube – britischen Berichten zufolge – für den Piloten mit einem gewissen Risiko verbunden. Obwohl rund drei Dutzend Maschinen des Typs Do 335 gebaut und erprobt wurden, unter ihnen auch ein paar Zweisitzer, kam dieses Flugzeug praktisch nicht zum Einsatz. Das letzte verbliebene Exemplar wurde nach langer Lagerzeit in den USA vor wenigen Jahren nach Deutschland zurücktransportiert, gründlich renoviert und anschließend längere Zeit im Deutschen Museum in München ausgestellt.

Neben den zahlreichen deutschen Projekten für Strahlflugzeuge gab es eine ganze Reihe von Entwürfen hochgezüchteter Propellermaschinen mit Kolbenmotor, die – zumindest auf dem Papier – für hohe Geschwindigkeiten ausgelegt waren. Bei Dornier hatte man sich auch mit der Weiterentwicklung der Do 335 befaßt. Bei den entsprechenden Projekten P 247 und P 252, beides Jagdflugzeuge mit gepfeilten Tragflügeln, verzichtete man völlig auf den Bugpropeller. Beim Jagdeinsitzer P 247 trieb ein einzelner Jumo 213T einen Heckpropeller konventioneller Bauart, während beim erheblich größeren und schwereren Jagddreisitzer P 252 zwei hintereinander liegende Jumo 213J zwei gegenläufige „Sichel"-Propeller im Heck antrieben. Von beiden Entwürfen gab es jeweils mehrere unterschiedliche Varianten, deren errechnete Höchstgeschwindigkeiten zwischen 835 und 930 km/h betrugen.

Heinkel P.1076, Messerschmitt Me 309

Bei Heinkel hatte man noch kurz vor Kriegsende eine Weiterentwicklung des schnellen, aber glücklosen Jagdeinsitzers He 100 ins Auge gefaßt. Das Heinkel-Projekt P.1076 vom Frühjahr 1945 wies dann auch eine starke Familienähnlichkeit zu der Vorkriegskonstruktion auf, wobei allerdings das Fluggewicht eine Verdoppelung erfuhr. Der Trapezflügel des Tiefdeckers zeigte eine leichte Negativpfeilung. Wiederum fand die widerstandsmindernde Kondensationskühlung Anwendung, wobei die zur Kühlung herangezogenen Teile von Tragflügeln, Leitwerk und Rumpf gegenüber der He 100 auf den 2,3fachen Wert vergrößert wurden. Ursprünglich für den DB 603 LM vorgesehen, der mit Hilfe der MW-50-Einspritzung (ein Methanol/Wassergemisch) eine Startleistung von über 2100 PS aufweisen sollte, erwog man später auch den Einbau des Triebwerks DB 603 LM, letzteres mit einer Startleistung von 3000 PS. Obwohl das RLM eine Zeitlang die Verwendung von Druckpropellern mit ausgesprochenem Wohlwollen zu betrachten schien, zeigte die Auswertung von Vergleichsentwürfen deren beträchtlich höheres Gewicht. Deswegen blieb man bei der P.1076 bei gegenläufigen Dreiblatt-Zugpropellern in konventioneller Anordnung. Je nach Motorenvariante erwartete man Spitzengeschwindigkeiten von 830 bis 860 km/h, allerdings ausnahmslos in größeren Höhen.

Natürlich gab es auch beim Erzrivalen Messerschmitt analoge Bestrebungen, den Ruhm der Weltrekordmaschine Me 209 auf einen daraus abgeleiteten Hochgeschwindigkeits-Jagdeinsitzer zu übertragen. Nachdem sich die „direkten" Jägervarianten Me 209 V4, V5 und V6 aber als ausgesprochen ungeeignet erwiesen hatten, sollte eine Me 309 diese Hoffnungen erfüllen. Doch auch die vier Versuchsmuster des neuen, mit einem Bugfahrwerk ausgestatteten Jagdeinsitzers erbrachten nicht die vermuteten Leistungssteigerungen. Ein Nurflügel-Entwurf des früheren Chefpiloten Dr. Hermann Wurster wurde zwar durchkalkuliert, doch zum Bau der 792 km/h schnellen Me 329 kam es genausowenig wie zu dem eines „Gegenentwurfs" zur jetzt vom RLM gelobten Do 335, für den man sogar 820 km/h in 8,8 km Höhe veranschlagte. Es blieb bei Detailverbesserungen der Bf 109, um deren Serienfertigung so wenig wie möglich zu stören und bei der anlaufenden Fertigung des erfolgversprechenderen Düsenjägers Me 262.

Focke-Wulf/SO 8000, Henschel P.75, Blohm & Voss P.208

Auch auf den Zeichenbrettern der Firmen Arado und Focke-Wulf entstanden neben etlichen Entwürfen von Strahl- oder Propellerturbinenflugzeugen Jägerprojekte mit herkömmlichen Kolbenmotoren, zum Teil mit gegenläufigen Druckpropellern, wie vom RLM favorisiert. Stark leistungsgesteigerte Zukunftsvarianten der Flugmotoren Argus As 413, BMW 801, DB 603 und Jumo 222 waren als Antriebsquellen vorgesehen, wobei sich auch hier die vorausgesagten Höchstgeschwindigkeiten in Bereichen bis zu 840 km/h in Höhen von 9 bis 11 km bewegten. So ziemlich der einzige dieser Zukunftsträume, der verwirklicht wurde, betraf einen Focke-Wulf-Jagdbomber mit gegenläufigen Druckpropellern und zwei Leitwerksträgern. Das erste der beiden gebauten Exemplare, von einem 2250 PS starken Jumo 213A angetrieben, flog allerdings erst fünf Jahre später, nämlich am 1. April 1949, und das in Frankreich. Das Flugzeug hieß deswegen auch Sud-Ouest SO 8000 „Narval" und das Triebwerk Arsenal 12 H-02, und es sollte der französischen Marine als Träger-Jagdbomber dienen. Flugleistungen und Flugverhalten erwiesen sich allerdings als schlecht, weswegen auch in diesem Fall die Erprobung knapp ein Jahr später eingestellt wurde und die ursprünglich vorgesehenen 110 Serienexemplare auf dem Papier blieben. Die SO 8000 stellte den allerletzten französischen Jäger mit Kolbentriebwerk dar.
Bei Henschel war schon 1941/42 unter der Projektnummer P.75 ein Jagdeinsitzer in Entenbauweise entworfen worden, um den vorgesehenen 2200 PS starken Doppelmotor DB 610 möglichst günstig in Schwerpunktnähe plazieren zu können, was die Verwendung von gegenläufigen Druckpropellern gestattete. Man rechnete hier mit 790 km/h in 7 km Höhe. Unter Leitung von Dr. Richard Vogt, dem unkonventionellen Lösungen zugeneigten Chefkonstrukteur der Flugzeugabteilung der Firma Blohm & Voss – man denke an die asymmetrische BV 141 –, entstanden ebenfalls verschiedene Entwürfe schneller Propellermaschinen. So wies der Jagdbomber P.170 aus dem Jahre 1942 drei Doppelsternmotoren BMW 801E mit normalen Zugpropellern auf, wobei sich der mittlere Motor in gewohnter Weise im Bug des zentralen Rumpfes befand, in dessen Heck das Cockpit und das Höhenleitwerk lagen. Die beiden Außenmotoren saßen an den Spitzen des Rechteckflügels und trugen am Ende ihrer sehr langen Gondeln die beiden Seitenleitwerke. Hier lag die errechnete Höchstgeschwindigkeit bei 820 km/h in 8 km Höhe. Im Jahre 1943 entstand die Projektstudie P.207 zu einem Jagdeinsitzer mit Heckpropeller. Das Projekt P. 208 schließlich stellte den letzten Kolbenmotorjäger aus dem Hause B & V dar und war ein schwanzloser Einsitzer mit einem Druckpropeller (ohne Fernwelle) am kurzen Zentralrumpf und Leitwerksflächen an den nach hinten ver-

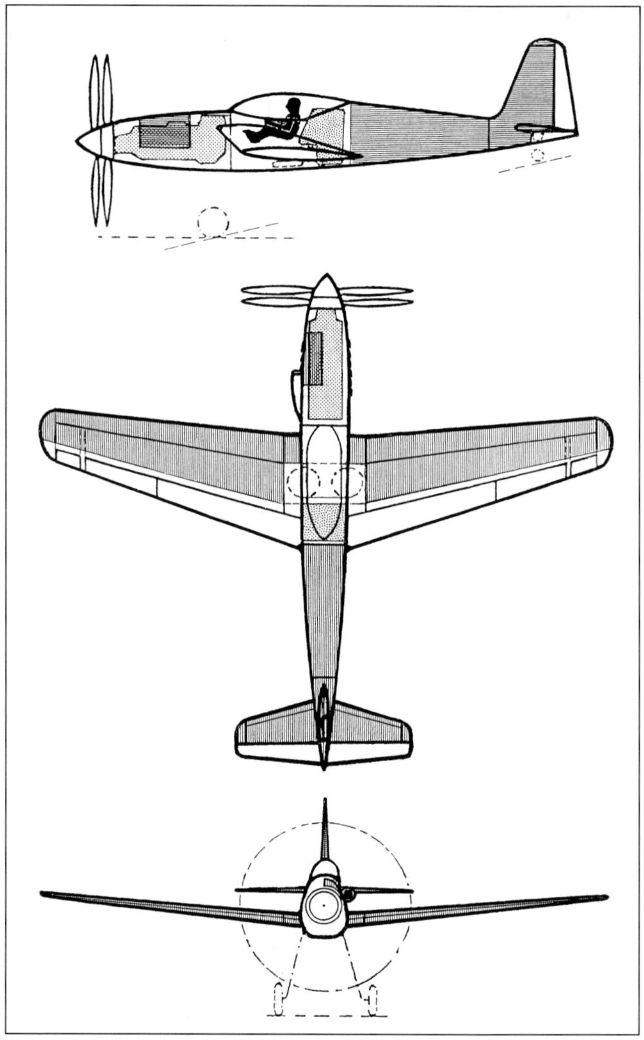

Heinkel P.1076 (1945), zwei Spannweiten berücksichtigt

SNCA Sud-Ouest SO 8000 „Narval" (1949)

längerten Flügelspitzen des Pfeilflügels. Zur Erprobung dieses Konzepts wurde ein kleines Versuchsflugzeug mit Druckpropeller und doppelten Leitwerksträgern, die Škoda-Kauba V-6, entsprechend umgebaut und im Jahre 1944 als SK SL 6 erfolgreich getestet.
Doch aufgrund der sich verschlechternden Lage kam es weder zum Bau eines Prototyps noch einer Serienfertigung des futuristischen Blohm & Voss-Jägers, von dem man – wie auch von den anderen Entwürfen – Geschwindigkeiten um die 800 km/h erwartete.
Allen Projekten dieser Art war gemeinsam, daß sie auf den optimistischen Leistungsangaben für Flugmotoren basierten, die selbst noch zu entwickeln waren. Die wenigen gebauten Exemplare dieser Hochleistungstriebwerke erbrachten zumeist in der kurzen Erprobungszeit bei weitem nicht die erhofften Leistungen. Dazu kam, daß sich das Interesse in zunehmendem Maße den Strahltriebwerken zuwandte.

de Havilland D.H.103 „Hornet" (RR915) (1944)

Hawker „Fury" (LA610) (1946)

Miles M.22, de Havilland D.H.103, Hawker „Fury"

Was den Ideenreichtum anbetraf, so stand die britische Firma Miles der deutschen Firma Blohm & Voss nicht nach. Schon 1941 legte man dort dem Ministry of Aircraft Production Pläne von zwei schnellen Jagdeinsitzern vor, die beide, mit Ausnahme der Metall-Flügelholme, ganz aus Holz bestehen und mit dem neuen Zwölfzylindermotor Rolls-Royce „Griffon" ausgerüstet werden sollten, einer Weiterentwicklung des bewährten „Merlin". Für die einmotorige M.23 schätzte man bei Miles die Höchstgeschwindigkeit auf 760 km/h und für die zweimotorige M.22 sogar auf 811 km/h in 4600 m Höhe. Wie zuvor schon vereinzelt bei Hochgeschwindigkeitsflugzeugen vorgesehen, sollte der tief im Rumpf sitzende Pilot bei Start und Landung seinen Sitz um 30 cm anheben können, zusammen mit dem nun als Windabweiser dienenden Kabinendach. Doch zu einem Bauauftrag seitens des Ministeriums kam es nicht, da man wohl die vorhergesagten Supergeschwindigkeiten als zu optimistisch ansah, insbesondere bei den geplanten Flügeldicken von 18 bis 20 Prozent. Doch war es dann tatsächlich ein zum erheblichen Teil aus Holz bestehender zweimotoriger Jagdeinsitzer, der als erstes britisches Propellerflugzeug derartige Geschwindigkeiten im Horizontalflug erreichte – allerdings erst drei Jahre später, im August 1944. Der erste Prototyp der de Havilland D.H.103 „Hornet" einer Weiterentwicklung der erfolgreichen „Mosquito" desselben Herstellers, war mit zwei je 2100 PS leistenden Rolls-Royce „Merlin" versehen und erreichte bei Probeflügen in 7000 m Höhe eine Horizontalgeschwindigkeit von 782 km/h.
Gegen Ende der dreißiger Jahre hatte man auch in Großbritannien mit der Entwicklung weiterer starker Flugmotoren begonnen, der flüssigkeitsgekühlten 24-Zylindermotoren Napier „Sabre" und Rolls-Royce „Vulture" und des luftgekühlten 18-Zylinder-Sternmotors Bristol „Centaurus". Unter Leitung des Chefkonstrukteurs Sydney Camm entstanden bei der Firma Hawker, Schöpfer des bekannten Jagdeinsitzers „Hurricane" verschiedene Prototypen mit diesen Triebwerken, nämlich die „Tornado", die „Typhoon", die „Tempest" und schließlich die „Fury". Der Rolls-Royce „Vulture" erwies sich als völliger Fehlschlag und wurde aufgegeben, mit ihm das entsprechende Muster Hawker „Tornado". Die mit dem Napier „Sabre" ausgerüstete Hawker „Typhoon" wurde trotz anfänglicher motoren- und zellenseitiger Schwächen zu einem erfolgreichen Erdkampfflugzeug. Die Konstruktion eines dünneren Flügels führte dann zum Nachfolgemuster Hawker „Tempest", mit dem Napier „Sabre" und später mit dem Bristol „Centaurus" ausgestattet, das sich aufgrund seiner Schnelligkeit zur Bekämpfung des ab Juni 1944 eingesetzten deutschen Marschflugkörpers Fieseler Fi 103 eignete, der berüchtigten „Vergeltungswaffe" V1. Eine kleinere und leichtere Variante der „Tempest" erschien im Herbst 1944 als „Fury", deren Prototypen zu Vergleichszwecken mit Flugmotoren der Muster „Centaurus", „Sabre" und „Griffon" flogen. Dabei erreichte der zweite Prototyp (LA 610), ursprünglich mit einem „Griffon 85" und gegenläufigen Dreiblattpropellern ausgerüstet und später mit einem „Sabre VII" und einem Vierblattpropeller, in 5,6 km Höhe 780 km/h. Mit dem Bristol „Centaurus" und Fünfblattpropeller als „Sea Fury" nach dem Zweiten Weltkrieg noch in Serie hergestellt, flog das Muster als Jagdbomber für Flugzeugträger noch einige Jahre

lang in den Marineluftwaffen verschiedener Staaten, bevor es auch dort von Düsenjägern abgelöst wurde.
Ein schon einige Zeit zuvor von der Firma Airspeed vorgestellter Jagdeinsitzer AS.56 wies große Ähnlichkeit mit der „Fury" auf, blieb aber mitsamt seinen erhofften 792 km/h auf dem Papier. Genau so erging es dem erheblich radikaleren Entwurf P.B.47 des Supermarine-Gründers Noel Pemberton Billing. Dieser „Higher-Speed Bomber" mit Druckpropeller in der Heckspitze hätte nach Abwurf eines Hilfs-Tragflügels sogar 853 km/h erzielen sollen.

Supermarine „Spiteful"

Im Gegensatz zu ihrer Konkurrentin Hawker „Hurricane" hatte die elegante Supermarine „Spitfire" ihr Entwicklungspotential noch lange nicht ausgeschöpft und wurde im Laufe der Jahre in nicht weniger als 48 Varianten gebaut, wobei zuerst immer stärkere Ausführungen des Rolls-Royce „Merlin" zum Einsatz gelangten, gefolgt vom noch stärkeren Nachfolger Rolls-Royce „Griffon". Doch ließen sich allenfalls Geschwindigkeiten bis etwa 720 km/h erzielen; zur Erzielung höherer Leistungen war eine völlige Neukonstruktion nicht zu umgehen. Die bei Annäherung an die Schallgeschwindigkeit (in Würdigung des österreichischen Forschers Ernst Mach als „Mach1" bezeichnet und von Luftdichte und -temperatur abhängig) auftretenden Verdichtungsstoßwellen wirkten sich besonders auf die Ruder aus und machten sie häufig durch Abreißen der Strömung wirkungslos. Lediglich nach dem Eintauchen in tiefere Luftschichten mit dem damit verbundenen Absinken der Machzahl ließ sich die Ruderwirkung gelegentlich wieder herstellen. Neue und erheblich dünnere Flügel mit geänderten Profilen, die sogenannten Laminarprofile, bei denen die größte Flügeldicke bei etwa 50 bis 60 Prozent der Profiltiefe lag – im Gegensatz zu den rund 30 Prozent der klassischen Profile –, sollten das Einsetzen der Verwirbelung bzw. Abreißen der Strömung weiter hinausschieben. Tatsächlich schienen Versuchsflüge besonders präparierter Maschinen diese Annahmen zu bestätigen. Bald stellte sich jedoch heraus, daß schon winzige Unsauberkeiten und Unebenheiten auf den spiegelblank und konturgenau zu haltenden Flügeloberflächen von nur 0,5 mm Größe auf der Flügeloberseite und von 0,2 mm auf der Flügelunterseite gnadenlos zur Verwirbelung führten. Diese Oberflächengüte ließ sich im täglichen Einsatz unmöglich erreichen, weshalb lediglich die verminderte Flügeldicke praktische Auswirkungen auf die erreichbaren Fluggeschwindigkeiten hatte, kaum jedoch das Laminarprofil. Die Bemerkung des deutschen Konstrukteurs Kurt Tank, daß ein einziger Fliegenschiß auf der blitzeblanken Flügelnase den ganzen Laminareffekt zum Teufel gehen lasse, erwies sich als zutreffend.
Im Jahre 1944 entstand unter Leitung von Joseph Smith die Supermarine „Spiteful", versehen mit einem besonders berechneten dünnen Laminarflügel mit geraden Vorder- und Hinterkanten im Gegensatz zum klassischen Ovalflügel der „Spitfire". Der Rolls-Royce „Griffon" trieb wahlweise einen Fünfblatt- oder zwei gegenläufige Dreiblattpropeller der Firma Rotol an. Aus den zuvor erwähnten Gründen fiel der Geschwindigkeitszuwachs in der Praxis dann doch nicht so hoch aus wie erwartet. Dennoch konnten bei der Erprobung der wenigen gebauten Maschinen vereinzelt beachtliche Werte erzielt werden. Mit einer „Spiteful XIV" kam man auf 780 km/h und mit dem einzigen Exemplar der „Spiteful XVI" im Jahre 1947 sogar auf 795 km/h im Horizontalflug in fast 9 km Höhe, allerdings auf Kosten eines prompt sauer gewordenen „Griffon 101." Zu diesem Zeitpunkt lief aber die gesamte Entwicklung bereits in Richtung Strahlturbine, weshalb die „Spiteful" samt ihrer Flugzeugträger-Version „Seafang" nach dem Bau von

Supermarine 371 „Spiteful F.XVI" (1947)

insgesamt 36 Maschinen aufgegeben wurde. Der aufwendig geschaffene Laminarflügel allerdings wurde für den ersten Supermarine-Düsenjäger übernommen, den trägergestützten „Attacker".
Natürlich wurden bei der Erprobung schneller Jagdeinsitzer schon früher weit höhere Geschwindigkeiten erzielt – allerdings im Sturzflug. Die „Spitfire" erwies sich dabei aufgrund ihrer aerodynamischen Güte als besonders geeignet. Im Jahre 1944 beispielsweise erreichte RAF Squadron Leader A. F. Martindale in einem Sturzflug aus 12 km Höhe verbürgte 975 km/h – dann flog ihm der Propeller samt Untersetzungsgetriebe davon. Doch konnte er nach 30 km langem Gleitflug aus 8 km Höhe noch eine saubere Radlandung auf dem Erprobungsflugplatz Farnborough durchführen.

Republic XP-47J, North American XP-51G

In Anbetracht der erwähnten Kompressibilitätsprobleme ist es besonders bemerkenswert, daß ein bulliger amerikanischer Jagdeinsitzer bereits im Februar 1944 auf einem Testflug ehrliche 772 km/h erreichte, und zwar wortwörtlich in Meereshöhe – denn er hinterließ eine deutlich sichtbare Kielwelle auf dem Wasser. Die Republic XP-72 „Ultrabolt" war eine Weiterentwicklung der bekannten P-47 „Thunderbolt" mit einem noch stärkeren 28-Zylinder-Vierfach-Sternmotor Pratt & Whitney R-4360 von anfänglich 3000 PS, die man später auf 3500 und schließlich auf 4000 PS zu steigern gedachte. Sie war ein Produkt des unter Leitung von Alexander Kartveli stehenden Republic-Konstruktionsteams. Die von den späteren Serienmaschinen erwarteten Höchstgeschwindigkeiten lagen bei 811 und schließlich 870 km/h in knapp 8 km Höhe. Erstaunlicherweise erwies sich das bereits in den Jahren 1932/33 vom Firmengründer Alexander de Seversky zusammen mit dem Aerodynamiker Mike Gregor geschaffene Flügelprofil S3 als geeignet für diese Geschwindigkeitsbereiche. Wie schon im Falle der britischen „Spitfire" waren die beiden Prototypen der XP-72 wahlweise mit einem einzelnen Vierblatt- oder zwei gegenläufigen Dreiblattpropellern (von 4,09 m Durchmesser) ausgerüstet. Zum Bau der geplanten Serienversion P-72A kam es allerdings nicht mehr. Daß jedoch die vorhergesagten Geschwindigkeiten keine reinen Spekulationen waren, bewies eine andere „Thunderbolt"-Variante, die 1943 gebaute XP-47J mit dem Spitznamen „Superman", auf der Republic-Pilot Mike Richie am 5. August 1944 in 10,5 km Höhe 813 km/h erzielte. Kurze Zeit später waren es sogar 816 km/h in derselben Flughöhe. Noch ein drittes Mitglied der „Thunderbolt"-Familie, die

mit einem flüssigkeitsgekühlten Chrysler-Sechzehnzylindermotor ausgerüstete XP-47H, war für hohe Geschwindigkeiten ausgelegt, kam aber aufgrund von Motorproblemen nur auf 666 statt der erhofften 790 km/h. Keiner der erwähnten Prototypen ging in Serie, doch schickte man 130 Exemplare der indirekt aus der XP-47J entwickelten, mit zusätzlichen Sturzflugbremsen versehenen und 760 km/h schnellen P47M nach Europa, um gegen die in der Regel 650 km/h schnelle V1 eingesetzt zu werden.
Der Jagdeinsitzer P-51 „Mustang" der in Kalifornien beheimateten Firma North American war im Jahre 1940 mit britischer Billigung statt eines ursprünglich beabsichtigten Nachbaus der Curtiss P40 „Warhawk" entstanden. Anfänglich mit dem nur in geringeren Höhen leistungsfähigen Flugmotor Allison V-1710 ausgerüstet, entstand nach dem im Jahre 1942 erfolgten Austausch dieses wassergekühlten Zwölfzylindermotors gegen den britischen Rolls-Royce „Merlin" ein ausgezeichneter Langstreckenjäger. Der „Merlin" wurde dann von der amerikanischen Firma Packard als V-1650 in Lizenz gefertigt. Aufgrund der in Europa gemachten Erfahrungen enstanden 1944 mehrere aerodynamisch verfeinerte Prototypen mit dem Ziel, bei gleicher Motorleistung noch bessere Leistungen zu erreichen. Von diesen Einzelmaschinen erzielte die XP-51F 750 km/h in 8,8 km Höhe und die daraus entwickelte Serienversion P-51H sogar 783 km/h in 7,6 km Höhe Als schnellste aller „Mustangs" erwies sich aber die XP-51G, von der nur zwei Exemplare gebaut wurden. Mit ihr kam man in 8 km Höhe auf 797 km/h.
North American versuchte nun, den von der Ostküsten-Konkurrenzfirma Republic mit ihrer speziellen „Thunderbolt" aufgestellten Bestwert von mehr als 500 mph – also mehr als 805 km/h – zu übertreffen. Zwei Wochen lang wurde ein Mann abgestellt, um eine der beiden XP-51G auf Hochglanz zu polieren und somit den Laminarflügeln noch bessere Wirkung zu verschaffen. Es reichte jedoch lediglich für knappe 800 km/h gleich 497 mph. Die Republic XP-47J blieb die schnellste Propellermaschine. Natürlich sahen Projekte anderer Firmen noch höhere Geschwindigkeiten vor – allerdings auf dem Papier. So entstanden aufgrund einer amtlichen Aufforderung zur Schaffung unorthodoxer Jagdeinsitzer (Circular Proposal R-40C vom November 1939) drei Maschinen: die Vultee XP-54 (doppelte Leitwerksträger), die Curtiss XP-55 (Entenform) und die Northrop XP-56 (schwanzlose Bauweise). Alle drei besaßen Druckpropeller und sollten von einem ebenfalls in der Entwicklung befindlichen Flugmotor X-1800 der Firma Pratt & Whitney angetrieben werden, der jedoch kurz danach aufgegeben wurde. Schnellste des ungewöhnlichen Trios sollte die XP-54 sein, mit 820 km/h. Notgedrungen auf andere Motoren umgestellt, erwiesen sich die Maschinen als schwierig zu fliegen und erheblich langsamer, als von den Herstellern verkündet, worauf man die ganze Sache abbrach.

North American XP-51G

Kawasaki Ki.64-KAI, Kugishō R2Y-2, Tachikawa Ki.94-I

Die japanische Luftfahrtindustrie stand in bezug auf Hochgeschwindigkeitsprojekte anderen Nationen nicht nach. Bei der Firma Kawasaki begann man im Herbst 1939 – möglicherweise inspiriert durch die Heinkel He 119 – mit der Planung zu einem schweren Jagdeinsitzer mit einem Doppelmotor Kawasaki Ha.201, der aus zwei Zwölfzylindermotoren des Typs Ha.40 bestand, der japanischen Version des deutschen DB 601. Von den beiden gegenläufigen Zugpropellern war der hintere starr und nur der vordere verstellbar ausgebildet. Der Prototyp der Ki.64 flog im Dezember 1943 mit einem 2350 PS starken Versuchsmotor. Die weiteren Kriegsereignisse verhinderten die Fertigstellung des vorgesehenen 2800-PS-Motors und der verbesserten Verstellpropeller, mit denen man Geschwindigkeiten um die 800 km/h herum erwartet hatte. Ähnlich erging es dem schnellen Aufklärer R2Y-2 des Yokosuka Naval Arsenals; auch von ihm flog lediglich ein schwächerer Prototyp. Der 1943 von der Firma Tachikawa geplante Höhenjäger Ki.94-I mit zwei 2200-PS-Sternmotoren Ha.211 vorn und hinten im kurzen Zentralrumpf und zwei Leitwerksträgern,

Republic XP-47J („Superman") (1944)

der in 10 km Höhe 780 km/h schnell sein sollte, kam ebenfalls nicht zur Ausführung. Die als schnellster japanischer Propellerjäger geltende Kyushu J7W1 „Shinden“ in Entenbauweise flog erst im August 1945, in den letzten Kriegstagen, und hat wohl kaum die vorgesehene Geschwindigkeit von 750 km/h in 9 km Höhe erreichen können.

Die schnellsten Propellerflugzeuge der Sowjetunion im Zweiten Weltkrieg stammten aus den Konstruktionsbüros von Alexander Jakowlew und Artjom Mikojan. Auch hier handelte es sich um besonders hochgezüchtete Einzelmaschinen. Ein Versuchs-Jagdeinsitzer vom Typ Jak-3 mit einem Klimow-Zwölfzylindermotor WK-108 von 1800 PS an Stelle des üblichen WK-105 von 1250 PS erreichte im Dezember 1944 in 6 km Höhe 745 km/h, während der Mikojan-Jägerprototyp 225 im März 1945 in 10 km Höhe auf 720 km/h kam.

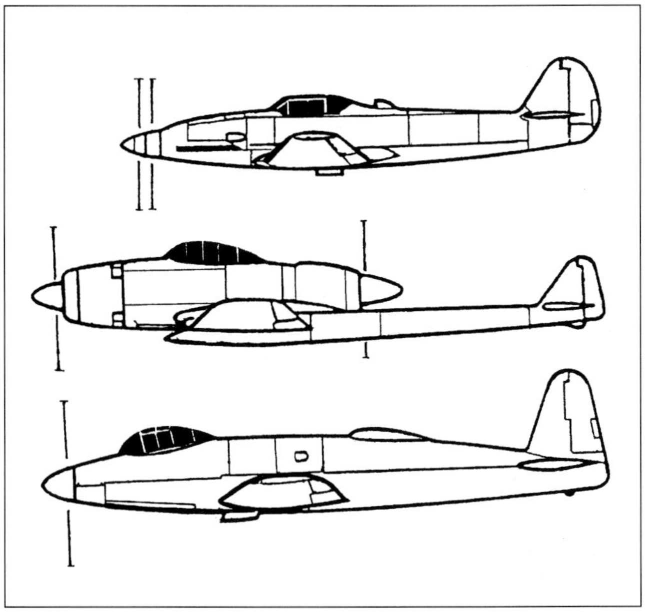

Kawasaki Ki.64-KAI, Kugishō R2Y-2, Tachikawa Ki.94-I

Reggiane 2006

Das mit vorausberechneten 770 km/h potentiell schnellste italienische Jagdflugzeug der damaligen Zeit, die Reggiane Re 2006b, war eine direkte Weiterentwicklung der ausgezeichneten Re 2005 „Sagittario“ mit einem 1850 PS starken DB 603 statt des bisherigen DB 601 und den Kühlern in der Flügelvorderkante statt unter dem Flügelmittelstück. Die aerodynamisch hochwertige Re 2005 war während der Erprobung im Sturz gelegentlich auch schon in die 1000-km/h-Region vorgestoßen. Als Folge der Kriegslage konnte der im Februar 1944 fertiggestellte Prototyp der Re 2006b nie starten – der örtliche Partisanenkommandeur hatte in einem solchen Fall mit der Sprengung der Maschine gedroht. Im April 1945 erbat das Istituto d'Aeronautica del Politecnico di Milano das zwischenzeitlich ausgelagerte Flugzeug als Anschauungsobjekt. Die amerikanischen Besatzungsbehörden waren im Prinzip einverstanden, bestanden aber auf dem vorherigen Ausbau von Motor, Instrumenten, Bewaffnung und Fahrwerk sowie auf zersägtem Rumpf und Flügeln. Der Firmenchef Graf Caproni war ursprünglich fest davon überzeugt gewesen, diesen Hochleistungsjäger nach Einstellung der Feindseligkeiten für den Export in Serie produzieren zu können und hatte den Chefkonstrukteur Roberto Longhi mit der Schaffung zweier, mit kleineren Flügeln versehener, Rennversionen Re 2006C (C = Corsa) beauftragt – man hoffte auf die „Bendix“ und „Thompson Trophies“. Die Bendix-Variante sollte in der Lage sein, die Strecke Los Angeles-New York nonstop mit einem Schnitt von 800 km/h in 8 km Höhe zu durchfliegen, wozu der gesamte Flügel als Kraftstofftank ausgebildet war. Die Thompson-Ausführung sollte Kondensationskühlung mit Kühlflächen an Rumpf und Flügeln aufweisen und in Bodennähe 850 km/h erreichen können. Sogar den Piloten hatte man schon bestimmt: Riccardo Vaccari, einen erfolgreichen Jagdflieger. Die Bendix- und Thompson-Rennen fanden dann auch tatsächlich statt, doch ohne Teilnahme der beiden Reggiane-Renner. Sie erlitten dasselbe Schicksal wie die Export-Re 2006 – sie wurden nie gebaut.

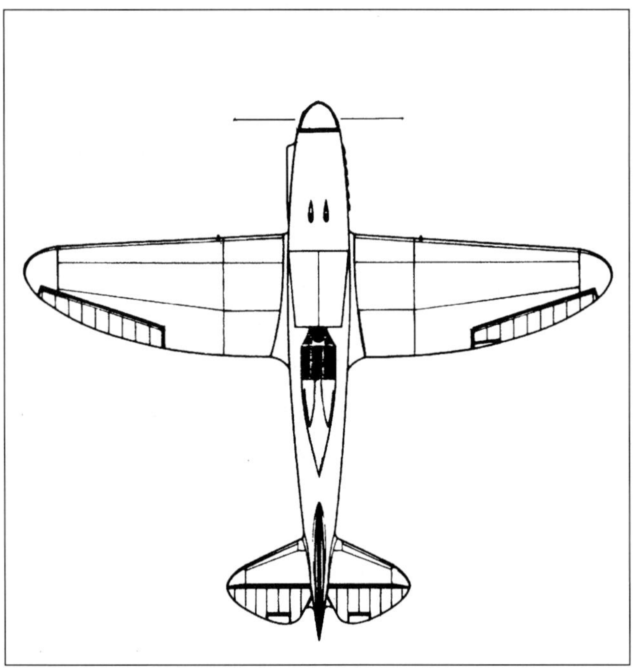

Reggiane Re 2006b (1944)

Reggiane Re 2006C (1945) (Windkanalmodell)

Bell P-39Q-10E mod. „Cobra II“ (1948)

National Air Races 1946–1949

In den ersten Septembertagen des Jahres 1946 führte man, die Tradition fortsetzend, in Cleveland, Ohio, wieder die amerikanischen „National Air Races“ durch – nach siebenjähriger Zwangspause. Auch die letzten Rennen hatten in den ersten Tagen eines Septembers stattgefunden, dem des Jahres 1939, zeitgleich mit dem Beginn des Zweiten Weltkrieges. Die Stars der Rennen bildeten diesmal „demilitarisierte“ Propeller-Jagdeinsitzer, für die die US-Streitkräfte keine Verwendung mehr hatten und die für wenig Geld verkauft wurden – der Krieg war vorbei, und außerdem gab es jetzt Düsenjäger. So beteiligten sich also an diesen ersten Nachkriegsrennen in den USA Dutzende von gelegentlich bunt bemalten und zuweilen recht waghalsig „getrimmten“ Ex-Jägern der Muster Lockheed P-38 „Lightning“, Bell P-39 „Airacobra“, North American P-51 „Mustang“, Bell P-63 "Kingcobra“ und Vought F4U „Corsair“. Erster Nachkriegssieger im Rennen um die „Thompson Trophy“ wurde Alvin „Tex“ Johnston in seiner „getunten“ P-39 „Cobra II“ mit einem Rennschnitt von fast 602 km/h, wobei er die schnellste Runde mit 658 km/h geflogen war. Sein Preisgeld belief sich auf über 15000 Dollar. Für sein Flugzeug hatte er ursprünglich kaum mehr als 1000 Dollar ausgeben müssen. Johnston zog wohl für kurze Zeit einen Angriff auf den deutschen Propellerweltrekord der Me 209 in Betracht, doch wäre damit kein Geld zu machen gewesen. Der absolute Geschwindigkeitsrekord war schon im November des Vorjahres, nur wenige Monate nach Kriegsende, von einem besonders präparierten britischen Düsenjäger vom Typ Gloster „Meteor“ auf 976 km/h hochgeschraubt worden und würde nie und nimmer von einem Propellerflugzeug mit Kolbenmotor zurückerobert werden können. Für derartige Flugzeuge blieb in der Zukunft nur der entsprechende Klassenrekord, und für den war keine große industrielle und öffentliche Begeisterung mehr zu erwarten, sondern lediglich das Interesse weniger privater Piloten und Pilotinnen.

Die bekannteste und erfolgreichste unter ihnen war Jacqueline Cochran, die sich schon vor dem Kriege energisch im Kreise ihrer männlichen Kollegen behauptet hatte und beim „Bendix“-Rennen des Jahres 1946 den Gesamtsieg nur knapp verfehlte. Ihre Maschine war eine gründlich überarbeitete „Mustang“ einer frühen Baureihe, eine P-51B, mit der sie auch auf Rekordjagd gehen wollte. Zuerst hatte sie sich die, größere Flughöhen erlaubenden, 100 km in geschlossener Bahn vorgenommen und als Meßstrecke die zweimal zu durchfliegende – einschließlich einer Steilkurve – 50-km-Distanz von ihrer im kalifornischen Hochland liegenden Ranch und dem Städtchen Hemet bestimmt. Am 10. Dezember 1947 gelang es ihr, diese

North American P-51Bmod. mit Pilotin Jacqueline Cochran

Strecke mit einer Geschwindigkeit von genau 755,668 km/h zu bewältigen, womit sie um exakt 0,53 km/h schneller gewesen war als acht Jahre zuvor Fritz Wendel mit seiner Me 209. Allerdings hatte dieser seinen Weltrekord in Bodennähe und als Durchschnittswert aus vier aufeinanderfolgenden Flügen über die vorgeschriebene 3-km-Meßstrecke errungen, was die Sache erheblich schwieriger machte. Und das mußte auch Jackie Cochran zu ihrem Leidwesen erfahren, als sie eine Woche später an einer anderen Stelle Kaliforniens einen vorschriftsmäßigen Rekordversuch unternahm, über dem tiefer gelegenen Coachilla Valley. Ihr Bestwert in diesem Fall belief sich auf 663 km/h – leider nicht genug für den Weltrekord, doch ausreichend für den seit 1935 von Howard Hughes gehaltenen US-Propellerrekord.

Während sich Mrs. Cochran anschließend wieder den Bendix-Rennen zuwandte, unternahm die Kunstfliegerin Betty Skelton ein halbes Jahr später, im Juli 1948, mehrere Rekordversuche über die 3-km-Strecke mit einer modifizierten P-51D, mußte aber nach wiederholten Motorschäden aufgeben. Und noch eine dritte Rennpilotin hatte Rekordambitionen. Dot Lemon hatte als Flugzeug eine mit hohem finanziellen Aufwand frisierte P-51C „Mustang" namens „Beguine" ausersehen, deren Kühler man vom Rumpfboden an beide Flügelspitzen verlegt hatte.

Doch obwohl der Pilot Ken Cooley mit diesem Flugzeug anläßlich einer texanischen Air Show im Juni 1949 beim viermaligen Durchfliegen einer 1-Meilen-Strecke angeblich eine Durchschnittsgeschwindigkeit von 808 km/h erreicht hatte, kam es nie zum vorgesehenen Rekordversuch Dot Lemons. Auch ein schon im Vorjahre unternommener Rekordversuch des Piloten Don Nolan mit der Thompson-Siegermaschine Bell „Cobra II" des Jahres 1946 war erfolglos geblieben – trotz angeblich dabei erreichter 758 km/h.

Die alljährlich in Cleveland durchgeführten Luftrennen waren mit erheblichem Risiko sowohl für die teilnehmenden Piloten als auch für die Anwohner verbunden – schließlich führte der Rundkurs über bewohnte Gegenden. Beim „Thompson"-Rennen des Jahres 1947 waren von den dreizehn teilnehmenden Maschinen drei glatt notgelandet und vier bruchgelandet bzw. abgestürzt, wobei ein Pilot ums Leben kam. 1948 fielen von den zehn Teilnehmern sogar sieben aus, allerdings ohne weitere Zwischenfälle oder Schäden. Das Jahr 1949 sah zehn „frisierte" Ex-Jagdeinsitzer am Start: eine „Kingcobra", drei „Corsairs" und sechs „Mustangs", darunter die hochgezüchtete ,,Beguine". Sie wurde von dem erfolgreichen Langstreckenpiloten William Odom geflogen, der – so heißt es – auch Kurzstreckenrekorde im Auge hatte. Kurz nach dem Start schmierte Odom mit der „Beguine" beim Umrunden eines Pylons ab und stürzte in ein Wohnhaus, wobei außer ihm noch eine junge Frau und ihr Baby umkamen. Das Rennen wurde zwar zu Ende geflogen, doch blieb Cleveland fortan für derartige riskante Aktivitäten gesperrt.

Obwohl die inzwischen Eigenständigkeit erlangte US Air Force und die Navy ihr Hauptaugenmerk auf die Entwicklung strahl-

North American P-51C mod. „Beguine" (1949)

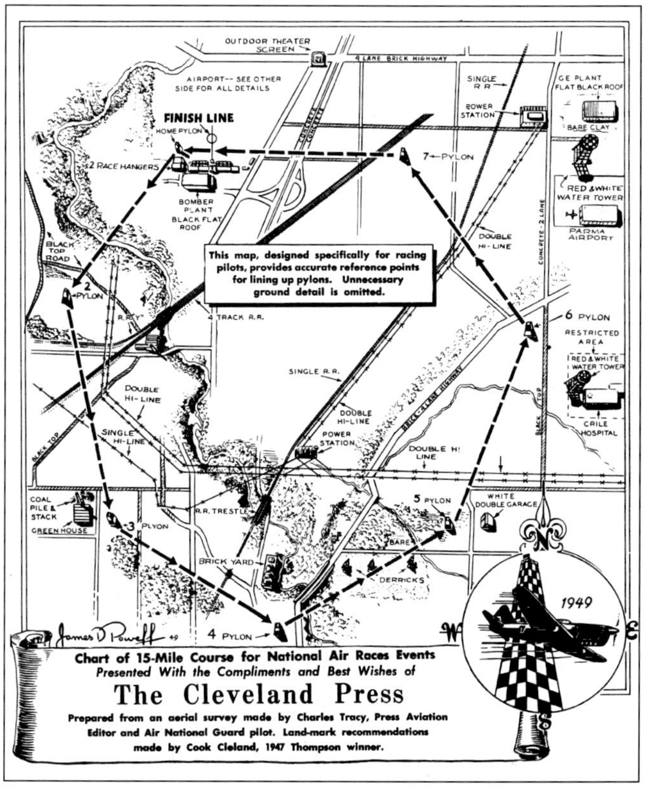

Rennstrecke Cleveland (1949)

getriebener Flugzeuge richteten, gab es doch noch eine Handvoll propellergetriebener Prototypen mit hohem Geschwindigkeitspotential, die zur Erprobung anstanden. Die elegante, viermotorige Republic XF-12 „Rainbow" beispielsweise erreichte dabei 800 km/h, allerdings in großer Höhe. Zum Serienbau dieses Fernaufklärers kam es dann aber nicht mehr. Auch der völlig neuartige Marinejäger Vought XF5U-1 –

Vought-Sikorsky XF5U-1 (1947)

Goodyear F2G-1 mod. „Corsair" (Cleland) (1949)

als „fliegender Pfannkuchen" verspottet – hätte über 800 km/h erreichen sollen. Der Prototyp dieses Kurzstarters wurde allerdings nie geflogen, sondern einige Zeit später abgewrackt. Ein Marinejäger vom Typ Grumman F8F-1 „Bearcat" erwies sich ebenfalls als überraschend schnell, allerdings erst in „zivilisierter" Form unter der Bezeichnung „Gulfhawk IV". Geflogen von Alford J. Williams, dem Rekordpiloten der zwanziger Jahre und nunmehrigen Ölmanager, soll er in mittlerer Flughöhe 805 km/h erzielt haben.

Ungefähr zur gleichen Zeit war von der nach wie vor für Rekordflüge zuständigen FAI in Paris zusätzlich zu der traditionellen, viermal hintereinander und in Bodennähe zu durchfliegenden 3-km-Distanz eine weitere Kategorie ins Leben gerufen worden. Nunmehr war es auch zulässig, eine 15 bis 25 km lange Meßstrecke in beliebiger Höhe in beiden Richtungen je einmal zu durchmessen. Im April 1951 hatte Jacqueline Cochran dementsprechend eine 16 km lange Meßdistanz in der Nähe ihrer Ranch einrichten lassen. Nachdem ein anderer Pilot mit ihrer ersten „Mustang" abgestürzt war, hatte sie eine weitere erworben, eine Nahaufklärervariante F-6C, die ansonsten der P-51B entsprach. Die speziell umgebaute Maschine trug jetzt den Namen „Thunderbird". Am 9. April 1951 jagte Jackie Cochran sechsmal hintereinander über die Strecke, und die beiden schnellsten Durchgänge ergaben einen offiziellen Mittelwert von 747,3 km/h. Fritz Wendels 755 km/h blieben auch weiterhin unangetastet.

Nach der endgültigen Einstellung der „Cleveland Air Races" zeigten sich einige der bis dahin erfolgreichen Teilnehmer mehr als bisher am Propeller-Weltrekord interessiert. Cook Cleland, zum Beispiel, Sieger des Unglücksrennens 1949, verfügte mit seiner F2G-1 über ein durchaus erfolgversprechendes Flugzeug. Es handelte sich hierbei um eine von der Firma Goodyear gegen Kriegsende in geringer Stückzahl hergestellte Lizenzvariante der Vought „Corsair" mit einem ursprünglich 3500 PS starken 28-Zylinder-Vierfachsternmotor Pratt & Whitney R-4360, der jetzt sogar geschätzte 4100 PS abgab. Die Tragflügelspitzen des Knickflügel-Tiefdeckers hatte man zur Widerstandsverminderung gekappt und mit Endscheiben versehen. Doch auch in diesem Fall blieb es bei der Absicht; es kam jedenfalls zu keinem ernsthaften Rekordangriff. Hingegen unternahm ein anderer „Cleveland"-Veteran, der Überraschungssieger des Jahres 1948, Anson Johnson, mit seiner inzwischen gründlich umgestalteten „Mustang" mehrere offizielle Rekordanläufe. Er hatte bei seiner P-51D die Kühler vom Rumpfboden in die Flügelvorderkanten verlegt. Den ersten 3-km-Rekordversuch startete er im Juni 1952 in der Nähe von Key Biscayne, Florida. Trotz angeblicher Geschwindigkeiten von 820 km/h gelang es ihm aber nach einer Reihe von Durchgängen lediglich, einen Durchschnittswert von knapp über 690 km/h zu erreichen. Dabei blieb es dann zunächst.

Zu dieser Zeit, Anfang der fünfziger Jahre, verlagerte sich das Interesse von den „Oldtimern" auf die sogenannten „Midget Racers", winzige Eigenbau-Renner mit luftgekühltem 3-Liter-Reihenmotor von Continental. Sie erwiesen sich als überraschend schnell, wenn auch nicht ganz so rasant wie die Ex-Jagdeinsitzer mit unbegrenztem Hubraum, die „Unlimited Racers", deren V12-Reihen- oder Mehrfachsternmotoren 27 (Rolls-Royce „Merlin") bis über 71 Liter (Pratt & Whitney „Wasp Major") Hubraum nebst den entsprechenden PS-Zahlen aufwiesen. Erst 1964 kam es auf Initiative von Bill Stead, einem begüterten Rancher und Privatpiloten, zur Wiederauflage der „Cleveland"-Rennen, allerdings unter neuer Bezeichnung und einem anderen Ort: Reno, Nevada. Schärfere Sicherheitsbestimmungen in Verbindung mit dem weitgehend unbesiedelten Areal sollten die Folgen eventueller Unfälle in Grenzen halten und auf die teilnehmenden Piloten beschränken, die sich schließlich der Risiken bewußt waren. Für die „Unlimiteds" gab es ein „Cross Country Race" – anstelle des früheren „Bendix"-Rennens – und ein „Closed Course Race" – als Nachfolger des Rennens um die „Thompson Trophy". An ersterem nahmen acht „Mustangs" teil, an letzterem fünf „Mustangs" und drei „Bearcats", darunter auch die mit einer kleineren Cockpithaube versehene F8F-2 des Lockheed-Werkspiloten Darryl Greenamyer.

„Conquest I" (Grumman F8F-2 „Bearcat")

Zusammen mit einer kleinen Gruppe von Freunden und Werkskollegen – unter ihnen der Zellenspezialist Bruce Boland – hatte er sich daran gemacht, den 1949 gebauten Trägerjagdeinsitzer der US Navy in einen konkurrenzfähigen Renner und, wenn irgend möglich, einen Rekordinhaber umzuwandeln. Beim ersten Renneinsatz siegte Greenamyer zwar in einem Vorlauf, entschloß sich aber, entgegen den Bestimmungen, nicht auf der Behelfspiste des kleinen Sky Ranch Airport zu landen und wurde prompt disqualifiziert. Nach ihrem Ersteinsatz unterzog man die Maschine einer noch gründlicheren Kur. Zuerst einmal kappte man die Außenflügel jeweils um einen guten Meter. Das war verhältnismäßig einfach, denn beim Entwurf der „Bearcat" hatte man gerade hier Sollbruchstellen zur Vermeidung struktureller Überlastung der inneren Flügelholme vorgesehen. Zur Verringerung des dadurch vergrößerten Randwiderstandes der Flügelenden versah man sie erstmalig mit konkaven Endstücken. Diese basierten auf Untersuchungen des ehemaligen Messerschmitt-Aerodynamikers Sigmund Hoerner, dessen Namen sie dann auch trugen, waren aber eher dem Lockheed-Ingenieur Mell Cassidy zuzuschreiben. Die Schlitzklappen an der Flügelunterseite wurden ausgebaut und die entsprechenden Stellen glatt überplankt. Die Cockpithaube ersetzte man durch die winzige Plexiglas-„Beule" eines Mini-Renners. Alle Öffnungen für Ölkühler und Vergaser wurden abgedeckt, und es wurde eine Verdampfungskühlung eingebaut. Zwecks weiterer Gewichtsersparnis entfernte man sowohl die gesamte elektrische als auch die gesamte hydraulische Anlage und ersetzte sie durch eine 15-V-Trockenbatterie beziehungsweise einen unter 130 bar Druck stehenden Stickstoffbehälter, dessen Inhalt gerade zum einmaligen Einfahren des Fahnwerks ausreichte. Die Heckspitze erhielt eine strömungsgünstigere Verlängerung. Der Motor schließlich wurde in mehreren Stufen in seiner Leistung gesteigert und erhielt anstelle des bisherigen Propellers einen von einem Sturzbomber Douglas AD-1 „Skyraider" stammenden größeren von etwa 4,10 m Durchmesser auf den man eine von einer P-51H stammende große Nabenhaube setzte. Wegen des um 28 cm vergrößerten Propellerdurchmessers mußte die dergestalt modifizierte „Bearcat" in strikter Dreipunkt-Manier gestartet und gelandet werden. In Reno war dann das Flugzeug 1965 erwartungsgemäß siegreich.

Ein halbes Jahr später, anläßlich der Ende Mai 1966 abgehaltenen Los Angeles Air Races, wollten gleich drei Piloten den Propellerrekord offiziell attackieren: Darryl Greenamyer mit seiner „Bearcat", Tommy Taylor mit einer Hawker „Fury" und Chuck Lyford mit seiner entsprechend präparierten „Mustang". Doch erschienen weder Lyford noch Taylor am Start, und Greenamyer mußte bei seinen beiden Probeflügen über die 3-km-Strecke erkennen, daß das kurzerhand um knapp einen halben Meter gestutzte Seitenleitwerk seine Maschine fast steuerlos gemacht hatte und landete so rasch wie möglich. Mit dem Rekord war es erst einmal nichts, doch erwiesen sich Pilot und Flugzeug in Reno als „winning combination" und siegten dort in den Jahren 1966, 1967 und 1968, allerdings wieder mit einem größeren Leitwerk.

Bell P-39Q-10E mod. „Cobra III" (Carroll) (1968)

Für den Herbst 1968 hatte Greenamyer zusammen mit einem anderen erfolgreichen Rennpiloten, Michael Carroll, gemeinsame Rekordversuche auf dem US-Luftwaffen-Versuchsgelände Edwards Air Force Base in Kalifornien vorgesehen. Carroll hatte die 1946 siegreich gewesene Bell P-39Q „Cobra II" erworben und gründlich modernisiert. Die Flügel wurden verkürzt, die Landeklappen zugespachtelt, Lufteinlässe entfernt und ein neuer, vom Motorenspezialisten Dave

Grumman F8F-2 mod. „Conquest I" (1969)

Grumman F8F-2 mod. „Conquest I" beim Rekordflug (1969)

Zeuschel auf knapp 2900 PS hochgetrimmter Allison-Zwölfzylindermotor eingebaut. Von der schneeweißen „Cobra III" erwartete man über 800 km/h, doch blieb auch dies ein Wunschtraum: kurz nach dem Start zum Erstflug am 10. August geriet die Maschine ins Taumeln und stürzte ab; Carroll stieg aus, wurde aber anscheinend vom Leitwerk getroffen und tödlich verletzt. Greenamyer unternahm dennoch Ende August 1968 die vorgesehenen Rekord-Probeflüge, bei denen er nach etlichen Anläufen auf einen beachtlichen Spitzenwert von 801 km/h kam – dann brach ein Zylinder. Wieder einmal mußte er unverrichteter Dinge aufgeben. Im September siegte er erneut in Reno, das vierte Mal hintereinander, mit einem geborgten Motor. Anschließend vergrößerte er das Seitenleitwerk, weitere Modifikationen steigerten die Leistung des Motors auf nunmehr rund 3350 PS. Außerdem hatte man kleine Luftabsaugschlitze in die Fahrwerksabdeckklappen geschnitten, da diese sich vorher als Folge internen Überdrucks etwa 1 cm weit geöffnet hatten. „Conquest I" hieß das weiße Flugzeug jetzt, und im Spätsommer 1969 ging es erneut zur Edwards AFB. Am Vormittag des 16. August 1969 fegte Greenamyer viermal über die 3-km-Bahn. Die Auswertung ergab eine Durchschnittsgeschwindigkeit von 769,5 km/h, trotz zum Schluß nachlassenden Öldrucks. Diesmal hatte es endlich geklappt. Doch Greenamyer war sicher, noch ein paar Kilometer mehr herausholen zu können. Am Nachmittag wiederholte er seine vier Durchgänge. Den schnellsten schaffte er mit über 820 km/h, den langsamsten – gegen den Wind – mit über 720 km/h. Sein neuer endgültiger Schnitt: 776,449 km/h – Fritz Wendels Rekord war nach genau 30 Jahren endlich überboten worden. Im Cockpit der „Conquest I" hatte übrigens während der Rekordflüge eine Temperatur von über 90° C geherrscht. Der knapp verkleidete und stark aufgeladene Motor entwickelte eine derartige Hitze, daß der Pilot die Bedienungshebel nur mit dicken Handschuhen anzufassen wagte und sich einen Eisbeutel auf die Brust geschnallt hatte, um ab und zu seine Finger kühlen zu können. Seine Füße hatte er mit dicken Pelzstiefeln geschützt.

Es dauerte ein paar Jahre, ehe erneut ernsthafte Konkurrenz auf den Plan trat.

Turboprops, die neue Konkurrenz 1945–?

Schon früh hatte es in der Luftfahrt die unterschiedlichsten Bestrebungen gegeben, den Kolbenmotor durch eine andere Antriebsquelle abzulösen. Eine gewisse Rolle spielte dabei zumindest zeitweilig die gegen Ende des 19. Jahrhunderts vom britischen Ingenieur Charles Parsons erfundene Dampfturbine. So sah bereits ein aus dem Jahre 1915 stammender Entwurf des deutschen Konstrukteurs Rudolf Wagner einen freitragenden Tiefdecker mit einer kleinen Dampfturbine und Zugpropeller vor. Ein späterer Entwurf Wagners aus dem Jahre 1930 betraf sogar ein Transozeanflugzeug von 140 m Spannweite für 140 Passagiere, das von zwei Hochdruck-Dampfturbinen von je 5000 PS und je einem großen Propeller angetrieben werden sollte. Ein Bomberprojekt der Firma Siemens-Schuckert aus dem Jahre 1918, einem Ingenieur Kann zugeschrieben, wies vier je 750 PS leistende Dampfturbinen mit Zugpropellern auf. Entwürfe ähnlicher Art, meistens solche von Großflugzeugen, tauchten später in regelmäßiger Folge in der internationalen Presse auf, blieben aber fast alle auf dem Papier. Tatsächlich geflogen, und zwar am 12. April 1933, ist lediglich ein kleiner Doppeldecker des Typs „Travel Air“, ausgerüstet mit einer vom amerikanischen Ingenieur Nathan C. Price konstruierten kleinen Dampfturbine.

Weitaus größer war jedoch der Erfolg der Gasturbine. Mit dieser scheint sich als erster wiederum ein Brite befaßt zu haben. Im Juli 1926 erschien jedenfalls die Abhandlung „An aerodynamic theory of turbine design“ von Dr. Alan Arnold Griffith, der sich im Royal Aircraft Establishment in Farnborough mit der Entwicklung einer Axial-Gasturbine als Antriebsquelle von Propellerflugzeugen befaßte. Zur gleichen Zeit machte sich übrigens auch ein junger RAF-Offizier namens Frank Whittle erste Gedanken über eine reine Radial-Strahlturbine. In Deutschland waren es dann die Konstrukteure Herbert Wagner und Max Adolf Müller, die sich einige Zeit später bei Junkers derselben Aufgabe zuwandten. Auch in diesem Fall dachte man zunächst nur an ein Propellertriebwerk. Bald jedoch konzentrierte sich die Aufmerksamkeit sowohl in Deutschland als auch in England auf die reine Strahlturbine, und die Propellerturbine (PTL) geriet zunächst ins Abseits. Erst später und auf der Basis des inzwischen erheblich reifer gewordenen Strahltriebwerks griff man wieder auf die Idee zurück, ein solches über ein Untersetzungsgetriebe auch zum Antrieb von Propellern zu benutzen, denn das herkömmliche Kolbentriebwerk war leistungsmäßig ausgereizt. Dazu versprach der von einer Propellerturbine zusätzlich gelieferte Restschub einen hochwillkommenen Bonus. Doch auch in anderen Ländern befaßten sich einige Außenseiter mit einem derartigen Flugzeugantrieb. So hatte beispielsweise der ungarische Ingenieur György Jendrassik schon 1932 mit dem Entwurf einer 100 PS leistenden Propellerturbine begonnen und sie im Jahre 1937 erfolgreich auf dem Prüfstand erprobt. Ermutigt durch diesen Erfolg, machte er sich an den Bau eines 1000 PS starken PTL-Triebwerks Cs1, das im August 1940 seinen Standlauf durchführen konnte, ohne allerdings die anvisierte Leistung zu erreichen. Deswegen kam es auch nicht zum Bau eines von zwei dieser Triebwerke angetriebenen Jagdbombers X/H. In Schweden hatte der Ingenieur A. J. Lysholm in den dreißiger Jahren ebenfalls derartige Versuche durchgeführt. Auch in Frankreich begann man bei SOCEMA insgeheim mit entsprechenden Untersuchungen. Die in Deutschland bei den Firmen BMW, Daimler-Benz, Heinkel und Junkers schließlich begonnenen PTL-Entwicklungsarbeiten kamen wegen der reinen Strahltriebwerken eingeräumten Priorität nur langsam voran. Die von einigen Flugzeugfirmen speziell für diesen Antrieb erarbeiteten Entwürfe betrafen in erster Linie größere Maschinen, bei denen die Geschwindigkeit eine weniger überragende Rolle spielte, doch gab es darunter auch einige Hochgeschwindigkeitsflugzeuge. So dachte man an eine PTL- Variante der zweistrahligen Arado Ar 234, an gleicherweise abgewandelte Focke-Wulf-Jagdeinsitzer wie beispielsweise den J.P.VII der „Flitzer“-Reihe und schließlich sogar an einen Heinkel-Senkrechtstarter „Wespe“ mit Ringflügel. Es blieb allerdings bei den Entwürfen, denn keine der deutschen Propellerturbinen erlangte die Einsatzreife, jedenfalls nicht in ihrer ursprünglichen Form und unter ihrem ursprünglichen Namen.

Focke-Wulf „Flitzer VII/Fw 281“ (1944)

Auf britischer Seite hatte man, wenn auch nach beachtlichem behördlichen Zögern, ebenfalls mit der Realisierung von Propellerturbinen auf der Grundlage der Vorarbeiten von Whittle und Griffith begonnen. Entsprechende Arbeiten wurden beispielsweise bei Armstrong-Siddeley, Bristol, Metropolitan-Vickers, Rolls-Royce und beim Royal Aircraft Establishment durchgeführt. Flugzeugbauer begannen sich gleicherweise auf diese neue Antriebsquelle einzustellen, wobei auch hier die größeren und verhältnismäßig langsamen Entwürfe überwogen. Auch in den USA war man, durch das britische Beispiel ermuntert, auf breiter Front und unter Beteiligung der meisten Triebwerkfirmen an diese Aufgabe herangegangen, wenn auch mit unterschiedlichem Erfolg. Die Gegebenheiten des pazifischen Kriegsschauplatzes mit seinen großen Entfernungen hatten allerdings die US Army Air Force und die US Navy neben der Erteilung entsprechender Entwicklungsaufträge für größere Flugzeuge auch zu solchen für Langstrecken-Begleitjäger mit Mischantrieb veranlaßt. Bei diesen sollte das aus einem Kolbenmotor oder einer Propellerturbine bestehende Haupt- oder Marschtriebwerk zur Erreichung der erforderlichen hohen Geschwindigkeiten – verlangt wurden 800 km/h – kurzzeitig durch ein reines Strahltriebwerk unterstützt werden.

Convair XP-81

Während die angesprochenen Firmen Curtiss, Grumman und Ryan als Marschtriebwerk den bewährten Kolbenmotor beibehielten, entschied man sich bei Consolidated-Vultee (Convair) für die Propellerturbine, zuweilen auch Propjet oder Turboprop genannt. Das Convair-Team wurde von C. R. Irvine und seinem Assistenten Frank W. Davis geleitet, dem auch als Chefpiloten die Durchführung der Flugerprobung obliegen würde. Nach dreimonatigen Vorarbeiten legte man im September 1943 dem Air Materiel Command den Entwurf zum Convair Model 102 vor. Es war dies ein verhältnismäßig großer und schwerer Tiefdecker von konventioneller Form – mit Ausnahme des Antriebs. In der Rumpfspitze befand sich ein PTL-Triebwerk vom Typ General Electric TG-100 von 2400 WPS mit einem Vierblatt-Zugpropeller, während im Rumpfende ein ebenfalls von General Electric stammendes Radial-Strahltriebwerk des Typs I-40 saß, das rund 1800 kp Schub erzeugen würde. Die Lufthutzen dafür waren auf beiden Seiten des Rumpfrückens angeordnet. Der ungewöhnliche Vorschlag wurde angenommen und im Januar 1944 auch ein Entwicklungsauftrag erteilt. Er trug die Nummer W33-038-AC-1887 und umfaßte neben den gesamten Vorarbeiten und Windtunnelmodellen eine Einbauattrappe, eine Bruchzelle und zwei flugfähige Prototypen unter der USAAF-Bezeichnung XP-81. Die beiden General Electric-Triebwerke hießen nun amtlicherseits XT31-GE-1 (TG-100) und J33-GE-5 (I-40). Bei letzterem handelte es sich übrigens um eine US-Version des britischen Whittle-Triebwerks W2/500. Während die Arbeiten bei Convair zügig vonstatten gingen und auch das Strahltriebwerk keine Probleme bereitete, gab es bei General Electric erhebliche Schwierigkeiten mit dem neuartigen PTL-Triebwerk. Im Sommer 1944 war deswegen das Convair-Team gezwungen, sich nach einem anderen Marschtriebwerk umzusehen – zumindest für die Übergangsphase. Nach eingehenden Untersuchungen wählte man einen Zwölfzylinder-Kolbenmotor des Typs Allison V-1710. Doch von diesen stand keiner zur Verfügung, und so wich man notgedrungen auf einen von Packard in Lizenz gebauten Rolls-Royce V-1650-7 „Merlin" aus, der eine Startleistung von 1470 PS und eine Kurzzeitleistung von etwa über 1700 PS in 3200 m Höhe versprach. Die erste der beiden XP-81 (44-91000) wurde also zwecks Aufnahme dieses Reihenmotors umgebaut, der ebenfalls einen Vierblattpropeller erhielt. Das größere Gewicht des Kolbentriebwerks (257 kg) mußte durch entsprechenden Ballast im Heck (172 kg) ausgeglichen werden – was allerdings bei einem Leergewicht von 5887 kg und einem normalen Startgewicht von 8845 kg keine übermäßige Rolle spielte. Sofort nach dem im Januar 1945 abgeschlossenen Umbau wurde die XP-81 per Lkw zum Test Center Muroc transportiert, um dort die Flugerprobung aufzunehmen. Der Erstflug konnte sogar schon am 7. Februar 1945 erfolgen, natürlich nur mit Kolben- und Strahltriebwerk. Bis zum 18. Mai folgten noch weitere 45 Flüge dieser Art, wobei eine Höchstgeschwindigkeit von 744 km/h in 6100 m Höhe erreicht werden konnte. Die versprochene Propellerturbine XT31 ließ allerdings weiter auf sich warten. Sie traf erst am 11. Juni 1945 in Muroc ein und wurde umgehend einer ausgiebigen Prüfstanderprobung unterzogen, bevor man es wagte, sie in die XP-81 einzubauen.

Gloster „Trent Meteor" (1945)

Gloster „Trent Meteor"

Auf der anderen Seite des Atlantiks, nämlich bei Rolls-Royce in England, hatte man schon Ende 1943 mit der Transformation von zwei der sechs erfolgversprechenden Whittle-Triebwerke B.37 „Derwent II" in PTL-Triebwerke begonnen. Sie erhielten den Namen RB.50 „Trent" und trieben über eine biegsame Welle einen Fünfblattpropeller der Firma Rotol mit einem Durchmesser von 2,41 m an. Die Prüfstandversuche begannen im Juni 1944 und erbrachten schließlich eine Leistung von 750 WPS plus 450 kp Restschub. Für die Flugerprobung hatte

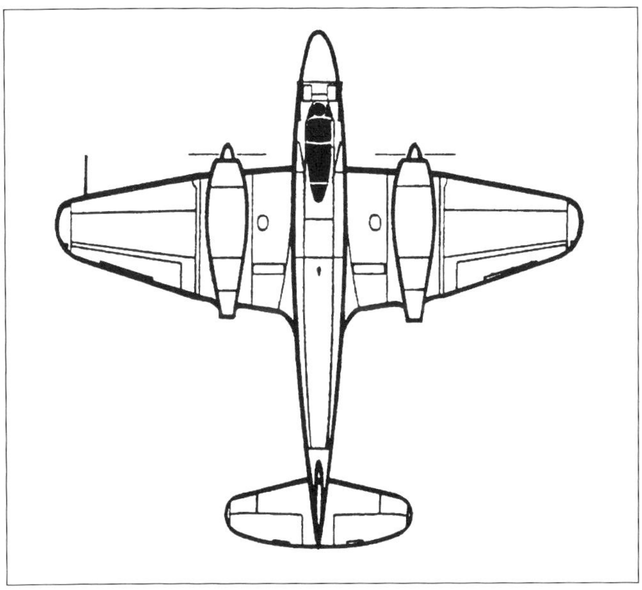

man eines der zwanzig Exemplare des Düsenjägers Gloster „Meteor I" (EE227) ausersehen, das nach kurzem Truppendienst beim Royal Aircraft Establishment in Farnborough zwecks Untersuchung der Längsstabilität zeitweilig mit gekapptem Seitenleitwerk flog. Jetzt erhielt die Maschine an Stelle der beiden „Welland"-Strahltriebwerke zwei „Trent"-PTL – eine ausgesprochen mutige Entscheidung. Die Umrüstung bereitete keine größeren Schwierigkeiten. Lediglich das Fahrwerk mußte mit Rücksicht auf die Propeller etwas verlängert werden. Durch diese Maßnahmen erhöhte sich das Gewicht um knapp 1000 kg, trotz der ausgebauten Bordwaffen.
Im Herbst 1945 schaffte man die Maschine zum Flugplatz in Church Broughton. Am 20. September 1945 führte Glosters Chefpilot Eric Greenwood den Erstflug der Gloster „Trent Meteor" durch – was gleichzeitig den allerersten Flug eines PTL-Flugzeuges darstellte. Starke Vibrationen machten ihm allerdings schwer zu schaffen, ebenso die durch das Drehmoment der beiden Propeller und eine größere Seitenfläche der beiden PTLs beeinträchtigte Längsstabilität. Letzterem Problem suchte man durch Addition zweier kleiner Seitenflossen zu begegnen. Da aber die Flugeigenschaften immer noch erheblich zu wünschen übrig ließen, entschloß man sich zur

Convair XP-81 (1946)

Installation kleinerer Propeller mit einem Durchmesser von nur 1,49 m, was einer Verminderung der Propellerleistung auf 350 WPS und Erhöhung des Restschubs auf 635 kp mit sich brachte. Diese aus heutiger Sicht etwas unlogischen Maßnahmen brachten jedenfalls die gewünschten Verbesserungen. Später führten auch andere Piloten die Flugerprobung weiter, in erster Linie natürlich solche mit „Meteor"-Erfahrung, die allerdings nur bedingten Wert besaß. Beim Start der Standardexemplare dieses Typs war es nämlich üblich, das Fahrwerk sofort beim Abheben einzufahren, um die Steiggeschwindigkeit zu erhöhen. Da aber die „Trent Meteor" die Eigenschaft besaß, dabei ein wenig durchzusacken, kappte eines Tages ein Pilot bei einem derartigen Kavalierstart die Rotol-Blattspitzen um genau 10 cm. Die Flugleistungen der „Trent Meteor" wurden von Testpiloten als etwa 15 Prozent über denen des Schnellbombers de Havilland „Mosquito" liegend bezeichnet, was also eine Höchstgeschwindigkeit um die 700 km/h bedeutete. Das war nicht gerade viel, doch hegte man sowieso starke Zweifel, ob der Propellerantrieb überhaupt wesentlich höhere Geschwindigkeiten erlauben würde. Es lagen noch keine ausreichenden Erkenntnisse über das Verhalten und den Wirkungsgrad der sich dann im Überschallbereich bewegenden Blattspitzen vor.

In den USA versuchte man inzwischen, die nahezu endlosen Kinderkrankheiten des neuartigen Triebwerks General Electric TG-100 alias T31 in den Griff zu bekommen. Statt der vollmundig versprochenen 2350 PS erzielte man allenfalls 1650 PS, und die Zuverlässigkeit ließ ebenfalls stark zu wünschen übrig. Die Kapitulation Japans im August 1945 machte darüber hinaus einen dicken Strich durch das ganze XP-81-Konzept. Andere Muster hatten sie inzwischen leistungsmäßig weit überflügelt. Im Dezember 1945 entschloß man sich in Muroc trotz aller Bedenken dennoch, mit der Flugerprobung der XP-81 als reiner PTL-Testmaschine zu beginnen, bevor die alljährliche Schlechtwetterperiode mit ihren Überschwemmungen den ganzen Flugbetrieb stoppen würde. Der Erstflug der auf den inoffiziellen Spitznamen „Silver Bullet" getauften XP-81 mit dem PTL-Triebwerk fand am 21. Dezember statt und dauerte nur fünf Minuten, dann mußte ihn Convair-Chefpilot Davis wegen starken Rüttelns abbrechen – bei der „Trent Meteor" war es bekanntlich ähnlich gewesen. Die weitere Flugerprobung der beiden Prototypen zog sich mit mäßigem Erfolg dann noch bis zum Sommer 1947 hin, wobei man die Seitenleitwerke verschiedentlich abänderte und vergrößerte. Bei vollem Einsatz beider Triebwerke wurden 792 km/h erreicht – statt der ursprünglich von Convair verkündeten 888 km/h.

Ryan XF2R-1 „Dark Shark"

Die beiden anderen amerikanischen Hersteller von Jägern mit Mischantrieb hatten bekanntlich als Marschtriebwerk den herkömmlichen Kolbenantrieb beibehalten, die Firma Curtiss bei ihrem Modell 99 XF15C-1 und die Firma Ryan bei ihrem Modell 28 FR-1 „Fireball". Während es bei der Curtiss nur zum Bau zweier Prototypen kam, wurden von der Ryan immerhin 66 Exemplare gefertigt. Eines davon erhielt im Jahre 1946 an Stelle des bisherigen Wright-Sternmotors ein PTL-Triebwerk General Electric XT31-GE-2, die Bezeichnung Modell 29 XF2R-1 und den Namen „Dark Shark". Das im Heck befindliche Strahltriebwerk General Electric J31-GE-3 wurde beibehalten. Doch schon vor dem Erstflug im November 1946 stand fest, daß es zu keinem Serienbau der bei Einsatz beider Triebwerke rund 800 km/h schnellen Maschine kommen würde. Die US Navy hatte sich, trotz anfänglicher Bedenken, schließlich doch für den reinen Strahlantrieb ihrer trägergestützten Jagdflugzeuge entschieden.

Breguet Br.960

Bei der französischen Marine hingegen hoffte man zu diesem Zeitpunkt noch, die Vorteile des PTL/TL-Mischantriebs für schnelle, trägergestützte Jagdbomber nutzen zu können. Man hatte in Frankreich sofort nach Beendigung des Zweiten Weltkriegs mit Feuereifer mit der Entwicklung etlicher fortschrittlicher Entwürfe begonnen, wobei allerdings viele der zuweilen recht unausgereiften Prototypen auf der Strecke blieben. Zu diesen zählte auch der nur einmal geflogene zweistrahlige Bomber SO 4000 nebst einer geplanten Variante mit zusätzlichem PTL-Triebwerk. Zu den erfolgreicheren Konstruktionen dieser Jahre gehörte ein Entwurf des unter Leitung von M. Allain stehenden Entwicklungsteams der Firma Breguet in Toulouse. Einer Forderung der Aéronavale aus dem Jahre 1947 nach einem Jagdbomber mit niedriger Lande-, gemäßigter Dauer- und hoher Spitzengeschwindigkeit hatten sowohl Breguet als auch die Firmengruppe SNCA du Nord mit speziellen Entwürfen entsprochen. Während letzterer nicht weiterverfolgt wurde, erhielt Breguet im April 1948 den Auftrag auf den Bau zweier Prototypen des Musters Br.960, eines zweisitzigen Tiefdeckers mit einem PTL-Triebwerk im Bug und einem Strahltriebwerk im Heck. Da geeignete französische Triebwerke noch nicht zur Verfügung standen, wandte man sich notgedrungen an britische Firmen. Armstrong-Siddeley reagierte am schnellsten und bekam den Zuschlag für das PTL-Marschtriebwerk „Mamba", während Rolls-Royce der Auftrag über das Strahltriebwerk „Nene" erteilt wurde. Derart ermutigt, unterbreitete Breguet 1951 auch der Armée de l'Air Vorschläge für einen 920 km/h schnellen einsitzigen Erdkämpfer Breguet 961 und etwas später für eine stärkere und schnellere Pfeilflügelvariante Breguet 962. Im Gegensatz zur Kriegsmarine zeigte die französische Luftwaffe allerdings kein Interesse.

Den Erstflug der Breguet 960-01 „Vultur" führte Werkspilot Yves Brunaud am 4. August 1951 von Toulouse aus durch, gefolgt vom leistungsgesteigerten zweiten Prototyp Br.960-02 am 15. September 1952. Im Verlaufe der offiziellen Erprobung in den Jahren 1952 und 1953 setzte sich aber die Erkenntnis durch, daß die Maschinen als Jagdbomber zu langsam waren – trotz ihrer beachtlichen Kurzzeitgeschwindigkeit von rund 900 km/h. Da man aber seitens der Aéronavale von der Maschine ansonsten äußerst angetan war, entschloß man sich nach reiflicher Überlegung zur vorgeschlagenen Umkonstruktion in einen Ubootjäger. Während die Br.960-01 unter der Bezeichnung Br.963 und der zivilen Kennung F-WEVU noch einige Jahre lang der Erprobung der Grenzschichtabsaugung diente, wurde aus der schnellen Br.960-02 nach Ausbau des Strahltriebwerks und Einbau der entsprechenden Ausrüstung der Prototyp Br.965 des behäbigen Ubootjägers Breguet 1050 „Alizé". Wie in den anderen Ländern kam es danach auch in Frankreich nicht mehr zum Bau ausgesprochener Schnellflugzeuge mit Mischantrieb.

Westland „Wyvern"

Auf britischer Seite hatte der Naval Air Staff am 1. Januar 1945 die Specification N.11/44 für einen trägergestützten, torpedotragenden Langstrecken-Jagdbomber herausgegeben. Als Triebwerk A war ein Rolls-Royce „Eagle R.Ea.2SM" vorzusehen, ein 24-Zylinder-H-Motor von 3550 PS, der zwei gegenläufige Rotol-Vierblattpropeller antreiben solle. Das Flugzeug müsse sich aber auch zur Aufnahme eines als Triebwerk B bezeichneten Turboprops eignen. Zwei Firmen unterbreiteten entsprechende Angebote, nämlich General Aircraft das Projekt G.A.L.56 und Westland das Projekt W.34. Der relativ orthodoxe Westland-Entwurf des Konstrukteurs John Digby wurde ausgewählt und der Bau von sechs Prototypen sowie zehn Vorserienexemplaren beschlossen. Auch die Royal Air Force bekundete ihr Interesse an einer landgestützten Variante als Langstrecken-Begleitjäger und erließ ihre Specification F.13/44 im Juli 1945. Die bald darauf erfolgte Kapitulation Japans machte aber ein derartiges RAF-Flugzeug überflüssig. Die Royal Navy hingegen blieb bei ihrer Bestellung. Der erste Prototyp TS371 des inzwischen auf den Namen „Wyvern1" bezeichneten Tiefdeckers führte seinen Erstflug am 12. Dezember 1946 mit dem Westland-Chefpiloten Harald Penrose am Knüppel durch. Die restlichen 15 Maschinen folgten in kurzem Abstand. Alle waren mit dem 2725 PS starken Rolls-Royce „Eagle 22" ausgerüstet, zeigten jedoch bei ihrer Erprobung schwerwiegende Mängel an Triebwerken und Propellern, die zu Bruchlandungen und zum Tod mehrerer Testpiloten führten.
Abhilfe versprach man sich vom Einbau eines der zwischenzeitlich entwickelten PTL-Triebwerke B, von denen zwei geeignete Muster zur Verfügung standen, nämlich der Armstrong-Siddeley „Python" und der Rolls-Royce „Clyde", beide in der 4000-PS-Leistungsklasse. Man gab also gemäß Specification N.12/45 drei Prototypen der PTL-Variante W.35 „Wyvern 2" in Auftrag, einen mit dem 4085 äPS starken „Clyde R.C.3" und zwei mit dem 4165 äPS leistenden „Python A.S.P.1" versehen. Das Rolls-Royce-Exemplar VP120, mit zwei gegenläufigen Dreiblattpropellern, konnte am 18. Januar 1949 zum Erstflug starten und die erste der beiden Armstrong-Siddeley-Maschinen mit gegenläufigen Vierblattpropellern zwei Monate später. Schon bald zeigte sich die eindeutige Überlegenheit des Rolls-Royce-PTL „Clyde", mit dem die VP120 in Bodennähe über 800 km/h erreichen konnte. Das Ministry of Supply gab deswegen sofort 100 Exemplare dieses Triebwerks in Auftrag. Der wurde allerdings vom Rolls-Royce-Chef Lord Hives abgelehnt, da er sich voll auf das reine Strahltriebwerk „Avon" konzentrieren wolle. Notgedrungen mußten sich Westland und die Naval Air Arm mit dem ungeliebten und unzuverlässigen Armstrong-Siddeley „Python" begnügen. Wiederum galt es, zahlreiche Probleme zu lösen, die neben dem Triebwerk auch das Untersetzungsgetriebe und die Propeller betrafen. Die besonders bei Landungen auf Flugzeugträgern erforderliche Durchstartfähigkeit konnte schließlich durch einen Rotol-Trägheitsregler erzielt werden. Es dauerte jedoch bis zum Mai 1953, ehe die endgültige Serienversion „Wyvern 4" dieses ersten reinen PTL-Jagdbombers ihren Dienst aufnehmen konnte – sieben Jahre nach dem Erstflug des Kolbenmotor-Prototyps. Dieser hatte 1900 km Reichweite, 10000 m Gipfelhöhe und 734 km/h Höchstgeschwindigkeit besessen. Bei der „Wyvern S.4" waren es hingegen nur 1450 km, 8540 m und ganze 616 km/h – die zuweilen verkündeten 885 km/h blieben ein Traum. Die letzte der insgesamt 127 gebauten Maschinen wurde im März 1958 außer Dienst gestellt. Obwohl das PTL-Konzept auch für Trägerflugzeuge später zunehmend an Bedeutung gewann, schien es für schnelle Einsatzmaschinen zugunsten des reinen Strahlantriebs völlig ausgedient zu haben.

Douglas A2D-1 „Skyshark"

Doch das war im Jahre 1944 noch nicht voraussehbar. Mit dem reinen Strahlantrieb konnten sich die Marineflieger beiderseits des Atlantiks noch nicht so recht anfreunden. Der hohe Kraftstoffverbrauch und das träge Beschleunigungsverhalten schien ihrer Verwendung auf Flugzeugträgern entgegenzustehen. Auf der anderen Seite ließen sich herkömmliche Kolbentriebwerke PS-mäßig nicht mehr nennenswert steigern, ganz im Gegensatz zur verhältnismäßig sparsamen und dazu noch kleineren und leichteren Propellerturbine. Derartige Überlegungen bewogen dann auch das für die US Navy zuständige Bureau of Aeronautics (BuAer) im Jahre 1945, der Firma Douglas einen Entwicklungsauftrag für einen trägergestützten PTL-Jagdbomber zu erteilen. Der vom Douglas-Team unter Leitung des versierten Chefkonstrukteurs Edward Heinemann vorgelegte Entwurf D-557 umfaßte drei Varianten: D-557 mit zwei General Electric TG-100 in Flügelgondeln mit je einem Propeller; D-557B mit denselben Triebwerken und gegenläufigen Propellern mit gemeinsamem Getriebe; D-557C mit einem Westinghouse 25D und gegenläufigen Propellern. Zur gleichen Zeit hatte die Firma Allison ihr Konzept eines aus zwei parallel angeordneten PTL-Triebwerken T38 mit einem gemeinsamen Getriebe bestehenden Doppeltriebwerks erarbeitet, das eine Leistung von weit über 5000 WPS versprach. Die US Navy erteilte im Dezember 1945 dafür einen Entwicklungsauftrag unter der Bezeichnung XT40. Die Entwicklung

Westland „Wyvern 2" (1949)

Douglas A2D-1 „Skyshark" (1950)

des passenden gegenläufigen Doppelpropellers von 4,27 m Durchmesser oblag der Firma Aeroproducts und der des Untersetzungsgetriebes anfänglich der Firma Joshua Hende, später jedoch der General-Motors-Tochter Allison direkt.
Im Frühjahr 1947 griff die US Navy das Konzept einer PTL-Version der bewährten Douglas AD „Skyraider" (Spitzname „Spad") erneut auf, wobei man anfänglich auf eine verhältnismäßig simple Modifikation unter Verwendung möglichst vieler „Skyraider"-Komponenten abzielte, also eine Art „Skyraider II". Der Douglas-Entwurf sah ein Doppeltriebwerk XT40-A-2 von 5170 WPS plus 375 kp Restschub (6000 äPS) vor und wurde von der Navy im Juni 1947 mit einem „letter of intent" zu Contract 9021 belohnt. Allerdings zeigte sich sehr rasch, daß eine völlige Neukonstruktion erforderlich war, die dann auch eine neue Bezeichnung XA2D-1 und den neuen Namen „Skyshark" bedingte. Der bullige Tiefdecker war konventionell mit Heckradfahrwerk ausgelegt, wobei das weit vorn angeordnete Cockpit die für den Trägereinsatz erforderliche ausgezeichnete Sicht bot. Die große Fiberglas-Nabenhaube der gegenläufigen Dreiblattpropeller sollte später sogar ein Radargerät aufnehmen. Die Attrappenbesichtigung im September 1947 resultierte im Navy Contract 9351 für den Bau zweier Prototypen (BuAer 122988 und 122989), deren Erstflüge für März und Juni 1949 erwartet wurden.
Diese Erwartungen waren ein wenig zu optimistisch, denn schon bald gab es ernsthafte Schwierigkeiten mit dem Allison-Doppeltriebwerk und der Propellerstellvorrichtung. Letztere bestand, wie damals üblich, aus einer koffergroßen „black box" mit 25 störungsanfälligen Vakuumröhren. So kam es dann, daß der im April 1949 fertiggestellte erste Prototyp 122988 erst im August des Jahres ein Triebwerk für die auf dem Douglas-Werksflugplatz in El Segundo durchgeführten Rollversuche erhielt. Im darauffolgenden Mai wurde er dann per Lkw zur Edwards Air Force Base transportiert, dem ehemaligen Muroc Army Air Field, wo er dann endlich in der Hand von Douglas-Pilot George Jansen am 26. Mai 1950 seinen Erstflug durchführen konnte. Dieser dauerte allerdings nur zwei Minuten und erstreckte sich über ganze acht Kilometer. Auch die beiden folgenden Flüge mußten nach wenigen Minuten wegen starken Rüttelns abgebrochen werden – offenbar das Schicksal aller bis dahin durchgeführten PTL-Erstflüge. Der dann als erforderlich angesehene Austausch des Allison-Triebwerks unterbrach die Erprobung für mehrere Monate.
Trotz der aufgezeigten Schwierigkeiten entschloß sich die US Navy am 30. Juni zum Ankauf von zehn Serienexemplaren A2D-1, gefolgt von einem weiteren Auftrag über zusätzliche 81 Maschinen am 18. August. Später kam noch ein weiterer Großauftrag hinzu. Der Grund der Eile: Ausbruch des Korea-Krieges am 26. Juni 1950. Doch die Wiederaufnahme der Flugerprobung im Oktober 1950 zeigte, daß die Probleme nur schwer in den Griff zu bekommen waren. Obwohl im Horizontalflug Geschwindigkeiten von bis zu 806 km/h, in steilen Bahnneigungsflügen sogar bis zu 880 km/h erreicht worden waren, wollten Widrigkeiten wie Rütteln, Lagerschäden, Getriebesalat oder Überhitzung im Bereich der Abgasdüsen kein Ende nehmen. Am 19. Dezember schließlich kam der Navy-Projektoffizier Hugh Wood in einer extrem harten Landung im Anschluß an einen Sturzflug ums Leben. Eines der beiden Triebwerke war ausgefallen, aber nicht entkuppelt worden. Der erste Prototyp 122988 wurde beim Aufschlag zerstört. Der zum Zeitpunkt dieses Unfalls praktisch fertiggestellte zweite Prototyp 122989 startete infolgedessen erst am 3. April 1952 zu seinem Erstflug, also fast 15 Monate später. Wiederum saß George Jansen im Cockpit. Die zweite „Skyshark" wies unter anderem ein modifiziertes und leistungsstärkeres Triebwerk YT40-A-6A mit automatischer Kupplung, verbesserte Abgasdüsen an den Rumpfflanken und ein geändertes Leitwerk auf. Doch sowohl die US Navy als auch Konstrukteur Heinemann gaben sich keinen übertriebenen Hoffnungen mehr hin. Die Materialbeanspruchung des Untersetzungsgetriebes war einfach zu hoch und ein Ausweg war nicht in Sicht. Auch die von der Navy als Notlösung ins Auge gefaßte Umrüstung auf das Westinghouse-Triebwerk XT34 entfiel, da dort die Probleme noch größer waren. So entschloß sich die Navy schon im Februar 1952, die erteilten A2D-Aufträge Stück für Stück bis auf eine Handvoll zu annullieren. Doch auch mit den wenigen verbliebenen Serienexemplaren gab es Schwierigkeiten, die bis hin zur plötzlichen Trennung von Propellern samt Getriebe vom restlichen Flugzeug reichten. Drei Maschinen dienten dann der Firma Allison eine zeitlang als Versuchsträger bei der Vervollkommnung ihrer später weltbekannten Turboprops. Zum Bau geplanter A2D-Versionen mit 35°-Pfeilflügeln und bis zu 10000 PS starken Triebwerken mit Überschallpropellern kam es allerdings nicht.

Convair XFY-1, Lockheed XFV-1

Trotz aller Schwierigkeiten wollte aber die US Navy das vielversprechende Allison-Triebwerk T40 noch nicht aufgeben. Sie hoffte nämlich, mit seiner Hilfe einige noch anspruchsvollere Entwicklungsprogramme durchführen zu können. Zu diesen gehörte beispielsweise das gegen Ende der vierziger Jahre begonnene „Project Hummingbird" schiffsgestützter Abwehrjäger, die bei minimalem Platzbedarf senkrecht starten und landen sollten. Es war dies eine Art Weiterführung deutscher Senkrechtstarter-Entwürfe von Focke-Wulf und Heinkel aus dem Jahre 1945. Diese betrafen Flugzeuge, deren Rumpf sich nur beim Flug in waagerechter Lage befand, während er bei Start und Landung senkrecht „auf dem Schwanz" stand – deswegen auch die amerikanische Bezeichnung „tailsitters". Beim „Triebflügelflugzeug" von Focke-Wulf sollte der Antrieb durch einen um die Flugzeuglängsachse drehenden Dreiblattrotor erfolgen, an dessen Blattspitzen kleine Staustrahltriebwerke saßen. Die Heinkel-Entwürfe „Wespe" und „Lerche" hingegen besaßen Ringflügel mit integrierten Mantelpropellern und sollten entweder von einem Heinkel/Daimler-Benz-PTL 021 oder zwei gekoppelten Kolbentriebwerken DB 605D angetrieben werden. Die US Navy wählte statt dessen das PTL-Triebwerk Allison T40 mit gegenläufigen Curtiss-Dreiblattpropellern von fast 5 m Drehkreisdurchmesser in der Rumpfspitze und forderte im August 1950 die Firmen Convair, Goodyear, Lockheed, Martin und Northrop zur Erarbeitung von Entwürfen für einen solchen „Convoy Fighter" auf.
Convairs Deltaflügler Modell 5 wurde am besten beurteilt und im März 1954 in Form zweier Prototypen XFY-1 in Auftrag gegeben. Von den fast so gut bewerteten Mitbewerbern Lockheed und Martin erhielt dann das preiswertere und verhältnismäßig konventionelle Lockheed-Modell 81 drei Wochen später den Zuschlag als XFO-1, später in XFV-1 umbenannt. Letztere Maschine konnte in der Hand von Lockheed-Pilot „Fish" Salmon auch als erste die Flugerprobung aufnehmen, allerdings nur in „konventioneller" Lage mit Hilfe eines stakeligen Behelfsfahrwerks. Das einzige für senkrechte Starts und Landungen freigegebene Triebwerk YT40 war nämlich der Convair-Konkurrenz zugeteilt worden. Einem unbeabsichtigten Luftsprung der Lockheed XFV-1 im Dezember 1953 folgte im Juni 1954 der offizielle Erstflug. Die VTOL-fähige (Vertical Take-Off and Landing) Convair XFY-1 „Pogo" hingegen wurde von Convair-Chefpilot „Skeets" Coleman zunächst ausgiebig „an der Leine" geflogen, und zwar in einem riesigen Hangar auf dem Moffett Field in Kalifornien, der einst zur Aufnahme der Navy-Großluftschiffe „Akron" und „Macon" gedient hatte. Eine Seilverbindung zwischen der fast 60 m hohen Hangar-

Convair XFY-1 „Pogo“ (1954)

decke und der Nabe der „Pogo“, die später ein Radargerät aufnehmen sollte, diente zur Verhinderung unliebsamer Zwischenfälle bei den mehr als 300 Fesselflügen. Am 1. August 1954 schließlich wagte Coleman den ersten freien Senkrechtflug, dem ein Vierteljahr später, nämlich am 11. November, erstmals die vollständige Transition folgte, also der Übergang vom propellergestützten Senkrechtflug in den aerodynamischen Waagerechtflug und zurück. Ähnliches ließ sich auch bald mit der Lockheed XFV-1 durchführen, allerdings nur in umgekehrter Reihenfolge und, da triebwerksbedingt, nur in beträchtlicher Sicherheitshöhe. Beide Maschinen besaßen deswegen um die Querachse schwenkbare Pilotensitze. Bald jedoch zeigte sich, daß selbst die ausgefuchsten Testpiloten die allergrößte Mühe hatten, Starts und Landungen „auf dem Teller“ selbst unter günstigsten Verhältnissen durchzuführen. Ein normaler Pilot unter Einsatzbedingungen wäre dazu keinesfalls in der Lage gewesen. Da sich inzwischen auch die Eignung der fast doppelt so schnellen reinen Strahlflugzeuge für den schiffsgestützten Einsatz abzeichnete, gab die US Navy die Erprobung beider Maschinen und damit auch das ganze „Convoy Fighter“-Konzept im Juni 1955 auf. Die umstrittenen Allison-Triebwerke hatten sich in diesem Fall übrigens als durchaus zuverlässig erwiesen.

Republic XF-84H, McDonnell XF-88B, Boeing XB-47D

Möglicherweise war letzteres auch der Grund, weswegen die US Navy sich an der von der Air Force unter der Bezeichnung MX-3347 geplanten Entwicklung eines Überschall-Jagdbombers beteiligte, der ebenfalls durch Allisons T40 angetrieben werden sollte. Man entschied sich für den Vorschlag AP-46 der Firma Republic, der auf einer modifizierten Zelle der bewährten F-84F basierte und orderte zunächst zwei Exemplare (51-17059 und -17060) unter der Bezeichnung XF-106 (Contract Number AF-20501), die aus haushaltsrechtlichen Gründen jedoch kurze Zeit später in XF-84H zurückbenannt wurden. Sie unterschieden sich von der normalen F-84F im wesentlichen durch einen großen General-Motors-Dreiblatt-

Republic XF-84H („Thunderprop") (1955)

McDonnell XF-88B „Voodoo" (1956)

propeller in der Rumpfspitze, eine kleine, verstellbare Dreiecksflosse auf dem Rumpfrücken zur Ausgleichung des Drehmoments und ein großes T-Leitwerk. Die Rumpfspitze war auseinanderzuklappen, um auch andere Überschallpropeller der Firmen Curtiss und Hamilton Standard aufnehmen zu können, was jedoch nie erfolgte. Die erste der beiden XF-84H wurde im Sommer 1955 per Douglas C-124 zur Edwards AFB gebracht und dort montiert. Republic-Werkspilot Henry Beaird unternahm am 22. Juli den ersten Flug, der allerdings wegen mechanischer Probleme mit einer Notlandung endete – genau wie die restlichen zehn Flüge der halboffiziell „Thunderprop", von den unmittelbar Betroffenen aber „Thunderscreech" (Donnergekreisch) getauften beiden Maschinen. Darüber hinaus verursachten die vom Überschallpropeller erzeugten Schwingungen beim in der Nähe befindlichen Bodenpersonal Übelkeit und Magenkrämpfe. Deswegen war man allgemein erleichtert, als die Erprobung der „lautesten Flugzeuge der Welt" recht bald eingestellt wurde. Zum Bau eines mit einem Nachbrennertriebwerk ausgestatteten dritten Exemplars für die Navy kam es nie. Die ursprünglich gehegte Wunschvorstellung von annähernd 1300 km/h blieb ein Traum, und auch die von Republic angegebene Höchstgeschwindigkeit von 1078 km/h wurde nie erreicht. Bei den wenigen Probeflügen kam man maximal auf 863 km/h, bevor die anscheinend unlösbaren Schwierigkeiten mit dem Doppeltriebwerk Allison T40 und seiner Kraftübertragung wieder einmal eine Notlandung erzwangen.

Trotz dieser Schwierigkeiten wollte man die Flinte noch nicht ins Korn werfen, was die Eignung von Hochgeschwindigkeits-PTLs anbetraf. Beim ersten Prototyp des inzwischen überholten zweistrahligen Langstreckenjägers McDonnell XF-88 „Voodoo" wurde das Cockpit um 1,65 m zurückverlegt und

Boeing XB-47D („Stratoprop") (1955)

Tupolew „Samoljot 95-2" (1954)

der noch weiter verlängerte Rumpfbug mit einem einzelnen Turboprop Allison XT38 als drittem Triebwerk versehen. Mit dieser nunmehr als XF-88B bezeichneten Maschine erprobte die NACA von 1953 bis 1957 erneut verschiedene Arten von Überschallpropellern. Die höchste nach Abschalten der beiden Strahltriebwerke erreichte Geschwindigkeit entsprach einer Machzahl von M 1,12. Sie wurde allerdings in einem steilen Bahnneigungsflug erzielt. Parallel dazu liefen Turbopropversuche mit noch einer weiteren, erheblich größeren Hochgeschwindigkeitsmaschine. Zwei Exemplare des sechsstrahligen Bombers Boeing XB-47B „Stratojet" erhielten an Stelle der beiden inneren Doppeltriebwerksgondeln je ein einzelnes PTL-Triebwerk Wright YT49-W-1 mit einer Leistung von 9845

äPS und einem Curtiss-Electric-Vierblattpropeller von 4,57 m Propellerkreisdurchmesser und einer Blattbreite von 0,61 m. Die Erprobungen begannen im Juli 1955 im Boeing Flight Test Center auf der Larson AFB im US-Staat Washington. Die höchste im Horizontalflug und nach Abschalten der verbliebenen beiden äußeren Strahltriebwerke erreichte Geschwindigkeit der inoffiziell „Stratoprop" getauften XB-47D betrug 962 km/h in 4,1 km Höhe.

Bei Boeing hatte man schon seit 1946 Überlegungen angestellt, Forderungen der US Air Force nach einem Nachfolger der B-47 (Boeing Modell 450) mit der Bezeichnung B-52 nachzukommen, der bei einer Geschwindigkeit von mindestens 725 km/h eine Bombenlast von 4,5 t über 16000 km weit transportieren würde. Da die letzte Forderung nur mit Hilfe von Turboprops durchführbar schien, enstand zunächst das Boeing-Modell 462 mit sechs 5570 PS starken Wright T35, 68,6 m Spannweite und geradem Flügel, gefolgt von den kleineren Modellen 464-29 und 464-35 mit Pfeilflügeln und vier leistungsgesteigerten T35 von je 9000 PS. Später kamen dazu auch noch die PTL-Modelle 466 (XP3B-1) und 474 (XB-55) mit zwei bzw. vier Allison T40 hinzu. Während die beiden letzteren wegen der bekannten Triebwerksprobleme nicht zur

Tupolew Tu-95M (1957)

Ausführung kamen, mauserte sich das PTL-Modell 464-35 über das achtstrahlige Modell 464-49 zum Modell 464-67 alias YB-52 „Stratofortress". Bei Boeing war man wegen der mittlerweile erheblich verbesserten Strahltriebwerke vom PTL-Antrieb schneller Flugzeuge abgekommen, den man als inzwischen überholt ansah. Dieser Meinung schloß sich auch die überwiegende Mehrheit der westlichen Flugzeugkonstrukteure an.

Mjasischtschew M-4, Tupolew Tu-95

Als im Februar 1954 in der westlichen Presse mysteriöse Fotos von zwei sowjetischen Bombern mit PTL-Antrieb und Pfeilflügeln auftauchten, war man sich deswegen einig, daß es sich sowohl bei der viermotorigen „Il-38" als auch bei der sechsmotorigen „Tu-200" um plumpe Fälschungen handeln müsse (als die sie sich in der Tat auch herausstellten). Die Russen würden bestimmt nicht so töricht sein und diesen Irrweg beschreiten. Diese Ansicht wurde ein knappes Vierteljahr später untermauert, als am 1. Mai 1954 gleich zwei bislang unbekannte Bombertypen über dem Roten Platz in Moskau auftauchten, beide mit Pfeilflügeln und Stahltriebwerken: neun Exemplare eines zweistrahligen Mittelstreckenbombers, angeführt von einem einzelnen vierstrahligen Fernbomber. Während ersterer zunächst dem OKB Iljuschin zugeschrieben wurde und die Codebezeichnung Typ 39 „Badger" erhielt, sah man letzteren entweder ebenfalls als Erzeugnis Iljuschins oder des OKB Tupolew an – die westlichen Experten waren sich da nicht so ganz einig. Auf jeden Fall versah man ihn mit der Codebezeichnung Typ 37 „Bison“ und betrachtete ihn fortan aufgrund seines mutmaßlichen Gefährdungspotentials als die größte Bedrohung des freiheitlichen Westens, auf die sich alle Abwehrmaßnahmen konzentrieren müßten. Als Bestätigung dieser Befürchtungen erschienen ein gutes Jahr später schon zwölf Maschinen dieses Typs. Außerdem erblickten die verwunderten westlichen Militärattachés noch sieben Exemplare eines weiteren Fernbombers, der zwar ebenfalls Pfeilflügel, aber vier Turboprop-Triebwerke aufwies. In Anbetracht der üblichen sowjetischen Geheimniskrämerei in bezug auf genaue Bezeichnungen verlieh man auch diesem alsbald eine Codebenennung, Typ 40 „Bear“, betrachtete ihn aber als eine ausgesprochene Fehlleistung sowjetischer Planwirtschaft. Schließlich hatten die Sowjets früher schon die Boeing B-29 kopiert, und auch dieser Turboprop-Fernbomber sah wie eine Kopie des längst aufgegebenen Boeing-PTL-Entwurfs 464-35 aus. Er war, so die einhellige Meinung der westlichen Experten, zweifelsohne „passé“ und gewiß nicht ernst zu nehmen – ganz im Gegensatz zum vierstrahligen „Bison“, von dem die UdSSR in vier bis fünf Jahren mindesten 600, wenn nicht gar an die 1000 Stück besitzen würde.

In Wirklichkeit war alles wieder einmal ganz anders. Im Korea-Konflikt hatte sich nämlich schon bald die krasse Unterlegenheit der langsamen amerikanischen B-29 mit Kolbentriebwerken gegenüber dem überraschend aufgetauchten Düsenjäger MiG-15 gezeigt. Da die sowjetische Fernbomberflotte „Dalnaja Awiazija“ im Gegensatz zum amerikanischen Strategic Air Command mit seiner erheblich schnelleren, achtstrahligen B-52 nur über die B-29-Kopie Tupolew Tu-4 verfügte, mußte schnellstens ein zumindest ebenbürtiger Nachfolger geschaffen werden. Die Entwicklung der erheblich größeren Tu-85 mit vier mächtigen Dobrynin-Kolbentriebwerken WD-4K von je 4300 PS wurde deswegen im Frühjahr 1951 eingestellt, da sie diese Überlegenheit nicht besaß. Statt dessen beauftragte man Tupolew mit der Konstruktion eines strahlgetriebenen Fernbombers, der über eine Geschwindigkeit von 900 bis 950 km/h und eine Reichweite von 15000 km verfügen müsse, um 5 t Bomben nach den USA zu tragen und wieder in die UdSSR zurückzukehren. Doch der durch seinen Tu-4-Erfolg ermutigte Tupolew lehnte ab, da mit den zur Verfügung stehenden durstigen Strahltriebwerken eine solche Reichweite keineswegs zu erzielen sei. Da auch Tupolew-Kollege Sergej Iljuschin dieselbe Ansicht vertrat, wandte sich das Zentralkomitee an den jüngeren und optimistischeren Konstrukteur (und Tupolews Schwiegersohn) Wladimir Mjasischtschew. Sein Entwurf M-25 sah vier Mikulin-Strahltriebwerke AM-3A in den Flügelwurzeln vor, wie beim glücklosen britischen Airliner de Havilland „Comet“. Unverzüglich, nämlich im März 1951, wurde Mjasischtschew ein neues OKB-23 zuerkannt und er mit allen denkbaren Vollmachten ausgestattet. Der in nahezu unfaßbarem Rekordtempo schon im Dezember 1952 fertiggestellte Prototyp konnte bereits am 20. Januar 1953 seine Flugerprobung aufnehmen, die bis zum April 1954 dauerte. Am 1. Mai erschien er dann über dem Roten Platz als Paradebeispiel sowjetischer Überlegenheit, woraufhin man im Westen prompt in die von Stalin beabsichtigte Panik verfiel.

Doch wieder sah die Wirklichkeit anders aus. Inzwischen waren nämlich begründete Zweifel an der tatsächlichen Reichweite der nunmehr als M-4 bezeichneten Maschine aufgetaucht. Deswegen hatte sich das Zentralkomitee nach einigem Zögern entschlossen, sicherheitshalber auch Tupolews Gegenvorschlag zu einem Turboprop-Fernbomber mit annähernd gleich hoher Geschwindigkeit, aber erheblich größerer Reichweite zu akzeptieren. Dieses „Produkt 95“ basierte auf der gerade aufgegebenen Tu-85, besaß aber im Gegensatz zu dieser stark gepfeilte Tragflügel und vier mächtige PTL-Triebwerke mit gegenläufigen Vierblattpropellern. Die Turboprop-Entscheidung war, trotz aller damit verbundenen Risiken, aufgrund der erfolgreichen Arbeit deutscher und österreichischer Fachleute gefallen, die nach dem Krieg als eine Art Beutegut in die UdSSR verbracht worden waren. Eines dieser in Kuibyschew angesiedelten Teams unter der technischen Leitung des ehemaligen Junkers-Triebwerkspezialisten Ferdinand Brandner hatte zunächst die Aufgabe erhalten, das etwa 3000 kp Schub leistende Jumo-Strahltriebwerk 012 fertigzustellen. Kurz vor Abschluß der 100-Stunden-Staatsprüfung im Sommer 1948 kam es aber zu Turbinenschaufelbrüchen, woraufhin man die weitere Entwicklung einstellte. Trotz dieses Mißerfolges wurde dem Team jedoch der Auftrag erteilt, auf der Grundlage des ehemaligen Jumo 022 und binnen fünf Jahren ein 5000 PS leistendes PTL-Triebwerk TW-022 zu schaffen, dann dürfe man nach Deutschland zurückkehren. Dem Teamchef Brandner wurde der russische Ingenieur und ehemalige Klimow-Assistent Nikolai Kusnezow zur Seite gestellt. Die Arbeiten erfolgten wie in gleichgelagerten Fällen im Wettbewerb mit einer rein russischen Parallelentwicklung, dem Klimow-PTL WK-2. Dieses zeigte sich dann aber dem zwischenzeitlich in TW-2 umbenannten Brandner/ Kusnezow-Triebwerk unterlegen, das nach Fertigung von rund 20 Versuchsexemplaren schon 1950 die geforderte Staatsprüfung absolvieren konnte. Für die anschließend geplante Serienfertigung ersetzte man allerdings die ursprünglich vorgesehenen Gegenlaufpropeller durch einen einfachen Vierblattpropeller. Die Belohnung für die erfolgreiche und vorzeitige Erfüllung auch dieser Aufgabe erfolgte prompt – auf russische Art. Das Zentralkomitee der KPD geruhte, dem darob durchaus nicht begeisterten deutschen Team einen erneuten Auftrag über ein doppelt so starkes PTL-Triebwerk zu erteilen, das 12000 PS leistende TW-12 oder „Triebwerk K“. Und auf dieses Triebwerk setzte Tupolew bei seinem vorgeschlagenen „Produkt 95“.

Tupolew Tu-114 „Rossija“ (1960)

Schon im Rahmen der Entwicklungsarbeiten zum mittleren Bomber „N" hatte man die Verwendung von zwei Brandner/Kusnezow-PTL-Triebwerken erwogen, jedoch damals die zweistrahlige Variante „88" vorgezogen. Diese wurde anschließend als Tu-16 in Serie gefertigt und anschließend im Westen als „Badger" bekannt. Beim „Produkt 95" war es anders herum: die ersten, strahlgetriebenen Varianten – eine von ihnen mit sechs 8700 kp starken AM-3 seitlich und unterhalb des Rumpfes – wurden zugunsten einer Version mit vier Kusnezow-Triebwerken aufgegeben. Aufgrund der optimistischen Prognosen und des in das deutsch-österreichische Triebwerksteam gesetzten Vertrauens wurde am 11. Juli 1951 der Beschluß zum Bau zweier Prototypen der Tupolew „95" unter Leitung des Chefkonstrukteurs A. Basenkow gefaßt. Das erste Exemplar „95-I" würde zwecks Zeitersparnis mit vier Doppeltriebwerken 2TW-2F ausgerüstet werden – jeweils zwei gekoppelten TW-2 mit einem vom OKB Schdanow geschaffenen Untersetzungsgetriebe – und würde als reiner Erprobungsträger dienen. Das zweite Exemplar „95-2" würde dagegen von vorne herein das noch zu entwickelnde TW-12 aufweisen. Änlich wie bereits beim Mjasischtschew-Konkurrenzmuster M-4 praktiziert, wurde auch hier der erste Prototyp in einem wahrhaft atemberaubenden Tempo fertiggestellt. Bereits am 12. November 1952 konnte er mit dem Testpiloten A. Pereljot am Knüppel zu seinem 50minütigen Erstflug starten. Beim siebzehnten Flug, am 11. Mai 1953, kam es allerdings durch Zahnradbruch im Untersetzungsgetriebe und anschließendem Brand des dritten Doppeltriebwerks zum Absturz des Flugzeugs. Den Anfang 1953 begonnenen Standläufen des vorgesehenen 12000-PS-Einsatztriebwerks TW-12 mit dem von den Ingenieuren Enderlein und Bockermann entworfenen Planeten-Differentialgetriebe galt deswegen ganz besondere Aufmerksamkeit. Es war für eine konstante Drehzahl von 8250/min ausgelegt, während das gegenläufige Vierblattpropellerpaar vom Typ AW-60 mit einem Drehkreisdurchmesser von 5,6 m mit einer konstanten Drehzahl von 750/min lief. Der Propellersteigungswinkel war dabei extrem hoch, um die Blattspitzen trotz der geforderten Flugzeug-Machzahl von 0,85 noch im Unterschallbereich zu belassen. Die Triebwerksläufe verliefen zufriedenstellend, woraufhin Teamleiter Brandner und die restlichen unfreiwilligen „Gastarbeiter" seines Kuibyschew-Teams in den Westen zurückkehren durften. Daß man ihnen dort ihre Erfolgsmeldungen nicht glaubte und ins Reich der Fantasie verwies, sei nur am Rande erwähnt. Die Vorurteile der etablierten westlichen Experten des kalten Krieges waren einfach nicht zu erschüttern.

Der im Juli 1954 fertiggestellte zweite Prototyp „95-2", auch „Dubler" genannt, erhielt erst sechs Monate später seine Triebwerke, bei deren Einbau verständlicherweise mit ganz besonderer Sorgfalt verfahren wurde. Der Erstflug mit dem Testpiloten N. Njuchtikow erfolgte deswegen erst am 16. Februar 1955. Anderen Quellen zufolge sei dieser aber bereits genau ein Jahr zuvor erfolgt, da bereits im Juli 1955 nicht weniger als sieben Exemplare der „Bear" über Tuschino auftauchten. Die 170 t schwere Maschine und insbesondere ihre Triebwerksanlage erwiesen sich jedoch als voll funktionsfähig, und schon kurz darauf konnte sie ihre Leistungen unter Beweis stellen: Höchstgeschwindigkeit 882 km/h in 7000 m Höhe, Gipfelhöhe 11300 m und Reichweite 15040 km. Zwar wurde daraufhin ihre Serienfertigung als Tu-95 angeordnet, doch bestand man seitens des sowjetischen Fernbomberkommandos ADD auf noch besseren Leistungen. Da das nunmehr die Bezeichnung Kusnezow NK-12 tragende Turbopropriebwerk ein beträchtliches Entwicklungspotential aufwies, konnte man seine Leistung innerhalb verhältnismäßig kurzer Zeit um 25 Prozent auf erstaunliche 15000 PS steigern. Die zweite Serienmaschine Tu-95 wurde mit vier dieser als NK-12M bezeichneten Triebwerke versehen und erreichte im Oktober 1957 eine Geschwindigkeit von 905 km/h, eine Gipfelhöhe von 12150 m und eine Reichweite von nicht weniger

als 16750 km. Diese Variante ging anschließend ebenfalls und als Tu-95M in Serie.
Obwohl die konkurrierende M-4 inzwischen durch Einbau verbesserter Strahltriebwerke ihre Reichweite steigern konnte, blieb ihre Stückzahl begrenzt – ganz im Gegensatz zur Tu-95. Doch davon war man im Westen keineswegs überzeugt und zitterte weiterhin vor den riesigen „Bison"-Herden, während man gleichzeitig über den als völlig veraltet und behäbig angesehenen „Bear" spottete. Selbst die beachtlichen Leistungen der 1957 erstmals geflogenen Passagiervariante Tu-114 „Rossija" mit dickerem Rumpf und tiefergelegten Flügeln nahm man in westlichen Militärkreisen nur mit halbem Ohr zur Kenntnis. Immerhin wurde Andrej Tupolew im Jahre 1958 von der FAI für die Konstruktion dieses Airliners ausgezeichnet. Zwei schnelle Langstrecken-Kurierflugzeuge Tu-114D (D = Diplomatischeskij) entpuppten sich allerdings als umgebaute „schlanke" Tu-95 mit der echten Werksbezeichnung Tu-116. Man schien erst dann hellhörig geworden zu sein, als der Prototyp der „Rossija" im März und April 1960 mit dem Piloten Iwan Suchomlin auf drei Flügen in geschlossener Bahn mit einer Nutzlast von 25 t gleich 24 internationale Rekorde in der FAI-Klasse C-1, Gruppe 2 (Turboprop-Flugzeuge) aufstellte, wobei 5000 km mit einer Durchschnittsgeschwindigkeit von mehr als 877 km/h durchmessen wurden. Zu diesem Zeitpunkt hatten nämlich auch die mit Hilfe des CIA-Höhenaufklärers Lockheed U-2 gemachten Luftaufnahmen gezeigt, daß von einer massierten „Bison"-Armada überhaupt keine Rede sein konnte.
Der Zufall wollte es dann, daß nur drei Wochen nach dem letzten Tu-114-Rekord die vom CIA-Piloten Frank Powers gesteuerte U-2 bei Swerdlowsk von einer russischen Fla-Rakete abgeschossen wurde – deren Entwurf übrigens zu einem guten Teil ebenfalls von deutschen „Gastarbeitern" stammte. Diese inzwischen über 35 Jahre alten Rekorde der Tu-114 sind bis heute nicht überboten worden.

Lockheed P-3C „Orion"

Lediglich der Klassenrekord über 15/25 km wurde von einer amerikanischen Maschine aufgestellt, allerdings erst knapp elf Jahre nach den sowjetischen Flügen. Ein vom US Navy Commander Donald Lilienthal geflogener viermotoriger Ubootjäger vom Typ Lockheed P-3C „Orion" erreichte am 27. Januar 1971 über die FAI-Distanz von 3 km einen Rekordschnitt von 806,1 km/h.
Die „Orion" war Ende der fünfziger Jahre aus dem Turboprop-Airliner „Electra" hervorgegangen, dessen guter Ruf allerdings durch Flügelbrüche als Folge von propellerinduzierten Schwingungen arg gelitten hatte. Der dritte Prototyp der „Electra" wurde 1958 in den aerodynamischen Prototyp der „Orion" umgebaut, deren internationaler Erfolg dann den guten Ruf wieder herzustellen vermochte. Die 1971er Rekordgeschwindigkeit stellte für die mit dem rund 5000 PS starken T40-Nachfolger Allison T56 ausgerüstete „Orion" eine beachtliche Leistung dar, die bislang ebenfalls nicht überboten wurde. Dennoch lag sie noch ein gutes Stück unter derjenigen der Tu-114 mit ihren mächtigen west-östlichen 15000-PS-Turboprops NK-12.
Vom Ausgangsmuster Tu-95 gab es verschiedene Varianten, von denen einige bis zu 930 km/h schnell waren. Zu ihnen zählten sowohl reine Prototypen wie die mit vier 16000 PS starken NK-16 ausgestattete Tu-96 mit über 17 km Einsatz-Gipfelhöhe und die zur Erforschung eines atomaren Antriebs dienende Tu-119 als auch Serienmaschinen wie der Hochseeaufklärer und Ubootjäger Tu-142. Man kann nur spekulieren, wie schnell eigentlich eine geplante, aber nicht gebaute Tu-95-Version mit vier NK-20 von je 20000 PS gewesen wäre. Wie auch immer, das in den neunziger Jahren erneut erwachte weltweite Interesse am Turboprop könnte durchaus für eine kräftige Wiederbelebung der etwas in Vergessenheit geratenen Rekordszene in dieser FAI-Klasse sorgen.

Lockheed P3C „Orion" (1971)

Überschall per Propeller? 1970–2000

Larry Havens, im Hauptberuf städtischer Parkdirektor in Long Beach, Kalifornien, wollte im Herbst 1972 mit seiner „Crazy Horse" einen Rekordangriff unternehmen. Diese Bell P-63C-5 „Kingcobra" war aus Einzelteilen verschiedener Vorgängermaschinen zusammengebaut und natürlich ebenfalls erheblich modifiziert. Das vom Motorenspezialisten Dave Zeuschel präparierte Triebwerk Allison V-1710-135 leistete dank einer exotischen Kraftstoffmixtur über 1800 PS. Leider hatte er bei einem Probeflug am 7. September Pech und mußte sich mit dem Fallschirm retten, bevor seine schnittige weiße Maschine bei San Diego in den Pazifik stürzte. Charles Lyford hatte seine schnelle P-51D „Mustang" mit Namen „Bardahl Special" im Hinblick auf einen Anfang der siebziger Jahre geplanten Rekordangriff völlig neu aufgebaut, aber seine Absicht nach einiger Zeit wieder aufgegeben. David Garber, Verkehrspilot und ebenfalls Freizeitrenner, hatte weitergehende Ambitionen. Gegen Ende des Jahres 1974 begann er in Florida mit dem Bau seiner zweimotorigen Eigenkonstruktion DG-1, mit der er sowohl Rundstreckenrennen als auch Rekordversuche bestreiten wollte und die im Prinzip einer auf 45 Prozent verkleinerten Do 335 glich, also Zug- und Druckpropeller in Bug und Heck aufwies. Als Antrieb des winzigen, in Mischbauweise – Stahlrohr, GFK und Sperrholz – konstruierten Einsitzers waren zwei aufgeladene Mazda-RX-3-Wankelmotoren von je 330 PS vorgesehen. Mit speziellen „Rekord"-Flügeln hoffte Garber mit seiner Konstruktion über 800 km/h zu erreichen. Das weitgehend fertiggestellte Flugzeug wurde zwar der Öffentlichkeit vorgestellt und sollte im Frühjahr 1977 seinen Erstflug absolvieren, doch hörte man seitdem nichts mehr davon.

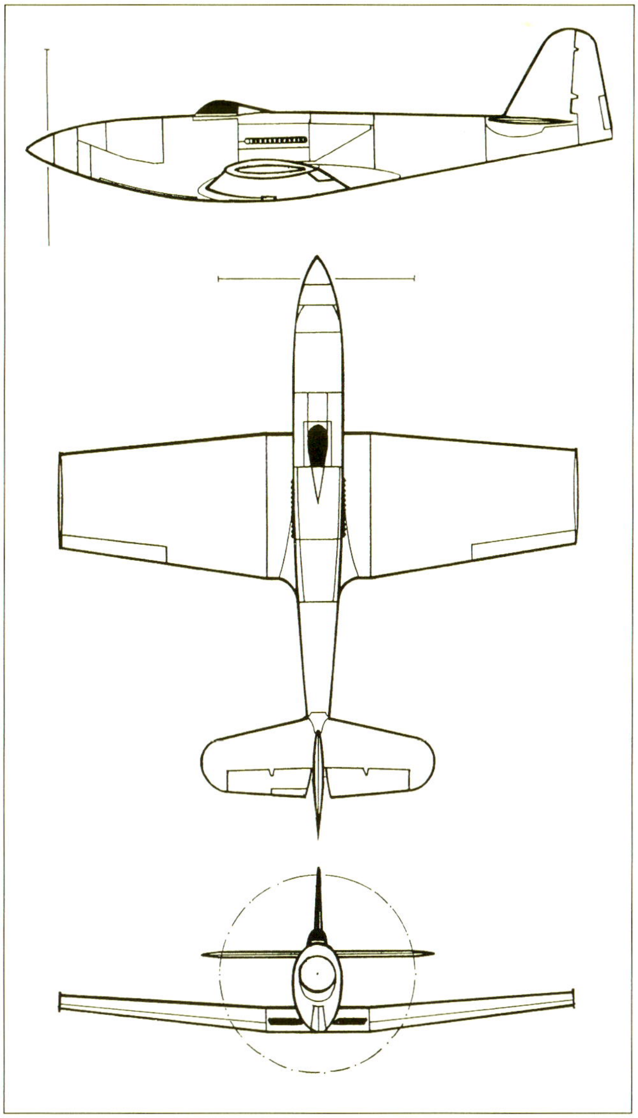

Bell P-63C-5 mod. „Crazy Horse" (Havens) (1972)

„Red Baron RB-51" (North American P-51D „Mustang")

Unter den Dutzenden von „Mustangs", die sich alljährlich in Reno und an ein paar anderen abgelegenen Plätzen der Vereinigten Staaten erbitterte Positionskämpfe lieferten, befand sich mehrere Jahre lang auch eine bestimmte P-51D, die zuerst im Jahre 1964 bei Rennen in Reno auftauchte, und das in relativ unveränderter Originalausführung. Später wurde sie der allgemein üblichen Trimmkur unterzogen und erschien dann mit verkürzten Flügeln, stärkerem „Merlin"-Triebwerk und neuem Propeller mit spitzer Nabenhaube als „Miss R. J.". 1969 wurde sie in Reno ganz knapp von Greenamyers „Conquest I" geschlagen, aber nur, nachdem ihr Motor sauer geworden war. Weitere Modifikationen am Cockpit folgten, doch auch die Renneinsätze in den folgenden Jahren endeten regelmäßig mit zerstörten Motoren. 1971 tauchte die N 7715 C – so die zivile Registrierung der Maschine – mit einem neuen Besitzer und unter dem Namen „Roto Finish" wieder in Reno auf, ohne sich aber besonders auszuzeichnen, was eine weitere Schlankheitskur nach sich zog. Diesmal war die Sonderbehandlung von Erfolg gekrönt, nämlich einem eindrucksvollen Sieg über den Hauptkonkurrenten „Conquest I". Im Herbst 1973 wechselte die Maschine wieder den Besitzer und im Februar 1974 ein weiteres Mal. Der neue Eigentümer, ein wohlhabender Rancher und Geschäftsmann namens Ed Browning, taufte die nun knallrot gespritzte „Mustang" auf den Namen „Red Baron" und vertraute sie dem talentierten Nachwuchspiloten Roy „Mac" McClain an. Leider gab der Motor in Reno seinen Geist vorzeitig auf.

Nun beschloß man, den überzüchteten „Merlin" durch einen größeren „Griffon" zu ersetzen, ebenfalls aus dem Hause Rolls-Royce, wie das schon früher bei der britischen „Spitfire" erfolgreich praktiziert worden war. Nach langer Suche fanden sich zwei Motoren dieses Typs, zwar von einer anderen Baureihe, doch komplett mit gegenläufigen Doppelpropellern, auf einem englischen Schrottplatz. Das „Red-Baron"-Team, dem unter anderem der Konstrukteur Bruce Boland und der Motorenfachmann Dave Zeuschel angehörten, machte sich nun an

North American P-51D mod. „Red Baron RB-51“ (1976)

5

die Arbeit, den größeren und rund 250 kg schwereren Nachfolgemotor in der alten „Mustang"-Zelle unterzubringen – ein nicht ganz leichtes Unterfangen. Doch der „Griffon 54", ursprünglich für den Fernaufklärer Avro „Shackleton" bestimmt, erwies sich als äußerst zuverlässig und gab, je nach Zusammensetzung der Kraftstoffmixtur, zwischen 3400 und 4000 PS ab. Die nunmehr als RB-51 bezeichnete Maschine flog erstmals im Sommer 1975, brauchte aber noch eine Reihe zusätzlicher Modifikationen, um nahezu unschlagbar zu werden, wie den Einbau von Additiv-Einspritzanlagen und eines erheblich vergrößerten Seitenleitwerkes. Die rote Maschine bewies gegen Ende der siebziger Jahre ihre ungeheure Überlegenheit durch eindrucksvolle Siege in der Hand verschiedener Piloten, darunter auch Darryl Greenamyer. Nach dessen Ausscheiden aus dem „Red-Baron"-Team übernahm Nachwuchspilot Steve Hinton den Steuerknüppel. Aufgrund der Rennerfolge wagte man sich voller Zuversicht an den Propellerrekord der „Conquest I" heran. Schon im Juli 1976 hatte McClain in Bodennähe eine Spitzengeschwindigkeit von 810 km/h erzielen können, und jetzt wollte man die Sache ganz offiziell angehen. Im August 1979 begab man sich an einen geeigneten Platz, die Tonopah Mud Flats in Nevada. Steve Hinton wurde als Rekordpilot bestimmt. Nach einigen Probeflügen setzte man den ersten Rekordversuch auf den 10. August an, mußte ihn aber wegen eines Motorschadens abbrechen. Wohl oder übel entschloß man sich, den zweiten „Griffon" an Ort und Stelle und über Nacht einzubauen. Beim Einfliegen am darauffolgenden Tag zeigte sich erneut eine winzige Undichtigkeit im Motor, die aber zufriedenstellend abgedichtet werden konnte. Am frühen Morgen des 12. August schließlich startete Hinton wieder zum Rekordangriff, um die später erwarteten Turbulenzen zu vermeiden. Abgesehen von einer nicht schließenden Spornradabdeckklappe gab es keine besonderen Schwierigkeiten: die Auswertung ergab einen zufriedenstellenden Rekordschnitt von 787 km/h. Dennoch entschloß sich das Team, es am nächsten Tag noch einmal zu versuchen – die 500 Meilen (804,5 km/h) winkten. Doch schlechtes Wetter und eine durchgebrannte Zündkerze verhinderten den Erfolg. Am Morgen des 14. August 1979 schließlich klappte alles bei den vier Durchgängen, der schnellste mit rund 808 km/h. Die amtlich verkündete neue Rekordmarke stand nun auf 803,092 km/h. Wenn auch nicht die 500-mph-, so war doch die 800-km/h-Grenze erstmals offiziell von einem Flugzeug mit Kolbenmotor und Propeller überwunden worden.

Doch der „Red Baron" sollte diesen Triumph nur knapp einen Monat überleben. Am Ende eines spannenden Reno-Wettkampfes mit zwei weiteren „Mustangs" namens „Jeannie" und „Sumthin' Else" fraß in der Zielgeraden ein Kolben der RB-51. Die sechs Propellerblätter wirkten als riesige Luftbremsen, und die Maschine sackte durch, prallte auf einen steinigen Hügel und wurde restlos zerstört. Steve Hinton überlebte erheblich verletzt.

„Dago Red" (North American P-51D „Mustang")

Das war zwar das Ende für die überragende RB-51, aber noch lange nicht das des Ringens um den Propeller-Geschwindigkeitsrekord. Sowohl „Jeannie" als auch „Sumthin' Else" hatten sich als ernstzunehmende Anwärter entpuppt, und entsprechende Andeutungen wurden auch von Zeit zu Zeit gemacht. Beide P-51D-Weiterentwicklungen wurden von ihren Eigentümern laufend auf Höchstleistung getrimmt, und so sahen die Reno-Rennen der Jahre 1980 und 1981 wiederum spannende Duelle der beiden Maschinen, mit den restlichen Teilnehmern in der Regel weit abgeschlagen dahinter. Im Jahre 1982

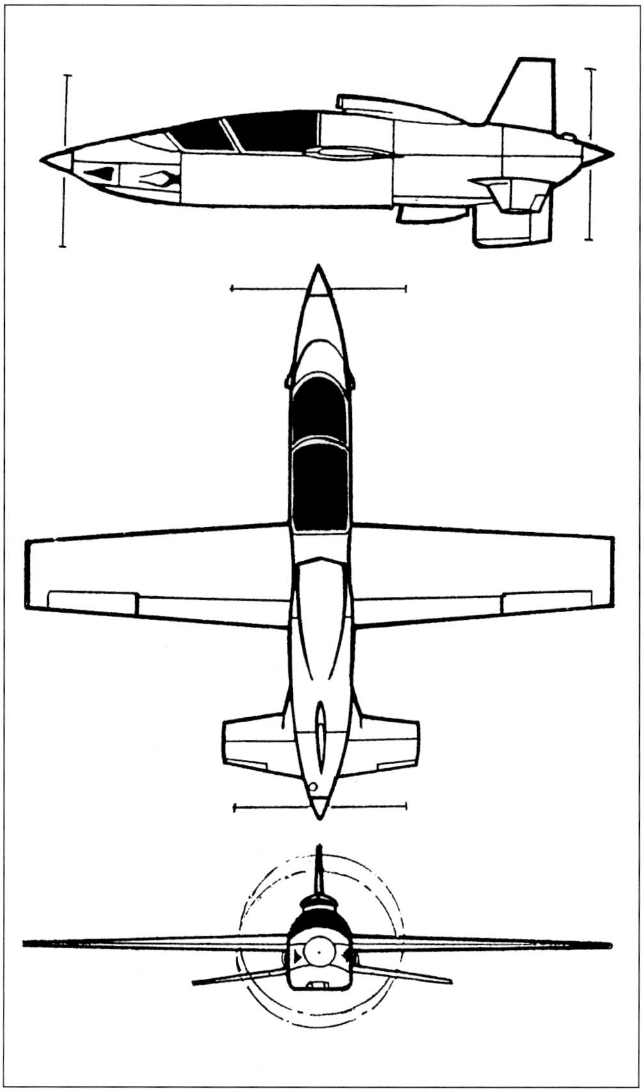

Garber Aero Design DG-1 (1977)

North American P-51D mod. „Red Baron RB-51" (1979)

tauchte aber buchstäblich in allerletzter Sekunde ein weiterer Mitbewerber mit Sieganspruch in Reno auf: „Dago Red", eine der „Jeannie" nachempfundene „Mustang"-Modifikation, bei der auch – wie schon zuvor bei den anderen Siegermaschinen – die High-Speed-Experten Bruce Boland und Pete Law ihre Hände im Spiel hatten. Anstelle des von Dave Zeuschel hochgetrimmten „Merlin" der „Jeannie" befand sich ein von Packard in Lizenz gebautes und vom Spezialisten Mike Nixon präpariertes Exemplar dieses Motors in der rot-gelb-weißen „Dago Red". Nachwuchspilot Ron Hevle „kam, sah und siegte" zur Überraschung aller Beteiligten. Doch damit nicht genug, im Sommer 1983 erfüllte sich Eigentümer Frank Taylor seinen seit langem gehegten Traum und zog mit seinem Team in die kalifornische Mojave-Wüste, um den Propellerrekord anzugreifen. Komplizierte Berechnungen hatten der 15/25-km-Variante des Rekords eine etwas höhere Erfolgschance als der in Bodennähe zu fliegenden 3-km-Version eingeräumt, nicht zuletzt wegen der in größerer Höhe geringeren Heißluftturbulenzen. Das Ergebnis bestätigte die Computerprognose: 832,12 km/h war der überraschend hoch ausgefallene Mittelwert aus den beiden Durchgängen, die am 30. Juli 1983 geflogen wurden.

So beeindruckend die Leistung des „Dago-Red"-Teams auch war, fest steht: die Konkurrenz schläft nicht, weder in den USA noch anderswo. Die Mehrzahl der „record hopefuls" besteht zwar aus mehr oder weniger stark modifizierten Jagdeinsitzern der vierziger Jahre. Doch gab es auch eine ganze Reihe interessanter und zuweilen ausgesprochen skurriler Neukon-

North American P-51D mod. „Dago Red" (1983)

Colani C 309 (1969)

Colani C 309 „Bohu" (1977)

struktionen, die aber nur selten in ausgewachsener und/oder flugfähiger Form das Tageslicht erblickten. Zu ihnen zählte Anfang der 90er Jahre das Vorhaben einer Gruppe britischer Enthusiasten, die glücklose Heston J.5 aus dem Jahre 1940 neu entstehen zu lassen – unter Beteiligung der sieben noch lebenden zehn Angehörigen des damaligen Entwurfsteams. Doch aus diesem Projekt wurde genau so wenig wie aus dem ihres Landsmannes Patrick Luscombe. Er gedachte das angenommene Rekordpotential des Jagdeinsitzers Hawker „Sea Fury Mk.11" voll auszuschöpfen und wollte ihn zu diesem Zweck mit einer stärkeren Version des Originaltriebwerks Bristol „Centaurus" ausrüsten.

Colani C 309, „Pontresina"

Auch in Deutschland machte sich ein Designer Gedanken über zukünftige Propeller-Rekordflugzeuge, nämlich Lutz bzw. Luigi Colani. Sein erster Entwurf entstand schon 1968 und wurde von ihm in Anlehnung an die Me 209 sinnigerweise als C 309 bezeichnet. Es war ein winziges Flugzeug von ausgesprochen ungewöhnlicher Pfeilform, angetrieben von zwei je 180 PS leistenden NSU-Wankeltriebwerken mit je einem Fünfblatt-Zug- und Druckpropeller in Bug und Heck in der Art der Dornier Do 335 des Jahres 1943. Der Pilot würde bäuchlings im spindelförmigen Rumpf liegen, der aus einem GFK-umkleideten Titanrohrgerüst bestand. Die Sicht wurde durch zwei oben und unten bündig in den Rumpf eingelassene Fenster gewährleistet. Neun Jahre später entstand eine überarbeitete Fassung der C 309 mit dem japanischen Namen „Bohu" (Sturm). Der Rumpf war länger und besaß eine Wespentaille gemäß der deutsch-amerikanischen „Flächenregel". Die Spannweite hingegen betrug ganze 2,64 m. Die beiden Wankeltriebwerke stammten nunnehr von Mazda und sollten je 400 PS leisten. Am auffallendsten jedoch waren die beiden sogenannten Zentripetal-Überschallpropeller mit je

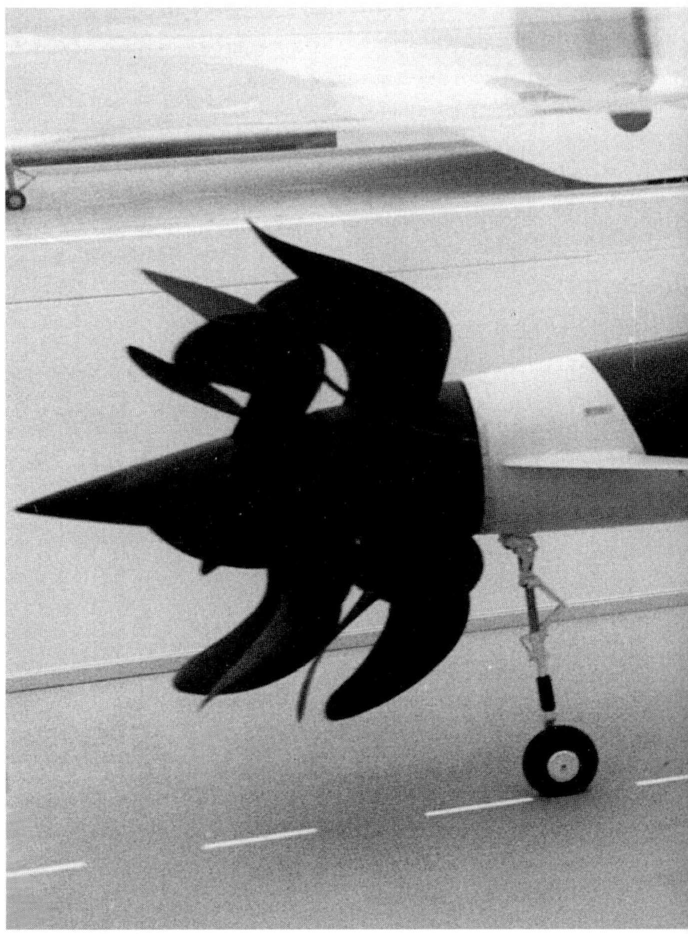

Colani „Pontresina" (1984)

fünf sensenförmigen und entgegen der Flugrichtung gepfeilten Blättern. Als Höchstgeschwindigkeit gab Colani satte 892 km/h an. Erneut überarbeitet, zeigte sich eine 1984 mit dem Namen „Pontresina“ geschaffene Variante dann mit erheblich kräftigeren Mazda-Triebwerken und gegenläufigen Doppelpropellern ähnlicher Art. Ein Jahr darauf schließlich wurde eine völlig neue „Pontresina“ vorgestellt, ein Deltaflügler mit reinem Heckantrieb, der dank seiner beiden, mit Turboladern versehenen Mazda-Vierscheiben-Wankeltriebwerke von je 1400 PS rund 940 km/h erreichen würde. Doch wie bei den meisten der kurvenreichen Vorhaben Luigi Colanis blieb es auch hier nur bei Modellen und Attrappen.

„Dreadnought“ (Hawker „Sea Fury“)

Der Rest der Rekordaspiranten war und ist in den USA beheimatet, nicht zuletzt aus finanziellen Gründen. Auch hier war man auf den inzwischen ehrwürdigen britischen Trägerjäger „Sea Fury“ aufmerksam geworden. Von den in den Jahren 1944 bis 1951 insgesamt 920 gebauten Exemplaren existieren heute weltweit noch etwa 40 Stück, viele von ihnen allerdings nicht mehr in flugfähigem Zustand – wie die meisten der überlebenden Propellerflugzeuge aus jener Zeit. Am bekanntesten und erfolgreichsten wurde eine zweisitzige „Sea Fury T.20“, die man an Stelle ihres bisherigen, 2450 PS starken

Colani „Pontresina“ (1985)

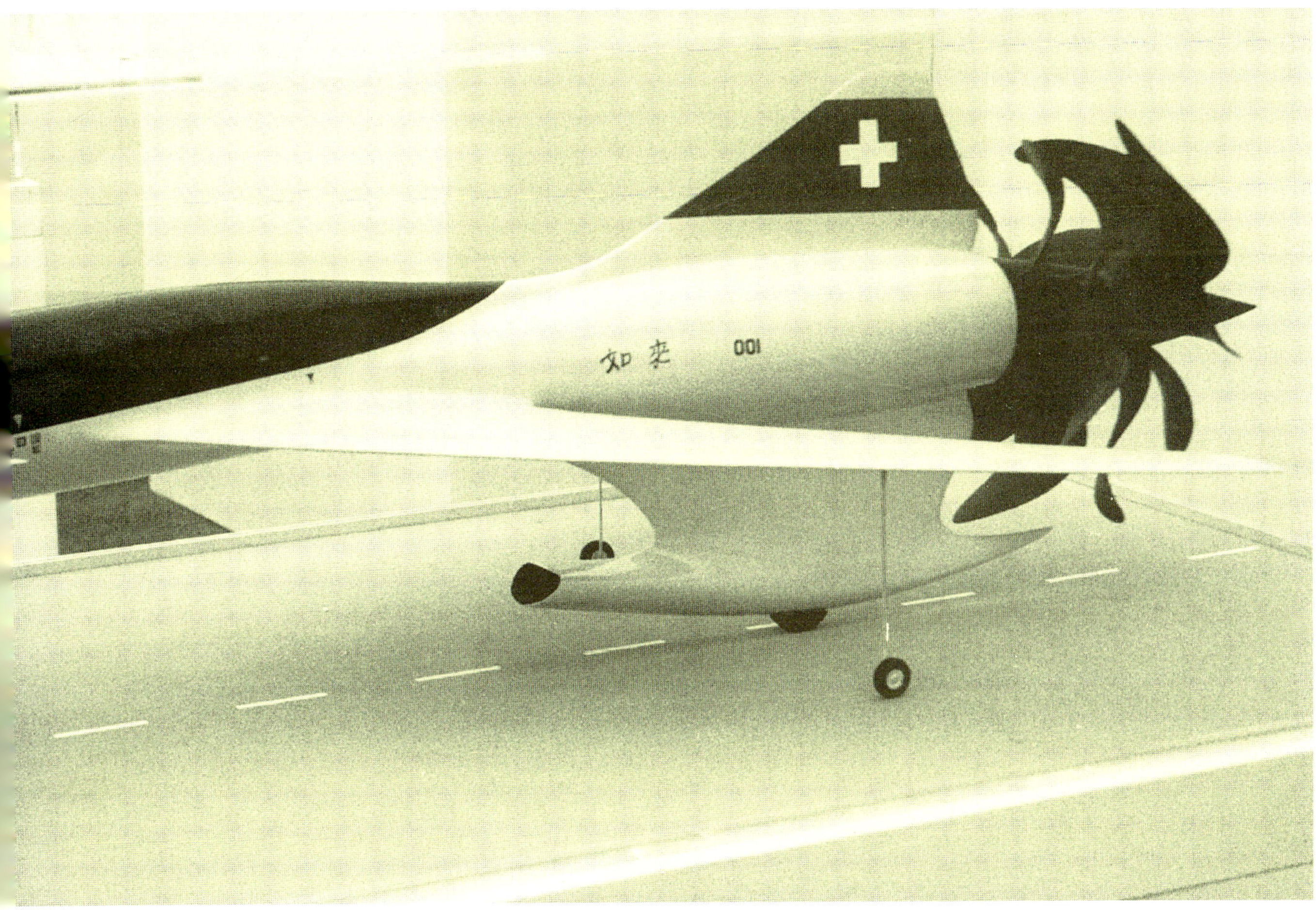

Grumman F8F-2 mod. „Rare Bear" (1989)

18-Zylinder-Doppelsternmotors Bristol „Centaurus" mit 28-Zylinder-Vierfachsternmotor Pratt & Whitney R-4360 „Wasp Major" ausgestattet hatte, dessen Leistung etwa um die Hälfte größer war. Diese Triebwerk sind wegen ihrer Form auch unter dem Spitznamen „Corncob" (Maiskolben) bekannt. Daß sich die gewagte Transplantation auszahlte, konnte man daran erkennen, daß die „Dreadnought" beim Reno-Rennen 1983 der versammelten „Mustang"-Meute die Auspuffstutzen zeigte und mit erheblichem Vorsprung siegte. 1984 klappte es nicht mehr, und 1985 wurde sie wegen einiger Strafsekunden – sie hatte die letzte Wendemarke geschnitten – nur Zweite, hinter einem weiteren Sternmotor-Renner. Dies war eine gleicherweise wiederauferstandenen Vought-Goodyear „Corsair" gewesen, ebenfalls mit einem R-4360 versehen und geflogen von dem inzwischen wieder genesenen Steve Hinton. 1986 allerdings hatte die „Dreadnought" wieder die Nase vorn, wieder von einem Renner mit Sternmotor gefolgt, einer ähnlich modifizierten „Sea Fury", der knallroten „Furias". Auch in den darauffolgenden Jahren schien die „Dreadnought" den zweiten Platz nahezu gepachtet zu haben, 1987 hinter einer frisierten „Mustang" namens „Strega" und gefolgt von der „Dago Red", 1988 und 1989 jedoch hinter einer anderen Vertreterin der Sternmotorenfraktion, einer ebenfalls hochgetrimmten Grumman F8F-2 namens „Rare Bear". Während letztere in den Jahren 1990 und 1991 siegte, reichte es bei der „Dreadnought" dabei nur zum 4. und 5. Platz. Dann aber nahm sie ihren „Abonnementsplatz" wieder ein und behauptete ihn erfolgreich. 1992 und 1993 kam sie hinter Bill Destefanis „Strega" als Zweite ins Ziel und 1994 hinter Sheltons „Rare Bear".

„Rare Bear" (Grumman F8F-2 „Bearcat")

„Rare Bear" war neben Greenamyers „Conquest I" die erfolgreichste und beeindruckendste Sternmotorenmaschine aller Zeiten. Genau wie diese basierte sie auf einem Träger-Jagdeinsitzer Grumman F8F-2 „Bearcat" und war im Jahre 1968 von Lyle Shelton, einem ehemaligen Navy- und späteren TWA-Verkehrspiloten, als Schrottvogel erworben worden. In geduldiger Heimarbeit hatte er sich daran gemacht, sie wieder flug- und dann wettbewerbsfähig zu machen. An die Stelle des – sowieso fehlenden – Pratt & Whitney R-2800 trat ein anderer, größerer 18-Zylinder-Doppelsternmotor des Typs Wright R-3350 aus einer Douglas „Skyraider", und der Vierblattpropeller samt Nabenhaube kam von einer Douglas DC-7. Außerdem wurden die Flügel ein wenig gestutzt. Schon im darauffolgenden Jahr 1969 erschien Shelton mit der auf den Namen „Able Cat" getauften und lediglich grundierten Maschine – für einen vollständigen Anstrich war keine Zeit mehr gewesen – in Reno und kam auf Anhieb auf den fünften

Platz. In den folgenden Jahren trug die laufend verbesserte „Bearcat" nacheinander die Namen „Phoenix I", „Phast Phoenix", „U.S.Thrift 71/4% Special", „Omni Special", „Spirit of 77", um schließlich ab 1980 beim Namen „Rare Bear" zu bleiben. Die Erfolge waren beachtlich: ein internationaler Steigzeitrekord am 6. Februar 1972 – von 0 auf 3000 m Höhe in genau 91,9 Sekunden, Reno-Gesamtsieger 1973, 1974 und 1975. Dann folgte allerdings eine Kette von Mißerfolgen einschließlich einer spektakulären Bauchlandung 1976. Es vergingen nicht weniger als ein Dutzend Jahre, bis Lyle Shelton und „Rare Bear" wieder auf die Straße des Erfolgs zurückkehrten, dann aber mit Vehemenz. 1988 fiel der Reno-Gesamtsieg erneut an sie, wobei die schnellste Runde mit 763,83 km/h durchflogen worden war – trotz acht zu umfliegender Pylons auf der 14690 m langen Rundstrecke.
Durch diesen Erfolg ermutigt, machte sich das „Rare Bear Racing Team" im August 1989 nach Las Vegas, New Mexico (nicht Nevada) auf, um den Propellerrekord zu brechen, zumindest den über die bodennahe 3-km-Distanz. Zur Geschwindigkeitssteigerung verfiel man auf einige ungewöhnliche Lösungen. So kamen die Hamilton-Standard-„Paddel"-Blätter und die Nabe eines speziell angefertigten Dreiblattpropellers ursprünglich vom Allison-Turboproptriebwerk eines Ubootjägers Lockheed P-3C „Orion". Die Motorhaube hingegen hatte früher ein Turbo-Compound-Triebwerk Wright R-3350 eines Airliners Douglas DC-7 umschlossen. Um den noch nicht voll erprobten neuen Propeller und die kostbare Maschine noch ein wenig zu schonen, auch im Hinblick auf die einige Wochen später stattfindenden Reno Air Races, griff man für die eigentlichen Rekordflüge auf den bewährten vierblättrigen Propeller zurück. Dessen Nabe stammte übrigens von einem der vier „Centaurus"-Triebwerke eines britischen Transporters Blackburn „Beverley". Der erste offizielle Versuch am Vormittag das 20. August mußte wegen eines kleinen Lecks in der Kühlanlage abgebrochen werden. Nach Behebung des Schadens startete Shelton kurz nach Mittag erneut. Nach den obligaten vier Durchgängen stand der Erfolg fest: 830,045 km/h – genug für den 3-km-Rekord, doch noch um 2 km/h unter dem 15-km-Rekord von Frank Taylor liegend. Deswegen entschloß sich Shelton sofort zu einem weiteren Rekordversuch am nächsten Morgen. Wiederum machten Kühlungsprobleme einen Strich durch die Rechnung und zwangen ihn schon nach dem dritten der vier Durchgänge zur Landung, obwohl bei einem Durchgang sensationelle 871 km/h gemessen worden waren. Gegen 15.30 Uhr jedoch war die Maschine wieder start- und rekordbereit, und

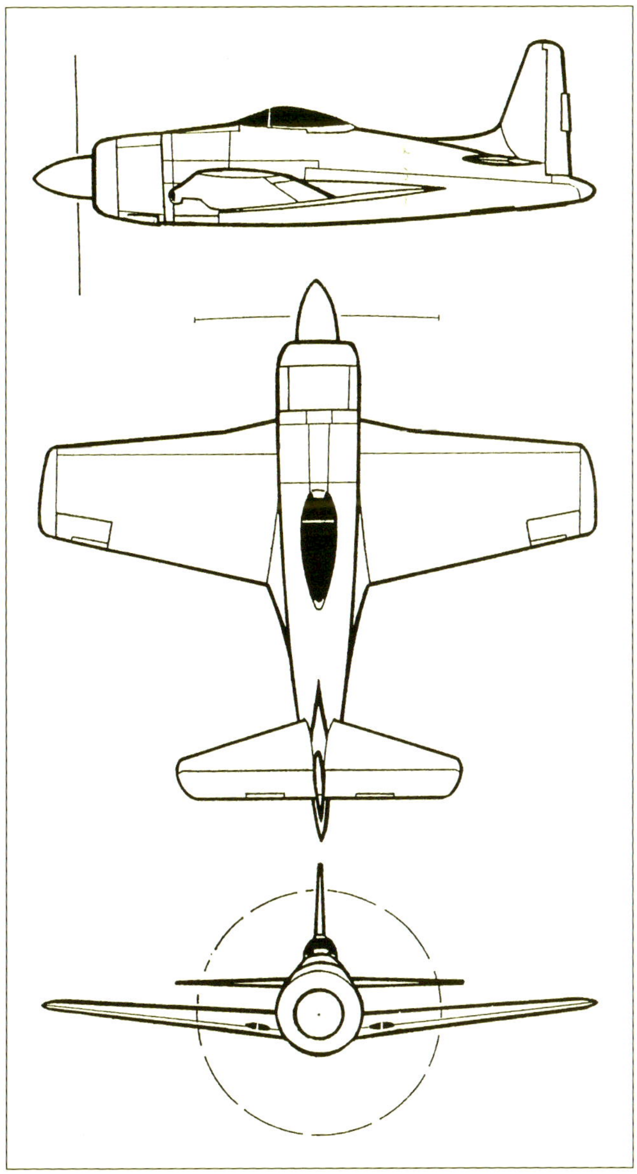

Grumman F8F-2 mod. „Rare Bear" (1989)

North American P-51D mod. „Stiletto" (1985)

diesmal klappte alles: Lyle Shelton gelang es, einen neuen Rekordschnitt von 850,263 km/h zu erfliegen. Das war mehr als genug, um das erforderliche eine Prozent über der bisherigen Bestmarke von Frank Taylors „Dago Red" zu liegen. Weitere Beweise für die Leistungsfähigkeit dieser „winning combination" zeigten die Reno-Resultate der darauffolgenden Jahre:1989, 1990 und 1991 siegte Shelton erneut – im letzteren Fall mit einem atemberaubenden Gesamtschnitt von 775,089 km/h, wobei die allerletzte Runde sogar mit 787 km/h gestoppt wurde. Die Blätter des ab 1990 verwendeten Dreiblattpropellers waren erheblich breiter und kürzer als die des bisherigen Vierblattpropellers, so daß Shelton mit erhöhter Propellerdrehzahl fliegen konnte, ohne mit den Blattspitzen in den kritischen Machbereich zu geraten. 1992 schien jedoch das Ende der Siegesfahnenstange erreicht, denn „Rare Bear" mußte wegen Motorschadens aufgeben. Beim anschließenden Checkup stellte sich heraus, daß die rasante Siegesserie der betagten Maschine doch mehr als erwartet zugesetzt hatte und sie einer gründlichen Erneuerung bedurfte. Daß diese erfolgreich war, erwies sich beim Reno „Super Gold Shootout" des Jahres 1994. Von John Penney geflogen, siegte sie vor der „Dreadnaught" und einer modifizierten „Mustang" namens „Risky Business" – wiederum auf überlegene Weise.

„Stiletto", „Strega", „Precious Metal", „Vendetta"

Die Leistungen der „Rare Bear" sind besonders deswegen erstaunlich, weil der größere Stirnwiderstand der großvolumigen Sternmotoren (R3350: 54,9 Liter Hubraum; R-4360: 71,5 Liter) gegenüber den schlanken V-12-Reihenmotoren („Merlin": 27 Liter; „Griffon": 36,7 Liter) nicht außer acht gelassen werden sollte. Immerhin bringt ein hochgetrimmter „Merlin" etwa die gleiche PS-Leistung – allerdings bei einer Drehzahl von bis zu 4000/min und einem Ladedruck von 2,5 bar. Selbst beim Einsatz von leistungssteigernder Wassereinspritzung geht das natürlich auf Kosten der Standfestigkeit. Bei jedem Rennen werden dann auch einige dieser teuren (einige 10000 Dollar) und an die 4000 PS starken Triebwerke sauer, mit denen die „Mustang"-Umbauten bestückt sind. Einige der „Specials" erinnern nur noch entfernt an das Original. So hatte man bei der „Stiletto", der Reno-Siegerin des Jahres 1984, den klobigen Tunnelkühler entfernt und statt dessen die Vorderkanten der stark gekappten Tragflügel mit Lufteinlaßschlitzen versehen. Etwas enger an die ursprünglichen „Mustang"-Konturen,

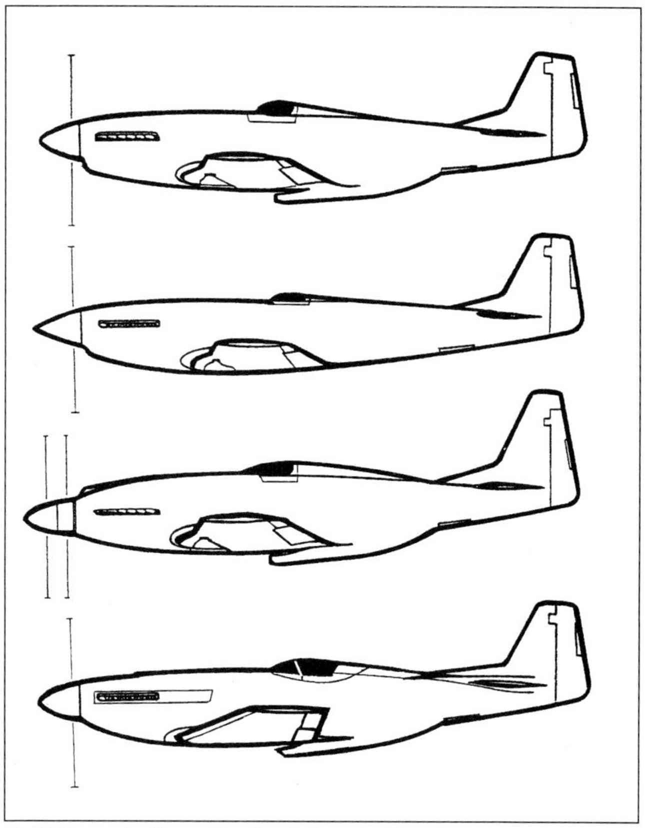

P-51D mod. „Dago Red", „Stiletto", „Precious Metal", „Vendetta"

wenn man von den gestutzten Flügeln und Mini-Cockpithauben absieht, hielten sich die „Strega" (Reno-Siegerin 1987, 1992, 1993 und 1995) und „Precious Metal". Letztere war allerdings seit 1988 mit einem Rolls-Royce „Griffon" und gegenläufigen Dreiblattpropellern ausgestattet. Leider war diese rassige, silberne „Mustang"-Variante vom Pech verfolgt. Beim Reno-Rennen 1988 versagte ihre Propellerverstellung, und sie wurde bei der anschließenden Bauchlandung in der Nevada-Wüste schwer beschädigt. Nachdem sie mühsam wieder aufgebaut worden war, unternahm ihr Besitzer Don Whittington im Mai 1989 einen Rekordversuch, der diesmal allerdings mit einem kapitalen Motorschaden nebst nachfolgender Bauch-

Sandberg/Boland „Tsunami" (1987)

landung endete. Wieder wurde die durchaus erfolgverheißende „Precious Metal" repariert, aber nur, um Anfang 1990 wegen Benzinmangels von Whittington in Flachwasser gesetzt zu werden, wobei sich der Pilot nur knapp retten konnte. Nach gründlicher Durchsicht der salzwassergetränkten Maschine entschied man sich jedoch für einen erneuten Wiederaufbau. Die extremsten Modifikationen wies allerdings die 1988 vorgestellte „Vendetta" auf, eine ex-P-51D mit den gepfeilten Flügeln und Höhenleitwerksflächen eines Business Jets „Learjet 23". Wieder einmal verhinderten Triebwerksprobleme die Teilnahme der interessanten Maschine am Reno-Luftrennen, wo sie offiziell als North American-Dilley 1001 „Vendetta", inoffiziell aber als „Learfang" oder „Learstang" bezeichnet wurde. Leider erlitt auch sie schwere Schäden bei einer durch Motorschaden veranlaßten Notlandung im Juni 1989, noch bevor sie ihr beträchtliches Geschwindigkeitspotential unter Beweis stellen konnte. Doch auch hier hat man die Hoffnung noch nicht aufgegeben.

„Tsunami"

Obwohl diese in ihren Grundzügen über fünfzig (!) Jahre alten Ex-Jagdeinsitzer immer noch die amerikanische Renn- und Rekordszene beherrschen, erwuchs ihnen vereinzelt eine ernstzunehmende Konkurrenz in Form völliger Neukonstruktionen. Die erste davon war die „Tsunami", eine Art „Mini-Mustang". Sie wurde von Bruce Boland und seinem Team für den Motorenspezialisten und Rennfan John Sandberg konstruiert und gebaut. Der kleine Ganzmetall-Einsitzer besaß einen Packard-Rolls-Royce „Merlin" von über 3000 PS Leistung, doch nur 65 Prozent der Stirnfläche einer ausgewachsenen „Mustang". Trotz fortschrittlicher Konzeption griff man, um die Risiken so gering wie möglich zu halten, weitgehend auf anderweitig bewährte Komponenten und Standardmaterialien zurück. Der Vierblattpropeller beispielsweise kam von einem Schulzweisitzer, einer North American T-28A „Trojan", das Fahrgestell von einer Piper „Aerostar", die Haupträder von einem „Learjet" und das Heckrad von einer Grumman S-2 „Tracker". Allerdings ergab sich ein unerwartetes Handicap bei der Beschaffung der erforderlichen Niete, Schrauben und Muttern. Die Firma Boeing hatte nämlich wegen der gerade anlaufenden Serienfertigung ihrer neuen Airliner-Modelle 757 und 767 den gesamten Markt leergefegt. Dennoch konnte der Erstflug der „Tsunami" am 17. August 1986 stattfinden. Geflogen wurde sie vom inzwischen wieder genesenen Steve

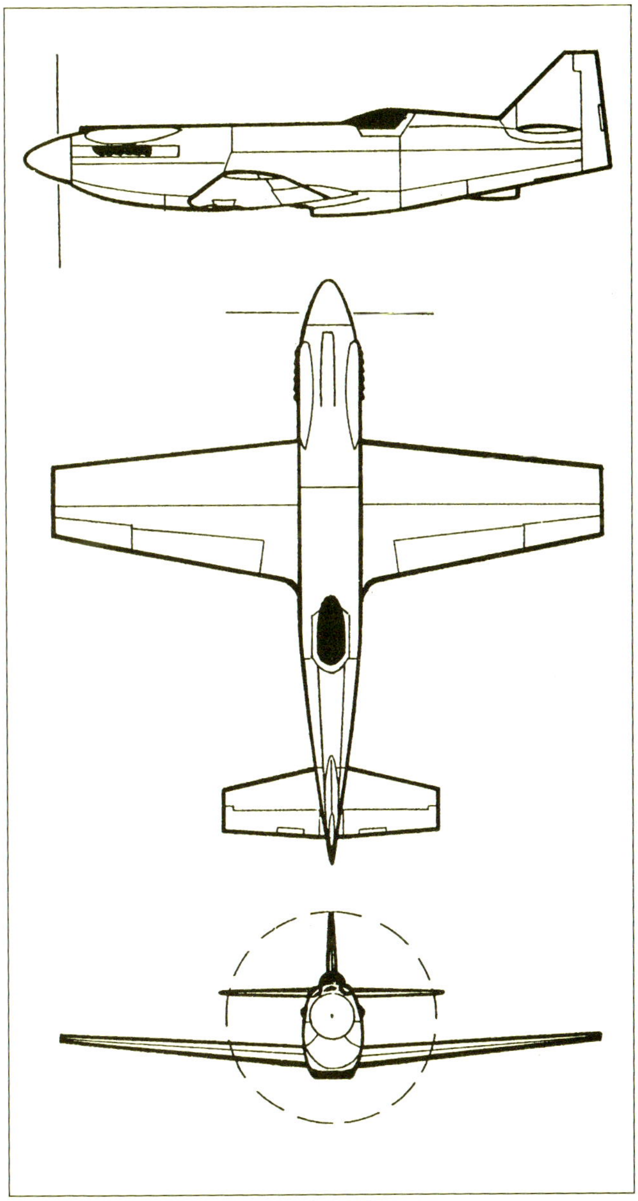

Sandberg/Boland „Tsunami" (1989)

Hinton. Das darauffolgende Jahr diente der Abstimmung der Neukonstruktion. Ihr erster aktiver Einsatz beim Reno-Rennen im September 1987 war erfolgversprechend, endete aber vorzeitig mit einem überhitzten Triebwerk, einem abgeknickten Fahrwerkbein, einem verbogenen Propeller und einigen leichten Blechschäden. Die anschließende Kur resultierte neben anderen Verbesserungen in einem Vergaser-Staulufteinlaß an Stelle des bisherigen widerstandsarmen NACA-„flush intake", einem vergrößerten Tunnelkühler unter dem Rumpf, einem ekkigeren Seitenleitwerk mit größerem aerodynamischen Ruderausgleich und einem etwas tiefergelegten Höhenleitwerk mit Verstellmechanismus. Der gesamte Tragflügel wurde um 20 cm vorverlegt und das Rumpfheck zwecks weiterer Gewichtsersparnis mit Magnesium beplankt. Die umfangreichen Modifikationen erzwangen eine Verlegung des urspünglich für den Juli 1989 anberaumten Rekordversuchs. In Reno, zwei Monate später, behauptete sich die von Steve Hinton geflogene „Tsunami" recht gut, litt aber immer noch an Kühlungsproblemen, die weitere zeitraubende Abstimmungen notwendig machten. Mitten in die Vorbereitungsarbeiten für die nun fest für Anfang September 1989 in Wendover, Nevada, angesetzten Rekordflüge platzte plötzlich die Meldung von den erfolgreichen Attacken der „Rare Bear". Dies bedeutete, daß es nun wegen der erforderlichen einprozentigen Steigerung einen Rekordschnitt von mindestens 859 km/h zu erzielen galt.
Am späten Nachmittag des 5. September 1989 glaubte man aber, soweit zu sein, und John Sandberg begann seinen Rekordangriff. Doch nach zwei schnellen Durchgängen mußte er seinen Versuch abbrechen: starke Turbulenzen hatten ihn und die Maschine zu stark durchgeschüttelt. Am nächsten Tag, um die Mittagszeit startete er erneut. Wieder ein, zwei schnelle Durchgänge, dann fing das Flugzeug plötzlich stark zu qualmen an – wahrscheinlich Motorschaden. Nach der glatten Landung zeigte es sich: die Zylinderringe der linken Reihe waren gebrochen und mußten ausgewechselt werden. Die Enttäuschung war groß, aber der hochgezüchtete „Merlin" hatte schließlich einiges zu verkraften: der 145-Oktan-Flugkraftstoff war mit einem Boron-Additiv zuerst auf 160 Oktan gebracht und schließlich noch durch ein zusätzlich eingespritztes Alkohol-Wasser-Gemisch auf satte 200 Oktan gesteigert worden. Dennoch gelang es dem Team, den Motor über Nacht wieder flugklar zu machen. Erneuter Versuch am Nachmittag des 7. September. Zuerst ein paar schlichte Proberunden zum Aufwärmen, alles lief wie am sprichwörtlichen Schnürchen. Die Landung war dann aber etwas rauh, und es knickte zuerst das linke und dann das rechte Fahrwerkbein weg: Bauchlandung ... Ein Hydrauliksteuerventil hatte versagt; Ende der Vorstellung.
Das bedeutete also Aufschub, an Aufgeben dachte keiner. Schließlich war im Computer eine mögliche Geschwindigkeit von 885 km/h errechnet worden. Beim Reno-Rennen 1990 dann wurde die „Tsunami" vom Piloten Skip Holm geflogen, und es sah nach einem wohlverdienten Sieg aus. Doch in allerletzter Sekunde quetschte sich noch Lyle Shelton mit seiner bulligen „Rare Bear" außen vorbei und verwies die zierliche „Tsunami" auf den zweiten Platz vor dem geglätteten „Mustang"-Verschnitt „Strega". Bei der Landung fuhr dann das ausgefahrene Spornrad wieder ein, wobei das Rumpfheck weiteren Schaden nahm: Künstlerpech. Doch das Glück war der Boland-Konstruktion auch weiterhin nicht hold. Wieder repariert, lösten sich bei einem Testflug des Renneinsitzers im August 1991 bei über 800 km/h die Höhenruder – das rechte Höhenruder ganz, das linke halb – durch Leitwerkflattern. Glücklicherweise bekam Skip Holm das Flugzeug mit Hilfe der im Flug verstellbaren Höhenflosse wieder in den Griff. Erneute eilige Reparatur, um die Teilnahme am Reno-Rennen im September zu sichern. Hier zeigten sich dann Pilot Holm

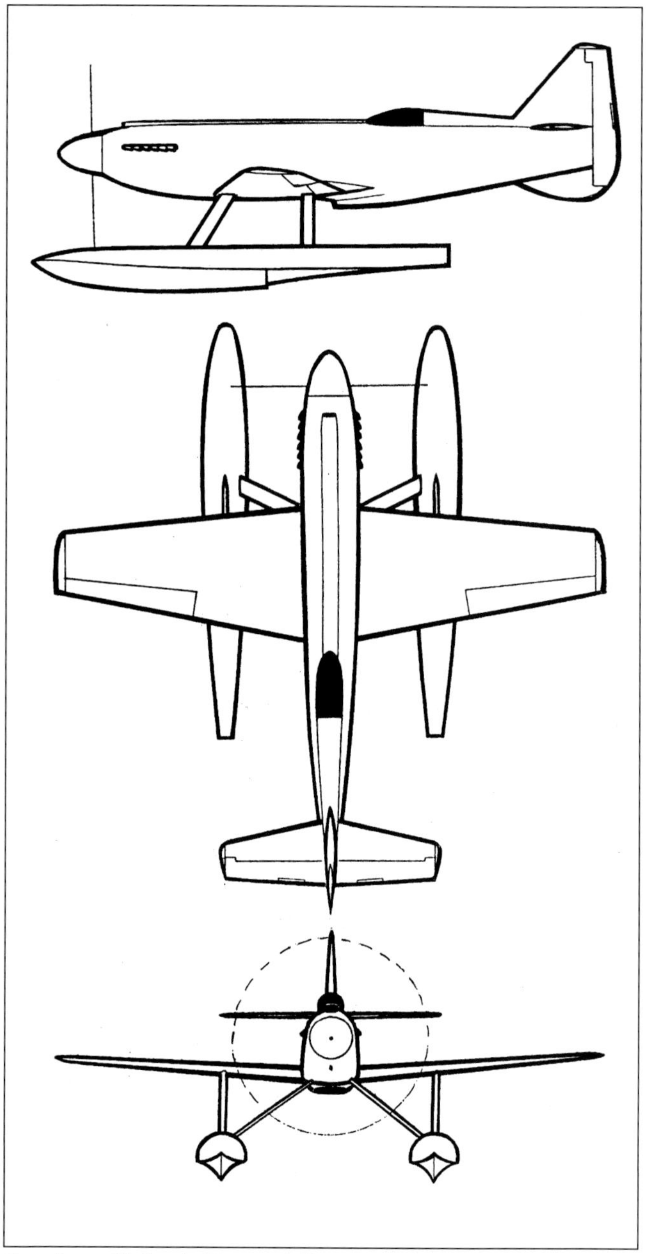
Sandberg/Boland „Tsunami-Project B" (1981)

und „Tsunami" schneller als je zuvor: 769,462 km/h war der hervorragende Schnitt – doch es reichte nur zum dritten Platz hinter der zweitplazierten „Strega" (770,361 km/h) und der anscheinend unbezwinglichen „Rare Bear" (775,089 km/h). Dies sollte der Schwanengesang der „Tsunami" gewesen sein. Zehn Tage danach, am 25 September 1991, erfolgte beim anscheinend etwas zu schnellen Landeanflug von John Sandberg auf den Flugplatz von Pierre, South Dakota, ein Bruch des Landeklappengestänges: eine Landeklappe blieb aus-, die andere eingefahren. Nach einer schnellen Rechtsrolle schlug die „Tsunami" auf den Boden auf. John Sandberg war tot, und mit ihm starb auch die große Hoffnung, mit der zuguterletzt elf Millionen Dollar teuren Maschine nicht nur den Propellerrekord für Landflugzeuge erringen zu können, sondern später und nach entsprechenden Umbauten, auch den seit über 60 (!) Jahren von der italienischen Macchi MC.72 gehaltenen Wasserflugzeugrekord von 709 km/h. Der Name „Tsunami" sollte sich bewahrheiten: das japanische Wort bezeichnet eine gewaltige, alles verschlingende Flutwelle. Die amerikanische Übersetzung ist kürzer und drastischer: Killer Wave!

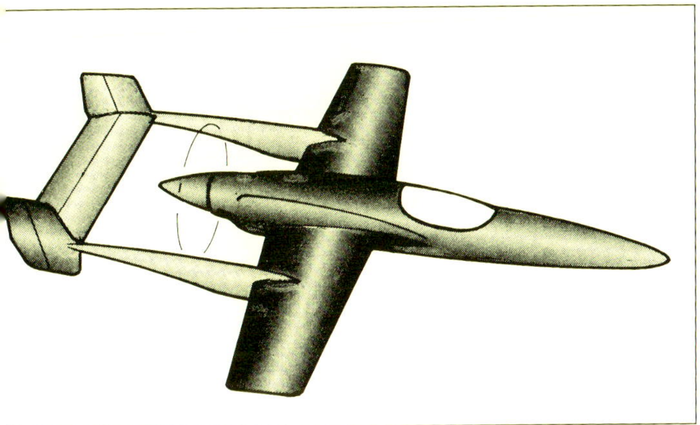

Schapel S-1275 „Finesse" (1985)

„Finesse", „Mach Buster I"

Neben der wahrhaft glücklosen „Tsunami" gab es noch einige andere amerikanische „Record Specials", von denen aber bislang nur ein einziges zum Fliegen kam. Schon aus dem Jahre 1983 stammte ein Entwurf des in Reno, Nevada, beheimateten Konstrukteurs Rod Schapel, der wie Bruce Boland zuvor bei Lockheed tätig gewesen war. Er hatte sich schon in den fünfziger und sechziger Jahren einen guten Namen bei der Schaffung windschlüpfiger Karosserien von Hochgeschwindigkeits-Weltrekordwagen gemacht, einschließlich des strahlgetriebenen „Spirit of America". Anfang der achtziger Jahre stellte er neben eigenwilligen Entwürfen von Landwirtschafts-, Reise- und Militärflugzeugen sein Modell S-1275 „Finesse" vor. Dieser Renn- und Rekordeinsitzer aus Verbundwerkstoffen war ein Mitteldecker mit Zentralrumpf und zwei Leitwerksträgern, der von einem abgewandelten Chrysler-Automobilmotor „Stake II" von 1400 PS über einen Druckpropeller angetrieben werden sollte. Später wurde dieser interessante, an deutsche Focke-Wulf-Projekte der vierziger Jahre erinnernde Entwurf allerdings zu den Akten gelegt.

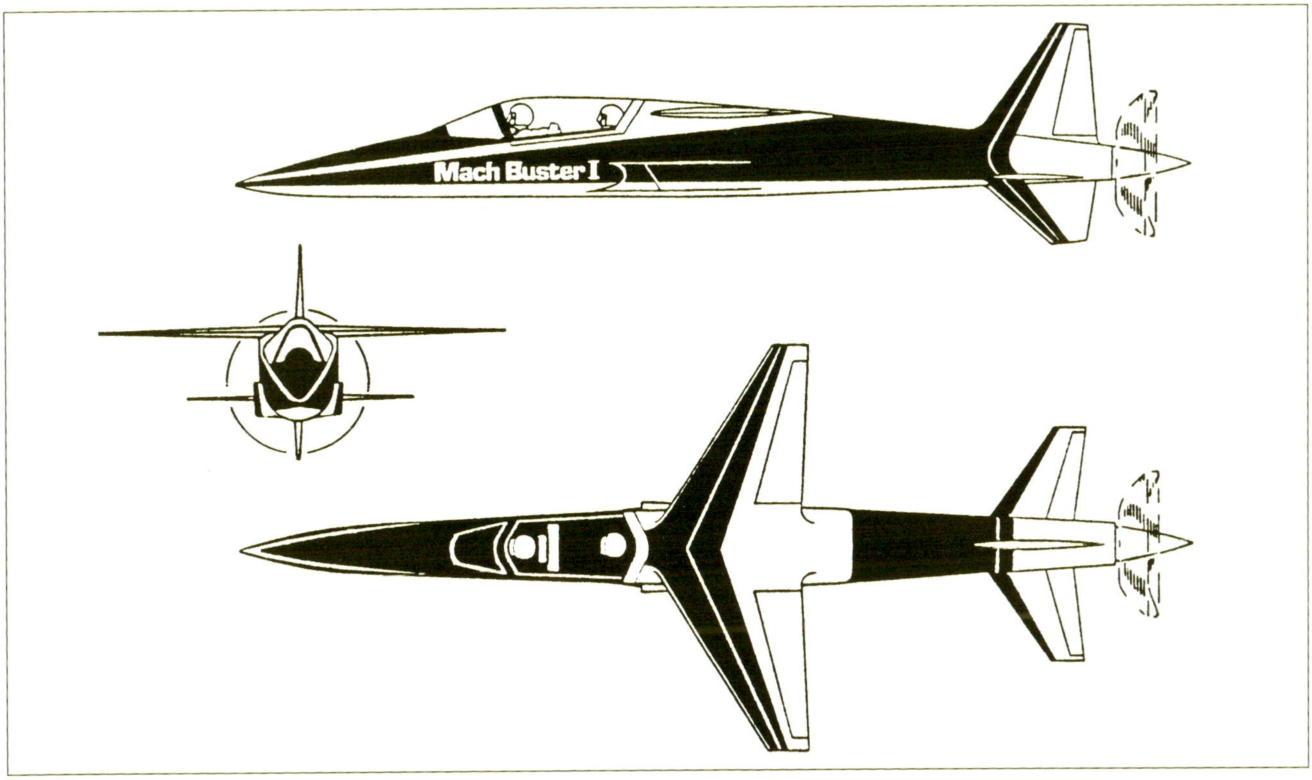

Montagne „Mach Buster I" (1990)

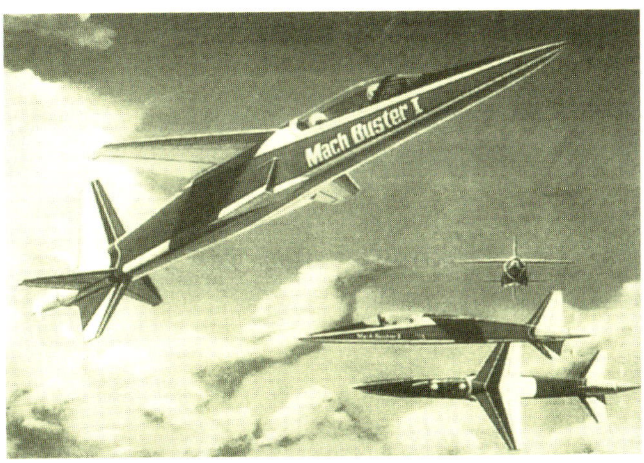

Montagne „Mach Buster I" (1990)

Ein anderer Konstrukteur namens Bill Montagne hatte sich vorgenommen, mit seinem in Eigenbau erstellten „Mach Buster I" sogar die Schallgeschwindigkeit zu erreichen und möglicherweise zu übertreffen – ein für ein Propellerflugzeug mit Kolbentriebwerk recht mutiges Unterfangen. Der Rekordzweisitzer (!) wies äußerlich eine gewisse Ähnlichkeit mit dem auch von der deutschen Luftwaffe geflogenen Überschall-Strahltrainer Northrop T-38 „Talon" auf. Der Antrieb sollte ebenfalls durch einen aufgeladenen und 2100 PS starken V8-Auto-

Scaled Composites „Pond Racer PR-01" (1991)

mobilmotor erfolgen. Über eine Fernwelle wurde der hinter dem Kreuzleitwerk angebrachte Vierblatt-Sichelpropeller auf der Basis des NASA-Entwurfs SR 3 mit einem Durchmesser von 1,65 m angetrieben. Die halbfertige Zelle stellte Bill Montagne dann 1987 beim großen Sportfliegertreffen in Oshkosh aus, zusammen mit der auf eine Tafel geschriebenen Bitte um Geldspenden. Offenbar gab es aber nicht genügend reiche Gönner, denn einige Zeit später wurde das immer noch halbfertige Flugzeug zum Verkauf angeboten – über sein weiteres Schicksal ist nichts bekannt.

„Pond Racer"

Der Zufall wollte es, daß das letzte Reno-Rennen der „Tsunami" das Debut des noch radikaleren „Pond Racer" darstellte. Sein Schöpfer war Burt Rutan mit seinem Team der Firma Scaled Composites in Mojave, Kalifornien. Dort war im Jahre 1986 schon die erdumrundende „Voyager" entstanden. Auftrag- und Namensgeber war der reiche Rennfan und Flugzeugmuseumsbesitzer Bob Pond gewesen. Beim „Pond Racer" handelte es sich wiederum um eine Doppelrumpfmaschine, die entfernt an die Lockheed P-38 „Lightning" erinnerte. Allerdings lag nun der Zentralrumpf mit dem Cockpit hinter den sehr schmalen und leicht negativ gepfeilten Tragflügeln und ging in das gepfeilte zentrale Seitenleitwerk über. Die gesamte Zelle bestand aus Verbundwerkstoff, nämlich aus kohlefasergetränktem Epoxidharz-Sandwichlaminat (CFRP), das eine hervorragende Oberflächengüte gewährleistete. Noch kleiner und leichter als die „Tsunami", besaß sie aber zwei Nissan-Electramotive-Sechszylindertriebwerke VG-30, computergesteuerte und modifizierte Rennwagenmotoren. Diese waren allerdings noch nicht ausgereift und erwiesen sich als die Achillesfersen des „Pond Racers". Die Probleme wurden noch akuter, als sich genau zu diesem Zeitpunkt Nissan vom Automobilrennsport zurückzog und die technische Unterstützung einstellte. Mit Methanol als Kraftstoff hätten die 3-Liter-Triebwerke je 1000 PS bei einer Drehzahl von 8000/min abgeben sollen, jedoch war dann der Verbrauch rund doppelt so hoch wie bei normalem Flugbenzin, wofür der Tankinhalt nicht ausreichte. Immerhin konnte sich Rennpilot Rick Brickert trotz der nur rund 600 PS leistenden Triebwerke beim 1986er

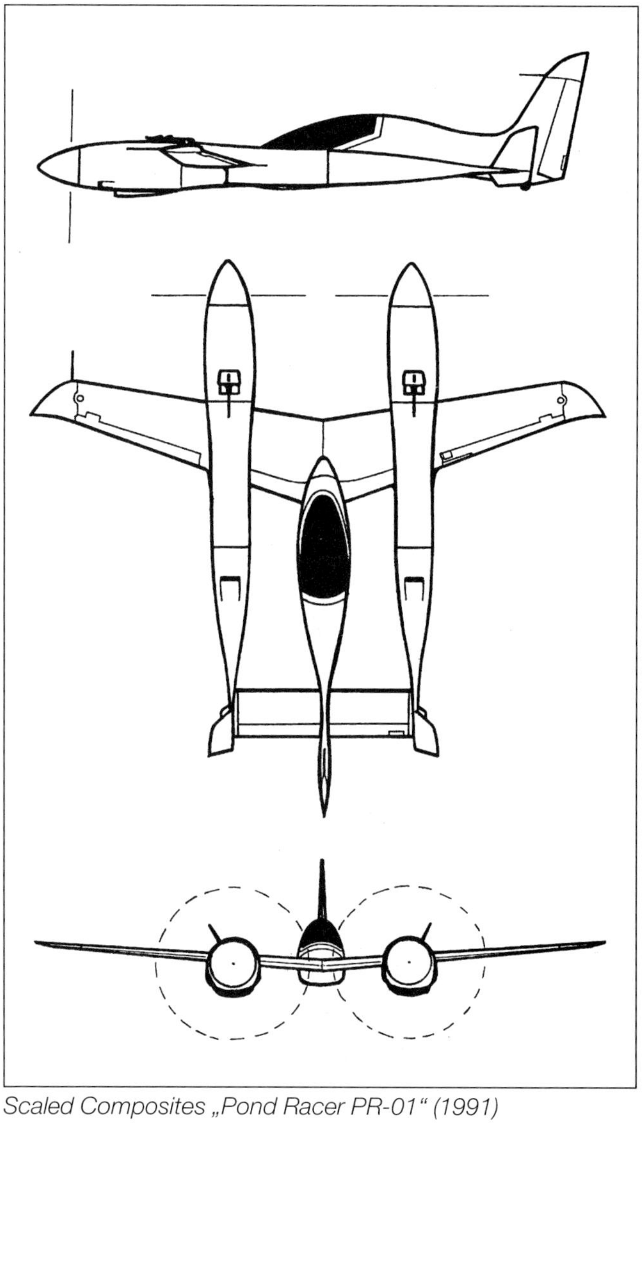

Scaled Composites „Pond Racer PR-01" (1991)

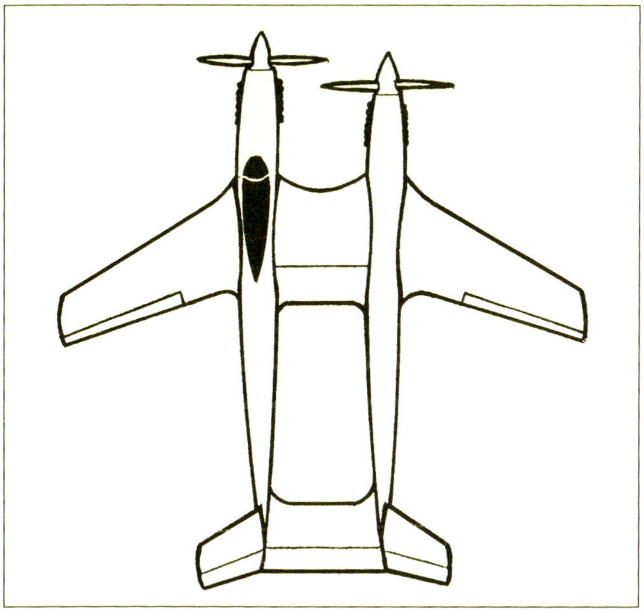

Horkey „Twin Mustang Racer" (1995)

Reno-Rennen mit 644 km/h qualifizieren. Doch danach ging's bergab. Im eigentlichen Rennen mußte Brickert wegen Triebwerkbrandes ausscheiden und mit stehendem Propeller notlanden. In den darauffolgenden Monaten modifizierte man den „Pond Racer", indem man die Triebwerke um 25 cm nach vorn versetzte, sie mit den endgültigen Untersetzungsgetrieben versah und ihre Verkleidungen strömungsgünstiger gestaltete. Hinter dem Cockpit installierte man einen 38 Liter fassenden Tank für das kühlende Wasser-/Alkoholgemisch und beschnitt die seitlichen Heckflossen. Zwar wurde von bei der Erprobung im Bahnneigungsflug erreichten 861 km/h berichtet, doch brachte die Reno-Teilnahme 1992 nur einen mageren zweiten Platz in einem Nebenrennen. Im Jahre 1993 galt deshalb das Hauptinteresse einem Angriff auf den Propellerrekord. Am 14. September versuchte Brickert aber, sich mit dem „Pond Racer" zunächst einmal für die erneute Reno-Teilnahme zu qualifizieren – leider mit tragischem Ausgang. Wieder gab es einen Motorschaden. Da die Landebahn unglücklicherweise durch eine andere Maschine blockiert war, leitete Brickert eine Bauchlandung in der Wüste ein, die aber gründlich mißlang. Die weiße Doppelrumpfmaschine prallte in waagerechter Lage mit derart hoher Wucht auf den Boden auf, daß Rick Brickert getötet wurde. Anschließend flog sie noch einen halben Kilometer weiter, um dann durch Aufschlagbrand völlig zerstört zu werden.

„Shockwave", „Twin Mustang Racer", „Strelka"

So blieb es also bislang beim 850-km/h-Rekord von Lyle Shelton und seiner „Rare Bear" vom August 1989. Allerdings wird die Konkurrenz auch weiterhin nicht schlafen, denn Bill Destefanis „Strega" ist ein durchaus ernstzunehmender Gegner. Darüber hinaus ist der „Tsunami"-Konstrukteur Bruce Boland dabei, dem früheren Champion Darryl Greenamyer einen Super-Racer maßzuschneidern. Die „Shockwave" soll die verkürzten Flügel einer Hawker „Sea Fury", das Pfeilleitwerk einer North American F-86 „Sabre" und ein weit hinten liegendes Cockpit besitzen. Als Antriebsquelle soll ein „Corncob"-Triebwerk R-4360 dienen. Bruce Boland ist außerdem an der Konstruktion eines von Dave Cornell entworfenen Superrenners für den Piloten Matt Jackson beteiligt, der bewährte Fremdprodukte der Firma North American ebenfalls nicht verschmäht. Bei dieser Maschine stammen die Laminarflügel mit dem Hauptfahrwerk und die Heckspitze mit dem Seitenleitwerk von einer T-2, während das Höhenleitwerk möglicherweise von einer F-86 kommen könnte. Das Bugrad lieferte eine F-100 „Super Sabre", während die Propellerbaugruppe wiederum einer Lockheed „Electra" entstammt. Die Leistung des hochgezüchteten Wright-Triebwerks R-3350 soll normalerweise über 4200 PS betragen und kurzzeitig sogar auf knapp 5300 PS gesteigert werden können. Im Gegensatz zu ihren Konkurrentinnen ist die Cornell/Jackson-Maschine in erster Linie für Rekordflüge bestimmt, denn ihre Höchstgeschwindigkeit soll nicht weniger als 950 km/h betragen. Danny Morenson schließlich, Ex-Champion der Reno-Doppeldeckerklasse, beabsichtigt, eine nur 1540 kg wiegende „Mustang"-Kopie aus Verbundwerkstoffen zu fliegen, die mit einem Rolls-Royce-Packard „Merlin" 933 km/h erreichen soll.

Zuguterletzt ist noch ein Vorschlag von Ed Harkey zu nennen, einem der legendären „Mustang"-Konstrukteure der vierziger Jahre. Bei seinem „Twin Mustang Racer" handelt es sich um eine friedliche Variante der im Koreakrieg eingesetzten doppelrümpfigen North American F-82 „Twin Mustang" in 75prozentiger Größe, Verbundbauweise und Pfeilflügeln. Die beiden

Cornell/Jackson Special (1995)

Rümpfe haben unterschiedliche Länge, so daß die Drehkreise der beiden Dreiblatt-Zugpropeller überlappen. Lyle Shelton und sein Team sind allerdings zuversichtlich, derartige Geschwindigkeiten auch mit der grundüberholten „Rare Bear" erzielen zu können. Aus einer ganz anderen Ecke kommt dagegen ein anderer Herausforderer: aus Rußland. Stanislaw Kaschafutdinow, einst einer der Schöpfer der überwältigenden zweistrahligen Suchoj Su-27 und jetzt Leiter des in Sibirien beheimateten Entwurfszentrums SibNIA, will eine propellergetriebene Mini-Ausgabe dieses Superjägers bauen. Zwei hintereinander im Rumpf liegende Achtzylinder-Automobilmotoren sollen über Fernwellen zwei sichelförmige Achtblatt-Druckpropeller antreiben. Diese befanden sich ursprünglich hinter dem Höhenleitwerk, wanderten aber dann an Ausleger beiderseits des Rumpfes hinter den Flügelhinterkanten. Dadurch würde auch eine später ins Auge gefaßte Umrüstung der nur 5 m spannenden „Strelka" in ein Rekord-Wasserflugzeug ermöglicht, was ja auch schon für die glücklose „Tsunami" vorgesehen war. Als Landflugzeug soll die aus Aluminium bestehende „Mini-Su" in Bodennähe über 900 km/h erreichen und in größerer Höhe sogar in den Überschallbereich vorstoßen können. Man hofft auf amerikanische finanzielle Unterstützung durch ein speziell gegründetes Partnerschaftsunternehmen American-Russian Industries (ARI), dem auch Reno-Rennsieger Skip Holm angehört. Die Zukunft verspricht also durchaus, spannend zu werden.

SIBNIA „Strela“ (1995)

Anhang

twicklung der Propellerflugzeug-Geschwindigkeitsrekorde (Stand 1.1.1996)

atum (3) Land (5) Geschwindigkeit (km/h) (7) Kategorie: C1 = Landflugzeug, I = Kolbenmotor, II = Turboprop
ilot (4) Flugzeug (6) Entfernung (km) C2 = Wasserflugzeug, I = Kolbenmotor

	(2)	(3)	(4)	(5)	(6)	(7)
1.1906	A. Santos-Dumont	(F)	Santos-Dumont 14bis	41,292	0,08	C1 I
0.1907	H. Farman	(F)	Voisin-Farman I	52,700	0,77	C1 I
5.1909	P. Tissandier	(F)	Wright A (France)	55,831	20	C1 I
8.1909	G. H. Curtiss	(USA)	Herring-Curtiss No.1	69,550	10	C1 I
8.1909	L. Blériot	(F)	Blériot XII	74,319	10	C1 I
8.1909	L. Blériot	(F)	Blériot XII	76,956	10	C1 I
1.1910	H. Latham	(F)	Levavasseur Antoinette VII	77,562	7,24	C1 I
7.1910	L. F. Morane	(F)	Blériot XI (mod)	106,509	5	C1 I
0.1910	A. Leblanc	(F)	Blériot XI Spécial	109,756	5	C1 I
4.1911	A. Leblanc	(F)	Blériot XI Spécial	111,801	5	C1 I
5.1911	E. Nieuport	(F)	Nieuport IIN	119,760	100	C1 I
6.1911	A. Leblanc	(F)	Blériot XXIII „Rapide“	125,000	5	C1 I
6.1911	E. Nieuport	(F)	Nieuport IIG	130,058	5	C1 I
6.1911	E. Nieuport	(F)	Nieuport IIG	133,136	10	C1 I
1.1912	J. Védrines	(F)	Deperdussin „Course“	145,161	5	C1 I
2.1912	J. Védrines	(F)	Deperdussin „Course“	161,290	10	C1 I
2.1912	J. Védrines	(F)	Deperdussin „Course“	162,455	10	C1 I
3.1912	J. Védrines	(F)	Deperdussin „Course“	166,821	10	C1 I
3.1912	J. Védrines	(F)	Deperdussin „Course“	167,910	10	C1 I
7.1912	J. Védrines	(F)	Deperdussin „Gordon Bennett“	170,777	10	C1 I
9.1912	J. Védrines	(F)	Deperdussin „Gordon Bennett“	174,100	20	C1 I
6.1913	M. Prévost	(F)	Deperdussin „Gordon Bennett“	179,820	10	C1 I
9.1913	M. Prévost	(F)	Deperdussin „Gordon Bennett“	191,898	10	C1 I
9.1913	M. Prévost	(F)	Deperdussin „Gordon Bennett“	203,850	10	C1 I
2.1920	S. Lecointe	(F)	Nieuport 29V	275,862	1	C1 I
2.1920	J. Casale	(F)	Spad-Herbemont S.20bis4	283,464	1	C1 I
0.1920	B. de Romanet	(F)	Spad-Herbemont S.20bis6	292,683	1	C1 I
0.1920	S. Lecointe	(F)	Nieuport 29V (bis)	296,643	1	C1 I
0.1920	S. Lecointe	(F)	Nieuport 29V (bis)	302,529	1	C1 I
1.1920	B. de Romanet	(F)	Spad-Herbemont S.20bis6	309,013	1	C1 I
2.1920	S. Lecointe	(F)	Nieuport 29Vbis	313,043	1	C1 I
9.1921	S. Lecointe	(F)	Nieuport-Delage Sesquiplan	330,275	1	C1 I
9.1922	S. Lecointe	(F)	Nieuport-Delage Sesquiplan	341,232	1	C1 I
0.1922	W. Mitchell	(USA)	Curtiss R-6	358,923	1	C1 I
2.1923	S. Lecointe	(F)	Nieuport-Delage Sesquiplan	375,000	1	C1 I
3.1923	R. Maughan	(USA)	Curtiss R-6	380,751	1	C1 I
0.1923	A. J. Williams	(USA)	Curtiss R2C-1	392,379	100	C1 I
1.1923	H. J. Brow	(USA)	Curtiss R2C-1	417,590	3	C1 I
1.1923	A. J. Williams	(USA)	Curtiss R2C-1	429,025	3	C1 I
2.1924	F. Bonnet	(F)	Bernard (SIMB) V.2	448,171	3	C1 I
9.1927	S. Webster	(UK)	Supermarine S.5/25	456,506	100	C2 I
1.1927	M. De Bernardi	(I)	Macchi M.52	479,290	3	C2 I
3.1928	M. De Bernardi	(I)	Macchi M.52R	512,776	3	C2 I
9.1929	R. L. R. Atcherley	(UK)	Supermarine S.6	535,090	50	C2 I
9.1931	G. H. Stainforth	(UK)	Supermarine S.6B	655,798	3	C2 I
9.1932	J. R. Doolittle	(USA)	Gee Bee R-1	(473,820)	3	C1 I
4.1933	F. Agello	(I)	Macchi MC.72	682,078	3	C2 I
9.1933	J. R. Wedell	(USA)	Wedell-Williams No.44	(490,080)	3	C1 I
0.1934	F. Agello	(I)	Macchi MC.72	709,209	3	C2 I
2.1934	R. Delmotte	(F)	Caudron C.460R	(505,848)	3	C1 I
9.1935	H. Hughes	(USA)	Hughes Special 1B	(567,115)	3	C1 I

(1)	(2)	(3)	(4)	(5)	(6)	(7)
11.11.1937	H. Wurster	(D)	Messerschmitt Bf 109V13	(610,950)	3	C1 I
05.06.1938	E. Udet	(D)	Heinkel He 100 V2	(634,473)	100	C1 I
30.03.1939	H. Dieterle	(D)	Heinkel He 100 V8	746,606	3	C1 I
26.04.1939	F. Wendel	(D)	Messerschmitt Me 209 V1	755,138	3	C1 I
10.12.1947	J. Cochran	(USA)	N. American P-51B mod.	(755,668)	100	C1 I
24.03.1960	I. M. Suchomlin	(USSR)	Tupolew Tu-114	(871,380)	1000	C1 II
09.04.1960	I. M. Suchomlin	(USSR)	Tupolew Tu-114	(877,212)	5000	C1 II
16.08.1969	D. C. Greenamyer	(USA)	Grumman F8F-2 mod. („Conquest 1“)	(776,449)	3	C1 I
27.01.1971	D. H. Lilienthal	(USA)	Lockheed P-3C	(806,100)	16,1	C1 II
14.08.1979	S. Hinton	(USA)	N. American P-51D mod. („Red Baron“)	(803,152)	3	C1 I
30.07.1983	F. Taylor	(USA)	N. American P-51D mod. („Dago Red“)	(832,120)	15	C1 I
21.08.1989	L. Shelton	(USA)	Grumman F8F-2 mod. („Rare Bear“)	(850,263)	3	C1 I

e Sieger der bekanntesten Flugzeug-Rundstreckenrennen seit 1909

ahr 3: Flugzeugtyp (Original) 5: Gesamtlänge (km)
ilot 4: Rundenzahl × Rundenlänge (km) 6: Geschwindigkeit (km/h)

	(2)	(3)	(4)	(5)	(6)
ANKREICH					
	JAMES GORDON BENNETT AVIATION CUP 1909-1920				
9	G. H. Curtiss	Curtiss	2 × 10,000 =	20,000	75,492
0	C. Grahame-White	Blériot XIbis	20 × 5,000 =	100,000	98,552
1	C. T. Weymann	Nieuport IIG	25 × 6,000 =	150,000	125,633
2	J. Védrines	Deperdussin	30 × 6,667 =	200,000	169,700
3	M. Prévost	Deperdussin	20 × 10,000 =	200,000	200,836
20	S. Lecointe	Nieuport 29V	3 × 100,000 =	300,000	271,548
	PRIX HENRY DEUTSCH DE LA MEURTHE 1912-1920				
2	E. Hélén	Nieuport IIG	4 × 50,000 =	200,000	125,370
3	E. Gilbert	Deperdussin	4 × 50,000 =	200,000	163,451
20	S. Lecointe	Nieuport 29V	3 × 63,466 =	199,399	266,314
	COUPE DEUTSCH DE LA MEURTHE 1921-1922				
21	G. Kirsch	Nieuport-Delage 29V	3 × 100,000 =	300,000	278,408
22	F. Lasne	Nieuport-Delage 29V	3 × 100,000 =	300,000	289,405
	COUPE COMMODORE LOUIS D. BEAUMONT 1924-1925				
24	S. Lecointe	Nieuport-Delage 42S	6 × 50,000 =	300,000	311,239
25	S. Lecointe	Nieuport-Delage 42S	6 × 50,000 =	300,000	312,464
	COUPE DEUTSCH DE LA MEURTHE 1933-1939				
33	G. Détré	Potez 53	2 × 10 × 100 =	2000,000	322,800
34	M. Arnoux	Caudron C.450	2 × 10 × 100 =	2000,000	389,000
35	R. Delmotte	Caudron C.460	2 × 10 × 100 =	2000,000	443,965
36	Y. Lacombe	Caudron C.450	2 × 10 × 100 =	2000,000	402,504 (389,460)
37	Abgesagt wegen zurückgezogener Meldungen (5 × Caudron, 2 × Lignel)				
38	Abgesagt wegen Desinteresses der Firmen				
39	Abgesagt wegen Kriegsausbruchs				
	COUPE D'AVIATION MARITIME JACQUES SCHNEIDER 1913-1931				
3	M. Prévost (F)	Deperdussin	28 × 10,000 =	280,000	73,566
4	C. H. Pixton (GB)	Sopwith „Tabloid“	28 × 10,000 =	280,000	139,739
9	G. Janello (I)	Savoia S.13	20 × 18,520 =	370,400	—
20	L. Bologna (I)	Savoia S.12	10 × 37,117 =	371,170	170,544
21	G. De Briganti (I)	Macchi M.7bis	16 × 24,632 =	394,106	189,677
22	H. Biard (GB)	Supermarine „Sea Lion“	13 × 28,521 =	370,770	234,516
23	D. Rittenhouse (USA)	Curtiss CR-3	5 × 68,894 =	344,472	285,303
24	Abgesagt wegen fehlender internationaler Konkurrenz				
25	J. Doolittle (USA)	Curtiss R3C-2	7 × 50,000 =	350,000	374,290
26	M. De Bernardi (I)	Macchi M.39	7 × 50,000 =	350,000	396,698
27	S. N. Webster (GB)	Supermarine S.5	7 × 50,000 =	350,000	453,282
29	H. R. Waghorn (GB)	Supermarine S.6	7 × 50,000 =	350,000	528,879
31	J. N. Boothman(GB)	Supermarine S.6B	7 × 50,000 =	350,000	547,297

(1)	(2)	(3)	(4)	(5)	(6)
GROSSBRITANNIEN					
O	AERIAL DERBY 1912-1923				
1912	T. Sopwith	Blériot XI	1 × 130,357		94,075
1913	G. Hamel	Morane-Saulnier	1 × 152,888		120,993
1914	W. L. Brock	Morane-Saulnier	1 × 152,083		115,652
1919	G. Gathergood	Airco D. H. 4R	2 × 152,083 =	304,166	208,095
1920	F. T. Courtney	Martinsyde Semiquaver	2 × 160,934 =	321,869	246,948
1921	J. H. James	Gloster Mars I	2 × 160,934 =	321,869	262,869
1922	J. H. James	Gloster Mars I	2 × 159,325 =	318,650	286,184
1923	L. L. Carter	Gloster I	2 × 160,934 =	321,869	309,572
USA					
O	PULITZER TROPHY RACES 1920-1925				
1920	C. Moseley	Verville VCP-R	4 × 46,703 =	186,814	251,925
1921	B. Acosta	Curtiss CR-1	5 × 49,438 =	247,188	284,452
1922	R. Maughan	Curtiss R-6	5 × 50,000 =	250,000	331,294
1923	A. Williams	Curtiss R2C-1	4 × 50,000 =	200,000	392,155
1924	H. Mills	Verville-Sperry R-3	4 × 50,000 =	200,000	348,511
1925	C. Bettis	Curtiss R3C-1	4 × 50,000 =	200,000	400,687
O	NATIONAL AIR RACES 1926-1929				
1926	G. Cuddihy	Boeing FB-3	10 × 19,312 =	193,121	290,479
1927	L. Batten	Curtiss XP-6A	10 × 19,312 =	193,121	323,863
1928	T. Jeter	Boeing XF4B-1	6 × 16,093 =	96,561	277,230
1929	D. Davis	Travel Air R	5 × 16,093 =	80,467	313,700
O	THOMPSON TROPHY RACES 1930-1949				
1930	C. Holman	Laird Solution	20 × 8,047 =	160,934	324,950
1931	L. Bayles	Gee Bee Z	10 × 16,093 =	160,934	380,190
1932	J. Doolittle	Gee Bee R-1	10 × 16,093 =	160,934	406,659
1933	J. Wedell	Wedell-Williams 44	6 × 16,093 =	96,561	382,947
1934	R. Turner	Wedell-Williams 57	12 × 13,411 =	160,934	399,325
1935	H. Neumann	Howard DGA-6	15 × 16,093 =	241,402	354,368
1936	M. Detroyat	Caudron C-460	15 × 16,093 =	241,402	425,287
1937	R. Kling	Folkerts KF-1	20 × 16,093 =	321,869	413,457
1938	R. Turner	Laird-Turner L-RT	30 × 16,093 =	482,803	456,119
1939	R. Turner	Laird-Turner L-RT	30 × 16,093 =	482,803	454,698
1946	A. Johnston	Bell P-39Q	10 × 48,280 =	482,803	601,747
1947	C. Cleland	Goodyear F2G-1	20 × 24,140 =	482,803	637,511
1948	A. Johnston	NA P-51D	20 × 24,140 =	482,803	617,613
1949	C. Cleland	Goodyear F2G-1	15 × 24,140 =	362,102	639,024

(2)	(3)	(4)	(5)	(6)
RENO NATIONAL CHAMPIONSHIP AIR RACES 1964-1995				
B. Love	P-51D „Bardahl Special"	10 × 12,905 =	129,053	590,332
D. Greenamyer	F8F-2 „Bearcat"	10 × 12,875 =	128,748	603,661
D. Greenamyer	F8F-2 „Smirnoff"	10 × 12,939 =	129,391	637,657
D. Greenamyer	F8F-2 „Smirnoff"	10 × 12,939 =	129,391	631,862
D. Greenamyer	F8F-2 „Bearcat"	12 × 13,679 =	164,153	625,477
D. Greenamyer	F8F-2 „Conquest I"	12 × 13,679 =	164,153	664,065
C. Lacy	F-51D „Miss Van Nuys"	12 × 13,501 =	162,009	623,367
D. Greenamyer	F8F-2 „Conquest I"	10 × 15,772 =	157,716	666,248
G. Balz	P-51D „Roto-Finish"	8 × 15,772 =	126,173	669,745
L. Shelton	F8F-2 „US Thrift 7¼"	9 × 15,772 =	141,944	689,049
K. Burnstine	P-51D „Miss Suzie Q"	8 × 15,932 =	127,460	613,937
L. Shelton	F8F-2 „Cylinder Special"	8 × 15,772 =	126,173	691,883
M. Gardner	P-51D „Thunderbird"	8 × 15,772 =	126,173	610,923
D. Greenamyer	P-51D „Red Baron RB-51"	8 × 15,772 =	126,173	693,150
S. Hinton	P-51D „Red Baron RB-51"	5 × 15,601 =	78,005	668,613
J. Crocker	P-51D „Sumthin Else"	8 × 15,772 =	126,173	678,246
R. McClain	P-51D „Jeannie"	8 × 14,494 =	115,950	696,862
S. Holm	P-51D „Jeannie"	8 × 14,923 =	119,388	694,091
R. Hevle	P-51D „Dago Red"	8 × 14,785 =	118,280	651,882
N. Anderson	„Sea Fury/Dreadnaught"	6 × 14,785 =	88,710	700,959
S. Holm	P-51D „Stiletto"	8 × 14,785 =	118,280	704,283
S. Hinton	F4F-1 „Super Corsair"	8 × 14,841 =	118,731	705,193
R. Brickert	„Sea Fury/Dreadnaught"	8 × 14,841 =	118,731	699,240
B. Destefani	P-51D „Strega"	8 × 14,841 =	118,731	728,324
L. Shelton	F8F-2 „Rare Bear"	8 × 14,759 =	118,074	735,182
L. Shelton	F8F-2 „Rare Bear"	8 × 14,759 =	118,074	725,669
L. Shelton	F8F-2 „Rare Bear"	8 × 14,690 =	117,521	754,171
L. Shelton	F8F-2 „Rare Bear"	8 × 14,690 =	117,521	775,089
B. Destefani	P-51D „Strega"	8 × 14,690 =	117,521	725,548
B. Destefani	P-51D „Strega"	8 × 14,690 =	117,521	732,863
J. Penney	F8F-2 „Rare Bear"	8 × 14,690 =	117,521	683,018
B. Destefani	P-51D „Strega"	7 × 14,690 =	102,830	751,610
B. Destefani	P-51D „Strega"	7 × 14,690 =	102,830	753,089
B. Destefani	P-51D „Strega"	8 × 14,695 =	117,560	729,242
B. Lockwood	P-51D „Dago Red"	7 × 14,695 =	102,865	725,169

Die schnellsten Props der Welt / Rekordleistungen

(1)	(2)	(3)	(4)	(5)
17.12.1903	Kill Devil Hills, NC (USA)	Wilbur Wright (USA)	Wright „Flyer I“	
09.11.1904	Dayton Ohio (USA)	Wilbur Wright (USA)	Wright „Flyer II“	
29.09.1905 04.10.1905 05.10.1905	Dayton Ohio (USA)	Orville Wright (USA) Wilbur Wright (USA)	Wright „Flyer III“	
12.11.1906	Paris-Bagatelle (F)	**Alberto Santos-Dumont** (F)	**Santos-Dumont 14bis (mod)**	14bis
26.10.1907 09.11.1907	Issy-les- Moulineaux (F)	**Henri Farman** (F)	**Voisin-Farman I (mod)**	„HENRI FARMAN No.I“
14.05.1908	Kill Devil Hills, NC (USA)	Orville Wright Wilbur Wright (USA)	Wright „Flyer III (mod)“	
12.09.1908	Fort Myer Wash. DC (USA)	Orville Wright (USA)	Wright A	
30.10.1908	Reims (F)	Henri Farman (F)	Voisin-Farman I bis	„HENRI FARMAN No.I“
20.05.1909	Pau (Pont Long) (F)	**Paul Tissandier** (F)	**Wright A (France)**	
07.1909	Fort Myer Wash. DC (USA)	Orville Wright (USA)	Wright A (mod) (Signal Corps No.1)	
22.08.1909	Reims (F)	Eugène Lefebrve (F)	Wright A (France)	25
23.08.1909	Reims (F)	Louis Blériot (F)	Blériot XII	22
	Reims (F)	**Glenn H Curtiss** (USA)	**Herring-Curtiss No.1** **(„Rheims Racer“)**	8
24.08.1909	Reims (F)	**Louis Blériot** (F)	**Blériot XII**	22
28.08.1909	Reims (F)	Glenn H Curtiss (USA)	Herring-Curtiss No.1 („Rheims Racer“)	8
	Reims (F)	**Louis Blériot** (F)	**Blériot XII**	22
29.09.1909	Reims (F)	Glenn H Curtiss (USA)	Herring-Curtiss No.1 („Rheims Racer“)	8
23.10.1909	Doncaster (UK)	Léon Delagrange (F)	Blériot XI (mod)	
30.12.1909	(F)			
01.1910	Hammondsport NY (USA)	Glenn H Curtiss (USA)	Herring-Curtiss No.1 („Rheims Racer“)	
23.04.1910	Nizza (F)	**Hubert Latham** (F)	**Levavasseur** **„Antoinette VII“**	5
10.07.1910	Reims (F)	**Léon Morane** (F)	**Blériot XI (mod)**	53
11.08.1910	Lanark (UK)	James Radley (UK)	Blériot XI (mod)	
09.1910 01.10.1910	. (F)	Hubert Latham (F)	Levavasseur „Antoinette VII“	5

(1) Datum
(2) Ort/Land
(3) Pilot (Nationalität)
(4) Flugzeug-Typ, Exemplar
(5) Kennung
(6) Laufende Nummer
(7) Höchstgeschwindigkeit – theoretisch – km/h
(8) Höchstgeschwindigkeit – in Höhe – km
(9) Höchstgeschwindigkeit – erzielt – km/h
(10) Höchstgeschwindigkeit – in Höhe – km
(11) Rekordgeschwindigkeit – gemessen – km/
(12) Rekordgeschwindigkeit – in Höhe – km

(6)	(7)	(8)	(9)	(10)	(11)	(12)	(13)	(14)	(15)	(16)
590			50	0			59,0″	0,8	1. Motorflüge	
591			52	0			304,0″	4,42		
592			58	0			1195,0″	19,3		
			60	0			1997,0″	33,4		
			61	0			2283,0″	39,0		
277					**41,292**	0	7,2″	0,0826		**1. WR**
					37,358	0	21,2″	0,22		
295			67	0	**52,700**	0	52,6″	0,770		**2. WR**
					50,100	0	74,0″	1,113		
593			65	0			220,0″	4,023		
			64,5	0			449,0″	8,047		
595			65	0			4460,0″	80,467		
296			81	0			1200,0″	27		
595			65	0	55,147	0	326,4″	5		**WR**
					55,728	0	646,0″	10		
					55,831	0	1289,6″	20		
					55,436	0	1948,2″	30		
					55,406	0	2599,0″	40		
					55,405	0	3248,8″	50		
					55,645	0	3720,0″	57,5		
594			72	0						
595					66,815	0	538,8″	10		
217					68,913	0	522,4″	10		
512	96	0	78	0	**69,550**	0	517,8″	10		**WR**
					(69,849)	0	(515,4″)			
217					**74,319**	0	484,4″	10		**WR**
512					76,078	0	473,2″	10		
					75,742	0	950,6″	20		
217					76,078	0	473,2″	10		
					76,956	0	467,8″	10		**WR**
512					77,603	0	927,8″	20		
					76,639	0	1409,2″	30		
215			80	0						
					78,947	0	9120,0″	200		
512			88	0						
252					**77,562**	0	336,8″	7,242		**WR**
215					**106,509**	0	169,0″	5		**WR**
215					125	0		1		
					122,230	0		1,61		
252			110	0						
			112	0						

(13) Rekordzeit (Durchschnittswert) -s
(14) Rekordstrecke – km
(15) Anmerkungen: PTL = Turboprop / W = Wasserflugzeug, Flugboot
(16) Rekordart: IR = Internationaler oder Klassen-Weltrekord / WR = Absoluter Weltrekord

(1)	(2)	(3)	(4)	(5)
10.1910	Long Island NY (USA)	Orville Wright (USA)	Wright R („Baby Grand“)	
29.10.1910	Long Island NY (USA)	**Alfred Leblanc** (F)	**Blériot XI Spécial**	
12.04.1911	Pau (F)	**Alfred Leblanc** (F)	**Blériot XI Spécial**	
05.1911 **11.05.1911**	Chálons (F)	**Edouard de Niéport** **(Nieuport)** (F)	**Nieuport IIN**	
12.06.1911	Étampes (F)	**Alfred Leblanc** (F)	**Blériot XXIII „Rapide“**	
16.06.1911 **21.06.1911**	Chálons (F)	**Edouard de Niéport** **(Nieuport)** (F)	**Nieuport IIG**	
1911	. (F)	Louis Paulhan (F)	Paulhan-Tatin „Aéro-Torpille No.1“	
13.01.1912	Pau (F)	**Jules Védrines** (F)	**Deperdussin „Course“** (1)	
26.01.1912	Douzy (F)	M Bathiat (F)	Sommer Monoplan	
22.02.1912 **29.02.1912** **01.03.1912** **02.03.1912**	Pau (F)	**Jules Védrines** (F)	**Deperdussin „Course“** (2)	
13.07.1912	Reims (F)	**Jules Védrines** (F)	**Deperdussin Monocoque** (3) **„Gordon Bennett“**	
14.07.1912	Chicago Illinois (USA)	Edson E Gallaudet (USA)	Gallaudet „Bullet“	
09.09.1912	Chicago Illinois (USA)	**Jules Védrines** (F)	**Deperdussin Monocoque** (3) **„Gordon Bennett“**	
09.1912	Chicago Illinois (USA)	Glenn L Martin (USA)	Burgess „Cup Defender“ (nicht geflogen)	
17.06.1913 **27.09.1913**	Reims (F)	**Maurice Prévost** (F)	**Deperdussin Monocoque** (4) **„Gordon Bennett“**	F-1
29.09.1913	Reims (F)	Emile Védrines (F)	Ponnier „Gordon Bennett“	F-5
	Reims (F)	Eugène Gilbert (F)	Deperdussin Monocoque (6) „Gordon Bennett“	F-2
	Reims (F)	**Maurice Prévost** (F)	**Deperdussin Monocoque** (5) **„Gordon Bennett“**	F-1
01.04.1914	Reims (F)	Emile Védrines (F)	Ponnier „Gordon Bennett“	F-5
06.1914	Farnborough (UK)	Norman Spratt (UK)	Royal Aircraft Factory S.E.4	628
04.1917	Warnemünde (D)	. (D)	Ursinus (Rex)	782
26.04.1918	Langley Field Virginia (USA)	Gianfelice-Gino (I)	Ansaldo S.V.A.5 „Primo“	
04.1918	. (UK)	Harry Hawker (UK)	Sopwith 7F.1 „Snipe“	B9967
19.08.1918	. (USA)	Roland Rohlfs (USA)	Curtiss 502/18-T-1 „Wasp“	A-3325
10.1918	Dessau (D)	Hellmuth von Krohn (D)	Junkers J9/I (DI)	

(6)	(7)	(8)	(9)	(10)	(11)	(12)	(13)	(14)	(15)	(16)
596	120	0	113	0						
216	125	0	114	0	**109,756**	0	164,78″	5		**WR**
216					**111,801**	0	161,0	5		**WR**
256					116,5	0				
					119,760	0	3006,0	100		**WR**
218			128	0	**125,000**	0	144,0	5		**WR**
255			150	0	**130,058**	0	138,4	5		**WR**
					133,136	0	270,4″	10		**WR**
					145,510	0		20		
					129,152	0		100		
269	150	0	130	0						
232					**145,161**	0	124,0″	5		**WR**
281					145,985	0	493,2	20		
233					**161,290**	0	223,2″	10		**WR**
					162,455	0	221,6″	10		**WR**
					166,821	0	215,8	10		**WR**
					167,910	0	214,4	10		**WR**
234					**170,777**	0	210,8″	10		**WR**
					(170,616)		(211,0″)			
524	210	0								
234					**174,100**	0	415,95	20		**WR**
					(173,098)					
509	180	0								
235	220	0			**179,820**	0	200,2″	10		**WR**
					191,898	0	187,6″	10		**WR**
276	220	0			184,805	0	1948,0″	100		
	230	0	230	0	200,893	0	179,2″	10		
237	220	0			199,335	0	180,6″	10		
236	220	0			**203,850**	0	176,6″	10		**WR**
276	230	0			203,400	0	177,0″	10		
436	230	0	217	0						
175	200		180						W	
300			238		233,350		3600,0″	233,35		
440			251							
513			263							
155			240							

(1)	(2)	(3)	(4)	(5)
21.06.1919	London (UK)	Gerald Gathergood (UK)	Airco (de Havilland) D.H.4R	K.141
26.06.1919	Turin-Mirafiori (I)	Francesco Brack-Papa (I)	Fiat B.R.	„FIAT B.R.9001“
02.09.1919	Paris (F)	Sadi-Joseph Lecointe (F)	Spad-Herbemont S.20bis1	
10.09.1919	Bournemouth (UK)	Harry G Hawker (UK)	Sopwith 107 „Schneider“	G-EAKI
25.09.1919 03.10.1919	Paris (F)	Sadi-Joseph Lecointe (F)	Spad-Herbemont S.20bis1	
15.10.1919	Paris (F)		Spad-Herbemont S.20bis2	
20.10.1919	Paris (F)		Spad-Herbemont S.20bis3	
22.10.1919	Paris (F)	Bernard de Romanet (F)	Nieuport Nie 29V	
20.11.1919	Rom-Montecelle (I)	. (I)	Marchetti-Vickers-Terni MVT (Savoia S.50)	
16.12.1919	Paris (F)	Sadi-Joseph Lecointe (F)	Nieuport Nie 29V	
03.01.1920	Paris (F)	Sadi-Joseph Lecointe (F)	Nieuport Nie 29V	6
01.02.1920 **07.02.1920**	Villacoublay (F)	**Sadi-Joseph** **Lecointe** (F)	**Nieuport Nie 29V**	6
26.02.1920	Turin-Mirafiori (I)	Francesco Brack-Papa (I)	Fiat ARF	„FIAT ARF“
28.02.1920	Villacoublay (F)	**Jean Casale** (F)	**Spad-Herbemont S.20bis4**	
03.03.1920 04.03.1920 03.05.1920	Turin-Mirafiori (I)	Francesco Brack-Papa (I)	Fiat ARF	„FIAT ARF“
17.06.1920	Martlesham Heath (UK)	Leslie R Tait-Cox (UK)	Nieuport & General L.S.3 „Goshawk“	G-EASK
02.08.1920	. (USA)	Rudolph W Schroeder (USA)	Verville-Clark VCP-R	
25.09.1920	Villesauvage (F)	Howard M Rinehart (USA)	Dayton-Wright RB	2
28.09.1920	Villesauvage (F)	Sadi-Joseph Lecointe (F)	Nieuport Nie 29V	
09.10.1920	Buc (F)	**Bernard de Romanet** (F)	**Spad-Herbemont S.20bis6** (1)	
10.10.1920	Buc (F)	**Sadi-Joseph** **Lecointe** (F)	**Nieuport Nie 29V (bis)**	10
20.10.1920	Villacoublay (F)	**Sadi-Joseph** **Lecointe** (F)	**Nieuport Nie 29V (bis)**	10
04.11.1920	Buc (F)	**Bernard de Romanet** (F)	**Spad-Herbemont S.20bis6** (2)	
27.11.1920	Mitchel Field NY (USA)	Corliss C Moseley (USA)	Verville-Clark VCP-R	
12.12.1920	Villacoublay (F)	**Sadi-Joseph** **Lecointe** (F)	**Nieuport Nie 29V (bis)**	11
06.1921	Orly (F)	Bernard de Romanet (F)	de Monge 5.1	
23.09.1921	Villesauvage (F)			
25.09.1921 **26.09.1921**	Villesauvage (F)	**Sadi-Joseph** **Lecointe** (F)	**Nieuport-Delage Sesquiplan** (1)	6

(6)	(7)	(8)	(9)	(10)	(11)	(12)	(13)	(14)	(15)	(16)
410					208,095		5262,0	304,166		
310			270		261,629					
282					249,307	0	2888,0	200		
441	273		257						W	
282			265 290	0 0						
283			323 (?)		247,720		2767,0″	190,4		
284			266		252,000		2720,0″	190,4		
257					268,631		2551,0″	190,4		
335					274,000		3600,0″	274		
257			365 (?)		307,225	0		1		
257					266,314		2573,0″	190,4		
					274 **275,862**	0 0		1 1		 **WR**
311			273							
285			288	0	**283,464**	0		1		**WR**
311			273		 276, 888 279,923		8100,0″	623		
434					267,7	0		1		
579	325		306							
520	306				265			100		
257					279,503 274,537			100 200		
286			320	0	**292,683**	0		1		**WR**
258					293,877 **296,643**	0 0		1 1		 **WR**
					302,529	0		1		**WR**
287			321	0	**309,013**	0		1		**WR**
579	325				299,5	0		1		
258			321	0	**313,043**	0		1		**WR**
253			240							
259			393	0	339 **330,275**	0 0		1 1		 **WR**

(1)	(2)	(3)	(4)	(5)
28.09.1921	Étampes (F)	Maurice Rost (F)	Hanriot HD.22 (nicht geflogen)	
21.10.1921	Curtiss Field NY (USA)	Bert Acosta (USA)	Curtiss 22 „Cox Racer“ („Cactus Kitten“)	
22.11.1921	Curtiss Field NY (USA)	Bert Acosta (USA)	Curtiss 23 CR	A-6081
19.12.1921	Martlesham Heath (UK)	James H James (UK)	GAC/Gloucestershire „Mars I/Bamel“	G-EAXZ
1921	X (I)	X (I)	Pegna P.c.1 (Projekt)	
30.04.1922	Curtiss Field NY (USA)	Bert Acosta (USA)	Curtiss 22 „Cox Racer“ („Cactus Kitten“)	
07.1922	Bristol (UK)	Cyril F Uwins (UK)	Bristol 72 „Racer“	G-EBDR
26.08.1922	Turin-Mirafiori (I)	Francesco Brack-Papa (I)	Fiat R.700	„FIAT R.700“ 2
09.1922	Villesauvage (F)	**Sadi-Joseph** **Lecointe** (F)	Nieuport-Delage Ni-D 41 „Course“	
10.09.1922 **21.09.1922**	Villesauvage (F)	**Sadi-Joseph** **Lecointe** (F)	**Nieuport-Delage Sesquiplan** (2) **„Eugène Gilbert“**	5
24.09.1922	Villesauvage (F)	Georges F Madon (F)	Simplex-Arnoux „Course“	
09.1922	Curtiss Field NY (USA)	Lester D Maitland (USA)	Curtiss 23 R-6	AS.68563
02.10.1922	Curtiss Field NY (USA)	Russell L Maughan (USA)		AS.68564
03.10.1922 04.10.1922	Villesauvage (F)	James H James (UK)	GAC/Gloucestershire „Mars I/Bamel“	G-EAXZ
08.10.1922	Curtiss Field NY (USA)	Russell L Maughan (USA)	Curtiss 23 R-6	AS.68564
11.10.1922	Selfridge Field Michigan (USA)	Lawson H Sanderson (USA)	Navy Wright NW-1 „Mystery“	A-6544
16.10.1922	Selfridge Field Michigan (USA)	Russell L Maughan (USA)	Curtiss 23 R-6	AS.68564
18.10.1922	Selfridge Field Michigan (USA)	**William G Mitchell** (USA)	**Curtiss 23 R-6**	AS.68563 AS.68564
31.12.1922	Istres (F)	Sadi-Joseph Lecointe (F)	Nieuport-Delage Sesquiplan (2) „Eugène Gilbert“	
1922	X (F)	Charles Nungesser (F)	Landwerlin-Berreur „Course“ (Projekt)	
02.01.1923 **15.02.1923**	Istres (F)	**Sadi-Joseph** **Lecointe** (F)	**Nieuport-Delage Sesquiplan** (3) **„Eugène Gilbert“**	
26.03.1923	Wright Field Ohio (USA)	Russell L Maughan (USA)	Curtiss 23 R-6	A.S.68564
29.03.1923	Wright Field Ohio (USA)	Lester Maitland (USA)	Curtiss 23 R-6	A.S.68563
	Wright Field Ohio (USA)	**Russell L Maughan** (USA)	**Curtiss 23 R-6**	A.S.68564
06.07.1923	Prag-Kbely (CSR)	Alois Ježek (CSR)	Letov Š-8 „Osmička“	4
10.09.1923	Mitchel Field NY (USA)	Lawson H Sanderson (USA)	Wright F2W-1 (TX)	A-6743
13.09.1923	Mitchel Field NY (USA)	Harold J Brow (USA)	Curtiss 32 R2C-1	A-6691
16.09.1923	Mitchel Field NY (USA)	Lawson H Sanderson (USA)	Wright F2W-1 (TX)	A-6743

(6)	(7)	(8)	(9)	(10)	(11)	(12)	(13)	(14)	(15)	(16)
250	360									
514	344		310							
515			318	0	297,5	0		1		
415			341	0	316,4	0		1		
325									W	
514	344		335							
405	354									
312			349	0	335,664	0		1		
262	400									
260			358	0						
			346	0	**341,232**	0		1		**WR**
278	380									
516			359	0	339,6	0		1		
			376	0	353,1	0		1		
415			346	0	338,824	0		1		
			367	0	341,232	0		1		
516			360	0	354,680	0		1		
597	354		336							
516			400		373,720					
			381	0	345,158	0		1		
			389	0	**358,923**	0		1		**WR**
260					347,826	0		1		
251	450									
261					348	0		1		
			391	0	**375,000**	0		1		**WR**
517			381	0	376,372	0		1		
					337,094	0		1		
					352,354	0		1		
			429	0	369,705	0		1		
			453	0	385,914	0		1		
517			435	0	**380,751**	0		1		**WR**
380	360				342 (?)	0		3		
598			383	0				3,22		
518			410	0	392,920	0		3,22		
598					398,630	0		3,22		

(1)	(2)	(3)	(4)	(5)
17.09.1923	Mitchel Field NY (USA)	Alford J Williams (USA)	Curtiss 32 R2C-1	A-6692
01.10.1923	St. Louis Missouri (USA)	Alex Pearson (USA)	Verville-Sperry R-3	48
03.10.1923 **06.10.1923**	St. Louis Missouri (USA)	**Alford J Williams** (USA)	**Curtiss 32 R2C-1**	A-6692
02.11.1923	Curtiss Field NY (USA)	Harold J Brow Alford J Williams **Harold J Brow** (USA)	Curtiss 32 R2C-1 Curtiss 32 R2C-1 **Curtiss 32 R2C-1**	A-6691 A-6692 A-6691
04.11.1923	Curtiss Field NY (USA)	Alford J Williams Harold J Brow **Alford J Williams** (USA)	Curtiss 32 R2C-1 Curtiss 32 R2C-1 **Curtiss 32 R2C-1**	A-6692 A-6691 A-6692
05.1924	Istres (F)	Florentin Bonnet (F)	Bernard (SIMB) V.1	
12.06.1924 23.06.1924	Istres (F)	Sadi-Joseph Lecointe (F)	Nieuport-Delage Ni-D 42S	3
08.11.1924	Istres (F)	Florentin Bonnet (F)	Bernard (SIMB) V.2 (1)	
11.12.1924	Istres (F)	**Florentin Bonnet** (F)	**Bernard (SIMB) V.2** (2)	
1924	X (USA)	X (USA)	Verville-Sperry (Projekt)	
11.06.1925	Cranwell (UK)	Larry L Carter (UK)	Gloster II „Bluebird“	J7505
08.1925	Istres (F)	Fernand Lasne (F)	Nieuport-Delage Ni-D 42S	
11.09.1925	Curtiss Field NY (USA)	James H Doolittle (USA)	Curtiss 42 R3C-1	6978
18.09.1925	Curtiss Field NY (USA)	Alford J Williams (USA)	Curtiss 42 R3C-1	
18.10.1925	Istres (F)	**Sadi-Joseph** **Lecointe** (F)	**Nieuport-Delage Ni-D 42S**	
1925	(F)	(F)	Bernard (SIMB) V.3 (Projekt)	
13.11.1926	Norfolk Virginia (USA)	Mario De Bernardi (I)	Macchi M.39	„5“ MM.76
17.11.1926	Norfolk Virginia (USA)	**Mario De Bernardi** (I)	**Macchi M.39**	„5“ MM.76
24.07.1927	Calshot (UK)	Sidney Webster (UK)	Supermarine S.5/21	N219
08.1927	Long Island NY (USA)	Alford J Williams (USA)	Kirkham-Williams „Schneider“	
11.09.1927	Venedig (I)	Harry M Schofield (UK)	Short-Bristow „Crusader“ („Curious Ada“)	N226
09.1927	Venedig (I)	S M Kinkead (UK)	Gloster IVA	N222
26.09.1927	Venedig (I)	S M Kinkead (UK)	Gloster IVB	N223
	Venedig (I)	**Sidney Webster** (UK)	**Supermarine S.5/25**	N220
22.10.1927	Venedig (I)	Mario De Bernardi (I)	Macchi M.52	
04.11.1927	Venedig (I)	**Mario De Bernardi** (I)	**Macchi M.52**	

(6)	(7)	(8)	(9)	(10)	(11)	(12)	(13)	(14)	(15)	(16)
518					410	0		3,22		
			428	0	398	0		3,22		
580			375							
518					392,230					
					392,379		917,48″	100		**IR**
					392,155		1836,01″	200		**IR**
518					414,314	0		3		
					416,193	0		3		
					417,590	0		3		**WR**
			435		423,771	0		3		
			443		427,592	0		3		
			432		**429,025**	0		3		**WR**
203	420									
263	450				311,239			300		
					306,696			500		
204	450		439	0	389,892	0		3		
205	470		454	0	**448,171**	0		3		**WR**
581										
416					400	0		3		
263	450									
519			480	0						
519			486	0	460	0		3		
263	450				**312,464**		3456,4″	300		**IR**
206	500									
315			400		399,423		901,3″	100	W	
					399,118		1803,98″	200	W	
			438		**416,618**	0		3	W	**IR**
451	500		457						W	
544	500								W	
438	435				373	0			W	
418	500		465	0					W	
419	500		475	0	445,950	0			W	
452	500				**456,506**	0		100	W	**IR**
316	505				470,5	0		3	W	
					484,304	0		3	W	
			495	0	**479,290**	0		3	W	**WR**

(1)	(2)	(3)	(4)	(5)
1927	. (USA)	Alford J Williams (USA)	Kirkham-Williams „Vespa“	X-648
	(UK)	(UK)	Saunders-Beadle (Projekt)	
12.03.1928	Calshot (UK)	S M Kinkead (UK)	Supermarine S.5/25	N221
30.03.1928	Venedig (I)	**Mario De Bernardi** (I)	**Macchi M.52R**	MM.82
04.11.1928	Calshot (UK)	D D'Arcy A Greig (UK)	Supermarine S.5/25	N220
1928	(D)	(D)	Dornier „Schneider“ (Projekt)	
	(UK)	(UK)	Gloster V (Projekt)	
1929	Desenzano (I)	Tommaso Dal Molin (I)	Piaggio P.7 „Pinocchio“ (nicht geflogen)	P7.126
08.1929	Desenzano (I)	Francesco Agello (I)	Fiat C.29	MM.129
22.08.1929	Desenzano (I)	Guiseppe Motta (I)	Macchi M.67	MM.103
08.1929	Annapolis Maryland (USA)	Alford J Williams (USA)	American „Mercury“	
07.09.1929	Solent (UK)	**H R H Waghorn** (UK)	**Supermarine S.6**	N247
	Solent (UK)	**R L R Atcherley** (UK)	**Supermarine S.6**	N248
10.09.1929	Calshot (UK)	George H Stainforth (UK)	Gloster VI („Golden Arrow“)	N249
	Calshot (UK)	A H Orlebar (UK)	Supermarine S.6	N247
12.09.1929	Calshot (UK)	A H Orlebar (UK)	Supermarine S.6	
1929	Hourtin (F)	Sadi-Joseph Lecointe (F)	Nieuport-Delage Ni-D 450	
	(D)	(D)	Heinkel P 897/HE 11 (Projekt)	(322)
	(F)	(F)	SPCA „Schneider“ (Projekt)	
	(UK)	(UK)	W G Carter Racer (1) (Projekt)	
18.01.1930	Desenzano (I)	Tommaso Dal Molin (I)	Savoia Marchetti S.65	MM.102
25.03.1930	Hourtin (F)	Antoine Paillard (F)	Bernard (SAB) H.V.120	F-AKAK
1930	(UK)	(UK)	W G Carter Racer (2) (Projekt)	
	(UK)	(UK)	Gloster IV (mod) (Projekt)	N224
12.03.1931	Berre (F)	Sadi-Joseph Lecointe (F)	Nieuport-Delage Ni-D 650	
07.1931	Desenzano (I)	Giovanni Monti (I)	Macchi MC.72	MM.178
22.07.1931	Caudebec-en-Caux (F)	Fernand Lasne (F)	Nieuport-Delage Ni-D 650	
30.07.1931	Berre (F)	Georges Bougoult (F)	Bernard (SAB) H.V.120-1	F-AKAL

(6)	(7)	(8)	(9)	(10)	(11)	(12)	(13)	(14)	(15)	(16)
545	520		519							
437	460								W	
452	545	0	500+	0					W	
317	500+	0	561	0	**512,776**	0		3	W	**WR**
452	500+	0			514,298	0		3	W	
111	525	0							W	
420	500+	0							W	
326	580	0							W	
313			560	0					W	
318	600	0	584	0	561	0			W	
501	560	0							W	
453	560+	0	531	0	**528,880**	0			W	**„Schneider“**
453	560+	0	535	0	**535,090** **533,900**	0 0		50 100	W W	**IR** **IR**
421	560+	0	566	0	541,230	0		3	W	
453	560+	0			572,605	0		3	W	
453					575	0		3	W	
264	600								W	
130	450	0							W	
290									W	
408	560	0							W	
336	600								W	
208	575								W	
409	628	0							W	
417	480+									
265	600		390						W	
319	650		604						W	
265	600								W	
209	520		540 (+)						W	

(1)	(2)	(3)	(4)	(5)
08.1931	Berre (F)	Jean Assolant (F)	Bernard (SAB) H.V.120	F-AKAK
01.09.1931	Cleveland Ohio (USA)	Lowell H Bayles (USA)	Gee Bee Z „Super Sportster" (1) („City of Springfield")	„4" NR77V
03.09.1931	Berre (F)	Sadi-Joseph Lecointe (F)	Nieuport-Delage Ni-D 650	
07.09.1931	Cleveland Ohio (USA)	Lowell H Bayles (USA)	Gee Bee Z „Super Sportster" (1) („City of Springfield")	„4" NR77V
08.09.1931	Cleveland Ohio (USA)	James R Wedell (USA)	Wedell-Williams „No.44" (1)	„44" NR278V
09.1931	Desenzano (I)	Ariosto Neri (I)	Macchi MC.72	MM.180
10.09.1931	Desenzano (I)	Stanislao Bellini (I)	Macchi MC.72	
13.09.1931	Calshot (UK)	George H Stainforth (UK)	Supermarine S.6B (2)	S1596
29.09.1931	Calshot (UK)	**George H Stainforth** (UK)	**Supermarine S.6B** (1)	S1595
30.10.1931 01.12.1931 05.12.1931	Detroit Michigan (USA)	Lowell H Bayles (USA)	Gee Bee Z „Super Sportster" (2) („City of Springfield")	„4" NR77V
1931	(D)	(D)	Dornier „Schneider" (Projekt)	
	(F)	(F)	Bernard (SAB) H.V.220 (nicht geflogen)	
	(F)	(F)	Bernard (SAB) H.V.300 (Projekt)	
	(F)	(F)	Bernard (SAB) H.V.320 (Projekt)	
	(F)	(F)	Bernard-Farman H.V. (Projekt)	
	(F)	(F)	Dewoitine HD.410 (nicht geflogen)	
	(F)	(F)	Dewoitine HD.411 (Projekt)	
	(F)	(F)	Nieuport-Delage Ni-D 651 (Projekt)	
	(F)	(F)	Nieuport-Delage Ni-D 652 (Projekt)	
	(USA)	Alford J Williams (USA)	Williams „Schneider" (Projekt)	
15.06.1932	Desenzano (I)	Ariosto Neri (I)	Macchi MC.72	MM.177
31.08.1932 01.09.1932 **03.09.1932**	Cleveland Ohio (USA)	**James H Doolittle** (USA)	**Gee Bee R-1** (1) **„Super Sportster"**	„11" NR2100
30.03.1933 **10.04.1933** 04.06.1933	Desenzano (I)	**Francesco Agello** (I)	**Macchi MC.72**	MM.177 MM.181
07.1933	Los Angeles Cal. (USA)	Russell Boardman (Rekordabsicht)	Gee Bee R-1 (2) „Super Sportster"	„11" NR2100
04.09.1933	Chicago Illinois (USA)	**James R Wedell** (USA)	**Wedell-Williams „No.44"** (2)	„44" NR278
09.1933	Chicago Illinois (USA)	Roy Minor (USA) (Rekordabsicht)	Gee Bee R-3 (R-1/R-2) „Long Tail Racer"	„7" NR2101

(6)	(7)	(8)	(9)	(10)	(11)	(12)	(13)	(14)	(15)	(16)
208	575		530						W	
525			460	0	430	0		3		
265	600		530						W	
525			414	0				3		
584			392	0				3		
319	650		634						W	
319									W	
455			625	0	610,020	0		3	W	
454			668	0	**655,798**	0		3	W	**WR**
526			505	0				3		
			485	0	435,674	0		3		
								3		
112	650	0							W	
210	540	0							W	
211	700	0							W	
212	650	0							W	
213	700+	0							W	
240	650	0							W	
241	650	0							W	
266	650	0							W	
267	650	0							W	
588	650	0							W	
319	700	0	700+	0					W	
527					471,844	0		3		
					454,916	0		3		
			498	0	**473,820**	0		3		**IR**
319	700	0			664,558	0		3	W	
			693	0	**682,078**	0		3	W	**WR**
								3	W	
528	500	0								
585	510	0	509	0	**490,080**	0		3		**IR**
529	520	0								

(1)	(2)	(3)	(4)	(5)
25.09.1933 01.10.1933 **08.10.1933**	Desenzano (I)	**Guglielmo Cassinelli** (I)	**Macchi MC.72**	MM.177
21.10.1933	Desenzano (I)	**Pietro Scapinelli** (I)	**Macchi MC.72**	MM.179
12.1933	Istres (F)	Jean Doumerc (F) (Rekordabsicht)	Bernard (SAB) V.4 (nicht geflogen)	
1933	(F)	(F)	Sauvage-Payen SP-25 (Projekt)	
03.1934	. (USA)	Roscoe Turner (USA)	Wedell-Williams „No.44" (3)	„57" NR61Y
30.03.1934 13.03.1934 22.06.1934 04.07.1934	Desenzano (I)	Francesco Agello (I)	Macchi MC.72	MM.179 MM.181
02.09.1934	Cleveland Ohio (USA)	John A Worthen (USA)	Wedell-Williams „No.45"	„45" NR62Y
	Cleveland Ohio (USA)	Douglas Davis (USA)	Wedell-Williams „No.44" (2)	„44" NR278V
01.10.1934 13.10.1934 **23.10.1934**	Desenzano (I)	**Francesco Agello** (I)	**Macchi MC.72**	MM.181
11.1934	Istres (F)	Louis Massotte (F)	Payen Pa 101 „Flèche Volante" (Rekordabsicht)	
12.1934 **25.12.1934**	Istres (F)	**Raymond Delmotte** (F)	**Caudron C.460R**	6907
1934	(UdSSR)	(UdSSR)	Bartini Stal-8 (I-240) (nicht geflogen)	
	(UdSSR)	(UdSSR)	Grochowskij G-38 (LK-2) (Projekt)	
	(UdSSR)	(UdSSR)	Moskaljow SAM-4 „Sigma" (Projekt)	
	(USA)	(USA)	Hosler „McRobertson" (Projekt)	
	(USA)	(USA)	Rider „Super-Speed Racer" (Projekt)	
	(USA)	(USA)	Stack High Speed Airplane (Projekt)	
06.1935	Martlesham Heath (UK)	. (UK)	Bristol 142 „Britain First"	R-12
12.09.1935 **13.09.1935**	Santa Ana Cal. (USA)	**Howard Hughes** (USA)	**Hughes Special 1B (H-1)**	NR258Y
03.1936	Martlesham Heath (UK)	. (UK)	Supermarine 300 (F.37/34) „Spitfire"	K5054
1936	Istres (F)	Raymond Delmotte (F)	Caudron C.561	7460
	Istres (F)	Raymond Delmotte (F)	Caudron C.711 „Cyclone" (nicht geflogen)	
12.1936	Springfield Missouri (USA)	Frank Hawks (USA)	Hawks „Time Flies"	NR1313
19.12.1936	Istres (F)	Maryse Hilsz (F)	Caudron C.460	6909
26.12.1936	Istres (F)	Raymond Delmotte (F)	Caudron C.712 „Cyclone" (1)	
1936	Bonneville Utah (USA)	Art Davis (USA)	Delgado „Maid" (Rekordabsicht)	„6" NR65Y
1936	(F)	(F)	Payen Pa 320P (Projekt)	
	(UK)	(UK)	Airspeed A.S.31 (Projekt)	

(6)	(7)	(8)	(9)	(10)	(11)	(12)	(13)	(14)	(15)	(16)
319	700	0							W	
									W	
					629,370	0	572,0″	100	W	**IR**
					619,374	0	1904,2″	327,616	W	**„Blériot“**
207	540	0								
270	500	0								
586	530		482	0				3		
320	730+	0							W	
									W	
									W	
									W	
587	530	0			486,6	0		3		
585	530	0	523	0	492,805	0		3		
320	730+	0						3	W	
								3	W	
			711	0	**709,209**	0		3	W	**WR**
271	570	0						3		
224			552	0				3		
					505,848	0		3		**IR**
362	630									
367	550	4								
368	1000									
541	523									
574	748									
578	911									
406			494							
543	587				555	0		3		
					567,115	0		3		**IR**
456			562	5						
225	580				550					
226										
539	604		500							
224	600	0	600	0						
227	677	0	495	0	475,175	0		3		
521	676		603 (?)							
273	580									
400	724									

(1)	(2)	(3)	(4)	(5)
29.04.1937	Istres (F)	Raymond Delmotte (F)	Caudron C.712 „Cyclone“ (2)	
10.1937	Rechlin (D)	(D)	Heinkel He 119 V2	
11.1937 **11.11.1937**	Augsburg (D)	**Hermann Wurster** (D)	**Messerschmitt Bf 109 V13** **(„Bf 113“)**	D-IPKY
11.1937 **22.11.1937** 12.1937	Hamburg (D)	**Gerhard Nitschke** (D)	**Heinkel He 119 V4** **(„He 111U/606“)**	D-AUTE
1937	(D)	(D)	Dornier Do P 59/2 (Projekt)	
	(F)	(F)	Payen Pa 110CD „Flèchair“ (Projekt)	
	(F)	(F)	Payen Pa 350CD „Flèchair“ (Projekt)	
02.1938	Rostock (D)	Hans Dieterle (D)	Heinkel He 100 V1	D-ISVR
03.1938	Rechlin (D)	. (D)	Heinkel He 100 V1/U1	D-ISVR
05.1938 **05.06.1938**	Wustrow (D)	H Menk (D) **Ernst Udet** (D)	**Heinkel He 100 V2 („112 U“)**	D-IUOS
09.1938	Warnemünde (D)	Gerhard Nitschke (D)	Heinkel He 100 V3/UR	D-IDGH
11.1938	Oranienburg (D)	. (D)	Heinkel He 100 V5 (B-01)	
1938	. (USA)	Russell A Hosler (USA)	Hosler „Fury“ (Rekordabsicht)	NX14Y
1938	(F)	(F)	Dewoitine D.530 (Projekt)	
	(F)	(F)	Payen Pa 430CV „Flèchair“ (Projekt)	
	(UdSSR)	(UdSSR)	Beresnjak (Projekt)	
	(UK)	(UK)	Supermarine 327 (Projekt)	
01.1939	. (D)	. (D)	Focke-Wulf Fw 187 V6 „Falke“	CJ+NY
08.02.1939 02.1939	Oranienburg (D)	Hans Dieterle (D)	Heinkel He 100 V8/R	V.8
11.02.1939	Mitchel Field NY (USA)	Ben S Kelsey (USA)	Lockheed 22 XP-38 („Lightning“)	37457
03.1939	Eastleigh (UK)	Harry Purvis (UK)	Supermarine 323 „Speed Spitfire“	N.17
30.03.1939	Oranienburg (D)	**Hans Dieterle** (D)	**Heinkel He 100 V8/R** **(„He 112U/113“)**	V.8 (D-IDGH)
26.04.1939	Augsburg (D)	**Fritz Wendel** (D)	**Messerschmitt Me 209 V1** **(„Me 109R“)**	D-INJR
06.1939	Augsburg (D)	. (D)	Messerschmitt Me 209 V3 (Rekordabsicht)	D-IVFP
1939	Augsburg (D)	Hans Dieterle (D)	Heinkel He 100 V8/R (Rekordabsicht)	V.8 (D-IDGH)
02.11.1939	Toulouse (F)	Marcel Doret (F)	Dewoitine D.550-01 (1)	
1939	. (UdSSR)	G Shijanow (UdSSR)	Bisnowat SK-1	
1939	. (F)	. (F)	Caudron C.714R (712R) (nicht geflogen)	
24.02.1940	Toulouse (F)	Marcel Doret (F)	Dewoitine D.550-01 (2)	

(6)	(7)	(8)	(9)	(10)	(11)	(12)	(13)	(14)	(15)	(16)
228	677	0	624	0						
137	584	4	575							
160						0		3		
					610,950	0		3		**IR**
138			620	4						
					504,988			1000		**IR**
					590					
113	815	0								
272	600	0								
274	600 (?)	0								
131	700		620	5						
132	700		672	5						
133	710		665							
					634,473	0	567,4″	100		**IR**
134	717	0								
135	700		682	5						
542	725									
242	625	0								
275	800									
363	937	7								
458	748	7								
125			635	0						
136								3		
			770	0				3		
546	671		676							
457	684	0	657							
136					**746,606**	0		3		**WR**
161			782	0	**755,138**	0		3		**WR**
161	770	0						100		
136	765	0								
243			702							
365	710	5								
229	795	0								
244			703	7						

(1)	(2)	(3)	(4)	(5)
12.06.1940	Heston (UK)	G L G Richmond (UK)	Heston J.5 („Racer")	G-AFOK
1940	(F)	Maurice Arnoux (F)	Bugatti 100P (nicht geflogen)	
	(I)	(I)	CMASA CS.15 (nicht geflogen)	
	(UdSSR)	(UdSSR)	Bakschajew RK-I (RK-800) (nicht geflogen)	
	(F)	(F)	Dewoitine D.550 (3) (Projekt)	
	(UK)	(UK)	Pemberton-Billing P.B.47 (Projekt)	
	(USA)	(USA)	Douglas 312 XP-48 (Projekt)	
	(USA)	(USA)	Lockheed 522 XP-49 (Projekt)	
	(UdSSR)	(UdSSR)	Berijew B-10 (Projekt)	
	(UdSSR)	(UdSSR)	Sokolow (Projekt)	
1941	(UK)	(UK)	Miles M.22 (Projekt)	
	(USA)	(USA)	Gluhareff (Projekt)	
	(USA)	(USA)	Vultee 70 XP-54 (Projekt)	
1942	(D)	(D)	Blohm & Voss P.170 (Projekt)	
	(D)	(D)	Henschel P.75 (Projekt)	
	(D)	(D)	Messerschmitt Me 329 (Projekt)	
	(UK)	(UK)	Airspeed A.S.56 (Projekt)	
27.12.1943	. (J)	. (J)	Kawasaki Ken-3 (Ki.78)	
1943	(D)	(D)	Dornier Do P 231/2 (Projekt)	
	(D)	(D)	Dornier Do P 273/3 (Projekt)	
	(D)	(D)	Messerschmitt „P 108X" (Projekt)	
	(F)	(F)	Arsenal VB.10 „Course" (Projekt)	
	(J)	(J)	Tachikawa Ki.94-I (Projekt)	
02.1944	Bethpage NY (USA)	Carl Bellinger (USA)	Republic XP-72 („Ultrabolt")	4336599
1944	Mengen (D)	. (D)	Dornier Do 335 V1 (M1)	CP+UA
05.08.1944 08.1944	Bethpage NY (USA)	Mike Richie (USA)	Republic XP-47J „Thunderbolt" („Superman")	4346952
08.1944	Burbank Cal. (USA)	Ed Virgin (USA)	North American NA-105A XP-51G „Mustang"	4343336
08.1944	Hatfield (UK)	G H Pike (UK)	de Havilland D.H.103 „Hornet"	RR915
1944	. (I)	. (I)	Reggiane Re 2006b (nicht geflogen)	MM.540
	(D)	(D)	Blohm & Voss P.207.03 (Projekt)	
	(D)	(D)	Blohm & Voss P.208.03 (Projekt)	
	(D)	(D)	Focke-Wulf (Projekt) (J.P.000.222/P.0310.025.500)	

(6)	(7)	(8)	(9)	(10)	(11)	(12)	(13)	(14)	(15)	(16)
430	775	0								
222	830	0								
305	850	0								
361	780									
245	770	0								
435	853	6								
522	845	11								
547	805	6								
364	818									
369	1250									
433	811	5								
531	800									
583	820	6								
100	820	8								
150	790	7								
162	792									
401	792	7								
350	850	0	700	3						
114	855	9								
118	835	9								
163	880	9								
200										
358	780	10								
571			772	0						
119	800		752	7						
570			813 816	10 10						
552			800	7						
411			782	7						
330	770	0								
101	800+									
102	794	10								
126	815	11								

(1)	(2)	(3)	(4)	(5)
1944	(D)	(D)	Focke-Wulf (Projekt) (J.P.000.413/P.0310.025.1000)	
	(D)	(D)	Focke-Wulf („Flitzer/Fw 281") (P.0310.226.114/J.P.VII) (Projekt)	
	(D)	(D)	Focke-Wulf (Projekt) (P.0310.226.127)	
02.1945	Burbank Cal. (USA)	. (USA)	North American NA-126 P-51H-5 „Mustang"	
06.1945	Burbank Cal. (USA)	. (USA)	North American NA-124 P-51M-1 „Mustang"	4511743
09.1945	Bethpage NY (USA)	. (USA)	Republic XP-47H „Thunderbolt"	4223297
09.1945	Boscombe Down (UK)	Eric Greenfield (UK)	Gloster G.41A „Trent Meteor"	EE227
1945	Boscombe Down (UK)	. (UK)	Supermarine 371 „Spiteful F.XIV"	RB515
1945	Mengen (D)	. (D)	Dornier Do 335 M19 „Pfeil" (nicht geflogen)	
	(D)	(D)	Dornier Do P 247/6 (Projekt)	
	(D)	(D)	Dornier Do P 252/1 (Projekt)	
	(D)	(D)	Dornier Do P 252/3 (Projekt)	
	(D)	(D)	Heinkel P.1076 LM (Projekt)	
	(D)	(D)	Heinkel P.1076 N (Projekt)	
	(F)	(F)	SNCA du Centre NC 160 (Projekt)	
	(I)	Riccardo Vaccari (I)	Reggiane Re 2006C (Projekt)	
	(J)	(J)	Kawasaki Ki.64-KAI (Projekt)	
	(J)	(J)	Kugishō Y-40 R2Y-2 „Keiun" (Projekt)	
1946	Muroc AAF Cal. (USA)	. (USA)	Convair 102 XP-81 („Silver Bullet")	491100
1946	Boscombe Down (UK)	. (UK)	Hawker P.1026 (F.2/43) „Fury"	LA610
11.1946	Muroc AFB Cal. (USA)	Al Conover (USA)	Ryan 29 XFR2-1 „Dark Shark"	39661
05.1947	Brétigny (F)	Roger Recveau (F)	Dornier Do 335 M17 „Pfeil"	
06.1947	. (USA)	Alford J Williams (USA)	Grumman G-58A mod (F8F-1) „Gulfhawk IV"	NL3025
1947	Boscombe Down (UK)	. (UK)	Supermarine 371 „Spiteful F.XVI"	RB518
10.12.1947	Indio Cal. (USA)	**Jacqueline Cochran** (USA)	**NA-104 P-51B mod „Mustang"**	„13" NX28388
17.12.1947	Coachilla Valley Cal. (USA)			
1947	. (USA)	. (USA)	Vought-Sikorsky VS-315 XF5U-1 („Flying Pancake") (nicht geflogen)	33958
1948	Niagara Falls NY (USA)	Don Nolan (USA)	Bell 26E P-39Q-10E mod „Cobra II" (Rekordabsicht)	„11" N92848
10.1948	Eglin Field Florida (USA)	Lin Hendrix (USA)	Republic XF-12 „Rainbow"	441003

(6)	(7)	(8)	(9)	(10)	(11)	(12)	(13)	(14)	(15)	(16)
127	840	10								
128	900	9							PTL	
129	910	10							PTL	
554			784	8						
553			790							
569	790		666							
422	800 (?)		700						1. PTL	
459			780							
121	790	10								
115	835	0								
116	875	9								
117	930	11								
139	860	11								
140	880	11								
279	815	10								
331	850	0								
350	800									
355	796	8								
510	888	9	792						PTL	
425			780	6						
575			810	9					PTL	
120			763							
533			805	6						
460			795	9						
557					**755,668**			100		**IR**
					633,540	0		3		
582	811	9								
503	800	0	758	0						
572	800	14	725	12						

(1)	(2)	(3)	(4)	(5)
03.1949	Boscombe Down (UK)	Harald Penrose (UK)	Westland W.35 „Wyvern 2“	VP120
06.1949	. Texas (USA)	Ken Cooley (USA)	NA-103 P-51C mod (Mustang) „Beguine“ (Rekordabsicht)	„7“ N4845N
04.07.1949	La Porte Texas (USA)	Dot Lemon (USA)	NA-103 P-51C mod (Mustang) „Beguine“ (Rekordabsicht)	
06.09.1949	Cleveland Ohio (USA)	William P Odom (USA)	NA-103 P-51C mod (Mustang) „Beguine“ (Rekordabsicht)	
	Cleveland Ohio (USA)	Cook Cleland (USA)	Goodyear F2G-1 mod „Corsair“	„94“ N5590N
1949	Brétigny (F)	Jacques Guignard (F)	SNCA du Sud-Ouest SO 8000-02 „Narval“	
11.1950	Muroc AAF Cal. (USA)	Hugh Wood (USA)	Douglas D-557 XA2D-1 „Skyshark“	122988
09.04.1951	Indio Cal. (USA)	**Jacqueline Cochran** (USA)	**NA-102 F-6C mod (Mustang) „Thunderbird“**	„90“ N5528N
1951	. (F)	. (F)	Breguet 965 (Projekt)	
05.06.1952 06.06.1952 08.06.1952	Key Biscayne Florida (USA	Anson Johnson (USA)	NA-122 P-51D mod „Mustang“ (Rekordabsicht)	„45“ N13Y
1952	Toulouse (F)	Yves Brunaud (F)	Breguet 960-02 „Vultur“	
02.1953	Key Biscayne Florida (USA)	Anson Johnson (USA)	NA-122 P-51D mod „Mustang“ (Rekordabsicht)	N13Y
02.1954	Boca Raton Florida (USA)	Anson Johnson (USA)	NA-122 P-51D mod „Mustang“ (Rekordabsicht)	N13Y
1954	. (UdSSR)	M Njuchtikow (UdSSR)	Tupolew „Samoljot 95-2“ („Dubler“)	6
1954	San Diego Cal. (USA)	J F Coleman (USA)	Convair 5 XFY-1 („Pogo“)	138649
08.1955	Larson AFB Washington (USA)	. (USA)	Boeing 450-162-48 XB-47D („Stratoprop“)	512103
1955	Edwards AFB Cal. (USA)	Henry Beaird (USA)	Republic AP-46 XF-84H („Thunderprop“)	5117059
1956	Edwards AFB Cal. (USA)	. (USA)	McDonnell 36 XF-88B „Voodoo“	46525
10.1957	. (UdSSR)	. (UdSSR)	Tupolew Tu-95M	
04.1958	. (UdSSR)	. (UdSSR)	Tupolew Tu-116 (114D)	7801
24.03.1960 01.04.1960 09.04.1960	Sternberg (UdSSR)	**I M Suchomlin** (UdSSR)	**Tupolew Tu-114 „Rossija“**	CCCP-L5611
28.05.1966	Lancaster Cal. (USA)	Darryl C Greenamyer (USA)	Grumman G-58B F8F-2 mod (1) „Bearcat“	N1111L
31.05.1966	Lancaster Cal. (USA)	Thomas Taylor (USA)	Hawker „Sea Fury FB.11 mod“ (Rekordabsicht)	„33“ N260X
	Lancaster Cal. (USA)	Charles Lyford (USA)	NA-124 P-51D mod (Mustang) „Challenger“ (Rekordabsicht)	„8“ N2869D

(6)	(7)	(8)	(9)	(10)	(11)	(12)	(13)	(14)	(15)	(16)
465	885	0	805	0					PTL	
556	800	0			808	0		1,61		
								3		
532	800	0								
280	730	8								
523	880	0	752 806	 8					PTL	
555					**747,339**			15		**IR**
221	920 855	0 9							PTL	
560	800	0	805 820 715	0 0 0	 690,248	 0		3 3 3		
220	900		850						PTL	
560	800	0						3		
560	800	0						3		
370			882	7					PTL	
511	982 957	4 11							PTL	
505			962	4					PTL	
573	1078	3	863	9					PTL	
549			950 M 1,12	 /					PTL	
371			905	7					PTL	
373			810					8500	PTL	
372					**871,380** **857,277** **877,212**			1000 2000 5000	PTL	**IR** **IR** **IR**
534	800	0	724	0				3		
426	800	0						3		
562	800	0						3		

(1)	(2)	(3)	(4)	(5)
08.1966	Texas (USA)	Michael D Carroll (USA)	Hawker „Sea Fury FB.11 mod“ „Miss Merced“ (Rekordabsicht)	„85“ N878M
08.1968	Edwards AFB Cal. (USA)	Michael O Carroll (USA)	Bell 26 P-39Q-10E mod „Cobra III“ (Rekordabsicht)	N9284
24.08.1968 25.08.1968 08.09.1968	Edwards AFB Cal. (USA)	Darryl C Greenamyer (USA)	Grumman G-58B F8F-2 mod (2) „Bearcat“	„1“ N1111L
16.08.1969	Edwards AFB Cal. (USA)	**Darryl C Greenamyer** (USA)	**Grumman G-58B F8F-2 mod** (3) **„Conquest I“**	„1“ N1111L
1969	(D)	(D)	Colani C-309 (Projekt)	
27.01.1971	Patuxent River NAS, Md. (USA)	**D H Lilienthal** (USA)	**Lockheed 185 P-3C „Orion“**	
1972	. (USA)	Charles Lyford (USA)	NA-124 P-51D mod (Mustang) „Bardahl Special“ (Rekordabsicht)	„8“ N2869D
09.1972	. (USA)	Larry A Havens (USA)	Bell 33 P-63C-5 mod (Kingcobra) „Crazy Horse“ (Rekordabsicht)	„9“ N9009
04.07.1976	. (USA)	Roy McClain (USA)	NA-124 P-51D mod (Mustang) (1) RB-51 „Red Baron“ (Rekordabsicht)	„5“ N7715C
1977	(D/J)	(D/J)	Colani C-309 „Bohu“ (Projekt)	
09.08.1979 12.08.1979 **14.08.1979**	Tonopah Nevada (USA)	**Steve Hinton** (USA)	**NA-124 P-51D mod (Mustang)** (2) **RB-51 „Red Baron“**	„5“ N7715C
1981	. (USA)	Roy McClain (USA)	NA-109 P-51D mod (Mustang) „Jeannie“ (Rekordabsicht)	„69“ N79111
	. (USA)	David Gerber (USA)	Aero Design DG-1 (nicht geflogen)	
	Lake Tahoe Cal. (USA)	John R Sandberg (USA)	Sandberg/Boland BB-1 „Tsunami“ Projekt „B“ (Rekordabsicht)	
30.07.1983	Mojave Cal. (USA)	**Frank Taylor** (USA)	**NA-124 P-51D mod (Mustang)** **„Dago Red“**	„4“ N5410V
1983	. (USA)	. (USA)	Sanders „Dreadnaught“ („Sea Fury T.20 mod“) (Rekordabsicht)	„8“ NX20SF
1984	(D/CH)	(D/CH)	Colani „Pontresina“ (1) (Projekt)	
1985	(USA)	(USA)	NA-124 P-51D mod (Mustang) „Stiletto“ (Rekordabsicht)	„84“ N332
	(USA)	(USA)	Schapel S-1275 „Finesse“ (Projekt)	
	(D/CH)	(D/CH)	Colani „Pontresina“ (2) (Projekt)	
1987	. (USA)	Steve Hinton (USA)	Sandberg/Boland BB-1 „Tsunami“ Projekt A	„18“ NX39JR

(6)	(7)	(8)	(9)	(10)	(11)	(12)	(13)	(14)	(15)	(16)
427			837							
503	800	0						3		
535	800	0	744	0	733	0		3		
			801	0				3		
								3		
536					769,5	0		3		
			821	0	**776,449**	0		3		**IR**
105	800	0								
548					**806,100**			15/25	PTL	**IR**
563	800	0								
504	800	0								
564			810	0				3		
106	892	0								
565			768	0				3		
					787,372	0		3		
			817	0	**803,152**	0		3		**IR**
558	810	0	753	0						
500	820	0								
507	725	0								W
566	850	0			**832,120**			15		**IR**
428	850	0								
107	850	0								
567										
577	850	0								
108	940	0								
506	845	0	853							

(1)	(2)	(3)	(4)	(5)
1988	. (UK)	Patrick Luscombe (UK)	Hawker „Sea Fury FB.11 mod“ (Rekordabsicht)	WJ288
	. (USA)	Eric Lorentzen (USA)	Levolor „Sea Fury T.20 mod“ „Blind Man's Bluff“ (Rekordabsicht)	N85SF
	. (USA)	. (USA)	North American/Dilley 1001 „Vendetta“ („Learfang“) (Rekordabsicht)	NX91KD
05.1989	. (USA)	Don Whittington (USA)	NA-122 P-51D mod (Mustang) „Precious Metal“ (Rekordabsicht)	„9“ 5483V
20.08.1989 **21.08.1989**	Las Vegas NM (USA)	**Lyle Shelton** (USA)	**Grumman G-58B F8F-2 mod** (4) **„Rare Bear“**	„7“ N777L
05.09.1989 06.09.1989 07.09.1989	Wendover Utah (USA)	John R Sandberg (USA)	Sandberg/Boland BB-1 „Tsunami“ Projekt A	„18“ NX39JR
1990	. (USA)	Skip Holm (USA)	Montagne „Mach Buster I“ (nicht geflogen)	
13.09.1991	Reno Nevada (USA)	Rick Brickert (USA)	Scaled Composites „Pond Racer PR-01“	„21“ N221BP
15.09.1991	Reno Nevada (USA)	Lyle Shelton (USA)	Grumman G-58B mod (F8F-2) (5) „Rare Bear“	„7“ N777L
	Reno Nevada (USA)	Bill Destefani (USA)	NA-111 mod P-51D (Mustang) „Strega“	„7“ N71FT
	Reno Nevada (USA)	Skip Holm (USA)	Sandberg/Boland BB-1 „Tsunami“ Projekt A	„18“ NX39JR
1993	. (USA)	Rick Brickert (USA)	Scaled Composites „Pond Racer PR-01“ (Rekordabsicht)	„21“ N221BP
1996 +	. (USA)	Lyle Shelton (USA)	Grumman G-58B mod (F8F-2) (5) „Rare Bear“	„7“ N777L
	. (USA)	Darryl C Greenamyer (USA)	Bruce Boland „Shockwave“ (Projekt)	
	. (USA)	. (USA)	Horkey „Twin Mustang Racer“ (Projekt)	
	. (USA)	Danny Morenson (USA)	Morenson Special (Projekt)	
	. (GUS/USA)	Skip Holm (USA)	ARI SIBNIA „Strela“ (ARI Racer) (Projekt)	
	. (USA)	Matt Jackson (USA)	Cornell/Jackson Special	

(6)	(7)	(8)	(9)	(10)	(11)	(12)	(13)	(14)	(15)	(16)
426	850	0								
429										
568	858	2								
561										
537	885	0			830,045	0		3		
			871	0				3		
					850,263	0		3		**IR**
506	885	0	837	0				3		
								3		
								3		
550	1110	2								
	1200	9								
576	885	0			645	0		14,69		
538	885	0	861	0	787	0		14,69		
559			858	0	785	0		14,69		
506			857	0	783	0		14,69		
576	885	0								
538	925	0								
508										
540										
551	933	0								
360	900	0								
	1200+	X								
599	950	0								

Deutschland (D)

No.	Flugzeug Konstrukteur(e)	Baujahr	Triebwerk(e) Zahl/Typ/Leistung kW (PS)		Propeller/ Blattzahl
100	Blohm & Voss P.170 (R Vogt)	1942	3x 3x	BMW 801E 1540 (2100)	S18 P3
101	Blohm & Voss P.207.03 (R Vogt)	1944	1x	Daimler-Benz DB 603G 1400 (1900)	V12 P3
102	Blohm & Voss P.208.03 (R Vogt)	1944	1x	Daimler-Benz DB 603L 1540 (2100)	V12 P4
105	Colani C-309 (L Colani)	1969	2x 2x	NSU Ro 80 mod 132 (180)	Wk P5
106	Colani C-309 „Bohu" (L Colani)	1977	2x 2x	Mazda RX-3 mod 235 (320)	Wk P5
107	Colani „Pontresina" (1) (L Colani)	1984	2x 2x	Mazda RX mod 1030 (1400)	Wk 2xP5
108	Colani „Pontresina" (2) (L Colani)	1985	2x 2x	Mazda RX mod 1030 (1400)	Wk 2xP5
110	Dornier (Patent 404406) (C H D Dornier)	1917	1x	Mercedes D III (?) 118 (160)	R4 P2
111	Dornier „Schneider" (C H D Dornier)	1928	2x 2x	BMW VI Spezial/IXa/DB F2 735 (1000)	V12 P2
112	Dornier „Schneider" (C H D Dornier)	1931	2x 2x	? 1470 (2000)	V12 P4
113	Dornier Do P 59/2 (C H D Dornier)	1937	2x 2x	Daimler-Benz DB 601R (38) 1470 (2000)	V12 P3/4
114	Dornier Do P 231/2 (G Wieland, H Herzog)	1943	2x 2x	Daimler-Benz DB 603G 1400 (1900)	V12 P4
115	Dornier Do P 247/6 (G Wieland, H Herzog)	1945	1x	Jumo 213J 1650 (2240)	V12 P3
116	Dornier Do P 252/1 (G Wieland, H Herzog)	1945	2x 2x	Daimler-Benz DB 603LA 1690 (2300)	V12 2xP3
117	Dornier Do P 252/3 (G Wieland, H Herzog)	1945	2x 2x	Jumo 213J 1910 (2600)	V12 2xP3
118	Dornier Do P 273/3 (G Wieland, H Herzog)	1943	2x 2x	Daimler-Benz DB 603G 1400 (1900)	V12 P3
119	Dornier Do 335 V1 (M1) (G Wieland, H Herzog)	1944	2x 2x	Daimler-Benz DB 603AS 1360 (1850)	V12 P3
120	Dornier Do 335 M17 „Pfeil" (G Wieland, H Herzog)	1947	2x 2x	Daimler-Benz DB 603A-2 1285 (1750)	V12 P3
121	Dornier Do 335 M19 „Pfeil" (G Wieland, H Herzog)	1945	2x 2x	Daimler-Benz DB 603LA 1470 (2000)	V12 P3
125	Focke-Wulf Fw 187 V6 „Falke" (K W Tank, R Blaser)	1939	2x 2x	Daimler-Benz DB 600A 770 (1050)	V12 P3
126	Focke-Wulf (J.P.000.222/P.0310.025.500) (K W Tank)	1945	1x	Jumo 222E/F 2130 (2900)	S24 P4
127	Focke-Wulf (J.P.000.413/P.0310.025.1000) (K W Tank)	1945	1x	Argus As 413 2940 (4000)	H24 2xP4
128	Focke-Wulf „Fw 281" (?) (Mittelhuber) (P.0310.226.114/J.P.VII „Flitzer")	1944	1x	Heinkel/Daimler-Benz 021 2425 (3300)	PTL P3
129	Focke-Wulf (Multhopp) (P.0310.226.127)	1944	1x	Heinkel/Daimler-Benz 021 2425 (3300)	PTL P3

Spann-weite m	Länge m	Flügel-fläche qm	Flügel-streckung	Pfeilung	Flug-gewicht kg	Leistungs-verhältnis kW/kg PS/kg	Flächen-belastung kg/qm	Konfigu-ration[1]		
16,00	13,25	44,00	5,8	0°	13300	0,35 (0,47)	302	MD	2L	(3R)
9,90	9,73	16,35	6,0	0°	4000	0,35 (0,48)	245	TD	YL	(3R)
12,08	9,20	19,00	7,7	30°	5050	0,31 (0,41)	266	TD	2L	(3R)
4,50	6,50	4,00	5,0	45°	400	0,66 (0,90)	100	MD	1L	(2R)
2,64	6,92	2,62	2,7		800	0,59 (0,80)	305	MD	1L	4R
4,50	8,50							MD	1L	(2R)
4,80	8,00	7,40	3,1	40°	800	2,58 (3,50)	108	TD	1L	(3R)
				5°				MD	2L	2R
12,50?	13,50?	24,00?	6,5?	0°				TD	2L	2S
12,00	11,00	24,00	6,0	0°	4000	0,73 (1,00)	167	SD	1L	S(2s)
11,00	12,80	24,00	5,00	15°	4500	0,65 (0,88)	188	TD	+L	(2R)
13,20	13,25	35,00	5,0	15°	8200	0,34 (0,46)	234	TD	+L	(3R)
12,50	12,06	26,00	6,0	28°	6200	0,26 (0,36)	238	TD	+L	(3R)
16,40	15,20	43,00	6,3	36°	10500	0,32 (0,44)	244	TD	+L	(3R)
15,80	17,10	43,20	5,8	24°	11150	0,34 (0,47)	258	TD	+L	(3R)
18,00	13,70	45,50	7,1	13°	9100	0,31 (0,42)	200	TD	+L	(3R)
13,80	13,85	38,50	4,9	13°	8300	0,33 (0,45)	216	TD	+L	(3R)
13,80	13,85	38,50	4,9	13°	10100	0,25 (0,35)	262	TD	+L	(3R)
13,80	13,85	38,50	4,9	13°	9000	0,33 (0,44)	234	TD	+L	(3R)
15,30	11,12	30,40	7,7	0°	5000	0,31 (0,42)	164	TD	1L	(2R)
12,60	13,70	32,00	5,0	37°	6680	0,32 (0,43)	209	MD	+L	(3R)
16,40	14,20	55,00	4,9	33°	9800	0,30 (0,41)	178	MD	+L	(3R)
8,00	9,90	17,00	3,8	28°	5000	0,48 (0,66)	294	MD	2L	(3R)
8,20	10,80	17,50	3,8	35°	4900	0,50 (0,67)	280	MD	1L	(3R)

[1]) HD Hockdecker; MD Mitteldecker; SD Schulterdecker; TD Tiefdecker; 2D Doppeldecker; 1L 1 Seitenflosse; 2L 2 Seitenflossen; 1R Einradfahrwerk – starr; 2R Heckradfahrwerk - starr; 3R Bugradfahrwerk – starr; 4R Vierradfahrwerk – starr; (1R) Einradfahrwerk – einziehbar; (2R) Heckradfahrwerk – einziehbar; (3R) Bugradfahrwerk – einziehbar; S ein Schwimmer / Flugboot; 2S zwei Schwimmer; 2K zwei Kufen

No.	Flugzeug Konstrukteur(e)	Baujahr	Triebwerk(e) Zahl/Typ/Leistung kW (PS)		Propeller/ Blattzahl
130	Heinkel P 897/HE-11 (E Heinkel)	1928	1x	BMW VI Spezial 590 (800)	V12 P2
131	Heinkel He 100 V1 (P.1035) (S Günter, K Schwärzler)	1938	1x	Daimler-Benz DB 601Aa 808 (1100)	V12 P3
132	Heinkel He 100 V1/U1 (S Günter, K Schwärzler)	1938	1x	Daimler-Benz DB 601Aa 864 (1175)	V12 P3
133	Heinkel He 100 V2 („112U") (S Günter, K Schwärzler)	1938	1x	Daimler-Benz DB 601R.III 1220 (1660)	V12 P3
134	Heinkel He 100 V3/UR (S Günter, K Schwärzler)	1938	1x	Daimler-Benz DB 601R.IV 1515 (2060)	V12 P3
135	Heinkel He 100 V5 (B-01) (S Günter, K Schwärzler)	1938	1x	Daimler-Benz DB 601M 864 (1175)	V12 P3
136	Heinkel He 100 V8/R („He 112U, 113") (S Günter, K Schwärzler)	1939	1x	Daimler-Benz DB 601R.V 2036 (2770)	V12 P3
137	Heinkel He 119 V2 (P.1055) (H Hertel, S Günter)	1937	1x	Daimler-Benz DB 606A-1 1728 (2350)	VV24 P4
138	Heinkel He 119 V4 („He 111U, 606") (H Hertel, S Günter)	1937	1x	Daimler-Benz DB 606A-2 1728 (2350)	VV24 P4
139	Heinkel P.1076LM (S Günter, K Schwärzler)	1945	1x	Daimler-Benz DB 603LM 1545 (2100)	V12 P4
140	Heinkel P.1076N (S Günter, K Schwärzler)	1945	1x	Daimler-Benz DB 603N 2200 (3300)	V12 2xP3
150	Henschel P.75 (H Nicolaus)	1942	1x	Daimler-Benz DB 613 1840 (2500)	VV24 2xP3
155	Junkers J9/I (D I) (H Junkers)	1918	1x	BMW IIIa 136 (185)	R6 P2
160	Messerschmitt Bf 109 V13 („Bf 113") (W Messerschmitt, R Lusser)	1937	1x	Daimler-Benz DB 601R.III 1250 (1700)	V12 P3
161	Messerschmitt Me 209 V1 (V3) P.1059 („Me 109 R") (W Messerschmitt, W Rethel)	1939	1x	Daimler-Benz DB 601R.V 2036 (2770)	V12 P3
162	Messerschmitt Me 329 (H Wurster)	1942	2x 2x	Daimler-Benz DB 603 1285 (1750)	V12 P3
163	Messerschmitt „P 108X" (H Hornung)	1943	2x 2x	Daimler-Benz DB 603G 1470 (2000)	V12 P3
170	Rumpler-Lutzkoy „Taube" (Lutzkoy-2) (I Etrich, E Rumpler)	1912	2x 2x	Argus Typ 4 74 (100)	R4 2xP2
175	Ursinus (Rex) (WD 10?) (O Ursinus)	1917	1x	Benz Bz III 110 (150)	R8 P2

Frankreich (F)

200	Arsenal VB.10 „Course" (M Vernisse, R Badie)	1943	2x 2x	Hispano-Suiza HS 12Z 882 (1200)	V12 2xP3
203	Bernard (SIMB) V.1 (J Hubert, S G Bruner)	1924	1x	Lorraine-Dietrich 14 (12Ew) 367 (500)	W12 P2
204	Bernard (SIMB) V.2 (1) (J Hubert, S G Bruner)	1924	1x	Hispano-Suiza 50 (12Gb) 455 (620)	W12 P2

Spannweite m	Länge m	Flügelfläche qm	Flügelstreckung[2]	Pfeilung[3]	Fluggewicht kg	Leistungsverhältnis kW/kg PS/kg	Flächenbelastung kg/qm	Konfiguration[4]		
7,00	8,45			0°				TD	+L	2S
9,42	8,17	14,40	6,2	0°	2158	0,37 (0,51)	150	TD	1L	(2R)
9,42	8,17	14,40	6,2	0°	2555	0,34 (0,46)	177	TD	1L	(2R)
9,42	8,17	14,40	6,2	0°	2470	0,49 (0,67)	172	TD	1L	(2R)
6,70	8,17	11,00	5,2	0°	2439	0,62 (0,84)	222	TD	1L	(2R)
9,40	8,20	14,50	6,1	0°	2437	0,35 (0,48)	168	TD	1L	(2R)
7,60	8,18	11,00	5,2	0°	2475	0,82 (1,12)	225	TD	1L	(2R)
16,00	14,80	51,60	5,0	15°	8100	0,21 (0,29)	157	TD	1L	(2R)
15,90	14,80	50,00	5,0	12°	7160	0,24 (0,33)	143	TD	1L	(2R)
11,00	9,60	18,00	6,7	−6°	4380	0,35 (0,48)	243	TD	1L	(2R)
13,20	11,00	26,00	6,7	−6°	5230	0,42 (0,57)	201	TD	1L	(2R)
11,30	12,20	28,40	4,5	20°	7500	0,25 (0,33)	264	MD	YL	(3R)
9,00	6,70	14,80	5,5	0°	835	0,16 (0,22)	56	TD	1L	2R
9,90	8,70	16,40	6,0	4°	1900	0,66 (0,90)	116	TD	1L	(2R)
7,80	7,24	10,55	5,8	0°	2164	0,94 (1,28)	205	TD	1L	(2R)
17,50	8,13	55,00	5,6	28°	12150	0,21 (0,29)	221	MD	1L	(3R)
15,75	13,53	36,00	6,9	21°	9040	0,32 (0,44)	251	TD	+L	(3R)
14,00	11,00	32,00	6,1	0°				SD	1L	4R
9,00	7,77			0°	1000	0,11 (0,15)		2D	+L	(2S)
	10,35							TD	1L	(2R)
8,75	6,50	12,08	6,3	4°	1050	0,38 (0,51)	87	SD	1L	2R
9,90	6,80	11,60	8,4	2°	1183	0,38 (0,52)	102	MD	1L	2R

No.	Flugzeug Konstrukteur(e)	Baujahr	Triebwerk(e) Zahl/Typ/Leistung kW (PS)	Propeller/ Blattzahl
205	Bernard (SIMB) V.2 (2) (J Hubert, S G Bruner)	1924	1x Hispano-Suiza 50 (12Gb) 455 (620)	W12 P2
206	Bernard (SIMB) V.3 (J Hubert, S G Bruner)	1924	1x Lorraine-Dietrich 14 (12Eb) 375 (510)	W12 P2
207	Bernard (SAB) V.4 (S G Bruner, R Robert)	1933	1x Hispano-Suiza 67 (18Sb) 1050 (1425)	W18 P2
208	Bernard (SAB) H.V.120 (S G Bruner, R Robert)	1930	1x Hispano-Suiza 65 (18R) 1080 (1470)	W18 P3,4
209	Bernard (SAB) H.V.120-01 (S G Bruner, R Robert)	1931	1x Hispano-Suiza 65 (18R) 1080 (1470)	W18 P3
210	Bernard (SAB) H.V.220 (S G Bruner, R Robert)	1931	1x Lorraine 84 (12Rcr) 1470 (2000)	V12 P4
211	Bernard (SAB) H.V.300 (R Robert)	1932	2x Hispano-Suiza 67 (18Sb) 2x 810 (1100)	W18 2xP2
212	Bernard (SAB) H.V.320 (S G Bruner, R Robert)	1931	1x Renault 12Ncr 1470 (2000)	V12 P4
213	Bernard-Farman H.V. (R Robert, C Waseige)	1930	2x Farman 18T 2x 1090 (1480)	T18 P3
215	Blériot XI (mod) (L Blériot, R Saulnier)	1910	1x Gnome „Oméga“ 37 (50)	Ro7 P2
216	Blériot XI Spécial (L Blériot, R Saulnier)	1910	1x Gnome „Double Oméga“ 74 (100)	Ro14 P2
217	Blériot XII (L Blériot, R Saulnier)	1909	1x ENV F 44 (60)	V8 P2
218	Blériot XXIII „Rapide“ (L Blériot, R Saulnier)	1911	1x Gnome „Double Oméga“ 74 (100)	Ro14 P2
220	Breguet 960-02 „Vultur“ (M Allain)	1952	1x ASM.3 „Mamba 3“ 970 (1320) 1x HS/RR „Nene 104“ 22,2 kN (2270 kp)	PTL P4 RTL
221	Breguet 965 (M Allain)	1951	1x ASM.3 „Mamba 3“ 910 (1240) 1x SNECMA „Atar 101B“ 27,0 kN (2750 kp)	PTL P4 ATL
222	Bugatti 100 P (E Bugatti, L P de Monge)	1940	2x Bugatti T50B1 2x 330 (450)	R8 2xP2
224	Caudron C.460/R (M Riffard, G Otfinovsky)	1934	1x Renault 4.56 272 (370)	R6 P2
224	Caudron C.561 (M Riffard, G Otfinovsky, Devlieger)	1936	1x Renault 4.46 368 (500)	V12 P2
226	Caudron C.711 „Cyclone“ (M Riffard, G Otfinovsky, Devlieger)	1936	1x Renault 4.46 368 (500)	V12 P3
227	Caudron C.712 „Cyclone“ (1) (M Riffard, G Otfinovsky, Devlieger)	1936	1x Renault 6.13 331 (450)	V12 P3
228	Caudron C.712 „Cyclone“ (2) (M Riffard, G Otfinovsky, Devlieger)	1937	1x Renault 6.13 537 (730)	V12 P3
229	Caudron C.714R (C.712R) (M Riffard, G Otfinovsky, Devlieger)	1939	1x Renault 6.13 12R Spécial 662 (900)	V12 P3
230	Clément-Moineau „Course“ (L Clément, R M Moineau)	1919	1x Hispano-Suiza 34 (8Aa) 132 (180)	V8 P2
232	Deperdussin „Course“ (1) (L Béchereau, F Koolhoven)	1912	1x Gnome „Double Oméga“ 74 (100)	Ro14 P2

Spann-weite m	Länge m	Flügel-fläche qm	Flügel-streckung[2]	Pfeilung[3]	Flug-gewicht kg	Leistungs-verhältnis kW/kg PS/kg	Flächen-belastung kg/qm	Konfigu-ration[4]		
9,05	6,80	10,80	7,6	2°	1172	0,39 (0,53)	109	MD	1L	2R
9,90	6,71			2°				MD	1L	(2R)
8,65	7,45	11,00	6,8	4°	1900	0,55 (0,75)	173	MD	1L	2R
9,85	8,24	13,68	7,1	3°	2100	0,51 (0,70)	154	MD	1L	2S
8,65	8,24	11,00	6,8	3°	2100	0,51 (0,70)	191	MD	1L	2S
9,40	9,60	13,86	6,4	5°	2370	0,62 (0,84)	171	TD	1L	2S
9,80	9,30			6°				MD	1L	S
9,56	9,18	14,14	6,5	5°	2510	0,59 (0,80)	178	TD	1L	2S
11,00	10,80	19,51	6,2	7°				HD	1L	S
8,90	8,00	14,00	5,7	0°	380	0,10 (0,13)	27	SD	1L	2R
7,90	7,65	12,00	5,3	0°	440	0,17 (0,23)	37	SD	1L	2R
9,50	9,60	16,30	5,5	0°	575	0,06 (0,09)	35	SD	1L	2R
8,94	7,52	9,00	8,9	0°	340	0,22 (0,29)	38	SD	1L	2R
16,70	13,35	36,30	7,7	16°	9690		267	TD	1L	(3R)
16,70	13,35	36,30	7,7	16°	10000		275	TD	1L	(3R)
8,24	7,75	11,40	6,0	−3°	1700	0,39 (0,53)	149	TD	YL	(2R)
6,75	7,12	6,90	6,6	7°	980	0,28 (0,38)	142	TD	1L	(2R)
6,75	8,05	6,90	6,6	7°	998	0,37 (0,50)	145	TD	1L	(2R)
8,97	8,53	12,50	6,4	10°	1300	0,28 (0,38)	104	TD	1L	(2R)
6,75	8,62	6,90	6,6	7°	1175	0,28 (0,38)	170	TD	1L	(2R)
6,75	8,62	6,90	6,6	7°	1225	0,44 (0,60)	178	TD	1L	(2R)
6,75	8,68	6,90	6,6	7°	1225	0,54 (0,73)	178	TD	1L	(2R)
8,50	6,00	16,00	4,5	0°	760	0,17 (0,24)	48	SD	1L	(2R)
7,00	6,25	10,00	4,9	0°	370	0,21 (0,27)	37	MD	1L	2R

No.	Flugzeug Konstrukteur(e)	Baujahr	Triebwerk(e) Zahl/Typ/Leistung kW (PS)	Propeller/ Blattzahl
233	Deperdussin „Course" (2) (L Béchereau, F Koolhoven)	1912	1x Gnome „Double Gamma" 103 (140)	Ro14 P2
234	Deperdussin Monocoque (3) „Gordon Bennett" (L Béchereau, A Herbemont)	1912	1x Gnome „Double Gamma" 103 (140)	Ro14 P2
235	Deperdussin Monocoque (4) „Gordon Bennett" (L Béchereau, A Herbemont)	1913	1x Gnome „Double Lambda" 118 (160)	Ro14 P2
236	Deperdussin Monocoque (5) „Gordon Bennett" (L Béchereau, A Herbemont)	1913	1x Gnome „Double Lambda" 118 (160)	Ro14 P2
237	Deperdussin Monocoque (6) „Gordon Bennett" (L Béchereau, A Herbemont)	1913	1x Le Rhône 18E 118 (160)	Ro18 P2
240	Dewoitine HD.410 (Dewoitine, Vautier, Castello)	1930	1x Lorraine 84 (12Rcr) 1617 (2200)	V12 P3
241	Dewoitine HD.411 (Dewoitine, Vautier, Castello)	1931	1x Lorraine 84 (12Rcr) 1617 (2200)	V12 2xP2
242	Dewoitine D.530 (Dewoitine, Castello, Henrat)	1938	1x Hispano-Suiza 12Y 1325 (1800)	V12 P3
243	Dewoitine D.550-01 (1) (Dewoitine, Castello, Henrat)	1939	1x Hispano-Suiza 12Y51 735 (1000)	V12 P3
244	Dewoitine D.550-01 (2) (Dewoitine, Castello, Henrat)	1940	1x Hispano-Suiza 89 (12Z) 970 (1320)	V12 P3
245	Dewoitine D.550 (3) (Dewoitine, Castello, Henrat)	1940	1x Hispano-Suiza 89 (12Z) 1325 (1800)	V12 P3
250	Hanriot HD.22 (M R Pruitt)	1921	1x Hispano-Suiza 42 (8Fe) 235 (320)	V8 P2
251	Landwerlin-Berreur „Course" G-M Landwerlin, G A Berreur)	1922	1x Fiat A.14 515 (700)	V12 P2
252	Levavasseur „Antoinette VII" (L Levavasseur)	1909	1x Levavasseur „Antoinette" 37 (50)	V8 P2
253	de Monge 5-1 (L P de Monge)	1921	1x Hispano-Suiza 42 (8Fe) 235 (320)	V8 P2
255	Nieuport IIG (de Niéport, Pagny, Schneider)	1911	1x Gnome „Oméga" 37 (50)	Ro7 P2
256	Nieuport IIN (de Niéport, Pagny, Schneider)	1911	1x Nieuport-Darracq 21 (28)	B2 P2
257	Nieuport Nie 29V (Delage)	1919	1x Hispano-Suiza 42 (8Fb) 206 (280)	V8 P2
258	Nieuport Nie 29V(bis) (Delage)	1920	1x Hispano-Suiza 42 (8Fe) 235 (320)	V8 P2
259	Nieuport-Delage Sesquiplan (1) (Delage)	1921	1x Hispano-Suiza 42 (8Fe) 235 (320)	V8 P2
260	Nieuport-Delage Sesquiplan (2) (Delage)	1922	1x Hispano-Suiza 42 (8F) 267 (363)	V8 P2
261	Nieuport-Delage Sesquiplan (3) „Eugène Gilbert" (Delage, A Mary)	1923	1x Wright H-3 304 (414)	V8 P2
262	Nieuport-Delage Ni-D 41 „Course" (Delage, E Dieudonné)	1922	1x Wright H-3 304 (414)	V8 P2
263	Nieuport-Delage Ni-D 42S (Delage)	1924	1x Hispano-Suiza 51 (12Hb) 456 (620)	V12 P2

Spannweite m	Länge m	Flügelfläche qm	Flügelstreckung[2]	Pfeilung[3]	Fluggewicht kg	Leistungsverhältnis kW/kg PS/kg	Flächenbelastung kg/qm	Konfiguration[4]		
7,00	6,25	10,00	4,9	0°	400	0,26 (0,35)	40	MD	1L	2R
7,00	6,26	11,50	4,3	0°	500	0,21 (0,28)	43	MD	1L	2R
7,15	6,20	9,86	5,2	0°	650	0,18 (0,25)	66	MD	1L	2R
6,60	6,20	9,00	4,9	0°	640	0,18 (0,25)	71	MD	1L	2R
6,60	6,20	9,00	4,9	0°	680	0,17 (0,24)	76	MD	1L	2R
9,32	9,10	11,00	7,9	3°	2157	0,75 (1,02)	196	TD	1L	2S
9,32	8,90	11,00	7,9	3°				TD	1L	2S
	8,75							TD	1L	(2R)
8,20	8,02	10,79	6,2	4°	1814	0,40 (0,55)	168	TD	1L	(2R)
8,20	8,22	10,79	6,2	4°	1950	0,50 (0,68)	181	TD	1L	(2R)
8,20	8,22	10,79	6,2	4°				TD	1L	(2R)
6,38	5,71	7,50	5,4	0°	830	0,28 (0,39)	111	SD	1L	(2R)
13,26	6,00	22,20	7,9	−22°	1720	0,30 (0,41)	77	SD	1L	2R
12,80	11,30	34,00	4,8	5°	590	0,06 (0,08)	17	SD	+L	2R+
8,00	7,00	15,00	4,3	10°	880	0,27 (0,36)	98	HD	1L	2R
8,40	7,50	14,00	5,0	0°	400	0,09 (0,12)	29	MD	1L	2R+
8,65	7,15	14,00	5,3	0°	340	0,06 (0,08)	24	MD	1L	2R+
6,05	6,23	13,20	5,5	0°	834	0,25 (0,34)	63	2D	1L	2R
6,00	6,20	12,30	5,9	0°	936	0,25 (0,34)	76	2D	1L	2R
8,00	6,10	11,00	6,4	0°	980	0,24 (0,33)	89	SD	1L	2R
8,00	6,10	11,00	6,4	0°	935	0,29 (0,39)	85	SD	1L	2R
8,00	6,20	11,00	6,4	0°	1014	0,30 (0,41)	92	SD	1L	2R
8,20	7,08	12,70	5,3	0°	1016	0,30 (0,41)	80	SD	1L	2R
9,50	7,30	15,50	6,4	0°	1440	0,32 (0,43)	93	SD	1L	2R

No.	Flugzeug Konstrukteur(e)	Baujahr		Triebwerk(e) Zahl/Typ/Leistung kW (PS)	Propeller/ Blattzahl
264	Nieuport-Delage Ni-D 450 (Delage)	1929	1x	Hispano-Suiza 67 (18S) 1100 (1500)	W18 P3
265	Nieuport-Delage Ni-D 650 (Delage)	1931	1x	Hispano-Suiza 65 (18R) 1235 (1680)	W18 P2
266	Nieuport-Delage Ni-D 651 (Delage)	1931	1x	Lorraine 84 (12Rcr) 1617 (2200)	V12 P3
267	Nieuport-Delage Ni-D 652 (Delage)	1931	1x	Renault 12Ncr 1470 (2000)	V12 P3
269	Paulhan-Tatin „Aéro-Torpille No. 1" (L Paulhan, V Tatin)	1911	1x	Gnome „Oméga" 37 (50)	Ro7 P2
270	Sauvage-Payen SP-25 (N R Payen, R Sauvage, F Baudot)	1933	1x 4x	Baudot Complexe Securité 110 (150)	4xR8 2xP2
271	Payen Pa 101 „Flèche Volante" (N R Payen)	1934	1x	Gnome & Rhône 7Kdr 280 (380)	S7 P2
272	Payen Pa 110CD „Flèchair" (N R Payen, F Baudot)	1937	2x 2x	Salmson 7Ac/Baudot 74 (100)	S7 2xP2
273	Payen Pa 320P (N R Payen, F Baudot)	1936	4x 4x	Renault/Baudot 368 (500)	R8 2xP2
274	Payen Pa 350CD „Flèchair" (N R Payen, F Baudot)	1937	1x	Renault/Baudot 368 (500) (?)	R8 2xP2
275	Payen Pa 430CV „Flèchair" (N R Payen, F Baudot)	1937	2x 2x	Gnome & Rhône 14M/Baudot 735 (1000)	R14 2xP2
276	Ponnier „Gordon Bennett" (A Pagny)	1913	1x	Gnome „Double Lambda" 118 (160)	Ro14 P2
277	Santos-Dumont 14bis(mod) (A Santos-Dumont, G Voisin)	1907	1x	Levavasseur „Antoinette" 37 (50)	V8 P2
278	Simplex-Arnoux „Course" (R Arnoux, I Carmier)	1922	1x	Hispano-Suiza 42 (8F) 235 (320)	V12 P2
279	SNCA du Centre NC 160 (Pillon)	1945	2x 2x	Hispano-Suiza 12Z 1030 (1400)	V12 2xP3
280	SNCA du Sud-Ouest SO 8000 „Narval" (M Dupuy)	1949	1x	Arsenal 12H-02 1655 (2250)	V12 2xP4
281	Sommer Monoplan (R Sommer)	1912	1x	Gnome „Gamma" 51 (70)	Ro7 P2
282	Spad-Herbemont S.20bis1 (A Herbemont)	1919	1x	Hispano-Suiza 42 (8Fb) 206 (280)	V8 P2
283	Spad-Herbemont S.20bis2 (A Herbemont)	1919	1x	Hispano-Suiza 42 (8Fb) 206 (280)	V8 P2
284	Spad-Herbemont S.20bis3 (A Herbemont)	1919	1x	Hispano-Suiza 42 (8Fb) 206 (280)	V8 P2
285	Spad-Herbemont S.20bis4 (A Herbemont)	1920	1x	Hispano-Suiza 42 (8Fb) 206 (280)	V8 P2
286	Spad-Herbemont S.20bis6 (1) (A Herbemont)	1920	1x	Hispano-Suiza 42 (8Fb) 220 (300)	V8 P2
287	Spad-Herbemont S.20bis6 (2) (A Herbemont)	1920	1x	Hispano-Suiza 42 (8Fe) 235 (320)	V8 P2
290	SPCA „Schneider"	1929	1x	Farman 18T 1030 (1400)	T18 P.

Spann- weite m	Länge m	Flügel- fläche qm	Flügel- streckung[2]	Pfeilung[3]	Flug- gewicht kg	Leistungs- verhältnis kW/kg PS/kg	Flächen- belastung kg/qm	Konfigu- ration[4]		
9,70	7,45	15,46	6,1	8°	1800	0,61 (0,83)	116	TD	1L	2S
9,02	7,45	14,50	5,6	12° 8°	1721	0,72 (0,98)	119	TD	1L	2S
								TD	1L	2S
								TD	1L	2S
8,60	8,60	12,50	5,9	0°	510	0,07 (0,10)	41	MD	1L	2R
3,40	6,80	6,86	1,5	67°	724	0,61 (0,83)	106	MD	1L	(1R)
4,20	5,57	7,50	1,5	67°	750	0,37 (0,51)	100	MD	1L	2R
4,20	6,74	7,50	1,5	67°	550	0,27 (0,36)	73	MD	1L	(1R)
6,80	10,20			78°				MD	1L	(2R)
3,30	6,87	4,00		78°	650	0,57 (0,77)	162	MD	2L	(1R)
6,60	9,30	27,00	1,6	67°	3500	0,42 (0,57)	130	MD	1L	(3R)
6,96	5,45	7,80	6,2	0°	590	0,20 (0,27)	76	MD	1L	2R
11,46	9,69	50,00	5,3	0°	300	0,12 (0,17)	6	2D	2L	2R
9,00	4,25	16,30	5,0	2°	880	0,27 (0,36)	54	SD	1L	(2R)
13,50	11,30				6500	0,32 (0,43)		TD	1L	(2R)
11,77	11,83	26,30	5,3	24° 13°	6600	0,25 (0,34)	251	TD	2L	(3R)
11,50	9,00	19,00	7,0	0°	410	0,12 (0,17)	22	SD	1L	2R
10,02	7,20	25,00	8,0	8° 0°				2D	1L	2R
9,47	7,30	23,00	7,8	8° 0°				2D	1L	2R
8,10	7,30	21,50	6,1	8° 0°				2D	1L	2R
6,60	7,30	16,00	5,4	8° 0°	1050	0,20 (0,27)	66	2D	1L	2R
6,48	7,50	15,20	5,5	8° 0°	1050	0,21 (0,29)	69	2D	1L	2R
6,48	7,18	14,00	6,0	8° 0°	995	0,24 (0,32)	71	2D	1L	2R
										2S

No.	Flugzeug Konstrukteur(e)	Baujahr	Triebwerk(e) Zahl/Typ/Leistung kW (PS)		Propeller/ Blattzahl
295	Voisin-Farman I (mod) (G+C Voisin, H Farman)	1907	1x	Levavasseur „Antoinette" 37 (50)	V8 P2
296	Voisin-Farman Ibis (H Farman)	1908	1x	Levavasseur „Antoinette" 37 (50)	V8 P2

Italien (I)

300	Ansaldo S.V.A.5 „Primo" (Savoia, Verduzio, Rostatelli)	1918	1x	S.P.A.6A 157 (213)	R6 P2
305	CMASA CS.15 (M Stiavelli)	1940	1x	Fiat AS.8 1654 (2250)	V18 2xP3
310	Fiat B.R. (C Rosatelli)	1919	1x	Fiat A.14 614 (836)	V12 P2
311	Fiat ARF (C Rosatelli)	1920	1x	Fiat A.14 614 (836)	V12 P2
312	Fiat R.700 (C Rosatelli)	1922	1x	Fiat A.14 614 (836)	V12 P2
313	Fiat C.29 (C Rosatelli)	1929	1x	Fiat AS.5 735 (1000)	V12 P2
315	Macchi M.39 (M Castoldi)	1926	1x	Fiat AS.2 596 (810)	V12 P2
316	Macchi M.52 (M Castoldi)	1927	1x	Fiat AS.3 757 (1030)	V12 P2
317	Macchi M.52R (M Castoldi)	1928	1x	Fiat AS.3 757 (1030)	V12 P2
318	Macchi M.67 (M Castoldi)	1929	1x	Isotta-Fraschini „Asso 2-800" 1325 (1800)	W18 P3
319	Macchi MC.72 (M Castoldi)	1931	1x	Fiat AS.6 N.12/MM.165 1690/1910 (2300/2600)	V24 2xP2
320	Macchi MC.72 (M Castoldi)	1934	1x	Fiat AS.6 N.8/MM.149 2200 (3000)	V24 2xP2
325	Pegna P.c.1 (G Pegna, S Arrigoni)	1921	1x		V12 P2
326	Piaggio P.7 (Pegna P.c.7) (Pegna) („Pinocchio")	1929	1x	Isotta-Fraschini „Asso 1-500" 590 (800)	V12 P2
330	Reggiane Re 2006b (R Longhi, A Alessio)	1944	1x	Daimler-Benz DB 603A 1360 (1850)	V12 P4
331	Reggiane Re 2006C (R Longhi, A Alessio)	1945	1x	Daimler-Benz DB 603A 1360 (1850)	V12 P4
335	Marchetti-Vickers-Terni MVT (Savoia S.50) (A Marchetti)	1919	1x	S.P.A.6A 157 (213)	R6 P2
336	Savoia Marchetti S.65 (A Marchetti)	1929	2x 2x	Isotta-Fraschini „Asso 1-500" 772 (1050)	V12 P2

Japan (J)

350	Kawasaki Ki.64-KAI (Takeo Doi)	1945	1x	Kawasaki Ha.201-KAI 2060 (2800)	V24 2xP3

Spannweite m	Länge m	Flügelfläche qm	Flügelstreckung[2]	Pfeilung[3]	Fluggewicht kg	Leistungsverhältnis kW/kg PS/kg	Flächenbelastung kg/qm	Konfiguration[4]		
10,00	10,50	40,00	5,0	0°	530	0,07 (0,09)	14	2D	2L	2R
13,00	11,50	44,20	7,6	0°	560	0,07 (0,09)	13	2D	2L	2R
9,10	8,10	26,92		0°	975	0,16 (0,22)	36	2D	1L	2R
9,00	8,91	10,23	7,9	4°	2270	0,73 (1,00)	222	MD	1L	(2R)
15,80	10,47			0°	3200	0,19 (0,26)		2D	1L	2R
16,40				0°	4900	0,13 (0,17)		2D	1L	2R
10,80	7,85	33,00	7,1	0°	2250	0,27 (0,37)	68	2D	1L	2R
6,62	7,50	8,00	5,5	0°	1096	0,67 (0,91)	137	TD	1L	2S
9,26	7,77	15,50	5,5	2°	1575	0,38 (0,51)	102	TD	1L	2S
8,98	7,13	14,00	5,8	7°	1515	0,50 (0,68)	108	TD	1L	2S
7,85	7,13	10,87	5,7	7°	1480	0,51 (0,70)	136	TD	1L	2S
8,98	7,15	14,10	5,7	0°	2180	0,61 (0,83)	155	TD	1L	2S
9,48	8,32	15,40	5,8	0°	2907	0,58/66 (0,79/89)	189	TD	1L	2S
9,48	8,40	15,40	5,8	0°	3025	0,73 (0,99)	196	TD	1L	2S
10,40	9,70	20,00	5,4	0°				SD	1L	S
6,76	8,84	9,83	4,6	0°	1682	0,35 (0,48)	172	SD	1L	2K
11,00	9,08	20,40	5,9	4°	3950	0,34 (0,47)	194	TD	1L	(2R)
11,00	9,08	16,40	7,4	4°				TD	1L	(2R)
8,40	7,20	21,50	6,6	5°	890	0,18 (0,24)	41	2D	1L	2R
9,50	10,70	18,00	5,0	0°	3200	0,48 (0,66)	178	TD	1L	2S
13,50	11,03	28,00	6,5	5°	5100	0,40 (0,55)	182	TD	1L	(2R)

No.	Flugzeug Konstrukteur(e)	Baujahr	Triebwerk(e) Zahl/Typ/Leistung kW (PS)		Propeller/ Blattzahl
351	Kawasaki Ki.78 (Ken-3) (Shoruku Wada, Isamu Imashi)	1943	1x	Daimler-Benz DB 601A 1140 (1550)	V12 P3
355	Kugishō Y-40 R2Y-2 „Keiun"	1945	1x	Aichi Ha.70-01 2500 (3400)	V24 P6
358	Tachikawa Ki.94-I	1943	2x 2x	Mitsubishi Ha.211ru 1620 (2200)	S18 P4

Rußland (UdSSR/GUS)

360	American-Russian Industries ARI SIBNIA „Strela" („ARI Racer") (S Kaschafutdinow)	1995	2x 2x	 880 (1200)	V8 P8
361	Bakschajew RK-I (RK-800) (G I Bakschajew)	1940	1x	Klimow M-106 882 (1200)	V12 P3
362	Bartini Stal-8 (I-240) (R L Bartini)	1934	1x	Klimow M-100 A 632 (860)	V12 P2
363	Beresnjak (A J Beresnjak)	1938	2x 2x	Klimow M-103 706 (960)	V12 2xP2
364	Berijew B-10 (G M Berijew)	1940	2x 2x	Klimow M-107 1030 (1400)	V12 2xP2
365	Bisnowat SK-1 (M R Bisnowat)	1939	1x	Klimow M-105 772 (1050)	V12 P3
366	Grochowskij G-26 (P I Grochowskij, B D Urlapow)	1936	1x	Hispano-Suiza 12Ybrs 632 (860)	V12 P2
367	Grochowskij G-38 (LK-2) (Grochowskij, P A Iwensen, Korowin)	1934	2x 2x	Gnome-Rhône 14Krsd 625 (850)	R9 P3
368	Moskaljow SAM-4 „Sigma" (A S Moskaljow)	1934	2x 2x	Hispano-Suiza 12Y/M-100 560 (760)	V12 2xP2
369	Sokolow (A W Sokolow)	1940	2x 2x		V12 P
370	Tupolew „Samoljot 95-2" (Dubler) (A N Tupolew, N Basenkow)	1954	4x 4x	Kusnezow TW-12 (NK-12) 8820 (12000)	PTL 2xP4
371	Tupolew Tu-95M (A N Tupolew, N Basenkow)	1957	4x 4x	Kusnezow NK-12M 11025 (15000)	PTL 2xP4
372	Tupolew Tu-114 „Rossija" (A N Tupolew, A A Archangelski)	1960	4x 4x	Kusnezow NK-12M 11025 (15000)	PTL 2xP4
373	Tupolew Tu-116 (114D) (A N Tupolew, A A Archangelski)	1957	4x 4x	Kusnezow NK-12 8820 (12000)	PTL 2xP4

Tschechien (ČR)

380	Letov Š-8 „Osmička" (A Šmolik)	1923	1x	Napier „Lion" 331 (450)	W12 P2

Spann- weite m	Länge m	Flügel- fläche qm	Flügel- streckung[2]	Pfeilung[3]	Flug- gewicht kg	Leistungs- verhältnis kW/kg PS/kg	Flächen- belastung kg/qm	Konfigu- ration[4]		
8,00	8,10	11,00	5,8	4°	2300	0,50 (0,67)	209	TD	1L	(2R)
14,00	13,05	34,00	5,8	9°	8100	0,31 (0,42)	238	TD	1L	(3R)
15,00	13,05	37,00	6,1	8°	8800	0,37 (0,50)	238	TD	2L	(3R)
4,80	7,60				1600	1,1 (1,5)		TD	1L	(3R) (2S)
8,20	8,80	11,90 (28,00)	13,0 (2,8)	1°	3100	0,28 (0,39)	260 (110)	MD	1L	(2R)
9,60	8,22	15,30	6,0	3°	1500	0,42 (0,57)	98	TD	1L	(1R)
					3170	0,45 (0,61)		TD	1L	(2R)
13,00	11,26	26,00	6,5	17°	3870	0,53 (0,73)	149	TD	2L	(3R)
7,30	8,28	9,57	5,6	7°	2100	0,37 (0,5)	219	TD	1L	(2R)
								TD	1L	(1R)
13,40	8,80	32,00	5,6	5°	4100	0,30 (0,41)	128	MD	2L	(2R)
5,63	11,00	32,50	0,975	60- 90°	3080	0,36 (0,49)	95	MD	2L	(1R)
			0,2	ca. 80°						
50,10	46,17	284,90	8,8	37° 35°	172000	0,21 (0,28)	604	MD	1L	(3R)
50,04	46,17	283,70	8,8	37° 35°	182000	0,24 (0,32)	642	MD	1L	(3R)
51,10	54,10	311,10	8,4	37° 35°	171000	0,26 (0,35)	550	TD	1L	(3R)
50,04	46,17	283,70	8,8	37° 35°	121920	0,27 (0,39)	430	MD	1L	(3R)
11,40	8,30	16,50	7,9	0°	1230	0,27 (0,37)	75	SD	1L	2R

No.	Flugzeug Konstrukteur(e)	Baujahr	Triebwerk(e) Zahl/Typ/Leistung kW (PS)		Propeller/ Blattzahl

United Kingdom (UK)

No.	Flugzeug / Konstrukteur(e)	Baujahr	Zahl	Triebwerk(e) Typ/Leistung kW (PS)	Propeller/Blattzahl
400	Airspeed A.S.31 (F.35/35) (A H Tiltman)	1936	1x	Rolls-Royce „Merlin E" 632 (860)	V12 P3
401	Airspeed A.S.56 (A E Hagg)	1942	1x	Napier „Sabre IV" 1690 (2300)	H24 P4
405	Bristol 72 „Racer" (W T Reid)	1922	1x	Bristol „Jupiter I" 364 (495)	S9 P2
406	Bristol 142 „Britain First" (F Barnwell)	1935	2x 2x	Bristol „Mercury VIS2" 478 (650)	S9 P3
408	W G Carter Racer (1) (W G Carter)	1929	2x 2x	Napier „Lion VIIA" 580 (790)	W12 P2
409	W G Carter Racer (2) (W G Carter)	1930	2x 2x	Napier „Lion VIID" 970 (1320)	W12 P2
410	de Havilland (Airco) D.H.4R (G de Havilland)	1919	1x	Napier „Lion Ia" 331 (450)	W12 P2
411	de Havilland D.H.103 „Hornet" (G de Havilland, R E Bishop)	1944	2x 2x	Rolls-Royce „Merlin 130/131" 1545 (2100)	V12 P4
415	GAC/Gloucestershire „Mars I/Bamel" (H P Folland)	1921	1x	Napier „Lion II" 395 (538)	W12 P2
416	Gloster II „Bluebird" (37/23) (H P Folland, H E Preston)	1925	1x	Napier „Lion V" 470 (640)	W12 P2
417	Gloster IV (mod) (H P Folland, H E Preston, A Villiers)	1930	1x	Napier „Lion VIIB" 661 (900)	W12 P2
418	Gloster IVA (5/26) (H P Folland, H E Preston)	1927	1x	Napier „Lion VIIA" 661 (900)	W12 P2
419	Gloster IVB (5/26) (H P Folland, H E Preston)	1927	1x	Napier „Lion VIIB" 651 (885)	W12 P2
420	Gloster V (H P Folland, H E Preston)	1928	1x	Napier „Lion VIID" 986 (1340)	W12 P2
421	Gloster VI („Golden Arrow") (9/28) (H P Folland, H E Preston)	1929	1x	Napier „Lion VIID" 986 (1340)	W12 P2
422	Gloster 41A „Trent Meteor" (W G Carter)	1945	2x 2x	Rolls-Royce RB.50 „Trent 1" 911 (1240)	PTL P5
425	Hawker P.1026 „Fury" (F.2/43) (S Camm)	1946	1x	Napier „Sabre VII" 2280 (3100)	H24 P4
426	Hawker „Sea Fury FB.11 mod" (S Camm, T Taylor)	1966	1x	Bristol „Centaurus 18" 1870 (2540)	S18 P5
427	Hawker „Sea Fury FB.11 mod" „Miss Merced" (S Camm, M D Carroll)	1966	1x	Bristol „Centaurus 18" 1870 (2540)	S18 P5
428	Hawker/Sanders „Dreadnought" („Sea Fury T.20 mod") (S Camm, F Sanders, B Boland)	1983	1x	Pratt & Whitney R-4360-63A 2830 (3850)	S28 P4
429	Hawker/Levolor „Blind Man's Bluff" („Sea Fury T.20 mod") (S Camm, L Burton)	1988	1x	Wright R-3350-26WD 3015 (4100)	S18 P4
430	Heston J.5 „Racer" (A E Hagg, G Cornwall)	1940	1x	Napier „Sabre I" 1640 (2230)	H24 P3
433	Miles M.22 (D L Brown)	1941	2x 2x	Rolls-Royce „Griffon" 1190 (1620)	V12 P3

Spann- weite m	Länge m	Flügel- fläche qm	Flügel- streckung[2]	Pfeilung[3]	Flug- gewicht kg	Leistungs- verhältnis kW/kg PS/kg	Flächen- belastung kg/qm	Konfigu- ration[4]		
10,06	8,88	18,12	5,6	20°				MD	1L	(2R)
12,19	9,14	22,02	6,7	4°				TD	1L	(2R)
7,67	6,58			0°				MD	1L	(2R)
17,17	12,12	43,57	6,8	1° 3°	4244	0,23 (0,31)	97	TD	1L	(2R)
8,85	9,60	16,50	9,5	0°	2500	0,46 (0,63)	152	2D	1L	S
9,85	9,30	16,63	5,8	0°	2720	0,71 (0,97)	164	HD	1L	S
12,92	8,36	40,88	8,2	0°	1447	0,23 (0,31)	35	2D	1L	2R
13,72	11,18	33,54	5,6	0° 4°	7113	0,43 (0,59)	212	TD	1L	(2R)
6,17	6,71	15,33	5,0	0°	1200	0,33 (0,45)	78	2D	1L	2R
6,10	8,18	15,33	4,9	0°	1406	0,33 (0,46)	92	2D	1L	2R
8,12	7,32	15,24	8,7	0°	1200	0,55 (0,75)	79	2D	1L	2R
6,90	8,03	12,91	7,4	0°	1420	0,47 (0,63)	110	2D	1L	2S
6,90	8,03	12,91	7,4	0°	1500	0,43 (0,59)	116	2D	1L	2S
								2D	1L	2S
7,92	8,23	9,85	6,4	0°	1670	0,59 (0,80)	170	TD	1L	2S
12,57	13,11	34,74	4,5	4° 11°	6350	0,29 (0,39)	183	TD	1L	(3R)
11,70	10,56	26,43	5,2	0°	5500	0,41 (0,56)	208	TD	1L	(2R)
11,70	10,57	26,01	5,3	0°				TD	1L	(2R)
9,85	10,59	20,90	4,6	0°	4500	0,41 (0,56)	215	TD	1L	(2R)
9,82	10,82	20,90	4,6	0°	6300	0,45 (0,61)	301	TD	1L	(2R)
10,36	10,77			0°				TD	1L	(2R)
9,77	7,50	15,57	6,1	8°	3265	0,50 (0,68)	210	TD	1L	(2R)
11,89	10,06	30,19	4,7	0° 5°	5900	0,40 (0,55)	195	MD	2L	(3R)

No.	Flugzeug Konstrukteur(e)	Baujahr	Triebwerk(e) Zahl/Typ/Leistung kW (PS)		Propeller/ Blattzahl
434	Nieuport & General L.S.3 „Goshawk" (H P Folland)	1920	1x	ABC „Dragonfly I" 217 (295)	S9 P2
435	Pemberton Billing P.B.47 (N Pemberton Billing)	1940	1x	Rolls-Royce „Griffon" 1470 (2000)	V12 2xP3
436	Royal Aircraft Factory S.E.4 (H P Folland)	1914	1x	Gnome „Double Lambda" 118 (160)	Ro14 P4
437	Saunders-Beadle (S E Saunders, P Beadle)	1927	1x	Napier „Lion VIIA" 660 (900)	W12 P2
438	Short-Bristow „Crusader" (7/26) (A W Bristow, W G Carter)	1927	1x	Bristol „Mercury I" 625 (850)	S9 P2
440	Sopwith 7F.1 „Snipe" (T O M Sopwith, F Sigrist)	1918	1x	ABC „Dragonfly I" 217 (295)	S9 P2
441	Sopwith 107 „Schneider" (T O M Sopwith, F Sigrist)	1919	1x	Cosmos „Jupiter" 330 (450)	S9 P2
450	Supermarine „Sea Lion I" (F J Hargreaves, R J Mitchell)	1919	1x	Napier „Lion Ia" 368 (500)	W12 P2
451	Supermarine S.5/21 (6/26) (R J Mitchell)	1927	1x	Napier „Lion VIIA" 672 (913)	W12 P2
452	Supermarine S.5/25 (6/26) (R J Mitchell)	1927	1x	Napier „Lion VIIB" 651 (885)	W12 P2
453	Supermarine S.6 (R J Mitchell)	1929	1x	Rolls-Royce R7/R9 1416 (1925)	V12 P2
454	Supermarine S.6B (1) (R J Mitchell)	1931	1x	Rolls-Royce R27 1887 (2565)	V12 P2
455	Supermarine S.6B (2) (R J Mitchell)	1931	1x	Rolls-Royce R29 1710 (2325)	V12 P2
456	Supermarine 300 „Spitfire" (F.37/34) (R J Mitchell, J Smith)	1936	1x	Rolls-Royce „Merlin C" 741 (1008)	V12 P2
457	Supermarine 323 (35/35) „Speed Spitfire" (R J Mitchell, J Smith)	1939	1x	Rolls-Royce „Merlin IIIm" 1610 (2190)	V12 P4
458	Supermarine 327 (F.18/37) (R J Mitchell, J Smith)	1938	1x	Rolls-Royce „Merlin" 924 (1257)	V12 P3
459	Supermarine 371 (F.1/43) „Spiteful F.XIV" (J Smith)	1945	1x	Rolls-Royce „Griffon 69" 1764 (2400)	V12 P5
460	Supermarine 371 (F.1/43) „Spiteful F.XVI" (J Smith)	1947	1x	Rolls-Royce „Griffon 101" 1764 (2400)	V12 P5
465	Westland W.35 „Wyvern 2" (J Digby)	1950	1x	Armstrong-Siddeley „Python I" 3060 (4165)	PTL 2xP4

United States of America (USA)

500	Aero Design DG-1 (D Garber)	1981	2x 2x	Mazda RX-3 243 (330)	Wk P3
501	American „Mercury" (J Kean)	1929	1x	Packard X-2775 1100 (1500)	X24 P2
502	Bell 26E P-39Q-10E mod „Cobra II" (R L Woods, Nolan)	1948	1x	Allison V-1710-G-6 2125 (2890)	V12 P4

Spannweite m	Länge m	Flügelfläche qm	Flügelstreckung[2]	Pfeilung[3]	Fluggewicht kg	Leistungsverhältnis kW/kg PS/kg	Flächenbelastung kg/qm	Konfiguration[4]		
6,25	5,72	12,80	6,1	0°				2D	1L	2R
		14,86			5350	0,27 (0,37)		TD	2L	(3R)
8,38	6,40	17,47	8,0	0°				2D	1L	2R
8,05	7,77	9,10	7,1	0°	1135	0,58 (0,79)	125	TD	1L	2S
8,08	7,62	11,15	5,9	„0°“	1160	0,54 (0,73)	104	TD	1L	2S
9,47	6,05	25,08	7,1	0°	916	0,24 (0,32)	37	2D	1L	2R
7,31	6,55	20,62	5,2	0°	1000	0,33 (0,45)	48	2D	1L	2R
10,66	8,03	35,30	6,4	0°	1315	0,28 (0,38)	37	2D	1L	sSs
8,15	7,40	10,68	6,2	0°	1406	0,48 (0,65)	132	TD	1L	2S
8,15	7,40	10,68	6,2	0°	1470	0,44 (0,60)	138	TD	1L	2S
9,14	8,18	13,47	6,2	0°	2618	0,54 (0,74)	194	TD	1L	2S
9,14	8,79	13,47	6,2	0°	2760	0,68 (0,93)	205	TD	1L	2S
9,14	8,79	13,47	6,2	0°	2760	0,62 (0,84)	205	TD	1L	2S
11,23	9,12	22,48	5,6	0°	2418	0,31 (0,42)	108	TD	1L	(2R)
10,26	9,12	21,74	4,8	0°	2490	0,65 (0,88)	115	TD	1L	(2R)
12,19	10,21	27,22	5,5	7°	5130	0,36 (0,49)	188	MD	1L	(2R)
10,67	10,06	19,51	5,8	5° 7°	4513	0,39 (0,53)	231	TD	1L	(2R)
10,67	10,06	19,51	5,8	5° 7°	4513	0,39 (0,53)	231	TD	1L	(2R)
13,41	12,88	32,98	5,5	7°	9616	0,32 (0,43)	292	TD	1L	(2R)
6,20	6,10	4,88	7,6	3°	1137	0,43 (0,58)	233	MD	+L	(3R)
8,53	9,00	13,00	5,6	0°				MD	1L	2S
10,36	9,19	19,80	5,4	3°	3850	0,55 (0,75)	181	TD	1L	(3R)

No.	Flugzeug Konstrukteur(e)	Baujahr	Triebwerk(e) Zahl/Typ/Leistung kW (PS)		Propeller/ Blattzahl
503	Bell 26E P-39Q-10E mod „Cobra III“ (R L Woods, Carroll)	1968	1x	Allison V-1710-G-6 2125 (2890)	V12 P4
504	Bell 33 P-63C-5 mod „Crazy Horse“ (R L Woods, Zeuschel)	1972	1x	Allison V-1710-135 1345 (1830)	V12 P4
505	Boeing 450-162-48 XB-47D („Stratoprop“) (E C Wells, Schairer, Pennell)	1955	2x 2x 2x 2x	Wright YT49-W-1 7235 (9845) General Electric J47-GE-23 25,8 kN (3630 kp)	PTL P4 ATL
506	Sandberg/Boland BB-1 „Tsunami“ Projekt A (B Boland, R Poe)	1991	1x	Packard-Rolls-Royce V-1650-7+ „Merlin 224“ 2460/3350	V12 P4
507	Sandberg/Boland BB-1 „Tsunami“ Projekt B (B Boland, R Poe)	1981	1x	Packard-Rolls-Royce V-1650-7+ „Merlin 224“ 1765 (2400)	V12 P4
508	Bruce Boland „Shockwave“ (B Boland)	1995	1x	Pratt & Whitney R-4360 2940 (4000)	S28 P4
509	Burgess „Cup Defender“ (W S Burgess, G S Curtis)	1912	1x	Gnome „Double Lambda“ 118 (160)	Ro14 P2
510	Convair 102 XP-81 („Silver Bullet“) (C R Irvine, F W Davis)	1945	1x 1x	General Electric XT31-GE-1 1235 (1680) General Electric J33-GE-5 16,7 kN (1700 kp)	PTL P4 RTL
511	Convair 5 XFY-1 („Pogo“) (C R Irvine, F W Davis)	1954	1x	Allison XT40-A-6 4360 (5930)	PTL 2xP3
512	Herring-Curtiss No.1 („Rheims Racer“) (G L Curtiss, A Herring)	1909	1x	Curtiss 38 (52)	V8 P2
513	Curtiss 502/18-T-1 „Wasp“ (C B Kirkham)	1918	1x	Curtiss K-12 294 (400)	V12 P2
514	Curtiss 22 „Cox Racer“ („Cactus Kitten“) (W L Gilmore, Booth, Thurston)	1921	1x	Curtiss C-12 318 (433)	V12 P2
515	Curtiss 23 CR (L-17-3) (W L Gilmore, Booth, Thurston)	1921	1x	Curtiss CD-12 314 (427)	V12 P2
516	Curtiss 23 R-6 (L-19-1) (1) (W L Gilmore, W Wait)	1922	1x	Curtiss D-12 345 (470)	V12 P2
517	Curtiss 23 R-6 (L-19-1) (2) (W L Gilmore, W Wait)	1923	1x	Curtiss D-12 375 (510)	V12 P2
518	Curtiss 32 R2C-1 (L-111-1) (W L Gilmore, W Wait)	1923	1x	Curtiss D-12A 378 (514)	V12 P2
519	Curtiss 42 R3C-1 (L-114-1) (W L Gilmore, Wright)	1925	1x	Curtiss V.1400 447 (608)	V12 P2
520	Dayton-Wright RB (H H Rinehart, Grant, Baumann)	1920	1x	Hall-Scott-L-6A 186 (253)	R6 P2
521	Delgado „Maid“ (B Armstrong)	1936	1x	Curtiss V-1570 520 (710)	V12 P2
522	Douglas 312 XP-48 (E H Heinemann)	1940	1x	Ranger SGV-770 386 (525)	V12 P3
523	Douglas 557 XA2D-1 „Skyshark“ (E H Heinemann)	1950	1x	Allison XT40-A-6 3970 (5400)	PTL 2xP3

Spann-weite m	Länge m	Flügel-fläche qm	Flügel-streckung[2]	Pfeilung[3]	Flug-gewicht kg	Leistungs-verhältnis kW/kg PS/kg	Flächen-belastung kg/qm	Konfigu-ration[4]		
7,98	9,19			3°				TD	1L	(3R)
8,74	9,96	18,40	4,2	5°	3690	0,36 (0,50)	200	TD	1L	(3R)
35,35	32,51	130,06	9,6	35°	83656	0,17 (0,24)	643	SD	1L	(2R)
8,69	8,69	13,80	5,5	5°	2860	0,86 (1,17)	207	TD	1L	(2R)
8,38	9,04	13,56	5,2	5°	2450	0,72 (0,98)	181	TD	1L	2S
								TD	1L	(2R)
8,92	7,47	11,89	6,7	0°	515	0,23 (0,31)	43	MD	2L	4R+
15,39	13,67	39,50	6,0	2°	8845	0,14 (0,19)	224	TD	1L	(3R)
8,43	10,64	33,00	2,2	54°	7370	0,59 (0,80)	223	MD	+L	(4R)
10,16	9,20	20,90	9,9	0°	420	0,09 (0,12)	20	2D	1L	2R
9,75	7,11	26,70	10,7	4°	1382	0,21 (0,29)	52	3D	1L	2R
6,10	5,87	16,68	6,7	0°	1091	0,29 (0,40)	65	3D	1L	2R
6,91	6,41	15,61	6,1	0°	1003	0,31 (0,43)	64	2D	1L	2R
5,79	5,75	12,63	5,3	0°	962	0,36 (0,49)	76	2D	1L	2R
5,79	5,75	12,63	5,3	0°	962	0,39 (0,53)	76	2D	1L	2R
6,71	6,01	13,74	6,6	0°	939	0,40 (0,55)	68	2D	1L	2R
6,71	6,13	13,38	6,7	0°	989	0,45 (0,61)	74	2D	1L	2R
6,45	6,91	9,54	4,4	0°	839	0,22 (0,30)	88	SD	1L	(2R)
6,22	6,60	6,18	6,3	0°				TD	1L	(2R)
9,75	6,62	8,55	11,0	3°	1542	0,25 (0,34)	180	TD	1L	(2R)
15,29	12,56	37,16	6,3	7°	10417	0,38 (0,52)	280	TD	1L	(2R)

No.	Flugzeug Konstrukteur(e)	Baujahr	Triebwerk(e) Zahl/Typ/Leistung kW (PS)		Propeller/ Blattzahl
524	Gallaudet „Bullet" (E E Gallaudet)	1912	1x	Gnome „Double Oméga" 74 (100)	Ro14 P3
525	Gee Bee Z „Super Sportster" (1) (R L Hall)	1931	1x	Pratt & Whitney R-985 398 (542)	S9 P2
526	Gee Bee Z „Super Sportster" (2) (R L Hall)	1931	1x	Pratt & Whitney R-1344 550 (750)	S9 P2
527	Gee Bee R-1 „Super Sportster" (1) (R L Hall, H Miller)	1932	1x	Pratt & Whitney R-1344 550 (750)	S9 P2
528	Gee Bee R-1 „Super Sportster" (2) (R L Hall, H Miller)	1933	1x	Pratt & Whitney R-1690 625 (850)	S9 P2
529	Gee Bee R-3 (R-1/R-2) „Long Tail Racer" (R L Hall, H Miller)	1933	1x	Pratt & Whitney R-1690 625 (850)	S9 P2
531	Gluhareff (M Gluhareff)	1941	1x		
532	Goodyear F2G-1 mod „Corsair" (R B Beisel, C Cleland)	1949	1x	Pratt & Whitney R-4360-4 3350 (4560)	S28 P4
533	Grumman 58A F8F-1 mod „Gulfhawk IV" (W T Schwendler)	1947	1x	Pratt & Whitney R-2800-34W 2090 (2840)	S18 P4
534	Grumman 58B F8F-2 mod (1) „Bearcat" (W T Schwendler, D Greenamyer)	1966	1x	Pratt & Whitney R-2800-83A 1867 (2540)	S18 P4
535	Grumman 58B F8F-2 mod (2) „Bearcat" (D Greenamyer)	1968	1x	Pratt & Whitney R-2800-83A 1867 (2540)	S18 P4
536	Grumman 58B F8F-2 mod (3) „Conquest I" (D Greenamyer)	1969	1x	Pratt & Whitney R-2800CB-17 2460 (3350)	 P4
537	Grumman 58B F8F-2 mod (4) „Rare Bear" (W T Schwendler, Shelton)	1989	1x	Wright R-3350-26WD 2830 (3850)	S18 P4
538	Grumman 58B F8F-2 mod (5) „Rare Bear" (W T Schwendler, Shelton)	1991	1x	Wright R-3350-26WD 3090 (4200)	S18 P3
539	Hawks „Time Flies" (H Miller)	1936	1x	Pratt & Whitney R-1830GB 857 (1166)	S14 P3
540	Horkey „Twin Mustang Racer" (E H Horkey)	1995	2x 2x		V12 P3
541	Hosler „McRobertson" (R A Hosler)	1934	1x	Curtiss D-12 336 (457)	V12 P2
542	Hosler „Fury" (R A Hosler)	1938	1x	Curtiss D-12 336 (457)	V12 P2
543	Hughes Special 1B (H-1) (R W Palmer)	1935	1x	Pratt & Whitney R-1535 (SA-1G) 670 (910)	S14 P2
544	Kirkham-Williams „Schneider" (H T Booth, A L Thurston)	1927	1x	Packard X-2775 930 (1265)	X24 P2
545	Kirkham-Williams „Vespa" (H T Booth, A L Thurston)	1927	1x	Packard X-2775 930 (1265)	X24 P2
546	Lockheed 22 XP-38 („Lightning") (H Hibbard, C L Johnson)	1939	2x 2x	Allison V-1710-11/15 856 (1165)	V12 P3

Spannweite m	Länge m	Flügelfläche qm	Flügelstreckung[2]	Pfeilung[3]	Fluggewicht kg	Leistungsverhältnis kW/kg PS/kg	Flächenbelastung kg/qm	Konfiguration[4]		
9,75		18,58	5,1					MD	+L	2R
7,16	4,60	6,96	7,4	0°	1034	0,39 (0,52)	149	TD	1L	2R
7,16	4,60	6,96	7,4	0°	1100	0,50 (0,68)	158	TD	1L	2R
7,62	5,41	9,47	6,1	0°	1095	0,50 (0,68)	116	TD	1L	2R
7,62	5,74	9,47	6,1	0°	1150	0,54 (0,74)	121	TD	1L	2R
7,62	6,02	9,47	6,1	0°				TD	1L	2R
6,10	8,20	14,00	2,6							
10,11	10,97	25,45	4,0	0° 5°	5253	0,64 (0,87)	206	TD	1L	(2R)
10,92	8,61	22,67	5,3	12° 5°	3850	0,54 (0,74)	170	TD	1L	(2R)
9,04	9,60	21,10	3,9	12° 5°				TD	1L	(2R)
8,69	9,60	20,62	3,7	12° 5°				TD	1L	(2R)
8,69	9,60	20,62	3,7	12° 5°	3515	0,70 (0,95)	170	TD	1L	(2R)
9,45	9,35	21,80	4,1	12° 5°				TD	1L	(2R)
9,45		21,80	4,1	12° 5°				TD	1L	(2R)
9,25	7,16	14,86	5,8	3°	2724	0,31 (0,43)	183	TD	1L	(2R)
				30°				TD	2L	(2R)
7,62	10,97				2177	0,15 (0,21)		SD	1L	(2R)
4,88	8,53			0°				SD	1L	(2R)
7,59	8,23	12,82	4,5	9°	2491	0,27 (0,37)	194	TD	1L	(2R)
9,09	8,15	20,16	8,2	0°				2D	1L	2S
9,09	6,86	20,16	8,2	0°	2000	0,46 (0,63)	99	2D	1L	2R
15,85	11,53	30,42	8,3	5°	6508	0,26 (0,36)	214	MD	2L	(3R)

No.	Flugzeug Konstrukteur(e)	Baujahr		Triebwerk(e) Zahl/Typ/Leistung kW (PS)	Propeller/ Blattzahl
547	Lockheed 522 XP-49 (H Hibbard, C L Johnson, M C Haddon)	1940	2x 2x	Pratt & Whitney X-1800 1713 (2330)	X24 P4
548	Lockheed 185 P3C „Orion" (C L Johnson, B Rich)	1971	4x 4x	Allison T56-A-14 3660 (4980)	PTL P4
549	McDonnell 36 XF-88B „Voodoo" (K Perkins, E H Flesh)	1956	1x 2x 2x	Allison XT38-A-5 2180 (2965) Westinghouse J34-WE-15 18,7 kN (1905 kp)	PTL P4 ATL +NB
550	Montagne „Mach Buster I" (W Montagne, R Hicks)	1990	1x	General Motors 1565 (2130)	V8 P4
551	Morenson Special (J Morenson)	1995	1x	Packard-Rolls-Royce V-1650 „Merlin" 2425 (3300)	V12 P4
552	North American NA-105A XP-51G „Mustang" (R H Rice, E Schmued, E H Horkey)	1944	1x	Rolls-Royce „Merlin 145" 1544 (2100)	V12 P5
553	NA-124 P-51M-1 „Mustang" (R H Rice, E Schmued, E H Horkey)	1945	1x	Packard-Rolls-Royce V-1650-9A „Merlin" 1655 (2250)	V12 P4
554	NA-126 P-51H-5 „Mustang" (R H Rice, E Schmued, E H Horkey)	1945	1x	Packard-Rolls-Royce V-1650-9 „Merlin" 1655 (2250)	V12 P4
555	NA-102 F-6C mod „Thunderbird" (R H Rice, E Schmued, E H Horkey)	1951	1x	Packard-Rolls-Royce V-1650-7 „Merlin" 1690 (2300)	V12 P4
556	NA-103 P-51C mod „Beguine" (R H Rice, E Schmued, E H Horkey)	1949	1x	Packard-Rolls-Royce V-1650-9 „Merlin" 1800 (2450)	V12 P4
557	NA-104 P-51B mod „Mustang" (R H Rice, E Schmued, E H Horkey)	1947	1x	Packard-Rolls-Royce V-1650-7 „Merlin" 1690 (2300)	V12 P4
558	NA-109 P-51D mod „Jeannie" (R H Rice, E Schmued, E H Horkey)	1981	1x	Packard-Rolls-Royce V-1650-9 „Merlin" 2090 (2840)	V12 P4
559	NA-111 P-51D mod „Strega" (R H Rice, E Schmued, E H Horkey, Distefani)	1991	1x	Packard-Rolls-Royce V-1650-9 „Merlin" 2425 (3300)	V12 P4
560	NA-122 P-51D mod „Mustang" (R H Rice, E Schmued, E H Horkey, Johnson)	1952	1x	Packard-Rolls-Royce V-1650 „Merlin 622" 1690 (2300)	V12 P4
561	NA-122 P-51D mod „Precious Metal" (R H Rice, E Schmued, E H Horkey)	1989	1x	Rolls-Royce „Griffon 57A" 2240 (3050)	V12 2xP3
562	NA-124 P-51D mod „Challenger" (R H Rice, E Schmued, E H Horkey, Lyford)	1966	1x	Packard-Rolls-Royce V-1650-9 „Merlin" 2650 (3600)	V12 P4
563	NA-124 P-51D mod „Bardahl Special" (R H Rice, E Schmued, E H Horkey, Lyford)	1972	1x	Rolls-Royce „Griffon" 2425 (3300)	V12 P4
564	NA-124 P-51D mod „Red Baron RB-51" (1) (R H Rice, E Schmued, E H Horkey, Boland, Law)	1976	1x	Rolls-Royce „Griffon 57/74" 2460 (3350)	V12 2xP3
565	NA-124 P-51D mod „Red Baron RB-51" (2) (R H Rice, E Schmued, E H Horkey, Boland, Law)	1979	1x	Rolls-Royce „Griffon 57/74" 2535 (3450)	V12 2xP3
566	NA-124 P-51D mod „Dago Red" (R H Rice, E Schmued, E H Horkey, Zeuschel)	1983	1x	Packard-Rolls-Royce V-1650-9 „Merlin" 2200 (3000)	V12 P4
567	NA-124 P-51D mod „Stiletto" (R H Rice, E Schmued, E H Horkey, Zeuschel)	1985	1x	Packard-Rolls-Royce V-1650 „Merlin 622" 2425 (3300)	V12 P4
568	NA/Dilley 1001 „Vendetta" („Learfang/Learstang") (R H Rice, E Schmued, E H Horkey, Kelley, Dilley)	1988	1x	Packard-Rolls-Royce V-1650 „Merlin 622" 2425 (3300)	V12 P4

Spannweite m	Länge m	Flügelfläche qm	Flügelstreckung[2]	Pfeilung[3]	Fluggewicht kg	Leistungsverhältnis kW/kg PS/kg	Flächenbelastung kg/qm	Konfiguration[4]		
15,85	11,53	30,42	8,3	5°	9050	0,38 (0,51)	297	MD	2L	(3R)
30,37	35,61	120,77	7,6	2°	49895	0,29 (0,40)	413	TD	1L	(3R)
12,09	17,82	32,52	4,5	38°	8664	0,25 (0,34)	717	MD	1L	(3R)
4,27	10,36	4,46	4,1	33°	1134	1,38 (1,88)	254	SD	+L	(3R)
				3°	(1542)			TD	1L	(2R)
11,28	9,82	21,65	5,9	3°	4030	0,38 (0,52)	186	TD	1L	(2R)
11,28	10,16	21,65	5,9	3°	4300	0,38 (0,52)	199	TD	1L	(2R)
11,28	10,16	21,65	5,9	3°	4300	0,38 (0,52)	199	TD	1L	(2R)
11,28	9,83	21,65	5,9	10° 3°	4100	0,41 (0,56)	189	TD	1L	(2R)
10,99	9,83	21,50	5,6	10° 3°	4430	0,40 (0,55)	206	TD	1L	(2R)
11,28	9,83	21,65	5,9	10° 3°	4200	0,40 (0,55)	194	TD	1L	(2R)
8,81	9,84	18,95	4,1	15° 3°	3900	0,54 (0,73)	206	TD	1L	(2R)
9,80	9,83	20,00	4,8	15° 3°	3990	0,61 (0,83)	200	TD	1L	(2R)
10,06	9,83	20,90	4,8	15° 3°	4100	0,41 (0,56)	196	TD	1L	(2R)
9,85	9,85	20,00	4,8	15° 3°	3400	0,66 (0,90)	170	TD	1L	(2R)
9,32	9,83	19,50	4,4	15° 3°	4040	0,66 (0,89)	207	TD	1L	(2R)
9,32	10,36	19,50	4,4	15° 3°				TD	1L	(2R)
10,06	9,91	20,90	4,8	15° 3°	4700	0,52 (0,71)	225	TD	1L	(2R)
10,06	9,91	20,90	4,8	15° 3°	4700	0,54 (0,73)	225	TD	1L	(2R)
9,54	9,83	19,80	4,6	15° 3°	3975	0,55 (0,75)	201	TD	1L	(2R)
8,81	9,83	18,95	4,1	15° 3°	3290	0,74 (1,00)	174	TD	1L	(2R)
10,20	9,83	19,30	5,4	15° 3°	3350	0,73 (0,98)	174	TD	1L	(2R)

No.	Flugzeug Konstrukteur(e)	Baujahr	Triebwerk(e) Zahl/Typ/Leistung kW (PS)		Propeller/ Blattzahl
569	Republic XP-47H „Thunderbolt" (A Kartveli)	1945	1x	Chrysler XIV-2220-1 1713 (2330)	V16 P4
570	Republic XP-47J „Thunderbolt" („Superman") (A Kartveli)	1944	1x	Pratt & Whitney R-2800-57(C) 2087 (2840)	S18 P4
571	Republic XP-72 („Ultrabolt") (A Kartveli)	1944	1x	Pratt & Whitney R-4360-13 2242 (3050)	S28 P4
572	Republic XF-12 „Rainbow" (A Kartveli)	1948	4x 4x	Pratt & Whitney R-4360-37 2610 (3550)	S28 P4
573	Republic AP-46 XF-84H (XF-106) („Thunderprop") (A Kartveli)	1955	1x	Allison XT40-A-1 4360 (5930) + 4,5 kN (454 kp)	PTL P3
574	Rider „Super-Speed Racer" (K Rider)	1934	1x	Miller 1863 (2535)	V16 P2
575	Ryan 29 XF2R-1 „Dark Shark" (B T Salmon, W T Immenschuh)	1946	1x 1x	General Electric XT31-GE-2 1270 (1725) General Electric XJ31-GE-3 9,6 kN (975 kp)	PTL P4 ZTL
576	Scaled Composites „Pond Racer PR-01" (E L Rutan)	1991	2x 2x	Nissan-Electramotive VG-30 735 (1000)	V6 P4
577	Schapel S-1275 „Finesse" (R Schapel)	1983	1x	Chrysler „Stake II" 1044 (1420)	V8 P3
578	Stack High Speed Airplane (J Stack)	1934	1x	Rolls-Royce R 1885 (2565)	V12 P1
579	Verville-Clark VCP-R (A V Verville, V E Clark)	1920	1x	Packard 1A-2025 447 (608)	V12 P2
580	Verville-Sperry R-3 (A V Verville)	1923	1x	Curtiss D-12 375 (510)	V12 P2
581	Verville-Sperry (A V Verville)	1924	2x 2x	Curtiss D-12A 378 (514)	V12 P2
582	Vought-Sikorsky VS-315 XF5U-1 („Flying Pancake") (C H Zimmerman)	1947	2x 2x	Pratt & Whitney R-2000-2 (D) 1190 (1620)	S14 P4
583	Vultee 70 XP-54 (R W Palmer)	1941	1x	Pratt & Whitney X-1800-A4G 1380 (1875)	X24 2xP3
584	Wedell-Williams „No.44" (1) (J R Wedell)	1931	1x	Pratt & Whitney R-985 400 (542)	S9 P2
585	Wedell-Williams „No.44" (2) (J R Wedell)	1933	1x	Pratt & Whitney R-1344 595 (810)	S9 P2
586	Wedell-Williams „No.44" (3) (J R Wedell)	1934	1x	Pratt & Whitney R-1690 745 (1014)	S9 P2
587	Wedell-Williams „No.45" (J R Wedell)	1934	1x	Pratt & Whitney R-1344 595 (810)	S9 P2
588	Williams „Schneider" (Williams)	1931	1x		
590	Wright „Flyer I" (O + W Wright)	1903	1x	Wright 9 (12)	R4 P2
591	Wright „Flyer II" (O + W Wright)	1904	1x	Wright 12 (16)	R4 P2

Spannweite m	Länge m	Flügelfläche qm	Flügelstreckung[2]	Pfeilung[3]	Fluggewicht kg	Leistungsverhältnis kW/kg PS/kg	Flächenbelastung kg/qm	Konfiguration[4]		
12,44	11,68	27,87	5,6	3°	6355	0,27 (0,37)	228	TD	1L	(2R)
12,50	10,13	27,87	5,6	3°	5643	0,37 (0,50)	202	TD	1L	(2R)
12,47	11,15	27,87	5,6	3°	6538	0,34 (0,47)	235	TD	1L	(2R)
39,37	28,61	152,30	10,2	3°	46000	0,23 (0,31)	302	MD	1L	(3R)
10,21	15,70	30,19	3,5	43°	10430	0,42 (0,57)	345	MD	1L	(3R)
8,13	8,46	12,82	5,2	5°	1360	1,37 (1,86)	106	TD	1L	(2R)
12,80	10,97	28,33	5,8	0°	5000	0,25 (0,34)	176	TD	1L	(3R)
7,74	7,54	6,13	9,8	−8°	2040	0,72 (0,98)	333	MD	3L	(2R)
7,16	9,14			3°	862	1,21 (1,65)		MD	2L	(3R)
8,87		13,10	6,0					TD	1L	(2R)
8,58	7,37	21,23	6,9	3°	1450	0,31 (0,42)	68	2D	1L	2R
9,33	7,16	13,61	6,4	14°	1124	0,33 (0,45)	83	TD	1L	(2R)
								TD	1L	(2R)
9,91	8,72	44,13	1,1	10° - 45°	7620	0,31 (0,43)	173	MD	2L	(2R)
16,41	16,68	42,32	6,4	0°	5216	0,26 (0,36)	123	TD	2L	(3R)
7,92	6,78	11,90	5,3	0°	1005	0,40 (0,54)	84	TD	1L	2R
7,82	7,16	11,70	5,2	0°	1100	0,54 (0,74)	94	TD	1L	2R
7,98	6,78	12,08	5,3	0°	1137	0,66 (0,89)	94	TD	1L	2R
7,92	7,01	11,40	5,5	0°	1215	0,49 (0,67)	107	TD	1L	(2R)
								TD	1L	2S
12,29	6,43	47,38	6,4	0°	340	0,03 (0,04)	7	2D	2L	2K
12,29	6,43	47,38	6,4	0°	350	0,03 (0,05)	7	2D	2L	2K

No.	Flugzeug Konstrukteur(e)	Baujahr	Triebwerk(e) Zahl/Typ/Leistung kW (PS)		Propeller/ Blattzahl
592	Wright „Flyer III" (O + W Wright)	1905	1x	Wright 14 (19)	R4 P2
593	Wright „Flyer III" (mod) (O + W Wright)	1908	1x	Wright 26 (35)	R4 P2
594	Wright A (mod) (Signal Corps No. 1) (O + W Wright)	1909	1x	Wright 26 (35)	R4 P2
595	Wright A / (France) (O + W Wright)	1909	1x	Wright/Barriquand & Marre 26 (35)	R4 P2
596	Wright R („Baby Grand") (O + W Wright)	1910	1x	Wright 38 (50)	V8 P2
597	Navy Wright NW-1 „Mystery" (J C Hunsaker)	1923	1x	Wright T-2 485 (660)	V12 P2
598	Wright F2W-1 (TX) (H T Booth, A L Thurston)	1924	1x	Wright T-3 560 (760)	V12 P3
599	Cornell/Jackson Special (D Cornell, M Jackson)	1996	1x	Wright R-3350 mod. 3880 (5280)	S18 P3

Spannweite m	Länge m	Flügelfläche qm	Flügelstreckung[2]	Pfeilung[3]	Fluggewicht kg	Leistungsverhältnis kW/kg PS/kg	Flächenbelastung kg/qm	Konfiguration[4]		
12,34	8,53	46,73	6,5	0°	388	0,04 (0,05)	8	2D	2L	2K
12,34	8,74	46,73	6,5	0°				2D	2L	2K
11,13	8,81	38,55	6,4	0°	544	0,05 (0,06)	14	2D	2L	2K
12,50	8,84	47,38	6,6	0°	430	0,06 (0,08)	9	2D	2L	2K
6,53	7,32	13,50	6,3	0°	390	0,10 (0,13)	29	2D	2L	2R+
9,30	7,32	16,72	10,3	0°	1360	0,36 (0,49)	81	2D	1L	2R
6,86	6,50	16,16	5,8	0°	1295	0,43 (0,59)	80	2D	1L	2R
9,14	10,36	ca. 23,70	ca. 3,5	7°	4850	0,80 (1,09)	ca. 205	TD	1L	(3R)

Literatur/Dank

Andrews, C. F. etc.: Supermarine S. 4 bis S. 6B. Profile (UK) 1965

Barker, Ralph: The Schneider Trophy Races. Chatto & Windus (UK) 1971

Bazzocchi, Ermanno: Technical Aspects of the Schneider Trophy and the World Speed Record for Seaplanes. Macchi (I) 1971

Benjamin, Delmar, etc.: Gee Bee. Motorbooks (USA) 1993

Berliner, Don: Victory over the Wind. Van Nostrand Reinhold (USA) 1983

Berliner, Don: Unlimited Air Racers. Motorbooks (USA) 1991

Bowers, Peter M.: The Gee Bee Racers. Profile (UK) 1965

Bowers, Peter M.: The Schneider Cup Races. Airpower (USA) 1988

Bowman, Martin W.: The World's Fastest Aircraft. Stephens (UK) 1990

Buehl, Fred W. etc.: The National Air Race Sketchbook. Floyd Clymer (USA) 1949

Carter, Dustin W.: Racing Planes and Air Races – Vol. XIII Aero Publishers (USA) 1978

Carter, Dustin W. etc.: Mustang – The Racing Thoroughbred. Schiffer (USA) 1992

Christy, Joe: Racing Planes Guide. Sport Car Press (USA) 1963

Christy, Joe:Racing Planes and Pilots. Tab Books (USA) 1982

Coggi, Igino:MC72 & Coppa Schneider – Vol. I, II. Tatangelo (I) 1984

Cooke, David C.: Racing Planes that made History. Putnams Sons (USA) 1960

Foxworth, Thomas G.: The Speed Seekers. Macdonald and Jane's (UK) 1974, Haynes (UK) 1989

Fradeani, Valfredo:Storia di un Primato. Mursia (I) 1976

Friedlander, Mark P. etc.:Higher, Faster and Farther. William Morrow (USA) 1973

Gunston, Bill: Faster than Sound. Patrick Stephens (UK) 1992

Gwynn-Jones, Terry: The Air Racers – Aviation's Golden Era. Pelham (UK) 1984

Haffke, Henry A.: Gee Bee – The Real Story. ViP (USA) 1989

Hallion, Richard P.: Designers and Test Pilots. Time-Life (USA) 1982

Hawks, Ellison: British Seaplanes Triumph. Real Photographs (UK) 1945

Heimann, Erich H.: Um die Wette mit dem Schall. Schwann 1969

Heimann, Erich H.: Die schnellsten Flugzeuge der Welt. Motorbuch 1978

Hirsch, Robert S.: Schneider Trophy Racers. Motorbooks (USA) 1992

Hull, Robert:September Champions – The Story of America's Air Racing Pioneers. Stackpole (USA) 1979

Huntington, Roger: Thompson Trophy Racers. Motorbooks (USA) 1989

James, Derek N.: Schneider Trophy Aircraft. Putnam (UK) 1981

Jerram, Mike: Reno 2 – The National Championship Air Races. Osprey (UK) 1986

Käsmann, Ferdinand, C. W.: Weltrekordflugzeuge. Oldenbourg 1989

Käsmann, Ferdinand, C. W.: World Speed Record Aircraft. Putnam (UK) 1990

Käsmann, Ferdinand, C. W.: Die schnellsten Jets der Welt. Aviatic 1994

Kinert, Reed: American Racing Planes and Historic Air Races. Wilcox & Follett (USA) 1952

Kinert, Reed: Racing Planes and Air Races – Vol. I-XII. Aero Publishers (USA) 1967-76

Laignier, G. H.: Livre d'Or de la Grande Semaine d'Aviation de la Champagne (F)

Larsen, Jim: Directory of Unlimited Class Pylon Air Racers. American Air Museum (USA) 1971

Lewis, Peter: British Racing and Record-Breaking Aircraft. Putnam (UK) 1970

Lieberg, Owen S.: The First Air Race: The International Competition at Reims 1909. Doubleday (USA) 1974

Lissarague, Pierre etc.: The Race for Speed. ICAS (F) 1984

Mandrake, Charles G.: The Gee Bee Story. Longo (USA) 1956

Mandrake;Charles G.: The National Air Races 1932. Speed (USA) 1976

Matt, Paul R.: Howard Hughes and the Hughes Racer. Historical Aviation Album – Vol. XVI (USA) 1980

Mendenhall, Charles A.: The Early Air Racers in 3-Views. Pylon (USA) 1971-76

Mendenhall, Charles A.: The Gee Bee Racers – A Legacy of Speed. Specialty Press (USA) 1979

Messerschmitt, Willy:Probleme des Schnellflugs. Akademie für Luftfahrtforschung, No. 31, 1937

Molden, David:The Schneider Trophy Contest. Schneider 81 (UK) 1981

Moll, Nigel: Reno – Air Racing Unlimited. Osprey (UK) 1983

Němeček, Václav: Nejrychlejsi Letadla Svéta. Letectvi + Kosmonautika (ČR) 1992-1993

Norden, Adalbert: Weltrekord, Weltrekord. Drei Masken 1940

Orlebar, A. H.: Schneider Trophy. MacDonald (UK) 1933

O'Neil, Paul: Barnstormers and Speed Kings. Time-Life (USA) 1980

Prendergast, Curtis: Aviation Pioneers. Time-Life (USA) 1980

Robinson, Harry: Les Caudron „Coupe Deutsch" de Marcel Riffard. Fana de l'Aviation (F) 1984

Schmid, S. H. etc.: The Golden Age of Air Racing – Pre-1940 Vol. I, II. EAA (USA) 1983

Schofield, H. M.: The High Speed and other Flights. Hamilton (UK) 1932

Smith, Alan: Schneider Trophy – Diamond Jubilee. Waterford (UK) 1991

Sweetman, Bill: High Speed Flight. Jane's (UK) 1983

Taylor, John R. etc.: Record-Breaking Aircraft. Macdonald and Jane's (UK) 1978

Tegler, John:Gentleman, you have a Race – A History of the Reno National Championship Air Races 1964-1983. Wings (USA) 1984

Underwood, John W.: The World's Famous Racing Aircraft. Floyd Clymer (USA) 1949

Villard, Henry S.: Blue Ribbon of the Air. Smithsonian (USA) 1987

Vorderman, Don:The Great Air Racers. Doubleday (USA) 1969, Bantam (USA) 1991

Wallick, Philip: Reno Gold – The Unlimited Elite. Osprey (UK) 1989

Weaver, Truman C.: 62 Rare Racing Aeroplanes. Arenar (USA)

Weyl, Alfred R.: Der Wettbewerb um den „Schneider-Pokal". Flugtechnik + Motorluftschiffahrt 1932

Wragg, David W.: Speed in the Air. Osprey (UK) 1974

Ziegler, Mano: Kampf um Mach I. Ehapa 1965

Die folgenden Privatpersonen, Firmen und Institutionen haben mir in dankenswerter Weise bei der Beschaffung von Informationen, Fotografien und Zeichnungen geholfen:

- Aermacchi (Italien)
- Prof. Dr. Helge Bergander (Dresden)
- Boeing Company (USA)
- Daimler-Benz Aerospace AG (München)
- Deutsche Forschungsanstalt für Luft- und Raumfahrt (Köln)
- Deutsches Museum (München)
- Dornier GmbH(Friedrichshafen)
- Experimental Aircraft Association (USA)
- Fiat (Italien)
- Yefim Gordon (Rußland)
- Karlheinz Kens (Kempen)
- Dr. Volker Koos (Rostock)
- McDonnell Douglas Corporation (USA)
- Musée de l'Air (Frankreich)
- National Air and Space Museum (USA)
- Václav Němeček (Tschechien)
- N. Roland Payen (Frankreich)
- RAF Museum (United Kingdom)
- Russian Aviation Research Trust (United Kingdom)
- Science Museum (United Kingdom)
- Mike Stanton (United Kingdom)
- United States Air Force (USA)
- Helmuth F. Walther (Darmstadt)
- Westland Group (United Kingdom)

Ferdinand C.W. Käsmann

Die schnellsten Jets der Welt

Weltrekord-Flugzeuge

AVIATIC VERLAG

Inhalt

Einführung

Die erste offizielle Anerkennung von Flugzeugrekorden erfolgte im Jahre 1906 durch den bereits 1898 in Paris gegründeten Aéro Club de France (ACF). Es handelte sich um drei von dem in Frankreich lebenden Brasilianer Alberto Santos-Dumont mit seiner Eigenkonstruktion „14 bis" am 12. November 1906 im Pariser Bois de Boulogne und unter Aufsicht von Sportzeugen des ACF aufgestellten Bestleistungen: Entfernung: 220 m, Flugdauer: 21,2 s, Geschwindigkeit: 41,292 km/h. Die zuvor schon von den Gebrüdern Wright in den USA erflogenen weitaus höheren Leistungen wertete man nicht, da man von ihnen aufgrund der Wrightschen Geheimniskrämerei überhaupt nichts wußte. Fünf Jahre zuvor und ebenfalls in Paris war durch gemeinsamen Beschluß acht nationaler Aeroclubs — der von Belgien, Deutschland, Frankreich, Großbritannien, Italien, der Schweiz, Spanien und den Vereinigten Staaten — die Fédération Aéronautique Internationale (FAI) ins Leben gerufen worden. Im Oktober 1910 entschloß sich diese zur Schaffung einer eigenen, internationalen Rekordliste und übernahm als Grundstock die zwischenzeitlich vom ACF anerkannten geeigneten französischen Rekorde. Die entsprechenden Bestimmungen, Kriterien und Kategorien wurden im Laufe der Jahre dem technischen Fortschritt angepaßt und modifiziert. Heutzutage wird zwischen Luftfahrzeugrekorden nationaler und internationaler Art unterschieden, die wiederum in Klassen (A bis S), Unterklassen (1 bis 4), (Triebwerks-)Gruppen (I bis IV) und/oder (Gewichts-)Kategorien unterteilt sind. Als Weltrekorde gelten lediglich die folgenden absoluten Bestleistungen, unbeschadet der Klasse, der Unterklasse, der Gruppe und der Kategorie:

- ☐ Entfernung in einer geraden Linie
- ☐ Entfernung in einer geschlossenen Bahn
- ☐ Absolute Steighöhe
- ☐ Höhe in waagerechtem Flug
- ☐ Geschwindigkeit über eine gerade Strecke
- ☐ Geschwindigkeit in einer geschlossenen Bahn.

Ganz zu Anfang war für die geforderte gerade Strecke keine Länge festgelegt, und die entsprechenden Weltrekorde wurden demzufolge über Strecken von 220 m bis 100 km aufgestellt. Erst 1920 bestimmte man eine zweimal, später viermal hintereinander, in entgegengesetzten Richtungen und in Bodennähe — anfänglich maximal 50 m, später 100 m — zu durchfliegende Meßstrecke von 1 km Länge, die drei Jahre später auf 3 km verlängert wurde. Da sich die maximale Flughöhe auf die Höhe über dem Boden und nicht auf die über dem Meeresspiegel bezog, ergab sich zuweilen ein schiefes Bild — je nachdem, ob ein Rekord am Meeresstrand oder in höher gelegenen Regionen erflogen wurde. Ein Beispiel dafür bot der im Jahre 1939 ausgetragene Wettstreit der beiden deutschen Weltrekordmaschinen Heinkel He 100 (Ostsee) und Messerschmitt Me 209 (Bayern). Dennoch galt diese Regel bis zum Juli 1950, als man die bodennahe Kurzstrecke wegen der inzwischen erreichten hohen Geschwindigkeiten als zu gefährlich anerkannte und durch eine zweimal in entgegengesetzten Richtungen und in beliebiger Höhe zu durchfliegende Meßstrecke von 15 bis 25 km Länge ergänzte. Der Mittelwert der bei den einzelnen Durchgängen erzielten Geschwindigkeiten (zuweilen auch der Zeiten) mußte den in der betreffenden Kategorie bestehenden Wert anfänglich um 4 km/h, später um 1 Prozent übersteigen, um als Rekord anerkannt zu werden. Allerdings gab es auch ungenaue, falsche und sogar lächerliche offizielle Berechnungen, die nur zum Teil auf fehlerhafte Umrechnungen der in englischsprachigen Ländern teilweise noch üblichen Miles, Feet and Pounds in die offiziellen metrischen Werte zurückzuführen sind. Zur Erinnerung: 1 englische Meile (Statute Mile bzw. mph) entspricht 1,609344 km (1760 Yards zu je 3 Feet zu je 12 Inches zu je 25,4 mm). Eine Seemeile (Nautical Mile bzw. Knots) hingegen entspricht 1,852 km. Eine Pound (lb) schließlich schlägt offiziell mit (rund) 0,4536 kg zu Buche.

Bekanntlich wurden bis etwa Mitte der vierziger Jahre Flugzeuge nahezu ausnahmslos von Kolbenmotoren mit Propellern angetrieben. Als Umlauf-, Reihen- oder Sternmotor ausgelegt, konnte dabei die Anzahl der Zylinder eines Einzeltriebwerks bis zu 36 reichen und sein Hubraum bis zu 127 Litern. Es liegt auf der Hand, daß man in die für die Erringung von Geschwindigkeitsweltrekorden verwendeten Flugzeuge in der Regel auch die jeweils stärksten Triebwerke einbaute. Reichten für die Motorflüge der Gebrüder Wright im Jahre 1903 noch 9 kW (12 PS) aus, um rund 50 km/h zu erreichen, so waren für die im Jahre 1910 erstmals übertroffenen 100 km/h schon 59 kW (80 PS) erforderlich. Drei Jahre später erbrachte die doppelte Triebwerksleistung, also 118 kW (160 PS), auch die doppelte Geschwindigkeit, nämlich über 200 km/h. Eine weitere Leistungsverdoppelung auf 235 kW (320 PS) war dann schon vonnöten, um im Jahre 1920 die 300-km/h-Marke zu übertreffen. Die 1928 erreichten 500 km/h erforderten schon 735 kW (1000 PS) und die 1939 erzielten 750 km/h gar an die 2060 kW (2800 PS). Genau fünfzig Jahre später, nämlich im Jahre 1989, war die 850-km/h-Rekordmarke für derartige Flugzeuge nur mit Hilfe von rund 2830 kW (3850 PS) zu erringen. Natürlich blieb bei dieser Aufzählung die wesentliche Rolle der ständig verbesserten Aerodynamik unberücksichtigt. Daß der absolute Geschwindigkeitsrekord kurioserweise fast zwölf Jahre lang, nämlich von 1927 bis 1939, von Schwimmerflugzeugen gehalten wurde, stellte schon damals einen ausgesprochenen Anachronismus dar, der ausschließlich in der internationalen Prestige- und Werbewirkung des „Coupe Schneider" begründet lag. Dennoch war klar zu erkennen, daß für den Hochgeschwindigkeitsflug die Kombination von Kolbentriebwerk und Propeller ausgereizt war.

Der um 1940 herum erstmals verwendete Reaktions- oder Strahlantrieb hat den Kolbenmotor inzwischen weitgehend verdrängt, insbesondere bei schnellen Flugzeugen. Seit dem Herbst 1945 wird deswegen auch der sogenannte „absolute" Geschwindigkeitsrekord von Flugzeugen mit Strahltriebwerken gehalten. Raketentriebwerke dagegen haben als Flugzeugantrieb bislang nur eine Nebenrolle gespielt, wenn auch mit ihrer Hilfe Geschwindigkeiten von mehr als 7200 km/h erreicht wurden — allerdings nur kurzzeitig und in Höhen von über 30 km. Deswegen sind sie im vorliegenden Buch auch nur der Vollständigkeit halber aufgeführt. Während ein vorangegangenes Buch des Verfassers die Geschichte der von Landflugzeugen mit Kolbentriebwerk und Propeller (Klasse C1, Gruppe I) aufgestellten Geschwindigkeitsrekorde beschrieb, handelt es sich bei den im vorliegenden Buch geschilderten Weltrekorden um solche, die von Piloten mit Luftfahrzeugen der Klasse C1 (Landflugzeuge), Gruppe III (Strahltriebwerke) errungen wurden.

Köln, im Juni 1994 — Ferdinand C. W. Käsmann

Kapitel 1: 1939-1947 — 1000 km/h und ein bißchen mehr

„Let's have a party ..."
Und die gab es dann auch. Die spontane Siegesparty begann schon am frühen Nachmittag des kalten und unfreundlichen 7. November 1945. Im „besten Haus am Platze" des kleinen englischen Küstenortes Herne Bay am Südufer der Themsemündung, rund zehn Kilometer nördlich vom altehrwürdigen Canterbury, nahmen Ausgelassenheit und Lautstärke stündlich zu. Schließlich galt es, einen großen Sieg zu feiern. Dieser Meinung waren jedenfalls die Gastgeber, die Herren vom Vorstand der Flugzeugfirma Gloster. Dabei handelte es sich aber keineswegs um einen Massenabschuß feindlicher Maschinen. Der Krieg war glücklicherweise seit etlichen Monaten vorbei, und man hatte über die demokratiefeindlichen „Mächte der Finsternis" triumphiert: Deutschland und Japan lagen am Boden. Nein, diesmal wurde ein friedlicher, ein sportlicher Sieg gefeiert: man hatte einen Weltrekord gebrochen, der seit 1939 von den Deutschen gehalten worden war. Ein neuer absoluter Geschwindigkeitsrekord war nur wenige Stunden zuvor von einem britischen Piloten mit einem britischen Flugzeug errungen worden. Es war ein Düsenjäger vom Typ „Meteor", gebaut von der in Gloucester beheimateten Gloster Aircraft Company, die, hocherfreut über den Sieg, diese Fete veranstaltete.

„Meteor III/IV"

Knapp vier Monate zuvor, im Juli 1945, also gerade zwei Monate nach dem Kriegsende in Europa und noch vor der Kapitulation Japans, hatte sich die Firma Gloster, mit vollem Einverständnis des Triebwerkherstellers Rolls-Royce, an das zuständige britische Ministry of Aircraft Production gewandt: es ging um die Genehmigung zu einem spektakulären Weltrekordversuch. Man rechnete sich nämlich gute Chancen aus, werbewirksam die 600-Meilen-(965 km/h) oder sogar die 1000-km/h-Grenze überschreiten zu können, um so der Welt die Überlegenheit britischer Technologie vor Augen zu führen — schließlich winkten die potentiellen Exportmärkte. Außerdem hatten sich bereits andere Firmen damit gebrüstet, die schnellsten Flugzeuge der Welt zu bauen, nämlich der Rivale aus Hatfield mit der de Havilland „Vampire" und der Konkurrent aus Burbank, Kalifornien, mit der Lockheed „Shooting Star". Das Ministerium reagierte erstaunlich prompt und verfügte umgehend die Gründung eines mit den erforderlichen Vollmachten ausgestatteten High Speed Committee. Dieses zweigte sofort zwei Exemplare der bei Gloster im Bau befindlichen „Meteor Mk. III" mit den RAF-Seriennummern EE454 und EE455 für die geplanten Rekordflüge ab. Bei dieser Kon-

struktion des Gloster-Chefkonstrukteurs W. G. Carter handelte es sich um einen einsitzigen Tiefdecker. Er war relativ konventionell gebaut, mit einziehbarem Burgradfahrwerk, seine zwei Strahltriebwerke waren in den Flügeln untergebracht. An die Stelle der regulären Radialtriebwerke Rolls-Royce „Derwent I" mit einem Standschub von 908 kp und kurzen Triebwerkgondeln kamen nun 1635 kp starke Sonderexemplare des völlig neu entwickelten Musters „Derwent V" in erheblich längeren und strömungsgünstigeren Gondeln zum Einbau. Die Zellen der beiden Maschinen wurden auch verstärkt, so daß sie praktisch der Folgeserie „Meteor Mk. IV" entsprachen. Man verzichtete auch auf die Bewaffnung und deckte die vier Mündungsöffnungen der Maschinenkanonen beiderseits des Rumpfbugs ab. Darüber hinaus verschloß man alle in Frage kommenden Öffnungen und Spalte, oder man deckte sie ab. Man ließ den Antennenmast verschwinden und überarbeitete die Steuerkabel und Massenausgleiche.

Mitte September waren die beiden potentiellen Rekordmaschinen fertiggestellt und wurden vom Erprobungsflugplatz Moreton Valence nach Manston in Kent überführt. Von dort aus sollten sie zu den über der Themsemündung vorgesehenen Weltrekordflügen starten, und dort sollten sie auch anschließend wieder landen. Man hatte die 3-km-Rekordstrecke entlang des südlichen Themseufers östlich von Herne Bay vorgesehen und zentimetergenau vermessen. Vom Erdboden verursachte Turbulenzen wollte man so gering wie möglich halten. Die Längsmarkierungen wurden durch verankerte Dinghies gebildet, die Höhenbegrenzungen durch zehn Fesselballons. Die gültigen Regeln waren schon vor etlichen Jahrzehnten, aufgrund der damals üblichen Geschwindigkeiten, festgelegt worden, und zwar von der zuständigen

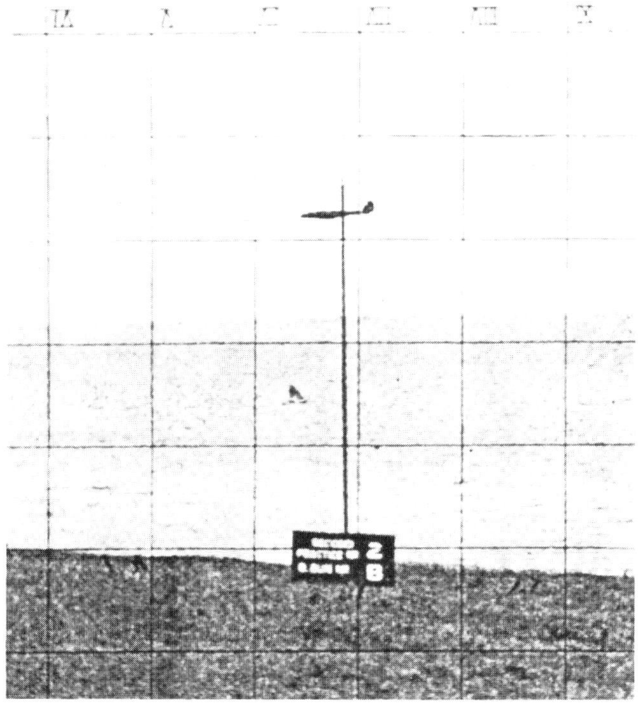

„Meteor"-Aufnahme von Meßkamera

Gloster „Meteor III/IV" („Britannia")

internationalen Behörde, der Féderation Aéronautique Internationale (FAI) in Paris: eine drei Kilometer lange Meßstrecke war viermal hintereinander in entgegengesetzten Richtungen in einer Höhe von maximal 100 Metern zu durchfliegen. Die nach jedem Durchgang erforderliche Kehrtwende hatte unterhalb einer Höhe von 400 Metern zu erfolgen. Der gemessene Schnitt der vier Flüge stellte dann die offiziell erflogene Geschwindigkeit dar.

EE454, die erste der beiden sogenannten „High Speed Meteors", erhielt den üblichen dunkelgrün/seegrauen RAF-Tarnanstrich und trug den Namen „Britannia". Geflogen wurde sie von Group Captain Hugh J. Wilson, dem Kommandeur der Empire Test Pilots' School in Cranfield. EE455, die zweite, war als Werksmaschine von Gloster auf die gleiche Weise (und noch ein bißchen mehr, so hieß es) getrimmt worden. Sie war knallgelb angestrichen und zeigte auf beiden Seiten des Rumpfbugs die Inschrift „Gloster Meteor IV — Rolls Royce Derwent Engines". Ihr Spitzname war „Yellow Peril" (Gelbe Gefahr) oder auch „Forever Amber" nach einem damals populären Film. Sie wurde von Glosters Chef-Testpiloten Eric Greenwood geflogen. Beide Maschinen waren selbstverständlich auf Hochglanz poliert worden. Ende September begann man mit den ersten Testflügen, die sich aber länger als erwartet hinzogen. Auf der einen Seite waren zahlreiche technische und relativ unerforschte aerodynamische Fragen zu lösen — mit der Annäherung an die Schallgeschwindigkeit machten sich die bislang nur in Extremfällen aufgetretenen Kompressibilitätsprobleme verstärkt bemerkbar. Dazu waren die Wetterverhältnisse nicht die besten. Waren die Maschinen startklar, spielte das Wetter nicht mit. War das Wetter schön, gab es mechanische Schwierigkeiten — das alte Lied. Den

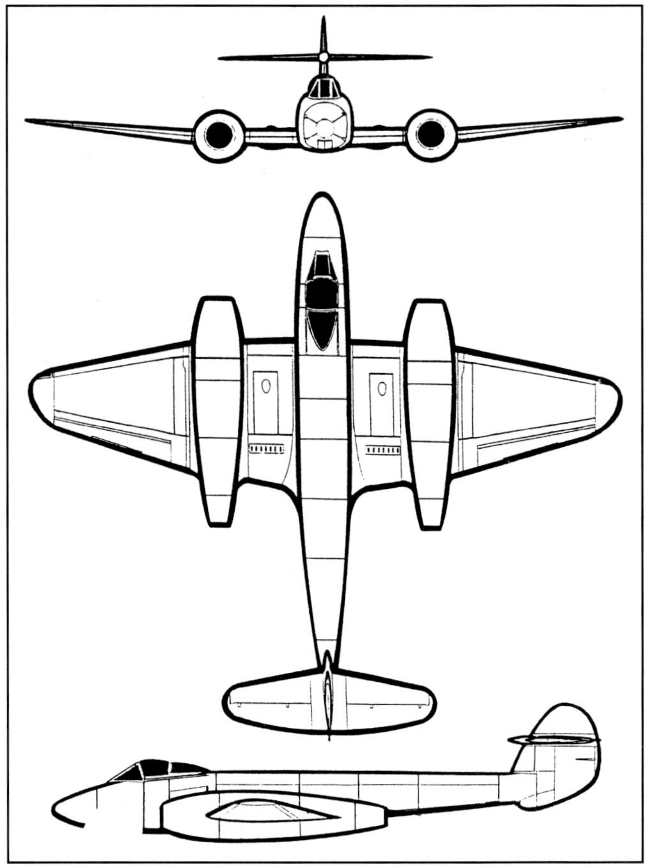

Gloster „Meteor III/IV"

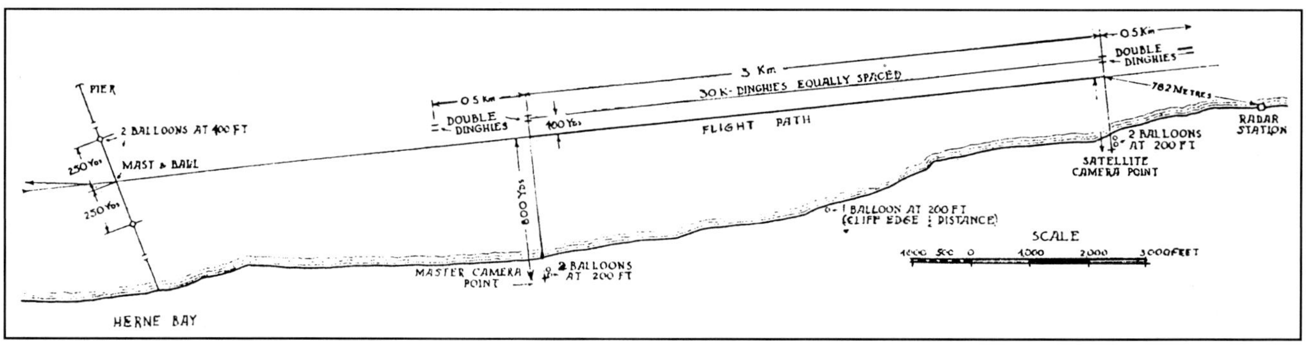

„Meteor"-Weltrekordstrecke 1945, Herne Bay

Gloster „Meteor III/IV" („Yellow Peril")

ganzen Oktober 1945 zogen sich die Versuche hin, und Gloster-Testpilot Philip Stanbury überschritt knapp die magische 600-Meilen-Grenze (600 mph = 965 km/h) erstmalig am 19. Oktober im Horizontalflug.

Der groß angekündigte Angriff auf den Weltrekord verzögerte sich von Tag zu Tag, was von den gelangweilten Journalisten immer sarkastischer kommentiert wurde. Am Vormittag des 7. November war es dann endlich so weit. RAF-Pilot Wilson startete als erster mit der „Britannia", absolvierte seine Durchgänge ohne Schwierigkeiten — eine Sache von knapp fünf Minuten — und landete. Unmittelbar danach folgte Werkspilot Greenwood mit der „Yellow Peril" mit ähnlich unspektakulären Flügen. Wer war am schnellsten gewesen? Die ersten groben Schätzungen anhand von Stoppuhren besagten, daß Werkspilot Greenwood einen Rekordschnitt von etwa 970 km/h erreicht hatte und RAF-Pilot Wilson rund 15 km/h weniger. Tiefe Niedergeschlagenheit beim RAF-Team, ausgelassene Freude bei der Gloster-Mannschaft; so erwartete man die offiziellen Ergebnisse. Diese ließen allerdings stundenlang auf sich warten. Kurz nach 22 Uhr standen sie endlich fest: RAF-Wilson: 975,675 km/h, Gloster-Greenwood: 970,636 km/h! Der Stimmungsumschwung beider Teams soll beträchtlich gewesen sein.

Jet-Historie

Der Weltrekord war nun den Deutschen entwunden. Im Frühjahr 1939 hatte ihn der Messerschmitt-Werkspilot Fritz Wendel mit 755,138 km/h auf einer Me 209, einem Propellerflugzeug mit Kolbenmotor, aufgestellt. Der neue Rekord übertraf also den bisherigen um volle 220 km/h, fast 30 Prozent! Die Ursache für diesen „großen Sprung nach vorn" lag im Strahlantrieb. Strahltriebwerke waren an die Stelle der herkömmlichen Kolbentriebwerke mit Propellern getreten. Deren zuletzt erzielte annähernd 4000 PS waren erstaunlich, reichten aber keineswegs aus, die erreichbaren Fluggeschwindigkeiten nennenswert zu steigern. Der mit der Annäherung an die Schallgeschwindigkeit rapide zunehmende Luftwiderstand stand dem entgegen. Nur der Reaktions- oder Rückstoßantrieb vermochte Flugzeugen die Kraft zu verleihen, sich der Kompressibilitätsgrenze der Luft — der sogenannten „Schallmauer" — zu nähern und sie schließlich zu überwinden. Welche der verschiedenen Möglichkeiten dieses Antriebs die zweckmäßigste war, ob Raketen-, Turbinen- oder Staustrahltriebwerke, würde die Zukunft ergeben. Raketen waren schon seit geraumer Zeit bekannt. Ursprünglich wurden sie durch Schwarzpulver, also Festtreibstoff, angetrieben, in jüngerer Zeit hingegen in zunehmendem Maße durch Flüssigtreibstoffe. Ihr großer Nachteil lag darin, daß sie den zur Verbrennung erforderlichen Sauerstoff mit sich führen mußten. Das beschnitt ihre Ausdauer extrem, ließ jedoch andererseits ihre Verwendung im luftleeren Weltraum zu. Die sogenannten luftatmenden Triebwerke, in erster Linie die Strahlturbine, boten erheblich größere Zukunftsperspektiven als Antriebsquellen schneller Flugzeuge.
Als Väter der Luftstrahlturbine gelten der Brite Frank Whittle und der Deutsche Joachim Pabst von Ohain. Beide schufen völlig unabhängig voneinander in den dreißiger Jahren die ersten voll funktionsfähigen Flugzeugstrahltriebwerke. Während Frank Whittle geraume Zeit darauf verwenden mußte, den zähen Widerstand eines bornierten und gleichgültigen britischen „technical establishment" zu überwinden, gelang es von Ohain rasch, den bekannten und einflußreichen deutschen Flugzeugkonstrukteur Ernst Heinkel für seine Ideen zu interessieren. Heinkel war auch dem Raketenantrieb gegenüber sehr aufgeschlossen, und so kam es, daß — von einigen schlichten, pulverraketenbestückten Gleitern abgesehen — sowohl das erste richtige Raketenflugzeug als auch das erste Turbinenstrahlflugzeug der Welt Heinkel-Konstruktionen waren. Beide Versuchseinsitzer — die raketengetriebene He 176 und die strahlgetriebene He 178 — flogen im Herbst des Jahres 1939. Rein chronologisch gesehen folgte dann im August 1940 der Erstflug der italienischen Caproni-Campini

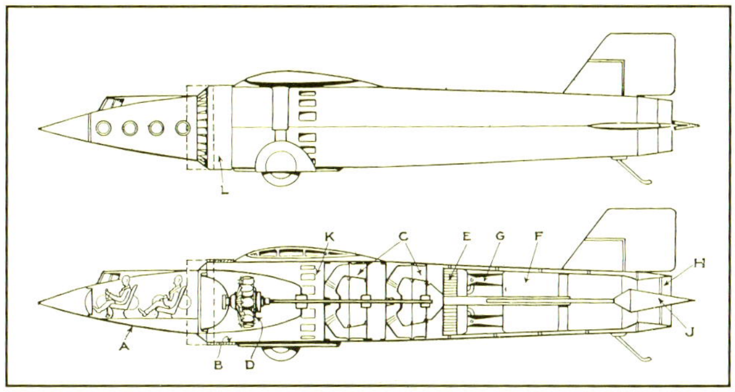

Campini-Projekt (1932)

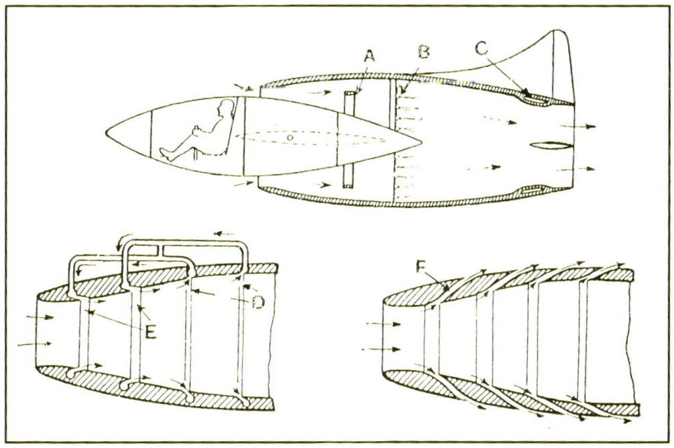

Leduc-Projekt (1933)

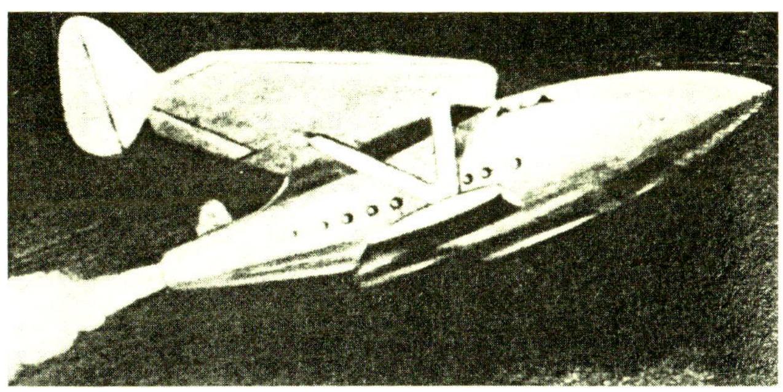

Valier Typ 11 (1929)

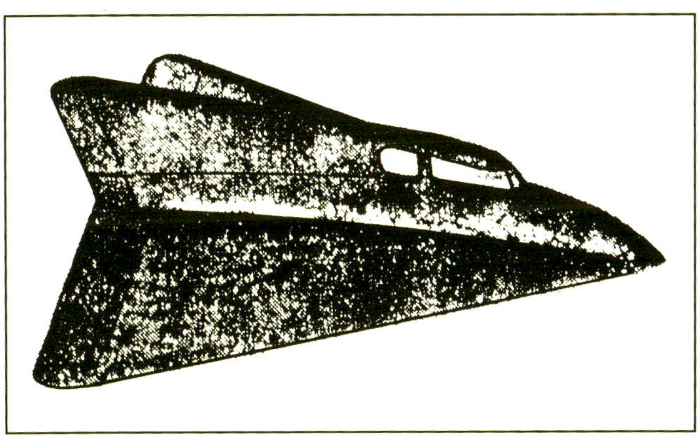

Kalinin K-15 (1936)

Moskaljow „Strela" (1934)

N.1 (zuweilen fälschlich als CC.2 bezeichnet). Allerdings stellte diese ein völlig anderes und der Strahlturbine weit unterlegenes Konzept dar. Das erste britische Strahlflugzeug, der kleine Versuchseinsitzer Gloster E. 28/39 flog hingegen erst im Mai 1941. Das war sogar einen Monat später als der erste richtige Düsenjäger der Welt flog — die zweistrahlige He 280, wiederum eine Heinkel-Konstruktion.

Natürlich hatte es schon früher Entwürfe zu rückstoßgetriebenen Hochgeschwindigkeitsflugzeugen gegeben — man denke nur an die phantasievollen Gebilde des österreichischen Raketenschwärmers Max Valier. Doch existierten auch ernsthaftere Projekte zu ausgesprochenen Rekordflugzeugen, so beispielsweise von Kalinin (K-15), Koroljow (RP-218) und Moskaljow („Strela") in Rußland, Leduc und Payen (Pa-22/1R) in Frankreich, Heinkel (He 176) und Junkers (EFo-Rekordflugzeug) in Deutschland. Die Projekte von Leduc, Payen und Junkers waren für Strahltriebwerke, die anderen vier für Flüssigkeitsraketen vorgesehen. In die Tat umgesetzt wurde zunächst aber lediglich der Heinkel-Entwurf. Der ambitionierte und energische deutsche Flugzeugbauer Ernst Heinkel hatte schon seit geraumer Weile aktives Interesse an Rekorden seiner Konstruktionen bekundet. Seine schnittige He 100 konnte (unter der Propagandabezeichnung He 112U) im März 1939 mit 746 km/h sogar den absoluten Geschwindigkeitsrekord erringen. Der hatte allerdings nur knapp vier Wochen Bestand, ehe er von der innerdeutschen, sprich: bayerischen Konkurrenz in Form der Messerschmitt Me 209 (alias Me 109R) mit 755 km/h knapp übertroffen wurde. Den sofort vorbereiteten „Gegenangriff" Heinkels zur Wiedererringung des prestigeträchtigen Weltrekords untersagte das Reichsluftfahrtministerium jedoch aus politisch/taktischen Gründen.

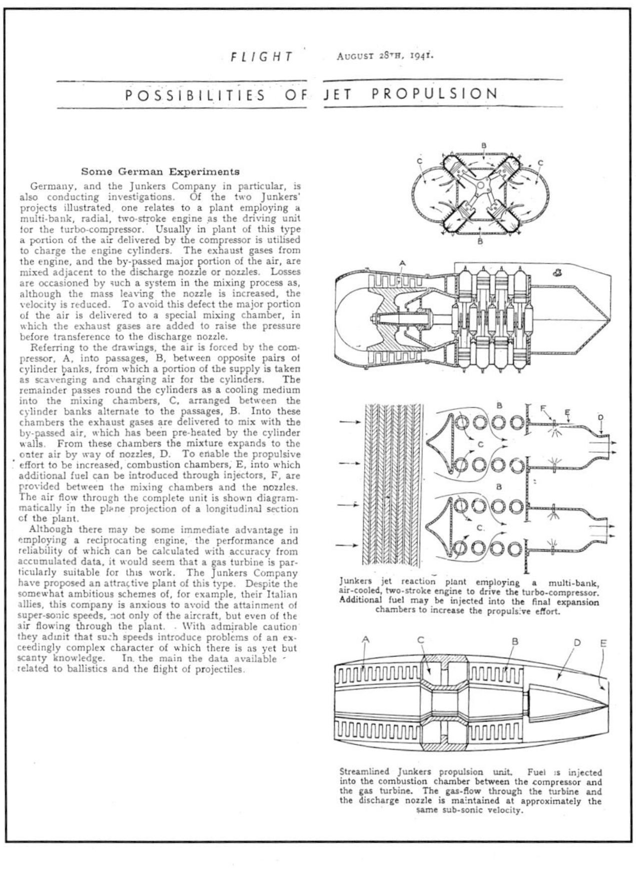

FLIGHT August 28th, 1941.

POSSIBILITIES OF JET PROPULSION

Some German Experiments

Germany, and the Junkers Company in particular, is also conducting investigations. Of the two Junkers' projects illustrated, one relates to a plant employing a multi-bank, radial, two-stroke engine as the driving unit for the turbo-compressor. Usually in plant of this type a portion of the air delivered by the compressor is utilised to charge the engine cylinders. The exhaust gases from the engine, and the by-passed major portion of the air, are mixed adjacent to the discharge nozzle or nozzles. Losses are occasioned by such a system in the mixing process as, although the mass leaving the nozzle is increased, the velocity is reduced. To avoid this defect the major portion of the air is delivered to a special mixing chamber, in which the exhaust gases are added to raise the pressure before transference to the discharge nozzle.

Referring to the drawings, the air is forced by the compressor, A, into passages, B, between opposite pairs of cylinder banks, from which a portion of the supply is taken as scavenging and charging air for the cylinders. The remainder passes round the cylinders as a cooling medium into the mixing chambers, C, arranged between the cylinder banks alternate to the passages, B. Into these chambers the exhaust gases are delivered to mix with the by-passed air, which has been pre-heated by the cylinder walls. From these chambers the mixture expands to the outer air by way of nozzles, D. To enable the propulsive effort to be increased, combustion chambers, E, into which additional fuel can be introduced through injectors, F, are provided between the mixing chambers and the nozzles. The air flow through the complete unit is shown diagrammatically in the plane projection of a longitudinal section of the plant.

Although there may be some immediate advantage in employing a reciprocating engine, the performance and reliability of which can be calculated with accuracy from accumulated data, it would seem that a gas turbine is particularly suitable for this work. The Junkers Company have proposed an attractive plant of this type. Despite the somewhat ambitious schemes of, for example, their Italian allies, this company is anxious to avoid the attainment of super-sonic speeds, not only of the aircraft, but even of the air flowing through the plant. With admirable caution they admit that such speeds introduce problems of an exceedingly complex character of which there is as yet but scanty knowledge. In the main the data available related to ballistics and the flight of projectiles.

Junkers jet reaction plant employing a multi-bank, air-cooled, two-stroke engine to drive the turbo-compressor. Additional fuel may be injected into the final expansion chambers to increase the propulsive effort.

Streamlined Junkers propulsion unit. Fuel is injected into the combustion chamber between the compressor and the gas turbine. The gas-flow through the turbine and the discharge nozzle is maintained at approximately the same sub-sonic velocity.

„Flight", 28. 8. 1941

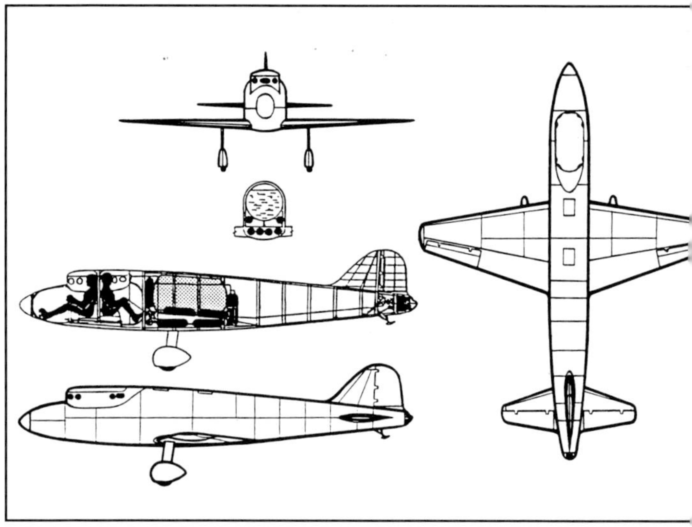

Koroljow RP-218 (1938)

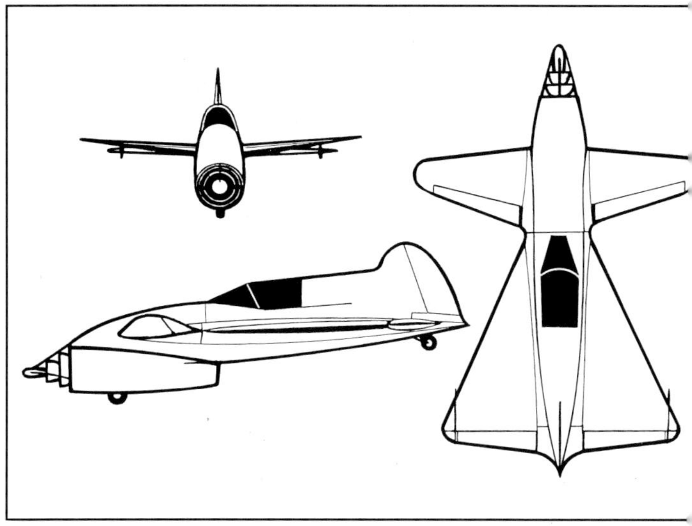

Payen Pa.22/1R (1938)

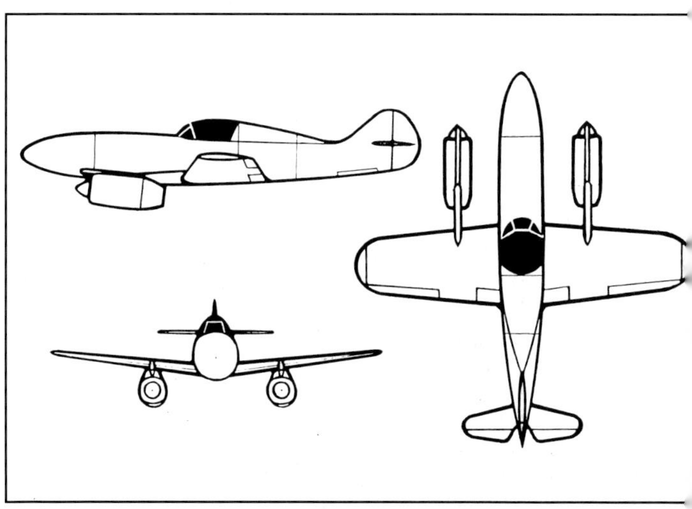

Junkers EFo-Rekordflugzeug (1938)

He 176

Doch Heinkel hatte für weitere Pfeile im Köcher seiner Ambitionen gesorgt. Neben den Entwicklungsarbeiten am Strahlturbinenflugzeug He 178 liefen die Vorbereitungen zur Erprobung des futuristischen Raketeneinsitzers He 176. Dieser war dazu ausersehen, die Weltrekordmarke über die 1000-km/h-Marke hinaus anzuheben. Schon Anfang 1936 hatte man in der Versuchsstelle Kummersdorf die Bodenerprobungen eines 300 kp starken Flüssigkeitsraketentriebwerks im Heck einiger ausgesonderter flügel- und triebwerkloser Jagdeinsitzer des Typs He 112 aufgenommen. Dies geschah auf Anregung des jungen Raketenspezialisten Wernher von Braun, der beim Heereswaffenamt tätig war und der das Triebwerk entwickelt hatte. Dabei ging es nicht ohne Explosionen ab. Dennoch begann man im Frühjahr 1937 weitere, diesmal vollständige Maschinen desselben Musters, vom Flugplatz Neuhardenberg aus mit dem RLM-Testpiloten Erich Warsitz zu erproben. Anfangs wurde allein mit Hilfe des Kolbentriebwerks gestartet, und das Raketentriebwerk wurde erst im Flug gezündet. Später startete man mit beiden Triebwerken, schließlich mit dem Raketentriebwerk allein. Allerdings befürchtete man Sicherheitsmängel des Braunschen Triebwerks. Deshalb wurde es nach einer Reihe von Flügen durch ein 600 kp starkes und verhältnismäßig ausgereiftes Triebwerk des Kieler Konstrukteurs Hellmuth Walter ersetzt.
Erst später gelangte wiederum ein 1000 kp starkes Triebwerk Wernher von Brauns zum Einbau. Doch scheint keiner der modifizierten Heinkel-Jäger diese Versuche überlebt zu haben. Entweder gingen sie bei Bodenversuchen durch Brennkammerexplosionen zu Bruch, kamen bei einer Notlandung zu Schaden oder wurden sogar durch eine Brennkammerexplosion im Fluge zerstört. Der Pilot Gerhard Reims kam im Sommer 1940 auf diese Weise ums Leben. Alle zuvor erfolgten Unfälle waren glücklicherweise ohne größere Blessuren beim Erprobungspersonal verlaufen.
Die — trotz unvermeidlicher Rückschläge — positiven Erfahrungen veranlaßten Ernst Heinkel, den Bau eines „Nur-Raketen-Flugzeuges" (so der Titel der Besprechungsniederschrift) zu beschließen. Der Grundentwurf stammte, in Zusammenarbeit mit dem Aerodynamiker Heinrich Helmboldt, von Walter Günter. Dieser verunglückte nur kurze Zeit später, im September 1937, tödlich. Der kleine Ganzmetall-Mitteldecker mit der RLM-Bezeichnung He 176 besaß eine nahezu optimale Stromlinienform und war ganz speziell auf die Abmessungen des Raketentriebwerks und die Körpermaße des Piloten Erich Warsitz abgestimmt. Letzterer war in halbliegender Stellung im Bug des tropfenförmigen Rumpfes von etwa 6 m Länge und maximal 0,86 m Durchmesser untergebracht. Die gesamte Bugspitze mit der in einem Stück geblasenen Vollsichtkanzel ließ sich im Notfall abwerfen. Dahinter lagen die beiden Treibstofftanks für das Wasserstoff-Peroxid (T-Stoff) und die Katalysatorlösung (Z-Stoff). In der Heckspitze befand sich das sogenannte „kalte" Walter-Raketentriebwerk mit etwa 600 kp Schub. Die gerade 5 m spannenden zweiholmigen Tragflügel wiesen die typische Güntersche Ellipsenform, eine 5prozentige V-Stellung und ein dünnes, symmetrisches Laminarprofil mit 41,75 Prozent Dickenrücklage auf. Das mit Hilfe von Preßluft in den Rumpf einziehbare Zweiradfahrwerk wurde bei Rollversuchen bald durch ein behelfsmäßig montiertes Bugrad sowie durch Stützbügel unter den Flügelspitzen ergänzt.
Das erste Exemplar des zukünftigen Rekordbrechers war bereits im Herbst 1937 fertiggestellt. Ein zweites soll für ein etwa doppelt so starkes Braunsches Triebwerk bestimmt gewesen sein, kam aber wegen des Kriegsausbruchs nicht mehr zur Ausführung. Die Erprobung der He 176 V1 begann im Sommer 1938 auf dem Gelände der Raketenversuchsstation Peenemünde mit Standversuchen. Es folgten, sofern das Flugzeug nicht in Sand einbrach, erste Rollversuche am Strand von Usedom, im Schlepptau eines über 150 km/h schnellen Mercedes-Benz-Kompressorwagens vom Typ 770. Auch Probleme mit der mangelnden Richtungsstabilität tauchten bei diesem verhältnismäßig niedrigen Tempo auf, da Ruder- und Leitwerksgröße auf Geschwindigkeiten von über 800 km/h zugeschnitten waren. Erst im März 1939 kam es zu den ersten „freien" Luftsprüngen mit eingeschaltetem Triebwerk, und erst am 20. Juni 1939 fand der erste Flug statt. Der Start war etwas wackelig, dann zog Warsitz die kleine Maschine im Winkel von 45 Grad bei rund 750 km/h in den Himmel. Gleich in der ersten steilen Linkskurve leitete er die Rückkehr ein. Das war notwendig, da der Treibstoffvorrat nur für eine Minute ausreichte. Prompt setzte dann auch in der zweiten Steilkurve zum Landeanflug das Triebwerk aus, doch Warsitz konnte das Flugzeug mit hoher Fahrt kurz hinter der Platzgrenze sicher zu Boden bringen. Der erste echte Raketenflug der Welt hatte stattgefunden.
In einer Reihe weiterer Flüge konnte Erich Warsitz kurzzeitig

Heinkel He 176 V1

Spitzengeschwindigkeiten um die 850 km/h erreichen. Doch im Reichsluftfahrtministerium (RLM) herrschte eine gewisse Skepsis bezüglich der Sicherheit und militärischen Brauchbarkeit dieses neuartigen Flugzeugs. Kennzeichnend dafür war der Ausspruch des ehemaligen Sportfliegers und nunmehr Generalluftzeugmeisters Ernst Udet, es handele sich lediglich um „eine Rakete mit Trittbrettern". Persönliche Animositäten — im Falle Ernst Heinkels nicht ganz unbekannt — mögen ebenfalls eine Rolle gespielt haben. Jedenfalls erfolgte nur wenige Tage nach Kriegsausbruch, am 12. September 1939, der Erlaß einer Geheimen Kommandosache mit dem Titel „Verringerung der Entwicklungsvorhaben". Sie umfaßte 31 Punkte. Punkt 29 besagte: „He 176. Alle Arbeiten werden sofort abgebrochen." Einige Zeit später wurde die He 176 V1 dann vom Heinkel-Werk Rostock-Marienehe zur Deutschen Luftfahrt Sammlung in Berlin-Moabit transportiert. Dort wurde sie im November 1943, noch in Kisten verpackt, Opfer eines nächtlichen Bombenangriffs.
Allerdings sei nicht verschwiegen, daß sich um die He 176 etliche Legenden ranken. Da bis vor kurzem keine einzige verbürgte Illustration, sei es ein Foto oder zumindest eine Zeichnung des Flugzeugs, überlebt zu haben schien, beruhten alle Angaben, Zeichnungen und Modelle auf widersprüchlichen Erinnerungen. So wurde angeführt, es habe sich bei der He 176 V1 lediglich um einen konstruktiven „Schnellschuß" in Form einer modifizierten, kolbenmotorlosen He-112-Zelle mit offenem Cockpit und starrem Bugradfahrwerk gehandelt. Man habe damit bestenfalls 500 km/h erreichen können. Die bekanntgewordenen Bilder und Modelle stellten in Wirklichkeit die nur geplante aber nie gebaute „Weltrekord"-He 176 V2 dar. Erst im Jahre 1993 tauchte ein Photo der He 176 V1 auf, das den Spekulationen ein Ende machte. Doch Heinkel sah keinen Grund zur Resignation, denn Punkt 30 des erwähnten Erlasses besagte: „Die Arbeiten an Einsitzern mit Luftstrahltriebwerken werden mit aller Kraft weitergetrieben, damit baldmöglichst ein einsatzfähiges Flugzeug geschaffen ist." Dies betraf, neben Entwurfs- und Entwicklungsarbeiten anderer Firmen, auch die zwischenzeitlich fertiggestellte He 178 V1. Wenige Tage vor Kriegsausbruch hatte sie, mit Erich Warsitz als Pilot, als erstes Düsenflugzeug der Welt ihren Erstflug absolviert.

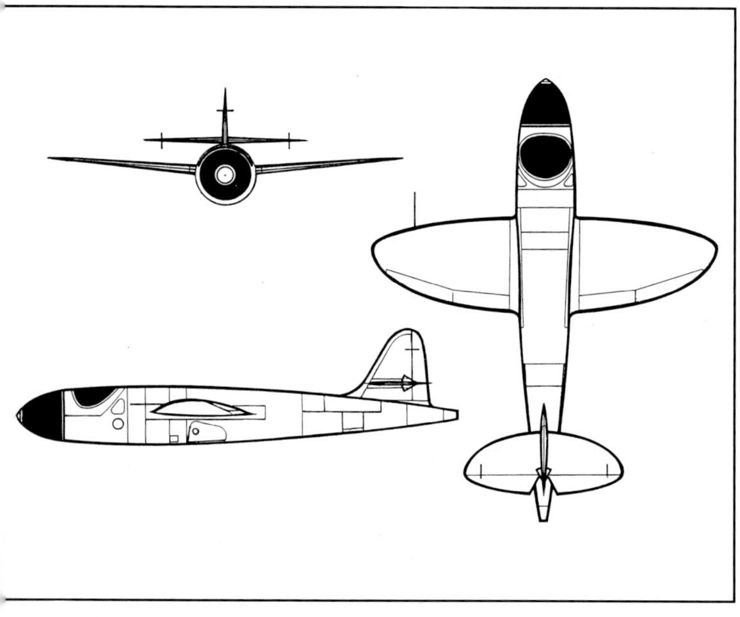

Heinkel He 176 V1

He 178

Das Reichsluftfahrtministerium hatte als „Anlage zum Schreiben LC7 Nr. 461/38 (III) g Kdos. vom 4.1.1939 — Vorläufige Technische Richtlinien für schnelle Jagdflugzeuge mit Strahltriebwerk" erlassen. Darin wurden eine Höchstgeschwindigkeit von 900 km/h und eine Landegeschwindigkeit „möglichst nicht über 120 km/h" gefordert sowie eine Flugdauer von ½ bis 1 Stunde bei Volleistung. Diese Richtlinien bezogen sich eigentlich auf die bei Heinkel sowie bei BMW, Bramo und Junkers — zuweilen zögernd — angelaufenen Strahlturbinen-Entwicklungsarbeiten. Die Existenz des von Heinkel insgeheim und ohne offizielles Wissen des RLM gebauten, ausgewachsenen Strahlflugzeugs wurde — so heißt es zuweilen — bis zum Erstflug geheimgehalten. Doch dürfte auch diese oft zitierte Behauptung — wie das bei Heinkel nicht ungewöhnlich war — im Bereich der Legende angesiedelt sein. Auf jeden Fall wollte Heinkel ein fertiges Flugzeug präsentieren — und außerdem hatte er keineswegs die magische Zahl „1000 km/h" aus den Augen verloren. Die wollte er unbedingt und so rasch wie möglich mit einer seiner Konstruktionen erreichen. Bereits im Frühjahr 1936 hatte das erprobte Team Walter Günter, Wilhelm Benz und Heinrich Helmboldt den Grundentwurf zu diesem revolutionären Versuchseinsitzer zu Papier gebracht. Er basierte auf den ersten bemaßten Konstruktionszeichnungen des Turbinenstrahltriebwerks von Hans von Ohain. Nach dem Unfalltod Walter Günters im Herbst 1937 war Heinrich Helmboldt, unter Heinkels Technischem Direktor Heinrich Hertel und unter der allgemeinen technischen Leitung von Karl Schwärzler, für die weiteren Entwicklungsarbeiten an der He 178 verantwortlich.
Der Duralschalenrumpf des einstrahligen Schulterdeckers hatte im Bug einen zentralen Lufteinlaß. Gleich dahinter war die Führerkabine, in Rumpfmitte war die Radialturbine vom Typ Heinkel He S3, und im Heck war eine mit seitlichen Regelklappen versehene Schubdüse. Das Zweiradfahrwerk wurde in die Rumpfflanken eingefahren. Sowohl der Laminarflügel als auch das Leitwerk bestanden aus Holz. Es entstanden zwei Exemplare dieses reinen Versuchsflugzeugs. Das zweite unterschied sich vom ersten hauptsächlich durch einen größeren Flügel mit gerader Hinterkante und weniger ausgeprägter V-Stellung. Darüber hinaus war es für den Einbau des 550 kp starken Triebwerks He S6 vorgesehen. Im Frühsommer 1939 wurde das erste Exemplar des Strahltriebwerks He S3A zur Flugerprobung unter den Rumpf des ausgesprochen hochbeinigen Sturzbomber-Prototyps He 118 V2 montiert. Da dieses Triebwerk aber schon bald nach einer Landung durch Feuer zerstört wurde, baute man das verbesserte zweite Exemplar He S3B in die inzwischen fertiggestellte Zelle der He 178 V1 ein. Man wollte ja möglichst rasch den Erstflug durchführen können, nicht zuletzt im Hinblick auf eine mögliche ausländische Konkurrenz. Zunächst jedoch beschränkte mangelnde Schubleistung die Erprobung auf Rollversuche. Doch durch konstruktive Detailarbeit konnte man schließlich einen Schub von 450 kp erreichen. Unter Abzug einer einbaubedingten Schubminderung von 15% reichte er für den Start vom Heinkel-Werkflugplatz in Rostock-Marienehe gerade aus. In den frühen Morgenstunden des 27. August 1939, nur fünf Tage vor Ausbruch des 2. Weltkriegs, kam es dann zum Erstflug der He 178 V1. Man hatte ihr Fahrwerk in ausgefahrener Stellung blockiert. Ein glatter Start, zwei große Platzrunden, eine — trotz eines Slips — ebenso glatte Landung: Erich Warsitz hatte den ersten Strahlturbinenflug der Welt erfolgreich durchgeführt.
Die mit der He 178 V1 in einem runden Dutzend von Flügen erzielten Geschwindigkeiten lagen bei rund 600 km/h; die weitgehend fertiggestellte, stärkere He 178 V2 ist nie geflogen.

Heinkel He 178 V1

Beide Maschinen scheinen auch das Schicksal ihrer Raketenvorgängerin He 176 geteilt zu haben. Auch sie blieben vorerst im Heinkel-Werk Rostock-Marienehe. Zumindest eine der Maschinen soll aber in den Trümmern der Deutschen Luftfahrt-Sammlung in Berlin ihr unrühmliches Ende gefunden haben. Das RLM hatte am 4. Januar 1939 die schon erwähnten „Vorläufigen Richtlinien" an die Flugzeug- und Flugmotorenhersteller erlassen. Darin war die Aufforderung enthalten, sich mit Strahlflugzeugen zu befassen — ein bislang unpopuläres Thema. Die Konstrukteure leisteten dieser Aufforderung ernsthaft Folge, auch wenn ihre Begeisterung zuweilen etwas gebremst war. Doch es gab rühmliche Ausnahmen. Dank eines im August 1938 erteilten Studienauftrages konnte Messerschmitt bereits am 7. Juni 1939 dem RLM sein Projekt P.1065 unterbreiten: ein Jagdeinsitzer mit zwei in typischen Messerschmitt-Trapezflügeln untergebrachten, je 600 kp starken Axialstrahltriebwerken BMW-Bramo P. 3302. Heinkel konterte kurz darauf mit seinem Projekt He 180, das gleichermaßen für zwei 700 kp starke Radialtriebwerke He S8 ausgelegt war. Der Segelflugzeugkonstrukteur und Schöpfer des Dreieck- oder „Delta"-Flügels, Alexander Lippisch, war von der Deutschen Forschungsanstalt für Segelflug (DFS) mit seinem Team zu Messerschmitt gezogen. Dort wollte er unter dem geheimnisträchtigen Decknamen „Projekt X" die Weiterentwicklung seines Versuchseinsitzers DFS 194 in Richtung Raketenantrieb betreiben. Einige Zeit später wurden diesen Projekten vom RLM die amtlichen Typennummern verliehen: aus der P.1065 wurde die Me 262, aus der He 180 die He 280 und aus dem Projekt X die Me 163.

He 280, Me 163, Me 262

Doch die erhofften raschen Erfolge ließen lange auf sich warten. Wohl ging es bei der Konstruktion der Flugzeuge selbst verhältnismäßig zügig voran, trotz aller Probleme, die sich aus dem Vorstoß in aerodynamisches Neuland ergaben. Doch bei der Triebwerkentwicklung gab es erheblich mehr Schwierigkeiten als angenommen. Das brachte große Verzögerungen mit sich. So kam es, daß die allerersten Flüge der He 280 und der Me 163 zwar bereits im Herbst 1940 erfolgen konnten, jedoch lediglich im Schlepptau von Propellermaschinen mit anschließendem Gleitflug. Im Falle der Me 262 dauerte es sogar bis zum April 1941, ehe sie ihren ersten Flug durchführen

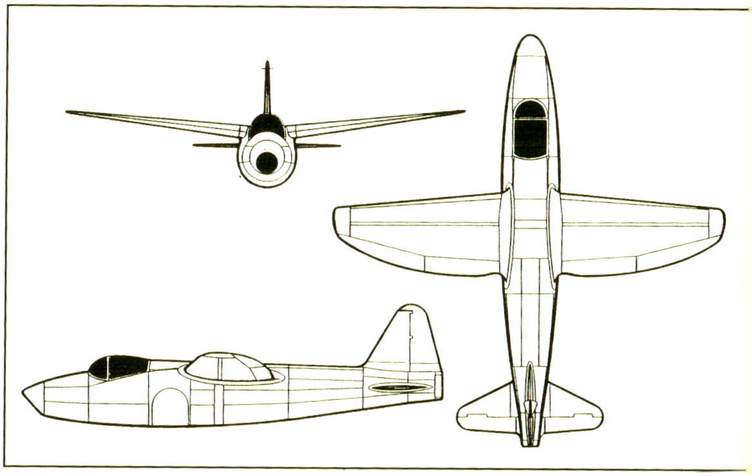

Heinkel He 178 V1

konnte — und auch den nur, wegen der noch fehlenden Strahlturbine, mit Hilfe eines konventionellen Kolbenmotors Jumo 210G mit Propeller in der Rumpfspitze. Zu diesem Zeitpunkt hatte aber die He 280 schon ihren ersten reinen Strahlflug hinter sich gebracht, der bereits am 30. März 1941 stattgefunden hatte. Und — was man zu dieser Zeit in Deutschland nicht wußte — das erste britische Strahlflugzeug, der kleine Versuchseinsitzer Gloster E. 28/39 mit einem gleicherweise 450 kp starken Whittle W.1-Radialstrahltriebwerk, flog erstmals am 15. Mai 1941. Immerhin konnte bereits im Juli 1941 — von Ernst Heinkel zweifelsohne mit großer Genugtuung aufgenommen — die He 280 V2 mit 780 km/h den offiziellen Geschwindigkeitsrekord des ungeliebten Konkurrenten Willy Messerschmitt erneut (wenn man die He 176 einbezieht), wenn auch inoffiziell, brechen. Das gelang im darauffolgenden Monat allerdings auch der Lippisch-Konstruktion Me 163 bei ihrem vierten Raketenflug. Und dieselbe Maschine war es auch, mit der es zwei Monate darauf erstmals gelang, die magische 1000-km/h-Marke zu erreichen und sogar knapp zu übertreffen.

Alexander Lippisch hatte schon 1927 mit seiner Arbeit an der „Delta"-Reihe schwanzloser und Nurflügelkonstruktionen begonnen (der Name wurde aus der Dreiecksform des griechischen Buchstabens abgeleitet). Nachdem Lippisch einen Geheimauftrag vom RLM erhalten hatte, begannen er und sein Team im Frühsommer 1937 mit Entwurfsarbeiten zu einem

Heinkel He 280 V2

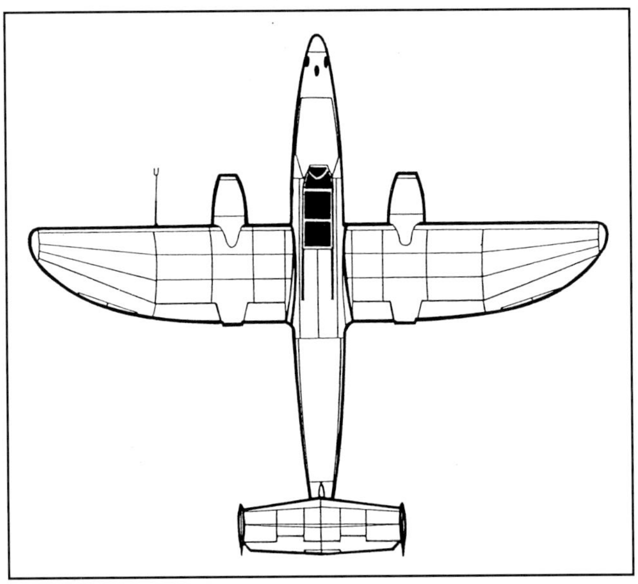

Heinkel He 280 V2

schwanzlosen Hochgeschwindigkeitsflugzeug. Es sollte, wie im Geheimauftrag stand, mit einem „vollkommen neuartigen Triebwerk" ausgestattet sein, und zwar auf der Basis seiner propellergetriebenen Versuchsmaschine DFS 39 „Delta IVc". Wegen der hohen Geheimhaltungsstufe sollten lediglich die Entwurfsarbeiten zu diesem „Projekt X" bei der DFS in Darmstadt, der Bau selbst aber bei der Firma Heinkel in Rostock erfolgen. Es handelte sich um einen kleinen, aerodynamisch äußerst wohlgeformten, schwanzlosen Mitteldecker von 5,60 m Länge, dessen 8,85 m spannende Sperrholzflügel doppelte Vorderkantenpfeilung aufwiesen.
Kurz darauf wurden aber, im Rahmen anlaufender Kriegsvorbereitungen, Reorganisierungsmaßnahmen durchgeführt. Diese brachten mit sich, daß Lippisch und sein Team bei der DFS gewissermaßen „ausgebürgert" wurden und ab Januar 1939 als Abteilung „L" bei der Firma Messerschmitt in Augsburg Unterschlupf fanden. Heinkel war wohl an der Übernahme des Hochgeschwindigkeitsauftrags selbst, nicht aber an der des ganzen Lippisch-Teams interessiert gewesen. So wurde aus dem mitgebrachten Lippisch-„Projekt X" die „Me 163" — eine bewußte Irreführung aus Geheimhaltungsgründen. Es gab nämlich schon eine Messerschmitt Bf 163, einen Kurzstart-Nahaufklärer. Der aber war, zusammen mit der ebenso erfolglosen Siebel Si 201, zugunsten der weitaus erfolgversprechenderen Fieseler-Konstruktion Fi 156 „Storch" nach dem Bau von nur drei V-Mustern fallengelassen worden. Konsequenterweise setzte das erste Exemplar des Lippisch-Versuchseinsitzers die Reihe als Me 163 V4 fort. Den Buchstaben A fügte man erst später hinzu, als man den Bau eines daraus abgeleiteten, reinen Jagdeinsitzers Me 163 B beschlossen hatte. Der sollte dann unter dem Namen „Komet" berühmt — und berüchtigt — werden. So heißt es wenigstens, obwohl es im Zusammenhang mit deutschen „Geheim"-Entwicklungen viele Ungereimtheiten und Widersprüche gibt — nicht nur im Falle der Me 163.

Messerschmitt Me 163 AV4

Doch soweit war es vorerst noch nicht. Zunächst einmal wurde das ganze Projekt im Zuge der vom RLM sofort nach Kriegsausbruch verkündeten „Verringerung der Entwicklungsvorhaben" auf Eis gelegt. Erst im darauffolgenden Jahr war es möglich, das erste für die Me 163 bestimmte und inzwischen fertiggestellte 300 kp starke Walter-Raketentriebwerk RI-203a in die aus Darmstadt mitgebrachte und entsprechend umgebaute Zelle des ebenfalls schwanzlosen Versuchseinsitzers DFS 194 einzubauen. Die Flugerprobung führte vom Sommer 1940 an in Peenemünde der erfahrene Segelflieger und Versuchspilot Heini Dittmar durch. Allerdings erlaubte die Zelle, die nur für verhältnismäßig niedrige Geschwindigkeiten ausgelegt war, maximale 550 km/h. Dennoch gab das RLM wegen der erfolgreichen Flüge alsbald grünes Licht für die Fertigstellung der beiden ersten V-Muster der Me 163. Nach Erhalt des mit einem Schub von 750 kp erheblich stärkeren Walter-Triebwerks RI-203b konnte der erste Raketenflug der ursprünglich für Geschwindigkeiten bis etwa 850 km/h ausgelegten, allerersten Me 163 am 8. August 1941 in Peenemünde stattfinden, wiederum mit Heini Dittmar am Steuerknüppel. Das Zweiradfahrwerk wurde, wie schon zuvor bei der DFS 194, unmittelbar nach dem Start abgeworfen. Die Landung erfolgte auf einer zentralen Kufe. Schon beim vierten Flug einige Tage später kam Dittmar mit der 163 auf 840 km/h. Im darauffolgenden Monat kam er sogar auf 920 km/h — wobei allerdings ein Teil des Seitenruders durch Ruderflattern verloren ging. Glücklicherweise blieb dies ohne weitere Folgen.

Messerschmitt Me 163 AV4

Die weiteren Starts unternahm man ohne Antrieb im Schlepp einer zweimotorigen Messerschmitt Bf 110 C. Man wollte so das Geschwindigkeitspotential der kleinen Maschine voll ausnutzen, das durch die äußerst geringe Antriebsdauer künstlich begrenzt war. Da diese Maschine allerdings nicht in der Lage war, die vollbetankte Me 163 zu schleppen, reduzierte man den Treibstoffvorrat auf 75 Prozent der Höchstmenge. Dennoch ließen sich dadurch sowohl die Flugdauer als auch die erreichbare Höchstgeschwindigkeit steigern, da man das Raketentriebwerk erst in einer Flughöhe von 4000 m zündete. Auf diese Weise gelang es Dittmar am 2. Oktober 1941, eine den amtlichen Vorschriften der FAI entsprechende und mittels Askania-Theodoliten exakt bestimmte 3-km-Meßstrecke (obgleich nicht in der vorgeschriebenen Maximalhöhe von 100 Metern und in nur einer statt der zwei geforderten Flugrichtungen) in genau 10,76 Sekunden zu durchfliegen. Das entsprach einer Geschwindigkeit von 1003,7 km/h. Bei dieser Machzahl von 0,84 ließen allerdings die Kompressibilitätseffekte das Flugzeug abrupt in einen steuerlosen Sturzflug übergehen. Doch es gelang dem Piloten, die Maschine wieder in den Griff zu bekommen und glatt zu landen. Als verdiente Belohnung für diese außergewöhnliche Leistung wurde Heini Dittmar zum Flugkapitän ernannt. Und zusammen mit dem Konstrukteur Alexander Lippisch wurde ihm die Lilienthal-Medaille verliehen. Der Weltöffentlichkeit blieb diese Leistung

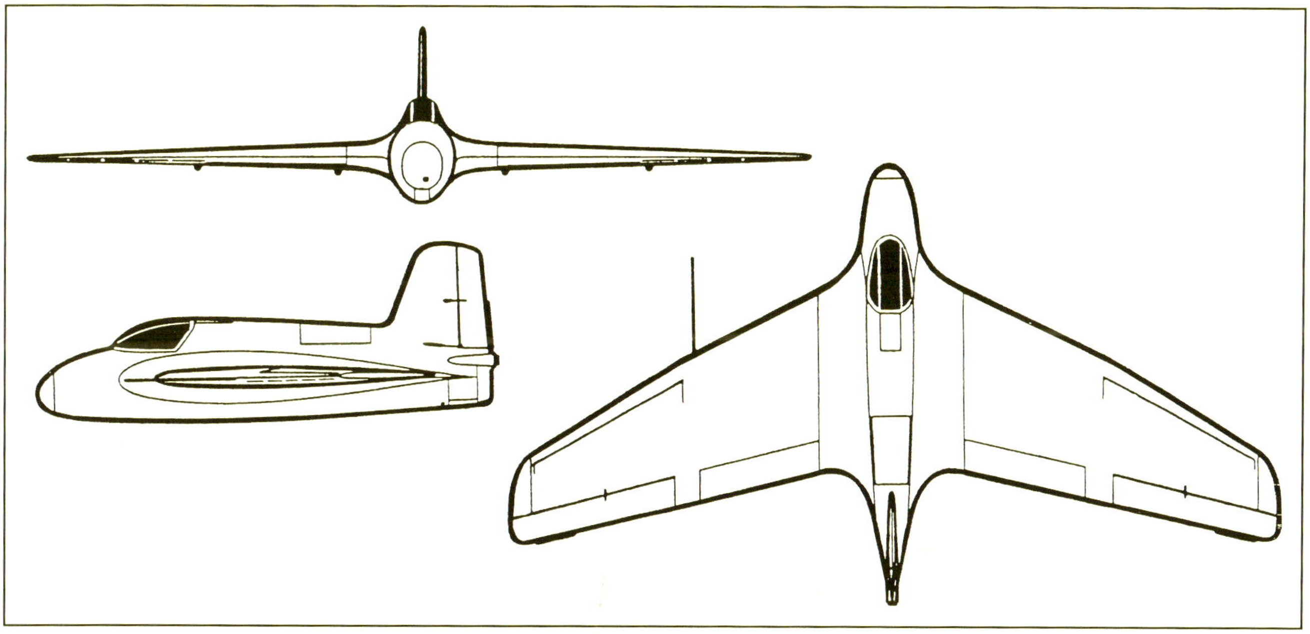

wegen der strikten Geheimhaltung verborgen. In den Amtsstuben des RLM jedoch sah man euphorisch „schon den deutschen Himmel voll von schnellen Raketenjägern, die nun der immer weiter hineingreifenden feindlichen Luftwaffe ein energisches Halt bieten würden", so erinnerte sich Lippisch später. Schließlich hatte Reichsmarschall Göring mit markigen Worten die Vervierfachung der Frontflugzeuge der Luftwaffe und neue, dem Gegner weit überlegene Muster gefordert. Doch die Wirklichkeit sah anders aus. Mit viel Vorschußlorbeeren bedachte Superflugzeuge, wie beispielsweise die He 177, Me 209, Me 210 oder Ju 288, erwiesen sich als völlige Fehlschläge, und bessere Muster waren nicht in Sicht. Generalluftzeugmeister

Messerschmitt Me 163 AV4

Ernst Udet, dessen Naturell von dieser rein technokratischen Aufgabe völlig überfordert war, nahm sich verzweifelt im November 1941 das Leben. Der Öffentlichkeit gegenüber wurde dies als ein bei der Erprobung einer neuen Waffe erlittener Heldentod deklariert und mit einem bombastischen Staatsbegräbnis garniert. Das Schauspiel „Des Teufels General" des Dramatikers Carl Zuckmayer lehnt sich bekanntlich an dieses tragische Vorkommnis an. Udets Amtsnachfolger Erhard Milch verfügte alsbald die Rückstufung der Dringlichkeit der am 1. Dezember 1941 begonnenen Arbeiten am Raketenjäger Me 163 B. Dies wirkte sich besonders auf Entwicklung und Herstellung der Einsatzreife der Walter-Triebwerke vom Typ RII-211 aus, die jetzt offiziell in HWK 109-509 umbenannt waren. Mit einem Schub von 1500 kp waren diese, für die Me 163 B vorgesehenen Triebwerke erheblich stärker, dafür aber störungsanfälliger. So kam es, daß die erste Zelle der Me 163 B zwar schon im April 1942 fertiggestellt worden war; jedoch erst geschlagene zehn Monate später konnte man den ersten Flug mit diesem Triebwerk durchführen: am 24. Juni 1943.

Die Geschwindigkeitssteigerungen, die in den darauffolgenden Jahren 1942 bis 1945 in Deutschland dank des Rückstoßantriebs realisiert wurden, seien hier nur kurz gestreift. Denn von offiziell aufgestellten Rekorden konnte während der Kriegsjahre keine Rede sein, von der Geheimhaltung einmal ganz abgesehen. Tatsächlich wurde — im Gegensatz zu Großbritannien oder den USA — in Deutschland die Existenz von Strahl- und Raketenflugzeugen bis zum Kriegsende 1945 offiziell geheimgehalten, obwohl man hinter vorgehaltener Hand durchaus davon sprach. Daß dies zur Legendenbildung maßgeblich beitrug, überrascht kaum. Jedenfalls wurden wirklich oder angeblich erzielte Spitzengeschwindigkeiten hier nur der Vollständigkeit halber mit einbezogen. Denn eine nicht unbeträchtliche Anzahl von ihnen wurde höchstens für kurze Augenblicke in mehr oder weniger steilem Bahnneigungsflug erreicht. Dies kann keineswegs mit einer im Horizontalflug mehrmals hintereinander zu durchfliegenden Meßstrecke verglichen werden. Auch mag gelegentliches Wunschdenken eine Rolle gespielt haben. Doch sollte nicht unerwähnt bleiben, daß es auch einigen aerodynamisch hochwertigen Propellerflugzeugen, wie beispielsweise der britischen Supermarine „Spitfire" oder der italienischen Reggiane Re 2005, durchaus gelungen ist, im reinen Vollgas-Sturzflug in derartige Geschwindigkeitsbereiche vorzustoßen. Die höchsten der dabei erreichten verbürgten Machzahlen waren 0,893 (J. R. Tobin, 1943 mit „Spitfire IX") und 0,92 (A. F. Martindale, 27. 4. 1944 mit „Spitfire XI"). Im letzten Fall zerplatzte zwar der überdrehende Propeller samt Untersetzungsgetriebe, der Pilot konnte jedoch anschließend noch eine glatte Radlandung in Farnborough hinlegen.

Ar 234C, He 162, Ho 229, Me 262 S2

Auf der anderen Seite steht zweifelsohne fest, daß bei zahlreichen Flügen von Versuchs- und Einsatzexemplaren der Muster Heinkel He 162 und He 280, Messerschmitt Me 163 und Me 262 sowie Arado Ar 234C und Horten Ho 229 die Vorkriegs-Weltrekordmarke von 755 km/h routinemäßig übertroffen wurde. Dabei lagen die erflogenen Geschwindigkeiten in der Regel zwischen 800 und 900 km/h, vereinzelt sogar ein Stück darüber. Was die so oft und gern zitierten Supergeschwindig-

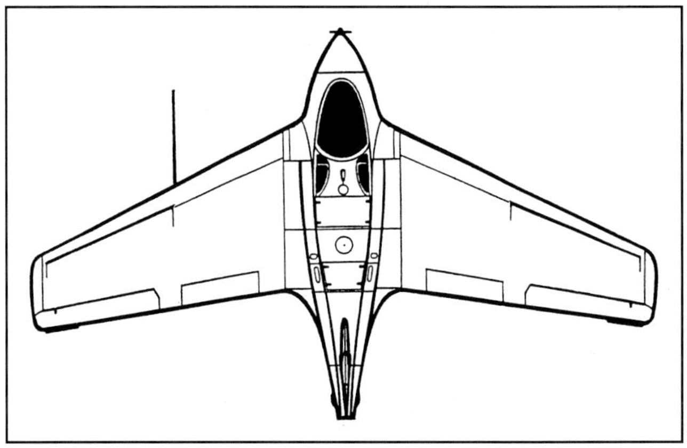

Messerschmitt Me 163 B „Komet"

Messerschmitt Me 163 B „Komet"

keiten jenseits der 1000-km/h-Grenze anbetrifft, so handelte es sich dabei ausnahmslos um reine Sturzflugwerte. Auf diese Weise kam der zur Werkserprobung abgestellte Feldwebel Herlitzius am 25. Juni 1944 mit der Me 262 S2 (W.Nr. 130 007, VI+AG) tatsächlich auf 1004 km/h. Ähnlich erging es Heini Dittmar am 6. Juli 1944 mit der Me 163 BV18. Ihm flog unmittelbar nach den im Sturz erzielten 1130 km/h sogar das Seitenruder davon. Allerdings hatte man zu diesem Zeitpunkt bei der deutschen Luftwaffe wirklich andere Sorgen als die, einen amtlichen Weltrekord aufzustellen. Ob es sich bei einem der Firma Dornier zugeschriebenen Entwurf zu einem dreistrahligen Entenflugzeug tatsächlich um ein Rekordflugzeug gehandelt hat, wie zuweilen behauptet wird, ist umstritten.

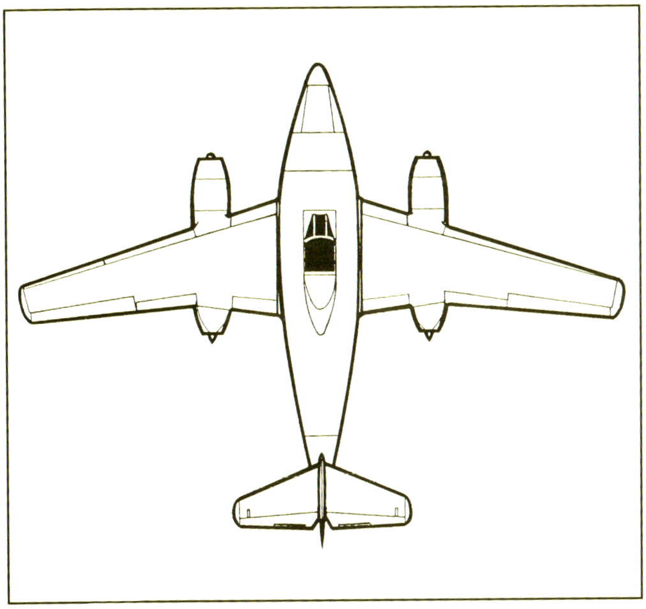

Messerschmitt Me 262 HG I (V9)

Messerschmitt Me 262 HG II (u) · Messerschmitt Me 262 A

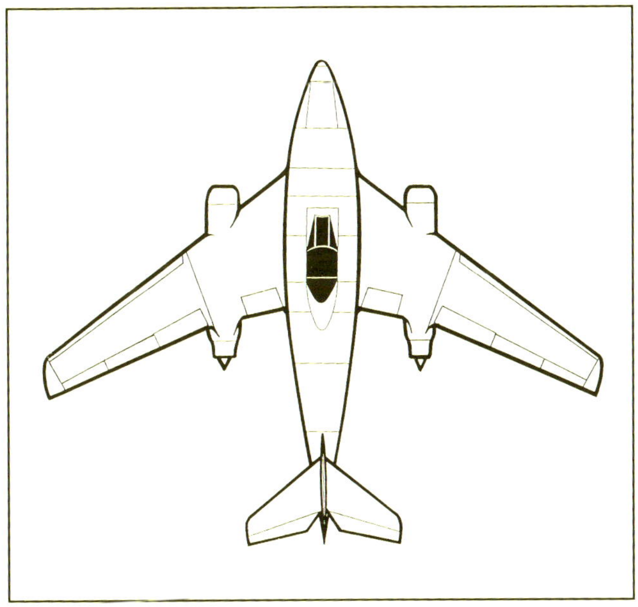

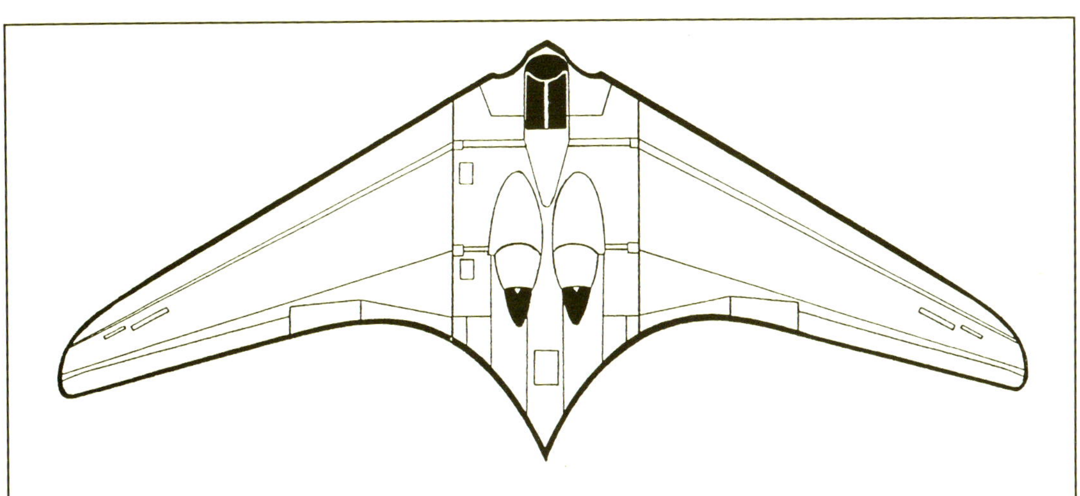

Horten Ho 229 V2 (oben)

Horten Ho 229 V2 (links)

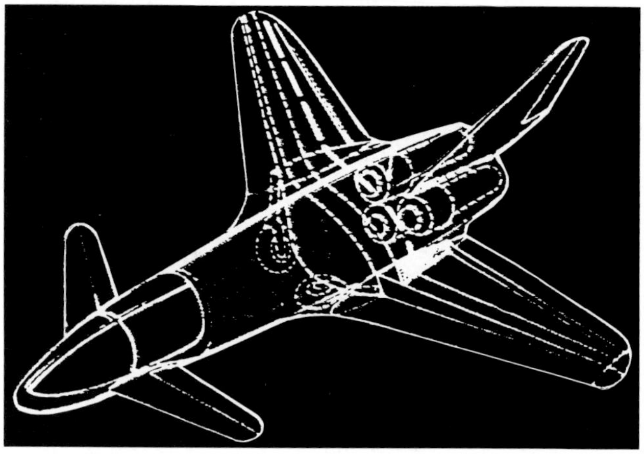

Dornier-Projekt

Sänger-Bredt-Raketenbomber, A 4b

Unbestritten sind hingegen die wirklich epochalen Resultate der deutschen Luftfahrtforschung, die praktisch die gesamte weitere Entwicklung des Hochgeschwindigkeitsflugs prägten. Genannt seien hier lediglich die grundlegenden Untersuchungen der Göttinger Aerodynamiker Albert Betz und Adolf Busemann an Überschallpfeilflügeln. 1935 wurde darüber, anläßlich der 5. Volta-Konferenz in Rom, ein außerhalb Deutschlands praktisch unbeachtet gebliebener Vortrag gehalten. Die später von Handley-Page und Supermarine verwendeten Sichelflügel beispielsweise basierten auf Entwürfen Rüdiger Kosins von der Firma Arado; und die Anfang der fünfziger Jahre vom NACA-Mitarbeiter Richard Whitcomb entdeckte Flächenregel war bereits 1944 von Heinrich Hertel erarbeitet worden. Die Untersuchungen von Eugen Sänger und Irene Bredt über einen Hyperschall-Raketengleiter wurden zunächst theoretisch umgesetzt, in Form einer 1947 geplanten UdSSR-Variante mit zusätzlichen Staustrahltriebwerken an den Flügelspitzen. Später wurden sie in Gestalt der amerikanischen „Space Shuttle" und ihrem sowjetischen Gegenstück „Buran" verwirklicht. Das erste tatsächlich geflogene Hyperschallflugzeug der Welt ist die Peenemünder A9 alias A4b, eine „geflügelte V-2", die im Januar 1945 in etwa 40 km Höhe etwa 5000 km/h erreicht hatte. Das Ergebnis war allerdings ein Flügelbruch. Einer der wenigen Fälle, in denen sich der Beitrag deutscher Konstrukteure auch äußerlich manifestierte, betraf die Arbeitsgruppe unter Leitung des BMW-Triebwerkspezialisten Hermann Oestrich. Sie nahm schon kurz nach Kriegsende im Bodensee-Örtchen Rickenbach ihre Arbeit für die französische Firma SNECMA als „Atelier Technique Aéronautique Rickenbach" auf. Die mit den Anfangsbuchstaben ATAR be-

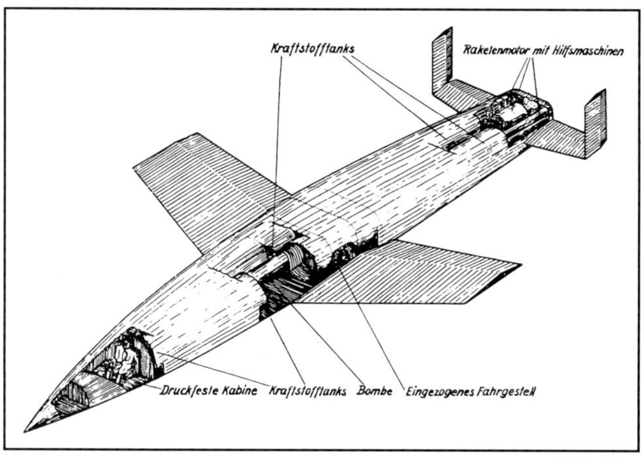

Sänger-Bredt-Raketenbomber

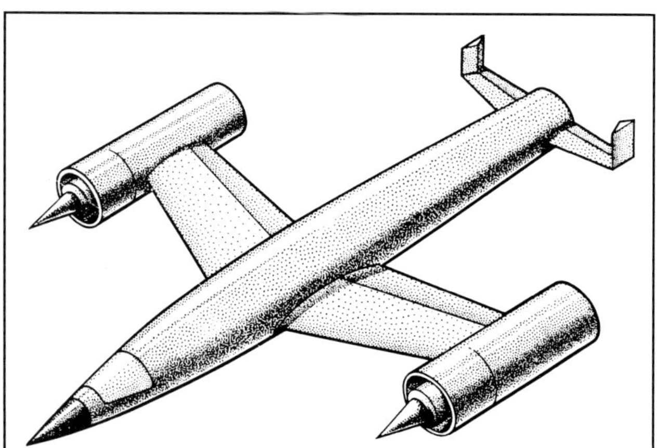

UdSSR-Version von Keldysch

Peenemünde A4b (A9)

Messerschmitt P1101 V1

zeichneten Strahltriebwerke wurden später weltberühmt. Auf der anderen Seite des „Eisernen Vorhangs“ war es der ehemalige Junkers-Motorenfachmann Ferdinand Brandner, der mit seinem Team unter widrigsten Umständen das mit Abstand stärkste Turboprop-Triebwerk der Welt schuf. Es diente als Kusnetzow NK-12 über Jahrzehnte hinweg militärischen und zivilen sowjetischen Großflugzeugen als bärenstarke Antriebsquelle. Stellvertretend für die zahllosen anderen deutschen Projekte, die später in mehr oder weniger modifizierter Form in allen Luftfahrtländern der Welt ihre Verwirklichung fanden, sei hier lediglich die Messerschmitt P 1101 genannt. Das war ein einstrahliger Schulterdecker mit gepfeilten Flügeln, dessen noch triebwerkslose Zelle bei Kriegsende aufgefunden und in die USA verbracht wurde. Dieses Flugzeug erlebte verschiedene „Reinkarnationen“, etwa in der amerikanischen Bell X-5, der russischen Lawotschkin La-160, der schwedischen SAAB-29 „Tunnan“ und schließlich sogar in der amerikanischen Aufklärungsdrohne Ryan „Firebee“.

Campini N.1, Gloster G. 40, D. H.100

Wie schon erwähnt, hatte der Strahlantrieb zwischenzeitlich auch in anderen Ländern die Schwelle vom Experiment zur praktischen Anwendung überschritten. Doch auch hier waren die anfänglich erzielten Geschwindigkeiten alles andere als beeindruckend. Am enttäuschendsten waren die Leistungen der italienischen Versuchsmaschine Caproni-Campini N.1. Die Vorstellungen ihres Konstrukteurs Secondo Campini erwiesen sich rasch als Irrweg: ein von einem normalen Kolbenmotor, einem 900 PS starken Isotta-Fraschini angetriebener großer Verdichter im Rumpf mit nachgeschalteter Nachverbrennung, womit ein Schub von rund 750 kp erzielt werden sollte. Der Ganzmetall-Tiefdecker mit Einziehfahrwerk sah zwar beeindruckend futuristisch aus, erwies sich aber bei seinen wenigen Testflügen als ausgesprochen lahme Ente: er benötigte neun Minuten, um 1000 m Höhe zu erreichen, und seine Höchstgeschwindigkeit lag bei mageren 360 km/h. Im

Caproni-Campini N.1

Vergleich zu herkömmlichen Propellerflugzeugen waren das völlig indiskutable Werte. Die Entwicklungsarbeiten wurden zwar in kleinem Rahmen weitergeführt, erbrachten aber nie den Erfolg, den der optimistische Erfinder vorhergesagt hatte. Die erstmalig am 15. Mai 1941 geflogene britische Gloster E. 28/39 — offiziell mit dem Namen „Pioneer“ bedacht, inoffiziell allerdings als „Squirt“ bekannt — kam anfänglich kaum über 480 km/h hinaus. Erst später, nach dem Einbau immer stärkerer Triebwerke, erhöhte sich ihre Höchstgeschwindigkeit auf 540 und schließlich auf 750 km/h. Der aus dieser einstrahligen, reinen Versuchsmaschine entwickelte zweistrahlige Jagdeinsitzer F. 9/40, flog erstmals am 5. März 1943. Ursprünglich wurde er „Thunderbolt“ genannt, dann aber — da schon der amerikanische Jäger Republic P-47 denselben Namen trug — in „Meteor“ umgetauft. Doch auch hier verzögerten die unzureichenden Flugleistungen den Fronteinsatz bis kurz vor Kriegsende. Die einstrahlige de Havilland D. H. 100 „Spider Crab“ (später „Vampire“) hatte zwar mit ihren 814 km/h, die sie beim Erstflug am 26. September 1943 erreichte, die vorausgesagte Geschwindigkeit um gute 25 km/h übertroffen. Dennoch kam sie nicht an die Leistungen der zur gleichen Zeit fliegenden deutschen Me 163 B und Me 262 A heran.

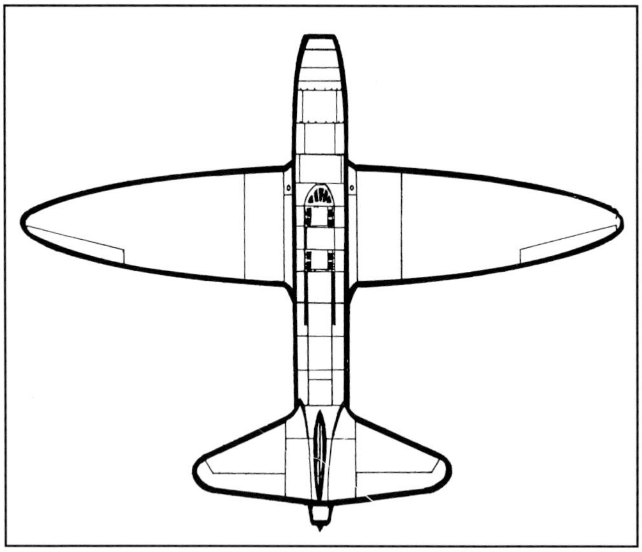

Caproni-Campini N.1

Gloster E.28/39 „Pioneer“

Gloster F.9/40 „Meteor“ (DG202)

de Havilland D.H.100 „Spider Crab“ (LZ548/Z)

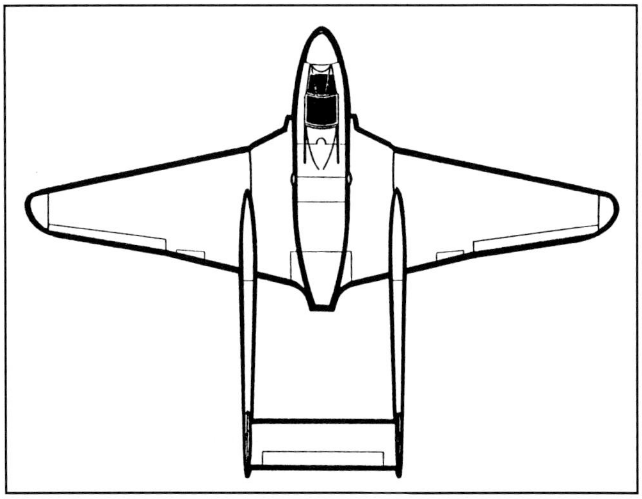

de Havilland D.H.100 „Spider Crab“

XP-59A, XP-80, BI

Lockheed XP-80 („Lulu-Belle“)

In den USA hingegen hatte man die Strahlturbinenentwicklung schlicht und einfach verschlafen wie schon einmal in der Vergangenheit, nämlich bei der Flugzeug- und Flugmotorenentwicklung im 1. Weltkrieg. So kam es, daß das erste amerikanische Strahlflugzeug Bell XP-59A „Airacomet“ erst am 1. Oktober 1942 zum Erstflug startete. (Aus Geheimhaltungsgründen wurde es beim Straßentransport zum Erprobungsflugplatz Muroc Army Air Field in Kalifornien mit einem Vierblattpropeller versehen.) In Ermangelung eigener Erzeugnisse hatte es zwei von der Firma General Electric nachgebaute Whittle-Triebwerke von je 560 kp Schub. Der verhältnismäßig große und nicht gerade elegante Schulterdecker kam, ähnlich wie die Anfangsmuster der „Meteor“, auf bescheidene 650 km/h. Doch ging man, genau wie auf englischer Seite, unverzüglich an die Entwicklung und den Bau verwendbarer Einsatzmuster. Man wollte den unbestreitbaren und beunruhigenden deutschen Vorsprung auf diesem Gebiet so rasch wie möglich wettmachen. Die in bemerkenswert kurzem Zeitraum geschaffene einstrahlige Lockheed XP-80 wurde Anfang Januar 1944 unter dem Spitznamen „Lulu Belle“ geflogen. Sie erreichte immerhin 808 km/h. Doch genau ein halbes Jahr später kam der verbesserte zweite Prototyp XP-80A, genannt „Gray Ghost“, schon auf beachtliche 890 km/h in einer Höhe von 6 km. Die Entwicklung des Einsatzmusters P-80A „Shooting Star“ war allerdings vor Beendigung des 2. Weltkriegs noch nicht abgeschlossen.

Beresnjak-Isajew BI-1

Die entsprechenden Aktivitäten in der UdSSR sahen folgendermaßen aus: Auf den Tag genau nach dem Erstflug der Gloster E. 28/29, nämlich am 15. Mai 1942, war der Raketenjäger BI der beiden im Konstruktionskollektiv Bolchowitinow arbeitenden Ingenieure Alexander Beresnjak und Alexej Isajew zum Erstflug mit eigener Kraft gestartet. Der konventionelle Sperrholzeinsitzer, der mit einem 1100 kp starken Flüssigkeitsraketentriebwerk Duschkin D-1A-1100 ausgestattet war, unternahm allerdings seine ersten Flüge noch mit Skiern anstelle eines einziehbaren Zweiradfahrwerks. Aerodynamische und triebwerksbezogene Probleme verhinderten zunächst weitere Raketenflüge bis zum Frühjahr des folgenden Jahres. Beim siebten dieser Flüge, am 27. März 1943, stürzte der Testpilot Bachtschiwandschi aus 2 km Höhe tödlich ab. Es war ein Hochgeschwindigkeitsflug mit rund 900 km/h. Obwohl man das Erprobungsprogramm fortsetzte, kam das Flugzeug nie zum praktischen Einsatz. Und auch die mit 1020 km/h in 10 km Höhe angegebene Höchstgeschwindigkeit wurde in der Praxis wohl nie erreicht.

MiG-13, MXY7, J8M1, J8N1

Andere sowjetische Versuche betrafen die kurzzeitige Geschwindigkeitserhöhung von Jagdflugzeugen durch zusätzlich eingebaute Raketen- oder Strahltriebwerke. Dies erbrachte zwar Spitzengeschwindigkeiten von bis zu 825 km/h, doch bot der reine Strahlantrieb erheblich größere Möglichkeiten. Abgesehen von einer Kleinstserie des aus dem Versuchseinsitzer „N“ (I-250) entstandenen Jägers Mikojan MiG-13 mit Mischantrieb blieb es bei reinen Erprobungsmustern.
Die japanischen Anstrengungen auf diesem Gebiet kamen erst recht zu spät. Die durch drei Feststoffraketen angetriebene bemannte Gleitbombe Kugisho MXY7 „Ohka“ wurde zwar ab September 1944 erprobt und später in rund 850 Exemplaren gebaut. Ihr erster „Kamikaze“-Einsatz am 25. März 1945 bei den Kämpfen um die Insel Okinawa endete allerdings mit einem Fiasko. Alle 16 eingesetzten Trägerflugzeuge des Typs Mitsubishi G4M (US-Codename „Betty“) wurden noch vor dem Abwurf der untergehängten Selbstmordeinsitzer durch amerikanische Jäger abgeschossen. Auch die späteren Einsätze waren nicht viel wirkungsvoller. Die Entwicklung rich-

Mikojan-Gurjewitsch „N" (I-250/MiG-13)

Yokosuka MXY 7 „Ohka"

Mitsubishi J8M-1 „Shusui"

tiger Strahl- und Raketenflugzeuge war von ähnlichen Mißerfolgen gekennzeichnet. Die ersten Flüge des der Me 163 nachempfundenen Raketenjägers Mitsubishi J8M1 „Shusui" und des der Me 262 entfernt ähnelnden Erdkämpfers Nakajima J8N1 „Kikka" fanden erst im Juli und August 1945 statt. Das war nur ein paar Wochen vor der Kapitulation. Beide Flüge endeten bereits wenige Augenblicke nach dem Start im Absturz.
So sah also, salopp ausgedrückt, die „luftsportliche" Ausgangslage gegen Ende des 2. Weltkriegs aus. Weltrekordfähige Flugzeuge gab es genügend. Doch es lag weder im nationalen Interesse der Siegernationen noch deren Luftfahrtindustrie, ein derartig prestigeträchtiges Unterfangen ausgerechnet mit einer erbeuteten Feindmaschine durchzuführen, sei es nun ein raketengetriebenes „Kraftei" Me 163 oder ein Turbojäger Me 262.
In Großbritannien, also bei den Firmen Gloster und Rolls-Royce, reagierte man am schnellsten. Noch vor dem endgültigen Kriegsende, also der Kapitulation Japans, stellten sie Antrag beim entsprechenden Ministerium, das erstaunlicherweise auch positiv reagierte. So kam es, daß noch im letzten Kriegsjahr 1945 ein friedlicher Flugzeugweltrekord aufgestellt werden konnte, der gleichzeitig den allerersten „Jet"-Rekord darstellte: der schon geschilderte 975-km/h-Rekord der Gloster „Meteor" vom 7. November 1945.

„Meteor IV"

Nach Abklingen der ersten Begeisterung plante die RAF nur wenige Monate später, die werbewirksame Rekordaktion noch einmal zu wiederholen. Hatte das Ziel voriges Mal „600 mph" geheißen, so lautete es jetzt „1000 km/h". Positive Schlagzeilen waren immer willkommen. Auch galt es, den Vettern jenseits des Atlantiks, die sich bereits begehrlich geäußert hatten, zuvorzukommen. Zu diesem Zweck wurde im Juli 1946 in Tangmere, Sussex, an der englischen Kanalküste, ein neuer „High Speed Flight" unter Group Captain E. M. Donaldson aufgestellt. 15 Jahre zuvor hatten die Briten für ähnliche Zwecke, anläßlich ihrer Teilnahme an den legendären Wasserflugzeugwettbewerben um den begehrten „Coupe Schnei-

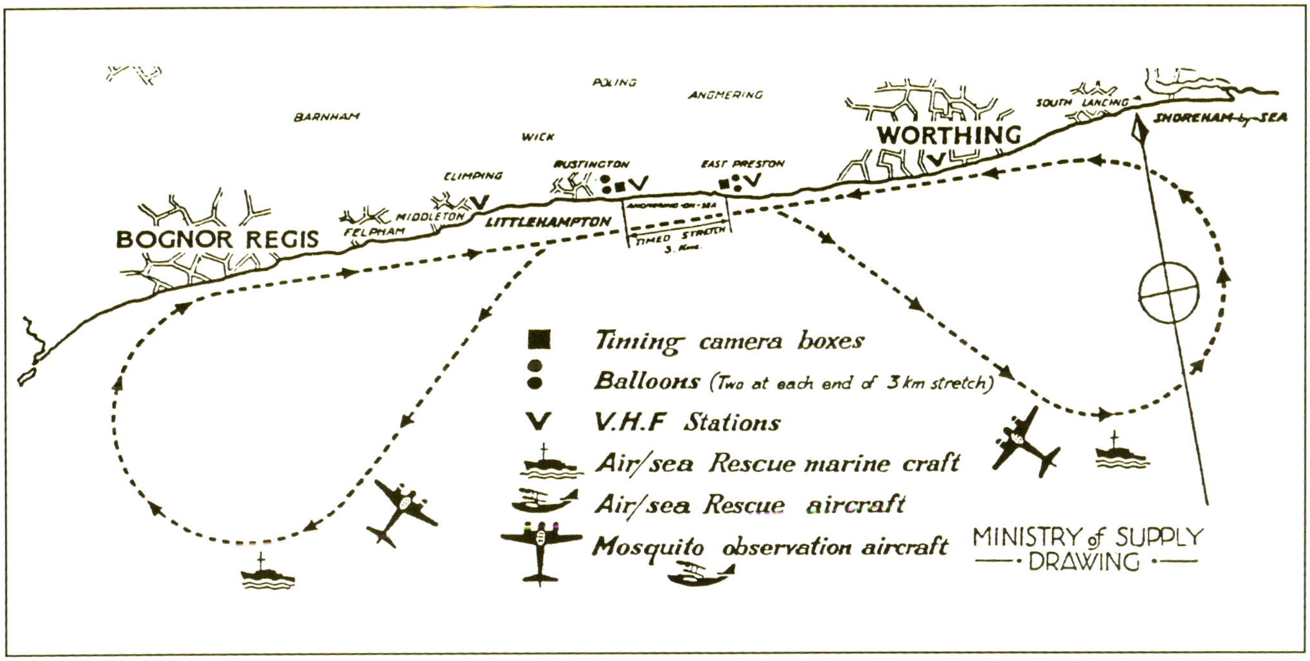

„Meteor“ — Weltrekordstrecke 1946, Littlehampton

der“, eine Hochgeschwindigkeitsstaffel gebildet. Wieder wurden zwei Gloster „Meteor“ aus der im Werk Hucclecote laufenden Serienfertigung der Version „Mk. IV“ ausgewählt. Sie trugen die Seriennummern EE549 und EE550. Nachdem man sie nach Tangmere geflogen hatte, entfernte man neben dem Radiomast auch die vier 20-mm-Maschinenkanonen nebst den zugehörigen Munitionskästen. An ihrer Stelle installierte man Ballastgewichte sowie drei zusätzliche Kraftstofftanks von zusammen 330 l Fassungsvermögen. Außerdem ersetzte man die Kunststoff-Klarsichthaube für den Piloten durch eine Aluminiumhaube mit kleinen Glaseinsätzen. Man befürchtete eine Verformung als Folge der durch die Luftreibung erzeugten Hitze. Schließlich wurden noch die Trimm- und Bremsklappen arretiert; und abschließend wurde die gesamte Oberfläche gespachtelt, mehrfach gestrichen und poliert. Obwohl später oft das Gegenteil behauptet wurde — auch von den Piloten selbst —, blieben die Tragflügel nachweislich unverändert. Sie wurden nicht auf die gerade bei einer anderen Maschine erprobte, verkürzte Spannweite von 11,33 m gekappt, da man Geschwindigkeitseinbußen befürchtete.

Die „getunten“ Rolls-Royce „Derwent V“-Triebwerke, die für die Rekordflüge bestimmt waren, gaben jetzt einen Standschub von je 1950 kp bei einer Drehzahl von 15 200/min ab, anstatt der normalen 1590 kp bei 14 700/min.

Zunächst jedoch ergründete man die Hochgeschwindigkeitseigenschaften der beiden zuweilen „Star Meteor“ genannten, aber noch mit den Standardtriebwerken versehenen Maschinen in einer Serie von Bahnneigungsflügen über dem Kanal. Dabei zeigte sich, daß sich, dank der verbesserten Formgebung der „Meteor IV“, die Kompressibilitätseffekte erst bei einer Machzahl von 0,79, statt von 0,74 wie bei den früheren Maschinen, störend bemerkbar machten. Dieser Wert lag erfreulicherweise knapp über der horizontalen Höchstgeschwindigkeit, die nur in größerer Höhe erreichbar war. Oberhalb dieser Machzahl wurde der Flug immer rauher, bis im Bereich von Mach 0,83-0,84 das Flugzeug plötzlich nach unten wegbrach, ohne auf das gezogene Höhenruder zu reagieren. Erst mit dem Eintauchen in dichtere Luftschichten verringerte sich die Machzahl und mit ihr die Steuerlosigkeit. Um den FAI-Vorschriften der 100-m-Rekordhöhe entsprechen zu können, suchte Testpilot Roland Beamont diese „Kipp-

Gloster „Meteor IV“ (EE549)

grenze“ Stück für Stück hinauszuschieben und in niedrigere Flughöhen zu verlagern. Da Machzahlen auch von der Temperatur abhängig sind, schien der 9. Juli mit seinen 27 Grad Celsius besonders geeignet. Nach vollem Bahnneigungsflug zog Beamont bei 150 m den Knüppel leicht zurück und hatte gerade in 60 m Höhe über dem Wasser eine angezeigte Geschwindigkeit von 608 mph (978 km/h) erreicht, als es geschah: die Maschine neigte sich plötzlich nach unten. Das Gas wegzunehmen, hätte das Kippmoment nur noch vergrößert — Beamont zerrte mit aller Kraft am Knüppel, und allmählich, ganz langsam hob sich die Nase der Maschine. Das war knapp gewesen! Berechnungen ergaben später, daß Beamont, wenn auch nur für einen Moment, 1017 km/h erreicht hatte.

Glosters Abteilung für Öffentlichkeitsarbeit ließ diesen „Rekord“ an die Presse durchsickern. Das war dumm und den eigentlichen Rekordpiloten gegenüber unfair, denn diese

Lockheed YP-80A „Shooting Star" (4483031)

Geschwindigkeit würde auf keinen Fall in den mehrfach zu wiederholenden reinen Horizontalflügen erreicht werden. Als Piloten der beiden „Star Meteor" hatte man neben Group Captain Donaldson noch die Squadron Leaders William Waterton und Neville Duke benannt, letzteren als Reservepiloten. Die Rekordflüge sollten eigentlich schon in der ersten Augusthälfte vor der Kanalküste bei Littlehampton in Sussex stattfinden. Sie verzögerten sich aber — wie schon beim vorigen Mal — wegen technischer Probleme und extrem schlechten Wetters, das bis in den September hinein dauerte.

P-80A „Shooting Star"

Ausgezeichnet war hingegen das Wetter in Kalifornien. Von dorther drang unerfreuliche Kunde: über dem Muroc Army Air Field hatte man schon seit einiger Zeit ernsthafte Anstrengungen unternommen, den Briten ihren „Meteor"-Rekord vom November 1945 mit einem der neuen Lockheed-Düsenjäger P-80 „Shooting Star" abzujagen. Man hatte ausgerechnet, daß schon die Serienausführung dieser eleganten, einstrahligen Maschine mit ihren 990 km/h der Rekord-„Meteor" um knapp 15 km/h überlegen war. Eine besonders präparierte Variante würde sogar auf 1022 km/h kommen, wobei für den entsprechenden Umbau 90 Tage und $ 75000 veranschlagt wurden. Ohne großes Zögern wurde dieses Doppelprogramm vom Luftwaffenchef General „Hap" Arnold genehmigt. Zuerst sollte es mit der Standard-P-80 versucht werden, später mit der sofort in Angriff genommenen Spezialmaschine. Auf dem Muroc Dry Lake markierte man die erforderliche 3-km-Meßstrecke und installierte alle übrigen Meßeinrichtungen. Die serienmäßige P-80A-1 erhielt anstelle der Bewaffnung lediglich einen zusätzlichen 420-l-Tank zur Aufnahme des Wassers. Dieses sollte zwecks kurzzeitiger Schuberhöhung in die Lufteinläufe des Radialtriebwerks General Electric J33 (von dem man sechs besonders kräftige Exemplare bereitgestellt hatte) eingespritzt werden. Ansonsten beschränkten sich die Maßnahmen auf Spachteln und Lackieren. Doch trotz all dieser Anstrengungen kam der Pilot, Major Chilstrom, nur auf einem Maximalschnitt von 959 km/h — und das reichte leider nicht aus. Hingegen erwies sich eine ganz andere amerikanische Maschine als stark rekordverdächtig: der brandneue Jagdeinsitzer P-84 „Thunderjet" der Firma Republic. Ihn hatte der Schöpfer der berühmten P-47 „Thunderbolt", Alexander Kartveli, entworfen. Captain Martin Smith war damit sogar schon schneller als die P-80A gewesen, und weitere Versuche waren angekündigt.

Republic XP-84 „Thunderjet" (4559476)

XP-84 „Thunderjet"

Dies verbesserte nicht gerade die Laune der Piloten des High Speed Flight, die in Tangmere ungeduldig auf erträgliches Flugwetter warteten. Die Meteorologen hatten für den späten Nachmittag des 7. September eine geringe Chance vorhergesagt. Diese Chance wollte man unbedingt wahrnehmen, doch dann herrschte zu diesem Zeitpunkt leichter Regen bei geschlossener Wolkendecke. Dennoch startete Donaldson in der EE549 zu seinen vier Durchgängen, und er erzielte jeweils etwas über 1000 km/h mit dem Wind und rund 980 km/h dagegen. Ihm folgte Waterton in der EE550, der sicherheitshalber die Meßstrecke fünfmal durchflog. Die ungeduldig erwartete Entwicklung und Auswertung der Meßfilme ergab, daß Waterton zwar einen sehr guten Schnitt von 988 km/h erzielt hatte, daß er jedoch von Donaldson mit genau 991,000 km/h im Kampf um den Weltrekord geschlagen worden war.

Republic XP-84 „Thunderjet" (4559476)

Meßstation und Republic XP-84 „Thunderjet" (4559476)

Republic XP-84 „Thunderjet"

In Kalifornien hatte Captain Smith auf seiner XP-84, dem zweiten Prototyp der „Thunderjet", inzwischen 983 km/h erreicht. Ob das nun am 6., 7. oder 8. September 1946 gewesen war — die Experten sind sich da nicht ganz einig —, für den Weltrekord reichte es in keinem Fall aus. Denn die von der FAI etablierte „1-Prozent-Regel" besagte, daß ein neuer Rekord den bisherigen um soviel übertreffen müsse. Immerhin stellte dies einen neuen US-Geschwindigkeitsrekord dar. Man war jedoch fest entschlossen, das nicht gerade überwältigende Ergebnis umgehend zu verbessern. Mit Hilfe der schon bei der konkurrierenden Lockheed P-80 hilfreichen Wassereinspritzung war man sicher, auf 1006 km/h kommen zu können. Darüber hinaus war die Fertigstellung der maßgeschneiderten Rekord-Sonderanfertigung der „Shooting Star" für Ende September 1946 angekündigt.

D.H.106 „Swallow"

Doch so rasch wollte man in England die Flinte nicht ins Korn werfen. Glosters Hauptkonkurrent de Havilland hatte seinerzeit mit seinem Jagdeinsitzer D.H.100 „Vampire" bei den von der „Meteor" erzielten Geschwindigkeiten nicht ganz mithalten können. Doch hatte man am Firmensitz in Hatfield die bei Kriegsende erbeuteten deutschen Unterlagen mit großem Interesse studiert, besonders die Messerschmitt-Nurflügelprojekte Me P1111 und 1112, Weiterentwicklungen der von Alexander Lippisch geschaffenen Me 163. Der für die Erforschung des transonischen Bereiches bestimmte einstrahlige Versuchseinsitzer D.H.108 „Swallow" zeigte eine auffallende

de Havilland D.H.108 „Swallow“ (TG306)

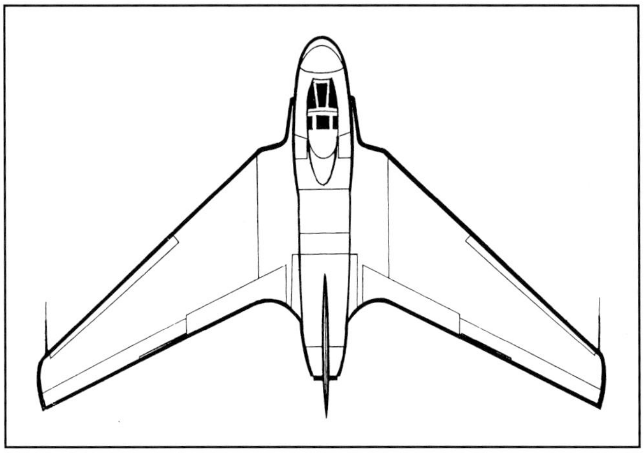

de Havilland D.H.108 „Swallow“ (TG306)

Ähnlichkeit mit diesen Messerschmitt-Entwürfen. Den kurzen Rumpf und die Lufteinlässe hatte man von der „Vampire“ übernommen und einen Flügel mit 45 Grad Vorderkantenpfeilung konstruiert. Anstelle der beiden Leitwerksträger trat ein einziges, ebenfalls gepfeiltes Seitenleitwerk. Während das erste der vorgesehenen drei Exemplare nur für niedrige Geschwindigkeiten bestimmt war, sollte mit dem zweiten der Hochgeschwindigkeitsbereich erforscht werden. Diese Maschine mit der Kennung DG306 erhielt deswegen ein 1500 kp starkes Radialtriebwerk de Havilland „Goblin 3“ und arretierbare Handley-Page-Slots anstelle des bei der ersten Maschine verwendeten schwächeren „Goblin 2“ und festen Slots. Eingeflogen wurde sie von Geoffrey de Havilland, dem Sohn des gleichnamigen Firmengründers. Ende September 1946 wollte auch er mit dieser Maschine in den Kampf um den Weltrekord eingreifen. Am 27. September unternahm er einen abschließenden Meßflug über der Themsemündung zur Vorbereitung auf den eigentlichen Rekordflug, der für den folgenden Tag vor der Kanalküste bei Littlehampton geplant war. Dabei geriet seine Maschine im Bahnneigungsflug bei einer Machzahl von 0,875 in extrem heftige Schwingungen, so daß sie in der Luft auseinanderbrach. Geoffrey de Havilland starb durch Genickbruch. Auch die anderen beiden Exemplare der D.H.108 fanden ein ähnliches Ende, und mit ihnen ihre Piloten: sie stürzten im Februar und im Mai 1950 ab. Es hatte sich leider bewahrheitet, was der erfahrene Testpilot Eric Brown schon im August 1949 in seiner abschließenden Bewertung der „Swallow“ vermerkt hatte: „A Killer ...“

XP-80R „Racey“

Colonel Albert Boyd war der Chef des in Muroc beheimateten US-Luftwaffen-Erprobungszentrums, der Flight Test Division des U.S. Material Command. Seitens der vorgesetzten Generalität und der amerikanischen Medien sah sich Boyd zunehmendem Druck ausgesetzt, den in der Luftfahrt führenden USA endlich einen eindrucksvollen Weltrekord zu bescheren. Umgehend wurden also für Anfang Oktober 1946 neue Rekordversuche anberaumt, mit der inzwischen fertiggestellten, speziellen Lockheed XP-80R und der ebenfalls leicht modifizierten Republic XP-84. Doch erwies sich deren Wassereinspritzanlage für das verwendete Axialtriebwerk General Electric J35 als unzulänglich. Nach schwerer Beschädigung auch des zweiten der eingesetzten Triebwerke brach man die Rekordversuche mit der „Thunderjet“ erst einmal ab.
Lockheed-Chefkonstrukteur Clarence „Kelly“ Johnson und sein Team hatten in den ultrageheimen „Skunk Works“ in Burbank die XP-80R geschaffen. Ursprünglich das neunte Serienexemplar der P-80A-1, hatte sie vorher schon mit einem dünneren Flügel als Prototyp der verbesserten B-Serie gedient. Für die anstehenden Rekordflüge hatte sie nun nahezu bündig mit den Rumpfflanken abschließende NACA-Lufteinlässe, eine erheblich kleinere und flachere Cockpithaube und begradigte Flügelspitzen erhalten. Nach erfolgversprechenden Probeflügen am 2. und 4. Oktober über die 3-km-Meßstrecke setzte man den eigentlichen Rekordangriff auf den 5. Oktober an. Doch dann ergab die genaue Auswertung der

Lockheed XP-80R (4485200 — 1. Version)

vorangegangenen Probeflüge lediglich einen besten Schnitt von 965 km/h, trotz nahezu optimaler Bedingungen. Das reichte nicht für den erhofften Weltrekord. Deshalb blies man die für den nächsten Tag geplante Rekordaktion ab. Die XP-80R ging zwecks erneuter Überarbeitung zurück in die „Skunk Works". Dort wurden dann die Lufteinlässe, die sich als unzureichend herausgestellt hatten, erheblich vergrößert und mit Grenzschichtschneiden versehen. Die Tragflügel erhielten schärfere und jetzt durchgehend gerade Vorderkanten. Außerdem baute man das Triebwerk Allison Modell 400 ein. Mit einem Schub von rund 2100 kp war es zu jener Zeit das stärkste Triebwerk in den USA. Es war eine erneute Weiterentwicklung des General Electric-Triebwerks J33 und funktionierte jetzt mit Wasser-Methanol-Einspritzung. Später wurde es als J33-A-23 bezeichnet.
Acht Monate nahm dieser gründliche Umbau in Anspruch, so daß die jetzt mit dem Spitznamen „Racey" bedachte hellgraue P-80R-1 erst im Juni 1947 für eine erneute Weltrekordattacke in Muroc zur Verfügung stand. Nach einem rundum erfreulichen Probeflug am 17. Juni, bei dem Colonel Boyd sogar einen

Lockheed P-80R („Racey") (4485200 — 2. Version)

Meßstation und Lockheed P-80R („Racey")

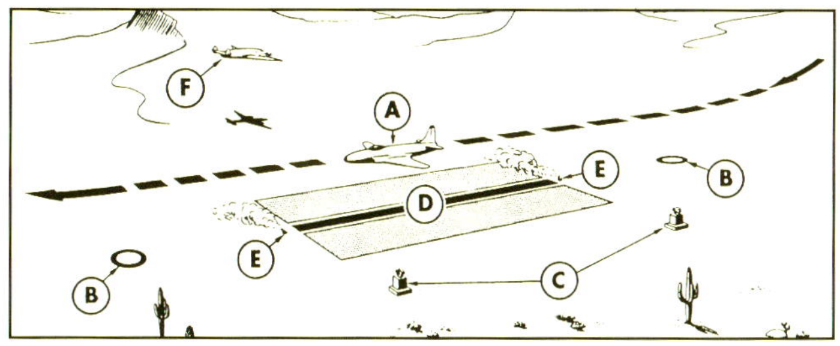

3-km-Weltrekord-Meßstrecke, Muroc Army Air Field 1946/47
A — Rekordflugzeug P-80R / B — schwarzer Markierungskreis / C — Meßkameras / D — 3,6 m breiter Teer-Markierungsstreifen / E — rosafarbene Nebelkerzen zur Anzeige der Windrichtung / F — Kontrollflugzeug mit FAI-Sportzeugen

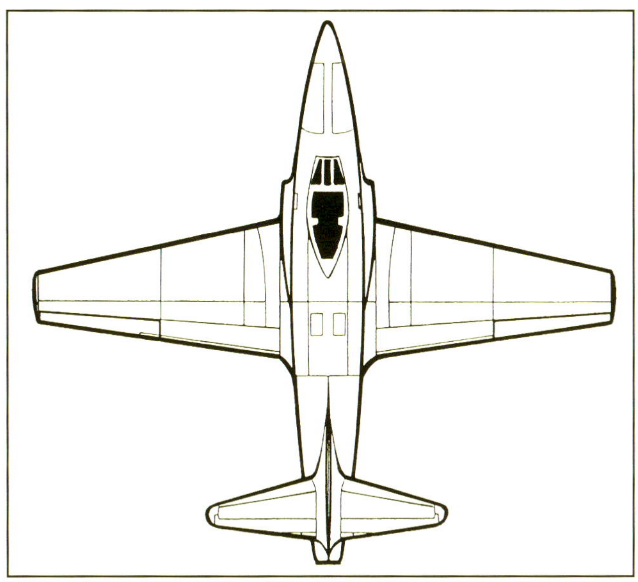

Lockheed P-80R („Racey")

Spitzenwert von 1041 km/h erzielen konnte, startete er am 19. Juni 1947 zu seinem offiziellen Rekordversuch. Es war heiß an diesem Tag: 30,6 Grad Celsius. Die ersten beiden der erforderlichen vier Durchgänge enttäuschten: nur 993 und 989 km/h, das war bei weitem nicht genug. Doch die beiden folgenden hatten es in sich: 1018 und 1015 km/h lauteten die jeweiligen Ergebnisse. Der offizielle Schnitt: 1003,594 km/h. Der Geschwindigkeitsweltrekord war wieder in amerikanischer Hand. Und obendrein lag er zum ersten Mal oberhalb der magischen Tausender-Grenze! Heini Dittmars inoffizielle Rekordmarke vom Oktober 1941 war offiziell überboten worden und zwar nach allen Regeln der Kunst, von einem Flugzeug der U.S. Army Air Force. (Deren heißersehnte Anerkennung als selbständige Teilstreitkraft erfolgte drei Monate später.) Doch da gab es noch die U.S. Navy, die ihre eigenen Flugzeuge besaß. Und die — darüber war man sich bei den betroffenen Offiziellen einig — waren ganz bestimmt nicht schlechter als die der Army. In dem vor kurzem entbrannten Konkurrenzkampf um Prestige, Anerkennung und damit um hochwillkommene Finanzmittel käme der Marine ein Weltrekord äußerst gelegen.

D-558-1 „Skystreak“

Der neue Versuchseinsitzer Douglas D-558-1 „Skystreak“ schien für diese Rolle wie geschaffen. Bereits 1944 hatte die U.S. Navy gemeinsam mit NACA, dem National Advisory Committee for Aeronautics, ein Forschungsprogramm beschlossen. In diesem Rahmen erhielt die Firma Douglas im Mai 1945 den Auftrag zum Bau von sechs reinen Versuchseinsitzern zur Erforschung des schallnahen und Überschallbereichs. Im August änderte man den Auftrag ab: drei strahlgetriebene Unterschallflugzeuge D-558-1 sollten gebaut werden und anschließend drei Überschallflugzeuge D-558-2, die später zusätzlich zu ihrem Strahltriebwerk noch ein Flüssigkeitsraketentriebwerk erhalten sollten. Geschaffen vom Douglas-Chefkonstrukteur Edward Heinemann, mit Unterstützung von Leo Devlin und Robert Donovan, konnte die knallrot gestrichene „Skystreak“ im Mai 1947 in Muroc ihren Erstflug unternehmen. Im August wurde sie Testpiloten der Navy und des Marine Corps anvertraut. Um keine unnötige Zeit zu verlieren, bereitete sich Navy Commander Turner Caldwell also am Morgen des 20. August 1947, knapp zwei Wochen nach seinem allerersten Düsenflug, auf einen Weltrekord vor. Der Tiefdecker „Rotes Reagenzglas“ — er hatte wegen seiner auffallenden Farbe diesen Spitznamen bekommen — wurde für das Rekordvorhaben abgestellt. Um das laufende Testprogramm nicht über Gebühr zu unterbrechen, beließ man es einfach bei seinem Standardtriebwerk Allison J35-A-11 und sogar seiner 290 kg schweren Meßeinrichtung. Der Optimismus zahlte sich aus. Caldwell gelang es ohne Schwierigkeiten,

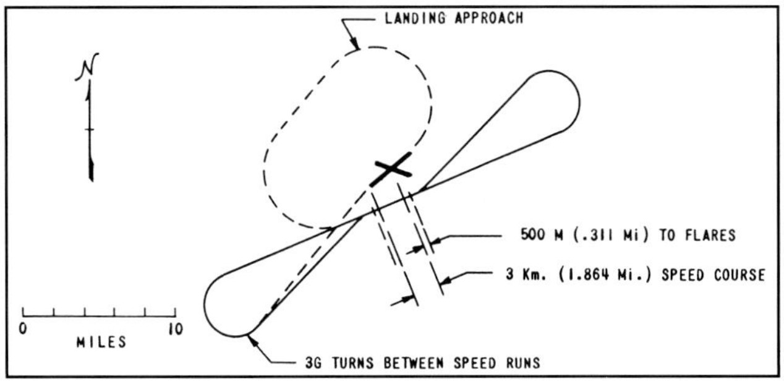

D-558-1-Meßstrecke, Muroc AAF

bei seinen vier in entgegengesetzten Richtungen absolvierten Flügen einen neuen Weltrekordschnitt von 1031 km/h zu erzielen. Schon beim allerersten Durchgang war er über 1051 km/h schnell gewesen. Die U.S. Navy war beglückt.
Wenn das an einem verhältnismäßig kühlen Tag mit 25 Grad Celsius so gut gelaufen war, warum es nicht an einem der typischen kalifornischen Sonnentage gleich noch einmal probieren? Da konnte man auch gleich den Triebwerksdrehzahlregler, der beim vorangegangenen Rekordflug um 115/min zu gering eingestellt war, nachjustieren. Und außerdem besaß das U.S. Marine Corps auch gute Piloten. Schon fünf Tage später, am 25. August, war es soweit: die Bodentemperatur betrug vertrauenerweckende 34,4 Grad Celsius. Dieselbe Maschine, übrigens die erste der drei gebauten, wurde also gegen Mittag für den Marine Corps Major Marion Carl startklar gemacht. Genau wie beim ersten Rekordflug hatte man auch diesmal wieder zwei, je 190 l fassende Kraftstofftanks an die Flügelspitzen montiert, die beim Anflug auf die eigentliche Rekordstrecke abgesprengt wurden. Schon 18 Minuten nach dem Start stand ein neuer Weltrekord fest: 1047 km/h. Jetzt hatte auch das U.S. Marine Corps ausreichend Grund zum Jubeln.

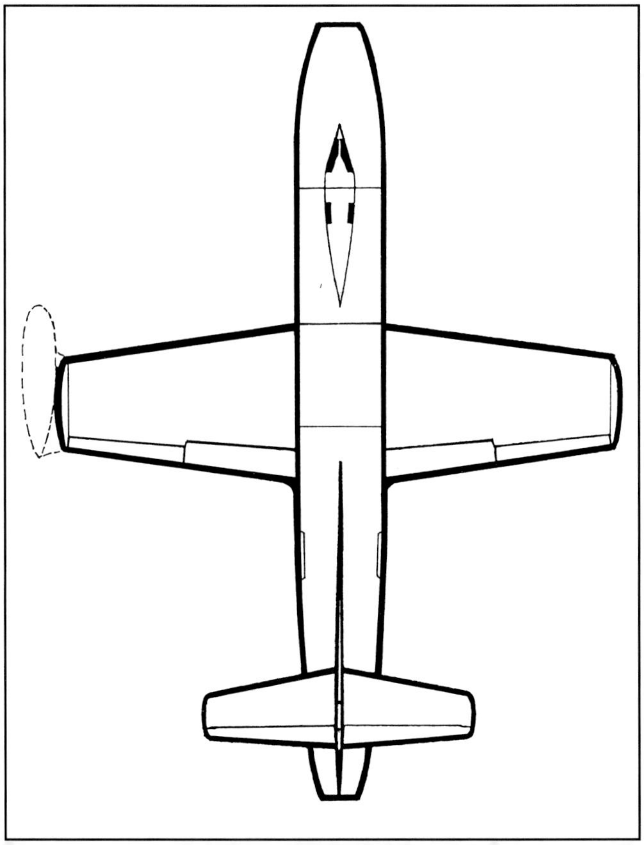

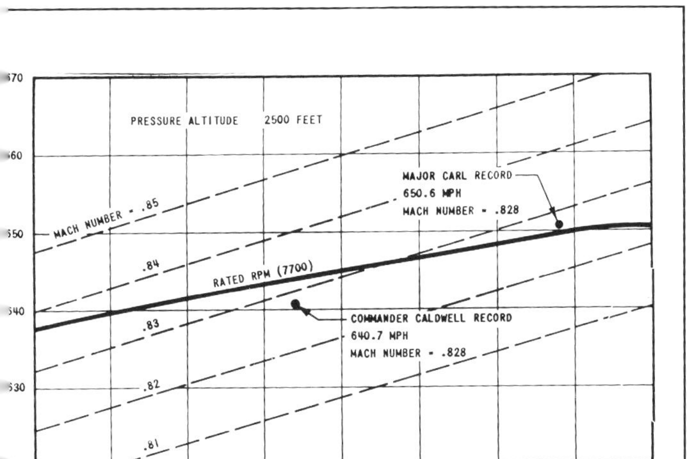

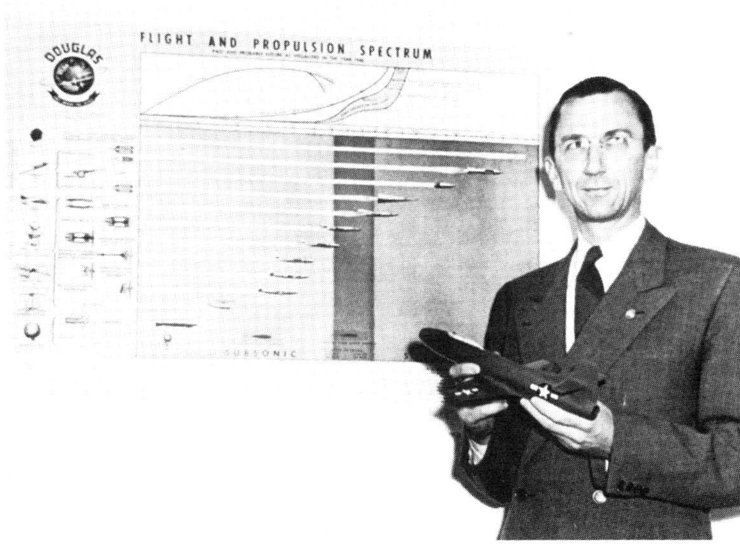

Temperaturtafel für „Skystreak"-Rekordflüge (oben)
Douglas D-558-1 „Skystreak" (links)

Douglas D-558-1 „Skystreak" (37970) (oben)
Edward Heinemann mit Modell der Douglas D-558-1

Miles M. 52

Daß man in Großbritannien etwas verhalten und nicht aus voller Kehle in die Jubelrufe einstimmte, hatte Gründe. Wäre nämlich alles so gelaufen wie geplant, dann hätte der britische Forschungseinsitzer Miles M. 52 als erster derartige Rekordgeschwindigkeiten erreicht, und zwar schon erheblich früher. Die Spezifikation E. 24/43 zu einem reinen Hochgeschwindigkeits-Forschungsflugzeug hatte man bereits Ende 1943 erstellt, und die Firma Miles Aircraft Ltd. mit dessen Konstruktion betraut. Es handelte sich um einen kleinen Ganzmetall-Mitteldecker mit geraden Flügeln und einziehbarem Bugradfahrwerk. Der Pilot befand sich halbliegend in der Rumpfspitze, vor dem ringförmigen Lufteinlaß des Radialtriebwerks Power Jets W.2/700. Die Rumpfspitze, die man notfalls absprengen konnte, war freigiebig verglast. In einem späteren Stadium hatte man für das Flugzeug sogar Geschwindigkeiten bis zu 1000 MPH (1610 km/h) geplant. Zuerst versah man aber ein Sportflugzeug vom Typ Miles M. 3B „Falcon Six" mit einer Sperrholzausführung des für die M. 52 vorgesehenen extrem dünnen Flügels. Man wollte das Flugzeug, das daraufhin prompt mit dem Spitznamen „Gillette Falcon" bedacht wurde, auf seine aerodynamischen Eigenschaften hin erforschen. Doch angesichts der nur kurze Zeit später erbeuteten deutschen Forschungsunterlagen, insbesondere auf dem Gebiet des Pfeilflügels, wuchsen auf offizieller britischer Seite die Zweifel am Sinn des Vorhabens. Man blies schließlich das ganze Projekt im Frühjahr 1946 ab. Lediglich eine Kleinserie von unbemannten, raketengetriebenen Miniausführungen der M. 52 im Maßstab 1:3,3, die von Trägerflugzeugen de Havilland „Mosquito" abgeworfen wurden, erprobte man von Oktober 1947 bis Oktober 1948, allerdings mit gemischtem Erfolg.

Doch was Weltrekorde insgesamt anbetraf, sah das Bild keineswegs so trübe für England aus. Schließlich befanden sich die beiden anderen prestigebringenden Geschwindigkeitsweltrekorde, der zu Lande und der zu Wasser, immer noch fest in britischer Hand. Letzterer war schon seit zehn Jahren „britisch". Zuletzt hatte ihn 1939 Sir Malcolm Campbell auf seinem Motorboot „Bluebird K4" mit 228 km/h errungen. Beim Automobilweltrekord reichte die britische Dominanz sogar bis ins Jahr 1929 zurück. Und gerade in diesen Tagen, nämlich am 16. September 1947, hatte der Brite John Cobb mit seinem zweimotorigen „Railton Mobil Special" erneut und mit über 634 km/h einen neuen „Land Speed Record" errungen. (36 Jahre später sollte ihn ein anderer Brite, Richard Noble, mit seinem strahlgetriebenen „Thrust 2" auf fast 1020 km/h steigern.) Doch so beeindruckend diese Rekordgeschwindigkeiten auch waren, ein Ereignis, das knapp vier Wochen später stattfand, sollte sie völlig in den Schatten stellen.

Am 14. Oktober 1947 trug eine umgebaute viermotorige Boeing B-29 „Superfortress" einen Versuchseinsitzer, den ein U. S. Air Force Captain steuerte, über dem Gebiet von Muroc auf 6000 m Höhe. Von den insgesamt vier Brennkammern des Raketentriebwerks wurden nach dem Ausklinken die ersten beiden gezündet. Diese brachten die kleine, orangefarbene Maschine auf eine Höhe von 12 000 m. Nach dem Übergang in den Horizontalflug und dem Hinzuschalten der dritten Brennkammer erreichte der Pilot nach wenigen Augenblicken eine Spitzengeschwindigkeit von 1127 km/h und — was viel wichtiger war — eine Machzahl von 1,06. Das bedeutete Schallgeschwindigkeit — oder griffiger ausgedrückt: „Durchbruch durch die Schallmauer"! Flugzeug und Pilot wurden mit einem Schlag weltberühmt: Bell X-1 und Charles „Chuck" Yeager.

Daß diese Bestleistung, so beeindruckend sie auch war, in keiner Weise den gestrengen FAI-Bestimmungen über Flughöhe, mehrfach zu durchfliegende Meßstrecke und Eigenstartfähigkeit des Rekordflugzeuges entsprach, kümmerte die Weltöffentlichkeit nur wenig. Für sie war ein neues Kapitel der Geschichte aufgeschlagen worden: das Überschallzeitalter hatte begonnen.

Miles M.52 (Modell) (oben) · Miles M.52 (Attrappe) (unten)

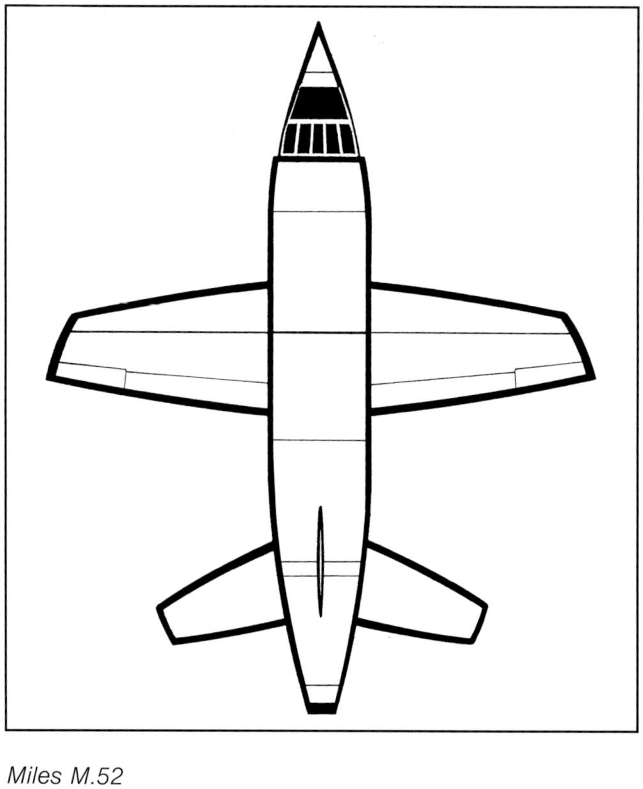

Miles M.52

Kapitel 2: 1947-1956 — Mit Pfeilflügeln über Mach 1 hinaus

Welche Gründe auch immer die — seit September 1947 endlich selbständige — U. S. Air Force bewogen haben mögen: sie erklärte — zunächst — den historischen Mach-1-Plus-Flug „Chuck" Yeagers als Geheimsache, wie schon sechs Jahre zuvor den auf ähnliche Weise zustande gekommenen 1000-km/h-Flug Heini Dittmars. Erst am 22. Dezember 1947 brachte das amerikanische Luftfahrtmagazin „Aviation Week" diese Sensationsmeldung. Höheren Orts war man wütend und erwog sogar, ein Verfahren wegen Geheimnisverrats einzuleiten. Doch da die orangefarbene „Katze" nun aus dem Sack war, besann man sich eines Besseren und stimmte auch offiziell in die Lobpreisung der amerikanischen Überlegenheit ein, getreu der Devise „If you can't lick 'em, join 'em" (in etwa: „Wirst du mit der Konkurrenz nicht fertig, werde ihr Partner").

Bell X-1 („Glamorous Glennis")

X-1

Die Vorgeschichte des ersten richtigen Überschallfluges ist schnell erzählt. Am 14. Oktober 1944 hatte die NACA zusammen mit der (damals noch) U. S. Army Air Force und der U. S. Navy mit dem Vorhaben begonnen, ein schallschnelles Versuchsflugzeug zu schaffen. In Fortsetzung dieses Projekts entschied sich die U. S. Navy zu einem relativ konservativen Vorgehen. Sie beauftragte die Firma Douglas mit der Konstruktion dreier strahlgetriebener Unterschallmaschinen D-558-1. Erst später wollte man stufenweise auf reinen Raketenantrieb übergehen. Die Army Air Force hingegen setzte von vornherein entschlossen auf den Raketenantrieb. Zu diesem Zeitpunkt — der 2. Weltkrieg näherte sich seinem Höhepunkt — waren praktisch alle amerikanischen Flugzeugfirmen mit Großaufträgen völlig eingedeckt. Doch die relativ kleine und bewegliche Firma Bell erklärte sich bereit, die Konstruktion und den Bau dieser Kleinserie von drei Exemplaren des Sonderflugzeuges „Projekt MX-524" zu übernehmen. Zunächst führte dieses die Bezeichnung XS-1 (Experimental, Supersonic), aber Ende 1947 wurde sie auf X-1 verkürzt.

Bei der Wahl einer für die angestrebte Überschallgeschwindigkeit geeigneten Rumpfform gingen die Bell-Konstrukteure Robert Wood und Robert Stanley ganz pragmatisch vor. Die Form eines erwiesenermaßen überschallschnellen Körpers wurde geometrisch auf das Einhundertzehnfache vergrößert: ein Geschoß des Kalibers 12,7 mm ... Die geraden Trapezflügel des ansonsten in konventioneller Schalenbauweise konstruierten Mitteldeckers wiesen eine Profildicke von acht Prozent auf. In Anbetracht der voraussehbar hohen Beanspruchungen hatte man die ganze Zelle auf eine Belastung von nicht weniger als + 18 g ausgelegt. Das einziehbare Bugradfahrwerk diente (mit einer einzigen Ausnahme) nur zur Landung, da der Start wegen der nur fünf Minuten währenden Antriebsphase von einem entsprechend umgebauten Trägerflugzeug aus erfolgte. Das in der Heckspitze befindliche Raketentriebwerk Reaction Motors 6000C4 (XLR11-RM-3) besaß vier parallel angeordnete Brennkammern mit einem kombinierten Schub von 2720 kp. Äthylalkohol diente als Brennstoff und Flüssigsauerstoff als Oxidator. Der in der Rumpfspitze sitzende Pilot besaß keinen Schleudersitz, weil man der Ansicht war, der hätte bei den zu erwartenden hohen Geschwindigkeiten sowieso keinen Zweck und sei außerdem zu schwer.

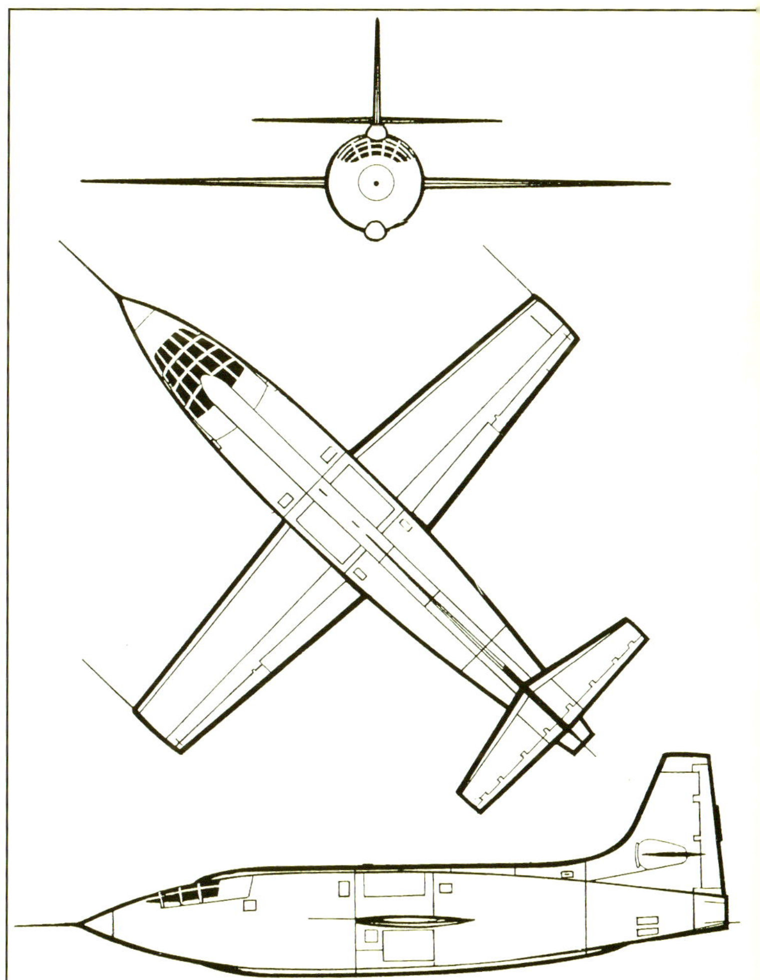

Bell X-1

Die Bell-Werkspiloten Jack Woolams und Chalmers Goodlin führten im Dezember 1946 und im April 1947, vom Muroc AAF aus, die ersten Raketenflüge der ersten beiden Exemplare der XS-1 durch. Das dritte Exemplar folgte erst einige Jahre später. Im Herbst 1947 übernahmen vertragsgemäß USAAF-Piloten die weitere Erprobung, in erster Linie Captain Yeager. Am 12. September erreichte er 991 km/h, was in dieser großen Höhe einer Machzahl von M 0,92 entsprach; am 8. Oktober in 12 km Höhe 998 km/h gleich M 0,925; am 10. Oktober in 12,5 km Höhe 1075 km/h gleich M 0,997 und am 14. Oktober schließlich in 13,7 km Höhe 1127 km/h gleich M 1,06. Das war der erste bemannte Überschallflug. Am 6. November kam Yeager mit der Maschine, die zu Ehren von Mrs. Yeager den Namen „Glamorous Glennis" trug, in 14,8 km Höhe auf 1456 km/h, also M 1,35. Und am 23. März 1948 erreichte er schließlich die höchste mit der X-1 je erflogene Geschwindigkeit von 1540 km/h, erzielt in einer Höhe von 15,2 km, was einer Machzahl von 1,45 entsprach.
So beeindruckend und schlagzeilenträchtig diese Flüge auch waren — mit den von der FAI aufgestellten Rekordregeln hatten sie nicht das geringste zu tun: kein Eigenstart, kein viermaliges Durchfliegen einer 3-km-Meßstrecke in Bodennähe! Tatsächlich wurde von der XS-1 (bzw. X-1) nur ein einziger Bodenstart mit Raketenantrieb durchgeführt, nämlich am 5. Januar 1949. Doch dieser diente lediglich der Befriedigung „offizieller" Neugier. Auch die in den folgenden Jahren auf ähnliche Weise erzielten Supergeschwindigkeiten amerikanischer Raketenflugzeuge entzogen sich aus diesen Gründen der offiziellen Anerkennung als Weltrekorde.

F-86A „Sabre"

Doch weder die Air Force noch die Navy waren gewillt, ihre offiziellen Weltrekorde durch diese spektakulären Leistungen schmälern zu lassen. Besonders die Navy war darauf bedacht, daß ihre Düsenjäger gegenüber denen der Air Force nicht ins Hintertreffen gerieten. Nachdem sie schon früher die Firmen McDonnell und Vought mit der Konstruktion von Träger-Jagdflugzeugen beauftragt hatte, reagierte sie sofort, als die Firma North American Ende 1944 ihren Entwurf NA-134 vorlegte. Sie bestellte am 27. Dezember 1944 drei Prototypen unter der Bezeichnung XFJ-1. Dem folgte schon im Mai des nächsten Jahres ein Serienauftrag von über 100 Maschinen. Auch die Army Air Force zeigte großes Interesse an einer landgestützten Variante NA-140 dieses bulligen, einstrahligen Tiefdeckers mit geraden Flügeln. Sie gab im selben Monat drei Versuchsexemplare unter der Bezeichnung XP-86 in Auftrag — mit der Verheißung großer Folgeaufträge. Bei North American schien man weiterhin auf der Erfolgswoge zu schwimmen. Doch dann kam es ganz anders. Die Kapitulation Japans im September 1945, und damit das endgültige Ende des 2. Weltkriegs hatten zur Folge, daß praktisch alle von der Army und der Navy plazierten Großserienaufträge buchstäblich über Nacht storniert wurden. Im Falle North American bedeutete dies beispielsweise, daß von 8000 festen Aufträgen ganze 24 übrig blieben. Von 85 000 Mitarbeitern im Jahre 1943 waren im Frühjahr 1946 noch 5000 beschäftigt. Zu allem Überfluß hatten Windkanalversuche ergeben, daß die XP-86 mit geraden Flügeln, die die USAAF im Juni 1946 gebilligt hatte, keineswegs die ursprünglich anvisierten 600 mph (965 km/h) erreichen würde. Als dann auch noch die Navy ihren FJ-1-Auftrag von 100 auf 30

North American F-86A-1 „Sabre" (47611)

Maschinen kürzte, waren drastische Maßnahmen erforderlich, um überhaupt im Geschäft zu bleiben.
Der Aerodynamiker Larry Greene war es, der aufgrund erster Auswertungen deutscher Forschungsunterlagen, die man bei Kriegsende erbeutet hatte, die eindeutige Überlegenheit von Pfeilflügeln im hohen Unterschallbereich erkannte. Er brachte Chef-Aerodynamiker Ed Horkey dazu, dies anhand kleiner Windkanalmodelle nachzuprüfen. Die Ergebnisse waren so überzeugend, daß Chefingenieur Ray Rice überredet werden konnte, diese Erfahrungen in eine umkonstruierte XP-86 einfließen zu lassen. Die Navy lehnte die von North American gleichermaßen vorgeschlagene Umkonstruktion der FJ-1 auf Pfeilflügel ab, da der Bau der drei Prototypen schon zu weit fortgeschritten war. Darüber hinaus betrachtete sie die Eignung von Pfeilflügeln beim Einsatz von Flugzeugträgern aus zunächst noch mit Skepsis. Die Air Force hingegen erklärte sich im September 1945 mit dem Vorschlag einverstanden, die bestellte XP-86 entsprechend umzukonstruieren, auch wenn dies einige Zeit in Anspruch nehmen würde. Es sollte sich auszahlen.
Dem Entwurfsteam von North American Aviation gehörten neben Vizepräsident James Atwood und Raymond Rice auch Ed Schmued an, die Leute, die schon die legendären P-51 „Mustang" des 2. Weltkriegs geschaffen hatten. Die Tragflügel des erheblich schlankeren Neuentwurfs NA-140 wiesen nunmehr das Profil der Me 262 und, genau wie die Leitwerksflächen, eine Pfeilung von 37 Grad auf. Chefpilot George Welch führte den Erstflug der XP-86 „Sabre" am 1. Oktober 1947 durch. Ein halbes Jahr später, nämlich am 26. April 1948, gelang es ihm mit derselben Maschine, die Schallgeschwindigkeit zu erreichen, wenn auch im Bahnneigungsflug, doch als allererstem Einsatzflugzeug der Welt. Nur drei Wochen später startete schon das erste Serienexemplar der F-86A-1 „Sabre" zum Erstflug. Die bisherige Gattungsbezeichnung P = Pursuit war inzwischen im Zuge einer Aktualisierung in F = Fighter geändert worden. An die Stelle des 1700 kp starken Axialtriebwerks J35-C-3 des Prototyps war jetzt das mit 2840 kp erheblich schubstärkere Triebwerk J47-GE-1 getreten. Es verlieh dem neuen Jagdeinsitzer eine in amtlichen Probeflügen gemessene Höchstgeschwindigkeit von 1090 km/h in Bodennähe. Das waren über 40 km/h mehr als der Weltrekord. Kein Wunder also, daß die „Sabre" zum Klassiker wurde.
Die Air Force brannte verständlicherweise darauf, der Navy den Geschwindigkeitsrekord vom August des Vorjahres wieder abzujagen, und man beschloß voller Optimismus, dieses Unternehmen so werbewirksam wie möglich in Szene zu setzen. Das sollte während der traditionell in jedem Herbst in Cleveland, Ohio, veranstalteten National Air Races geschehen. Dort hatte das Kunstflugteam der Navy bislang der Air Force die Schau gestohlen. Vor 80 000 Zuschauern — andere Quellen sprechen von 125 000 — wurde also dort am 5. September 1948 ein offizieller Angriff auf den Weltrekord unternommen, und zwar mit dem voll ausgerüsteten und bewaffneten vierten Serienexemplar der „Sabre". Nach einigen vorher durchgeführten Kalibrierungsflügen jagte der USAF-Major Richard Johnson insgesamt sechsmal über die 3-km-Meßstrecke — doch leider umsonst. Man hatte nicht mit „Murphy's Law" gerechnet. Erst versagten die Meßkameras, so daß nur drei statt der erforderlichen vier zusammenhängenden Durchgänge gemessen werden konnten. Dann löste eine FJ-1 der

North American F-86A-1 „Sabre"

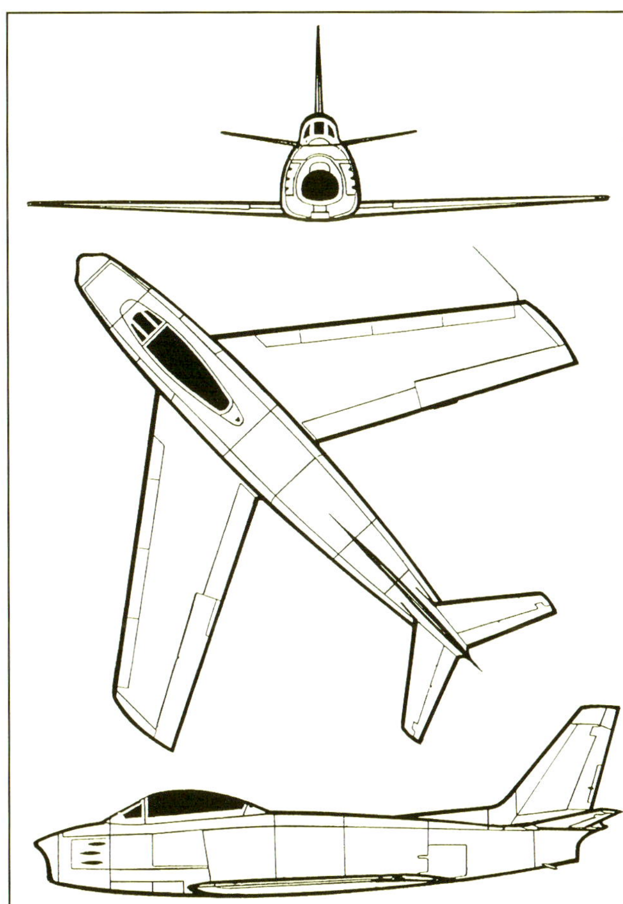

Navy, die gerade das Bendix Transcontinental Race beendete, irrtümlich die Zeitnahme aus. Und zuguterletzt verfälschte ein versehentlich dazwischengeratenes Sportflugzeug die Ergebnisse. Doch hatte es für den beabsichtigten Propagandaeffekt ausgereicht: der Schnitt aus den gemessenen drei Durchgängen ergab beeindruckende 1077,424 km/h. Eine für den folgenden Tag geplante Wiederholung des Unternehmens Weltrekord mußte wegen übermäßiger Turbulenzen abgesagt werden. Daraufhin beschloß man amtlicherseits, sicherheitshalber nach Muroc in Kalifornien umzuziehen. Zehn Tage nach seinem Mißerfolg konnte Major Johnson dann doch noch triumphieren — trotz der für dortige Verhältnisse bescheidenen 21 Grad Celsius am angesetzten 15. September. Mit einer anderen Maschine, dem siebten Serienexemplar der F-86A-1, durchflog er die Strecke die erforderlichen vier Male mit Geschwindigkeiten zwischen 1078 und 1083 km/h. Das ergab einen offiziellen Weltrekordschnitt von 1079,600 km/h — er war also 20 Meilen schneller als die Navy gewesen.

Jakowlew, Lawotschkin, Mikojan, Suchoj

Es mag ein wenig befremdlich erscheinen, daß man bei der U.S. Air Force damals die U.S. Navy als Hauptkonkurrenten ansah und nicht etwa die Sowjetunion. Doch diese Ansicht entsprach weitgehend den tatsächlichen Verhältnissen. Auf dem Gebiet des Hochgeschwindigkeitsfluges herrschte in der UdSSR in den ersten Jahren nach dem 2. Weltkrieg ein ziemlicher Nachholbedarf. Zwar hatte schon Anfang 1944 das Staatskomitee für die Verteidigung (GKO) „die Genossen Jakowlew, Lawotschkin, Mikojan und Suchoj mit der Konstruktion von reaktionsgetriebenen Flugzeugen beauftragt". Da aber den Jägerkonstrukteuren zu diesem Zeitpunkt noch keine einsatzfähigen Strahlturbinen zur Verfügung standen, behalf man sich zunächst mit Übergangslösungen in Form von Zusatzantrieben für Jagdeinsitzer mit Kolbenmotor. Bei Jakowlew und Lawotschkin waren dies im Rumpfheck bewährter Jagdeinsitzer installierte Raketentriebwerke (Jak-7RD, La-7R, -120R) oder unter den Tragflügeln montierte Staustrahltriebwerke (La-7PU, -7S, -126PWRD, -138, -9WRD). Die Konstruktionsbüros (OKB) von Mikojan (I-250) und Suchoj (I-107) hingegen verwendeten sogenannte „Cholschtschewnikow-Beschleuniger". Das waren eine Art Nachbrenner in Verbindung mit ihrem Kolbentriebwerk Klimow WK-107. Einzig der

Jakowlew Jak-17

Mikojan-Gurjewitsch I-270

Lawotschkin La-15

Mikojan-Gurjewitsch I-300 (MiG-9)

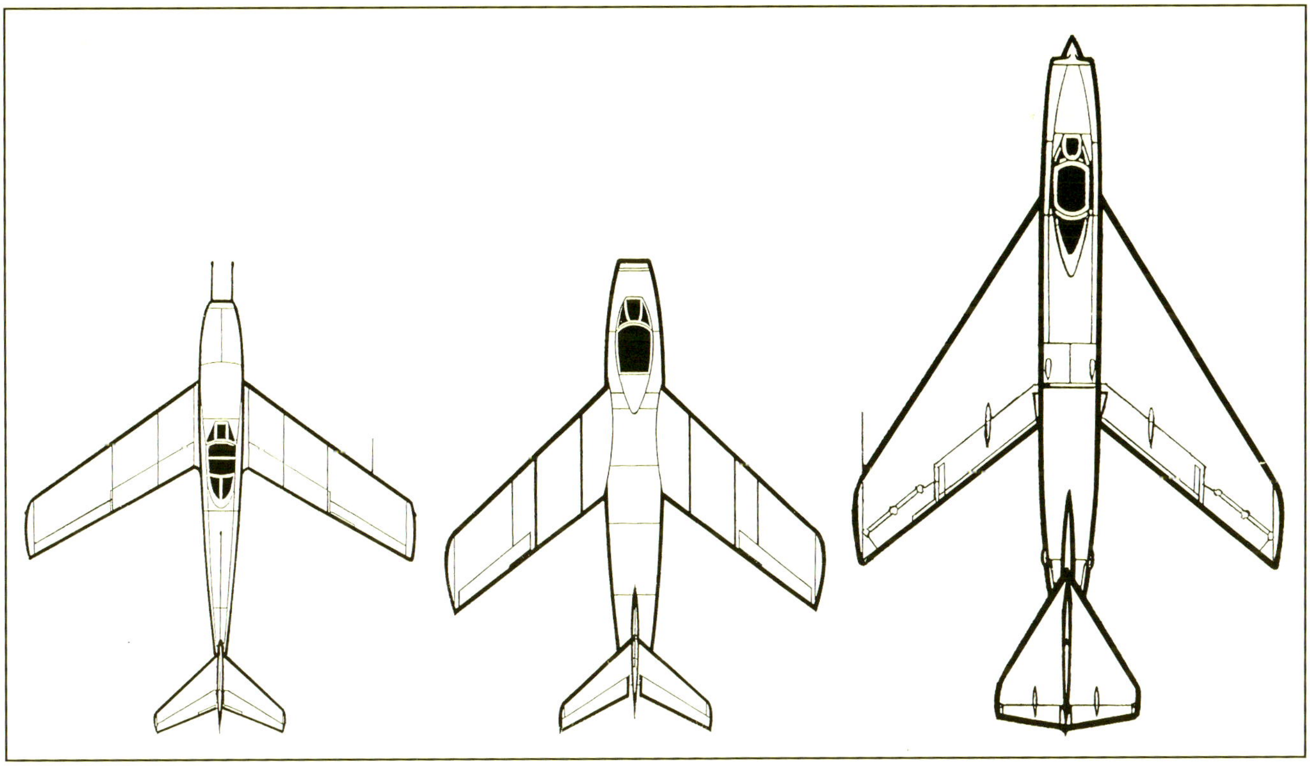

Lawotschkin La-160 (l.), La-176 (m.), La-190 (r.)

Suchoj „R“ (Su-17)

Mikojan-Gurjewitsch MiG-15

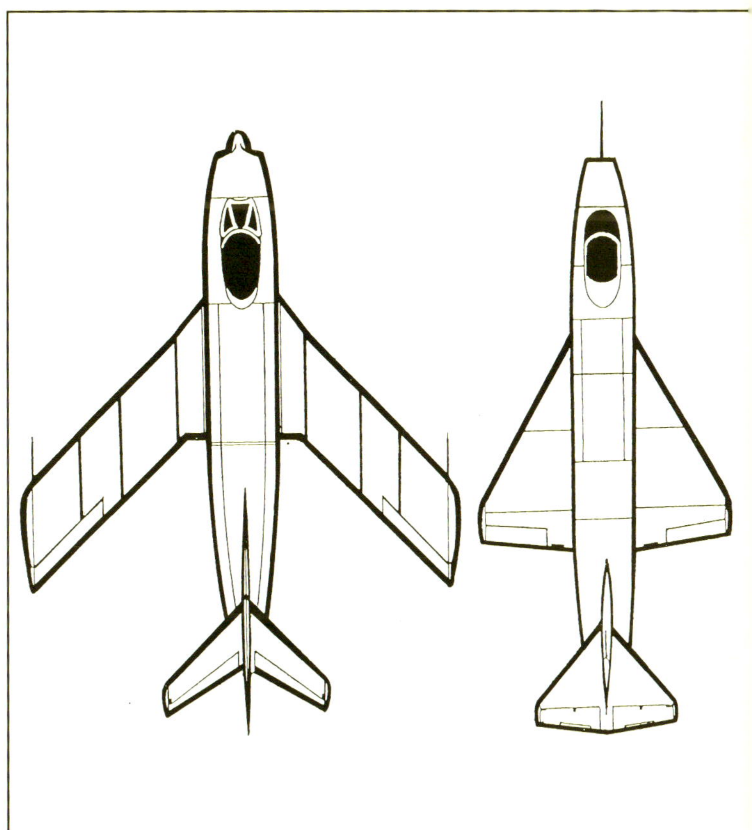

Jakowlew Jak-50 (l.), Jak-1000 (r.)

Mikojan-Entwurf kam über das Prototypen-Stadium hinaus. Aber er wurde nur in einer dreizehn Maschinen umfassenden Kleinserie unter der Bezeichnung MiG-13 gebaut und bis 1948 als landgestützter Abfangjäger der Baltischen Flotte in Riga eingesetzt. Die Entwicklung der reinen Strahlflugzeuge hatte diese Übergangslösungen inzwischen überholt.
Dieselben vier OKBs erhielten deswegen im Februar 1945 erneute Entwicklungsaufträge für „echte" Düsenjäger, wobei Jakowlew und Lawotschkin einstrahlige Maschinen entwickeln sollten, Mikojan und Suchoj dagegen zweistrahlige. In Ermangelung eigener Strahltriebwerke griffen deshalb alle beteiligten OKBs auf die in größerer Anzahl erbeuteten deutschen Axialturbinen BMW 003 und Jumo 004 zurück. Deren Nachbau in der UdSSR bereiteten sie unter den Bezeichnungen RD-10 (004) und RD-20 (003) vor. Jakowlew (Jak-15), Lawotschkin (La-150) und Suchoj (Su-9) wählten das mit 900 kp schubstärkere Triebwerk Jumo 004 (RD-10), während man sich bei Mikojan (I-300/MiG-9) für den Einbau zweier 800 kp starker BMW 003 (RD-20) entschied. Alle vier Konstruktionen wiesen gerade Tragflügel geringer Profildicke auf. Aus Mangel an Erfahrung sah man von der Verwendung von Pfeilflügeln zunächst ab — genau wie in den USA.
Alexander Jakowlew entschied sich für die schnellste und pragmatischste Lösung, die innerhalb von drei Tagen ausgearbeitet wurde: Umbau des bewährten Jagdeinsitzers Jak-3 auf Strahlantrieb durch einfachen Austausch des Zwölfzylindermotors Klimow WK-107 gegen ein Axialtriebwerk Jumo 004 bzw. RD-10 mit Lufteinlaß in der Rumpfspitze und Schubdüse unter dem Rumpf. Sogar das gewohnte Zweiradfahrwerk wurde beibehalten; lediglich das im Abgasstrahl liegende Spornrad bestand jetzt ganz aus Stahl. Obwohl der Prototyp schon Anfang Oktober 1945 fertiggestellt worden war und man sofort mit der Bodenerprobung begann, verzögerte sich der Erstflug seltsamerweise bis zum Frühjahr 1946. Wie der Zufall so spielt, war zu diesem Zeitpunkt die Mikojan-Konstruktion I-300 gerade fertig geworden: ein relativ konventioneller Mitteldecker mit Bugradfahrwerk, dessen beide Triebwerke BMW 003 bzw. RD-20 unmittelbar nebeneinander unten im Rumpfmittelstück angeordnet waren. Am 24. April 1946 erfolgte der Erstflug beider Maschinen, zuerst — um 11.12 Uhr — die I-300, dann — um 13.56 Uhr — die Jak-15. Artjom Mikojan und Michail Gurjewitsch schienen die besseren Karten zu haben ...
Beide Maschinen gingen in Serie. Dabei versah man die Jak-15, die zunächst in 280 Exemplaren gebaut wurde, später ebenfalls mit einem Bugradfahrwerk und stellte sie als Jak-17 weitere 430mal her. Die I-300 bekam die offizielle Bezeichnung MiG-9 und wurde in rund 1000 Exemplaren gefertigt. Bei den beiden anderen Konstruktionen dauerte es mit der Fertigstellung etwas länger. Bei der einstrahligen La-150 aus Semjon Lawotschkins OKB handelte es sich ebenfalls um eine Neukonstruktion, die sich aber in ihrer „Pod-and-Boom"-Konfiguration, — kurzer Zentralrumpf und relativ schlanker Leitwerksträger —, schon etwas an deutsche Entwürfe anlehnte. Letzteres war auch bei Pavel Suchojs Su-9 der Fall; ihre Verwandtschaft mit der Me 262 war offenkundig. Obwohl diese Prototypen erst ein halbes Jahr später erschienen, waren sie leistungsmäßig der 910 km/h schnellen MiG-9 um mehr als 100 km/h unterlegen. Doch auch deren Leistung reichte bei weitem nicht an die vergleichbarer westlicher Düsenjäger der ersten Generation heran.
Parallel zur forcierten Entwicklung einsatzreifer Turbinenstrahlflugzeuge wurden auch die schon früher begonnenen Arbeiten an raketengetriebenen Abfangjägern fortgeführt, allerdings ohne großen Erfolg. Es kam bestenfalls zum Bau einiger weniger Versuchsexemplare, deren Leistungen den hochgesteckten Erwartungen in keinem Fall entsprachen. Auch hier machte man sich auf sowjetischer Seite deutsche Erfahrungen zunutze — zumindest in gewissem Umfang. So lehnte man sich bei dem vom OKB MiG 1946 in zwei Exemplaren gebauten Raketenjäger I-270 zwar weitgehend an die Me 263/Ju 248 an. Aber anstelle der ursprünglich vorgesehenen, um 20 bis 25 Grad gepfeilten Tragflächen entschied man sich dann doch sicherheitshalber für einen ungepfeilten Trapezflügel sowie für ein zusätzliches, T-förmiges Höhenleitwerk. Als Antriebsquelle diente ein von den Raketenexperten L. S. Duschkin und W. P. Gluschko gemeinsam geschaffenes Zweikammer-Flüssigkeitstriebwerk RD-2M-3W mit insgesamt 1450 kp Schub (1050 + 400). Beide gebauten Maschinen gingen allerdings im Jahre 1947 bei Landeunfällen zu Bruch, worauf man die weitere Entwicklung bemannter Raketenflugzeuge größtenteils einstellte. Statt dessen konzentrierten sich die sowjetischen Raketenkonstrukteure auf die Schaffung ballistischer und daraus abgeleiteter Trägerraketen. Bekanntlich hatten sie damit erheblich größeren Erfolg. Doch geschah dies mit einem ungeheuren Aufwand, der schließlich zum wirtschaftlichen Zusammenbruch der UdSSR maßgeblich beitrug.
Der sowjetischen Strahltriebwerkentwicklung wurde im Jahre 1947 eine große Hilfe von unerwarteter Seite zuteil. Der sowjetischen Handelskommission gelang es, von der britischen Regierung dreißig Radialtriebwerke des Typs Rolls-Royce „Derwent" und fünfundzwanzig des Typs Rolls-Royce „Nene" zu erwerben. Sie wurden auch prompt in den Jahren 1947 und 1948 geliefert. Diese Triebwerke waren erheblich schubstärker als die deutschen, und ein Teil von ihnen wurde sofort in eine Reihe von Prototypen eingebaut. Andere nahm man auseinander und fertigte entsprechende Zeichnungen davon an, um sie in großen Mengen unter den Bezeichnungen RD-45 (Nene) und RD-500 (Derwent) selbst herstellen zu können. Das Programm wurde in erstaunlich kurzer Zeit durchgeführt, denn die ersten Serienflugzeuge flogen damit schon im Jahre 1948. Das RD-45 wurde später vom führenden Flugmotorenfachmann Wladimir Klimow zum WK-1 weiterentwickelt. Es galt eine geraume Weile als eine Art Standardtriebwerk sowjetischer Jagd- und Bombenflugzeuge.
Auf dem Gebiete des Hochgeschwindigkeitsflugs war zu jener Zeit das OKB Lawotschkin besonders aktiv. Aus der etwas schwächlichen La-150 wurde in Stufen — über die La-150M, -150F, -152, -154 und -156 — die La-160 entwickelt; wiederum dank angewandter deutscher Forschungsergebnisse. Es war das erste sowjetische Strahlflugzeug mit Pfeilflügeln, das erstmalig in der UdSSR die 1000-km/h-Grenze überwand. Im September 1947, also nur ein paar Wochen nach den Weltrekordflügen der amerikanischen Douglas D-558-1 „Skystreak", konnte der Versuchspilot I. E. Fjodorow mit der La-160 exakt dieselben 1050 km/h erreichen; allerdings nur im Bahnneigungsflug und in einer Höhe von 5700 m, was einer Machzahl von 0,92 entsprach. Zur gleichen Zeit begannen bei Lawotschkin die Arbeiten an einer anderen Entwicklungsreihe: einem gepfeilten Schulterdecker, dessen Schubdüse im Gegensatz zur vorangegangenen Reihe La-150/-160 im Rumpfheck angeordnet war. Beginnend mit der La-168 führte sie über die La-174 (alias La-15) zur La-176 und schließlich zur La-180 (alias La-15UTI). Obwohl die Flugleistungen dieser Muster über denen des inzwischen vom konkurrierenden OKB Mikojan konstruierten Pfeilflügel-Mitteldeckers „S" (I-310) lagen, blieb es bei für damalige sowjetische Verhältnisse begrenzten Stückzahlen. Die Großserienfertigung der letztgenannten Maschine war inzwischen unter der Truppenbezeichnung MiG-15 angelaufen. Wiederum schien man bei Mikojan-Gurjewitsch die Karten besser gemischt zu haben. Dabei erwiesen sich die Lawotschkin-Prototypen als äußerst schnell, denn bei einigen über dem Schwarzen Meer durchgeführten Bahnneigungsflügen kam die La-168 im Oktober

1948 auf 1084 km/h in 2750 m Höhe (Mach 0,98), und die La-176 kam zwei Monate später auf 1105 km/h in 7000 m Höhe. Letztere ging allerdings, mit dem Piloten Oleg W. Sokolowski am Steuer, schon im Februar 1949 durch Leitwerksbruch verloren. Der einige Zeit danach entstandene schwere Allwetterjäger La-190 erreichte sogar 1190 km/h in 5000 m Höhe, also Mach 1,03. Damit war er das erste echte Überschalljagdflugzeug der Welt. Eine ganze Reihe von Schwierigkeiten, insbesondere mit dem Ljulka-Triebwerk AL-5, führte aber zum vorzeitigen Abbruch der Erprobung.
Doch auch anderer OKBs gerieten zu dieser Zeit zugunsten des OKB MiG ins Hintertreffen. Alexander Jakowlew hatte mit seinen einstrahligen Jäger-Prototypen Jak-19, -25, -30 und -50 auch nicht mehr Glück, obwohl der letztgenannte Einsitzer mit um 45 Grad gepfeilten Tragflügeln im März 1950 erstaunliche 1170 km/h in Bodennähe erreichte. Die angelaufene MiG-15-Fertigungswelle war nicht mehr zu stoppen. Jak-1000, ein im darauffolgenden Jahr produzierter Versuchsjagdeinsitzer mit kurzen Deltaflügeln, wies eine gewisse Ähnlichkeit mit der Douglas „Skystreak" auf und war für Geschwindigkeiten bis 2000 km/h ausgelegt. Er erwies sich jedoch schon bei der Bodenerprobung als derart instabil, daß man auf jegliche Flugerprobung verzichtete. Der überschallschnelle Jagdeinsitzer „R" (Su-17), der eine Flügelpfeilung von 50 Grad und sogar ein mit dem Cockpit abscherbares Rumpfvorderteil aufwies, war im OKB Pavel Suchojs entstanden. Er wurde im Sommer 1949, kurz vor dem bereits angesetzten Erstflug, wegen ungenügender Flügelfestigkeit verschrottet. Das OKB wurde aufgelöst. Beim erheblich erfolgreicheren OKB Mikojan hingegen befand sich inzwischen schon ein Nachfolger der MiG-15 in Erprobung, die mittlerweile in nicht weniger als neun Flugzeugwerken vom Band lief. Bei seiner Konstruktion fanden auch die ersten Einsatzerfahrungen aus Korea Berücksichtigung. Mit dem Prototyp SI-2, der wegen seiner stärkeren Flügelpfeilung anfänglich auch als MiG-15bis 45 Grad bezeichnet wurde, erreichte Werkspilot Iwaschtschenko am 1. Februar 1950 beachtliche 1114 km/h in 2000 m Höhe. Leider kam er nur sieben Wochen später beim Absturz der Maschine ums Leben. Nach dem Bau und der eingehenden Erprobung weiterer Versuchsmuster wurde das Flugzeug im September 1951 unter der Truppenbezeichnung MiG-17 zum Großserienbau in sechs Werken bestimmt. Eine überschallschnelle Weiterentwicklung „M" (I-350) flog zwar im Juni 1951 erstmals, wurde aber wegen Triebwerkschwierigkeiten — wieder war es Ljulkas AL-5 — nach nur sieben Erprobungsflügen aufgegeben.

Mikojan-Gurjewitsch SI-2 (MiG-17) (oben+unten)

DFS/Beresnjak „346"

Zwei andere, zur gleichen Zeit in Angriff genommene Versuchsprogramme widmeten sich der Entwicklung von überschallschnellen Raketenflugzeugen. Das erste betraf die Realisierung des ehemaligen deutschen Projekts DFS 346, eines Entwurfs des Konstrukteurs Felix Kracht für Geschwindigkeiten von Mach 2+. Die Vorbereitungen zum Bau dieses Versuchsflugzeugs waren noch im Frühjahr 1945 bei der Firma Siebel in Halle angelaufen und wurden dort nach dem Einmarsch sowjetischer Truppen sogar weitergeführt. Im Herbst 1946 allerdings wanderten alle deutschen Flugzeug- und Raketenspezialisten in die UdSSR. Im Falle der Firmen Junkers und Siebel hieß der Bestimmungsort Podberesje, östlich von Moskau. Die beiden dort mit ihnen gebildeten Konstruktionsteams waren dem sowjetischen Konstrukteur Semjon Alexejew unterstellt. Während sich das vom Junkers-Konstrukteur Brunolf Baade geleitete OKB-1 mit der Weiterentwicklung ausgewählter Junkers-Projekte widmete, bestand die Aufgabe des OKB 2 in der Weiterführung der Arbeiten an der Mach-2-DFS 346. Das OKB 2 wurde geleitet vom Siebel-Konstrukteur Hans Rössing und seinem sowjetischen Stellvertreter Alexander Beresnjak, dem Schöpfer des ersten Raketenjägers BI im Jahre 1942.

Das erste dort fertiggestellte Exemplar dieses Ganzmetall-Mitteldeckers, dessen um 45 Grad gepfeilter Flügel eine relative Dicke von 12 Prozent besaß, wurde noch im Herbst 1946 im berühmten Unterschall-Windkanal T-101 des Zentralen Aero- und Hydrodynamischen Instituts ZAGI untersucht. Dabei versah man die Flügeloberseiten zwecks verbesserter Längsstabilität bei hohen Anstellwinkeln mit Grenzschichtzäunen. Das Flugzeug hätte im übrigen durchaus Modell stehen können für die zur gleichen Zeit konstruierte amerikanische Douglas D-558-2 „Skyrocket“. Allerdings war beim „Samoljot 346“ der Pilot im Rumpfbug liegend untergebracht,

DFS/Beresnjak „346D“ unter Boeing B-29

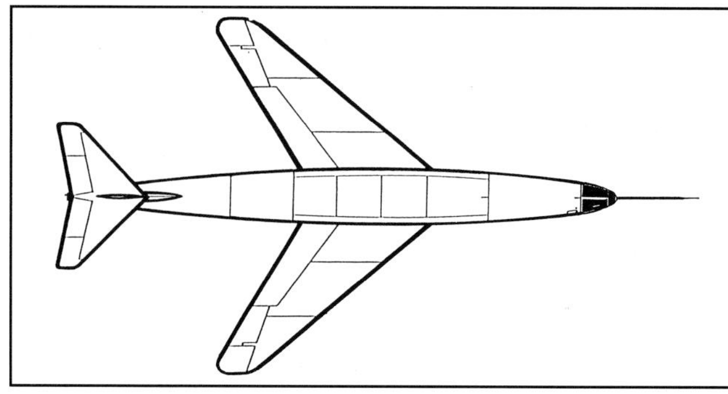

DFS/Beresnjak „346D“

DFS/Beresnjak „346D“

wobei sich im Notfall der ganze Bug mit der Liege des Piloten absprengen ließ. Das erste Exemplar, die „346P“ (P = Planer, d.h. Gleiter), auch als „346A“ bezeichnet, nahm 1948 vom Versuchsflugplatz Tjoplji Stan aus die Flugerprobung auf, anfänglich im Schlepp hinter einer übernommenen Junkers Ju 388. Sie wurde von dem gleichfalls „eingeladenen“ deutschen Flugkapitän Wolfgang Ziese gesteuert. Später allerdings folgte man bewährten amerikanischen Praktiken.

Man hängte die Maschine unter den Steuerbordflügel eines viermotorigen Trägerflugzeugs, zwischen die beiden Motoren,

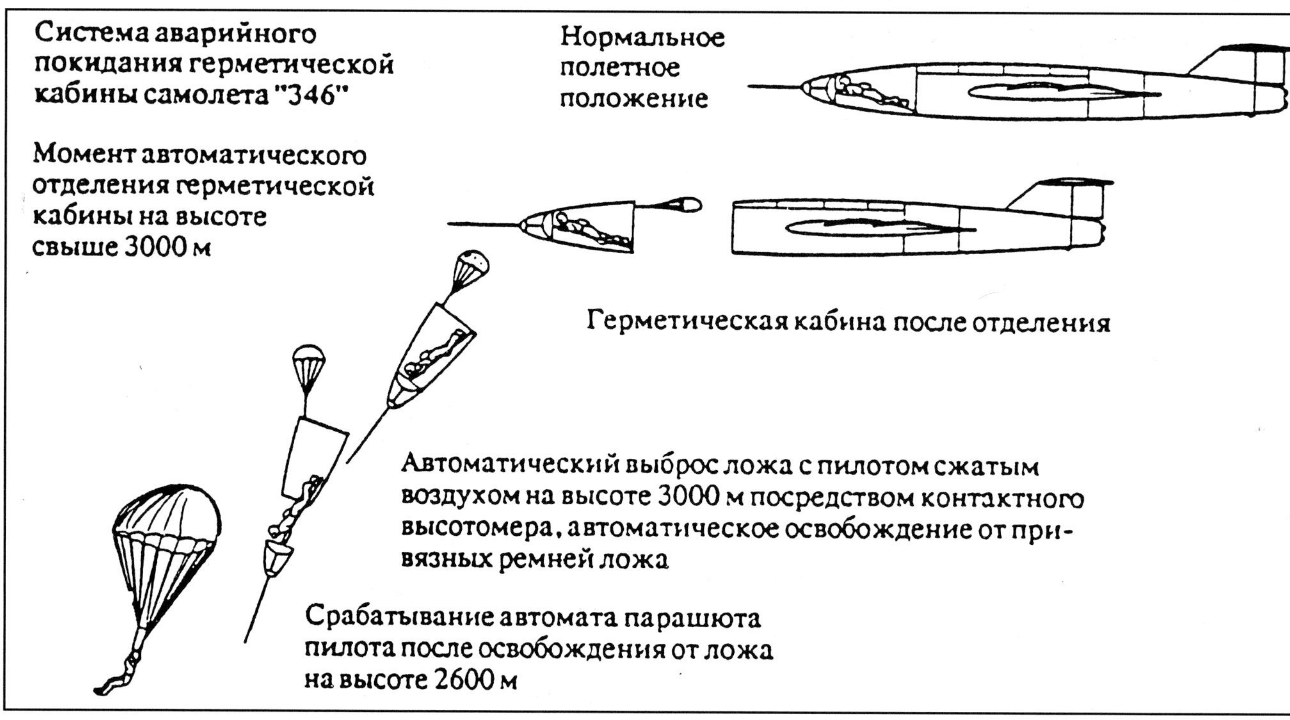

DFS/Beresnjak „346D“ — Kabinenabwurf

um es dann in größeren Höhen abzuwerfen. Sogar das Trägerflugzeug war (fast) dasselbe: eine der drei amerikanischen Boeing B-29, die nach Notlandungen von der UdSSR einbehalten worden waren und dann als „unfreiwillige" Musterexemplare für die nachgebaute Tupolew Tu-4 dienten. Die auf Fotos erkennbare sowjetische Nummer lautete 230503. Die Landung des als „Experimentalnij Samoljot-Laboratorija" bezeichneten Versuchsflugzeugs erfolgte auf einer breiten, ausfahrbaren Zentralkufe, doch gab es einige Schwierigkeiten.
Das zweite Exemplar „346D" (D = Dvigatelnji, d.h. Motor) bzw. „346-1" besaß schon Triebwerksattrappen. Allerdings endete der Erstflug am 30. September 1949, als Folge der schlecht funktionierenden Landekufe, mit 310 km/h zu schnell und sehr rauh. Dabei verlor Pilot Ziese nach einem Kopfstoß gegen das Instrumentenbrett kurzzeitig das Bewußtsein. Nach Wiederherstellung von Pilot und Maschine wurde diese zunächst vom sowjetischen Testpiloten Pjotr Kasmin nachgeflogen. Doch der hatte prompt dieselben Schwierigkeiten bei den Landungen zu überwinden. Dennoch entschloß man sich nach Abschluß der triebwerklosen Versuchsflüge 1951 bei der „346-3" neben einigen leichten Änderungen am Leitwerk zum Einbau des Raketentriebwerks ShRD 109-510 mit 3740/4000 kp Schub, eines nunmehr auf zwei Kammern abgewandelten Walter-Triebwerks WK 509. Die „346-2" diente wahrscheinlich Bruchversuchen.
Nach einer Reihe von erfolgreich absolvierten Standläufen und Gleitflügen wurde der „scharfe" Erstflug für den 15. August 1951 angesetzt. Erneut übernahm der erfahrene und inzwischen wieder genesene Wolfgang Ziese den Steuerknüppel des nun 5230 kg schweren Flugzeugs. 1900 kg davon entfielen auf die Treibstoffe, ausreichend für rund zwei Minuten vollen Schub beider Kammern. Da aus Sicherheitsgründen eine Geschwindigkeitsobergrenze von Mach 0,9 verfügt worden war, wurde anfänglich aber nur eine der beiden Kammern betrieben. Genau 100 Sekunden nach der in 7 km Höhe erfolgten Trennung von der B-29 zündete Ziese das Triebwerk der „346-3"90 Sekunden lang und zog der Trägermaschine davon. Abgesehen von Stabilitätsproblemen verliefen dieser und auch der folgende Flug am 2. September störungsfrei — nicht jedoch der am 14. September durchgeführte dritte Flug. Nach dem Ausklinken in 9,3 km und Zünden des Triebwerks in 8,5 km Höhe zog er die Maschine hoch, deren Geschwindigkeit rapide zunahm und schon bald die Mach-0,9-Grenze überschritt. In rund 12 km Höhe — möglicherweise beim Brennschluß oder, wie andere Quellen angeben, nach Erreichen von annähernd 1100 km/h, endete der Flug abrupt. Die „346-3"war nicht mehr zu halten. Hatte es auch einen Flügelbruch gegeben, wie es gelegentlich hieß? Auf jeden Fall erhielt Ziese den Befehl, die Maschine sofort zu verlassen. Er mußte aber in der abgesprengten, druckdichten Kanzel zunächst ausharren, bis er niedrigere Höhen erreicht hatte. Dann konnte er sich mit dem Fallschirm retten. Doch mit dem Absturz der „346-3" fand auch das ganze Programm sein Ende, einschließlich eines im Bau befindlichen Nachfolgers „Samoljot 486". Bauteile desselben sollen aber immerhin im Moskauer Luftfahrtinstitut MAI als Anschauungsmaterial gedient haben — genauso, wie einige Überreste des im Mai 1952 bruchgelandeten „Samoljot 150" des Baade-Teams OKB-1.
Von der Geschichte der sowjetischen „346" existieren verschiedene Fassungen, darunter einige abenteuerliche. So habe die Bezeichnung der Gleiterausführung „301" gelautet; Ziese habe für seinen ersten „scharfen" Flug 20000 Rubel erhalten, die abgestürzte Maschine habe die Schallgeschwindigkeit erreicht, und zuvor seien zwei sowjetische „346"-Piloten zusammen mit den beim Start gerammten Trägerflugzeugen abgestürzt, wobei sich lediglich ein Pilot mit dem Fallschirm habe retten können...

Bisnowat „5"

Das zweite Raketenflugzeugprogramm wurde ebenfalls von Semjon Alexejew beaufsichtigt und stand unter Leitung des sowjetischen Konstrukteurs Matus Bisnowat. Sein „Samoljot 5" hatte eine gewisse Ähnlichkeit mit der „346", war allerdings erheblich kleiner und hatte einen normalen Pilotensitz im Bug. Als Antrieb war ein Duschkin-Zweikammer-Raketentriebwerk RF-2M-3WF vorgesehen, und als Höchstgeschwindigkeit 1200 km/h in 12 bis 13 km Höhe, was einer Machzahl von M 1,13

Bisnowat „5-2" (oben + unten)

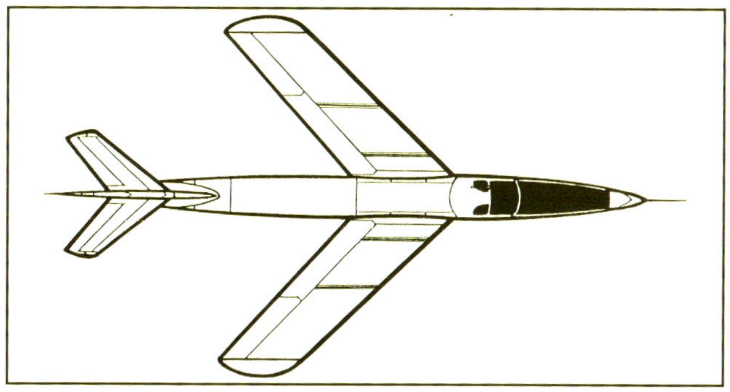

entsprach. Auch hier kam es zunächst zum Bau von Gleitern, die ebenfalls unter dem Steuerbordflügel eines viermotorigen Trägerflugzeugs — in diesem Fall einer Petljakow Pe-8 (alias TB-7 und ex-ANT-42) — aufgehängt waren; hier allerdings zwischen Rumpf und Innenmotor. Das 1565 kg schwere, erste Exemplar „5-1" führte am 14. Juli 1948 seinen Erstflug durch. Die 1710 kg schwere „5-2", die abgeknickte Flügelspitzen und ein stärker gepfeiltes Seitenleitwerk aufwies, flog erstmals im Januar 1949 und konnte im Sturzflug in 5400 m Höhe Mach 0,775 erzielen. Es kam aber nie zum Einbau des vorgesehenen Raketenmotors. Bereits im Juni 1949 wurde das Programm eingestellt. Die OKBs-1 und -2 wurden schließlich im Jahre 1954 aufgelöst.
Doch zumindest einige der gewonnenen Erkenntnisse scheinen in die kurz darauf begonnene Entwicklung großer Marschflugkörper eingeflossen zu sein. Solche waren in Luftparaden unter Trägerflugzeugen der Typen Tu-16, Tu-22, Tu-22M und Tu-95 zu sehen. Der raketengetriebene Flugkörper K-16 (KSR-2) alias AS-5 „Kelt" jedenfalls stammte vom OKB Beresnjak, während vom OKB Bisnowat entwickelte Luft-Luft-Raketen bekannt wurden. Was aber die DFS 346 betrifft, so sei noch erwähnt, daß ungefähr zur gleichen Zeit auch beim französischen Arsenal de l'Aéronautique Pläne zu ihrem Nachbau existierten. Unter Leitung des bekannten Raketenforschers Dr. Eugen Sänger war dort ein Flüssigkeitsraketentriebwerk von 3 t Schub entwickelt worden. Dieses erprobte man zwar im Jahre 1949 in Standversuchen, doch die französische Variante der DFS 346 selbst erreichte — abgesehen von Windkanalmodellen — nie das „Hardware"-Stadium.

DFS/Arsenal-Überschallprojekt

Douglas D-558-2 „Skyrocket" (2. Version) und F-86A (unten)

D-558-2 „Skyrocket"

In den USA hatte inzwischen der Hauptkonkurrent der U. S. Air Force, die U. S. Navy, ebenfalls den „Überschallstatus" erreicht, wenngleich erst zwei Jahre nach der Air Force. Das von der Navy in Zusammenarbeit mit NACA und der Firma Douglas im Frühjahr 1945 initiierte Hochgeschwindigkeitsprogramm war einige Zeit später in zwei Phasen unterteilt worden. Phase I umfaßte drei Exemplare der strahlgetriebenen Douglas D-558-1 „Skystreak"; sie waren für Geschwindigkeiten bis Mach 0,8 vorgesehen. Phase II hingegen umfaßte drei Exemplare der schon erwähnten D-558-2 „Skyrocket"; sie waren für kombinierten Strahl- und Raketenantrieb ausgelegt. Mit ihnen hoffte man die Schallgeschwindigkeit, also Mach 1 zu erreichen. Das endgültige o. k. zum Bau der „Skyrocket" kam im März 1947, einen Monat vor dem Erstflug der „Skystreak". Bereits im Februar des folgenden Jahres absolvierte die erste der drei Maschinen ihren Erstflug; jedoch ohne das noch nicht fertiggestellte Raketentriebwerk der Firma Reaction Motors. Anstelle dieser Variante des bereits in der Bell X-1 verwendeten Triebwerks wurde vorerst lediglich das schubschwache Strahltriebwerk Westinghouse J34 eingebaut, allerdings als reines Marschtriebwerk.

Die D-558-2 unterschied sich gehörig von der D-558-1: es war ein Mitteldecker in Aluminium-/Magnesium-Bauweise. Dank inzwischen ausgewerteter deutscher Daten stattete man sie mit stark gepfeilten Flügeln aus, deren Profil verhältnismäßig herkömmlich war. Außerdem bekam sie einen spitzen Rumpfbug, ähnlich der X-1. Dieser war notfalls absprengbar, wie schon bei der D-558-1 und auch der deutsch-russischen Beresnjak -DFS 346 und der Suchoj „R". Der Grund dafür lag darin, daß zu diesem Zeitpunkt Schleudersitze noch nicht genügend entwickelt waren, um den Piloten bei den erwarteten Schall- und Überschallgeschwindigkeiten eine echte Chance zu bieten. Die Lufteinlässe für das Strahl-Marschtriebwerk waren an den Rumpfflanken angeordnet und die Raketendüse war im Heck. Das Leitwerk war ebenfalls gepfeilt, der

gängigen Praxis folgend um etwa fünf Grad mehr als die Tragflügel. Zwei der aufgezählten Besonderheiten änderte man aber aufgrund der Erfahrungen beim Erstflug ab: das Seitenleitwerk wurde um 0,36 m erhöht, und die Rumpfspitze erhielt an Stelle der bündigen Verglasung ein aufgesetztes, richtiges Cockpit. Ähnlich verfuhr man übrigens auch bei den später gebauten Maschinen der X-Serie. Die beiden anderen Exemplare der „Skyrocket" wurden einige Monate später ebenfalls fertiggestellt, und es war das dritte von ihnen, das im Februar 1949 erstmalig mit kombiniertem Turbinen- und Raketenschub startete. Vier Monate später gelang es dank dieser geballten Kraft, in einem leichten Bahnneigungsflug die Machzahl 1,01 zu erzielen. Doch stellte sich schon nach kurzer Zeit der herkömmliche Bodenstart als eine Art Achillesferse heraus. Selbst unter Zuhilfenahme zusätzlicher Starthilfsraketen und zeitweilig zugeschaltetem Raketentriebwerk benötigte die „Skyrocket" volle 5 km, um vom Boden der Muroc Air Force Base hochzukommen. Das war nicht nur wegen der explosiven Raketentreibstoffe gefährlich, sondern auch äußerst unpraktisch und unökonomisch, da es auf Kosten der sowieso schon knappen Raketenflugzeit ging. Deswegen entschloß man sich, dem Beispiel der ungeliebten Air Force zu folgen und zum Schleppstart mittels Trägerflugzeug überzugehen.
Zu diesem Zweck überstellte die Air Force eine Boeing B-29 „Superfortress" an die Navy. Getreu den noch gültigen Navy-Bestimmungen erhielt die Maschine die Navy-Bezeichnung P2B-1S (und den anzüglichen Spitznamen „Fertile Myrtle"). Die erforderlichen Umbauarbeiten sowohl der Boeing als auch der „Skyrocket" Nr. 3 nahmen etliche Monate in Anspruch, so daß der erste Schleppstart erst im September 1950 erfolgen konnte. Unmittelbar vor dem Ausklinken zum vierten Start am 26. Januar 1951 entschloß sich „Skyrocket"-Pilot Bill Bridgeman wegen ungenügenden Treibstoffdrucks zum Startabbruch. Doch der Boeing-Pilot behielt seinen Daumen auf der Sprechtaste der Bordsprechanlage und führte eisern seinen „Countdown" durch: „zehn, neun, acht". Bridgeman brüllte ins Mikrofon: „Laß mich nicht fallen, George ...". Am

Douglas D-558-2 „Skyrocket" (1. Version)

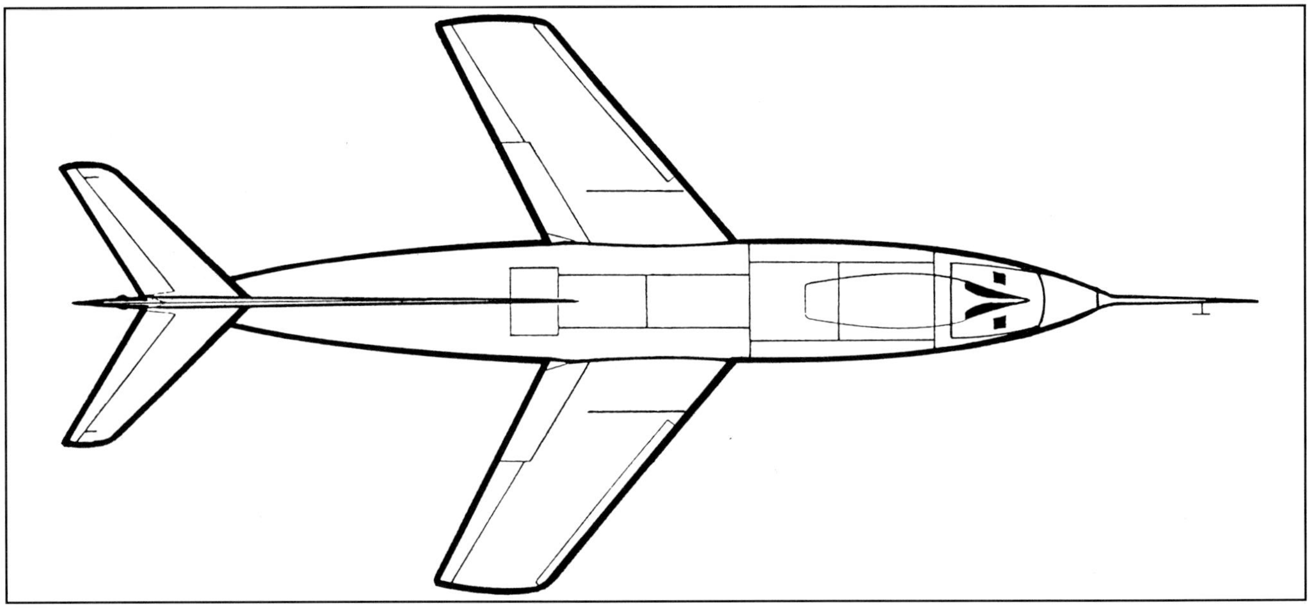

Douglas D-558-2 „Skyrocket" (2. Version)

Boden hörte man entgeistert, was da an Funksprechverkehr aus den Lautsprechern drang, ohnmächtig, in das sich anbahnende Drama einzugreifen. Doch George hörte nicht und zählte seelenruhig weiter, „drei, zwei, eins — Abwurf!" Die „Skyrocket" wurde gelöst und sackte in die Tiefe. Bridgeman stöhnte: „Ich hab' dir doch gesagt, du sollst mich nicht fallen lassen, George ...". Doch es gelang ihm gerade noch, das Raketentriebwerk zu zünden und die Maschine anschließend auf 12000 m Höhe zu bringen. Beim Abstieg erreichte er sogar eine Spitzengeschwindigkeit von Mach 1,28. Die Bordsprechanlage wurde übrigens umgehend modifiziert. Das zweite Exemplar der „Skyrocket" war in der Zwischenzeit durch Ausbau des Strahltriebwerks und durch den Einbau vergrößerter Tanks ganz auf Raketenantrieb umgestellt worden. Dies hatte merklich bessere Flugleistungen zur Folge. Am 7. August 1951 konnte Bridgeman damit in einer Höhe von 20400 m eine Geschwindigkeit von 2027 km/h gleich Mach 1,88 erreichen und genau acht Tage später auf eine Gipfelhöhe von 24230 m kommen. Die U.S. Navy besaß das schnellste und höchstfliegende Flugzeug der Welt.
Der Rest der Welt hingegen, genauer gesagt Westeuropa, war bei der rasanten Flugzeugentwicklung in Richtung Schall- und Überschallgeschwindigkeit etwas ins Hintertreffen geraten. Die deutsche Luftfahrtindustrie existierte nicht mehr. Ihre führenden Köpfe waren in alle Winde verstreut und suchten ihre wegweisenden Erfahrungen im Ausland zu verwerten und zu vertiefen. In Frankreich und Italien befand man sich noch mitten in der Wiederaufbauphase. Lediglich in Großbritannien besaß man die erforderlichen technischen Voraussetzungen, insbesondere auf dem Gebiet der schubstarken und einsatzfähigen Strahltriebwerke. Die von Rolls-Royce auf der Grundlage des Whittle-Konzepts geschaffenen Radialtriebwerke „Derwent" und „Nene" nahmen weltweit eine unangefochtene Spitzenstellung ein und wurden praktisch überall kopiert — mit oder ohne Lizenz. Doch eine zähe, zögerliche und zuweilen grotesk konservative Bürokratie verhinderte oftmals die logischen Folgeschritte. Die Forschungs- und Entwicklungsunterlagen, die nach offizieller Aufgabe des Überschalleinsitzers Miles M.52 im Februar 1946 an die USA übergeben worden waren, dürften zumindest teilweise in der erfolgreichen X-1-Serie von Bell ihren Niederschlag gefunden haben.

RAE/Multhopp-Projekt

Im Frühjahr 1947 unternahm das Royal Aircraft Establishment in Farnborough erneut einen halbherzigen Versuch, ein bemanntes Überschallflugzeug zu schaffen. Doch der blieb ebenfalls ohne Erfolg. Der einstrahlige Mitteldecker, den die beim RAE tätigen deutschen ex-Focke-Wulf-Konstrukteure Multhopp und Winter entworfen hatten, war eine Art Kreuzung der Focke-Wulf Ta 183 mit der DFS 346: der Pilot lag im Cockpit, das unten im Buglufteinlaß angebracht war, und die Landung sollte auf ausfahrbaren Kufen erfolgen. Mit Hilfe eines 2950 kp starken Rolls-Royce-Triebwerks AJ. 65 (AJ. 65 = Axial Jet, 6500 lbs Schub) erhoffte man eine Machzahl von 1,24 in 11000 m Höhe. Nachdem der erfahrene Testpilot Eric Brown im November 1947 einen ernsthaften Unfall mit einer Me 163 B bei der Landekufenerprobung hatte, legte man auch dieses Projekt zu den Akten. Ein anderer deutscher Experte hingegen, Karl Doertsch, schlug vor, das ziemlich romantisch geformte Seitenleitwerk der Gloster „Meteor" trapezförmig zu verbessern. Dadurch verschwanden die bisherigen, lästigen Gierschwingungen weitgehend. Doch nur zögernd befaßte man sich seitens der Royal Air Force mit der notwendigen Entwicklung von Nachfolgern der erstgeborenen „Vampires" und „Meteors", und man schob den Schritt zum Pfeilflügel noch weiter hinaus. Bei der Royal Navy war man sogar noch beharrlicher und bevorzugte noch jahrelang Kolbenmotormaschinen, wie beispielsweise die de Havilland „Sea Hornet", die Fairey „Firefly" und die Hawker „Sea Fury". Die meisten der bis Anfang der fünfziger Jahre in Großbritannien entstandenen Jäger-Prototypen waren bezüglich ihrer Höchstgeschwindigkeit nicht besonders aufregend.

RAE/Multhopp-Projekt

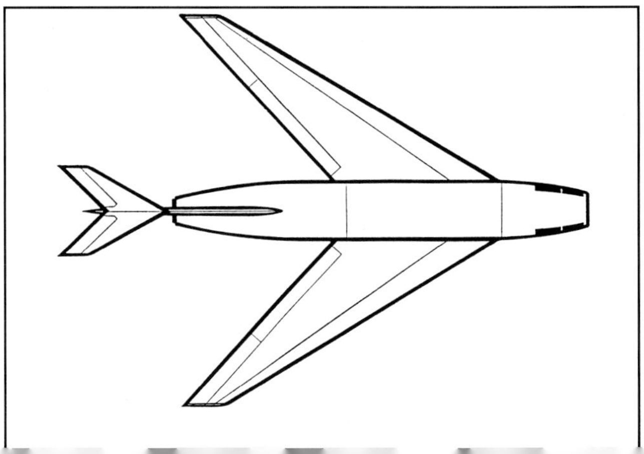

P.1052, P.1081

Eine Ausnahme bildete allerdings die Hawker P.1081 aus dem Jahre 1950. Sie war eine logische, voll gepfeilte Weiterentwicklung der drei Jahre zuvor entstandenen eleganten P.1040. Deren gerade Flügel wiesen beim direkten Nachfolger P.1052 schon 35 Grad Pfeilung auf, jedoch wurden die zweigeteilten Lufteinlässe und Schubdüsen vorn und hinten in den Flügelwurzeln beibehalten. Von australischer Seite wurde starkes Interesse bekundet. Deshalb versah man das zweite Exemplar mit einer zentralen Schubdüse im Heck und benannte es P.1081. Die Flugleistungen waren erstklassig: in Bodennähe wurden 1114 km/h erzielt. Damit konnte man den Amerikanern ihren Weltrekord entreißen, den sie zwei Jahre zuvor mit der F-86A erzielt hatten. Doch leider stürzte die Maschine im April 1951 bei einem Erprobungsflug über den South Downs aus nicht geklärten Gründen ab. Damit erlosch auch das australische Interesse. Das Ausgangsmuster P.1040 jedoch wurde als „Sea Hawk" in größerer Anzahl gefertigt, auch für die deutschen Marineflieger, während die aus der P.1081 entwickelte P.1067 als Hawker „Hunter" einige Jahre später weltbekannt wurde und auch erfolgreich in das Weltrekordgeschehen eingreifen sollte.

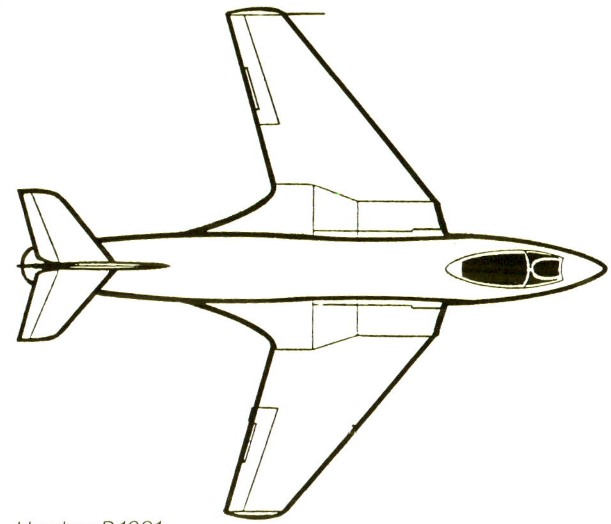
Hawker P.1081

F-86D „Sabre"

Hawker P.1081

Im Juni 1952 brach der Korea-Krieg aus; Rekordvorhaben waren nun ohnehin eine ganze Weile weniger dringlich. Erst im November 1952 wurde der nächste Weltrekordversuch unternommen, wiederum von der U.S. Air Force, der Firma North American und einer F-86 „Sabre". Diese stellte allerdings, trotz der vertrauten Bezeichnung, eine weitgehend neue Konstruktion dar. Tatsächlich hatte der Prototyp dieses radarbestückten Allwetter-Jagdeinsitzers die Bezeichnung YF-95A getragen. Da aber zu diesem Zeitpunkt keine Haushaltsmittel für Neuentwicklungen zur Verfügung standen, wohl aber für die Weiterentwicklung bereits vorhandener Serienmuster, benannte man eben die Serienausführung der F-95 in F-86D („Sabre Dog") um. Gleiches widerfuhr der gepfeilten „Thunderjet"-Nachfolgerin Republic YF-96A, die als F-84F „Thunderstreak" in Serie ging. Und auch die Lockheed YF-97A wurde prompt in F-94C umnumeriert. Anscheinend ließ sich das bürokratische „Red Tape" nicht anders umgehen. Das auffallendste Merkmal der neuen F-86D war ihre große, strö-

mungsgünstige und weit über den darunterliegenden Lufteinlaß hinausragende Radarnase sowie das mit einem Nachbrenner ausgestattete Axialtriebwerk General Electric J47. Auf Rohrwaffen hatte man völlig verzichtet. Statt dessen hatte man 24 ungelenkte 70-mm-Raketen in einem ausfahrbaren „Koffer" unter dem Rumpf verstaut. Schließlich wendete man bei diesem Jagdeinsitzer folgende Methode erstmalig an: das Abfangen des Gegners auf Kollisionskurs wurde weitgehend von einer Bodenleitstelle aus gesteuert.
In den ersten Novembertagen des Jahres 1952 brachte man eine F-86D-20 zur südkalifornischen El Centro Naval Air Station, nahe der mexikanischen Grenze. Am Ostufer des Salton Sea, rund 140 km nordöstlich von San Diego gelegen, hatte man eine neue 3-km-Meßstrecke eingerichtet. Damit gedachte man, die Lage — genau 72 m unter dem Meeresspiegel — aber auch die dort üblichen hohen Temperaturen zu nutzen, um die unliebsamen Auswirkungen höherer Machzahlen etwas hinauszuschieben. Am frühen Nachmittag des 18. November (andere Quellen nennen den 11. oder 19.11. — Amerika ist eben ein großes Land ...) startete Air Force Captain J. Slade Nash zu seinem Rekordangriff mit der „Sabre Dog". Zwar herrschte eine verhältnismäßig milde Temperatur von 24 Grad Celsius, doch die geringe Flughöhe über der Meßstrecke am Salton Sea — weniger als 40 m, doch noch 30 m unterhalb des Meeresspiegels — ermöglichte ihm, seine erforderlichen vier Durchgänge mit nahezu gleichbleibender Geschwindigkeit zu absolvieren. Dies schlug sich in einer Durchschnittsgeschwindigkeit von etwas über 1124 km/h nieder, und bescherte der erfreuten U. S. Air Force einen erneuten Weltrekord.
Doch sowohl im Pentagon als auch bei der Herstellerfirma North American gab man sich damit noch nicht zufrieden. Aus der etwas jüngeren und noch ein bißchen leistungsstärkeren Version D-86D-35 müßte bei einer noch höheren Lufttemperatur eigentlich eine noch bessere Geschwindigkeit herauszuholen sein! Aber auch andernorts hatte man Rekordabsichten — zum Beispiel in Kanada. Schließlich besaß die kanadische Lizenzversion Canadair CL-13 mit der F-86 ein „Orenda"-Triebwerk, das schubstärker war, als das amerikanische Original. Auch die äußerst ambitionierte amerikanische Pilotin Jacqueline Cochran hegte Rekordabsichten. Von der U. S. Air Force wurde sie abschlägig beschieden. Doch dank guter Beziehungen bekam sie eine „Orenda Sabre" zur Verfügung gestellt. Mit ihr erzielte sie am 18. Mai 1953 auf der Edwards Air

North American F-86D-20 „Sabre" (512945)

Meßkamera und F-86D-20 „Sabre" (512945)

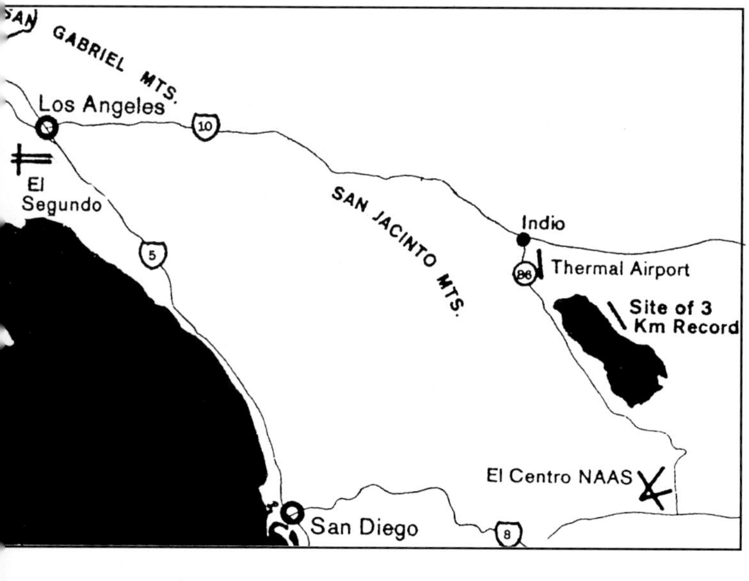

F-86-D-Meßstrecke, Salton Sea

Force Base, dem früheren Muroc Army Air Field, über die 100-km-Strecke eine Geschwindigkeit von 1050 km/h. Vierzehn Tage später kam sie auf einen Rekordschnitt von 1087 km/h über die 15-km-Distanz, die gerade von der FAI frisch etabliert worden war.
Schon im folgenden Monat war die USAF der Meinung, daß nun optimale Rekordbedingungen am Salton Sea bestünden. Man ging unverzüglich ans Werk. Nach einer Reihe von Probeflügen des Edwards-Chefs, Brigadier General Holtoner, übernahm Lt. Colonel William Barns, der Air Force-Abnahmeoffizier beim Hersteller North American, den Steuerknüppel der jüngsten „Sabre Dog"-Variante. Sie war mit modifizierten Tragflügeln und einem verbesserten Nachbrenner versehen. Der erste Rekordangriff begann kurz vor der Mittagsstunde des 16. Juli 1953 bei einer Lufttemperatur von 37 Grad Celsius. Er ergab einen an sich ausreichenden Rekordschnitt von rund 1148 km/h. Da aber knapp zwei Stunden später das Thermometer auf 39 Grad Celsius geklettert war, entschloß man sich zu einem zweiten Versuch: die Rekordgeschwindigkeit von 1151,9 km/h stellte die Air Force durchaus zufrieden und sicherte dem erfreuten Hersteller alsbald Folgeaufträge für einige hundert weitere F-86D. Erwähnt werden sollte noch, daß dieser Rekord, so wurde jedenfalls seitens der USAF stolz verlautbart, mit voller Bewaffnung, also mit 24 Bordraketen erflogen wurde. Wie dem auch sei, die Leistungen der F-86 wurden von der UdSSR auf ihre Weise anerkannt: der Konstrukteur Kondratjew sollte auf persönlichen Befehl Stalins in den frühen fünfziger Jahren eine sowjetische Variante dieses Flugzeugs schaffen — es wurde allerdings nichts daraus.

North American F-86D-35 „Sabre" (516145)

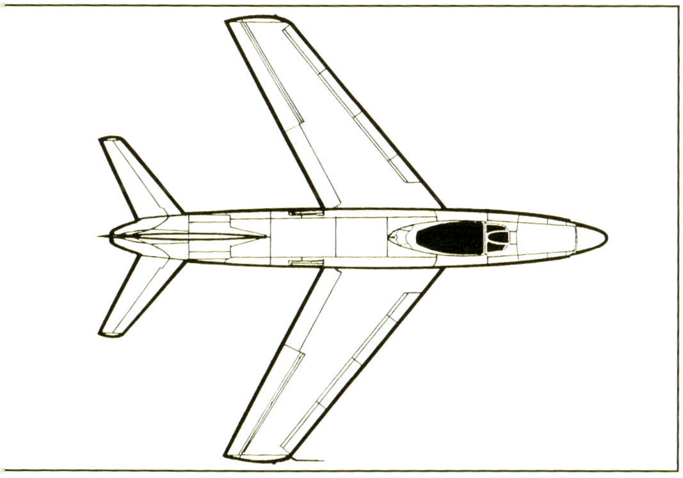

North American F-86D-35 „Sabre"

Douglas X-3 „Stiletto"

X-3 „Stiletto"

Aber in den USA gab es zu dieser Zeit einige Hochgeschwindigkeitsflugzeuge, die jedoch trotz allem konstruktiven Können und Einfallsreichtum das ursprünglich anvisierte Ziel nicht ganz oder überhaupt nicht erreichten. Die Douglas X-3 „Stiletto", ein ambitionierter Mach-2-Entwurf, ging auf einen bereits 1943 erteilten Entwicklungsauftrag für ein bemanntes Überschallflugzeug zurück: ein Forschungseinsitzer sollte in 9 km Höhe, bei einer Gesamtflugdauer von mindestens 30 Minuten doppelte Schallgeschwindigkeit erzielen. Außerdem sollte er auf konventionelle Weise vom Boden starten. Nach Begutachtung zahlreicher Konfigurations- und Triebwerksvarianten einigte man sich auf einen Tiefdecker mit einem sehr langen und spitzen Rumpf und ungewöhnlich kurzen Trapezflügeln. Er sollte in Titanbauweise erstellt werden und durch zwei Westinghouse-Axialstrahltriebwerke J46 mit Nachbrennern angetrieben werden. Letztere erwiesen sich aber aufgrund ihrer unzureichenden Leistung als die Achillesferse des Flugzeugs, denn im Horizontalflug kam es bestenfalls auf Mach 0,95. Lediglich in einem 30-Grad-Bahnneigungsflug aus 11 km Höhe gelang dem Testpiloten Bill Bridgeman im Juli 1953 ein kurzzeitiger Spitzenwert von Mach 1,21. Doch eins soll nicht unerwähnt bleiben: Die X-3 trug, wenn auch ungeplant, wesentlich zur Erkennung und Lösung des bislang unbekannten, äußerst gefährlichen Problems der sogenannten Trägheitskopplung bei. Diese betraf insbesondere langgestreckte Hochgeschwindigkeitsflugzeuge, deren Gewicht sich um die Längsachse herum konzentrierte und die, einmal ins Taumeln geraten, dies mit aerodynamischen Mitteln nur unzureichend oder überhaupt nicht ausgleichen konnten. Die Folge waren zunächst unerklärliche Abstürze, wie im Falle der ersten Serienmaschinen F-100A des neuen Jagdeinsitzers North American „Super Sabre". Schließlich, und das beweist ihr Grundriß, spielte die X-3 eine nicht unerhebliche Rolle in der Entstehung der Lockheed F-104, dem späteren „Starfighter". Aber auch spätere Überlegungen, die „Stiletto" auf

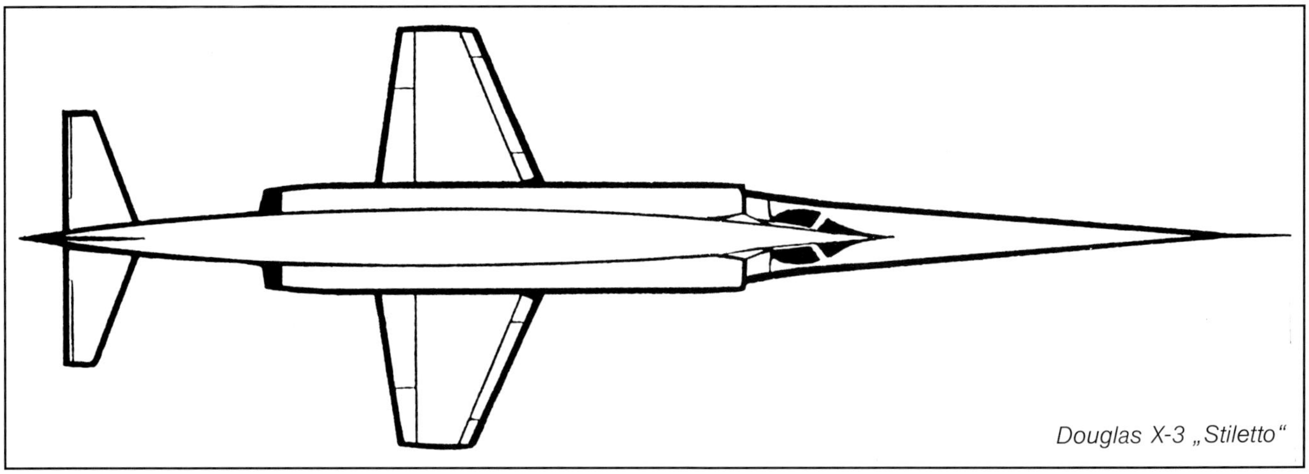

Douglas X-3 „Stiletto"

Raketenantrieb umzubauen und sie durch große Mutterflugzeuge in die Höhe zu tragen (man erwog sowohl die propellergetriebene Douglas C-74 als auch die achtstrahlige B-52-Konkurrentin Convair YB-60), wurden als zu kostspielig und überflüssig abgelehnt. Inzwischen hatten andere Flugzeuge den Mach-2-Bereich zu erforschen begonnen. Die erste X-3 kam ins Museum, die zweite wurde ungeflogen verschrottet.

XF-91 „Thunderceptor"

Die Republic XF-91 „Thunderceptor" war der Prototyp eines überschallschnellen Abfangjägers mit Mischantrieb, also Strahl- und Raketentriebwerk. Er wartete mit vielerlei Neuheiten auf. Insbesondere der um 35 Grad gepfeilte Tragflügel war äußerst ungewöhnlich: außen war er erheblich breiter und dicker als innen (um dem gefürchteten Strömungsabriß an Pfeilflügelspitzen zu begegnen); außerdem hatte er einen im Fluge veränderlichen Anstellwinkel (−2 Grad bis +6 Grad). Die sehr schmalen Tandemräder des Hauptfahrwerks wurden folgerichtig auch nach außen eingeklappt. Später ersetzte man dann noch das anfänglich relativ konventionelle Leitwerk durch ein gepfeiltes V-Leitwerk. Alle diese Neuerungen bewährten sich in der Praxis ausgezeichnet. Doch wiederum erwies sich der Antrieb als Schwachpunkt. Das Strahltriebwerk General Electric J47, das mit einem Nachbrenner versehen war, sollte

Republic XF-91 „Thunderceptor" (1. Version) (oben)

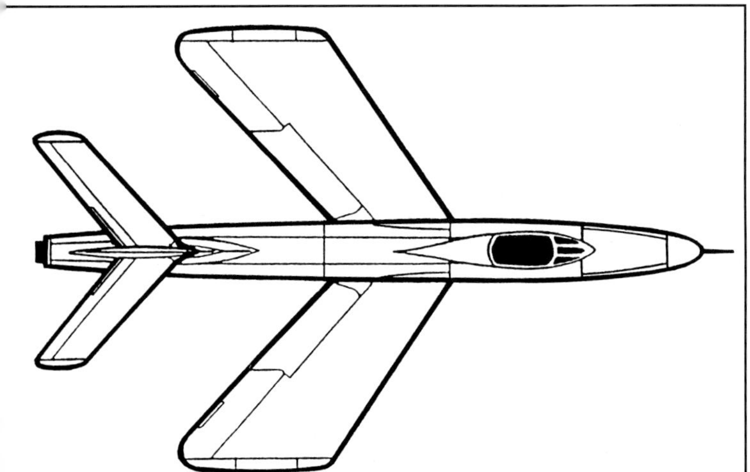

Republic XF-91 „Thunderceptor" (2. Version)

ursprünglich durch das Raketentriebwerk Curtiss-Wright XLR-27-CW-1 unterstützt werden. Dieses versprach einen Schub von rund 7600 kp. Doch seine Fertigstellung verzögerte sich erheblich; deshalb mußte man auf das bewährte Bell-X-1-Triebwerk XLR-11-RM-9 von Reaction Motors zurückgreifen. Allerdings lieferte dieses am Boden nur einen Gesamtschub von 2720 kp seiner vier Brennkammern, die jetzt unterhalb der Strahldüse gebündelt wurden. In 11 km Höhe erhöhte sich der Gesamtschub auf 3260 kp. Das hatte zur Folge, daß die optimistischen Leistungsangaben, die von 1580 bis 1810 km/h in 14 bis 15 km Höhe reichten, reine Wunschträume blieben. Obwohl im Dezember 1952 in 15 km Höhe Mach 1,12 — entsprechend 1191 km/h — erreicht wurde, kam man später allenfalls auf Mach 1,2. Das Schicksal der beiden gebauten und geflogenen XF-91 glich dem der X-3: die erste kam ins Museum, die zweite wurde bei Feuerlöschübungen buchstäblich verheizt.

Republic XF-91 „Thunderceptor“ (2. Version) (unten)

P.1067 „Hunter F.3“

Inzwischen war in Großbritannien ein neuer Weltrekordanwärter auf den Plan getreten — die schon erwähnte Hawker „Hunter“. Die Erprobung des Prototyps P.1067, der aus der glücklosen P.1081 weiterentwickelt worden war, lief seit seinem Erstflug im Sommer 1951 auf vollen Touren. Er sollte neuer Standardjäger der Royal Air Force werden; man erwartete auch Exportaufträge. Im November 1952 ging die Maschine mit der Kennung WB188 zurück zum Hersteller. Dort sollte sie mit einem neuen Rolls-Royce „Avon“ mit Nachbrenner sowie mit zusätzlichen Kraftstofftanks in den Tragflügeln ausgerüstet werden. Diese Aktion dauerte bis zum darauffolgenden Sommer. Nach fünf erfolgreichen Nachbrenner-Erprobungsflügen im Juli 1953 wurde sie erneut nach Hawker zurücktransportiert. Nun wollte man sie auf den Weltrekordangriff trimmen, der insgeheim schon seit geraumer Zeit geplant war; man verpaßte der flachen Kabinenhaubenfrontscheibe eine

Hawker „Hunter F.3“ (WB188)

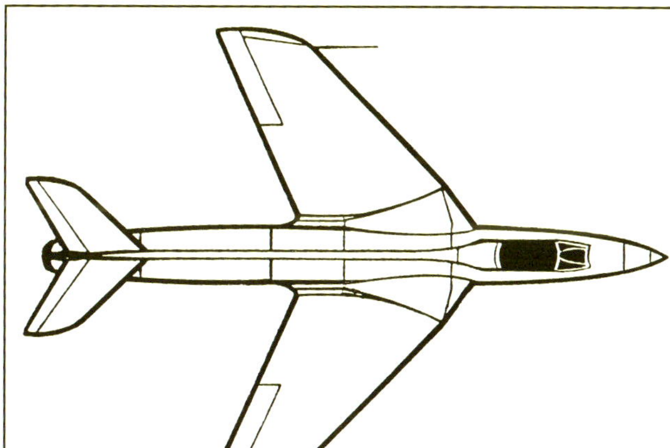

Hawker „Hunter F.3“

zusätzliche, gerundete Plexiabdeckung. Diese ergab einen glatteren Übergang zum neuen, spitz zulaufenden Rumpfbug. Dann wurde die gesamte Maschine knallrot lackiert und anschließend poliert. Diesmal ging der Umbau schneller vonstatten. Schon am 12. August konnte das elegante Flugzeug wieder starten, und unverzüglich begann man mit den endgültigen Vorbereitungen der Meßstrecke bei Littlehampton an der südenglischen Küste. Diese Meßstrecke war schon im Herbst 1946 beim zweiten Weltrekordflug der Gloster „Meteor“ benutzt worden.
Auch dies dauerte nur wenige Tage, so daß Hawkers Chefpilot, Squadron Leader Neville Duke, schon am 30. August seine ersten offiziellen Rekordangriffe fliegen konnte. Er machte vier Flüge mit insgesamt 16 Durchgängen über die 3-km-Strecke, am nächsten Tag folgten vier weitere Durchgänge. Der erzielte Spitzendurchschnitt betrug zwar ermutigende 1162,4 km/h,

doch dieser Wert lag leider knapp unterhalb der von der FAI geforderten, einprozentigen Verbesserung der bisherigen Rekordgeschwindigkeit. Schon am nächsten Tag, dem 1. September, unternahm Duke einen erneuten Rekordangriff — und der wäre um ein Haar schiefgegangen: bei über 1100 km/h in niedriger Höhe, in der Nähe von Bognor, wurde plötzlich das rechte Fahrwerkbein durch Überdruck im Rumpfinneren förmlich aus der Flügelunterseite herausgepreßt! Duke konnte die ausbrechende Maschine gerade noch abfangen und mit einer gekonnten Zweiradlandung auf Bug- und linkem Hauptrad in Dunsfold sicher auf den Boden bringen — das war gerade noch mal gutgegangen. Die Schäden am rechten Tragflügel hielten sich erfreulicherweise in Grenzen, so daß Duke schon knapp eine Woche später, am 7. September 1953, zum erneuten Weltrekordangriff antreten konnte. Und diesmal klappte es, trotz einer verhältnismäßig geringen Lufttemperatur von 23 Grad Celsius: die 1-Prozent-Marke wurde übertroffen, denn der Rekordschnitt belief sich auf knapp 1171 km/h. Großbritannien hatte den Weltrekord zurückerobert. Und da man gerade dabei war, unternahm man zwölf Tage später auch gleich einen Angriff auf den 100-km-Rekord, wiederum erfolgreich: Neville Duke stellte ihn mit 1141,4 km/h neu auf. Die doppelt siegreiche rote „Hunter" WB188, der umgebaute erste Prototyp, bekam dann als einzige Maschine die Bezeichnung „Hunter F. 3".

Supermarine 546 „Swift F. 4"

Die Eile, mit der Hawkers „Unternehmen Weltrekord" durchgezogen wurde, war durchaus verständlich. Es war ein offenes Geheimnis, daß sowohl einheimische Konkurrenz wie die Supermarine „Swift", als auch solche aus Übersee wie die Douglas „Skyray" und die North American „Super Sabre", darauf brannte, den prestigeträchtigen und verkaufsfördernden Geschwindigkeitsweltrekord für sich zu reklamieren. Es war in der Tat die britische Firma Vickers-Supermarine, die dann am schnellsten reagierte. Der erste Prototyp der jüngsten Version F. 4 des neuen Jagdeinsitzers „Swift" (WK198) wurde vom Supermarine-Chefpiloten Lieutenant Commander Michael J. (Mike) Lithgow in aller Eile nach Libyen überführt. Libyen stand, aufgrund eines gerade abgeschlossenen und ein wenig einseitigen Beistandspaktes, auch Großbritannien zur Verfügung. Die Wüstentemperaturen würden, so war man sich sicher, einem Weltrekordflug förderlich sein. Und die Eile, mit der dieser in Angriff genommen wurde, war in gewisser Weise eine Flucht nach vorn.
Die Entwicklung dieses Pfeilflügeljägers der Vickers-Tochter Supermarine war ähnlich verlaufen wie die der „Hunter" des Konkurrenten Hawker. Am Anfang stand ein Muster mit geraden Trapezflügeln, das dann für die Royal Navy in Serie gebaut wurde — in diesem Fall war es die Type 392 „Attacker".

Supermarine „Swift F. 4" (WK198)

Supermarine „Swift F.4“ (WK198) über Tripolis

Supermarine „Swift F.4“ (WK198)

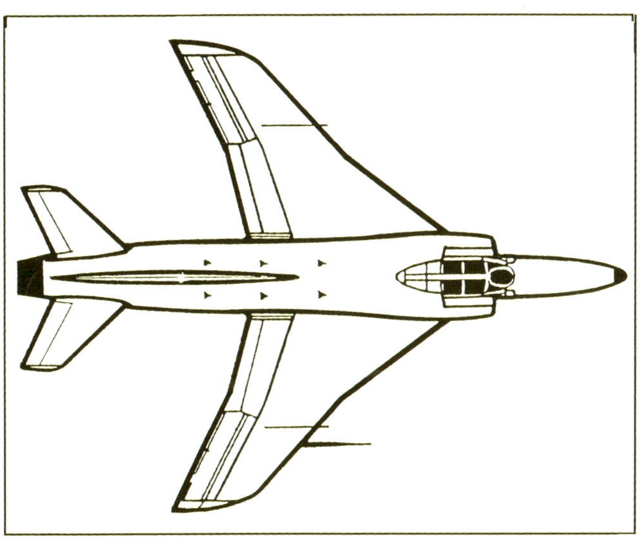

Supermarine „Swift F.4“

Dann folgte eine Reihe von gepfeilten Versuchsmustern (Type 510, 517, 528, 535), die schließlich in den RAF-Jäger „Swift“ mündete. Aerodynamische und triebwerksseitige Unzulänglichkeiten standen allerdings einem richtigen Erfolg entgegen. Erst mit der vierten Baureihe, der „Swift F. 4“, die man mit einem einteiligen Höhenruder versah, bekam man die Probleme zum großen Teil in Griff. Der Prototyp WK198 war im Mai 1953 erstmals geflogen worden und besaß noch eine Reihe von Kinderkrankheiten. Auch das Äußere der hellblauen Maschine war nicht gerade ideal: keine glatte Sonderlackierung, vereinzelt sichtbare Nietköpfe — ein ziemlicher Gegensatz zur elegant geglätteten, erfolgreichen Vorgängerin aus dem „Stalle“ Hawker. Dazu traten bei den hastig durchgeführten Vorbereitungen noch weitere Mängel auf, die den geplanten Rekordversuch belasteten. Zu allem Überfluß kamen aus Übersee alarmierende Meldungen über unmittelbar bevorstehende Weltrekordangriffe amerikanischer Superjäger. Es galt also, keine Zeit zu verlieren. Doch nach wie vor wollten sich etliche Komponenten der Bord- und auch der Bodenausrüstung nicht mit den Wüstenverhältnissen abfinden: die Kühlung der Kabine und der Fliegerkombination des schwitzenden Piloten, das klemmende Ventil seiner Sauerstoffmaske, die versagenden Kraftstoffanzeiger, der gelegentlich ausfallende Nachbrenner, die verrückt spielende elektronische Meßanlage — Murphys Gesetz herrschte nahezu in Vollendung.

XF4D-1 „Skyray“

Doch nicht nur der mythische Murphy trat in Erscheinung, sondern auch der sehr reale Mr. Robert B. Smith, Ingenieur der amerikanischen Flugzeugfirma Douglas. Seine Aufgabe war, stets über den aktuellen Stand der internationalen und der Weltrekorde genauestens informiert zu sein, sowie über die Eignung neuer Douglas-Produkte, solche Rekorde erfolgreich zu attackieren. Seit zwei Jahren stand ein Jäger-Prototyp XF4D-1 in Erprobung. Wegen seiner Flügel, die wie ein abgewandeltes Delta geformt waren, hatte er den passenden Namen „Skyray“ (Himmelsrochen) bekommen. Und dieser „Skyray“ schien für die Rekordattacke geeignet zu sein; jedenfalls mit dem Nachbrenner-Triebwerk Westinghouse J40, das für die Serienversion vorgesehen und erheblich stärker war, als das vorläufig eingebaute, schwächere Allison J35. Infolge der Rekordflüge amerikanischer und britischer Maschinen hatte nicht nur die internationale Luftfahrtpresse, sondern auch die Öffentlichkeit begonnen, sich für diese Art sportlicher Wettbewerbe zu interessieren und darüber zu spekulieren. Deshalb gefiel die Idee Douglas-Chefingenieur Edward Heinemann, genauso, wie sie zuvor schon seinen britischen Designer-Kollegen Sydney Camm (Hawker) und John Smith (Supermarine) gefallen hatte und zur gleichen Zeit auch seinem heimischen Konkurrenten „Dutch“ Kindelberger von der Firma North American, im Hinblick auf deren rasante „Super Sabre“.

Mitte August 1953 begann man bei Douglas mit den ersten Vorbereitungen der auf der Edwards Air Force Base eingerichteten 3-km-Meßstrecke, und am 14. September stellte man den offiziellen Antrag bei den zuständigen Gremien. Wenige Tage später stellte den Antrag auch die Firma North American. Douglas wurde umgehend die Priorität bis zum 15. Oktober eingeräumt, danach war North American an der Reihe. Ab dem 20. September unternahm Douglas-Werkspilot Robert Rahn die ersten Hochgeschwindigkeitsflüge mit dem zweiten der beiden Prototypen XF4D-1, Navy-Nummer 125587. Er hatte gerade sein neues Nachbrennertriebwerk YJ40-WE-8 erhalten. Die Edwards-Rekordstrecke war, der besseren Sichtbarkeit wegen, mit einem schwarzen Asphaltstreifen und mit

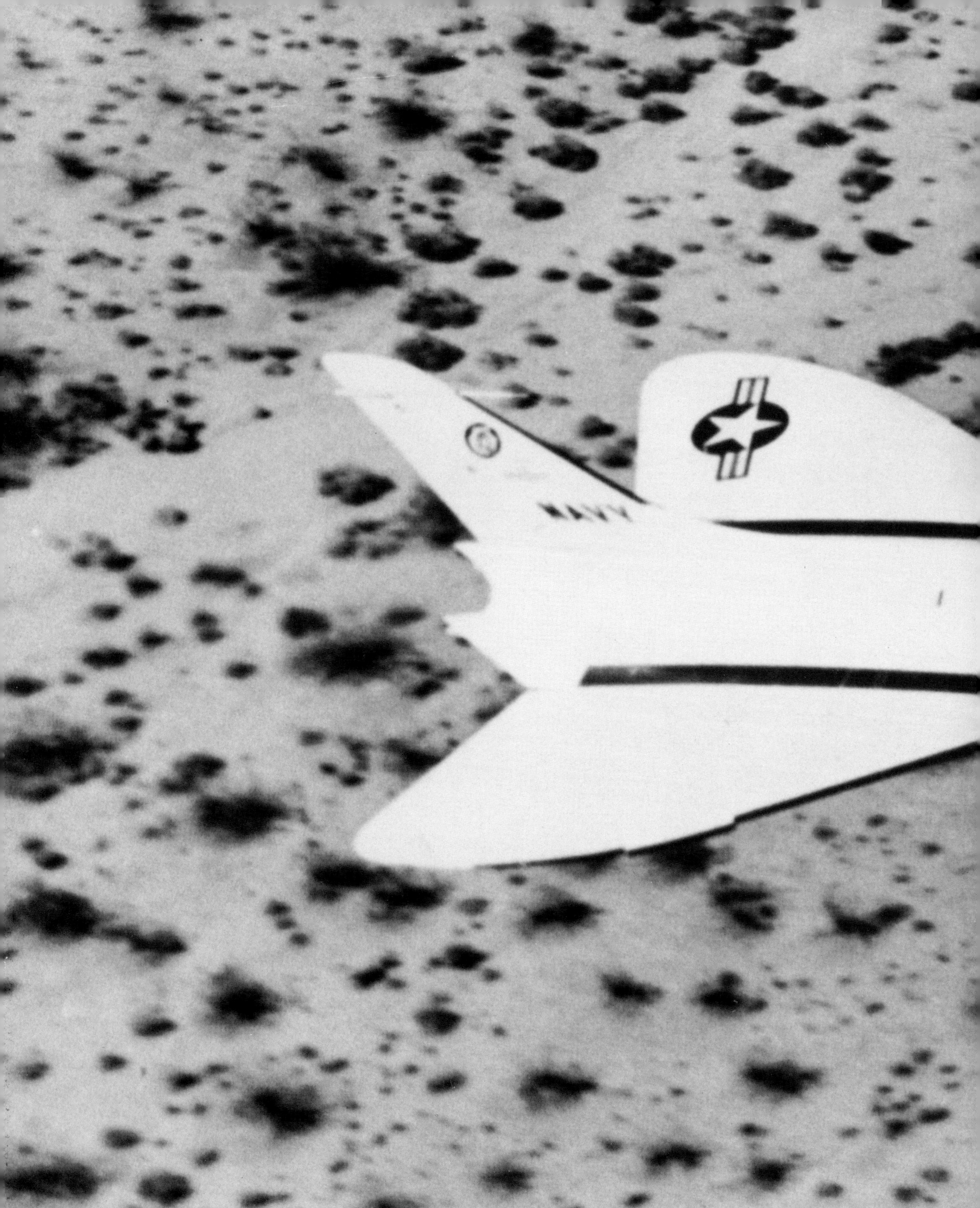

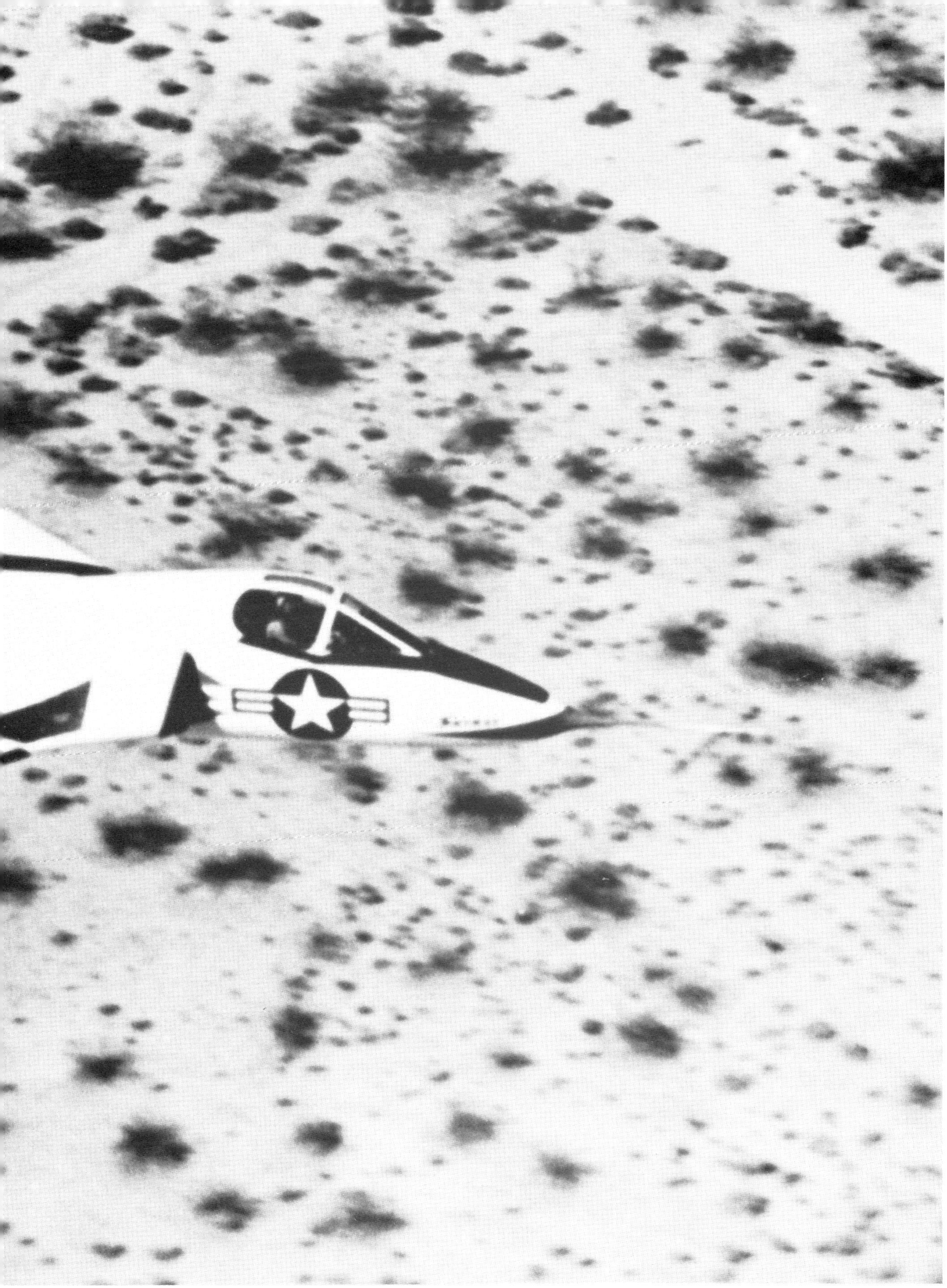

Douglas XF4D-1 „Skyray“ (124587)

schwarz qualmenden, brennenden Autoreifen an beiden Enden markiert. Rahn kam dabei auf einen guten Schnitt von 1186 km/h. Er erfuhr eine Anzahl der üblichen aerodynamischen und technischen Überraschungen, die man aber systematisch ausbügelte. Den übergroßen Durst des Nachbrenners etwa löschte man, indem man die Betankung mit dem Kraftstoff JP-4 durch eisgekühlte Rohre vornahm. Das drückte die Temperatur des Kraftstoffes auf unter 2 Grad Celsius und verringerte sein Volumen. So brachte man mehr davon in den Tanks unter, insgesamt an die 2650 Liter, und konnte den schubfördernden Nachbrenner ein paar Augenblicke länger betreiben. Frühmorgens am Freitag, den 25. September, übergab Werkspilot Rahn die eingeflogene „Skyray" an den offiziell als Rekordpiloten ausersehenen Lieutenant Commander James Verdin der U. S. Navy. Nach ein paar schnell absolvierten Eingewöhnungsflügen erklärte dieser sich schon am selben Nachmittag als rekordbereit. Man setzte den offiziellen Weltrekordversuch für den folgenden Tag an.
Am selben Freitag, den 25. September, und wegen des Zeitunterschieds sogar ein paar Stunden früher, kletterte in Libyen Supermarine-Werkspilot Mike Lithgow in das Cockpit seiner „Swift F. 4". Es war inzwischen notdürftig mit Trockeneis und einem starken Gebläse gekühlt worden, denn die Lufttemperatur betrug knapp 40 Grad Celsius. Kurz nach dem Start versagte aber die Kühlung im Cockpit wieder, und die Temperatur stieg auf sage und schreibe 82 Grad Celsius an. Daraufhin blockierte der verstärkte Schweißausbruch die Sauerstoffmaske. Da dann auch die Kraftstoffanzeige noch ausfiel, wurde der kraftstoffzehrende Nachbrenner etwas später als optimal eingeschaltet. Doch jetzt oder nie...! Fünfzehn heiße Minuten dauerte der gesamte Flug über die schnurgerade Wüstenstraße bei Asisija, rund 40 km südwestlich von Tripolis. Die erste Auswertung ergab 1186,5 km/h, die aber nach genauerer Nachrechnung auf exakt 1184,0 km/h reduziert werden mußten. Das war knapp, aber möglicherweise gerade ausreichend für den in jeder Hinsicht heißersehnten Weltrekord. Um ganz sicher zu gehen, beschloß man, den Versuch am folgenden Tag zu wiederholen. Doch diesmal spielte die Meßanlage nicht mit. Am 27. September schließlich versuchte Lithgow es noch einmal, und er kam bei den ersten beiden Durchgängen auf ermutigende 1196 km/h. Doch beim Einfliegen zum dritten Durchgang versagte erneut der Nachbrenner — wieder nichts. In diese Frustration hinein platzte zu allem Überfluß die Meldung, daß die amerikanische „Skyray" gerade auf einen offiziellen Schnitt von über 1195 km/h gekommen sei, und das schon beim allerersten Rekordversuch. Ein weiterer Versuch stünde unmittelbar bevor. Die Supermarine-Mannschaft entschloß sich schweren Herzens zum Abbruch des libyschen Abenteuers und zur Heimkehr ins erfrischend kühle England. Und inbrünstig hoffte sie auf ein positives Ergebnis der sich verzögernden, offiziellen Auswertung des Fluges vom 25. September.
In Kalifornien hatten starke Winde den auf Sonnabend, den 26. September angesetzten Rekordangriff über der Edwards-Meßstrecke vereitelt. Am Nachmittag desselben Tages entschloß man sich, die Erlaubnis des Konkurrenten North American zur Benutzung seiner, östlich des Salton Sea eingerichteten 3-km-Meßstrecke einzuholen. Man wollte die dort für die nächsten Tage vorhergesagten hohen Temperaturen und natürlich auch die tiefe Lage nutzen. Die Erlaubnis wurde auch sofort erteilt, worauf man den ganzen Weltrekord-Troß noch in der Nacht per Flugzeug zur nahegelegenen El Centro Naval Auxiliary Air Station brachte. Schon um die Mittagsstunde des folgenden Tages war alles einsatzbereit. Zwar zeigte sich bei den Probeflügen, daß die „Skyray" circa 8 km/h unterhalb der Höchstgeschwindigkeit etwas zu gieren begann. Doch Pilot Verdin wollte dennoch schon am nächsten Tag — Montag, den 28. September — den ersten Rekordangriff fliegen. Zu diesem Zeitpunkt kam die Meldung über Lithgows allem Anschein nach erfolgreichen Weltrekordversuch, der ungefähr der Höchstgeschwindigkeit entsprach, die von Werkspilot Rahn bislang erreicht worden war. Man war zwar leicht geschockt, entschloß sich aber dennoch, weiterzumachen — schließlich war der britische Rekord noch nicht offiziell anerkannt worden.

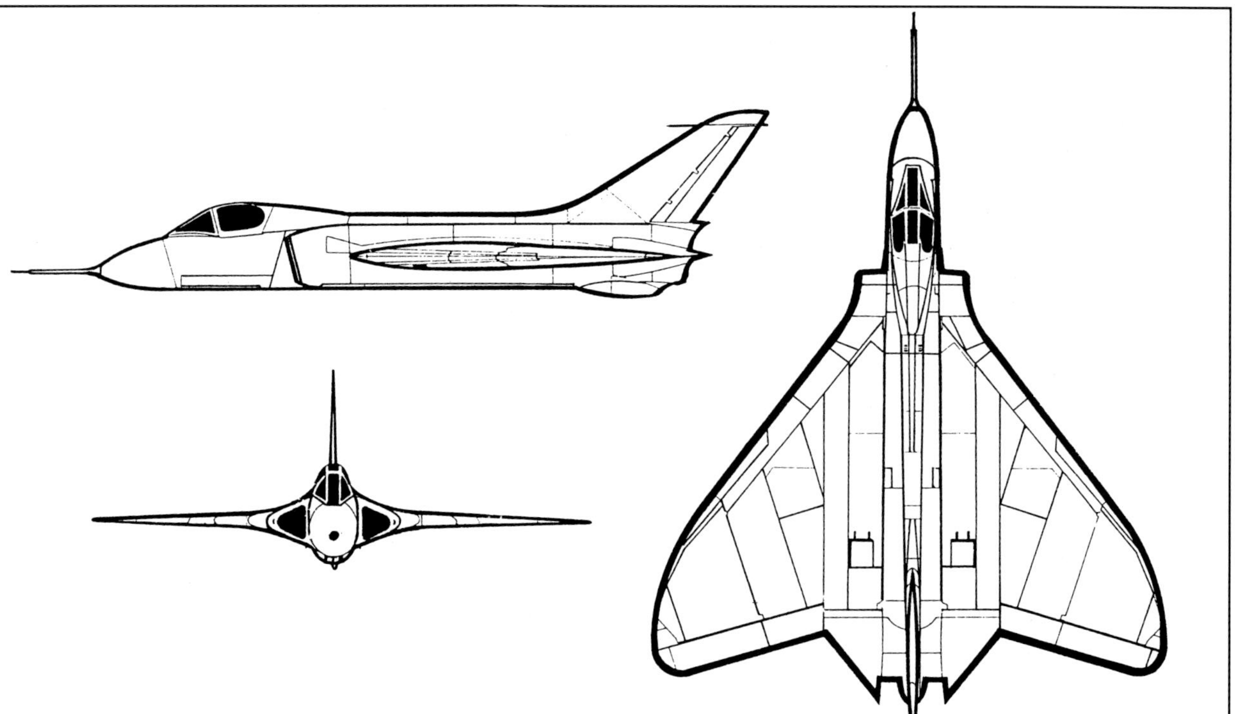

Douglas XF4D-1 „Skyray"

Rekordpilot James Verdin in der XF4D-1 „Skyray“ (124587)

XF-100A „Super Sabre“

Doch inzwischen hatte „Gesetzgeber“ Murphy seine Aktivitäten nach Kalifornien verlagert: am Sonntagnachmittag versagte die Kraftstoffanzeige der „Skyray“, am Montag gab ein Staurohr seinen Geist auf, dennoch wollte man am Dienstag voll einsteigen. Trotz der relativ „milden“ 32 Grad Celsius erfolgte Verdins erster Durchgang mit 1204,4 km/h, der zweite mit 1192,2 km/h, der dritte wieder mit 1202 km/h. Doch beim vierten und letzten spuckte der Nachbrenner, Verdin zog die Maschine sicherheitshalber hoch. Das ging auf Kosten der Geschwindigkeit: nur 1182,2 km/h. Insgesamt kam wohl ein erfreulicher Gesamtschnitt von 1195,2 km/h heraus; um jedoch die Rekordgeschwindigkeit der „Swift“ angemessen zu übertreffen, wären mindestens 1198,3 km/h nötig gewesen. Nun ließ aber die offizielle FAI-Anerkennung des britischen Rekordversuchs auf sich warten; möglicherweise würde sie wegen etlicher Ungereimtheiten bei den Messungen überhaupt nicht erteilt werden, so wurde gemunkelt. Sowohl bei Douglas als auch bei der U. S. Navy drängte man deswegen darauf, den amerikanischen Rekordversuch offiziell bei der FAI registrieren zu lassen: als den ersten Geschwindigkeitsweltrekord eines Trägerflugzeugs. Andererseits bestand die konkrete Gefahr, daß North American keine Zeit verlieren würde, den XF4D-Rekord mit der YF-100A möglichst schon beim ersten Anlauf zu brechen. Supermarine würde, so hieß es ferner, den Rekordversuch gegebenenfalls wiederholen, und auch Hawker trüge sich mit dem Gedanken, Libyen mit der rekordgewohnten „Hunter F. 3“ einen Besuch abzustatten. Das Hauptargument für die FAI-Registrierung war jedoch die Überzeugung des „Skyray“-Teams, daß die XF4D-1 mit Sicherheit eine noch höhere Geschwindigkeit erreichen könnte. Man entschloß sich, es am Freitag, den 2. Oktober 1953, noch einmal zu versuchen.

Zunächst jedoch flog man die Maschine zurück ins Werk nach El Segundo, um den Nachbrenner nachzustellen, ein paar Risse in der nur knapp 0,8 mm dicken Außenhaut (eine Achillesferse der F4D) zu flicken, den bislang noch verbliebenen Fanghaken auszubauen, die Vorflügel und alle unerwünschten Öffnungen zu versiegeln sowie das ganze Flugzeug auf Hochglanz zu polieren. Doch auch die Meßstrecke erhielt eine Sonderbehandlung: verbesserte Markierungen an beiden Endpunkten. Inzwischen war auch die offizielle FAI-Anerkennung des libyschen „Swift“-Rekords erfolgt. Als der Freitag nicht die erhofften hohen Temperaturen brachte, verschob man das Vorhaben um einen Tag. Am Sonntagabend, den 3. Oktober 1953, zeigte das Thermometer um 15 Uhr ermutigende 37 Grad Celsius an. Verdin verlor keine Zeit. Erster Durchgang: 1200 km/h, zweiter: 1225, dritter: 1201, vierter: 1222. Der Schnitt: 1211,8 km/h. Geschafft! Die Navy hatte ihren Weltrekord wieder, doch für wie lange?

Nicht sehr lange — so meinte jedenfalls der verbliebene Konkurrent North American Aviation. Schon am übernächsten Tag, den 5. Oktober, jagte der USAF-Rekordpilot Lieutenant Colonel Frank „Pete“ Everest, der derzeitige Chief of Flight Test Operations der Edwards Air Force Base, mit seiner YF-100A „Super Sabre“, dem ersten der beiden Prototypen, etliche Male versuchsweise über die jetzt wieder firmeninterne 3-km-Strecke am Salton Sea. Dabei soll er, so hörte man, bis auf rund 1 km/h an die Weltrekordgeschwindigkeit der XF4D-1 herangekommen sein. Ein paar Tage später lag der erzielte Spitzenwert sogar bei 1220 km/h. Doch sah sich North American mit demselben Dilemma wie der Navy-Vorgänger konfrontiert: die erreichte Geschwindigkeit war höher als der Weltrekord, aber nicht hoch genug. Sowohl North American als auch die Air Force hatten zuviel in Vorschußlorbeeren investiert, um eine

North American YF-100A „Super Sabre“ (525754)

derartige Blamage hinunterzuschlucken. Man kam auf den — hoffentlich — rettenden Einfall, einfach die Rekordkategorie zu wechseln. Wozu hatte schließlich die rekordbestimmende FAI in Paris nur wenige Monate zuvor der 15-km-Distanz die volle Gleichberechtigung zuerkannt und US-Pilotin Jacqueline Cochran in einer „Sabre" mit einem Schnitt von 1087 km/h auch gleich einen entsprechenden Rekord aufgestellt! Statt viermal die 3-km-Strecke brauchte ein Rekordaspirant die 15-km-Strecke lediglich zweimal zu durchmessen — hin und zurück, allerdings ebenfalls in maximal 100 m Höhe. Die höhere Durchschnittsgeschwindigkeit, die über eine der beiden Distanzen erzielt wurde, galt fortan als Weltrekord. Und es gab keine Beeinträchtigung durch das so störende 101-Prozent-Handicap.

In aller Eile richtete man an gleicher Stelle eine 15-km-Meßstrecke ein, und Mitte Oktober begann „Pete" Everest mit den ersten Testflügen. Sie versprachen durchaus einen Erfolg, trotz bedrohlicher Mängel in der Richtungsstabilität der Maschine. Am 29. Oktober jedenfalls startete Everest gegen 15 Uhr voller Hoffnung zu seinem Rekordflug. Die Lufttemperatur betrug zu diesem Zeitpunkt 32 Grad Celsius. Für den Hinflug benötigte er exakt 43,896 Sekunden, für den Rückflug gegen den Wind 45,216 Sekunden. Der offizielle Schnitt ergab: 1215,298 km/h — genug für einen neuen Weltrekord. Dazu kam noch, daß am selben Tag das erste Serienexemplar der F-100A den Erstflug absolvierte. Die U. S. Air Force und North American jubelten, die U. S. Navy und Douglas waren sauer. Sie fühlten sich ausgetrickst und verwiesen — umsonst — auf die nicht eingehaltenen 1-Prozent-Spielregel. Doch die Air Force und North American Aviation focht das nicht an — sie hatten schließlich das beste und schnellste Jagdflugzeug der Welt — ein Trugschluß, wie sich nur zu rasch erweisen sollte.

North American YF-100A „Super Sabre" (525754) (o. und u.)

F-100A, F-100C „Super Sabre"

Die Vorgeschichte der „Super Sabre" hatte schon vier Jahre vorher begonnen, 1949, als das bewährte Design-Team der Firma North American Überlegungen zu einer überschallschnellen F-86D-Weiterentwicklung mit 45 Grad Flügelpfeilung angestellt hatte. Diese waren allerdings zunächst auf wenig Gegenliebe bei der Air Force gestoßen. Im Januar 1951 wurde daraus das Projekt „Sabre 45", das von der Air Force bedeutend günstiger beurteilt wurde. Am 1. November 1951 wurde der Firma jedenfalls ein Auftrag für den Bau zweier Prototypen erteilt und für die Bereitstellung der zur Fertigung von 94 Serienexemplaren erforderlichen Maschinen und Artikel mit langer Beschaffungszeit. Durch den Koreakrieg veranlaßt, hatte man im Pentagon voller Selbstvertrauen ein neues, mutiges Entwicklungs- und Beschaffungskonzept, „buy while you fly" („Kaufe während du fliegst") beschlossen. Um Zeit zu gewinnen, wollte man den Bau der Prototypen und einer Anfangsserie fast gleichzeitig betreiben. Am 9. November erfolgte die erste USAF-Attrappeninspektion der neuen NA-180

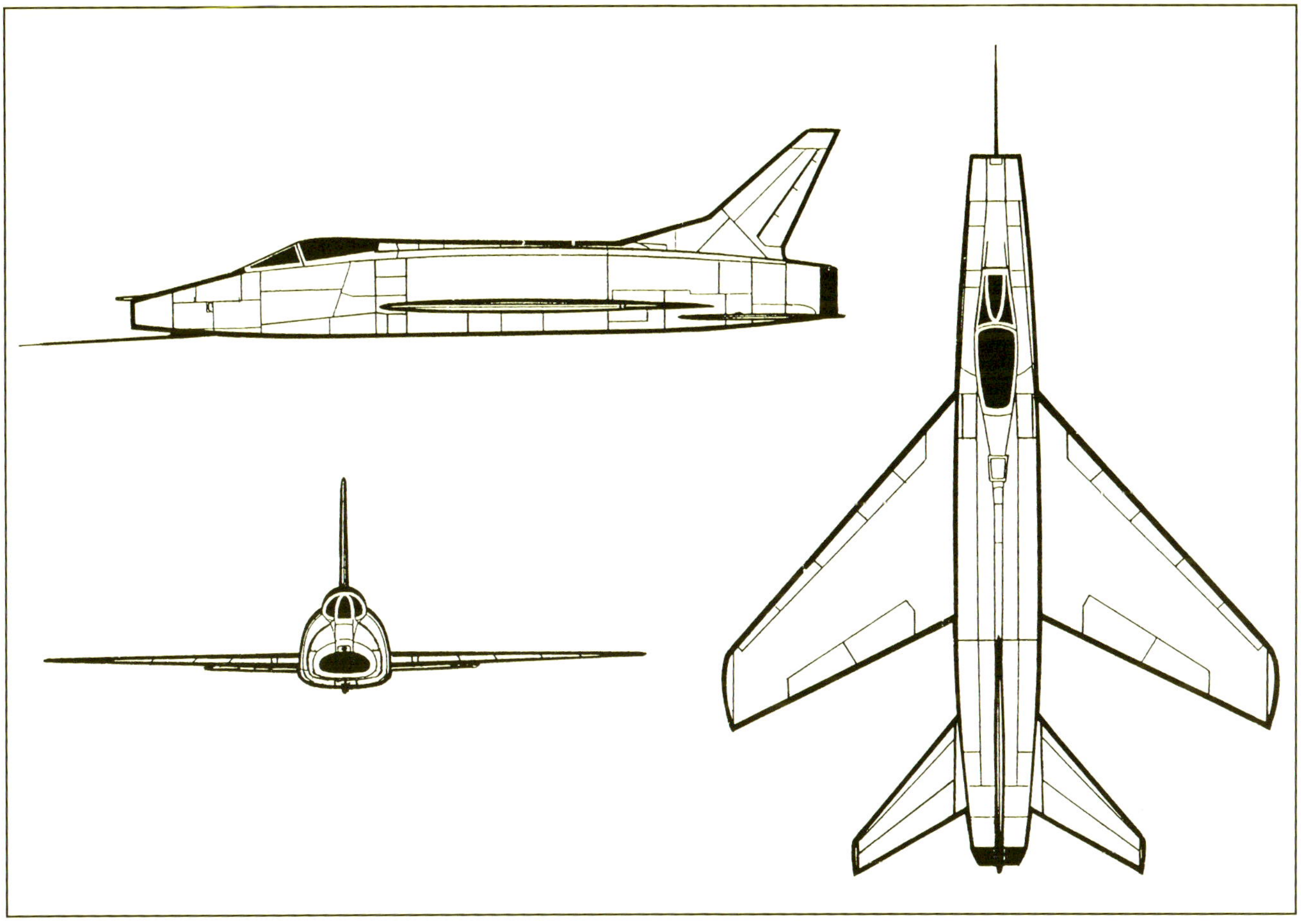

North American YF-100A „Super Sabre"

in Inglewood, am 7. Dezember die Zuteilung der offiziellen USAF-Jäger-Nummer F-100 und des Namens „Super Sabre", und am 25. Januar 1952 der Auftrag für 23 Serienexemplare F-100A.

Mit seinem langgestreckten Rumpf, seiner flachen Schnauze und seinen stark gepfeilten Flügeln sah der neue Superjäger außerordentlich eindrucksvoll aus. Der erfahrene „Mustang"- und „Sabre"-Veteran Ed Schmued hatte allerdings, im Gegensatz zu Ray Rice und anderen Entscheidungsträgern des Design-Teams, ernsthafte Bedenken: seiner Meinung nach besaß die Maschine mit ihrem langen Rumpf und den kurzen Flügeln nicht die erforderliche Richtungsstabilität. Sie würde in bestimmten Situationen plötzlich zu taumeln anfangen und schließlich in der Luft zerbrechen. Man setzte sich aber über Schmued's Bedenken hinweg und sah sogar für die Serienausführung F-100A anstelle des relativ hohen Seitenleitwerks der Prototypen ein drastisch verkleinertes Leitwerk und einen verlängerten Rumpf vor — im Interesse einer möglichst hohen Geschwindigkeit. Daß die schon vorab begeisterte Air Force dann auch noch ihren Auftrag auf 273 Exemplare (plus eine Bruchzelle) erhöhte — gute acht Monate, bevor der erste Prototyp überhaupt geflogen war —, tat wohl ein übriges, so daß Schmued die Firma North American im August 1952 verließ. Auch der Rekordpilot Everest warnte aufgrund seiner Erfahrungen eindringlich vor einer übereilten Indienststellung der „Super Sabre", vergeblich. Selbst der ironische Kommentar eines anderen F-100-Testpiloten, daß die Kugel des Wendezeigers sich nur dann in der Mitte der Libelle befände, wenn sie gerade auf ihrem Weg von der einen auf die andere Seite sei,

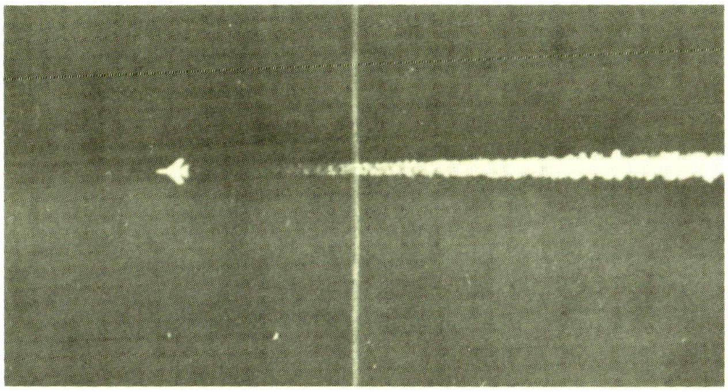

Meßkamerabild von der F-100C-1 „Super Sabre" (531709)

änderte nichts daran. Schließlich hatte man bei North American sehr viel Geld in diesen Entwurf investiert und war daher nur schwer dazu zu bewegen, wegen solch unvermeidlicher Kinderkrankheiten gleich zu Anfang kostspielige und zeitraubende Änderungen vorzunehmen. Immerhin hatte auch der firmeneigene Chefpilot George Welch die angesprochenen Mängel als durchaus behebbar erachtet. Im September 1954 wurden jedenfalls die ersten F-100A-Serienmaschinen zur Erprobung der Air Force übergeben. Am 12. Oktober unternahm George Welch mit dem neunten Serienexemplar noch einen ausstehenden Überschallsturzflugversuch aus 13 km Höhe. Als er in 7 km Höhe die Maschine mit rund 8 g abfangen wollte, geriet sie plötzlich außer Kontrolle, rollte, gierte, das Seitenleitwerk knickte weg, die Maschine zerbrach in der Luft. Welch wurde hinausgeschleudert, sein Schirm

North American F-100C-1 (531709) mit kurzem Seitenleitwerk

North American F-100C-1 (531709) mit langem Seitenleitwerk

öffnete sich sogar, doch er war schwerverletzt und überlebte die Landung nur um wenige Minuten.

Nur ein paar Wochen nach diesem Unfall gab es einen zweiten tödlichen Absturz unter vergleichbaren Umständen, wenige Tage darauf einen dritten — es war genau das eingetreten, wovor einige „Schwarzseher" gewarnt hatten. Am 10. November wurde ein völliges Startverbot für die rund 70 bereits ausgelieferten F-100 erlassen. Lediglich ein paar firmeneigene Erprobungsmaschinen erhielten fünf Tage später eine Ausnahmegenehmigung. Ein „Crash"-Programm zur Feststellung des „Killer"-Faktors wurde gestartet. Beide Tragflügel der F-100A wurden um je 33 cm verlängert, das Seitenleitwerk wurde um 27 Prozent vergrößert und damit annähernd auf seine ursprüngliche Höhe gebracht. Diese Änderungen erfolgten sowohl bei allen neuen als auch bei den bereits gebauten Maschinen — was North American sechs Monate und ein mittleres Vermögen kostete. Bei der Air Force war man trotz alledem vom Erfolg dieses „Jäger-Notprogramms" dermaßen überzeugt, daß man die führenden Herren der Firma North American, Dutch Kindelberger und Lee Atwood, bereits im Dezember 1954 mit der Collier Trophy „für die größte Leistung in der amerikanischen Luftfahrt im vorangegangenen Jahr" auszeichnete.

Tatsächlich gelang es, das nun erkannte Problem der sogenannten Trägheitskopplung in den Griff zu bekommen, wenngleich mit tragischer Verspätung. Die F-100 wurde auf diese Weise doch noch zu einem vollen Erfolg. Mit ihr begann, in Anspielung auf die Hunderternummer, die sogenannte „Century Series", die „Jahrhundert-Serie". Die F-100, die schließlich in fast 2300 Exemplaren gebaut wurde, sollte zuerst als „Hundred" und dann, abgekürzt, einfach als „Hun" berühmt werden. Da man das Nachfolgeprojekt F-100B (NA-212) in F-107A umbenannte, folgte der F-100A (NA-192) nur kurze Zeit später die F-100C (NA-214). Sie wurde unter anderem mit einem auf 4650 kp Nachbrennerschub leistungsgesteigerten Triebwerk J57-P-21 ausgestattet, dazu mit verstärkten Tragflügeln mit zusätzlichen Integraltanks sowie mit einem Luftbetankungsstutzen. Doch auch hier gab es anfänglich noch Stabilitätsprobleme bei hohen Geschwindigkeiten, denen man aber im Laufe der Zeit mit dem Einbau von Gier- und Nickdämpfern einigermaßen erfolgreich zu Leibe rückte.

Verständlicherweise waren nun sowohl die Herstellerfirma als auch die U. S. Air Force bemüht, einen neuen Weltrekord zu erringen, um die Serie an Peinlichkeiten auszugleichen. So oblag es mehr oder weniger traditionsgemäß dem Chef der Flugerprobung der Edwards Air Force Base, Colonel Horace Hanes, die technisch-militärische Ehre alsbald wieder herzustellen. Das tat er dann auch am 20. August 1955, knapp einen Monat nach Indienststellung der ersten Maschinen der C-Serie. Von der FAI war inzwischen, wenn auch nach einigermaßen zähem Widerstand, die sinnlos und gefährlich gewordene 100-m-Höhenbegrenzung für die neugeschaffene 15-/25-km-Kategorie abgeschafft worden — für die traditionelle 3-km-Distanz bestand sie aber weiter. Am Morgen des 20. August herrschte in Edwards zwar nur eine Lufttemperatur von 28 Grad Celsius, doch spielte das bei der vorgesehenen Flughöhe von rund 12 km keine Rolle. In solcher Höhe würde sie ohnehin bei rund —50 Grad Celsius liegen. Die neu eingerichtete Meßstrecke über dem Mint Canyon zwischen dem Palmdale Airport und Los Angeles war 18,1 km (16,25 miles) lang. Colonel Hanes durchflog sie — ohne das bekannte Stabilitätsrisiko einzugehen — das erstemal in genau 47,21766 Sekunden und das zweitemal, gegen einen 80-km/h-Wind, in genau 52,86590 Sekunden. Das ergab einen Schnitt von

Chinesische „Mini-100": Nanchang J-12 (1970)

1323,312 km/h und, mit einer Machzahl von 1,24, den ersten Überschallweltrekord.
Übrigens hatte es nicht nur mit der „Super Sabre" Schwierigkeiten gegeben. Auch ihre Rekordkonkurrenten des Jahres 1953 waren davon keineswegs verschont geblieben. Die Douglas „Skyray" (oder „Ford", wie man sie aufgrund ihrer Bezeichnung F4D — ausgesprochen „Effordih" — bald nannte) wurde, wie es zunächst schien, das Opfer des Triebwerk-Fiaskos mit der Westinghouse-Fehlkonstruktion J40. Erst nach dreijähriger Verspätung erlangte sie die Einsatzreife, nachdem man sie unter großen Schwierigkeiten auf das Pratt &Whitney-Triebwerk J57 umgerüstet hatte, mit dem auch ihre Rivalin F-100 flog. Auf britischer Seite erwies sich die Supermarine „Swift" ebenfalls als reichlich instabil und wurde von der Royal Air Force als Jäger abgelehnt. Lediglich eine kleine Serie von Nahaufklärern „Swift FR. 5" wurde gebaut und kam vier Jahre lang in Deutschland zum Einsatz. Die Hawker „Hunter" hingegen erwies sich bald als ausgesprochenes Erfolgsprodukt und Exportschlager — wenngleich erst nach Installation einer überaus häßlichen Bremsklappe unter dem Rumpfheck.

D-558-2 „Skyrocket", X-1A

Was Hochgeschwindigkeitsflüge anbetrifft, so war das Jahr 1953 besonders ergiebig. Außer der fünfmaligen Steigerung des offiziellen Weltrekords von Mach 0,90 auf Mach 1,24 kam es erstmalig zur Überwindung der Mach-2-Marke, der doppelten Schallgeschwindigkeit — und das sogar zweimal und von zwei verschiedenen Flugzeugen. Allerdings handelte es sich dabei, wie schon an anderer Stelle geschildert, wiederum um Einmalwerte. Raketenflugzeuge, die aus großer Höhe von Mutterflugzeugen gestartet wurden, erzielten solche im Bahnneigungsflug nur einen kurzen Augenblick lang. Nachdem der NACA-Pilot Scott Crossfield bei seinen Forschungsflügen mit dem zweiten Exemplar der Douglas D-558-2 „Skyrocket" immer höhere Machzahlen erreichte — Mach 1,88 am 5. August und Mach 1,96 am 14. Oktober —, wuchsen bei der NASA und bei der Navy die Spannung und der Druck, der Air Force die anstehende Mach-2-Schau zu stehlen. Es folgten entsprechende Vorbereitungen einschließlich einer treibstoffkomprimierenden Kältebehandlung des ganzen Flugzeugs. Dann startete Crossfield, am 20. November 1953, mit der „Sky-

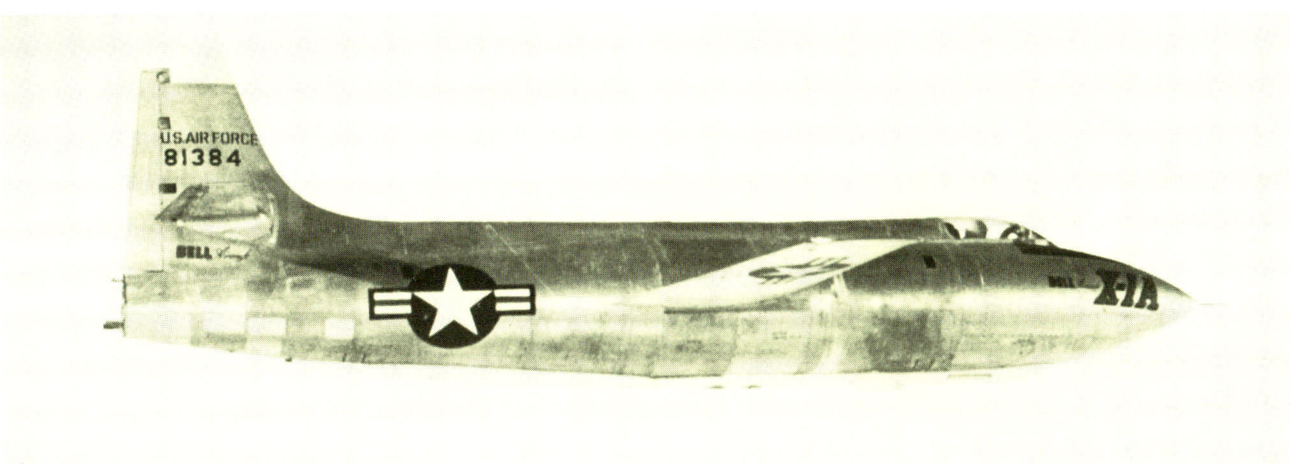

Bell X-1A (481384)

rocket" in 10 km Höhe vom Trägerflugzeug Boeing P2B-1S aus, um anhand eines sorgfältig ausgearbeiteten Flugprofils die Mach-2-Grenze zu überwinden. Dazu stieg er zuerst auf 22 km Höhe, um dann die Maschine im flachen Bahnneigungsflug maximal zu beschleunigen. In 19,9 km Höhe kam er tatsächlich auf die erhoffte Machzahl von 2,005.
Daß die U. S. Air Force darüber nicht glücklich war, da sie sich mit ihrem ehrgeizigen X-Programm gleicherweise um schlagzeilenträchtige Erfolge bemühte, versteht sich von selbst; zumal es gerade einen spektakulären Unfall mit der neuen, für Geschwindigkeiten bis zu Mach 3 vorgesehenen Bell X-2 gegeben hatte. Sie war am 12. Mai 1953 hoch über dem Lake Ontario in ihrer Trägermaschine explodiert und in den See gestürzt. Bell-Testpilot „Skip" Ziegler und ein weiteres Teammitglied waren dabei getötet worden, doch war es dem Piloten des schwer angeschlagenen Mutterflugzeugs Boeing B-50 gelungen, den Niagara Falls Airport gerade noch zu erreichen. Die Flugerprobung der aus der Bell X-1 entwickelten X-1A, die Ziegler kurz zuvor begonnen hatte, wurde am 21. November 1953 von „Chuck" Yeager fortgeführt — einen Tag nach Crossfields Erfolgsflug. Am 17. Dezember 1953 war der 50. Jahrestag des ersten Wright-Motorflugs fällig. Aus diesem Anlaß wurde von einigen hohen Air Force-Offizieren „vorgeschlagen", Air Force Major Yeager solle doch, „zur Feier des Tages", die X-1A ein Stück über Mach 2 hinaus beschleunigen.
Als schlichter Major hatte Yeager keine große Wahl, und so folgte er der Aufforderung am 12. Dezember: nach Abwurf vom Trägerflugzeug stieg er zunächst auf 21 km Höhe und beschleunigte dann. In 22,6 km Höhe kam er auf Mach 2,44. Und dann ging es auf einmal — buchstäblich — drunter und drüber: die Maschine begann wie besessen zu taumeln, sich sogar zu überschlagen, Yeager wurde im Cockpit umhergeschleudert, daß er die Besinnung verlor und sogar mit seinem Helm das Kabinendach zerschlug. In 51 Sekunden stürzte die steuerlose Maschine von fast 23 auf knapp 11 km Höhe, wo sie dann in den dichteren Luftschichten in „normales" Rückentrudeln überging. Der routinierte Yeager, halb bei Bewußtsein, brachte die X-1A instinktiv wieder in die Normallage und landete dann auch halbwegs normal auf der Edwards-Piste. Sein Kommentar dabei: „Leute, mit 'm' Schleudersitz wär' ich bestimmt nicht mehr in dem Ding drin..." Was war geschehen? Es war der erste authentische Fall einer klassischen Trägheitskopplung, die etliche Fachleute vorhergesagt hatten. „Chuck" Yeager hatte überlebt — George Welch, ein Dreivierteljahr später, überlebte nicht.

Hawker P.1083, Supermarine 545

Die Entwicklung überschallschneller Einsatzflugzeuge zu Beginn der fünfziger Jahre war durchaus nicht auf die USA beschränkt. Aufgrund der Erfahrungen im Korea-Konflikt war man auf beiden Seiten des „Eisernen Vorhangs" bestrebt, möglichst schnell fliegende, möglichst schnell und hoch steigende Abfangjäger zu entwickeln. Dabei bewiesen die Führungsgremien der britischen Royal Air Force das größte Selbstvertrauen. Man war nämlich der Ansicht, den bestehenden Überschall-Rückstand mit einem einzigen mutigen Schritt nicht nur aufholen, sondern die internationale Konkurrenz auch gleich überrunden zu können. Man entschloß sich, eine komplette Mach-1-Plus-Generation zu überspringen und gleich zur Entwicklung der übernächsten Mach-2-Generation überzugehen: radarbestückte, nachbrenner- oder raketengetriebene und mit Infrarot-Lenkwaffen ausgerüstete Abfangjäger. Die unmittelbare Folge war der Baustopp für zwei durchaus erfolgversprechende „Hunter"- und „Swift"-Nachfolger kurz vor ihrer Fertigstellung. Bei Hawker war dies die P.1083, eine geradlinige „Hunter"-Weiterentwicklung mit einem Rolls-Royce „Avon 19R" mit Nachbrenner, mit 50-Grad-Pfeilflügeln und einer Höchstgeschwindigkeit von Mach 1,2. Bei der Vickers-Tochter Supermarine war es das Modell 545 mit demselben Triebwerk, das sich von der „Swift" durch einen geteilten Bug-Lufteinlaß, einen dreifach gepfeilten Tragflügel (50, 40, und 30 Grad) und eine Geschwindigkeit von Mach 1,3 unterschied.

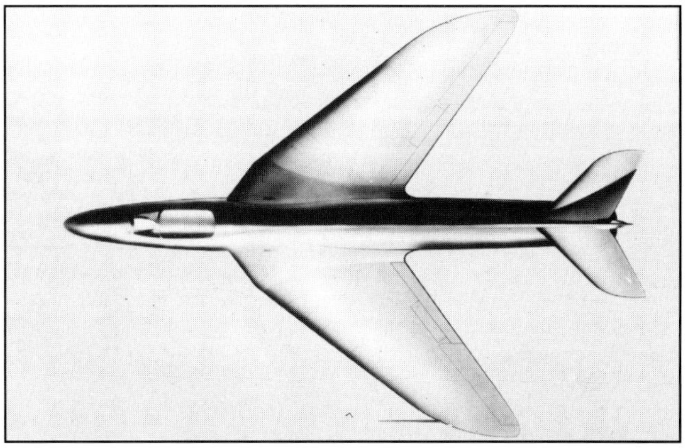

Supermarine 545 (Modell)

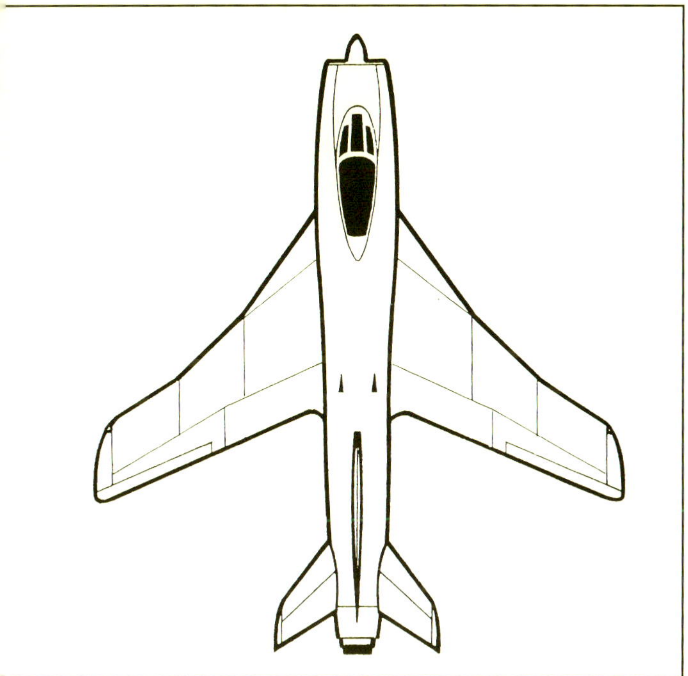

Hawker P.1083 (links) *Supermarine 545*

Avro 730

Daß sich die britischen Mach-2-Plus-Ambitionen zu jener Zeit keineswegs auf Jäger beschränkten, geht aus folgender Tatsache hervor: 1954 erließ der Air Staff eine Ausschreibung (Operational Requirement OR 330 bzw. Specification R.156T) für den Entwurf eines Fernaufklärers mit einer Marschgeschwindigkeit von nicht weniger als Mach 2,5, einer Gipfelhöhe von 18 km und einer Reichweite von mindestens 9300 km. Die von den Firmen Avro, Handley-Page und Vickers erarbeiteten Entwürfe zeigten allesamt Enten-Layout, also hintenliegende Tragflügel und vornliegendes Leitwerk. Der Avro-Entwurf 730 (100 t, 4× AS.159-Triebwerke) wurde dem Handley-Page-Entwurf HP.100 (102 t, 12× RB.121-Triebwerke) und dem Vickers-Entwurf (80 t, 6× RB.121-Triebwerke) vorgezogen. Die Firma erhielt im Sommer 1955 einen Entwicklungsauftrag für zehn Prototypen, von denen der erste bereits im November 1959 fliegen sollte. Im Oktober 1955 erweiterte man die Forderung mit der revidierten Specification RB.156D auf zusätzliche Eignung als Bomber. Damit sollten die Maschinen als Überschallnachfolger der gerade in Dienst gestellten sogenannten V-Bomber Avro „Vulcan", Handley-Page „Victor" und Vickers „Valiant" dienen.
Bei Avro modifizierte man daraufhin den Entwurf 730. Man vergrößerte den Rumpfdurchmesser von 2,30 auf 2,85 m, man änderte die gerade Vorderkante des Trapezflügels auf doppelte Pfeilung, und man ersetzte die vier Armstrong-Siddeley-Triebwerke P.159, die an den Flügelspitzen jeweils zu zweit in einer

Avro 730 (1. Version) (Modell) (oben)

Avro 730 (2. Version) (links)

Gondel übereinander angeordnet waren, durch acht des Typs P.176. Diese waren nun jeweils zu viert in einer Gondel mit rechteckigem Querschnitt in der Flügelmitte untergebracht. Die dreiköpfige Besatzung befand sich in einer gemeinsamen Druckkabine im Rumpfvorderteil, wobei der Pilot Start und Landung mit Hilfe eines ausfahrbaren Periskops zu bewerkstelligen hatte. Zwei maßstäblich verkleinerte, bemannte aerodynamische Versuchsflugzeuge Avro 731 sollten bei den Firmen Armstrong-Whitworth (als AW.166) und Bristol (als T.188) in Auftrag gegeben werden.

P.1, F. D. 2

Bei den Jägern hingegen gab es aufgrund unterschiedlicher Aufgabenstellungen mehrere Entwicklungslinien, wobei zuweilen die Grenzen zwischen reinen Forschungs- und Einsatzflugzeugen nicht klar erkennbar waren. So begann man also mit der Entwicklung zweier Hochgeschwindigkeits-Forschungseinsitzer (English Electric P.1 und Fairey Delta F. D. 2), eines Allwetterjägers (Gloster P. 376) sowie zweier raketengetriebener Abfangjäger in der Art der deutschen Me 163 (Saro SR. 53 und P. 177, Avro 720). Die beiden Forschungsflugzeuge P.1 und F. D. 2 flogen als erste. Dabei wandte sich das Fairey-Team unter Leitung von „Charlie" Chaplin und R. L. Lickley zunächst mehr der reinen Hochgeschwindigkeitsforschung zu, während das English-Electric-Team unter W. E. W. Petter und später F. W. Page schon von vornherein die Schaffung eines echten Jagdeinsitzers im Auge hatte. Die Fairey Delta 2 (F. D. 2), die aus früher ausgiebig erprobten, kleinen, unbemannten und bemannten Forschungsflugzeugen mit Dreieckflügeln weiterentwickelt worden war, wies einen reinen Deltaflügel ohne Höhenleitwerk auf. Hingegen stellte der Flügel der P.1 eine Art Deltaverschnitt dar, bei dem man ein Dreieck aus der geraden Hinterkante herausgetrennt und als Höhenleitwerk ein Stück tiefer dahintergesetzt hatte. Diese Leitwerksanordnung rief zunächst, auf offizieller Seite, starke Abneigung hervor, erwies sich aber dann gegenüber den bevorzugten „Äquator"- und T-Anordnungen als überlegen, insbesondere bei bestimmten überzogenen Flugzuständen (deep stall).

Doch auch hinsichtlich des Antriebs unterschieden sich die beiden Entwürfe erheblich voneinander: bei der F. D. 2 war es ein einzelnes Axialtriebwerk Rolls-Royce „Avon 5", während die P.1 zwei gestaffelt übereinander angeordnete Axialtriebwerke Armstrong-Siddeley „Sapphire 5A" aufwies. Beide Flugzeuge konnten im Herbst 1954 zu ihren Jungfernflügen starten, die P.1 im August und die F. D. 2 im Oktober. Dabei gelang es dem Testpiloten Roland Beamont schon beim dritten Flug am 11. August, mit der P.1 als erster britischer Maschine die Schallgeschwindigkeit im Horizontalflug zu überschreiten. Im Verlaufe der anschließenden Flugerprobung gelang es dann, eine Horizontalgeschwindigkeit von 1250 km/h zu erreichen, was einer Machzahl von 1,12 entsprach. Und später gelang es sogar, diese noch auf 1625 km/h (Mach 1,53) zu steigern, allerdings mit Hilfe stärkerer Nachbrennertriebwerke.

Bei der F. D. 2 hingegen ließen Überschallerfolge erheblich länger auf sich warten. Beim 13. Flug am 17. November 1954 kam es infolge kollaborierender Kraftstoffsacktanks zu völligem Triebwerks- und somit Systemausfall — in 9 km Höhe, 50 km vom Flugplatz entfernt und in der verkehrten Flugrichtung. Fairey-Testpilot Peter Twiss gelang es dennoch, die Maschine im Gleitflug zurückzubringen und — nur das Bugrad ließ sich noch ausfahren — einigermaßen glimpflich aufzusetzen. Für diese Leistung wurde er mit der „Queen's Commendation for Valuable Service in the Air" ausgezeichnet. Wegen der erforderlichen Reparaturarbeiten konnte die Maschine erst wieder im August 1955 starten und, am 28. Oktober 1955, mit erreichten Mach 1,1 ihr Überschall-Erfolgs-

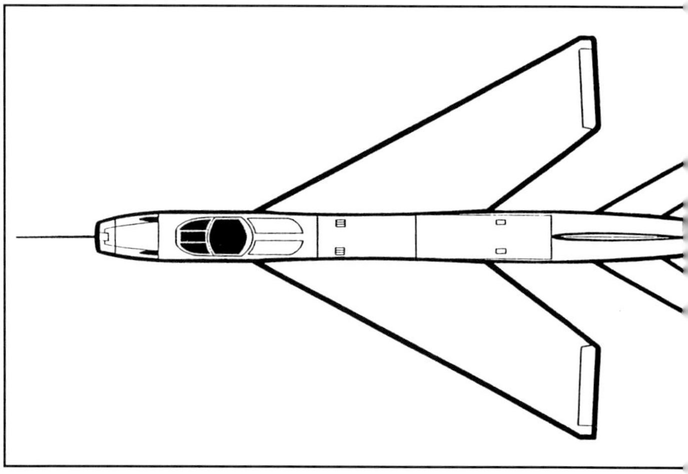

English Electric P.1A

English Electric P.1A

Fairey Delta F.D.2 (WG774)

erlebnis nachholen — sogar ohne Nachbrenner. Der eingeschaltete Nachbrenner brachte die F. D. 2 schon im darauffolgenden Monat auf Mach 1,53 = 1654 km/h in rund 11 km Höhe — und das Fairey-Team brachte er damit auf den naheliegenden Gedanken, den Geschwindigkeitsweltrekord anzugreifen. Dieser war bekanntlich kurz zuvor von einer amerikanischen „Super Sabre" mit 1323 km/h erstmalig in den Überschallbereich gehievt worden. Erstaunlicherweise mußte zuerst eine gehörige Portion Lethargie, sogar Feindseligkeit auf offizieller Seite, überwunden werden. Das zuständige Ministry of Supply erklärte sich schließlich mit dem Projekt einverstanden, sofern es den Staat keinen Penny kosten würde. Das Ministerium lieh der Firma Fairey die Maschine lediglich aus — die Versicherung und die amtlichen Zeitnehmer des Royal Aircraft Establishment mußten von der Firma bezahlt werden. Bei Fairey entschied man sich für eine, südlich des RAF-Flugplatzes Tangmere, zwischen Chichester und Littlehampton einzurichtende, 15,35 km lange Meßstrecke und begann unter größer Geheimhaltung mit den Vorbereitungen, die sich teilweise etwas schwierig gestalteten. So mußte man beispielsweise im Rathaus von Chichester die Erlaubnis erwirken, eine Wendemarke in der städtischen Kläranlage errichten zu dürfen. Eine zweite Markierung fand dann auf dem Lazarettgebäude der Royal Naval Air Station Ford in der Nähe von Littlehampton ihren Platz. Der Stadtverwaltung von Portsmouth teilte man mit, daß die zu erwartenden Überschallknalle auf angesetzte Schießübungen der Royal Navy zurückzuführen seien.

Am 8. März 1956 war man dann soweit, den Rekordangriff ernsthaft ins Auge zu fassen. An diesem Tage führte Peter Twiss zwei Doppelflüge über die Meßstrecke durch, am nächsten Tag noch weitere vier. Da man aber noch nicht ganz zufrieden war, folgte am Morgen des 10. März noch ein weiterer Doppelflug, der dann endlich den erwünschten Kondensstreifen brachte. Dieser war eine wichtige visuelle Hilfe für die Bodenbeobachter. Kurz darauf, um 11.20 Uhr, startete Twiss erneut zum eigentlichen Rekordangriff. Sofort nach dem Abheben schwenkte er die Rumpfspitze, die für Start und Landung zwecks besserer Sicht abgesenkt wurde, in die normale Fluglage hoch. Diese konstruktive Neuerung wurde übrigens später von verschiedenen großen Überschallflugzeugen übernommen, so von der anglo-französischen „Concorde", ihrer russischen Kollegin Tupolew Tu-144 und dem russischen Mach-3-Bomber Suchoj T-4. Twiss ließ die F. D. 2 ohne Nachbrennerbetätigung im Unterschallflug auf die vorgesehene Flughöhe von 11,6 km steigen, um dann mit eingeschaltetem Nachbrenner mit seinem Rekordvorhaben zu beginnen. 23

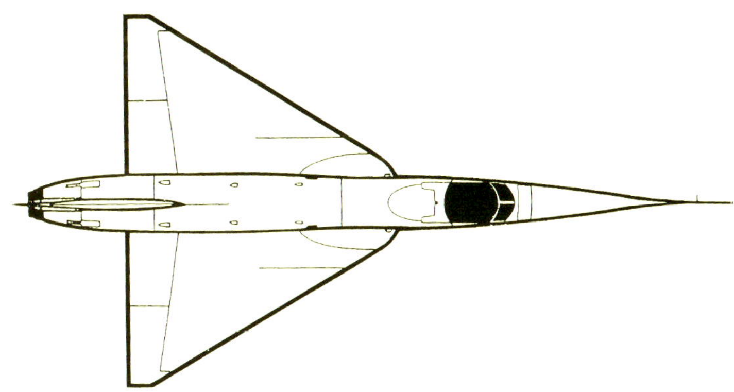

Faircy Delta F.D.2

Minuten nach dem Start konnte er schon wieder zur Landung einschweben: Unternehmen Weltrekord erfolgreich abgeschlossen! Beim Hinflug in östlicher Richtung hatte er 1798 km/h erreicht, beim Rückflug waren es sogar 1846 km/h gewesen. Der Schnitt ergab, bei einer Machzahl von 1,731, sensationelle 1822 km/h — fast 500 km/h mehr als der seit einem guten halben Jahr bestehende Weltrekord der amerikanischen F-100C „Super Sabre". Das war eine nie zuvor und auch späterhin nie mehr erzielte Steigerung um mehr als 37 Prozent. In den USA herrschte zunächst ungläubiges Staunen, das jedoch bald abgelöst wurde von nüchternen, technischen Analysen der britischen Hardware. In der UdSSR reagierte man ähnlich, insbesondere bei der staatlichen Forschungsanstalt ZAGI und in den Konstruktionsbüros von Mikojan und Suchoj. In Frankreich zog man bei der Firma Dassault die konsequentesten Schlußfolgerungen aus dem Weltrekordereignis, und zwar in bezug auf die gerade laufende, firmeneigene Weiterentwicklung des Deltaflüglers „Mirage". Man fand sich schließlich noch bestätigt durch eine Serie von 47, in niedriger Höhe durchgeführten Überschallflügen, welche die F. D. 2 im Spätherbst 1956 vom südfranzösischen Cazaux aus, in der Nähe von Bordeaux, vornahm. Am 7. November 1956, zwei Tage nach der Rückkehr der Fairey F. D. 2 nach England, flog erstmals eine „Mirage III". Sie hatte in mancherlei Hinsicht von der britischen Maschine profitiert und wurde zu einem ausgesprochenen Verkaufsschlager — im Gegensatz zum britischen „Original".

MiG-17, MiG-19

Was Verkaufsschlager anbelangt, hatten die führenden Konstruktionsbüros jenseits des „Eisernen Vorhangs" bedeutend geringere Sorgen. Aber ihre praktischen Probleme, die sich mit dem Eintritt in den Überschallbereich ergaben, waren die gleichen. Die Führungsposition, die das OKB Mikojan seit einigen Jahren, dank seiner weltweit erfolgreichen MiG-15, einnahm, wollte man verständlicherweise nicht abgeben. Deshalb begann das MiG-Team (mit den Konstrukteuren Beljakow, Brunow, Kurguzow, Losino-Losinskij, Mesuitow, Minajew und Tschumatschenko) Anfang der fünfziger Jahre, auftragsgemäß mit den Entwicklungsarbeiten an einem Überschallnachfolger. Dies geschah parallel zur anlaufenden Großserienfertigung der MiG-15-Nachfolgerin, der MiG-17. Zwar hatten die Versuchspiloten Anochin und Kasmin mit MiG-17-Prototypen SI im Sturzflug schon Mach 1,14 erzielt, doch stellte dieser Wert keinen echten Überschallflug dar und wurde auch von keiner Serienmaschine MiG-17 je erreicht. Der erste Überschallentwurf M (I-350) erwies sich aufgrund des unzuverlässigen Ljulka-Triebwerks als Fehlschlag, doch die Resultate der Versuche, die kurze Zeit später mit dem Versuchsmuster SM-1 (I-340) durchgeführt wurden, waren wirklich ermutigend. Bei der SM-1 handelte es sich um die vom einzelnen Klimow-Triebwerk auf zwei kleinere Mikulin-Triebwerke umgerüstete MiG-15bis-45 Grad. Man entschloß sich daraufhin, den Überschall-Neuentwurf SM-2 (I-360) zweistrahlig auszulegen. Im Mai 1952 begann man mit der Werkserprobung. Nach Abschluß ihrer ersten Phase im Mai 1953 legte man das T-förmige Höhenleitwerk der beiden Prototypen ein ganzes Stück tiefer an den Rumpf, und zwar aus den gleichen Gründen wie bei der britischen P.1: in bestimmten Flugzuständen wurde es nämlich vom Tragflügel regelrecht „abgeschattet".

Die Leistungen der neuen Mikojan-Konstruktion waren so überzeugend, daß schon am 17. Februar 1954, nach knapp sechs Wochen Werkserprobung des verbesserten Serienprototyps SM-9/1, der Ministerrat der UdSSR das Dekret Nr. 286-133 erließ. Darin verfügte er den Serienbau des nunmehr als MiG-19 bezeichneten Jagdeinsitzers in zwei Werken, in Gorki und in Nowosibirsk. Tatsächlich hatte Werkspilot Sedow schon nach wenigen Flügen eine Geschwindigkeit von 1440 km/h erreicht. Das entsprach einer Machzahl von 1,33 und lag beträchtlich über dem bestehenden 1215-km/h-Weltrekord der YF-100A „Super Sabre", ja sogar über dem erst eineinhalb Jahre später aufgestellten 1323-km/h-Rekord der F-100C. Auf der Grundlage der erfolgreichen MiG-19 alias SM alias I-360 hatte man bei OKB Mikojan unverzüglich mit den Entwurfsarbeiten zu einem etwas schwereren Überschalljäger begonnen. Dessen erstes Exemplar I-1 (I-370) besaß dann

Mikojan-Gurjewitsch MiG-9S (links)
Mikojan-Gurjewitsch SM-9/1 (MiG-19) (unten)

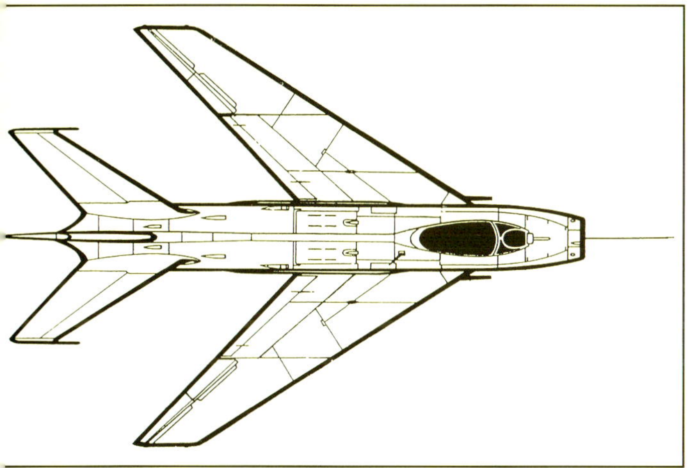

Mikojan-Gurjewitsch MiG-19

auch denselben Flügel wie die MiG-19, war aber mit einem einzelnen Klimow-Triebwerk WK-1 mit entsprechend höherer Schubleistung ausgerüstet. Schon bei den allerersten Flügen im Februar 1955 zeigte sich die I-1 mit 1452 km/h als praktisch ebenso schnell wie ihre etwas leichtere Vorgängerin. Nach einigen leistungssteigernden Maßnahmen am Triebwerk war sie mit 1520 km/h sogar noch etwas schneller. Daraufhin führte man die Weiterentwicklung des Prototyps in Richtung Allwetterjäger fort.

Suchoj S-1

Das OKB des Konstrukteurs Pawel Suchoj war einige Jahre lang in „offizielle" Ungnade gefallen. Im Jahre 1953, unmittelbar nach Stalins Tod, etablierte Suchoj es neu. Einige Jahre zuvor hatte man den Überschallentwurf Su-17 aufgegeben. Nun entwickelte man diesen Entwurf weiter, indem man sofort mit den Arbeiten an zwei neuen Überschalljäger-Entwicklungsreihen begann. Sie trugen die Bezeichnungen S (= strelowidnji = gepfeilt) und T (= treugolnji = dreieckig). Mitte 1955 wurde der Prototyp S-1 zum ersten Mal geflogen. Er war der Mikojan I-1 sehr ähnlich, und seine Höchstgeschwindigkeit übertraf sogar diejenige der Mikojan-Konstruktion. Dies war dem inzwischen weitgehend ausgereiften, 9500 kp starken Nachbrennertriebwerk Ljulka AL-7F zu verdanken. Die Höchstgeschwindigkeit von nahezu 2 Mach bedeutete, daß die Sowjetunion zu diesem Zeitpunkt die absolut schnellsten Jagdflugzeuge der Welt besaß. Doch die Welt, jedenfalls die westliche, hatte davon keine Ahnung.

NATO ASCC Reporting Names

Grund dafür war die von der Sowjetunion extrem betriebene Geheimhaltung, die zuweilen richtig paranoide Züge aufwies. Da sie sich sogar auf die reinen Typenbezeichnungen ihrer Militärflugzeuge erstreckte, sah man sich auf westlicher Seite bald veranlaßt, ein umfangreiches System von Codenamen aufzubauen, um östliche Maschinen überhaupt identifizieren zu können. Einsilbige Namen wurden für Propellerflugzeuge, zweisilbige für Strahlflugzeuge verwendet, wobei die Anfangsbuchstaben auf die jeweilige Gattung hinwiesen, also beispielsweise B für Bomber, C für Cargo (Transporter), F für

Suchoj Su-7

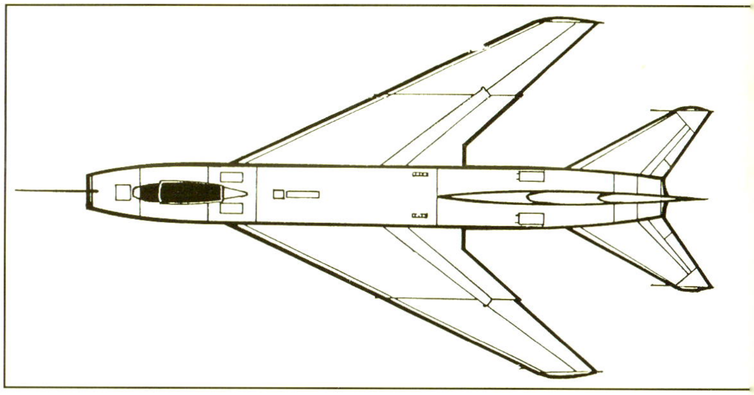

Suchoj S-1 (oben+unten)

Fighter (Jäger) und so fort. Da diese englischen „reporting names“ in erster Linie lautmalerisch konzipiert waren, um in möglichst vielen (NATO-)Sprachen verzerrungsfrei ausgesprochen werden zu können, kam es dann zu solch unvergeßlichen Klassikern wie „Blowlamp“, „Cookpot“ und „Frogfoot“. Die MiG-19 erhielt auf diese Weise den Codenamen „Farmer“. Daraus machte später der scharf kombinierende Übersetzer eines amerikanischen Artikels für das deutsche Nachrichtenmagazin „Der Spiegel“ einen „Kolchosnik“, was in Leserzuschriften tiefgründig kommentiert wurde.

XF8U-1 „Crusader“

Die Paranoia des Kalten Krieges war jedoch keineswegs auf die UdSSR beschränkt. Auch in den USA zeigte sie sich gelegentlich mit gewissen Eigentümlichkeiten, wie beispielsweise im Falle „Crusader“. U. S. Air Force und U. S. Navy hatten sich Mitte der fünfziger Jahre stillschweigend darauf geeinigt, Angriffe auf den Geschwindigkeitsweltrekord künftig abwechselnd zu unternehmen. Nach dem Weltrekordflug der USAF-„Super Sabre“ vom August 1955 war also nun die Navy an der Reihe, die sich dank ihres neuen Jagdeinsitzers Vought „Crusader“ dazu durchaus in der Lage sah.
Drei Jahre zuvor, im August 1952, waren acht Flugzeugfirmen (Convair, Douglas, Grumman, Lockheed, McDonnell, North American, Republic und Vought) vom U. S. Navy Bureau of Aeronautics aufgefordert werden, ein Angebot für ein trägergestütztes Jagdflugzeug abzuliefern. Die Navy-Forderungen umfaßten unter anderem: Höchstgeschwindigkeit Mach 1,2 in 9 km und Mach 0,9 in 0 m Höhe, Steiggeschwindigkeit 127 m/s, Landegeschwindigkeit 180 km/h, Faltflügel, Katapultstarteinrichtung und Fanghaken. Das Entwurfsteam der Firma Chance Vought Aircraft (CVA) unter der Leitung von John Russell (Russ) Clark und Lyman G. Joseph war auch schon für die vorangegangenen beiden, nicht gerade übermäßig erfolgreichen Vought-Strahljäger verantwortlich gewesen, der einstrahligen, untermotorisierten F6U „Pirate“ (33 Exemplare) und der zweistrahligen, schwanzlosen, tückischen F7U „Cutlass“ (307 Exemplare). Ohne einen durchschlagenden Erfolg konnte die Firma kaum überleben. Man entschied sich für eine relativ konventionelle Konstruktion, allerdings mit einer bedeutsamen Ausnahme: der hochliegende, stark gepfeilte Tragflügel besaß nicht nur integrale Kraftstofftanks, sondern war mit Hilfe eines hydraulisch betätigten Kolbens insgesamt um seine Querachse schwenkbar. Der somit veränderbare Anstellwinkel sorgte in Verbindung mit weiteren Auftriebshilfen für die geforderte niedrige Landegeschwindigkeit. Die Verwendung eines äußerst kurzen Fahrwerks ermöglichte gleichzeitig die waagrechte Rumpflage.
Anfang Februar 1953 legte man der Navy diesen Entwurf V-383 vor. Schon drei Monate später sah sich Vought als Gewinner der Ausschreibung und im Besitze eines Auftrages über drei flugfähige Prototypen XF8U-1 plus Bruch- und anderweitige

Versuchszellen. Die Attrappenbesichtigung im Oktober 1954 resultierte lediglich in ein paar kleinen, von der Navy gewünschten Änderungen. So konnte der Rollout des ersten Prototyps des inzwischen „Crusader" genannten Jägers schon Ende Februar 1955 erfolgen. Anschließend wurde die Maschine auf dem Luftwege zur Edwards Air Force Base verlastet. Dort unterzog sie Vought-Chefpilot John W. Konrad den erforderlichen Rollversuchen. Am 25. März 1955 führte er dann den Erstflug durch, in dessen Verlauf er in 11 km Höhe mühelos eine Machzahl von 1,05 erreichte — eine Premiere für ein Trägerflugzeug. Weitere Flüge erbrachten beträchtliche Geschwindigkeitssteigerungen bis um die 1700 km/h. Das, so meinte man bei der Navy und natürlich auch bei der Firma Chance Vought, würde für einen neuen Weltrekord „made by the U.S. Navy" ganz gewiß ausreichen. Umgehend begann man mit den erforderlichen Vorbereitungen zu diesem Unternehmen. In Anspielung auf die anvisierte 1000-Meilen-Geschwindigkeit (1610 km/h) erhielt es den Namen „Project One Grand". Es sollte von der Marine Corps Station Mojave in Kalifornien aus durchgeführt werden.

Doch genau 49 Stunden vor Beginn der offiziellen Rekordflüge kam das Verbot aus dem Pentagon — aus Gründen nationaler Sicherheit. Verteidigungsminister Charles Wilson befürchtete, so vernahmen die verärgerten Rekordaspiranten, daß eine derartige Spitzenleistung amerikanischen Flugzeugbaus einem potentiellen Feind der US-Demokratie allzuviel verraten würde — Paranoia made in USA. Die Chance eines beeindrukkenden Weltrekords der U.S. Navy war unwiederbringlich vertan, denn nur wenige Monate später sollte die britische F.D.2 den Weltrekord mit 1822 km/h auf eine für die westliche Konkurrenz vorerst unerreichbare Höhe schrauben.

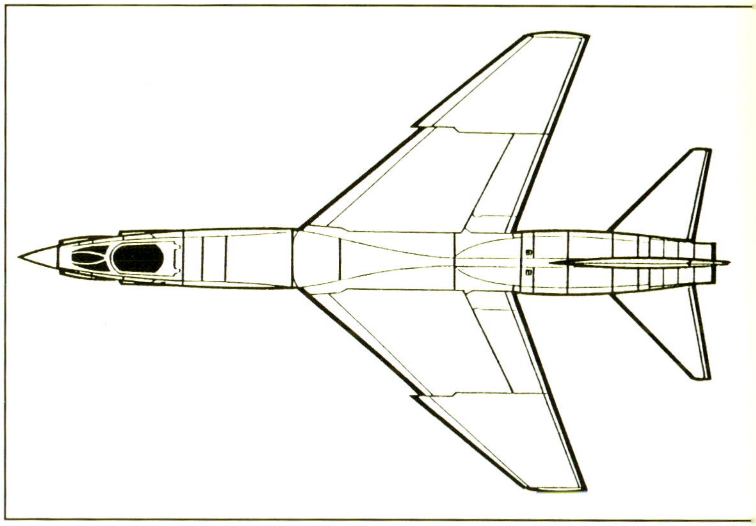

Vought XF8U-1 „Crusader" (138899) (oben+unten)

Kapitel 3: 1956-1958 — Mach 2 und mehr

Dank des Rekorderfolgs des britischen Forschungsflugzeugs Fairey „Delta 2“ begutachtete das Ministry of Supply (MoS) den Vorschlag, den die Firma Fairey einige Monate später unterbreitete, mit Wohlwollen: die F. D. 2 sollte anstelle der im Juli 1956 aufgegebenen Gloster P. 376 (der sogenannten „thin-wing Javelin“), in einen Mach-2,5-Allwetterjäger weiterentwickelt werden. Voller Optimismus begann man daraufhin bei Fairey unverzüglich und auf rein privater Basis mit den Entwicklungsarbeiten, die nach wie vor mit offiziellem Wohlwollen betrachtet wurden. Noch am Montag, den 1. April 1957, ließ man die Firma Fairey inoffiziell wissen, daß sie sehr gut im Rennen läge. Doch dann kam die unerwartete kalte Dusche. Am Donnerstag, den 4. April, verfügte Verteidigungsminister Duncan Sandys in einem White Paper die sofortige Einstellung aller Arbeiten an zukünftigen Überschallflugzeugen für die Royal Air Force. Alleinige Ausnahme: der aus dem Forschungseinsitzer English Electric P.1 entstandene Mach-2-Abfangjägers P.1B „Lightning“ — der zufällig an diesem Tag seinen Erstflug durchführte — und der bei Saunders-Roe im Bau befindliche Raketenjäger SR.177. Zukünftig würden, so las man, Flugkörper die Aufgaben der bemannten Einsatzflugzeuge übernehmen. Praktisch alle im Bau befindlichen Prototypen wurden verschrottet, so auch der Mach-2-Plus-Bomber Avro 730. Dessen Rumpf wurde zersägt und verbrachte sein weiteres Dasein immerhin sinnvoll in Form großer, kreisrunder Abfallbehälter, zur Freude aller überzeugten Pazifisten. Die erfolgreiche Fairey F. D. 2 wurde später mit einem Ogivalflügel versehen, um als eine Art „Concorde“-Prototyp zu dienen, doch verzögerte sich ihre Fertigstellung in solchem Ausmaß, daß ihr dann praktisch keine Bedeutung mehr zukam.

P.1B „Lightning“, Saro SR.53, P.177

Geblieben war ein gewisses Interesse an einem Mach-2-Abfangjäger mit relativ geringer Reichweite, dafür aber mit hoher Steiggeschwindigkeit. Der Jagdeinsitzer English Electric (später British Aerospace Corporation = BAC) P.1B „Lightning“ unterschied sich vom vorangegangenen Forschungseinsitzer P.1 (nunmehr als P.1A bezeichnet) durch stärkere Triebwerke Rolls-Royce „Avon“ mit zunächst simplen, später aufwendigeren Nachbrennern, einem kreisrunden Lufteinlaß mit Zentralkonus und, in späteren Versionen, mit doppelt gepfeilter Flügelvorderkante. Obwohl sie wegen ihrer recht komplizierten Konstruktion sehr wartungsaufwendig war, stellte diese kompakte Maschine doch den von der Royal Air Force seit geraumer Zeit erhofften, mit Radar und Lenkwaffen ausgestatteten, modernen Mach-2-Jäger dar. Allerdings wurde ihm amtlicherseits nur ein Übergangsstatus auf dem Wege in eine reine Lenkwaffenzukunft zugewiesen und so wurde er nur in einer ziemlich bescheidenen Stückzahl gebaut: 338 Exemplare, einschließlich 57 Exportmaschinen für Saudi-Arabien und Kuweit. Einige Jahre später, nachdem sich der offizielle Lenkwaffenoptimismus als verfrüht herausgestellt hatte, sah man sich wegen eines fehlenden britischen Nachfolgers gezwungen, die amerikanische „Phantom II“ zu erwerben — immerhin wurde diese mit britischen Rolls-Royce-Triebwerken ausgestattet.
Dem zweiten der beiden zunächst überlebenden Programme, dem Raketenjäger Saro P.177, war ein unrühmlicheres Ende

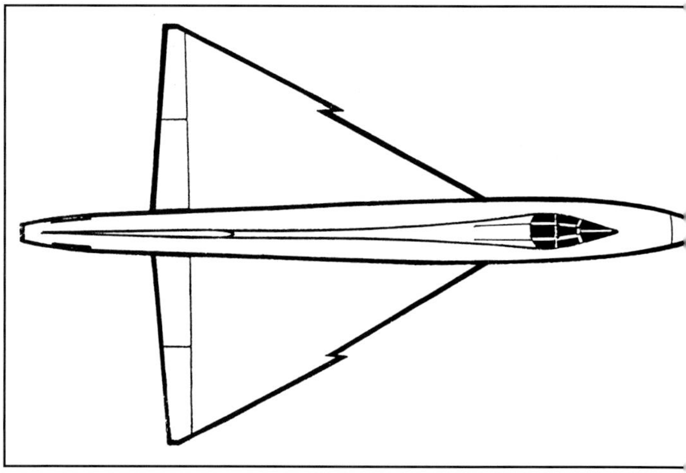

Avro 720

Avro 720 (XD696)

Saro SR.53 (XD145) (oben)

Saro SR.53 (XD145) (unten)

bestimmt. Nachdem man den sehr ähnlichen Konkurrenzentwurf Avro 720 bereits früher aufgegeben hatte, widmete man sich bei der Firma Saunders-Roe der Fertigstellung der beiden im Bau befindlichen Versuchsexemplare der S. R. 53. Es handelte sich bei ihnen, genau wie bei der aufgegebenen Avro 720, um Deltaflügler mit Mischantrieb, allerdings mit zusätzlichem T-Leitwerk. Das 3630 kp leistende de Havilland-Raketentriebwerk, das Modell „Screamer" bei Avro und das Modell „Spectre" bei Saro, wurde in beiden Fällen durch ein 800-kp-Strahltriebwerk „Viper" ergänzt. Es sollte dem Flugzeug nach seinem systembedingt kurzen Raketenflug die Rückkehr zum Startplatz im Marschflug ermöglichen. Beim Vorbild Me 163 war das bekanntlich nur im Gleitflug zu bewerkstelligen. Im Hinblick auf eine geplante NATO-Ausstattung mit europäischen Konstruktionen wurden von amerikanischer Seite 1,5 Millionen Dollar zur S. R. 53-Entwicklung beigesteuert. Parallel zum Bau der beiden Exemplare der S. R. 53 begann das von Maurice Brennan geleitete Saro-Konstruktionsteam mit der Entwicklung eines echten Einsatzmusters unter der Bezeichnung P. 177. Bei diesem sollte, neben vielen

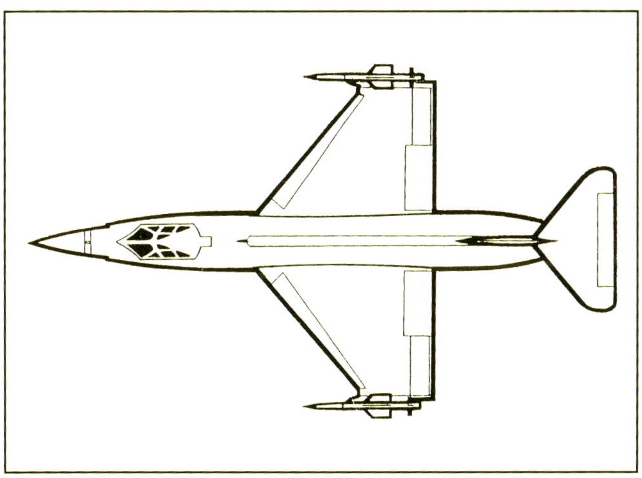

Saro P.177

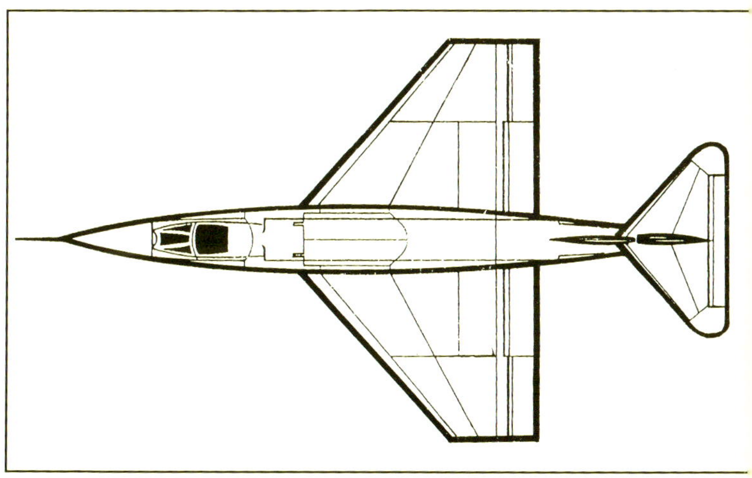

Saro SR.53

Änderungen gegenüber dem Prototyp S. R. 53, auch ein mit 6350 kp Schub erheblich stärkeres Strahltriebwerk de Havilland „Gyron Junior" zum Einbau kommen. So erfolgversprechend erschien dieses Konzept, daß sich die gerade wieder entstehende deutsche Luftwaffe, auf der Suche nach einem Abfangjäger mit hoher Steigleistung, ernsthaft für die P.177 interessierte. Der Erstflug der ersten der beiden S. R. 53 verzögerte sich bis zum Mai, der der zweiten bis zum Dezember 1957. Doch war zu diesem Zeitpunkt bereits das amtliche britische Interesse geschwunden, und auch die deutsche Luftwaffe war — dank amtlicher britischer Inkompetenz, gepaart mit Rolls-Royce-Konkurrenzneid — entnervt vom vielversprechenden P.177-Projekt abgesprungen. Die S. R. 53-Erprobungsflüge wurden wohl für einige Zeit fortgesetzt, wobei zwar nicht die ursprünglich recht hoch anvisierte Machzahl von 2,4, aber immerhin die von 1,33 erreicht wurde. Doch bedeutete der tödliche Startunfall des Saro-Testpiloten John Booth mit dem zweiten Exemplar der S. R. 53 im Juni 1958 das endgültige Aus für das gesamte britische Raketenjägerprogramm. Die deutsche Seite ließ sich dann, nach kurzem Interesse für den durchaus diskutablen Grumman-Jagdeinsitzer F11F-1F „Super Tiger", schließlich von den in Wort und Tat massiv angepriesenen Vorzügen des neuen Lockheed-Jagdeinsitzers F-104 „Starfighter" überzeugen. Das war keine optimale Wahl, wie sich später leider herausstellen sollte.

Saro SR.177 (Modell) (oben)

SO. 9000/9050 „Trident"

Auch auf französischer Seite glaubte man zu diesem Zeitpunkt, eines schnell steigenden Abfangjägers mit Mischantrieb zur Abwehr befürchteter UdSSR-Langstreckenbomber zu bedürfen. Am 28. Januar 1953 erfolgte eine Programmausschreibung zu einem „intercepteur léger". Er sollte u. a. in vier Minuten auf 15 km Höhe steigen, einen in 25 km Entfernung mit Mach 1 fliegenden Feind mit einer Geschwindigkeit von mindestens Mach 1,3 einholen, ihn mit einer 200 kg schweren Lenkwaffe abschießen und anschließend wieder auf dem Heimatflugplatz mit einer Geschwindigkeit von weniger als 180 km/h landen. Für den Antrieb kamen in Frage: ein Nachbrenner-Strahltriebwerk SNECMA „Atar", Nachbrenner-Strahltriebwerke mit „mittlerem Schub", Flüssigkeitsraketentriebwerke oder Feststoffraketenmotoren. Von den sieben Vorschlägen, die sechs Konstrukteure einreichten, wurden schließlich drei ausgewählt, die alle Mischantrieb in Form von Strahl- und Raketenantrieb vorsahen. Aber lediglich der aus dem Prototyp „Trident I" entstandene SNCASO-Entwurf „Tri-

SNCASO SO-9000-01 „Trident I"

SNCASO SO.9000-01 „Trident I“

dent II/III“ war für Mach-2-Plus-Geschwindigkeiten ausgelegt. Der Prototyp SO 9000 „Trident I“, der im Frühjahr 1953 vom Entwurfsteam der staatlichen Firma SNCA du Sud-Ouest unter der Leitung von Lucien Servanty fertiggestellt wurde, wies, ähnlichen Forderungen entsprechend, eine gewisse äußere Ähnlichkeit mit dem gleichzeitig in den USA entstehenden „Starfighter“ auf. Der Hauptantrieb erfolgte jedoch durch ein zentrales Dreikammer-Raketentriebwerk SEPR 481, während zwei Marsch-Strahltriebwerke — Dassault-Lizenzbauten der britischen „Viper“ — an den Enden der ungepfeilten kurzen Rechteckflügel saßen. Die Erprobung begann im März 1953, wobei eine höchste Machzahl von 1,63 erreicht wurde — in leichtem Steigflug sogar. Den drei Prototypen SO 9000 „Trident I“ folgte etwa zwei Jahre später eine Kleinserie von sechs etwas abgeänderten SO 9050 „Trident II“ mit Zweikammer-Raketentriebwerk SEPR 631 und stärkeren Marschtriebwerken Turboméca „Gabizo“ mit Nachbrennern. Doch erwies sich der Flüssigkeitsraketenantrieb nach wie vor als problematisch. Nach dem Verlust zweier Maschinen gab man das ganze Programm im Jahre 1958 endgültig auf, genau wie in England, allerdings nicht ohne im April noch zwei internationale Steigrekorde (15 km in 2 min 36 s und 18 km in 3 min 17 s) und im Mai (mit 24217 m) einen Höhenweltrekord aufgestellt zu haben. Beim allerletzten Flug am 6. Oktober 1958 erreichte der Pilot Jean-Pierre Rozier sogar, wenn auch inoffiziell, eine Gipfelhöhe von über 26 km, nachdem schon zuvor in 22,1 km Höhe Mach 1,95 erreicht und in 18 km Höhe bei Mach 1,8 sogar Rollen geflogen worden waren. Doch diese Rekorde stellten eigentlich eine verständliche Trotzreaktion dar, da der französische Staat inzwischen durchgreifende Sparmaßnahmen verfügt hatte. Diesen fielen neben etlichen anderen Hochgeschwindigkeitsprogrammen auch die vorgesehenen Weiterentwicklungen „Trident III“ (Mach 2,3) und „Trident IV“ (Mach 3) zum Opfer.

SNCASO SO.9050-01 „Trident II“

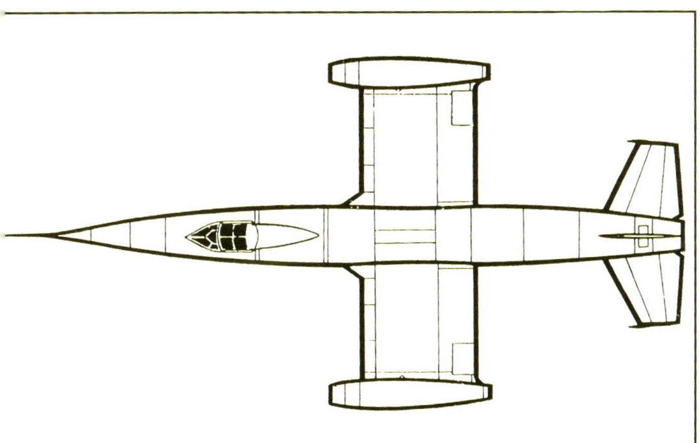

SNCASO SO.9050-01 „Trident II“

F8U-1 „Crusader“

In den USA war man natürlich über den spektakulären Rekordflug der britischen F. D. 2 alles andere als entzückt, zumal man der Ansicht war, inzwischen mehrere „High-Speed“-Trümpfe in der Hand zu haben. Im Sommer 1956, also nur wenige Monate nach dem britischen Rekord, appellierte die U. S. Navy, eifrig unterstützt vom Hersteller Chance Vought, erneut an den Verteidigungsminister, einen prestigebringenden Weltrekordangriff zu genehmigen. Man sah die inzwischen produzierte Serienausführung F8F-1 des „Crusader“ als durchaus ebenbürtige Konkurrentin der britischen Maschine an. Diesmal erteilte Mr. Wilson seinen Segen, allerdings mit der Auflage, daß man dabei — nationale Sicherheit über alles — unbedingt um rund 100 mph, also etwa 160 km/h, unter dem tatsächlich erreichbaren Maximum bleiben müsse. Trotz dieses offiziell auferlegten Handicaps ging die Navy sofort ans Werk, weil bei einem derartigen Rekord auf jeden Fall mit der Erringung der berühmten, geschwindigkeitsbezogenen Thompson Trophy zu rechnen war.

Auf dem nördlich von Los Angeles gelegenen, rund 2600 Quadratkilometer großen und großenteils menschenleeren Waffenerprobungsgelände China Lake, dem U. S. Naval Ordnance Test Center, präparierte man eine 15,1 km lange Meßstrecke. Im Frühherbst war man soweit, und in den frühen Morgenstunden des 21. August 1956 startete Navy Commander Robert „Duke“ Windsor zum Rekordangriff. Kurz nach 7 Uhr hatte er schon die beiden erforderlichen Durchgänge pflichtgemäß mit „zurückhaltender“ Höchstgeschwindigkeit durchflogen. Die anschließende Auswertung ergab einen offiziellen Durchschnittswert von etwas über 1634 km/h. Das bedeutete nicht den erhofften Welt-, sondern lediglich einen USA-Rekord und die angepeilte Trophäe für den „Duke“. Man war bei der U. S. Navy „sauer“ auf die von oben herunter verfügte Enthaltsamkeit und schwor, bei der nächsten sich bietenden Gelegenheit „denen da oben“ nebst dem Rest der Welt zu zeigen, daß man wirklich der Schnellste war — offiziell oder nicht. Und diese Gelegenheit bot sich recht bald.

Grumman F11F-1F „Super Tiger“ (138646)

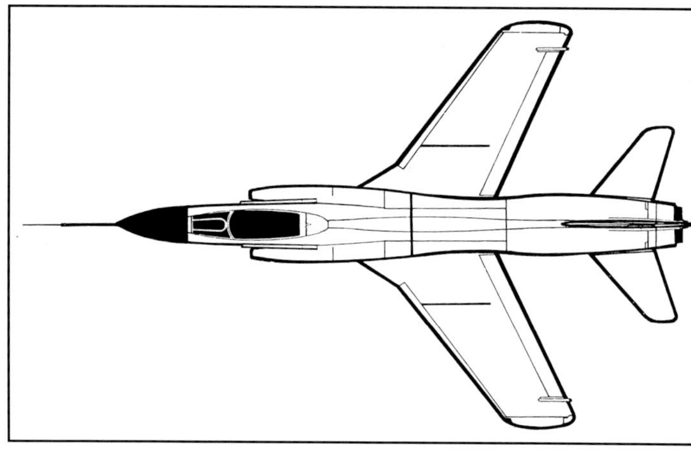

Grumman F11F-1F „Super Tiger“

F11F-1F „Super Tiger“

Die Firma Grumman hatte gerade zwei Exemplare ihres knapp überschallschnellen Trägerjagdeinsitzers F11F-1 „Tiger“ modifiziert und mit erheblich stärkeren Triebwerken Pratt & Whitney J79 anstelle des serienmäßigen Wright J65 versehen, der sich als ziemlich störanfällig gezeigt hatte. Darüber hinaus hoffte man, mit dieser neuen Version bis an doppelte Schallgeschwindigkeit heranzukommen. Das entsprach nämlich auch einer Forderung der im Aufbau begriffenen japanischen und deutschen Luftwaffen. Der erste der beiden F11F-1F „Super Tiger“ war Ende Mai 1956 erstmals geflogen worden und hatte vierzehn Tage später schon Mach 1,5 erreichen können. Der zweite „Super Tiger“ startete erstmals Mitte August und wurde aufgrund seiner Leistungen vom Hersteller und der Navy umgehend auserkoren, die amerikanische Überlegenheit zu demonstrieren — wenngleich ohne amtlichen Stempel. Am 7. November 1956 gelang dem Navy-Testpiloten Lt. Commander George Watkins auch tatsächlich ein beeindruckender Doppelerfolg. Während eines einzigen Fluges gelang es ihm, sowohl eine Geschwindigkeit von 1960 km/h (gleich Mach 1,85) als auch eine Höhe von 22 km zu erreichen — inoffiziell. Diese Werte konnte er einige Monate später im Rahmen der offiziellen Erprobung sogar noch auf 2230 km/h (Mach 2,09) und 23 449 m steigern, wobei letzterer sogar von der FAI offiziell anerkannt wurde.
Doch die erhofften kommerziellen Erfolge blieben aus. Die Navy konnte sich einen weiteren Mach-2-Jäger neben der „Crusader“ nicht leisten und die U. S. Air Force hatte — abgesehen von der traditionellen Abneigung gegenüber Navy-Flugzeugen — nur Augen für die in der Tat überragenden Steig- und Geschwindigkeitsleistungen des neuesten Lockheed-Produkts F-104 „Starfighter“. Sowohl in Deutschland als auch in Japan lag, zumindest anfänglich, die Grumman F11F-1F gut im Rennen. In Japan lag sie sogar an erster Stelle — trotz ihres relativ hohen Gewichts und ihres um fünfzehn Prozent höheren Preises. Dennoch entschied man sich in beiden Staaten — denen weitere folgten — gegen den „Super Tiger“, der rundum ausgewogene Flugeigenschaften besaß und für den „Starfighter“, der keinen Fehler verzieh. Dabei gaben ganz andere als rein technische oder operative Gründe den Ausschlag. Was die Grumman-Konstruktion anbetrifft, so soll nicht verschwiegen werden, daß der Werkspilot Tom Attritge mit einer F11F-1, am 21. September 1956, einen erfolgreichen Abschuß im Rahmen eines Bordwaffenerprobungsfluges vermelden konnte: Er hatte sich selbst abgeschossen! Mehrere im Bahnneigungsflug in 4 km Höhe abgefeuerte 20-mm-Geschosse wurden, nach kurzem Andrücken, in 2 km Höhe wieder eingeholt, knallten auf die Rumpfnase, die Kabinenhaube und den rechten Lufteinlaß und verwandelten anschließend etliche Verdichterschaufeln des Triebwerks in Metallkonfetti. Nach der noch glimpflich verlaufenen Bruchlandung ging die Maschine, nachdem sich der verletzte Pilot in Sicherheit gebracht hatte, durch Brand restlos verloren.

XF-104, YF-107A, XB-58A „Hustler“

Es verstand sich von selbst, daß nach dem turnusgemäßen Rekordunterfangen der U. S. Navy die U. S. Air Force ungeduldig darauf drang, nun ihrerseits (und natürlich besser) die amerikanische Leistungsfähigkeit zu beweisen. Nicht weniger als fünf verschiedene Flugzeuge kamen, zumindest rechnerisch, dafür in die engere Wahl: die Jäger McDonnell F-101, Lockheed F-104, Convair F-106 und North American F-107 sowie der Delta-Bomber Convair B-58. Die spektakulärsten Leistungen hatte zweifellos die F-104 gezeigt. Schon im März 1955 war der Lockheed-Testpilot Ray Goudy mit dem verhältnismäßig schwach motorisierten zweiten Prototyp XF-104 auf 2130 km/h (Mach 1,79) gekommen. Ein Jahr später, im April 1956, gelang es seinem Kollegen Joseph Ozier sogar, mit einem erheblich modifizierten Vorserienexemplar YF-104A auf 2100 km/h gleich Mach 2,04 vorzustoßen. Doch auch der aus

North American YF-107A (555118)

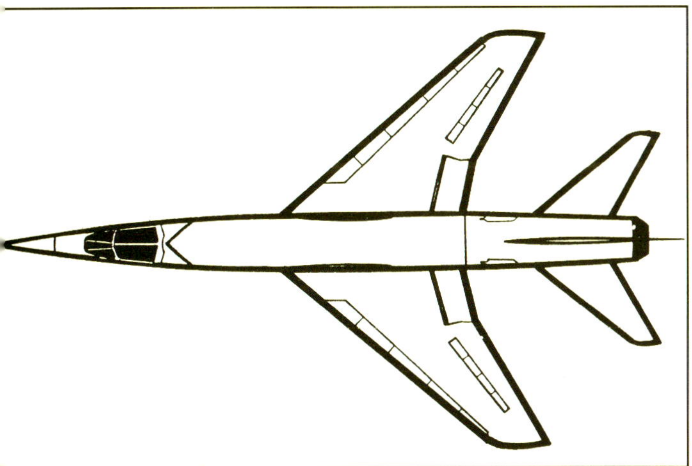

North American YF-107A

der „Super Sabre" hervorgegangene Jagdbomber-Prototyp North American YF-107A, der sich von seinem Vorgänger äußerlich in erster Linie durch den auf den Rumpfrücken verwiesenen Lufteinlaß unterschied, zeigte ein ähnliches Geschwindigkeitspotential. Im November 1956, nur wenige Tage vor dem Grumman-Doppelerfolg, erreichte er bei Probeflügen in 13 km Höhe 2230 km/h, also eine Machzahl von 2,1. Sogar der vierstrahligen Convair XB-58A „Hustler", dem für das Strategic Air Command bestimmten, neuen Deltaflügler, gelang im Juni 1957 der knappe Sprung über die Mach-2-Hürde. Diese Hürde war bekanntlich schon knapp vier Jahre zuvor das erste Mal überwunden worden, zuerst von der „Skyrocket" der U. S. Navy im November 1953 mit Mach 2,005 und drei Wochen später von der Air Force-X-1A in einem turbulenten Mach-2,44-Flug „Chuck" Yeagers. Für alle Maschinen der X-1-Serie wurde daraufhin von der Air Force eine Mach-2,0-Obergrenze verfügt. Nach einem guten Dutzend weiterer Flüge im Jahre 1954, bei denen, inoffiziell, der Höhenweltrekord dreimal gebrochen wurde — 26546 m am 28. Mai, 27356 m am 4. Juni und 27566 m am 26. August —, ging die X-1A an die NACA über. Dort ließ man umgehend einen seinerzeit vom arg gebeutelten Rekordpiloten Yeager ersehnten Schleudersitz installieren. In dieser Form führte NACA-Pilot Joe Walker am 20. Juli 1955 den ersten NACA-Raketenflug der X-1A durch und kam dabei auf Mach 1,45. Doch zweieinhalb Wochen später kam es kurz vor dem Abwurf von der Träger-B-29 wieder zu einer kleineren Triebwerksexplosion. Daraufhin schickte man schleunigst die noch unbemannte, alarmierend qualmende X-1A buchstäblich in die Wüste, in der sie dann in einem gewaltigen Aufschlagbrand ihr Ende fand — als vierte der bislang gebauten X-Maschinen. Vor ihr waren ja schon die

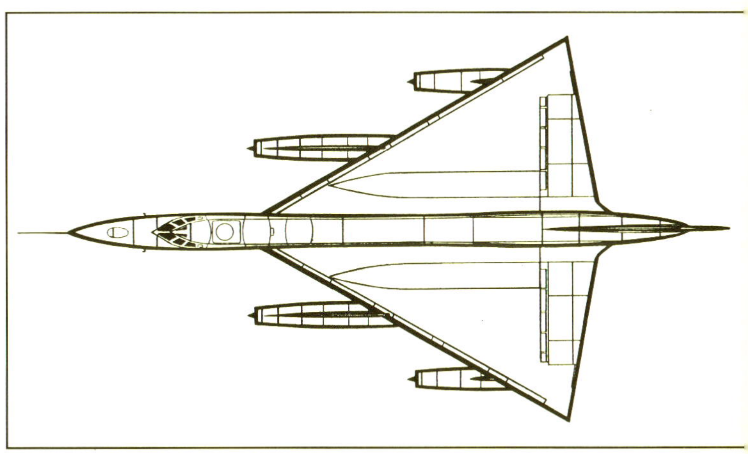

Convair XB-58A „Hustler" (oben)
Lockheed XF-104 „Starfighter" (537786) (links)

Convair XB-58A „Hustler“ (55660)

IR FORCE

Bell X-2 (46674)

dritte X-1, die X-1D und die zweite X-2 auf sehr ähnliche Weise verlorengegangen. Nach einer zeitraubenden Untersuchung stellte sich als simple Ursache folgendes heraus: bestimmte Dichtungen in den Treibstoffleitungen bestanden aus einem Material, das bei der vom Flüssigsauerstoff ausgehenden, großen Kälte spröde wurde und bei anschließender Druckbeaufschlagung der Treibstoffanlage zur Explosion führte. Diese „Kleinigkeit" kostete zwei Menschen das Leben und führte zum Verlust von vier Forschungs- und zwei Trägerflugzeugen.

X-2

Die Bell X-2 war als Mach-3-Nachfolger der X-1 vorgesehen und besaß im Gegensatz zu dieser tiefgesetzte Pfeilflügel und ein Zweikammertriebwerk XLR-25 der Firma Curtiss-Wright, dessen Schub stufenlos zwischen 1130 und 6800 kp regelbar war. Auf ein reguläres Fahrwerk verzichtete man weitgehend, da von vornherein ein Abwurf von einem Trägerflugzeug vorgesehen war. Es umfaßte lediglich ein kleines Bugrad, eine Kufe und zwei Stützen unter den Tragflügeln. Die Zelle bestand, im Hinblick auf die zu erwartende aerodynamische Aufheizung, aus rostfreiem Stahl und einer Kupfer-Nickel-Legierung mit der Bezeichnung K-Monel. Wie bei Douglas hatte man auch hier den gesamten Rumpfbug als absprengbare Kapsel gestaltet, aus der sich dann der Pilot nach Erreichen niedriger Höhen per Fallschirm retten sollte. Ein hiervon entstandenes Funktionsmodell in voller Größe wurde im Rahmen des Projekts „Blossom III" sogar an der Spitze einer entsprechend modifizierten, ex-deutschen Großrakete A4 erprobt — mit einigem Erfolg.
Der Auftrag zur Entwicklung und zum Bau zweier Exemplare der XS-2 (später X-2) war der Firma Bell schon im Dezember 1945 erteilt worden. Die erste Attrappenbesichtigung fand genau ein Jahr später statt. Unmittelbar danach begann man mit dem Bau der beiden Maschinen, deren erste — so glaubte man bei Bell — im November 1948 startbereit sein würde. Doch man hatte die Risiken und Schwierigkeiten, die mit dem Betreten technischen und aerodynamischen Neulands verbunden waren, gehörig unterschätzt. Bald stellte sich heraus, daß Flügel und Querruder grundlegend zu ändern waren. Darüber hinaus gab es erhebliche Konstruktions- und Fertigungsprobleme, sowohl bei der Zelle als auch beim Triebwerk, insbesondere bei letzterem. So kam es, daß die erste X-2 — tatsächlich das zweite Exemplar — erst im November 1950 ausgeliefert werden konnte, allerdings ohne Triebwerk. Es sollte noch weitere anderthalb Jahre dauern, bis überhaupt der erste Gleitflug stattfinden konnte. Dieser am 27. Juni 1952 durchgeführte Flug dauerte nach dem Abwurf von der Träger-EB-50 elf Minuten und endete in einer ziemlich wilden Landung. Aufgrund von Schwierigkeiten mit der Landekufe brach die Maschine aus, rutschte quer über die Landepiste und knickte das Bugrad ab. Die erforderlichen Modifikationen brachten es mit sich, daß der nächste Gleitflug der X-2 Nummer 2 erst im Oktober 1952 stattfinden konnte — wiederum von einer abenteuerlichen Landung gekrönt. Erst im Frühjahr 1953 konnten das erste Curtiss-Wright-Triebwerk XLR25-CW-1 eingebaut

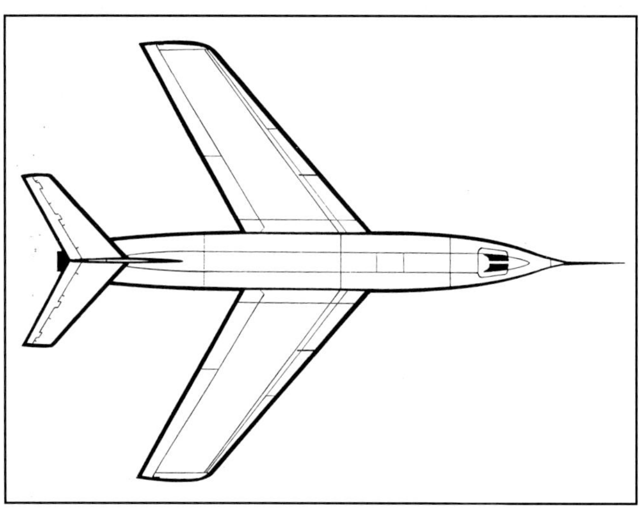

Bell X-2

und anschließend die ersten Probeflüge des „scharfen" EB-50/X-2-Gespanns durchgeführt werden. Dabei kam es dann am 12. Mai 1953 über dem Lake Ontario zur Explosion, die zwei Tote, einen Schwerverletzten, eine völlig zerstörte X-2 und eine anschließend abgewrackte EB-50 hinterließ.
Dank des persönlichen Einsatzes des F-100-Rekordpiloten Frank Everest genehmigte die Air Force die Fertigstellung der ersten X-2. Deren erster Gleitflug fand im August 1954 statt und endete wiederum mit einer schauervollen Landung mit ausbrechender Maschine und Schäden an Bugrad und Flügelspitzen. Nach deren Behebung folgten im Frühjahr 1955 zwei weitere Gleitflüge — mit denselben unliebsamen Landeerlebnissen. Testpilot Everest bestand nun auf voller Behebung des Problems, bevor er die Erprobung fortsetzen würde. Ein Crash-Programm brachte dann die erforderlichen Verbesserungen: ein von −7 Grad auf −3 Grad reduzierter Dreipunktlagenwinkel (ground angle), eine verbreiterte Kufe und andere Stoßdämpfer. Inzwischen hatte man auch bei Curtiss-Wright endlich ein zuverlässiges Raketentriebwerk XLR25-CW-3 entwickelt. Die nunmehr komplette erste X-2 traf im Juli 1955 auf der Edwards Air Force Base ein, wo man umgehend mit den Startvorbereitungen begann.
Doch dann explodierte die X-1A, woraufhin die X-2 bis zur Klärung der Angelegenheit Startverbot erhielt. Da sich die Untersuchungen hinzogen, stellte die begreiflicherweise ungeduldige Air Force im Oktober ihr Ultimatum: Entweder führte die X-2 bis zum Jahresende einen Raketenflug durch oder das ganze Programm würde aufgegeben. Tatsächlich gelang dem energischen Frank Everest am 18. November 1955 ein erfolgreicher „scharfer" Flug, bei dem er eine Geschwindigkeit von Mach 0,99 erreichen konnte. Zwar kam es anschließend zu einem kleinen Triebwerksbrand, doch das X-2-Programm war erst einmal gerettet — sieben Jahre später als geplant. Im März 1956 konnte Everest erneut starten. Am 22. Mai kam er schon auf mutige 2687 km/h gleich Mach 2,53 in 18 km Höhe und am 23. Juli sogar auf eine Machzahl von 2,87 in 20,8 km Höhe — trotz rapide abnehmender Richtungsstabilität und Steuerbarkeit.
Der so erfolgreiche Lt. Colonel Everest machte anschließend auf der Karriereleiter einen Sprung nach oben und wurde an eine Stabsoffizierschule versetzt. Seine Stelle im X-2-Programm nahm nun Captain Iven Kincheloe ein, ebenfalls ein erfahrener Air-Force-Testpilot. Dieser konnte am 7. September in einem ballistischen Kurvenflug 38,5 km Höhe erreichen, wobei er sich 50 Sekunden lang nahezu schwerelos im praktisch luftleeren Raum befand. Beim Wiedereintritt in dichtere Luftschichten zeigte die X-2 zwar Schräglage, doch der erfahrene Kincheloe ließ die Hände vom Steuerknüppel, so daß sich das Flugzeug selbst stabilisieren konnte.
Jetzt war es an der NACA, ungeduldig zu werden, denn die in erster Linie auf Glanzleistungen abzielenden Air-Force-Flüge brachten so gut wie keine wissenschaftliche Ausbeute. Doch der fraglos rekordbesessenen Air Force gelang es, zwei zusätzliche Monate herauszuschlagen, um doch noch den seit Jahren ersehnten, schlagzeilenträchtigen Mach-3-Erfolg einzuheimsen. Dazu war erstaunlicherweise der völlig raketenunerfahrene Air-Force-Captain Milborn Apt ausersehen. Nach einigen Triebwerksläufen am Boden wurde er am 27. September 1956 auf seinen ersten X-2-Flug geschickt, der auf höchstens Mach 2,7 limitiert worden war. Nach programmgemäßem Abwurf in 9 km Höhe zündete er die beiden Brennkammern des Raketentriebwerks, zog die Maschine steil auf große Höhe und ging dann in einen flachen Bahnneigungsflug über, wobei er weiter beschleunigte. In fast 20 km Höhe erreichte er dann tatsächlich einen Spitzenwert von 3370 km/h; das entsprach einer Machzahl von 3,2. Als erster Mensch hatte Apt die dreifache Schallgeschwindigkeit überschritten.
Doch dann kam es zur Katastrophe. Apt drehte mit viel zu hoher Geschwindigkeit in Richtung Edwards ab. Die X-2 wurde sofort steuerlos, fing an zu rollen, zu taumeln, ein typischer Fall der gefürchteten Trägheitskopplung. Schließlich ging sie ins Rückentrudeln über. Dem vorübergehend bewußtlosen Piloten gelang es noch, die Kabine in 12 km Höhe abzusprengen, doch kam er aus unbekannten Gründen nicht mehr dazu, sich in niedriger Höhe mit seinem eigenen Fallschirm zu retten. Er konnte den mit rund 200 km/h erfolgenden Aufschlag der Kabine auf dem Boden nicht überleben. Die restliche Zelle der X-2 taumelte etwa 8 km entfernt zu Boden. Sie befand sich, abgesehen von den relativ geringen Aufschlagschäden, in strukturell gutem Zustand.
Die Air Force hatte für die Erringung des Mach-3-Ziels einen unnötig hohen Preis bezahlt, denn ein völlig neues und erheblich verbessertes X-Flugzeug, das sogar noch für viel höhere Geschwindigkeit vorgesehen war, befand sich schon seit einiger Zeit in der Entwicklung, die North American X-15. Die X-Serie als solche umfaßte im übrigen im Laufe der Zeit eine Vielzahl der verschiedenartigsten Flugzeuge und Flugkörper, darunter Raketen, Senkrechtstarter, Höhenaufklärer, Schwenkflügler, Jäger und Marschflugkörper.
Doch die X-15 und die von ihr erhofften Supergeschwindigkeiten würden noch einige Jahre auf sich warten lassen. Für den Augenblick jedenfalls bestand ein reelles Bedürfnis nach ein paar regulären Rekorden moderner amerikanischer Militärflugzeuge. Dabei galt es allerdings, zunächst ein paar bürokratische Hürden zu überwinden. Das seit dem Jahre 1941 außerordentlich kräftig ausgebildete amerikanische Sicherheitsdenken hatte sich ja im Herbst 1956 in amtlichen „Beschneidungen" der Rekordflüge des Navy-Jagdeinsitzers Vought „Crusader" manifestiert. Es ist zumindest denkbar, daß das Pentagon bestrebt war, dem potentiellen Gegner Sowjetunion nicht die volle Leistungsfähigkeit der neuesten US-Militärflugzeuge in Form aufsehenerregender Weltrekorde auf einem internationalen Tablett zu servieren. Jedenfalls wurde von dort erst im Spätherbst 1957 grünes Licht für offizielle Rekordvorhaben der U.S. Air Force gegeben, die dank der inoffiziellen Absprache mit der Navy jetzt an der Reihe war. Anlaß dazu boten die Feierlichkeiten zum fünfzigjährigen Bestehen der U.S. Air Force (und ihrer Vorgängerinnen). Doch auch dabei blieb man auf der konservativen Seite; man wählte von den in Frage kommenden modernen USAF-Mustern dasjenige aus, das einerseits die größte Einsatzreife aufwies, andererseits mit seinen Höchstleistungen noch im unteren Bereich der rekordverheißenden Geschwindigkeitsskala lag: die McDonnel F-101 „Voodoo".

F-101 A „Voodoo"

Die Entwicklungsgeschichte dieser zweistrahligen Maschine hatte genau ein Dutzend Jahre zuvor begonnen. Die damaligen Einsatzgrundsätze der USA sahen — als Fortsetzung der im 2. Weltkrieg praktizierten Strategie — Langstreckeneinsätze von Fernbombern des Strategic Air Command (SAC) gegen die weit entfernte Sowjetunion vor, wobei Langstrekkenjäger den Geleitschutz bilden sollten. Ein im Herbst 1945 ins Leben gerufenes entsprechendes Penetration Fighter Program führte zur Entwicklung dreier Fernjäger: der zweistrahligen McDonnell F-88 und Lockheed F-90 sowie der einstrahligen North American F-93. Die Erstflüge der drei Prototypen fanden im Oktober 1948 (XF-88), Juni 1949 (XF-90) und Januar 1950 (YF-93) statt. Trotz erheblicher Schwächen — in erster Linie ungenügende Triebwerksleistungen — kam es im Juni/Juli 1990 zu einem Vergleichsfliegen, aus dem der

McDonnell-Entwurf 36, die XF-88 „Voodoo", als Sieger hervorging. Im Gratulationsschreiben des Air Material Command vom 11. September 1950 an die Firma McDonnell wurde allerdings gleichzeitig mitgeteilt, daß bedauerlicherweise die Einstellung des ganzen Programms verfügt worden sei.
Zu diesem Zeitpunkt war nämlich gerade der Koreakonflikt ausgebrochen, und man sah sich vor unmittelbarere Probleme vorwiegend taktischer Natur gestellt. Dem Strategic Air Command wurde deswegen bedeutet, daß man sich dort vorerst mit der Republic F-84 „Thunderjet" als Begleitjäger für seine Bomber zu begnügen habe. Beim SAC war man jedoch ganz und gar nicht mit dieser Entscheidung einverstanden, da man die F-84 keineswegs als ebenbürtige Begleitung der neuen und zukünftigen Fernbomber Boeing B-47 und B-52 ansah. Der Eintritt Chinas in den Koreakonflikt im Winter 1950 änderte allerdings die strategische Planung. Man befürchtete jetzt eine erhebliche längere Dauer des Konflikts, dessen mögliche Ausweitung in einen weltweiten Krieg nicht von der Hand zu weisen war. Dazu würde man die Fernbomber des SAC brauchen und diese wiederum Langstrecken-Begleitjäger. Im Februar 1951 wurde demzufolge eine entsprechende Einsatzforderung (General Operational Requirement [GOR] 101) für einen Strategic Fighter im Rahmen des anstehenden Programms für das Weapon System (WS) 105A formuliert und in Frage kommende US-Flugzeugfirmen zur Abgabe entsprechender Angebote bis zum 1. Mai 1951 aufgefordert. Von fünf Firmen wurden acht Vorschläge unterbreitet, die wegen der kurzen zur Verfügung stehenden Zeit ausnahmslos auf früheren Konstruktionen basierten: zwei von Lockheed (auf der Basis der F-90 und F-94), einer von McDonnell (eine stärkere F-88), einer von North American (eine verbesserte F-93), einer von Northrop (eine F-89 mit Deltaflügeln) und nicht weniger als drei von Republic (zwei basierend auf der F-84 und einer auf der F-91). Der McDonnell-Entwurf 36W (die 23. Variante des Grundentwurfs Modell 36), eine erheblich kräftigere Version der zuvor bereits siegreichen F-88, schien am ehesten den Vorstellungen des Auftraggebers zu entsprechen. Dieser erteilte dann auch im Spätherbst 1951 McDonnell den Entwicklungsauftrag unter der Contract Number AF-8743. Im darauffolgenden Monat verfügte man aufgrund der erheblichen Änderungen gegenüber dem Ausgangsmuster die offizielle Umbenennung in F-101, doch wurde der Name „Voodoo" beibehalten.
Im Mai 1953, nach erfolgreicher Abnahmeinspektion, folgte der Auftrag zum Bau von 29 Vorserienmaschinen F-101A. So vielversprechend erschien das neue Muster, daß sich alsbald auch andere Branchen der U.S. Air Force dafür zu interessieren begannen. So fand das Tactical Air Command (TAC), daß die „Voodoo" seinen Vorstellungen von einem neuen Jagdbomber recht nahekam, und auch das Air Defense Command (ADC) war nicht abgeneigt, das McDonnell-Muster, entsprechend modifiziert, als dringend erwünschten Abfangjäger großer Reichweite zu akzeptieren — zumindest als Zwischenlösung bis zum Erscheinen eines wirklich alle Wünsche erfüllenden Traumjägers.
Was den zuweilen drastischen Meinungswandel der offiziellen Stellen anbetrifft, so sollte nicht vergessen werden, daß sich zu Beginn der fünfziger Jahre die strategischen Voraussetzungen auch in anderer Hinsicht erheblich geändert hatten. Im September 1949 war von der UdSSR die erste Atombombe gezündet worden (von den Amerikanern spöttisch „Little Joe" tituliert). Dazu verlautete aus US-Geheimdienstquellen, daß man in der UdSSR darüber hinaus dabei sei, ebenfalls Fernbomber zu produzieren — und das in riesigen Mengen, viel mehr als die USA. Wegen ihrer ungenügenden Reichweite würden diese Atombomben tragenden Bomber im Einwegflug über den Nordpol in die USA eindringen und sich dann im Selbstmordeinsatz auf amerikanische Ziele stürzen. Auf amerikanischer Seite tauchte das aufrüttelnde Schlagwort vom

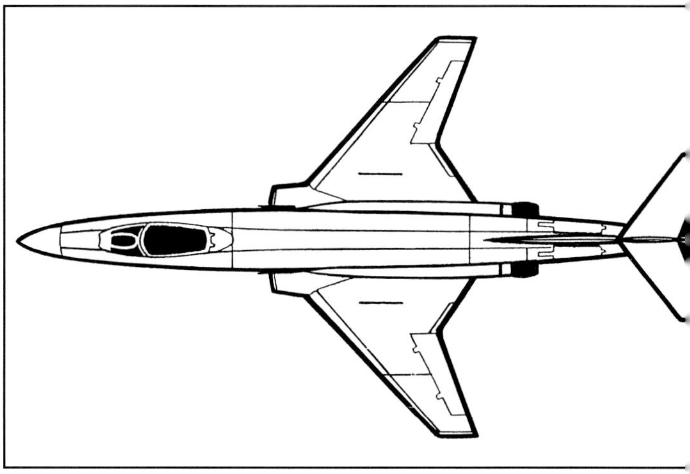

„Bomber Gap" auf, der „Bomberlücke". Eine weitere Schätzung amerikanischer Geheimdienstler (National Intelligence Estimate) sprach schließlich von nicht weniger als 1100, zum atomaren Schlag bereitstehenden, kolbenmotorgetriebenen Fernbombern des Typs „Bull" alias Tu-4, der sowjetischen Raubkopie der Boeing B-29. Später, so sagte man voraus, würden noch weitere 600 bis 700 vierstrahlige Langstreckenbomber des Typs „Bison" (Mjasischtschew M-4) folgen. So alarmierend klangen diese Prognosen, daß man zu einem bestimmten Zeitpunkt bei der U.S. Air Force allen Ernstes erwog, eingedrungene gegnerische Bomber im Falle eines Falles einfach durch Rammstoß zu vernichten — eine Taktik, die bislang entrüstet abgelehnt worden war. Doch hatten Großmanöver die recht ernüchternde Tatsache ans Licht gebracht, daß US-Abfangjäger nicht in der Lage waren, die Anzahl der über den Nordpol einfliegenden gegnerischen Bomber mit Hilfe ihrer Bordkanonen und -raketen nennenswert zu dezimieren.

Um sich Klarheit über das ganze Ausmaß dieser erschreckenden Bedrohung zu verschaffen, genehmigte der damalige US-Präsident Eisenhower schließlich den Bau von zwanzig Exemplaren eines für „inoffizielle" Einsätze hoch über der Sowjetunion vorgesehenen Bildaufklärers, der berühmt-berüchtigten Lockheed U-2. Schon die allerersten Einsatzflüge im Spätsommer 1956 — vom „Wiesbaden Air Base" in Wiesbaden-Erbenheim aus — erbrachten allerdings eindeutige fotografische Beweise dafür, daß von einer erdrückenden Übermacht sowjetischer Fernbomber keine Rede sein kann. Statt der angenommenen 1100 Tu-4 gab es nur knapp 400, und statt der vorhergesagten 600 bis 700 M-4 gab es nur knapp 200. Fazit: es gab gar keine Bomberlücke! Doch bald wurde eine Entdeckung zum Anlaß, die neue Legende vom „Missile Gap", der „Raketenlücke", zu propagieren, durch die Amerika angeblich gegenüber der Sowjetunion ins Hintertreffen geriete: man entdeckte eine startbereite, riesige Interkontinentalrakete auf dem bislang unbekannten Raketenerprobungsgelände von Tjuratam, in der Nähe von Baikonur. (Wenig später diente die 270 t schwere Großrakete R-7 als „Sputnik"- und „Wostok"-Träger.)

Was nun McDonnells neuen „Voodoo" anbetraf, so flog die erste der 29 Vorserienmaschinen F-101A erstmals am 29. September 1954. Dabei gelang es dem Werkspiloten Bob Little, schon auf eine Geschwindigkeit von Mach 1,07 vorzustoßen. Auf den ansonsten üblichen X- oder Y-Vorsatz hatte man verzichtet, da man die beiden, von denselben McDonnell-Konstrukteuren Kendall Perkins und „Bud" Flesh geschaffenen XF-88 als die eigentlichen Prototypen betrachtete. Im Unterschied zu diesen verwendete man zwei, zunächst 6580 kp starke Nachbrennertriebwerke Pratt & Whitney J57P-13 — also mit der rund vierfachen Schubleistung —, einen demzufolge dickeren und 4 m längeren Rumpf, einen „Zwickel" in der Hinterkante des Flügelmittelstücks und schließlich ein Quasi-T-Höhenleitwerk mit ausgeprägter V-Stellung. Dieses sollte allerdings für ernsthafte und nie ganz gelöste, aerodynamische Probleme sorgen, speziell bei hohen Anstellwinkeln. Die Maschine neigte nämlich zum Aufbäumen und „lief aus dem Ruder"; zuweilen soll es sogar zu regelrechtem Überschlagen gekommen sein. Erst der Einbau eines Aufbäumreglers brachte eine gewisse Abhilfe. Ein weiteres nur schwer zu überwindendes Handicap betraf eine unglückliche Neigung zum sogenannten Compressor Stall, dem Strömungsabriß am Verdichter des Triebwerks. Es ließ sich nur durch Umkonstruktion des gesamten Lufteinlaßsystems beheben.

Der einige Zeit zuvor ausgehandelte Waffenstillstand im Koreakrieg hatte die U.S. Air Force darüber hinaus veranlaßt, bei der Einführung neuer Flugzeugmuster etwas vorsichtiger vorzugehen. Jedenfalls besaßen die ersten 115 Exemplare der „Voodoo", später insgesamt als F-101A bezeichnet, eine Festigkeit von 6,33 g, während spätere, als F-101C bezeichnete Maschinen, für 7,33 g ausgelegt waren. Die Bezeichnung F-101B betraf die, ursprünglich als F-109 bezeichnete, zweisitzige Version für das Tactical Air Command. Die Bezeichnung F-109 ging übrigens später auf den Bell-Senkrechtstarter Model 2000 bzw. Design 188A über, der zwar nicht gebaut, aber dann in gewissem Umfang der deutschen VJ-101C als Vorbild diente. Die F-101 erwies sich insgesamt als sehr leistungsfähig und wurde umgehend mit dem lautmalerischen Spitznamen „One-O-Wonder" belegt, wenngleich sie sich aufgabenmäßig beim Tactical Air Command nicht so recht einordnen ließ. Für die gegen Ende 1957 geplanten Rekordvorhaben allerdings schien sie außerordentlich gut geeignet zu sein.

Laut HQ USAF Message AF00P-OC-B-2 30047 vom 4. Oktober 1957 jedenfalls wurde das Headquarters TAC angewiesen, zwischen dem 2. November und dem 31. Dezember 1957 vier internationale Geschwindigkeitsrekorde mit Maschinen des Typs F/RF-101 aufzustellen. Vier Tage danach, am 8. Oktober, wurden von dort befehlsgemäß zunächst vier Exemplare der Bildaufklärerversion RF-101C für ein umfassendes „Coast-to-Coast"-Rekordvorhaben bestimmt, der „Operation Sun Run". Dieses Unternehmen konnte am 27. November 1957 erfolgreich durchgeführt werden und resultierte in drei neuen internationalen City-to-City-Rekorden: Los Angeles - New York (3936,3 km) in 3 h 07 min 43,63 s = 1258,1 km/h; New York - Los Angeles in 3 h 36 min 32,33 s = 1090,7 km/h; Los Angeles - New York - Los Angeles in 6 h 46 min 36,21 s = 1167,7 km/h. Diese Zeiten schlossen wiederholtes Auftanken in der Luft durch Tankerflugzeuge des Typs Boeing KC-135 ein. Jetzt konnte man sich dem vierten Rekordvorhaben widmen, der „Operation Fire Wall", dem Angriff auf den Geschwindigkeitsweltrekord. Hierfür präparierte man eine aus der Vorserie stammende F-101A-5, eine 10-Meilen-Meßstrecke auf dem Gelände der Edwards Air Force Base und schließlich einen geeigneten Piloten in der Person des Korea-erprobten USAF-Majors Adrian Drew. Ein erster, inoffizieller Meßflug in den ersten Dezembertagen erbrachte erfreuliche 1930 km/h. Der erste offizielle Rekordangriff am 10. Dezember dagegen resultierte zwar in durchaus zufriedenstellenden Geschwindigkeiten von rund 1900 und 1915 km/h, konnte aber wegen einer ausgefallenen Meßkamera nicht gewertet werden. Doch schon zwei Tage später, am 12. Dezember 1957, war ein erneuter Rekordangriff von Erfolg gekrönt: die errechnete Durchschnittsgeschwindigkeit der beiden Durchgänge betrug 1943,5 km/h. Sie lag also mehr als 120 km/h über der bisherigen Rekordgeschwindigkeit der britischen Fairey „Delta 2". Die USA hatten „ihren" Weltrekord wieder, und noch dazu mit einer modifizierten Serienmaschine, wie die Air Force stolz vermeldete.

Am 25. November 1957, also zwei Tage vor den offiziellen Coast-to-Coast-Rekordflügen der RF-101, hätte übrigens ein weiterer, möglicherweise nicht ganz so offizieller Rekordflug stattfinden sollen. Das zweite Exemplar des Jagdbombers North American YF-107, das man inzwischen zugunsten der riesigen Republic F-105 „Thunderjet" (diese besaß den erwünschten Bombenschacht) aufgegeben hatte, war nämlich dem Air Force Museum auf der Wright-Patterson AFB in Ohio zugewiesen worden. Den Überführungsflug von der Edwards AFB aus wollte man, wohl aus einer Art Trotzreaktion heraus, in einen Mach-2-Rekordflug umfunktionieren. Doch machte eine gerade noch rechtzeitig entdeckte Schwachstelle an einem Flügelanschluß diesen Plan zunichte. Dieser Abschiedsflug mußte dann mit niedriger Reisegeschwindigkeit durchgeführt werden.

MiG I-7

Die östliche Konkurrenz hatte bei der Entwicklung von Hochgeschwindigkeitsflugzeugen inzwischen aber auch einige eindrucksvolle Erfolge erzielen können. Beim OKB Mikojan war man allerdings bei der Weiterentwicklung des 1955 aus der erfolgreichen MiG-19 entstandenen schweren Jagdbombers I-1 und der daraus abgeleiteten Allwetterjagdeinsitzer I-3 und I-7U nicht recht vorangekommen. Mangelnde Triebwerksqualitäten waren schuld daran, daß sie entweder überhaupt nicht zum Start kamen oder enttäuschende Flugleistungen aufwiesen. Mit der I-7U beispielsweise kam man statt der erhofften 2300 km/h auf ganze 1420 km/h; das waren fast 900 km/h weniger als errechnet. Mit der daraus entstandenen I-75 konnten immerhin 2050 km/h statt der prognostizierten 2360 km/h erreicht werden. Die auftraggebende Luftwaffe zog daraufhin die Produkte des Konkurrenten Suchoj vor, die sich bei der amtlichen Erprobung als geeigneter erwiesen hatten.
Was hingegen die Entwicklung eines leichten Mach-2-Abfangjägers anbetraf, so war das OKB MiG ungleich erfolgreicher. Um den Jahresbeginn 1954 herum hatte man dort aufgrund eines staatlichen Entwicklungsauftrags mit den Entwurfsarbeiten zu einem leichten Abfangjäger begonnen. Bei ihm gedachte man, die aus dem Korea-Krieg gezogenen Lehren möglichst optimal in die Praxis umzusetzen. Die Vorzüge der dort mit einigem Erfolg eingesetzten MiG-15 wie Wendigkeit, hohe Beschleunigungs- und Steigfähigkeit, sollten in Form eines noch schnelleren Jägers weiter gesteigert werden. Hatte die direkte Nachfolgerin MiG-17 eine Art Übergangslösung dargestellt, so erwies sich die danach entstandene MiG-19 als zu schwer für die neue Aufgabe. Die Vorgaben nannten nun eine Höchstgeschwindigkeit von 2000 km/h und eine Dienstgipfelhöhe von 20 000 m, welche man durch ein möglichst geringes Gewicht und eine verhältnismäßig leichte Bewaffnung zu realisieren gedachte. Daß in den USA ähnliche Erkenntnisse aus dem Koreakrieg gezogen wurden, ist nicht verwunderlich. Allerdings führte ihre Umsetzung dort zu einem völlig anderen Produkt — der Lockheed F-104, dem „Starfighter".

E-2, E-50, E-5, E-6

Da einmal mehr konstruktives Neuland zu beschreiten war und die dazu erforderlichen Forschungseinrichtungen, wie beispielsweise Mach-2-Windkanäle, in der UdSSR zu diesem Zeitpunkt noch nicht in ausreichender Anzahl und Güte zur Verfügung standen, entschloß man sich bei den beauftragten Konstruktionsbüros Mikojan-Gurjewitsch und Suchoj zu pragmatischem, wenn auch recht aufwendigem Vorgehen. Man spielte Entwurfsalternativen gleich in der Praxis in Form von fliegenden Musterstücken durch. Da die Meinungen über die jeweiligen Vorzüge und Nachteile von Pfeil- und Deltaflügeln geteilt waren, verfuhr man erneut pragmatisch und baute weitgehend identische Prototypen, die sich lediglich in der Flügelform voneinander unterschieden. So verfuhr man beim OKB MiG und auch beim konkurrierenden OKB Suchoj. Bei letzterem entstanden auf diese Art die Pfeilflügler S-1 und S-2 sowie der Deltaflügler T-3. Bei Mikojan-Gurjewitsch erhielten die vergleichbaren Prototypen des Programms I-500 anfänglich den neuen (kyrillischen) Kodebuchstaben Ch, der einige Zeit später durch den Buchstaben E (in westlicher Schreibweise auch als Je zu lesen) ersetzt wurde. E-1 betraf den ersten Entwurf eines Pfeilflüglers mit einem Mikulin-Triebwerk AM-5A, der aber umgehend in das Modell E-2 mit einem Nachbrennertriebwerk AM-9B weiterentwickelt wurde. Die Bezeichnung E-3 war wohl einem anderen, ebenfalls nicht weiterverfolgten Pfeilflügelprojekt zugedacht. Die darauffolgenden Nummern

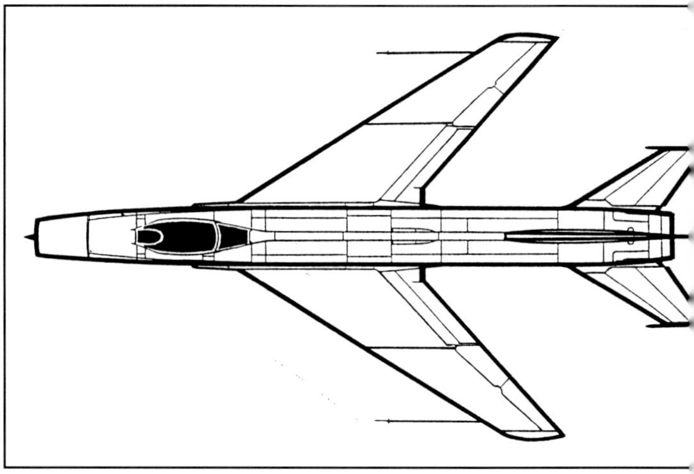

Mikojan-Gurjewitsch I-7U

Mikojan-Gurjewitsch E-50/2

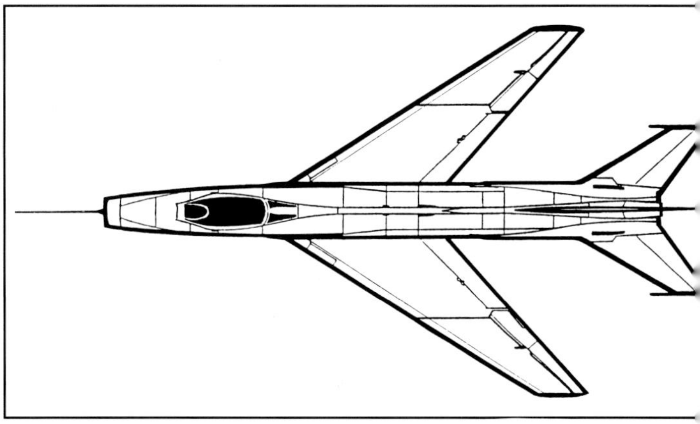

Mikojan-Gurjewitsch E-50/2

Mikojan-Gurjewitsch E-5

E-4, E-5 und E-6 jedenfalls galten für die Deltavarianten.
Der mit 55 Grad-Pfeilflügeln versehene Prototyp E-2 flog als erster, nämlich am 14. Februar 1955. Die gleicherweise mit dem Triebwerk AM-9 ausgerüstete 57 Grad-Deltavariante E-4 nahm vier Monate später, nämlich am 16. Juni 1955, ihre Flugerprobung auf. Schon bald erwies sich die Triebwerksleistung als ungenügend. Deshalb erhielten die Folgemuster E-2A und E-5 das stärkere Nachbrennertriebwerk AM-11, mit dem sie erstmals am 9. Januar (E-5) und 22. März 1956 (E-2A) starteten. Parallel dazu entstanden aber noch drei weitere Prototypen unter der Bezeichnung E-50, bei denen es sich um Varianten des Pfeilflüglers E-2 mit Mischantrieb handelte. Bei ihnen hatte man das 3800 kp Schub liefernde Axialtriebwerk AM-9E anstelle eines Nachbrenners durch ein 1300 kp starkes Flüssigkeitsraketentriebwerk Duschkin S-155 ergänzt, dessen Brennkammer sich direkt über der Schubdüse des Mikulin-Strahltriebwerks befand. Die Rumpflänge erhöhte sich durch den Einbau der zusätzlich erforderlichen drei Tanks für die Raketentreibstoffe Kerosin, Salpetersäure und Wasserstoffperoxid um knapp 2 m auf 13,63 m, das Startgewicht erhöhte sich sogar um mehr als 3 t auf 8,5 t. Die Tragflügel entsprachen denen der E-2, trugen aber auf ihren Oberseiten je einen großen und nahezu rechteckigen Grenzschichtzaun.
Der Erstflug der E-50/1 fand am selben Tag wie der des zweiten Delta-Prototyps E-5 statt, nämlich am 9. Januar 1956, allerdings noch ohne zugeschaltetes Raketentriebwerk. Dieses kam erst am 8. Juni erstmalig zum Einsatz. Die Erprobungsflüge brachten erstaunliche Leistungen. Doch am 14. Juli 1956, nach dem 18. Flug, endeten sie wegen eines Triebwerksschadens abrupt mit einer totalen Bruchlandung kurz vor der Landepiste. Der zweite Prototyp, der ein leicht vergrößertes Seitenruder aufwies, konnte schon kurz darauf seine staatliche Erprobung unter Leitung des Testpiloten Walentin Wassin aufnehmen. Dabei gab es mit der Maschine anfänglich einige Stabilitätsprobleme im Unterschallbereich, die merkwürdigerweise im schallnahen und Überschallbereich verschwanden. Die Flugleistungen jedoch waren in der Tat sensationell; zahlreiche offizielle Steig-, Höhen- und Geschwindigkeitsrekorde wurden inoffiziell mit Leichtigkeit übertroffen. Gekrönt wurden sie durch einen spektakulären Flug am 17. Juni 1957. Nach regulärem Start und anfänglichem Steigflug mit dem Strahltriebwerk schaltete Wassin in 9 km Höhe das Raketentriebwerk dazu. Rund 150 s später hatte er 25,6 km Höhe erreicht und ging dort in den Horizontalflug über. Die Maschine beschleunigte bis auf eine Geschwindigkeit von 2460 km/h gleich Mach 2,33, dann war der Raketentreibstoff aufgebraucht. Eine genaue Auswertung der barometrischen und Radar-Aufzeichnungen bestätigte diese überragenden Leistungen in vollem Umfang.
Das war die mit Abstand höchste Geschwindigkeit, die von einem normal vom Boden aus gestarteten Flugzeug bislang erzielt worden war. Aber auch diese Leistung wurde, wie seinerzeit in den USA im Falle der X-1, für eine geraume Weile geheimgehalten. Doch ließ sich das typische Handicap aller Raketenflugzeuge, die äußerst begrenzte Flugdauer, selbst mit den vergrößerten Treibstofftanks beim 1957 gebauten dritten Prototyp nicht beheben. Als dieser dann noch durch Bruch des Höhenleitwerks verloren ging, und der Versuchspilot Karowin wegen Versagens des Schleudersitzes umkam, gab man das ganze Programm auf. Der Umgang mit den giftigen Raketentreibstoffen hatte sich darüber hinaus in der Praxis als äußerst problematisch herausgestellt. Die inzwischen erheblich verbesserten Nachbrennertriebwerke versprachen ähnlich hohe Schubleistungen bei bedeutend höheren Reichweiten.
Bei den konventionell angetriebenen MiG-Prototypen der E-Reihe hatte sich nach einiger Zeit eine leichte Überlegenheit des mit einem Normalleitwerk kombinierten Deltaflügels gegenüber einem Pfeilflügel angedeutet. Mit der E-4 erprobte man verschiedene Maßnahmen zur Verbesserung des Strömungsverlaufs. Zuerst waren es jeweils drei kurze Grenzschichtzäune auf den Oberseiten der beiden, um je 30 cm gekappten Flügel. Dann versuchte man es mit je zwei langen Zäunen auf der Unterseite der wiederum spitzen Flügel. Und schließlich versah man die Flügelvorderkanten mit je einem kleinen Sägezahn. Die E-5, von der insgesamt sieben Exemplare hergestellt wurden — zwei Prototypen und fünf Vorserienmaschinen „MiG-21" —, besaß wiederum je drei kurze Grenzschichtzäune auf der Oberseite der spitzen Flügel. Im Verlaufe der Erprobung verlängerte man auch das Rumpfvorderteil um 40 cm zwecks besserer Schwerpunktlage und größeren Tankvolumens. Testpilot Valentin Nefjodow gelang es dann im Mai 1957, bis auf eine Geschwindigkeit von 1970 km/h vorzudringen.

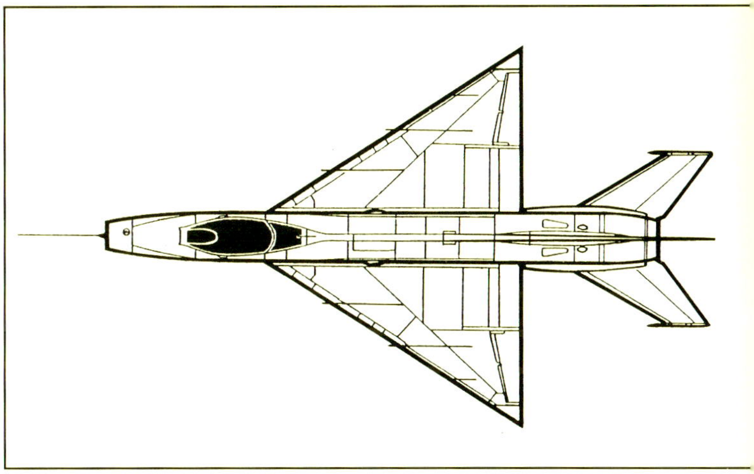

Mikojan-Gurjewitsch E-5

Auch die parallel entwickelte E-2A erhielt diese Rumpfverlängerung. Da inzwischen feststand, daß die Deltaversion als MiG-21 in Großserie gebaut werden würde, hatte man neben dem Prototyp auf alle Fälle auch eine Kleinserie von fünf Exemplaren der E-2A, unter der wohl etwas voreiligen Truppenbezeichnung MiG-23, gefertigt. Außerdem hatte man eine Kleinserie von zwanzig Maschinen des raketenverstärkten Equivalents E-50A geplant. Bei den letztgenannten Maschinen befanden sich die Raketentreibstoffe in einem abnehmbaren Zusatzbehälter unter dem Rumpf. Doch kam es bei der E-50A lediglich zum Bau einer Attrappe. Die Bezeichnung MiG-23 hingegen wurde — nach einem weiteren „Zwischenaufenthalt" beim Delta-Kurzstarter MiG-23PD alias Modell 23-01 — schließlich dem Schwenkflügler Modell 23-11 endgültig zuerkannt.

Suchoj S-1, T-3

Die Erprobung der vom OKB Suchoj entworfenen Prototypen S-1 — mit Pfeilflügeln — und T-3 — mit Deltaflügeln — war inzwischen ebenfalls weitgehend abgeschlossen. Im Gegensatz zur MiG-Entscheidung wurde der Serienbau beider Varianten angeordnet. So wurde aus der S-1 über die S-2 die S-22 alias Su-7 und aus der T-3 über etliche Versuchsmuster die T-43 alias Su-9.
Erstaunlicherweise wurde verfügt, daß die Prototypen beider Konkurrenten bei der Luftparade anläßlich des alljährlich stattfindenden „Tages der Sowjetluftfahrt", am 24. Juni 1956, über

dem Moskauer Vorort Tuschino vorgeführt werden sollten — allerdings im Abstand von 100 m, in maximal 100 m Höhe und mit mindestens 1000 km/h. Die Spitze bildeten die beiden Pfeilflügler Mikojan-Gurjewitsch E-2 (Pilot G. A. Sedow) und Suchoj S-1 (Pilot N. I. Korowuschkin), dicht gefolgt von den drei Deltaflüglern E-4 (Pilot G. M. Mossolow), E-5 (Pilot W. N. Nefjodow) und T-3 (Pilot W. N. Machalin). Abgesehen von der Mitteilung des Kommentators, daß es sich um die neuesten Produkte der OKBs Mikojan-Gurjewitsch und Suchoj handele, blieben die genauen Bezeichnungen der fünf Maschinen unbekannt. Das führte dazu, daß man im Westen lange Zeit die Pfeilflügelmaschine E-2 als die inzwischen in Agentenberichten erwähnte MiG-21 ansah. Ansonsten versah man diese neu erschienenen Flugzeuge mit etwas merkwürdigen Codenamen: die E-2 hieß „Faceplate", die E-4 „Fishbed A", die E-5 „Fishbed B", die S-1 „Fitter" und die T-3 „Fishpot".
Die Suchoj S-1 erhielt übrigens kurze Zeit später ein besonders frisiertes Hochleistungstriebwerk Ljulka AL-7F-1 mit einem Nachbrennerschub von rund 8000 kp. Damit stellte der Testpilot Korowuschkin zum Abschluß der offiziellen Erprobung im Dezember 1957 einen neuen nationalen Geschwindigkeitsrekord von 2170 km/h in 12 km Höhe auf, was einer Machzahl von 2,05 entsprach.
Nachdem beim OKB Mikojan die Entscheidung zugunsten der Delta-MiG-21 gefallen war, entstanden drei Vorserienmaschinen E-6, die sich von der E-5 in erster Linie durch ihr neues Nachbrennertriebwerk Tumanskij R-11F-300 unterschieden, einem verbesserten Nachfolger des AM-11. Der Motorenkonstrukteur Aleksandr Mikulin war nämlich mittlerweile von seinem Vize Sergej Tumanskij abgelöst worden, was sich fortan auch in der Triebwerksbezeichnung R niederschlug. Die äußerlichen Unterschiede zur E-5 betrafen neben einem geänderten Kabinendach hauptsächlich die Reduzierung von bisher zwei Kielflossen auf eine einzige und — mit alleiniger Ausnahme der E-6/1 — den Fortfall der beiden inneren Grenzschichtzäune auf jedem Flügel sowie die endgültige Kappung der Flügel um insgesamt 60 cm auf nunmehr 7,15 m. Bei der von Nefjodow im Frühjahr 1958 durchgeführten Flugerprobung konnte bald in 12050 m Höhe eine Machzahl von 2,05 erzielt werden. Allerdings nahm der siebte Flug am 28. Mai ein tragisches Ende. Nach völligem Triebwerksausfall in 18 km Höhe versuchte Nefjodow, die Maschine zu retten — trotz des Befehls zum Absprung und trotz des Totalausfalls der triebwerksabhängigen Hydraulik und somit der Steuerung. Das elektrische Notsystem erwies sich aber als zu träge, so daß die Maschine am Flugplatzrand abschmierte, sich überschlug und sofort Feuer fing. Nefjodow konnte zwar geborgen werden, erlag aber kurze Zeit später seinen schweren Verbrennungen.
Beim zweiten Exemplar E-6/2 wurden die erwiesenen Schwachstellen so weit wie möglich beseitigt. Diese Maschine erhielt jedenfalls ein völlig neues Lufteinlaßsystem mit einem Dreipositions-Diffusor anstelle des bisherigen starren Einlaufkonus, ein verdoppeltes Hydrauliksystem und einen hitzebeständigeren Satteltank. Versuchsweise wurden auch Startschienen für Luft-Luft-Raketen K-13 an den Flügelspitzen angebracht. Die Fertigstellung der noch weiter verbesserten E-6/3 verzögerte sich allerdings bis zum Dezember 1958.
Natürlich war man sich auch auf sowjetischer Seite des Prestigewerts von internationalen und Weltrekorden durchaus bewußt, insbesondere des absoluten Geschwindigkeitsrekords. Doch wollte man hierbei möglicherweise kein Wagnis eingehen und beschloß abzuwarten, bis eine geeignete und garantiert überlegene Maschine zur Verfügung stand. Aus welchen Gründen man allerdings nicht die erwiesenermaßen schnelle Suchoj S-1 einsetzte, ist bislang unbekannt. Möglicherweise haben bessere Kontakte des Konkurrenten Mikojan dies zu verhindern gewußt. Vorerst jedenfalls kam es zu keinem sowjetischen Weltrekordangriff.

F-104A „Starfighter"

Der Weltrekordangriff erfolgte statt dessen prompt und ohne große Verzögerung durch die U.S. Air Force. Erwartungsgemäß wurde diesmal der neue „Superjäger" Lockheed F-104 „Starfighter" eingesetzt. Selten ist ein Flugzeug mit soviel Vorschußlorbeeren bedacht und später ebenso vehement von der Öffentlichkeit verdammt worden, wie gerade diese Konstruktion. In der Tat stellte die F-104 eines der größten Paradoxe in der Geschichte der Jagdflugzeuge dar. Sie wurde in den frühen fünfziger Jahren, nach eingehender Befragung von US-Jagdfliegern in Korea, vom erfahrenen Lockheed-Team unter Führung von Clarence „Kelly" Johnson geschaffen. Im November 1950 war überraschend die leichte und wendige Mikojan MiG-15 aufgetaucht. Zumindest anfangs erwies sie sich in größeren Höhen gegenüber der um die Hälfte schwereren North American F-86 „Sabre" als überlegen. Diese Tatsache veranlaßte deren Piloten, lautstark und fast einstimmig einen leichten Jäger mit hoher Steigleistung und Geschwindigkeit zu fordern. Zugunsten der Leistung sollte er von allem überflüssigen Luxus befreit sein. Eines der „Asse" aus dem 2. Weltkrieg, Colonel Francis Gabreski, brachte es auf den Punkt: „Wir müssen komplizierte und schwere Geräte in großen, schweren Maschinen herumschleppen. Ich würde lieber ganz einfach mit einem Kaugummi auf der Frontscheibe zielen..."
„Kelly" Johnson und sein Team machten sich daran, diesen Wunsch nach einem „Day Superiority Fighter", einem „Luftüberlegenheits-Tagjäger", schnellstmöglich in die Tat umzusetzen, wobei zunächst ein breites Spektrum möglicher Lösungen untersucht wurde. Im März 1952 begannen die Arbeiten sowohl am kleinen Modell 227-0-6 mit Bugeinlaß und beweglichem Diffusor als auch am noch kleineren Modell 227-0-11 mit Deltaflügeln und vorne liegendem, bündig eingepaßtem Cockpit. Der nächste Entwurf hingegen, das erheblich größere Modell 227-8-1 vom April 1952, fiel mit seinem Gewicht von 13,6 t völlig aus dem Rahmen. Doch das Modell 227-16-2 vom Juli 1952 brachte weitaus akzeptablere 3,6 t auf die Waage. Dazu besaß es einen ungepfeilten, mit nur 5,10 m Spannweite äußerst kleinen und mit 3,6 Prozent Profildicke extrem dünnen Tragflügel. Der wurde im Prinzip für alle folgenden Projekte übernommen — mit Ausnahme des Modells 227-14-1 vom selben Monat, bei dem sich die beiden Leitwerksträger an den Flügelspitzen befanden. Das kurz darauf

Lockheed YF-104A „Starfighter" (552969)

Lockheed YF-104A „Starfighter" (552969)

entstandene Modell 227-13-1 geriet mit nahezu 23 t Gewicht wiederum viel zu schwer. Ein völliger Außenseiter entstand im darauffolgenden Monat: das Modell 227-15-3, ein winziges Raketenflugzeug mit nur 4,78 m Spannweite, dessen Reichweite sich aber erwartungsgemäß als ungenügend erwies. Im Oktober 1952 hatte man dank energischer Maßnahmen beim Modell 227-20-1 Größe und Gewicht auf die Hälfte senken können, unter anderem durch Einbau eines kleineren Triebwerks. Noch radikaler ging man beim äußerst kleinen Modell 242-19-1 des folgenden Monats vor, bei dem man das Gewicht auf rund 4 t zu senken hoffte. Allmählich jedoch begannen sich die Umrisse des endgültigen Konzepts abzuzeichnen. Im Dezember 1952 entstand über das Modell 242-23-1 das Modell 246-1-1 mit 6,73 m Spannweite, bei dem es allerdings mit den seitlichen Lufteinläufen Schwierigkeiten gab. Der zwischenzeitlich erkannten Gefahr der Trägheitskopplung suchte man beim Modell 242-27-1 vom Februar 1953 zunächst durch eine Rumpfverkürzung zu begegnen, wobei das Hauptfahrwerk in Behälter unter den Tragflügeln eingezogen werden sollte. Dabei überwogen die Nachteile jedoch den möglichen Nutzen, so daß man sich auf die zur gleichen Zeit beschlossene Einführung eines T-Leitwerks beschränkte. In Windkanalmessungen hatte sich nämlich folgendes herausgestellt:

Lockheed YF-104A „Starfighter"

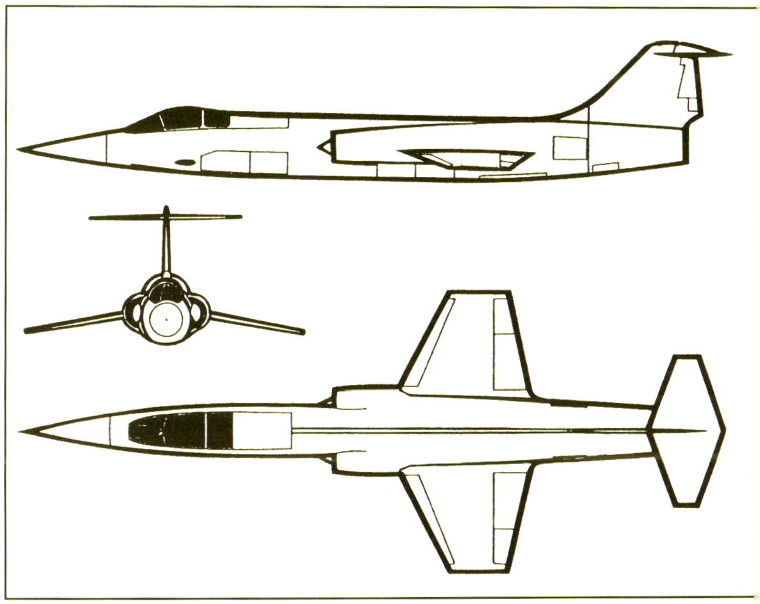

die tiefe Anordnung des Höhenleitwerks, die damals von anderen Konstrukteuren als Maßnahme gegen das gefürchtete, plötzliche Aufbäumen und gegen die Trägheitskopplung bevorzugt wurde, beeinträchtigte die Längsstabilität des Lockheed-Entwurfs. Statt dessen versah man die Maschine mit einem zusätzlichen Aufbäumregler. Eine weitere Vorsichtsmaßnahme gegen unangenehme Berührung des hohen T-Leitwerks durch den Piloten, der bei hoher Geschwindigkeit ausstieg, war ein nach unten ausstoßbarer Schleudersitz. Dieser mag theoretisch gerechtfertigt gewesen sein, sollte sich aber in der Praxis als lebensgefährlich erweisen.
Das vorläufige Endergebnis war jedenfalls das zur Aufnahme des neuen Nachbrennertriebwerks General Electric J79 ausersehene Modell CL-246 (Lockheed California) alias Modell 83 (Lockheed Company). Die Tragflügel hatte man extrem kurz gehalten; sie maßen auf jeder Seite ganze 2,31 m von der Spitze bis zur Wurzel, wobei sie dort — entsprechend einer Profildicke von 3,36 Prozent — eine größte Dicke von nur 107 mm aufwiesen. Sie waren kompromißlos für hohe Machzahlen optimiert, allerdings auf Kosten des Auftriebs und der

Wendigkeit. Um der unerwünschten Taumelschwingung, der sogenannten „Dutch Roll“ zu begegnen, besaßen sie eine 10prozentige negative V-Stellung. Die knapp bemessene Flügelfläche von ursprünglich 16,6 m^2, später 18,2 m^2, ergab natürlich eine extrem hohe Flächenbelastung von 428 bis 643 kg/m^2. Um dennoch den für die Landung erforderlichen Auftrieb zu erhalten, ließ sich zur Auftriebserhöhung die gesamte Flügelvorderkante mittels elektrischer Stellmotoren nach unten abklappen. Entsprechend den Arbeiten von John Attinello, einem im Naval Air Test Center tätigen Ingenieur, sollten die Landeklappen zusätzlich noch angeblasen werden. Das war jedoch vorerst noch mit Schwierigkeiten verbunden und wurde erst bei späteren Serienexemplaren verwirklicht. Sowohl Vorder- als auch Hinterkanten der Stummelflügel waren extrem scharf geformt. Die Flügel besaßen übrigens auch keinen durchgehenden Holm, sondern waren — zum Entsetzen vieler Fachleute — beiderseits des Rumpfes lediglich an fünf Spanten befestigt.
Ob riskant oder nicht, diesen Mach-2,2-Entwurf offerierte man unaufgefordert der U. S. Air Force im November 1952. Schon binnen eines Monats erging von dort eine offizielle Ausschreibung für einen leichten Jäger als Nachfolger der F-100 ab 1956, und die Firmen Lockheed, North American und Republic wurden zur Abgabe entsprechender Angebote aufgefordert. Dank ihrer rührigen Vorarbeit erhielt die Firma Lockheed sehr rasch den Zuschlag und am 12. März 1953 den Auftrag über zwei Prototypen, die von der Air Force als XF-104 und vom US-Verteidigungsministerium als Weapon System 303A bezeichnet wurden. Die Attrappenbesichtigung fand bereits am 30. April statt und brachte einen Wechsel in der Bewaffnung. Die ursprünglich vorgesehenen zwei 30-mm-Bordkanonen wurden durch eine einzige, sechsrohrige 20-mm-Revolverkanone des Typs General Electric M61A „Vulcan“, mit einer Feuergeschwindigkeit von 6000 Schuß pro Minute ersetzt. Ansonsten gab es keine größeren Änderungen, weswegen der Bau der beiden Prototypen XF-104 in Lockheeds Special Project Division, den legendären „Skunk Works“, in extrem kurzer Zeit durchgeführt werden konnte. Da es bei den vorgesehenen, sehr schubstarken (6,8 t) Triebwerken General Electric J79 nicht ganz so schnell ging, entschloß man sich vorerst, das verfügbare, aber erheblich schwächere Triebwerk Wright J65, eine Lizenzversion des britischen Armstrong Siddeley „Sapphire“, in die beiden Prototypen XF-104 und, sofern erforderlich, auch in die Vorserienmaschinen YF-104A einzubauen.
Der erste Prototyp XF-104 (53-7786) konnte auf diese Weise bereits im Februar 1954, in der Hand des Lockheed Chief Test Pilot Tony LeVier, seine Rollversuche auf dem Edwards AFB aufnehmen, die am letzten Tag des Monats in einen 100 m langen Hüpfer mündeten. Der offizielle Erstflug fand am 4. März 1954 statt, mußte aber wegen gewisser Schwierigkeiten mit dem Fahrwerks-Einziehmechanismus kurz gehalten werden. Bei der weiteren Anfangsflugerprobung zeigten sich, wie bei einem derartigen radikalen Entwurf nicht anders zu erwarten, weitere Schwachstellen wie Neigungen zum Aufbäumen und zu Trägheitskopplung, mangelnde Längsstabilität, ungenügende Reichweite und Höchstgeschwindigkeit. Selbst mit dem inzwischen installierten Nachbrennertriebwerk J65-W-5 reichte es am 25. März 1955 allenfalls zu Mach 1,79, was zwar beachtlich war, aber keineswegs den zugesagten Mach 2,2 entsprach. Kurz darauf, am 18. April, zerlegte sich dann auch noch der zweite Prototyp (53-7787) — genau wie der erste war er buchstäblich von Hand gebaut — bei Schießversuchen in der Luft. Der Lockheed-Werkspilot Herman „Fish“ Salmon wurde beim Absprung verletzt und „Kelly“ Johnsons Team hatte alle Hände voll zu tun, um die Sache wieder in den Griff zu bekommen.
Schließlich hatte die U. S. Air Force im Januar 1954, also noch vor dem Erstflug der XF-104, fünfzehn Vorserienexemplare YF-104A in Auftrag gegeben. Trotz der Verzögerungen bei der Fertigung des für die Serie vorgesehenen General-Electric-Triebwerks J79, entschloß man sich, im Rahmen der erforderlichen Umkonstruktion voll auf dieses Triebwerk zu setzen. Dessen größere Länge plus vergrößerte Kraftstofftanks mit einem Fassungsvermögen von 3400 l erforderten eine Rumpfverlängerung um 1,68. Dies hatte wiederum aufgrund der geänderten Schwerpunktlage eine leichte Verschiebung des Leitwerks und eine größere des Bugrads zur Folge. Die Flankenlufteinlässe waren jetzt mit zentralen, halbkonusförmigen Zweistoß-Diffusoren versehen.
Das „Rollout“ der YF-104A (Model 183) fand am 23. Dezember 1955 und der Erstflug am 17. Februar 1956 statt — durchgeführt vom inzwischen wieder genesenen Herman „Fish“ Salmon. Auch hier zeigten sich Schwierigkeiten, diesmal mit dem neuen Triebwerk YJ79-GE-3, das ebenfalls seinen Erstflug durchführte. Genau zwei Monate später, am 17. April 1956, wurde das neue Flugzeug mit dem anspruchsvollen Namen „StarFighter“ — die Schreibweise wurde bald darauf in „Starfighter“ abgeändert —, in Form des zweiten Vorserienexemplars mit der Nummer 55-2956, der staunenden Öffentlichkeit vorgestellt. Der überschwengliche Begriff des „Missile with a Man in it“, also des „bemannten Flugkörpers“, wurde von der Propaganda geprägt und verblieb einige Zeit im Wortschatz der Journalisten. Wie so oft gab es auch bei dieser Maschine Geheimhaltungsbestimmungen, die etwas lächerlich anmuteten. So waren bei der Präsentation der schlanken Maschine deren noch nicht „freigegebene“, umgestaltete Lufteinlässe mit stromlinienförmigen Aluminiumhauben versehen. Respektlose Presseleute bezeichneten diese denn auch als „Flight Falsies“, „Flug-Gummibusen“. Was diese spezielle Geheimhaltung anbetrifft, so erinnert sich der Verfasser, nur wenig später die echte Form (der Einlässe) erstmals bei einem Plastikbausatz gesehen zu haben.
Zehn Tage nach ihrer öffentlichen Vorstellung konnte Werkpilot Joe Ozier mit der ersten YF-104A als erstem „Starfighter“ die doppelte Schallgeschwindigkeit erreichen. Doch zeigte sich bald, daß die Schwierigkeiten keineswegs überwunden waren. Eine YF-104A ging im berüchtigten „Super-Stall“ verloren, dem überzogenen Flugzustand, bei dem das Leitwerk im „Kielwasser“ des Tragflügels wirkungslos ist. Eine zweite wurde das Opfer eines ihrer eigenen Zusatztanks, der nach dem Absprengen das Höhenleitwerk traf. Spezielle Tanks mit Stabilisierungsflossen mußten entwickelt werden. Auch die Vervollkommnung der Landeklappen, die zwecks Verminderung der äußerst hohen Landegeschwindigkeit angeblasen wurden, stieß auf Schwierigkeiten. Ein ganz spezielles Sorgenkind stellte das Triebwerk dar, insbesondere dessen Nachbrenner, der in seiner ursprünglichen Ausführung nur zwei Betriebsarten kannte: voll an oder aus. In der Praxis hieß dies: entweder ging es mit maximaler Beschleunigung von Mach 1 auf Mach 2,2 oder mit maximaler Bremsverzögerung davon zurück — von einer geregelten Geschwindigkeit innerhalb dieses Bereiches konnte keine Rede sein. Dies machte einen Einsatz als Abfangjäger praktisch unmöglich. Doch die U. S. Air Force, überwältigt von den prophezeiten Leistungsdaten des verbesserten „Starfighters“, hatte schon im Jahre 1955, also noch vor dem Erstflug der YF-104A, 155 Exemplare der Serienversion F-104A bestellt und sollte diese Zahl bis zum Jahre 1958 sogar noch auf 722 erhöhen. Im Januar dieses Jahres erhielt die in Kalifornien stationierte 83rd Fighter Interceptor Squadron des Air Defense Command der U. S. Air Force die lang ersehnten ersten Serienmaschinen F-104A. Die Freude sollte sich allerdings in Grenzen halten, denn die ersten 35 Exemplare wurden zur weiteren Einsatzerprobung abgestellt,

die übrigens insgesamt 52 Maschinen, 8000 Flüge und einen Kostenaufwand von über 30 Mio. Dollar umfaßte. Außerdem besaßen die ersten Maschinen keine Bordkanonen, da deren ernsthafte Mängel dazu geführt hatten, daß sie schon ab November 1957 aus- bzw. überhaupt nicht eingebaut wurden. Die schon früher verfügte zusätzliche Bewaffnung durch zwei Luft-Luft-Raketen AIM-9B „Sidewinder" an den Flügelspitzen war aufgrund der dafür unzureichenden Radar- und Feuerleitsysteme auch nur eine schwache Übergangslösung. Es sollte geschlagene sechs Jahre dauern, bis eine verbesserte Revolverkanone zur Verfügung stand.
Verständlicherweise hatten bei Lockheed schon vor geraumer Weile die Alarmglocken geschrillt, als sich die Unzweckmäßigkeit des „Starfighter" als reiner Abfangjäger abzuzeichnen begann. Die Neuorientierung in Richtung Mehrzweck-Jagdbomber wurde als unbedingt notwendig angesehen. Dies würde aber eine, mit ungeheurem Aufwand verbundene, völlige Umkonstruktion erfordern, um der auf diesem Gebiet stark vertretenen Konkurrenz überlegen zu sein, sowohl auf nationaler als auch auf internationaler Ebene. Besonders die internationale Konkurrenz hatte inzwischen zunehmend an Bedeutung gewonnen, und man entschied bei Lockheed, sich dieser Herausforderung zu stellen (um es einmal so auszudrücken). Chefkonstrukteur „Kelly" Johnson sollte sich hierbei als außerordentlich geschickter, überzeugender und auch erfolgreicher Verkäufer seines Produkts erweisen. Einerseits verlor nun zwar die U.S. Air Force immer mehr den Geschmack am „Starfighter". Doch andererseits begannen die zuständigen Ministerien einiger Staaten, die durch Verteidigungsabkommen mit den USA verbündet waren, der „eierlegenden Mach-2-Wollmilchsau" immer mehr Interesse entgegenzubringen. Lockheeds eifrige Repräsentanten priesen sie ja auch mit großem Engagement an. Besonders die Entscheidungsträger der Bundesrepublik Deutschland waren, trotz vielfältiger Einwände, der Ansicht, daß der Besitz dieses atombombentragenden Superflugzeugs unerläßlich sei, um in der NATO als vollwertiger Partner anerkannt zu werden. So begann im Jahre 1958, in Zusammenarbeit mit deutschen Ingenieuren, die Entwicklung des „maßgeschneiderten" Jagdbombers F-104G (Model 683), wobei der Buchstabe G getrost für „Germany" angesehen werden darf. Bei Lockheed hatte man nämlich in der Zwischenzeit die Schuldoppelsitzer F-104B (Model 283) und D (Model 383/583) sowie den Jagdbomber F-104C (Model 483) geschaffen. Inzwischen waren aber die, erst im Januar 1958 ausgelieferten, ersten Einsatzmaschinen F-104A schon ein Vierteljahr später, aufgrund mehrerer, durch Triebwerksschaden verursachten Abstürze, von der U.S. Air Force mit Startverbot belegt worden. Zwar wurde dieses nach dem Einbau neuer Triebwerke J79-GE-3B ein weiteres Vierteljahr später wieder aufgehoben, doch war die amtliche Ernüchterung mittlerweile so stark, daß die zu Beginn des Jahres aufgegebene Bestellung von 722 Maschinen im Dezember 1958 auf die ursprüngliche Zahl von 155 reduziert wurde.
Daß man sich ausgerechnet zur Zeit des allgemeinen „Starfighter"-Startverbots entschloß, mit eben diesem Flugzeug ein paar Weltrekorde zu erringen, darf als publikumswirksame und verkaufsfördernde „Flucht nach vorn" angesehen werden. Der „Armed Forces Day" stand unmittelbar bevor, und sowohl die Air Force als auch Lockheed waren dringend auf Erfolgsmeldungen angewiesen. Kurz zuvor nämlich, am 18. April 1958, hatte ein Flugzeug der U.S. Navy, eine Grumman F11F-

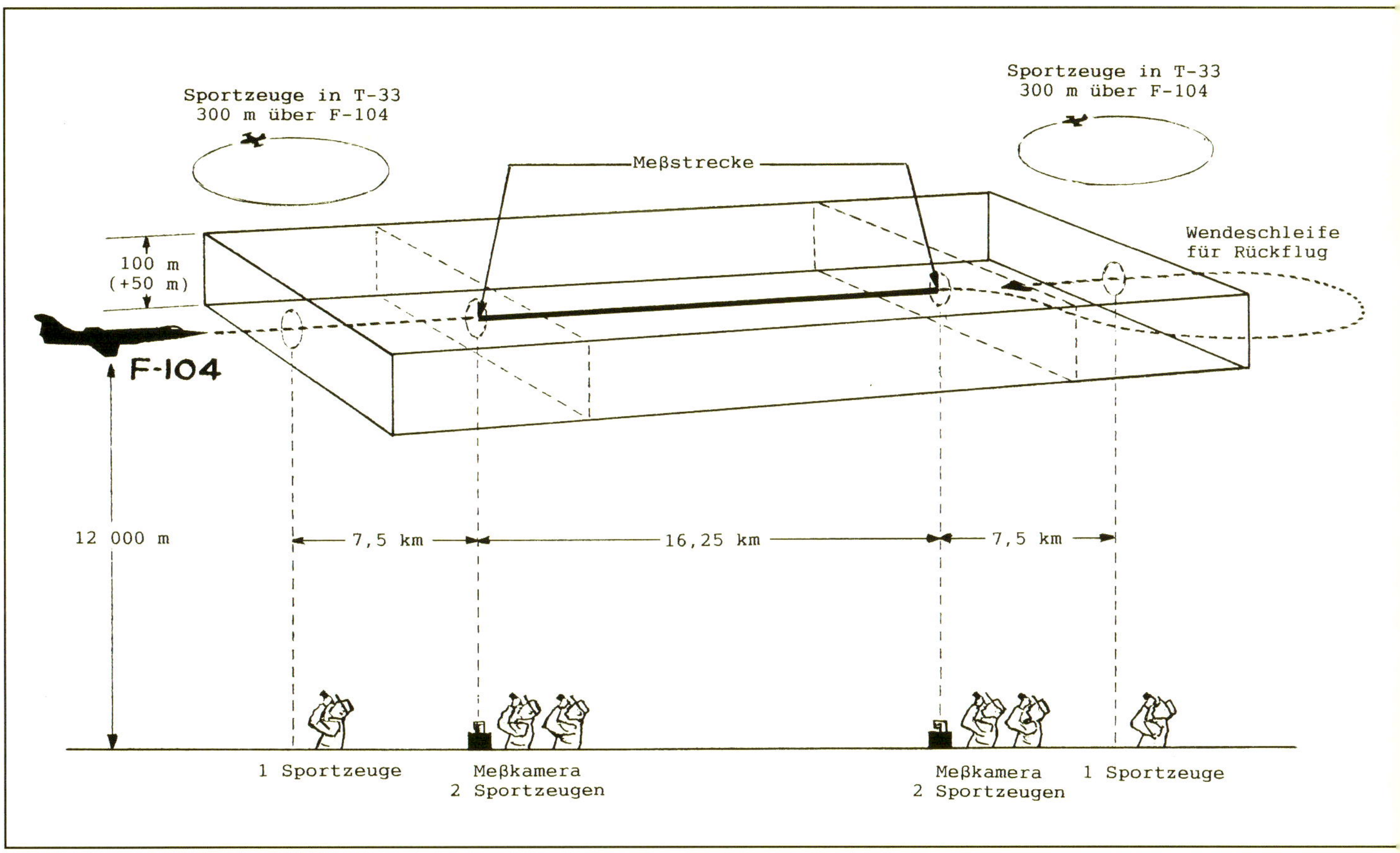

YF-104A — Weltrekord-Meßstrecke

1F „Tiger", den Höhenweltrekord, den seit dem Vorjahr ein mit einem zusätzlichen Raketentriebwerk ausgestatteter britischer Bomber English Electric „Canberra B. 2" hielt, um über 2 km auf 23449 m gesteigert. Leider war er aber nur 14 Tage später, am 2. Mai 1958, der darüber ungehaltenen amerikanischen Nation wieder schnöde entrissen worden; von einer französischen SNCASO SO-9050 „Trident II", die mit Hilfe ihres kombinierten Turbo-/Raketenantriebs auf 24271 m gekommen war. Für Lockheed war das besonders frustrierend, denn ihre Bildaufklärer U-2, die schon seit eineinhalb Jahren, im Auftrag der CIA, über der Sowjetunion operierten, waren routinemäßig schon oft auf derartige Höhen geklettert. Doch das unterlag leider strengster Geheimhaltung und eignete sich daher nicht für offizielle Weltrekorde. Da für die F-104A nur die Kategorien Steig-, Höhen- und Geschwindigkeitsrekord in Betracht kamen, entschied man sich also, zunächst den Höhenweltrekord anzugreifen. Zu diesem Zwecke wurden unverzüglich zwei Piloten der gewissermaßen F-104A-Grundlagenforschung betreibenden 83rd FIS ausgewählt, nämlich Major Howard C. Johnson und Captain Walter W. Irwin. Außerdem wurden ein paar besonders ausgewählte YF-104A auf der Edwards AFB vorbereitet.
Den ersten Erfolg konnte Major Johnson erringen, der schon am 7. Mai eine weltbeste Gipfelhöhe von 27813 m erreichte. Da die propagandabewußte Air Force beabsichtigte, diese Rekorde schon am 17. Mai, dem „1958 Armed Forces Day", voller Stolz bekanntzugeben, war für den Angriff auf den Geschwindigkeitsweltrekord höchste Eile geboten. Die offiziellen Zeitnehmer waren in den frühen Morgenstunden des 15. Mai mit ihren Meßgeräten einsatzbereit. Um Punkt 6 Uhr startete Captain Irwin mit seiner YF-104A und stieg schnell auf die vorgesehene Meßhöhe von 40000 Fuß, also 12,2 km, um seinen ersten Durchgang zu beginnen. Doch Schwierigkeiten mit der Triebwerkstemperatur veranlaßten ihn, nicht mit vollem Nachbrennerschub zu fliegen, weswegen die Geschwindigkeit ungenügend blieb. Irwin landete umgehend und stieg in die zweite der bereitgestellten Maschinen. Die nächsten beiden Durchgänge waren wohl schneller als der erste, doch nicht schnell genug. Irwin setzte sofort zum dritten Rekordangriff an und kam beim ersten Durchgang schon auf weit über 2400 km/h. Eine weite 3-g-Kurve brachte ihn wieder zum zweiten Durchgang in Gegenrichtung — doch dann riß ein Kabel im Nachbrennermechanismus und Irwin war erneut zur Landung gezwungen. Während der eilig vorgenommenen Reparatur begannen solch dicke Wolken aufzuziehen, daß die Meßkameras die Rekordmaschine nicht mehr hätten erkennen können. Für diesen Donnerstag war die Sache gelaufen.
Sollte das Pentagon den erhofften Weltrekord am „Armed Forces"-Samstag offiziell bekanntgeben, so blieb als letzter Flugtermin nur noch Freitag, der 16. Mai 1958. Denn das Pentagon liegt im Osten der USA und der Zeitunterschied zum kalifornischen Edwards AFB war zu berücksichtigen. Um alle Chancen auszunutzen, war eine weitere YF-104A mit einem verbesserten Triebwerk J79-GE-3B bereitgestellt worden. Diesmal mußte es einfach klappen. Also erneuter Start um 6.47 Uhr, erneuter Doppelpaß in rund 13 km Höhe. Und tatsächlich ergaben die ersten Rohkalkulationen einen überwältigenden Schnitt von 2310 km/h. Doch dann kam die ernüchternde Mitteilung: die Meßkameras waren ausgefallen; der Flug konnte leider nicht gewertet und mußte wiederholt werden. Zu allem Übel stellte sich auch noch heraus, daß ein kleines Bauteil der schnellen YF-104A ausgefallen war, und daß der Einbau eines neuen erhebliche Zeit in Anspruch nehmen würde. Eine neue YF-104A mußte her. Und wieder kletterte Irwin in eine andere Maschine. Diese hatte jedoch kein leistungsfähigeres Triebwerk als die vorige, sondern das bisherige F-104A-Triebwerk J79-GE-3A. Ganz gleich, ein paar Minuten vor 8 Uhr war Irwin schon wieder auf dem Weg zur Meßstrecke. Da meldete einer der beiden, in zwei Lockheed T-33 zur Höhenkontrolle eingeteilten, offiziellen Sportzeugen, daß die Kabinenhaube seiner Maschine beschädigt sei und man deswegen unverzüglich nach Edwards zurückkehren müsse. Doch für einen solchen Notfall hatte man glücklicherweise vorgesorgt und bereits eine Reservemaschine mit einem weiteren Sportzeugen auf den Weg gebracht. Es konnte also endlich losgehen mit dem Unternehmen Weltrekord — mit der vierten Maschine!
Beim ersten Mal durchflog Irwin die 16,25 km lange Meßstrecke, mit dem Wind, in unter 25 Sekunden, was in etwa einer Geschwindigkeit von 2358 km/h entsprach. Dann folgte eine flache Kurve — eine zu hohe g-Belastung hätte die Geschwindigkeit reduziert — und der zweite Durchgang, gegen den Wind. Nunmehr betrug die Zeit rund 27 Sekunden und die Geschwindigkeit 2161 km/h. Diesmal schien wirklich alles geklappt zu haben, die ersten groben Berechnungen waren äußerst vielversprechend. Die offizielle Auswertung jedoch wollte und wollte kein Ende nehmen. Schließlich kam die erlösende Meldung: Captain Irwin und mit ihm die U. S. Air Force waren die neuen offiziellen Inhaber des Geschwindigkeitsweltrekords mit 2259,538 km/h. Und das gedachten sie auch auf absehbare Zeit zu bleiben.
So sehr dieser Erfolg dem öffentlichen Image des „Starfighters" zugute kam, die offiziellen Stellen und die Piloten sahen das erheblich nüchterner. Zu störanfällig sei die F-104, war zu vernehmen, und ausgesprochen tückisch. Sie würde, im Gegensatz zu anderen Jägern, keinen Pilotenfehler vergeben. Auch der Einbau eines herkömmlichen, den Piloten nach oben hinauskatapultierenden Schleudersitzes reichte nicht aus, das Vertrauen der Piloten wesentlich zu erhöhen. Wie auch immer, schon ein Jahr nach ihrer Einführung zog die Air Force diese Maschine wieder aus dem aktiven Verkehr und teilte einen Teil von ihnen den Reserveeinheiten der Air National Guard zu. Andere gingen nach Taiwan, Jordanien und Pakistan, und 24 Exemplare wurden gar in ferngesteuerte Zieldrohnen QF-104A „zum Verbrauch" umgebaut. Auch die 77 Exemplare des verbesserten Nachfolgemodells F-104C (Model 483) fanden nur kurzzeitig Verwendung bei der U. S. Air Force.
Die „deutsche" F-104G (Model 683) sowie die anderen Exportmodelle — sie waren erheblich modifiziert, doch ebenso tückisch — sorgten dann dafür, daß aus einer drohenden Riesenpleite mit weiteren 2400 gebauten Exemplaren ein Riesenerfolg wurde, jedenfalls für die Firma Lockheed. Die Methoden, mit denen er erzielt wurde, waren jedoch nicht unbedingt immer „koscher". In diesem Zusammenhang bekanntgewordene Bestechungsaffären sorgten später, beispielsweise in Italien, Japan und den Niederlanden, für Regierungskrisen, Skandale und spektakuläre Rücktritte. In Deutschland gab es zwar ebenfalls erhebliche Unruhe und empört zurückgewiesene Schuldzuweisungen, doch keine Rücktritte und keine Beweise. Die entsprechenden Unterlagen waren 1976, bei einem Umzug des betroffenen Ministeriums, auf wundersame Weise verlorengegangen.
Verloren gingen aber leider auch viele „Starfighter". Das war die Folge technischer und fliegerischer Unzulänglichkeiten, die mit einem weniger überzüchteten Flugzeug wahrscheinlich hätten „ausgebügelt" werden können. Auch heute noch scheiden sich an dieser Maschine die Geister, ganz besonders in Deutschland. Aus diesem Grunde wurde der Beschreibung auch mehr Raum gegeben. Wie immer das Urteil über dieses Flugzeug ausfallen mag — was den Geschwindigkeitsweltrekord anbetrifft, so bleibt dem „Starfighter" für immer die Ehre, als erster das Tor zu Mach 2, zur doppelten Schallgeschwindigkeit, geöffnet zu haben.

Kapitel 4: 1959-2000 — über Mach 3 nach Mach X

Nach dem neuen Geschwindigkeitsweltrekord der Lockheed YF-104A „Starfighter" konnten die USA es sich leisten, ähnliche Bemühungen anderer Staaten mit relativer Gelassenheit zu betrachten. Doch die Anzahl solcher Staaten hatte sich in der Zwischenzeit erhöht. War es in den Jahren nach dem 2. Weltkrieg praktisch nur Großbritannien gewesen, das sich in ernstzunehmender Weise am internationalen Rekordgeschehen beteiligte, so hatten inzwischen weitere Staaten mehr oder weniger offen ihre Absicht bekundet, auf dem Hochgeschwindigkeitssektor aktiv zu werden. Entsprechende Bemühungen französischer Konstrukteure und ihrer sowjetischen Kollegen auf der anderen Seite des „Eisernen Vorhangs" waren kein Geheimnis. Doch plante auch die Volksrepublik China, im Rahmen des „großen Sprungs nach vorn", Vorhaben dieser Art. Hatte man sich bislang notgedrungen auf die Verwendung sowie den lizensierten oder unlizensierten Nachbau sowjetischer Flugzeuge beschränkt, so wollte man sich in Zukunft auf die eigene Kraft stützen und selbst Hochleistungsflugzeuge entwickeln.

Projekte VR China

Im Hinblick darauf hatte man im September 1956, als eine Art Keimzelle, das erste Flugzeugkonstruktionsbüro gegründet, das Shenyang Aircraft Design Department, als Teil der Shenyang Aircraft Factory. Es wurde vom Direktor-Konstrukteur Xu Shunshou geleitet, der in den USA ausgebildet worden war. Ihm standen als Vizedirektoren-Konstrukteure Huang Zhiqian und Ye Zhengda zur Seite, die ihre Ausbildung in Großbritannien und der UdSSR erhalten hatten. Sie standen vor einer nicht gerade beneidenswerten Aufgabe: das Durchschnittsalter der ihnen zur Verfügung stehenden Mitarbeiter betrug ganze 22 Jahre und lediglich drei Prozent des Teams besaßen praktische Erfahrungen im Flugzeugbau. Der Rest rekrutierte sich größtenteils aus unerfahrenen, frischgebackenen College- und Universitätsstudenten. Als Vorbereitung auf die eigentliche Aufgabe, die Schaffung eines modernen Jagdflugzeugs, begann man im Oktober 1956 zunächst mit den Entwurfsarbeiten zu einem zweisitzigen Strahltrainer. Es war der einstrahlige Tiefdecker JJ-1, der der einige Jahre zuvor entstandenen, italienischen Fiat G.80 ähnelte. Sein Erstflug konnte erstaunlicherweise bereits im Juli 1958 durchgeführt werden, gefolgt von einer zweimonatigen Flugerprobung. Aufgrund geänderter Ausbildungsvorschriften kam es allerdings nicht zum Serienbau des Flugzeugs. Doch die Erfahrungen, die die jungen Flugzeugbauer sammelten, erachtete man im chinesischen Luftfahrtministerium offensichtlich als völlig ausreichend, um unverzüglich mehrere ambitionierte Projekte in Angriff nehmen zu können. Dazu gehörten neben dem, auf der sowjetischen Mikojan MiG-19 basierenden, Jagdbomber Q-5 gleich zwei Hochgeschwindigkeits-Strahljäger: „East Wind 107" und „East Wind 113".

Das junge und tatendurstige Shenyang-Team wurde also auf mehrere Wirkungsstätten aufgeteilt, um dort weitere Flugzeugentwurfskeimzellen zu bilden. So machte man sich denn Ende 1958 in der Entwurfsabteilung der Nanchang Aircraft Factory, unter weitgehender Einbeziehung von praxisunerfahrenen Lehrern und Ingenieurstudenten, mit Feuereifer an die

Chinesischer Überschalljäger (Windkanalmodell)

Arbeit, den überschallschnellen Jagdbomber Q-5 zu schaffen. Das rührende Motto lautete: „Ein Jahr lang pausenlose Arbeit, damit das Flugzeug noch vor dem Nationalfeiertag fliegt." Schon im Februar 1959, also nach nur 75 Tagen, waren auf diese Weise über 15000 Konstruktionszeichnungen fertiggestellt. Sie stellten sich allerdings als weitgehend unbrauchbar heraus und mußten nicht weniger als vier Mal gründlich überarbeitet werden. Die Fertigstellung der revidierten, nunmehr 20000 Zeichnungen und 260 Untersuchungsberichte über Material- und Windkanalversuche nahm ein weiteres Jahr in Anspruch. Die Unwägbarkeiten der Kulturrevolution brachten dann eine zeitweilige Einstellung aller Arbeiten, die man erst im Jahre 1961 fortsetzen konnte, mit nur 15 der ursprünglichen 300 Mitarbeiter und unter zuweilen haarsträubenden Umständen. Im Herbst 1963 kam es endlich zur Erprobung der Bruchzelle und am 26. Oktober gab es dabei einen lauten Knall: der Rumpf war bei 85 Prozent Belastung auseinandergebrochen — man hatte ein 16 mm starkes Stahlseil der Aufhängung schlicht durch zwei, je 8 mm starke Stahlseile ersetzt. So dauerte es noch einmal zwei Jahre, bis der Prototyp der Q-5 seinen Erstflug durchführte — fünf Jahre später als erwartet. Weitere vier Jahre sollten noch vergehen, bis im Oktober 1969 die erste Vorserienmaschine flog und schließlich die Serienfertigung anlaufen konnte.

Unter diesen Umständen überrascht es kaum, daß es bei der Entwicklung der beiden Superjäger erst gar nicht so weit kam. Das 1958 in Shenyang in Angriff genommene Projekt „East

Chinesischer Mach 2,2-Jäger Shenyang J-8 II (1984)

Wind 107" betraf einen zweistrahligen Allwetterjäger mit einer Höchstgeschwindigkeit von Mach 1,8 und einer Gipfelhöhe von 20 km. Schon im Mai 1959 begann man mit dem Bau des Prototyps, wobei sich jedoch einen Monat später die Notwendigkeit einer gründlichen Umkonstruktion herausstellte. Diese erwies sich dann als äußerst unpraktisch, weswegen man im November 1959 das Projekt aufgab, um sich ganz auf das noch ambitioniertere Projekt „East Wind 113" konzentrieren zu können. Bei diesem handelte es sich um ein, von der Militärtechnischen Akademie in Harbin entworfenes Mach-2,5-Jagdflugzeug mit einer beachtlichen Gipfelhöhe von 25 km. Mit den Entwurfsarbeiten hatte man im November 1958 begonnen. Über die Form des Flugzeugs kann man lediglich spekulieren, doch zeigt eine später bekanntgewordene Windkanalaufnahme einen Deltaflügler mit spitzem Rumpfbug und trapezförmigem Normalleitwerk. Als im Jahre 1960 die ersten, von Unterlieferanten gefertigten Einzelteile zur Verfügung standen, stellte sich allerdings heraus, daß man die Probleme der „Hitzemauer", die bei der angestrebten Geschwindigkeit zu bewältigen waren, noch nicht einmal theoretisch, geschweige denn in der Praxis hatte lösen können. Jedenfalls verschwand das Projekt „East Wind 113", und mit ihm mögliche chinesische Geschwindigkeitsambitionen, in der Versenkung.

Hawker P.1121

In Großbritannien befand sich im April 1957, also zum Zeitpunkt des berüchtigten White Paper des damaligen britischen Verteidigungsministers Duncan Sandys, neben einigen anderen Projekten auch das Hawker-Projekt P.1121 in Arbeit. Es handelte sich dabei um einen Mach 2,5 schnellen, einstrahligen und einsitzigen Abfangjäger/Jagdbomber, der vom Hawker-Team, unter Leitung des Chefkonstrukteurs Sydney Camm, aus dem zweisitzigen Abfangjäger P.1103 entwickelt worden war, und dessen zweisitzige Variante die Bezeichnung P.1116 trug. Die Form von Tragflügeln und Leitwerk erinnerte stark an die erfolgreiche „Hunter", doch befand sich im Gegensatz zu dieser der nunmehr variable Lufteinlaß des Triebwerks unter dem Rumpf — wie 17 Jahre später bei der auch sonst recht ähnlichen amerikanischen General Dynamics F-16. Man hatte für den Anfang den Einbau des von de Havilland stammenden Nachbrennertriebwerks „Gyron" vorgesehen, aber auch die Möglichkeit ins Auge gefaßt, später andere Triebwerke zu verwenden, wie Rolls-Royce „Conway" oder Bristol „Olympus". Aufgrund des beträchtlichen Entwicklungspotentials wurde der Bau des P.1121-Prototyps bei Hawker werksintern weitergeführt — trotz des Bannspruchs aus London. Die Hauptbewaffnung sollte aus 50 ungelenkten 51-mm-Raketen bestehen. Sie sollten sich in Startbehältern befinden, die seitlich aus den Rumpfflanken, hinter dem Cock-

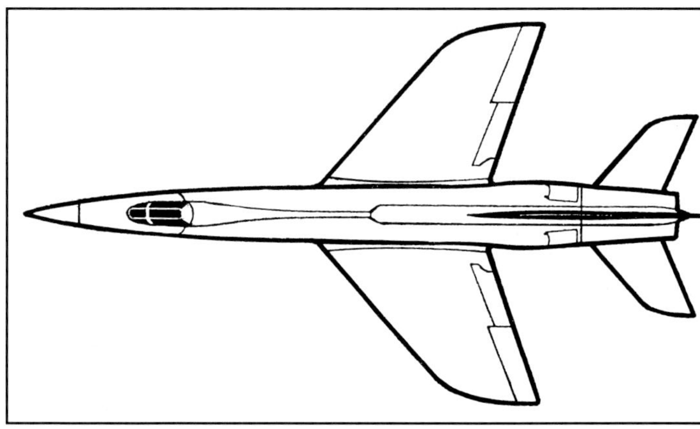

Hawker P.1121

Hawker P.1121 (Attrappe)

pit, ausfahrbar waren. Je nach Einsatzart würden sie durch 30-mm-Aden-MKs, Lenkwaffen oder Bomben ergänzt werden. Als Reaktion auf eine neue Ausschreibung, dem „Operational Requirement O. R. 331", hatte das Camm-Team noch zwei zweistrahlige Varianten P. 1125 und P. 1129 vorgeschlagen. Im Sommer 1958 waren die Hauptbaugruppen des Prototyps P. 1121 praktisch fertiggestellt, doch die Firmenleitung war nicht länger gewillt, ohne konkrete Erfolgsaussichten noch weitere Mittel für die Fertigstellung und die Flugerprobung dieses Musters zu bewilligen. Als im Januar 1959 der Auftrag O. R. 339 dann den Konkurrenzfirmen Vickers und English Electric erteilt wurde, bedeutete dies das endgültige Aus, sowohl für die beinahe fertiggestellte und Mach 2,5 versprechende P. 1121, als auch für ihre geplanten Varianten. Da inzwischen auch die Arbeiten am raketen-/strahlgetriebenen Abfangjäger Saro SR. 177 endgültig eingestellt worden waren — bekanntlich hatte sich die ernsthaft daran interessierte deutsche Luftwaffe wegen des widersprüchlichen britischen Verhaltens zurückgezogen —, war auf absehbare Zeit auch von britischer Seite keinerlei Geschwindigkeitskonkurrenz zu befürchten.

Leduc 022

In Frankreich lagen die Dinge ähnlich. Auch hier waren im Rahmen eines Programms zur Schaffung eines Abfangjägers mit hoher Steiggeschwindigkeit ein paar interessante und sehr schnelle Prototypen mit Mischantrieb entstanden: die SO-9050 „Trident", die Nord 1500 „Griffon" und die Leduc 022. Die bereits an anderer Stelle beschriebene „Trident" besaß ein Flüssigkeitsraketentriebwerk im Rumpf und, für den Marschflug, zwei kleine Turbinenstrahltriebwerke an den Flügelspitzen. Die „Griffon" und die Leduc hingegen waren mit einem kombinierten Turbinen-/Staustrahltriebwerk versehen. René Leduc, langjähriger Mitarbeiter Louis Breguets, gehörte zweifelsohne zu den Pionieren des Strahlantriebs. Auf der Grundlage der schon vor dem 1. Weltkrieg entwickelten Theorien seines Landsmannes René Lorin begann er bereits um 1930 mit seinen Forschungsarbeiten. Im Jahre 1935 gelang es ihm, ein kleines Staustrahltriebwerk — er nannte es „tuyère thermopropulsive" (Wärme-Triebrohr) erfolgreich im Windkanal zu erproben. Bei einer Geschwindigkeit von 300 m/s entwickelte es einen Schub von 4 kp. Ein Jahr später folgte ein staatlicher Auftrag des Service Technique de l'Aéronautique (No. 407/37) für die „Erforschung, Fertigung und Erprobung eines Staustrahltriebwerks und eines entsprechenden Versuchsgleiters". So entstanden im Jahre 1938 sowohl ein 1/5-Maßstabsmodell des Triebwerks als auch ein 1/10-Maßstabsmodell des Versuchsflugzeugs. Letzteres wurde übrigens auf dem Salon de l'Aéronautique im Sommer 1938 ausgestellt — offenbar ohne großes Aufsehen zu erregen. Gleichzeitig begann bei der Firma Breguet der Bau von Flugzeug und Triebwerk, wobei das Triebwerk im Sommer 1940 praktisch fertiggestellt war. Das halbfertige Flugzeug samt Triebwerk suchte man dann vor den heranrückenden deutschen Truppen zuerst nach Biarritz und dann nach Toulouse in Sicherheit zu bringen. Dort war es möglich, die Arbeiten, trotz gelegentlicher deutscher Neugier und eines alliierten Bombenangriffs, fortzuführen, wenngleich in sehr bescheidenem Umfang.
Sofort nach der „Libération" setzte man die Arbeiten voller Eifer fort und stellte die Leduc 010 No. 1, so die Bezeichnung der ersten Maschine, im Jahre 1945 fertig. Es handelte sich um einen Mitteldecker mit röhrenförmigem Rumpf sowie ungepfeilten Flügeln und Leitwerksflächen. Die Pilotenkabine befand sich im Nasenkonus des Lufteinlasses, wobei Bullaugen in der Außenhaut des Rumpfvorderteils die zugegebenermaßen beschränkte Sicht gewährleisteten. Die etwa zur gleichen Zeit entstandene britische Miles M. 52 besaß übrigens eine verblüffende Ähnlichkeit mit der Leduc 010. Da für den Betrieb des Staustrahltriebwerks eine bestimmte Anfangsgeschwindigkeit erforderlich war, hatte man einen Huckepack-Start von Trägerflugzeugen aus vorgesehen, die ein entsprechendes Startgestell auf dem Rumpf trugen. Beim ersten „Fesselflug" auf dem Rücken der ersten von zwei viermotorigen AAS-1 (ex-Heinkel He 274), die im Atelier Aéronautique de Suresnes (ex-Farman) gebaut worden waren, gab es allerdings eine Motorpanne des Trägerflugzeugs. Deshalb führte man die weiteren Flüge der Leduc-Maschinen ausschließlich mit viermotorigen Bloch 161 „Languedoc" durch. Damit erfolgte der erste Fesselflug im November 1946, der erste Freiflug als Gleiter im Oktober 1947 und der erste „scharfe" Flug im April 1949, bei dem der Pilot Jean Gonord in 5400 m Höhe eine Geschwindigkeit von 700 km/h erreichte. Im Juli waren es dann schon 11000 m und Mach 0,83. Eine zweite 010 wurde 1950 gebaut, doch gingen beide Exemplare im darauffolgenden Jahr durch Unfälle verloren, bei denen die Piloten schwere Verletzungen erlitten. Ein drittes Exemplar mit der Bezeichnung Leduc 016 trug anfänglich zwei kleine Turboméca-Strahlturbinen an den Flügelspitzen, deren begrenzter Schub aber nicht für den erwünschten Eigenstart des 3 t wiegenden Flugzeugs ausreichte. Auch Versuche mit Startkatapulten verliefen unbefriedigend, woraufhin man die beiden Strahlturbinen entfernte und das Flugzeug in Leduc 010 No. 3 umtaufte.
Bei der 1953 erstmals geflogenen und fast doppelt so schweren Leduc 021 handelte es sich im Prinzip um eine maßstäblich vergrößerte 010. Sie war ursprünglich aufgrund einer Forderung nach einem Unterschall-Abfangjäger mit extrem hoher Steiggeschwindigkeit (225 m/s) entstanden. Eine im Rumpfheck eingebaute Turboméca-Hilfsturbine diente als eine Art Zündkerze für das Staustrahltriebwerk. Auch hier hatte man ursprünglich zwei Hilfstriebwerke an den Flügelspitzen vorgesehen. Doch man verzichtete dann bei den beiden gebauten Exemplaren auf sie und beschränkte sich auf den bewährten Trägerflugzeugstart. Die drei Jahre später entstandene Leduc 022 hingegen war auf Geschwindigkeiten von Mach 2-Plus zugeschnitten. Sie besaß einen erheblich schlankeren

Leduc 010-01 mit Trägerflugzeug SE 161 „Languedoc" (F-BATF)

und nahezu zylindrischen Rumpf mit einem Rundumsicht-Cockpit im weit herausragenden Nasenkonus. Flügel und Leitwerk waren gepfeilt, wobei sich — wie schon bei der 021 — der gesamte Kraftstoffvorrat in den Flügeln befand. Ein im Heck installiertes Turbinentriebwerk SNECMA „Atar 101D-3“ mit einem Schub von 2800 kp sorgte diesmal für uneingeschränkte Eigenstartfähigkeit, was der erste Start am 21. Dezember 1956 zufriedenstellend bewies. Das Staustrahltriebwerk wurde erstmals am 1. Mai 1957 zugeschaltet. Obwohl die weitere Flugerprobung befriedigend verlief, die Schallgeschwindigkeit wurde knapp überschritten, erwies sich das Konzept nur als begrenzt nützlich. Der Kraftstoffverbrauch war viel zu hoch und die praktische Einsatzdauer als Abfangjäger

Leduc 010-03 (016)

Leduc 022-01

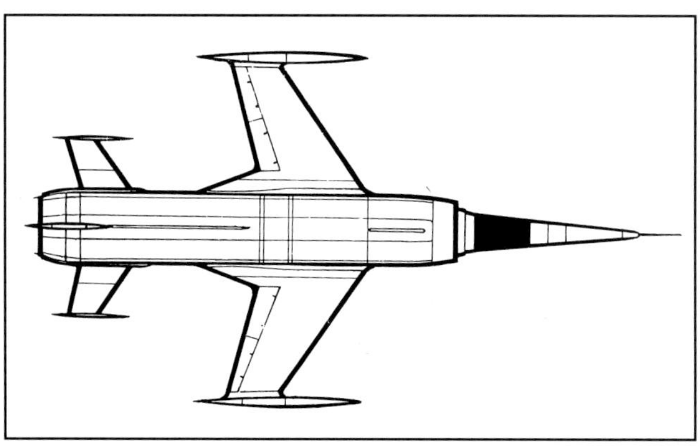

Leduc 022-01

war ungenügend: nur zehn Minuten bei Mach 2-Plus! Staatlich verfügte Sparmaßnahmen taten ein übriges, damit das gesamte Leduc-Programm im Februar 1958 endgültig eingestellt wurde. Die Leduc 022-01 hatte insgesamt 141 Flüge durchgeführt, die 022-02 wurde nicht einmal fertiggestellt. Auch die Konkurrenzentwicklung der SNCA du Sud-Ouest, der Raketenjäger SO 9050, war dem staatlichen Rotstift zum Opfer gefallen. Lediglich dem Versuchs-Abfangjäger Nord 1500 „Griffon“ hatte man, wegen seines Entwicklungspotentials und eines gewissen amerikanischen Interesses, noch eine Art Gnadenfrist zugestanden. Seine Entwicklungsgeschichte begann in den späten vierziger Jahren beim Arsenal de l'Aéronautique. Dort hatte man den Nachbau des deutschen Raketenversuchsflugzeugs DFS 346 erwogen, gab dieses Vorhaben dann aber zugunsten einer als Jagdflugzeug geeigneten Einsatzvariante auf. Diese sollte von einem Radialtriebwerk Rolls-Royce „Nene“ angetrieben werden. Zur Feststellung der damals in Frankreich noch weitgehend unerforschten Eigenschaften von Pfeilflügeln entstand deshalb, in voller Größe, ein Sperrholzgleiter Arsenal 2301 (F-WFUZ). Das Jagdflugzeug wurde aufgegeben, ebenso eine ferngelenkte Version Arsenal 520. Den Gleiter jedoch versah man mit Deltaflügeln und er bekam die neue Bezeichnung Arsenal 1301. Man erprobte ihn ausgiebig, ab 1953, in Villaroche und Istres. Im darauffolgenden Jahr entwickelte ein Team, unter Leitung von Jean Galtier, daraus den kleinen einstrahligen Forschungseinsitzer Arsenal/SFECMAS 1402 „Gerfaut“. Parallel dazu liefen jedoch, auf der Grundlage früherer Versuche des deutschen Forscherehepaares Eugen und Irene Sänger, Entwicklungsarbeiten unter Leitung von Claude Flamant. Deren Ziel war, einen Abfangjäger mit Staustrahlantrieb zu schaffen, da man inzwischen die mangelnde Eignung eines reinen Raketenantriebs für bemannte Flugzeuge erkannt hatte.

Nord 1500 „Griffon“

Beide Entwicklungslinien mündeten dann in den Entwurf SFECMAS 1500 „Guépard“, der aber umgehend in Nord 1500 „Griffon“ umgetauft wurde. Dieser Versuchseinsitzer wies wirklich eine gewisse Ähnlichkeit mit dem, von Dr. Sänger rund zehn Jahre zuvor entworfenen, deutschen Versuchsflugzeug Skoda-Kauba Sk P14-01 auf, besaß jedoch Deltaflügel sowie ein vorn liegendes, kleines Höhenleitwerk. Der Lufteinlaß allerdings befand sich wiederum in Höhe des Cockpits unter dem Rumpf, was ein recht hochbeiniges Fahrgestell erforder-

Nord 1500-02 „Griffon II“

lich machte. Das erste der beiden in Auftrag gegebenen Exemplare, die im September 1955 erstmalig geflogene Nord 1500-01, besaß allerdings noch kein Staustrahltriebwerk. Sie hatte nur eine mit einem Nachbrenner versehene Strahlturbine „Atar 101 F" mit einer Gesamtschubleistung von 3800 kp. Die höchste damit zu erzielende Machzahl war M 1,17. Erst beim im Januar 1957 geflogenen zweiten Exemplar Nord 1500-02 „Griffon II" hatte man die nun 3500 kp leistende Strahlturbine „Atar 101 E-3" mit einem Nord-Staustrahltriebwerk kombiniert. Dieses wurde erstmals im April 1957 zugeschaltet. Dabei erwies sich der bisherige Lufteinlaß als viel zu klein bemessen — er begrenzte den erforderlichen Luftdurchsatz und damit die erreichbare Geschwindigkeit auf Mach 1,30. Erst nachdem er von 5200 auf 6800 cm^2 vergrößert worden war, ließ sich das Leistungspotential des Kombinationstriebwerks voll ausschöpfen. Und das war auch dringend erforderlich, denn die Bewilligung weiterer Forschungsmittel war vom Erreichen einer Machzahl von 1,65 „noch vor dem 31. Dezember 1957" abhängig gemacht worden. Am 15. Dezember erreichte die Maschine jedoch zufriedenstellende Mach 1,85, und das beim Steigflug mit 150 m/s. Daraufhin flossen die Mittel wieder, und die Flugerprobung konnte weitergeführt werden. Am 27. Oktober 1958 kam man sogar auf Mach 2,05, wiederum beim Steigflug mit 100 m/s. Und am 25. Februar 1959 griff „Griffon II" in das internationale Rekordgeschehen ein. André Turcat jagte die Maschine mit einem Rekordschnitt von 1643 km/h über die geschlossene 100-km-Kreisbahn. Ein paar Monate später gelang es ihm sogar, in 16400 m Höhe die Machzahl 2,19 zu erreichen. Als theoretisch überhaupt erreichbar waren zuvor Mach 2,20 errechnet worden. Bei dieser Geschwindigkeit erzeugte das Staustrahltriebwerk ungefähr 80 Prozent des Gesamtschubs, also 4200 kp in 15 km Höhe und 2500 kp in 18 km Höhe. Es überrascht nicht, daß nun auch von amerikanischer Seite Interesse gezeigt wurde, und zwar von den Firmen Boeing und Douglas, die beide mit der Entwicklung von Überschallpassagierflugzeugen befaßt waren. Doch sah man sich trotz größter Anstrengungen nicht in der Lage, die Schwierigkeiten der Schubsteuerung zu meistern: es gab nur „Vollgas" oder „nichts". Deswegen wurde die Erprobung der „Griffon II" Ende 1960 eingestellt. Auch geplante ein- und zweistrahlige Weiterentwicklungen in einen Mach 3 bis 4 schnellen Jäger „Super Griffon" wurden aufgegeben.
War aus diesen Gründen von den vorgenannten Staaten keine Bedrohung der amerikanischen Geschwindigkeitsvorherrschaft — der offiziellen zumindest — zu befürchten, so galt das aber keineswegs für die Sowjetunion. Dort befaßten sich, ähnlich wie ihre Kollegen im Westen, erfahrene Konstruktionsteams einiger OKBs schon seit Jahren mit den aero- und thermodynamischen Problemen sowie der Entwicklung neuer Werkstoffe im Hinblick auf die Schaffung ultraschneller Versuchs- und Einsatzflugzeuge und -flugkörper für Geschwindigkeiten bis zur Machzahl 3 und darüber. Basierend auf Untersuchungen führender Experten wie Mstislaw Keldysch und Sergej Koroljow und angespornt durch entsprechende Entwicklungen in den USA seit den vierziger Jahren, begannen im April 1953 in den Konstruktionsbüros von Lawotschkin (OKB-301) und Mjasischtschew (OKB-23) die Arbeiten an Marschflugkörpern interkontinentaler Reichweite. Beide entsprachen in etwa der North American SM-64 „Navaho", deren nahezu senkrechter Start auf dem Rücken einer 190 t starken Schub-

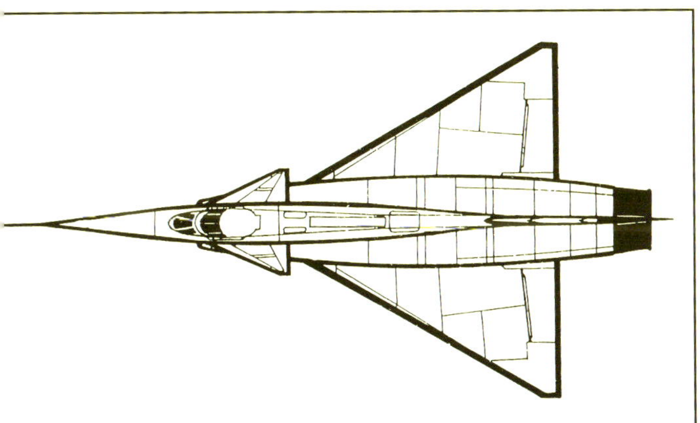

Nord 1500-02 „Griffon II"

North American SM-64 „Navaho"

rakete erfolgte. Nach deren Abwurf übernahmen zwei Staustrahltriebwerke Curtiss-Wright RJ47 den Antrieb des rund 27 m langen Deltaflüglers, der in über 20 km Höhe mit einer Geschwindigkeit von 3460 km/h gleich Mach 3,25 über 10000 km weit flog.

La-350 „Burja", M-40 „Buran"

Sowohl die Lawotschkin La-350 „Burja" als auch die 25% größere Mjasischtschew M-40 „Buran" waren konventionelle Mitteldecker mit kurzen Deltaflügeln und Normalleitwerk. Bei der La-350 wendete man dabei — erstmals in der UdSSR — Titan in größerem Umfang bei der Zellenkonstruktion an. Für den Marschflug sorgte ein Staustrahltriebwerk Bondarjuk RD-012 von 7650 kp (La) bzw. 10600 kp Schub (M) mit zentralem Lufteinlauf in der Rumpfspitze. Bei der „Burja" ermöglichten zwei an den Rumpfflanken montierte Gluschko-Schubraketen von je 68 t Schub den Senkrechtstart; bei der „Buran" sollten dies vier je 55 t starke Schubraketen von Isajew besorgen. Der erste, allerdings mißlungene, Start der Lawotschkin-Konstruktion erfolgte im Juli 1957. Ihm folgten weitere sechzehn, davon vier erfolgreiche Versuche, in denen der 18 m lange Flugkörper schließlich 8500 km Reichweite und Geschwindigkeiten von Mach 3,10 erreichte. Im November 1957 wurde allerdings das gesamte Programm eingestellt zugunsten der kurz zuvor erfolgreich erprobten, ballistischen Interkontinentalrakete R-7 des OKB-1 von Sergej Koroljow. Während man die ungeflogene M-40 sofort verschrottete, lief die Erprobung der La-350 zunächst weiter, wurde aber dann, nach dem Tod Semjon Lawotschkins, im Juni 1960 ebenfalls aufgegeben. Auf amerikanischer Seite hatte man übrigens zur selben Zeit ähnliche Schlußfolgerungen gezogen und im Juli 1957 das „Navaho"-Programm zugunsten der erfolgversprechenden ballistischen Interkontinentalraketen „Atlas" und „Titan" gestoppt. Die gewonnenen Erkenntnisse flossen allerdings auf beiden Seiten des „Eisernen Vorhangs" in weitere Entwicklungen ein. Der Name „Buran" (Schneesturm) wurde übrigens 30 Jahre später erneut verwendet, nämlich für die sowjetische „Space Shuttle".

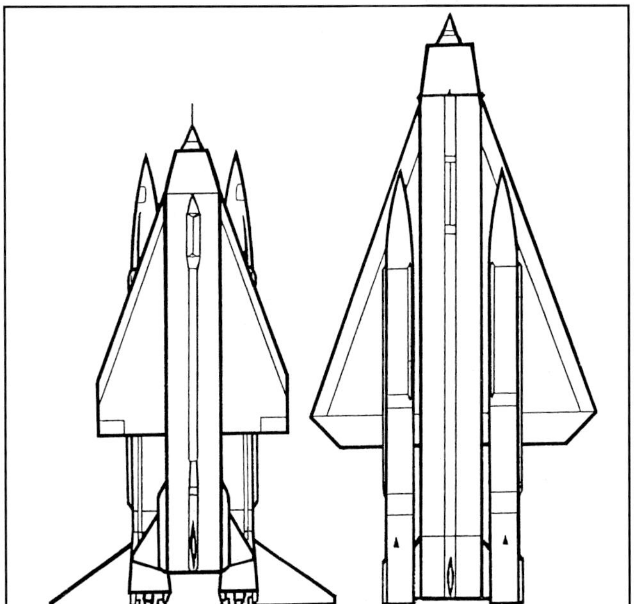

Lawotschkin La-350 (l.) und Mjasischtschew M-40 (r.)

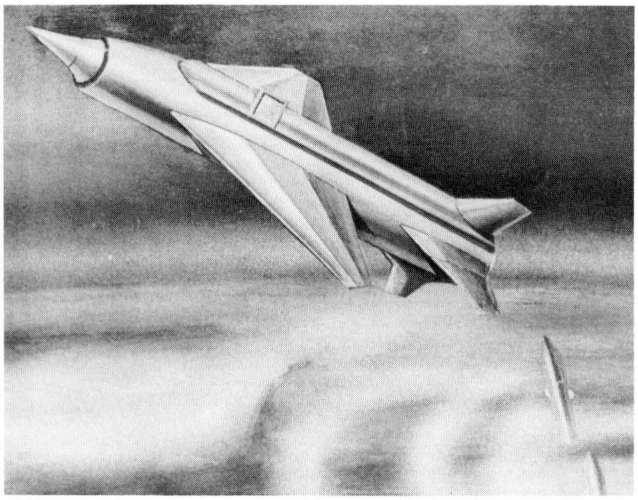

Mjasischtschew M-40 „Buran"

RSR, NM-1

Zu den UdSSR-Projekten bemannter Hochgeschwindigkeitsflugzeuge aus dieser Zeit gehörte auch das Projekt RSR (Reaktiwnji Strategitschekji Raswjedschik = Strahlgetriebener Strategischer Aufklärer), dessen Entwicklung dem OKB-256 des Konstrukteurs Pawel Cybin übertragen wurde. Es handelte sich um einen 21 t schweren Mitteldecker mit sehr kurzen Doppeltrapezflügeln mit einer Profildicke von nur 2,5 Prozent, einem langgestreckten Rumpf von ovalem Querschnitt und einem Zentralfahrwerk mit Stützrädern. Zwei an den Flügelspitzen angeordnete Turbo-Staustrahltriebwerke Solowjow D-21 sollten der Maschine in 26,7 km Höhe eine Geschwindigkeit von 3000 km/h (Mach 2,65) verleihen. Es kam jedoch nur zum Bau eines 9 t wiegenden Funktionsmodells NM-1. Damit sollten die Flugeigenschaften speziell in den unteren Geschwindigkeitsbereichen erforscht werden, obwohl im Sturz

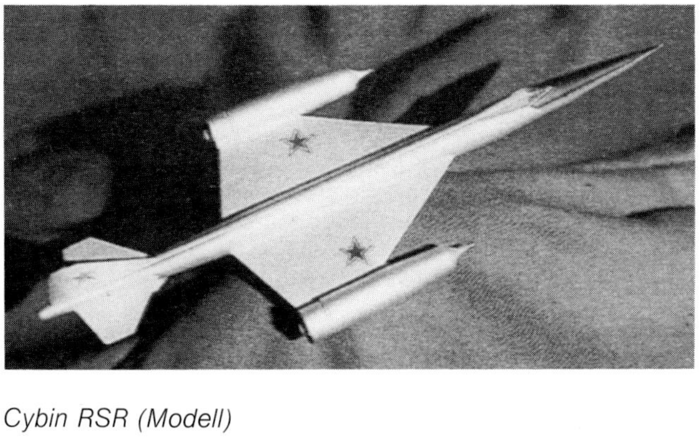

Cybin RSR (Modell)

eine erreichbare Machzahl von 2,8 vorgesehen war. An Stelle der noch zu entwickelnden Turbo-Staustrahltriebwerke verwendete man zwei herkömmliche Strahltriebwerke Mikulin AM-5 von je 2 t Schub. Bei den in den Jahren 1959 und 1960 durchgeführten elf Probeflügen traten auch prompt die erwarteten Stabilitätsprobleme auf und begrenzten die praktisch erreichbare Höchstgeschwindigkeit auf 500 km/h. Zusätzliche Schwierigkeiten bei der Entwicklung hitzefester Werkstoffe und der neuartigen Triebwerke führten schließlich im Jahre 1960 zur Einstellung auch dieses aufwendigen Programms.

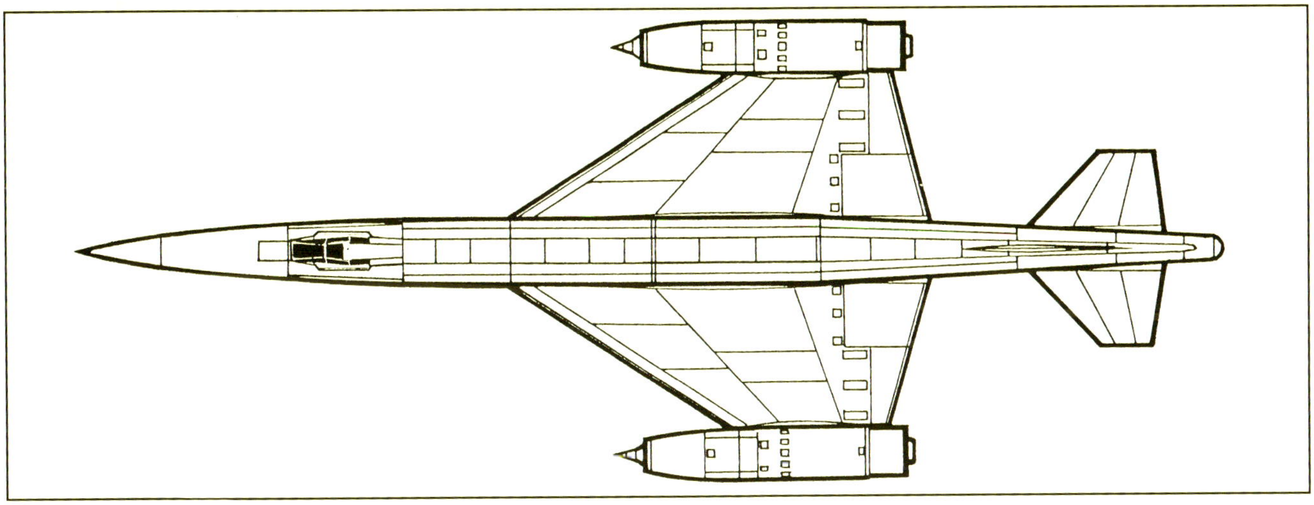

Cybin RSR (oben) *Lockheed CL-400-10 „Suntan" (unten)*

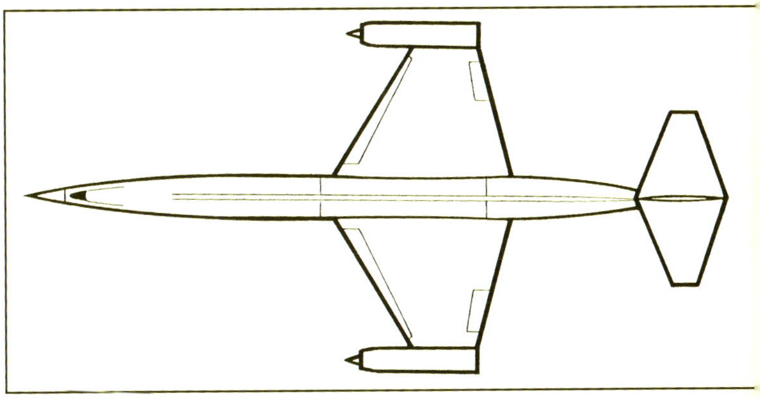

CL-400 „Suntan"

Erstaunlicherweise befand sich bei der Firma Lockheed in den USA zur selben Zeit ein nahezu gleich aussehender und streng geheimer, strategischer Aufklärer unter der Firmenbezeichnung CL-400 und dem Tarnnamen „Suntan" im Bau, der aus einem früheren Projekt CL-325 hervorgegangen war. Dieses über 50 m lange und knapp 32 t wiegende Flugzeug sollte in 30 km Höhe mit einer Dauergeschwindigkeit von Mach 2,5 fliegen. Es wies eine verblüffende Ähnlichkeit mit der russischen Cybin RSR auf. Die beiden mit Wasserstoff betriebenen Strahltriebwerke Pratt & Whitney 304-2 saßen ebenfall an den Spitzen trapezförmiger Flügel mit sehr geringer Streckung. Die zur Kühlung der großen Wasserstofftanks erforderliche spezielle Zellenkonstruktion führte bald zu dem Spitznamen „Fliegende Thermosflasche". Im März 1956 erhielt Lockheed, dank der brillanten Überzeugungsarbeit des Entwicklungschefs „Kelly" Johnson, vom US-Geheimdienst CIA den Auftrag, zwei Prototypen binnen 18 Monaten zu bauen, denen dann sechs Serienexemplare folgen sollten. Doch Johnson war es auch, der bereits nach einem knappen Jahr ernsthafte Zweifel an der Durchführbarkeit und Zweckmäßigkeit des ganzen „Project Suntan" äußerte. Insbesondere der ungeheure logistische Aufwand stand in keinem vertretbaren Verhältnis zur allenfalls 4000 km betragenden Reichweite. Selbst vierzehn Alternativentwürfe zu zwei- bis vierstrahligen Monstern von bis zu 90 m Länge, in Zusammenarbeit mit den Firmen Boeing, Convair und North American entstanden, änderten nicht viel daran. So entschloß man sich also im Januar 1959 schweren Herzens, das Programm zu stoppen und die beiden fast fertiggestellten „Suntan"-Exemplare zu verschrotten.

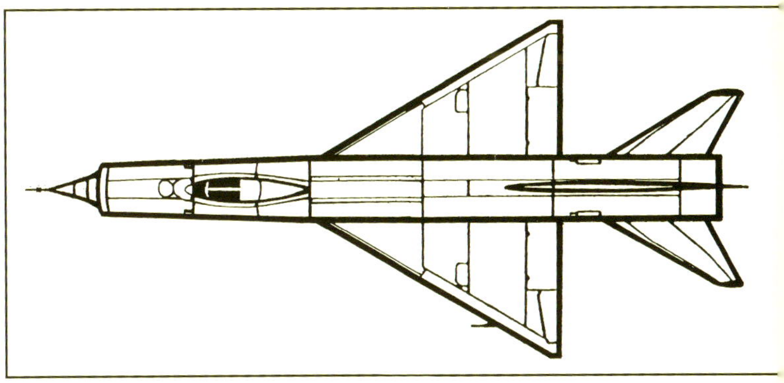

Suchoj T-37 (oben+unten)

Suchoj T-37

Inzwischen waren selbstverständlich auch in der UdSSR bei den traditionellen Jäger-OKBs von Mikojan und Suchoj einige Hochgeschwindigkeitsprogramme angelaufen. Bei Suchoj betraf dies den 1957 aus der erfolgreichen T-3-Reihe abgeleiteten Delta-Versuchseinsitzer T-37. Er wies eine gewisse äußere Ähnlichkeit mit dem Serienjäger Su-11 auf, doch bestanden bei ihm Rumpfheck, Flügelvorderkanten und andere kritische Bauteile aus Titan und „exotischen" Legierungen.

Ein sogenannter Oswatitsch-Mehrstoßdiffusor ersetzte den Radarkonus im Lufteinlaß, und das neuentwickelte Mikulin-Tumanskij-Hochleistungstriebwerk R-15-300 mit rund 10 t Nachbrenner-Standschub war mit einem Schubverstärker versehen, der diesen Wert in großen Höhen fast verdoppelte. Die Zielvorstellungen waren 3000 km/h und 25 km Höhe. Zwar wurde die Zelle der T-37 im Jahre 1960 fertiggestellt, doch gab es mit dem neuen Triebwerk so viele Schwierigkeiten, daß die Maschine — anderslautenden Meldungen zum Trotze — nie geflogen ist.

Mikojan E-150 (oben+unten)

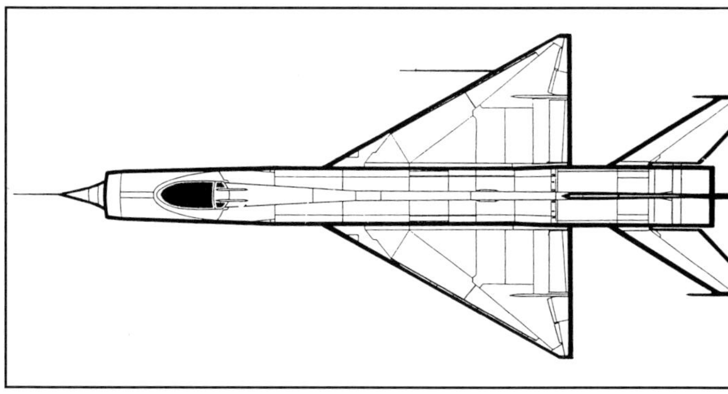

E-150, E-152A

Die vergleichbaren Arbeiten beim Konkurrenten Mikojan konzentrierten sich auf die sehr ähnlich aussehende E-150. Von ihr erwartete man ebenfalls Geschwindigkeiten in der Größenordnung von 2800 km/h in Flughöhen von 20 bis 25 km. Das auch in diesem Flugzeug verwendete Triebwerk Mikulin-Tumanskij R-15-300 war ursprünglich ein für einen unbemannten Flugkörper entwickeltes Verschleißtriebwerk gewesen. Nun erbrachte es im Stand einen Trockenschub von 6840 kp und einen Nachbrennerschub von 10150 kp. Mit Hilfe eines sogenannten „Verstärkers", einer Art zusätzlicher Lavaldüse, ließ sich dieser Schub bei Geschwindigkeiten um Mach 2,5 mit 19800 kp praktisch verdoppeln. Im Gegensatz zur Suchoj T-37 beschränkte man sich bei der Zellenkonstruktion der E-150 weitgehend auf die Verwendung rostfreien Stahls, der den zu erwartenden hohen thermischen Belastungen standhalten sollte. Auch hier befand sich im Bugeinlaß ein Oswatitsch-Dreistoßdiffusor, der allerdings aus dielektrischem Material bestand und eine Radarantenne des Systems „Uragan 5B" aufnehmen konnte. Bei Geschwindigkeiten oberhalb von Mach 1,65 wurde der Diffusor automatisch nach vorn geschoben. Im röhrenförmigen Rumpf und in den Deltaflügeln von 3,5 Prozent relativer Profildicke befanden sich sieben Kraftstofftanks mit insgesamt 4210 l Fassungsvermögen. Obwohl das Flugzeug bereits im Dezember 1958 fertiggestellt worden war, sollten noch eineinhalb Jahre vergehen, bis es zum Erstflug starten konnte. So lange dauerte es, bis das neue Supertriebwerk betriebsbereit war.
Aus diesem Grund entschloß man sich bei Mikojan umgehend zum Bau einer triebwerksmäßig vereinfachten Version E-152A, die im verbreiterten Heck zwei der zwar schwächeren, aber

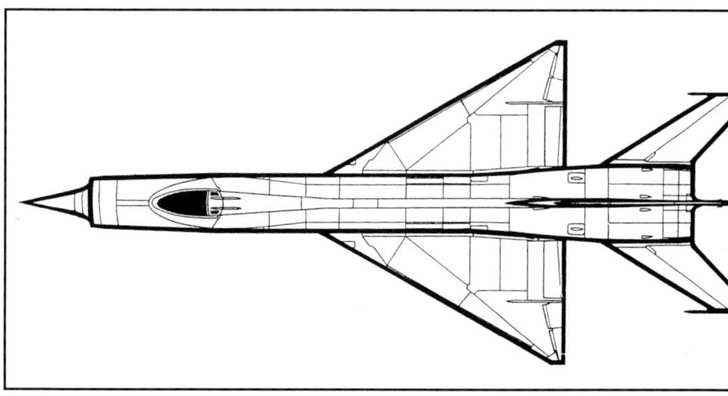

Mikojan E-152A

Shenyang J-8 I, größere chinesische Variante der E-152A

bewährten Mikulin-Triebwerke des Typs R-11F-300 trug. Ansonsten jedoch entsprach sie weitgehend der im einstweiligen Ruhestand verharrenden E-150. Die im Juni 1959 fertiggestellte E-152A konnte bereits im folgenden Monat zum Erstflug starten. Nach der erfolgreich abgeschlossenen Flugerprobung, bei der in 20 km Höhe Geschwindigkeiten von bis zu 2500 km/h erzielt werden konnten, präsentierte man das Ein-

Mikojan E-152A

zelexemplar E-152A der staunenden Umwelt, im Sommer 1961 bei der Luftparade in Tuschino, als neuen MiG-Superjäger der sowjetischen Luftwaffe. Im Westen wurde die Maschine alsbald mit dem Codenamen „Flipper" bedacht und — fälschlicherweise — als MiG-23 bezeichnet. Als MiG-21 sahen westliche Experten zu diesem Zeitpunkt — ebenso fälschlich — die Pfeilflügler-Prototypen E-2 an; und keiner von ihnen maß der auf den Rumpfseiten der E-152A prangenden Zahl 152 irgendwelche Bedeutung bei.
Bei Mikojan hatte man aber aufgrund der inzwischen erzielten, überragenden Geschwindigkeiten begonnen, sich bei den staatlichen Gremien dafür einzusetzen, mit einer MiG den erfolgversprechenden und extrem prestigeträchtigen Einstand in das internationale Weltrekordgeschehen geben zu dürfen. Nach dem üblichen sozialistisch-bürokratischen Zögern wurde diese Erlaubnis im Spätsommer 1959 erteilt. Der erstmals von der UdSSR unternommene Angriff auf den Geschwindigkeitsweltrekord erfolgte dann tatsächlich im Herbst 1959 mit einer MiG, allerdings einer ganz anderen Maschine.

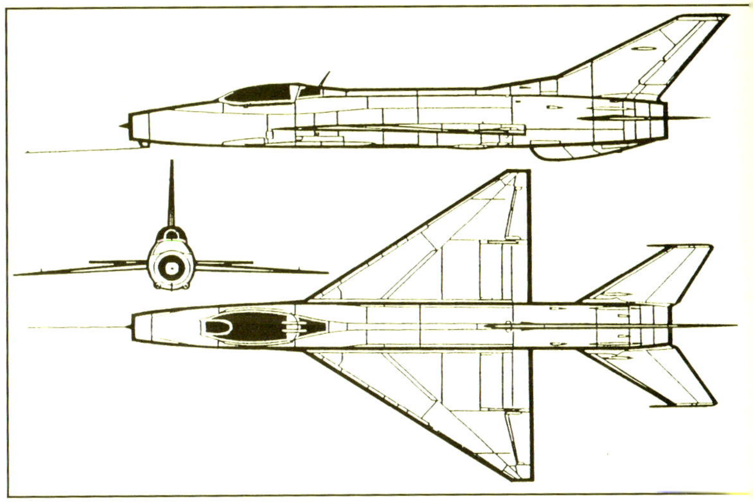

Mikojan-Gurjewitsch E-6/3 (MiG-21F) alias E-66

E-6/3 „E-66"

Im Dezember 1958, nahezu zeitgleich mit dem „Rollout" der futuristischen E-150, war das stark überarbeitete dritte Exemplar des Delta-Jagdeinsitzers E-6 zu seinem Erstflug gestartet. Der Prototyp E-6/3 entsprach als aerodynamischer Prototyp weitgehend der Anfangs-Serienversion MiG-21F, die durch ein relativ schmales Seitenleitwerk gekennzeichnet war. Da der voll ausgerüstete Serienprototyp E-6T nur kurze Zeit später fertig wurde und der Serienbau der MiG-21F voll angelaufen war, bereitete man die E-6/3 schon im Spätsommer 1959 für das geplante Weltrekordvorhaben vor. In der Gegend von Podmorskonoje, im Großraum Moskau, richtete man eine 17,6 km lange Meßstrecke ein. Nach gründlichen Vorbereitungen, einschließlich etlicher Meßflüge und Probedurchgänge, konnte der dafür ausersehene MiG-Testpilot Georgij Mossolow endlich, am letzten Oktobertag, zum endgültigen Weltrekordflug starten. Er stieg schnell auf die günstigste Flughöhe von 13 km und setzte zum ersten von mehreren Durchgängen an. Nach einer knappen halben Minute war die Strecke das erste Mal durchflogen; dann eine weitausholende Wende und Anflug zu den weiteren Durchgängen. Insgesamt war es eine Angelegenheit von wenigen Minuten. Nach der glatten Landung begann dann die nervenaufreibende Periode der Unsicherheit. Hatte es zum Weltrekord wirklich gereicht? Man war einigermaßen skeptisch, denn Mossolow hatte gegen den Wind einige Sekunden mehr benötigt als mit ihm. Die Auswertung der von den Meßkameras geschossenen Filme und die komplizierten Berechnungen der FAI-Vertreter schienen — wie immer in solchen Fällen — kein Ende nehmen zu wollen. Doch endlich kam das befreiende Wort: Es hatte gereicht — das beste Mittel aus zwei Durchgängen ergab mit genau 2388 km/h einen überzeugenden, neuen Geschwindigkeitsweltrekord, den allerersten für die UdSSR. Beim schnellsten Einzeldurchgang mit dem Wind war Mossolow sogar mit 2504 km/h gemessen worden. Die UdSSR-Propagandamaschine lief auf Hochtouren: wieder einmal hatte die glorreiche Sowjetunion über die kapitalistischen Länder triumphiert, ein modernes sowjetisches Jagdflugzeug hatte den legendären amerikanischen „Starfighter" besiegt!
Die traditionelle Paranoia totalitärer Staaten sorgte auch in diesem Fall dafür, daß keine als UdSSR-Staatsgeheimnisse angesehenen Informationen an die Öffentlichkeit gelangten. Dazu zählte man die tatsächlichen Bezeichnungen des Rekordflugzeugs als auch seines Triebwerks. Sie wurden also verfälscht: aus dem MiG-21F-Prototyp E-6/3 wurde amtlicher-

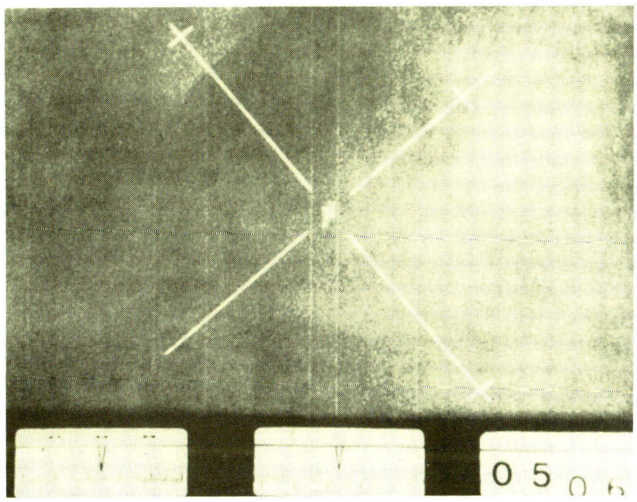

Mikojan-Gurjewitsch E-6/3 (E-66) — Meßkamerabild

seits eine fiktive „E-66" und aus dem Nachbrennertriebwerk Tumanskij R-11F-300 das ebenso fiktive Strahltriebwerk „TRD-R-37F". Unter diesen Fantasiebezeichnungen geistern beide noch immer in den offiziellen FAI-Listen herum, genau wie die „He 112U" alias He 100, die „He 606" alias He 119 und die „Me 109R" alias Me 209 — letztere seit über 50 Jahren. Was die MiG-21 anbetraf, so wurde sie schließlich fast ebenso berühmt wie ihr amerikanisches Gegenstück F-104, und in noch größeren Mengen als dieses exportiert oder in Lizenz nachgebaut. Im Laufe der Zeit erschien eine Vielzahl von Varianten, die zuletzt eigentlich nur noch die Tragflügel mit der Anfangsversion MiG-21F gemeinsam hatten. Diese war übrigens wegen ihrer dürftigen Bewaffnung und unzulänglichen Reichweite zuweilen als „supersonic sports plane", als Überschall-Sportflugzeug tituliert worden.

XF-103

Bei der amerikanischen Firma Republic hatte sich das unter Leitung Alexander Kartvelis stehende, erfahrene Entwurfsteam schon seit einer geraumen Weile, ohne staatlichen Auf-

Republic XF-103 (oben+unten)

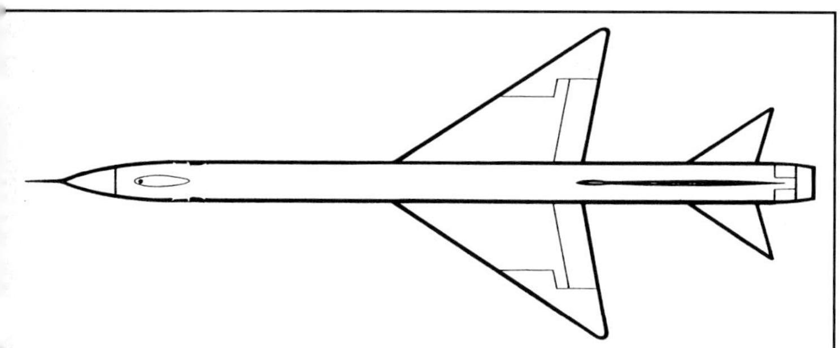

trag, ebenfalls mit der Planung und Entwicklung eines ultraschnellen Jagdflugzeugs unter der Firmenbezeichnung AP-57 (Advanced Project) befaßt. In seiner endgültigen Form sollte dieses sogar an Geschwindigkeiten in der Größenordnung von Mach 4 heranreichen. Republic hatte sich an einer im September 1950 erlassenen Air-Force-Ausschreibung MX-1554 zu einem „1954 All-Weather Interceptor" beteiligt — zu diesem Zeitpunkt hoffte man nämlich, das Flugzeug in Dienst stellen zu können —, die an sechs Flugzeughersteller gegangen war. Im Januar 1951 reichte Republic gleich drei Entwürfe ein, denn man wollte ganz sicher gehen. Ein Entwurf war eine sogenannte „XF-91 B". Sie basierte auf dem schon früher geschaffenen, radikalen Versuchseinsitzer XF-91 „Thunderceptor" und war wiederum mit Mischantrieb durch Strahlturbine und Raketentriebwerk versehen. Der zweite Entwurf war ein relativ konventioneller Mach-2-Deltaflügler mit Nachbrennertriebwerk; und der dritte war ein unkonventioneller Deltaflügler aus Titan, mit einem kombinierten Turbo-/Staustrahltriebwerk. Im September 1951 wurde jedoch der schwanzlose Deltaentwurf „Modell 8" der Firma Convair zum Sieger der Ausschreibung gekürt, der zwei Monate später die Bezeichnung F-102 erhielt. Er sollte später allerdings für einige Frustrationen sorgen, ehe er die vorausgesagten Leistungen erbringen konnte. Den radikalen dritten Republic-Entwurf erachtete man seitens der Air Force aber als langfristig erfolgversprechend und erkannte ihm die erforderlichen Entwicklungsgelder sowie die Bezeichnung XF-103 zu.

Obwohl dieser Entwurf in hohem Maße auf den Erfahrungen mit der XF-91 aufbaute, wies er sowohl eine völlig andere Form als auch ein ganz anderes Triebwerk auf. Die Nachteile des Raketenantriebs für Flugzeuge waren mittlerweile erkannt worden, und die Wright Aeronautical Division der Firma Curtiss-Wright übernahm es, das als J67 unter britischer Lizenz gefertigte Strahltriebwerk Bristol „Olympus" in ein Verbundtriebwerk mit kombinierter Nachbrenner-Staustrahlstufe RJ55 weiterzuentwickeln. Seine maximale Schubleistung veranschlagte man auf knapp 14 t. Der bei der F-103 unterhalb des

Rumpfes angebrachte schaufelförmige Lufteinlaß gab Anlaß zu Spekulationen, daß im Falle einer Bauchlandung auf einem der vielen umliegenden Kartoffeläcker das Flugzeug ohne Mühe Eingang ins Guinness-Buch der Rekorde finden würde: als die größte und schnellste Pommes-Frites-Maschine der Welt.
Die gesamte Zelle der F-103 bestand aus einer Titanlegierung. Die deltaförmigen Flügel wiesen eine relative Profildicke von drei Prozent, eine Spannweite von knapp 11 m und, anstelle von Querrudern, um die Querachse drehbare Flügelspitzen auf. Sowohl die Flügel als auch die deltaförmigen und ebenso dünnen Leitwerksflächen konnten keinen Kraftstoff aufnehmen, der demzufolge gänzlich im knapp 20 m langen Rumpf untergebracht war. Der im spitzen Rumpfbug sitzende Pilot blickte, aus Gründen der Luftwiderstandsverminderung, über ein Periskop nach außen und hätte im Notfall das Flugzeug in einer nach unten ausgestoßenen Rettungskapsel verlassen sollen. Mannigfaltige Schwierigkeiten und Verzögerungen, in erster Linie triebwerksbezogene, verlängerten die Entwicklungszeit so sehr, daß schließlich aufgrund des zwischenzeitlich geänderten Einsatzkonzepts das ganze Programm im Herbst 1957 eingestellt wurde — nach einem Aufwand von rund 100 Millionen Dollar. Erwägungen, die zuletzt mit einer Höchstgeschwindigkeit von Mach 3,7 „gehandelte" Maschine als strategischen Aufklärer einzusetzen, scheiterten an ihrer mit weniger als 1000 km völlig ungenügenden Reichweite. Die kurz vor der Fertigstellung stehenden drei Prototypen verschrottete man umgehend, um den für die Serienfertigung der F-105 „Thunderchief" dringend benötigten Platz zu schaffen.

XF8U-3 „Crusader III"

Etwas mehr Glück war einer anderen amerikanischen Konstruktion beschieden, die wenigstens gebaut und äußerst erfolgreich geflogen werden konnte. Das Entwicklungsteam der Firma Vought hatte sich, nach der Einführung des trägergestützten Jagdeinsitzers F8F-1 „Crusader" in die U. S. Navy, Gedanken um eine mehr oder weniger aufwendige Weiterentwicklung des bewährten Grundkonzepts gemacht. Diese nahmen schließlich im Entwurf V-401 Gestalt an. Aber auch bei der Konkurrenzfirma McDonnell war man nicht untätig gewesen. Deren Entwurf F3H-G, eine zweistrahlige Variante der F3H-1 „Demon", war seinerzeit der Vought F8U-1 „Crusader" unterlegen. Eine vergrößerte, zweisitzige Jagdbomber-Weiterentwicklung F3H-H hatte die Navy im November 1954 in zwei Exemplaren geordert; allerdings unter der „Attack"-Bezeichnung XAH-1, weil wohl nur in dieser Kategorie noch Entwicklungsgelder zur Verfügung standen. Im Juli 1956 erfolgte dann eine offizielle Ausschreibung für einen neuen Allwetterjäger, worauf man den AH-1-Auftrag flugs in einen F4H-1-Auftrag umwandelte. Doch auch Vought wurde in ähnlicher Weise mit dem Bau und der Werkserprobung von zwei Prototypen F8U-3 beauftragt.
Die beiden Konkurrenten hätten kaum unterschiedlicher ausfallen können. Gegenüber dem schweren, aufwendigen und zweistrahligen Mehrzweckzweisitzer McDonnell F4H-1 war die Vought F8U-3 ein verhältnismäßig leichter, unkomplizierter und einstrahliger Abfangjagdeinsitzer; obwohl er — äußeren Ähnlichkeiten zum Trotz — gegenüber dem Ausgangsmuster F8U-1 eine größere und um die Hälfte schwerere Neukonstruktion darstellte. Der sogenannte Ferri-Lufteinlaß unterhalb der Radarnase besaß jetzt die Schaufelform, die schon bei der glücklosen F-103 verwendet worden war. Genau wie beim Konkurrenten F4H-1 kam die von Pratt & Whitney neu geschaffene Strahlturbine J75 zum Einbau, die im vollen Nachbrennerbetrieb über 13 t Schub abgab, wobei man versuchsweise auch ein leistungssteigerndes sogenanntes PCC-System (Pre-Compressor Cooling) einsetzte. Unterhalb des Rumpfhecks befanden sich zwei lange und schmale Stabilisierungsflossen, die hydraulisch aus- oder eingefahren werden konnten. In mindestens zwei Fällen versagte allerdings die Hydraulik aufgrund von Triebwerksausfällen und die ausgefahrenen Flossen verbogen sich bei den anschließenden Notlandungen, ohne diese jedoch zu gefährden.

Vought XF8U-3 „Crusader III" und F8U-1 „Crusader I"

Vought XF8U-3 „Crusader III" (146340)

Im Januar 1958, fünf Monate vor dem Erstflug der F8U-3, erteilte die U.S. Navy der Firma Vought einen 100-Millionen-Dollar-Auftrag für 16 Serienexemplare F8F-3 „Crusader III" mit sofortigem Baubeginn. Der erste Flug der XF8U-3 (BuAer 146340) fand am 2. Juni 1958, auf der Edwards AFB, mit dem Vought-Werkspiloten John Konrad am Knüppel statt, knapp eine Woche nach der XF4H-1. Die weitere Flugerprobung der „Crusader III" erbrachte dann nahezu sensationelle Werte, darunter eine Höchstgeschwindigkeit von Mach 2,39 gleich 2576 km/h — wobei die Maschine sogar noch alle 17 Sekunden um Mach 0,1 beschleunigte. Doch das Plexiglas der Cockpitverglasung konnte die dabei auftretenden hohen Temperaturen nur schwer verkraften, besonders nicht für längere Zeit. Kalkulationen auf der Basis verfügbarer Daten ergaben — eine entsprechende Cockpitverglasung vorausgesetzt — eine wahrscheinlich erreichbare Höchstgeschwindigkeit von Mach 2,9 gleich 3138 km/h. Aber auch in ihren Beschleunigungs-

Vought XF8U-3 „Crusader III" (146340)

werten, ihrem Steigvermögen und ihrer Dienstgipfelhöhe erwies sich die „Crusader III" als überragend und in ihren gesamten Flugleistungen dem McDonnell-Konkurrenten eindeutig überlegen. Doch gerade zu diesem Zeitpunkt stand die klassische Jäger-Kontroverse, ob Ein- oder Zweisitzer, ein- oder zweimotorig, wieder einmal in voller Blüte. Und da waren es die Doppel-Befürworter, die sich durchsetzten. Im Dezember 1958 fiel die Entscheidung zugunsten der F4H-1. Die Prototypen der F8U-3 wurden daraufhin von der NASA in einem Programm zur Untersuchung der Auswirkungen von Überschallstoßwellen eingesetzt und nach zwei Jahren verschrottet. Die McDonnell F4H-1 „Phantom II" hingegen, später in F-4 umbenannt, wurde unter ihrem Namen „Phantom II" zu einer der großen Erfolgsstories der Luftfahrtgeschichte und griff zwei Jahre danach, ebenfalls mehrfach, erfolgreich ins Weltrekordgeschehen ein.
Doch noch war das Zukunftsmusik. Zunächst galt es, die Schmach, die die Sowjets der amerikanischen Nation durch ihren E-66-Weltrekord zugefügt hatten — jedenfalls in den Augen des Pentagon und der US-Luftfahrtindustrie —, zu tilgen, und das so rasch wie irgend möglich. Noch ehe die UdSSR die Unterlagen, die zur offiziellen Anerkennung ihres im Oktober 1959 erflogenen Rekords erforderlich waren, bei der FAI in Paris eingereicht hatte, begannen bei der U. S. Air Force in aller Eile die Vorbereitungen zum Gegenschlag. Als bestes Mittel erachtete man den neuen Abfangjäger Convair F-106 „Delta Dart", der gerade — wenn auch mit viel Mühe — in den Truppendienst eingeführt wurde.

XF-92 „Dart", YF-102 „Delta Dagger"

Dieser einsitzige Deltaflügler trug ursprünglich die Bezeichnung F-102B und hätte die voll ausgereifte Variante der mit vielen Kinderkrankheiten behafteten F-102 „Delta Dagger" darstellen sollen. Die von der Firma Convair über viele Jahre hinweg mit außergewöhlicher Beharrlichkeit verfolgte „Delta"-Linie hatte ihren Ursprung in einer der üblichen Ausschreibungen. Diese wurde im September 1945, also unmittelbar nach Beendigung des 2. Weltkriegs, von der damaligen U. S. Army Air Force erlassen und betraf einen Überschall-Abfangjäger, der in vier Minuten auf 15 km Höhe steigen und dort eine Horizontalgeschwindigkeit von 700 mph, also 1130 km/h erreichen sollte. Ein Entwurfsteam der kalifornischen Firma Convair mit den Ingenieuren Jack Irvine, Frank Davis, Adolph Burstein und Ralph Shick erarbeitete das „Modell 7". Es erhielt im Mai 1946 den Zuschlag und sollte in drei Exemplaren als XP-92 hergestellt werden. Die ursprüngliche Form erinnerte zum Teil an die französische Leduc 011 und die britische Miles M. 52: röhrenförmiger Rumpf mit Cockpit im zentralen Einlaßkonus, Staustrahlantrieb mit zusätzlicher Marsch-Strahlturbine und Starthilfsraketen, 35-Grad-Pfeilflügel und V-Leitwerk. Bald traten jedoch aerodynamische Schwierigkeiten auf. Nach Beratung des deutschen Experten Dr. Alexander Lippisch, der im Rahmen der „Operation Paperclip" in die USA gekommen war, entschloß man sich zum Deltaflügel und schließlich zum Bau eines Delta-Versuchseinsitzer XP-92A bzw. XF-92A „Dart". Im September 1948 nahm er seine Flugerprobung auf.
An der schon erwähnten Air Force-Ausschreibung MX-1554 vom September 1950 für einen „1954 All-Weather Interceptor" beteiligten sich neben Convair mit dem Modell 8 auch Lockheed mit dem Modell 99 — einem F-104-Vorläufer —, Republic mit dem AP-57 (später XF-103) und noch drei weitere Firmen. Ausgewählt wurde Convairs Modell 8, im wesentlichen eine um 22 Prozent vergrößerte F-92A. Im Herbst 1951 wurde sie in Modellform begutachtet und im Dezember 1951 als YF-102 in

Auftrag gegeben. An Stelle des ursprünglichen Spitznamens „Machete" wählte man später offiziell den Namen „Delta Dagger". Es gab einige Schwierigkeiten mit dem vorgesehenen Hughes-Radarsystem und dem Wright-Triebwerk J67, das dann durch ein Pratt & Whitney-Triebwerk J57 ersetzt wurde. Doch das größte Handicap stellte sich im August 1952 bei Windkanalversuchen heraus: die F-102 würde, statt der vertraglich zugesicherten Überschallgeschwindigkeit von 1400 km/h, im Horizontalflug nicht über Mach 0,90 hinauskommen; was sich bei den ersten Versuchsflügen im Oktober 1952 auch bewahrheitete. Beim siebten Flug, am 1. November, versuchte es Convair-Chefpilot Richard Johnson dennoch mit allen Mitteln. Doch das Triebwerk flammte aus und ließ sich trotz aller Bemühungen nicht wieder starten. Johnson mußte abspringen; die erste YF-102 ging verloren. Auch die restlichen neun Maschinen der YF-102-Vorserie schafften trotz etlicher Detailverbesserungen nicht den „Durchbruch durch die Schallmauer". Die enttäuschte Air Force war drauf und dran, den ganzen Auftrag zu stornieren.
Erst die Anwendung der sogenannten Flächenregel, die dem NACA-Aerodynamiker Richard Whitcomb zugeschrieben wird, doch ursprünglich in Deutschland entdeckt worden war, brachte die Rettung in letzter Minute. Diese Regel besagte, daß die Idealform eines sich im Bereich der Schallgeschwindigkeit bewegenden Körpers eine Spindel im Durchmesser-/Länge-Verhältnis von 1:16 sei. Abweichungen von dieser Querschnitts-Ideallinie, die durch die Stirnfläche der Flügel verursacht waren, müßten durch Einsparungen im Rumpfquerschnitt ausgeglichen werden, dem sogenannten „Coke-Bottle-Effect". Die erste modifizierte YF-102A wies demzufolge einen verlängerten Rumpfbug auf und — da eine „Wespentaille" bei den bestehenden Rumpfverhältnissen nicht anders zu erzielen war — Strömkörper beiderseits des Rumpfhecks. Der Erstflug dieser YF-102A war für den 20. Dezember 1954 angesetzt und der erste Überschallversuch für den folgenden Tag. Doch Chefpilot Johnson zog die Maschine sofort nach dem Start mit vollem Nachbrennerschub im 30-Grad-Winkel hoch, und noch im Steigflug überschritt die YF-102A die Mach-1-Grenze — ohne jede Schwierigkeit. Das Programm war gerettet.
Im Laufe der Zeit verließen annähernd 1000 Exemplare der „Zwischenlösung" F-102A, die von der U.S. Air Force als dringend erforderlich angesehen wurde, die Fertigungshallen.

F-106A „Delta Dart"

Bei der Konstruktion der „vollwertigen" F-102B wurden diese mühsam erworbenen Erkenntnisse natürlich von vornherein berücksichtigt. Nach vielen weiteren Änderungen, wie zum Beispiel der Verwendung des neuen und doppelt so starken Pratt & Whitney-Triebwerks J75, wurde die F-106A in „Delta Dart" umbenannt. Am 26. Dezember 1956, also fast genau zwei Jahre nach dem Erstflug der „flüggen" YF-104A, führte Chefpilot Johnson den ersten Flug der YF-106A aus; und diesmal wagte er sich sogar auf eine Machzahl von 1,9 in 17,4 km Höhe vor. Doch auch bei der F-106 gab es viele Probleme, die mit der Aerodynamik und dem Triebwerk, in erster Linie jedoch mit dem Automatic Weapon Control System (AWCS) der Firma Hughes zusammenhingen. Dazu kamen noch widersprüchliche Forderungen der Air Force. Der Steuerknüppel etwa müsse seitlich versetzt werden, weil seine ursprünglich zentrale Position den Blick des Piloten auf den Leitkursanzeiger (HSI) versperre, der für die automatische Zielheranführung wichtig war. Kaum war das geschehen, bevorzugte man wieder die ursprüngliche Zentralposition ... Änderungen, die wegen der Einsatzerprobung laufend durchgeführt wurden

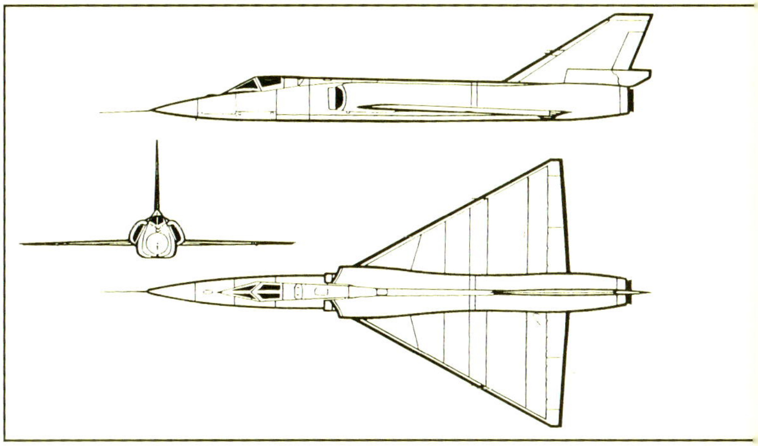

Convair F-106A „Delta Dart"

Convair F-106A „Delta Dart" (572504)

sowie eine unzureichende Logistik sorgten für weitere Verzögerungen. Immerhin erlangte das erste mit diesem Flugzeug ausgerüstete Geschwader im Oktober 1959 seine Einsatzreife.
Es war nun eine der ersten F-106A, die neunte Maschine, die in aller Eile für den Rekordangriff auf dem Gelände der Edwards AFB hergerichtet wurde. Nach Abschluß der technischen Vorbereitungen Anfang Dezember 1959 begann der ausersehene Pilot Major Joseph Rogers mit den Probeflügen, die sich über eine Woche hinzogen. Am Morgen des 15. Dezember, um 9.30 Uhr, startete Rogers in Richtung Mojave Desert und der dort eingerichteten 18,1 km langen Meßstrecke. Um 9.56 Uhr setzte er zum ersten Durchgang an, und fünfzehn Minuten später drehte er nach dem zweiten Durchgang wieder zur Landung in Richtung Edwards ab. Nach der traditionellen Wartezeit kam das Ergebnis: beide Durchgänge waren mit über 2400 km/h geflogen worden, und der neue amtliche Weltrekord mit 2455,736 km/h, gleich Mach 2,3, befand sich wieder in amerikanischer Hand. Wie fest, das würde die Zukunft erweisen. Bei der F-106 selbst gab es laufend technische Schwierigkeiten. Sie frustrierten die Air Force so, daß sie die ursprünglich anvisierte Gesamtzahl von 1000 Maschinen auf ein Drittel reduzierte und die Produktion im Dezember 1960 ganz einstellen ließ. In der Praxis wäre ein Einsatz der F-106 ohnehin etwas problematisch gewesen. Nach Abfeuern der mitgeführten, mit einem 1,5-Kilotonnen-Atomgefechtskopf W-25 versehenen Luft-Luft-Rakete MB-1/AIR-2A „Genie" wären dem Piloten, je nach Zielentfernung, 4 bis 12 Sekunden verblieben, um vor der Detonation abzudrehen. Der entsprechende Hinweis im Flughandbuch lautete: „VORSICHT! Zur Vermeidung von Blendung während des Ausweichmanövers Blick auf die Instrumententafel konzentrieren."
Auch was den gerade erneut gesteigerten Weltrekord anging, war man sich bei der U. S. Air Force seiner Sache sicher: die Russen würden nicht so schnell darauf antworten — wenn überhaupt. Und das stimmte auch, wenigstens zum Teil, denn der nächste Herausforderer kam wieder aus einem amerikanischen „Stall", dem der Firma McDonnell. Es war eine „Phantom II" der U. S. Navy.

Convair F-106A (560459) und Rekordpilot Joseph Rogers

F4H-1 „Phantom II"

Im Dezember 1958 hatte sich die Navy nach einem Wettfliegen „auf dem Papier", gegen den einstrahligen Einsitzer Vought F8U-3 „Crusader III" und für den zweistrahligen Zweisitzer McDonnell F4H-1 „Phantom II" entschieden, und von diesem 23 Entwicklungsmaschinen YF4H-1 und 24 Vorserienexemplare F4H-1F geordert — doch sicher nicht aus ästhetischen Gründen. Jemand meinte, der Vogel sähe aus, als ob man ihm erst auf den Schnabel und dann in den Hintern getreten hätte: die Nase war nach unten gebogen und das Heck nach oben, die Flügel waren auf halber Länge nach oben geknickt und das Höhenleitwerk nach unten. Ein anderer behauptete, die Maschine habe im Windkanal mit dem Heck voran bessere Werte gezeigt als im Normalzustand. Vielleicht veranlaßten solch gehässige Bemerkungen McDonnell und die Navy, öffentlich zu zeigen, was die neue Maschine tatsächlich leisten konnte, und das nicht nur auf einem Gebiet. Genau ein Jahr nach der Navy-Entscheidung, am 6. Dezember 1959, startete Navy-

McDonnell YF4H-1 „Phantom II" (142260) („Skyburner")

Commander Lawrence Flint mit der ersten XF4H-1, von der Edwards AFB aus, zur „Operation Top Flight". Er wollte den Russen ihren ersten, vor wenigen Monaten aufgestellten Höhenweltrekord wieder abjagen. Am 14. Juli 1959 hatte nämlich Suchoj-Chefpilot Wladimir Iljuschin, Sohn des bekannten Flugzeugkonstrukteurs, mit einer „T-431" eine Spitzenhöhe von 28852 m erreicht. Obwohl man im Westen mit dieser Bezeichnung nicht viel anfangen konnte, handelte es sich diesmal nicht um ein Phantasieprodukt, sondern um die Suchoj T-43 Nr. 1, Prototyp des Abfangjägers Su-9.
Vierzig Minuten nach dem Start setzte Flint wieder zur Landung an. Die anschließende Auswertung des versiegelten Barographen ergab: 30040 m Höhe — Weltrekord. Was machte es da schon, wenn dieser genau acht Tage später von einer F-104C der U. S. Air Force um genau 1475 m wieder überboten wurde. Der Anfang war gemacht, und dabei sollte es nicht bleiben. Neun Monate später, im September 1960, errangen andere F4H-1 die internationalen Rundstrecken-Geschwindigkeitsrekorde, sowohl über 500 km als auch über 100 km, mit Geschwindigkeiten von 1958 und 2237 km/h.
Die Krönung dieser Rekordserie folgte jedoch 1961, in dem Jahr, in dem die U. S.-Marineflieger ihr 50jähriges Bestehen feierten. Im Mai ging es los. Da starteten fünf „Phantoms" in Los Angeles zu einem neuen „Cross-Country-Record", einer Neuauflage der Aktion, die die Air Force im November 1957 mit

McDonnell YF4H-1F „Phantom II" (145307) („Sageburner")

mehreren „Voodoos", „Phantom"-Vorläufer, durchgeführt hatte. Nach dreimaligem Auftanken in der Luft erreichten sie das 3936 km entfernte New York in 2 h 49 min 9,9 s mit einem neuen Rekordschnitt von 1396 km/h. Als nächstes hatte die Navy die „Operation Sageburner" angesetzt, den Angriff auf den ehemals klassischen Geschwindigkeitsrekord über 3 km in Bodennähe, der sich seit Oktober 1953 immer noch in ihrer Hand befand. Der Navy-Pilot James Verdin hatte ihn damals mit der Douglas XF4D-1 „Skyray" auf der Meßstrecke östlich des Salton Sea, die aber nun nicht mehr zur Verfügung stand, aufgestellt. Man suchte und fand eine weniger umweltbelastende Strecke in der Wüste von New Mexico, auf dem Gelände der White Sands Missile Range. Das war nicht weit von der Stelle, wo 1945 die erste Atombombe gezündet worden war. Nach den erforderlichen Vorbereitungen begann man Mitte August 1961 mit den Probeflügen. Diese erwiesen sich aber als erheblich schwieriger und gefährlicher als erwartet. Um auf dieser Strecke, rund 1430 m über dem Meeresspiegel, die erforderliche hohe Rekordgeschwindigkeit zu erzielen, mußte der Pilot dauernd die Nachbrenner benutzen. Darüber hinaus hatte er die vorgeschriebene niedrige Flughöhe — nur wenige Dutzend Meter — und auch die stark g-belastenden Wendemanöver lediglich mit Hilfe eines kleinen Höhenruder-Trimmknopfes am Steuerknüppel zu fliegen — ein äußerst riskantes Verfahren. Und diese Trimmeinrichtung versagte bei einem Testflug. Die Besatzung war sofort tot, die Maschine zerstört. Doch ohne Zögern traten eine neue Besatzung und eine neue Maschine an ihre Stelle: Lieutenant Hunt Hardisty als Pilot und Lieutenant Earl De Esch als Radaroffizier. Das Cockpit der YF4F-1 wurde verstärkt und die beiden Nachbrennertriebwerke General Electric J79-GE-8 mit der schon in der „Crusader III" erprobten PCC-Anlage versehen. Wiederum machte man Probeflüge, um sich mit den Gegebenheiten der Strecke und den strengen FAI-Bestimmungen vertraut zu machen. Als günstigste Flughöhe waren 40 m bestimmt worden, eine Höhe, in der bei Überschallgeschwindigkeiten die Instrumente nur eine Nebenrolle spielten — ausschlaggebend war die ruhige Hand des Piloten. Am frühen Nachmittag des 28. August 1961 war es schließlich so weit: viermal jagte die Maschine über die 3-km-Strecke, rund 7,5 Sekunden dauerte ein Durchgang; der langsamste war nur eine Zehntelsekunde länger als der schnellste. Diesmal hatte alles vorschriftsmäßig geklappt, und der Erfolg wurde bald bestätigt: 1452,777 km/h lautete die neue 3-km-Rekordmarke, „Operation Sageburner" war also doch noch erfolgreich abgeschlossen worden.

Als weiteres und besonders spektakuläres Glied der „Phantom"-Rekordkette hatte man sich den prestigeträchtigen absoluten Geschwindigkeitsrekord zum Ziel gesetzt. Dieses Unternehmen lief unter der Bezeichnung „Operation Skyburner" und war für Ende November 1961 geplant. Man hatte dafür die bewährte 10-Meilen-Meßstrecke der Edwards AFB bestimmt und den zweiten der beiden Prototypen XF4H-1 präpariert. Mit Lt. Colonel Robert Robinson hatte man turnusgemäß einen Angehörigen des Marine Corps als Pilot ausgewählt. Am 22. November startete die „Phantom" mit drei großen Zusatztanks. Der erste davon wurde sofort bei 10 km Höhe abgeworfen, die anderen beiden kurz vor Beginn des ersten Durchgangs. Dieser wurde mit 2517 km/h, also in 23,5 s absolviert. Dann kam die große Kehrtwende, und der zweite Durchgang wurde in knapp über 22 s zurückgelegt, mit einer Geschwindigkeit von 2654 km/h. Nach eingehender Prüfung der Unterlagen erwies sich, daß der Schnitt von exakt 2585,425 km/h für einen neuen Weltrekord der USA ausreichte.

Normalerweise war die U. S. Air Force Fremdprodukten gegenüber allergisch. Doch die Leistungen der „Phantom II" waren so überragend, daß sie die Maschine adoptierte. Diese sollte ursprünglich die Bezeichnung F-110 „Spectre" tragen. Im Zuge der im Jahre 1962 vorgenommenen Bereinigung erfolgte aber die generelle Umbenennung in F-4 „Phantom II". Unter diesem Namen wurde das Flugzeug, häßlich oder nicht, in weit über 5000 Exemplaren hergestellt und von den Luftstreitkräften vieler Länder eingesetzt, die deutsche Luftwaffe eingeschlossen. Wie bei allen erfolgreichen Konstruktionen gab es natürlich auch in diesem Falle Bemühungen, die F-4 zu vervollkommnen und weiterzuentwickeln. Das reichte von verhältnismäßig kleinen Änderungen des Basismodells bis hin zu radikalen Zukunftsvarianten. Während letztere allmählich zur späteren F-15 „Eagle" führten, versprachen aber auch erstere zuweilen erstaunliche Leistungssteigerungen. Zu ihnen zählte beispielsweise zu Anfang der siebziger Jahre das Programm

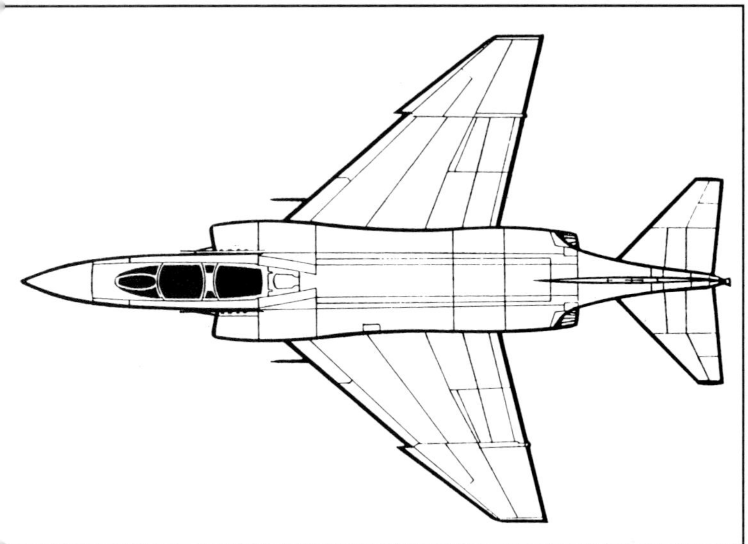

McDonnell F4H-1

„Peace Jack", das den Umbau einer Reihe von „Phantoms" der israelischen Luftwaffe in superschnelle, mit Spezialkameras ausgerüstete Aufklärer vorsah. Allein durch aerodynamische Detailverbesserungen, geänderte Lufteinläufe und die bereits erwähnte PCC-Einrichtung – die den Einbau von zwei je 1,1 t fassenden Kühlwassertanks umfaßte – hätten sich, so nahm man an, mindestens zehnminütige Marschgeschwindigkeiten von Mach 2,4 und Spitzengeschwindigkeiten bis zu Mach 3,2 erzielen lassen. Zwar kam dieses Programm nicht zur Durchführung, doch die 1987 in Israel geschaffene „Super Phantom 4X" wies anstelle der beiden, rund 8 t Schub leistenden General Electric-Triebwerke J79 zwei Pratt & Whitney-Triebwerke PW 1120 von je 9350 kp Schub auf, die ebenfalls eine erhebliche Leistungssteigerung erbrachten.

E-152-1 „E-166", E-152P, M

Nach dem erfolgreichen und propagandistisch weidlich ausgeschlachteten sowjetischen Debüt auf der internationalen Hochgeschwindigkeitsbühne war es nur allzu verständlich, daß man bestrebt war, die Überlegenheit sozialistischer Konstrukteure und Piloten erneut unter Beweis zu stellen. Dafür bot sich naturgemäß das seit 1959 laufende Mikojan-Programm E-150/-152 an, das die Schaffung eines Mach-3-Abfangjägers zum Ziele hatte. Er sollte die Sowjetunion wirksam gegen die ultraschnellen und in großer Höhe fliegenden Aufklärungs- und Bombenflugzeuge verteidigen, die zur gleichen Zeit in den USA heranreiften. Schließlich hatte man vier Jahre lang ohnmächtig zusehen müssen, wie die amerikanischen Bildaufklärer Martin RB-57D und Lockheed U-2 die UdSSR verhältnismäßig langsam, aber in großer Höhe, praktisch unbehelligt überflogen. Weder Höhenjäger noch Fla-Raketen der Luftverteidigungskräfte PWO waren in der Lage gewesen, die

McDonnell XF4H-1 „Skyburner" und Pilot Robert Robinson

in 20 bis 24 km Höhe operierenden Maschinen zu erreichen. Erst ein Glückstreffer einer der vielen abgefeuerten Fla-Raketen des verbesserten Typs S-75 (NATO-Codebezeichnung SA-2 „Guideline") brachte am 1. Mai 1969 die U-2 des Piloten Frank Powers in der Nähe von Swerdlowsk zu Boden. Weder die vielen Abfangjäger MiG-19PF noch eine zufällig verfügbare Su-9 hatten dies geschafft, auch nicht durch Rammen. Im Gegenteil, in der allgemeinen Panik war sogar ein eigenes Jagdflugzeug abgeschossen worden – aus mangelnder Kommunikation, noch eine halbe Stunde nach Zerstörung der U-2.

Das Ausgangsmuster E-150, das bekanntlich bereits im Dezember 1958 fertiggestellt worden war, konnte seine Flugerprobung wegen der vielen Probleme im Zusammenhang mit dem neuen Supertriebwerk R-15-300 erst geschlagene eineinhalb Jahre später, nämlich im Juli 1960 aufnehmen. Diese lief dann bis zum Januar 1962 und umfaßte insgesamt 42 Flüge, allerdings mit einigen, durch Querruder- und Triebwerksprobleme verursachten Unterbrechungen. Im Frühjahr 1961 konnten in 21 km Höhe Mach 2,1 erzielt werden und kurze Zeit später, nach Einbau eines neuen Triebwerks, beim 28. Flug, in 19,1 km Höhe sogar 2890 km/h gleich Mach 2,65, wobei sogar noch Schubreserven vorhanden waren. Auch die Steiggeschwindigkeit überzeugte: 15 km wurden in 2,5 Minuten, 20 km in 4,5 Minuten erreicht. Das war weniger als die Hälfte der Zeit, die die gerade in Serienbau gehende MiG-21F benötigte. Auch die Mach-2,65-Höchstgeschwindigkeit konnte MiG-Testpilot Alexander Fedotow in Höhen bis zu 22,5 km wiederholt erreichen. Die E-150 schien alle Wünsche hinsichtlich eines effektiven Abfangjägers zu erfüllen, bis auf das unzuverlässige und äußerst störanfällige Triebwerk. Eine geplante Variante E-151 mit einer teilbeweglichen 30-mm-Bordkanone wurde zugunsten der raketentragenden Varianten E-152 und E-152A aufgegeben. Letztere war noch vor der E-150 fertiggestellt worden und besaß zwei der zuverlässigeren Tumanskij-Triebwerke R-11F-300 von je 5740 kp Nachbrennerschub.

Im Gegensatz zu den Einzelexemplaren E-150 und E-152A entstanden von der daraus entwickelten E-152 zwei Exemplare als E-152-1 und E-152-2. In der ersten der beiden Maschinen nahm im April 1961 der MiG-Pilot Georgij Mossolow die Flugerprobung auf. Sie besaß, genau wie die E-150, ein einzelnes Triebwerk R-15-300, dagegen größere, delta-ähnliche Tragflügel mit geringerer Vorderkantenpfeilung von genau 53 Grad 47 Minuten und stark gekappte Flügelspitzen mit Startschie-

nen für Luft-Luft-Raketen des Typs K-9 (NATO-Codebezeichnung AA-3 „Anab“). Im Vergleich zur E-150 wies der zentrale Lufteinlaß, wie schon bei der E-152A, einen festen Mehrstoßdiffusor, doch einen verschiebbaren Einlaßring auf. Die Flugerprobung erstreckte sich bis zum September 1962 und umfaßte insgesamt 67 Flüge, fünf davon mit K-9-Attrappen an den Flügelspitzen. In dieser Konfiguration betrug die erreichte Höchstgeschwindigkeit 2650 km/h in 16,2 km Höhe, in „sauberem“ Zustand und in 15,4 km Höhe sogar 3030 km/h. Das waren außergewöhnliche Werte, die allerdings auf Kosten des immer noch störanfälligen Triebwerks gingen. Von ihm verbrauchte man insgesamt fünf Stück.
Doch davon ahnte man im Westen nichts, als im Herbst 1961 folgendes bekanntgegeben wurde: der sowjetische Pilot Alexander Fedotow habe am 7. Oktober mit einem Flugzeug des neuen Typs „E-166“, angetrieben von einem Strahltriebwerk „TRD P.16“, eine 100-km-Kreisbahn mit einer Durchschnittsgeschwindigkeit von 2401 km/h durchflogen. Dabei habe er kurzzeitig sogar eine Spitze von 2730 km/h erreicht.

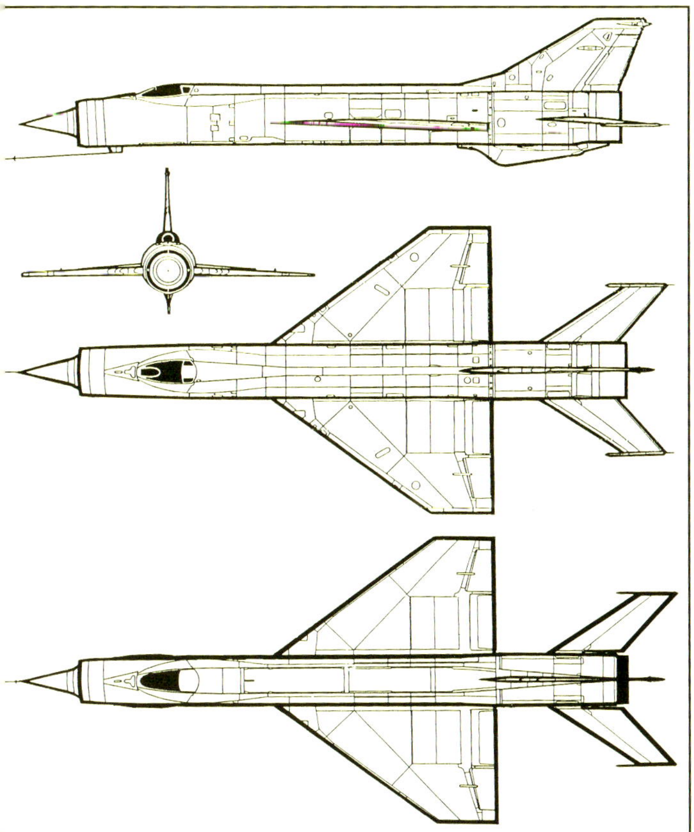

Mikojan E-152-1 (E-166) (oben) · Mikojan E-152M (unten)

Das internationale Rätselraten wurde noch größer, als diese geheimnisvolle Maschine im folgenden Jahr zwei weitere Rekorde errang. Einen davon stellte am 11. September 1962 der Pilot Pjotr Ostapjenko auf. Es war ein neuer internationaler Rekord von 22670 m Höhe über eine Strecke von 15/25 km. Beim andern jedoch, zwei Monate davor erflogen, handelte es sich um einen neuen absoluten Geschwindigkeitsrekord des bekannten „E-66“-Piloten Georgij Mossolow.
Im Rahmen der Flugerprobung der E-152-1 hatte Fedotow die 17,6 km lange Meßstrecke, die seinerzeit bei Podnorskonoje, in der Nähe von Moskau, für den Weltrekordflug der E-6/3 alias „E-66“ eingerichtet worden war, am 7. Juni 1962 inoffiziell mit 3030 km/h durchflogen. Möglicherweise war dies auf Anraten Mikojans geschehen, da er zögerliche amtliche Stellen von den konkreten Erfolgsaussichten einer neuerlichen MiG-Attacke auf den absoluten Geschwindigkeitsrekord überzeugen und ihre rasche Einwilligung erreichen wollte. Die Rechnung ging auch auf, denn die offizielle Genehmigung wurde innerhalb einer Woche erteilt und der einschlägig erfahrene Mossolow wurde als Pilot bestimmt. Doch dann spielte das Wetter nicht mit. Über drei Wochen lang wiederholte sich mit ermüdender Regelmäßigkeit die Prozudur: jeden Tag, noch vor Sonnenaufgang, traf man die üblichen Startvorbereitungen, nur um einige Zeit später wieder enttäuscht aufgeben zu müssen. Diese Warteperiode zog sich von Mitte Juni bis Anfang Juli hin. Doch dann, am 7. Juli 1962, genau einen Monat nach Fedotows „Reklame“-Flug, gaben die Meteorologen endlich grünes Licht: ein völlig klarer Himmel würde den Meßkameras einwandfreie Aufnahmen erlauben. Um 4 Uhr morgens erfolgte der Start und Mossolow zog die schwere Maschine sofort auf die für den Rekordangriff günstigste Flughöhe von 14,3 km. Unterhalb des 17,7 km langen Meßkorridors in über 14 km Höhe befanden sich am Boden in regelmäßigen Abständen von 880 m einundzwanzig mit Funk- und Meßgeräten ausgerüstete Sportzeugen, dazu an beiden Enden der Meßstrecke die Sportkommissare.
Nur wenige Minuten nach seinem Start flog Mossolow mit vollem Nachbrennerschub und mit rund 2600 km/h die Meßstrecke an. Rund 23 Sekunden später hatte er sie durchquert, dann kam die weite und flache Kehrtwende und der erneute Anflug zum zweiten Durchgang. Auch dieser wurde in ähnlicher Zeit geschafft. Danach Abdrehen, Landeanflug, Landung, Ausrollen, Aussteigen und — warten, warten, warten. Es sollte später Nachmittag werden, ehe sich die Sportkommissare völlig einig waren: mit einem Durchschnitt von 2681,0 km/h, einer Machzahl von 2,52 entsprechend, hatte Mossolow einen neuen Weltrekord aufgestellt, seinen zweiten. Sofort begann ein neues propagandistisches Schattenspiel: das

Mikojan E-152-1 (E-166) mit Luft-Luft-FK-Attrappen

Rekordflugzeug E-152-1 wurde der FAI und der restlichen Welt in Wort, doch nicht im Bild als „E-166“ präsentiert; genau wie dies schon bei der „E-66“ drei Jahre zuvor praktiziert worden war.
Doch damit war die Geschichte noch keineswegs zu Ende. Der zweite Prototyp E-152-2 war im September 1961 eingeflogen worden, aber seine Erprobung hatte man schon im Juli 1962, nach seinem 16. Flug, wegen Triebwerksschwierigkeiten eingestellt. Er wurde daraufhin umgebaut, mit einem dickeren Rückenwulst, größeren Kraftstoffbehältern und beiderseits des Rumpfbugs mit stromlinienförmigen Halterungen für zusätzliche Vorflügel, sogenannte Canards, versehen. Außer-

FÉDÉRATION AÉRONAUTIQUE INTERNATIONALE

Diplôme de Record

NOUS SOUSSIGNÉS CERTIFIONS QUE Guesrgui Mossolov U.R.S.S.

SUR avion E 166. un reacteur type TRD P. 166 d'une poussée de 10 000 Kgs.

a ÉTABLI LE 7 juillet 1962

LE RECORD SUIVANT : Record du monde et record par classe de vitesse sur base de 15/15 K

de 2681 Km/h. . Aérodrome de Podmoskovnoe

Classe C.1 · groupe 1

Pour

LE PRÉSIDENT, LE SECRÉTAIRE GÉNÉRAL DE LA F.A.I. LE PRÉSIDENT DE LA F.A.I.

FAI Diplome de Record für E 166

dem ließen sich an den Flügelspitzen wahlweise Verlängerungen oder FK-Startschienen anbringen. Zu guter Letzt erhielt die Maschine noch ein verbessertes und widerstandsfähigeres Triebwerk R-15B-300 mit normalem Nachbrenner und wurde, um die Verwirrung weiter zu steigern, je nach Konfiguration, nunmehr als E-152P, später als E-152M bezeichnet. Nach Abschluß der Flugerprobung versah man sie mit einem attraktiven weiß-blauen Farbanstrich sowie einer großen blauen Nummer „E 166". Im Juli 1967 präsentierte man sie der Welt anläßlich der großen Luftparade in Domodedjowo als Weltrekordflugzeug E-166. Später kam sie ins Luftwaffenmuseum in Monino, um dort von vielen Besuchern als Weltrekordflugzeug bestaunt zu werden — zu ihnen gehörte auch der Verfasser. Erst im Sommer 1992 (!) machte ein Artikel in der russischen Fachzeitschrift „Krylja Rodiny" die richtigen (?) Zusammenhänge bekannt.

Bristol 188

In Großbritannien hatte sich in bezug auf Mach-2+-Konstruktionen seit Ende der fünfziger Jahre nicht viel getan. Einzige Ausnahme war die English Electric P.1B „Lightning". Bekanntlich hatte die berüchtigte „White Paper"-Entscheidung vom April 1957 das „Aus" bedeutet, sowohl für den Raketenjäger Saunders-Roe SR.177 als auch für den Strahlbomber Avro 730. Von beiden, unter der generischen Bezeichnung Avro 731 laufenden, bemannten Maßstabsmodellen Armstrong Whitworth 166 und Bristol 188, gelang es lediglich dem letzteren, im Rahmen einer anderen Ausschreibung ER.134 vom Februar 1953 in modifizierter Form als zweistrahliger Überschall-Versuchseinsitzer zu überleben. Mit ihm sollten die Auswirkungen erforscht werden, die die kinetische Aufheizung der Zelle auf Temperaturen von 250 bis 300 Grad Celsius, bei längeren Flügen mit Geschwindigkeiten um Mach 2,75, mit sich brachte.

Zu diesem Zweck erachtete man eine Zellenkonstruktion aus rostfreiem Stahl als unerläßlich, was die Anwendung des damals noch neuen Argonlichtbogenschweißverfahrens erforderlich machte. Wohl aus Ersparnisgründen wurden vom britischen Luftfahrtministerium die Nachbrennertriebwerke des Typs Bristol-Siddeley „Gyron Junior" als Antriebsaggregate bestimmt, die aus der Erbmasse der SR.177 stammten. Der ursprüngliche Auftrag lautete auf sechs Exemplare, von denen allerdings nur drei fertiggestellt und zwei geflogen wurden. Der Erstflug am 14. April 1962 war mit einigen Handicaps behaftet: zuerst fuhr kurz nach dem Start das eingefahrene Fahrwerk wegen eines Hydraulikfehlers wieder aus, dann klemmte eine Drucktaste des vom Piloten Godfrey Auty umgeschnallten Tonbandgeräts und blockierte die gesamte Sprechfunkverbindung. Schließlich mußte die Landung, wegen des inzwischen um 180 Grad gedrehten Windes, in umgekehrter Richtung wie geplant erfolgen — mit der vorsorglich aufgebauten Sicherheitsfangvorrichtung am verkehrten Ende des Platzes.

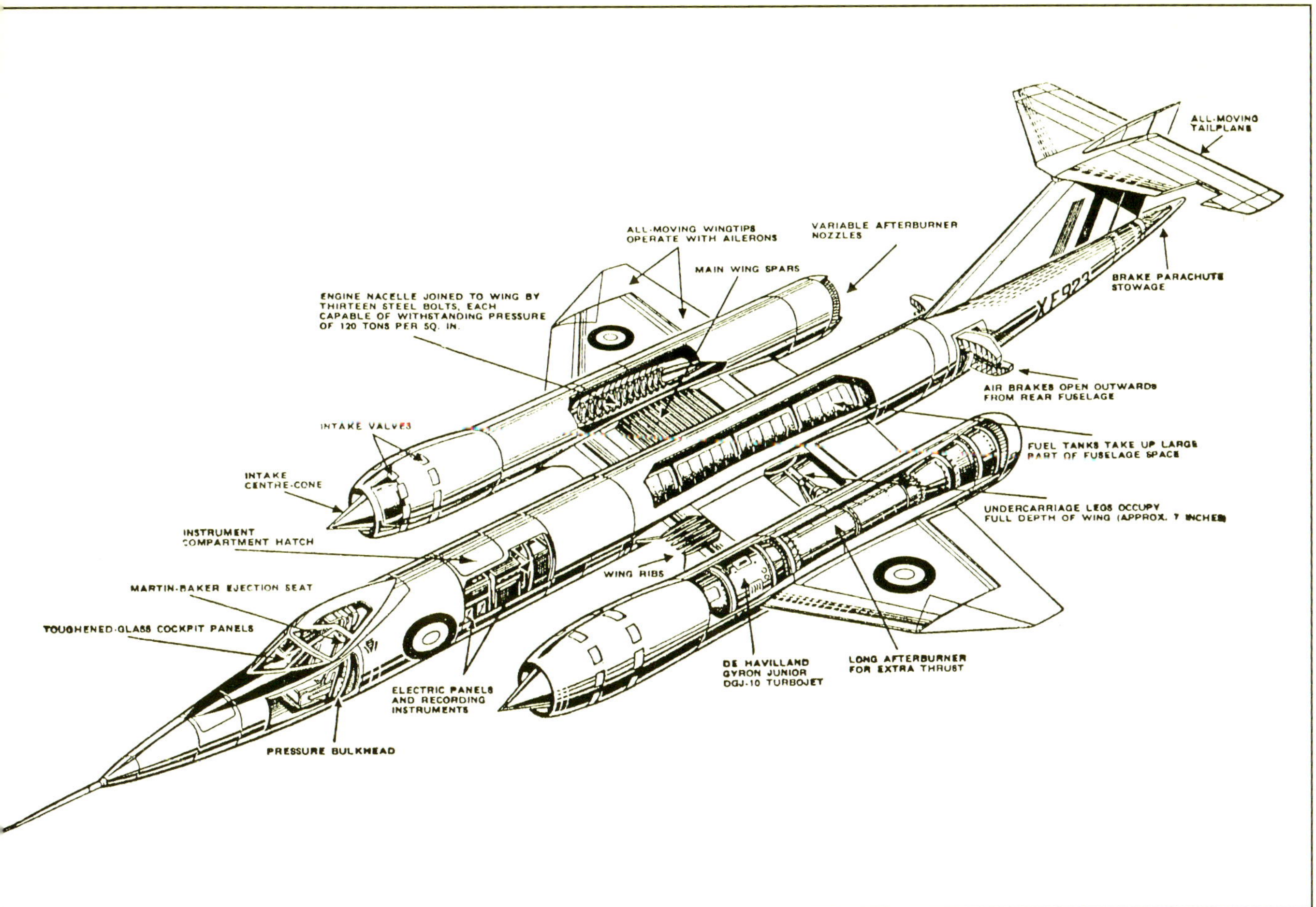

Dennoch ging alles glimpflich ab. Die weitere Erprobung erfüllte allerdings nicht ganz die reichlich optimistischen Prognosen, denn die Bristol 188 kam kurioserweise nur auf eine Machzahl von 1,88 — bei einer Landeanfluggeschwindigkeit von genau 302,5 km gleich 188 mph. Mit dem ersten Prototyp wurden nur 19 Flüge absolviert, mit dem zweiten immerhin 51.

Bristol 188 (XF923) (links)

Bristol 188 (XF926) (oben und links)

Im Januar 1964 stellte man die Versuche ein, da man mit den übermäßig durstigen Triebwerken die zur gleichmäßigen Erwärmung der Zelle erforderlichen, längeren Schnellflugzeiten nicht erzielen konnte. Darüber hinaus hatte sich inzwischen herausgestellt, daß für das geplante Überschallverkehrsflugzeug ein ogivaler Deltaflügel erheblich besser geeignet war als der gerade Flügel der Bristol 188 — die übrigens das erste Strahlflugzeug dieser Firma war und gleichzeitig auch das letzte mit dem Namen Bristol. Der weitere Wettlauf um Supergeschwindigkeiten sollte künftig ohne britische Beteiligung fortgesetzt werden und sich, nachdem die Sowjetunion vorerst noch im Rennen blieb, in den siebziger Jahren schließlich völlig auf die USA beschränken.
Einerseits zeichnete sich ab, daß die Lösung vieler technischer Probleme, die mit den anvisierten hohen Überschall- und Hyperschallgeschwindigkeiten verbunden waren, weitaus mehr Aufwand erforderte als angenommen — sowohl in zeitlicher als auch in finanzieller Hinsicht. Andererseits wurde zunehmend erkennbar, daß die für Jagdflugzeuge bislang gültige Regel: „höhere Geschwindigkeit gleich höhere Kampfkraft" spätestens bei Machzahlen von 3, 4 und mehr ihren Sinn verlor. Bei diesen Geschwindigkeiten konnten Flugzeuge nur noch in einer geraden Linie fliegen, von einer nennenswerten Wendigkeit oder Manövrierfähigkeit konnte kaum die Rede sein. Allenfalls ergaben diese hohen Machzahlen bei Bomben- und Aufklärungsflugzeugen noch einen militärischen und bei Passagierflugzeugen einen zivilen Sinn — oder bei reinen Forschungsflugzeugen.

X-15, X-15A-2

In den frühen fünfziger Jahren begann man in den USA, sich diesen Problemen ernsthaft zu widmen. Man ging dabei von früheren deutschen Hyperschallentwürfen aus, wie dem sogenannten „Sänger-Bredt-Raketenbomber“ oder der noch im Januar 1945 im Flug erprobten, geflügelten A4 (V2)-Variante A9 alias A4b. Die 1947 auf Stalins Befehl verfügte direkte Realisierung des Sänger-Bredt-Konzepts in der Sowjetunion hatte sich als unpraktisch erwiesen, selbst bei einer möglichen Verwendung zusätzlicher Staustrahltriebwerke. In den USA hatte die Firma Bell im Januar 1952, als Weiterentwicklung ihrer Raketenflugzeuge X-1 und X-2, das Konzept eines Hyperschall-Forschungsflugzeugs erarbeitet. Es stammte von Walter Dornberger, ehemals militärischer Chef des deutschen Raketenzentrums Peenemünde und nunmehr Bell-Mitarbeiter, und betraf ein Raketenflugzeug, das mit 6600 km/h in Höhen von 80 bis 120 km operierte. Das damalige Advisory Committee for Aeronautics NACA — Vorläufer der späteren NASA — wurde angesprochen und arbeitete daraufhin mehrere Empfehlungen aus. Diese mündeten rund drei Jahre später in einem Raketenflugzeug, das in bewährter Weise von einem Trägerflugzeug aus zu starten war. Das Raketenflugzeug war für Geschwindigkeiten bis zu 7240 km/h und Flughöhen bis zu 76 km auszulegen. Aufgrund einer Übereinkunft zwischen NACA, U. S. Air Force und U. S. Navy bildete man ein „Research Airplane Committee“, welches am 30. Dezember 1954 zwölf in Frage kommende Flugzeugfirmen zu entsprechenden Angeboten aufforderte. Das zu bauende Flugzeug würde als Air Force Project 1226 die Bezeichnung X-15 tragen. Neun der Firmen zeigten sich interessiert: Bell, Boeing, Convair, Douglas, McDonnell, North American, Northrop, Republic und Vought. Die vier geeigneten Triebwerkshersteller Aerojet, General Electric, North American und Reaction Motors wurden in ähnlicher Weise angesprochen.

Nur vier Flugzeugfirmen gaben schließlich bis zum Stichtag, dem 9. Mai 1955, ihre Angebote für jeweils drei flugfähige Exemplare und eines für statische Versuche ab: Bell (D171, $ 36,3 Mio.), Douglas (Modell 684, $ 36,4 Mio.), North American (ESO 7487, $ 56,1 Mio.) und Republic (AP-76, $ 47 Mio.). Wegen der NACA-Vorgabe unterschieden sich die vier Vorschläge äußerlich nur wenig voneinander; alle waren Mitteldecker mit trapezförmigen Flügeln und Leitwerken. Mit Ausnahme des Douglas-Entwurfs besaßen sie ausfahrbare Landekufen. Die anschließende mehrstufige Bewertung erbrachte für die Bell D171 (alias D-558-III) und die Republic AP-76 die schlechtesten, für die Douglas 684 und die North American ESO 7487 die besten Noten. North American erhielt schließlich den Zuschlag, obwohl dieser Entwurf bei weitem der teuerste war und obwohl die Firma wegen anderweitiger, dringender Entwicklungsarbeiten eine Verlängerung der Entwicklungszeit um acht Monate erbat. Der Grund für den Zuschlag: North American schlug vor, anstelle des von Douglas gewählten Magnesiums die Metallegierung Inconel-X zu verwenden, da sie Temperaturen bis zu 650 Grad Celsius aushielt. Die offizielle Auftragserteilung erfolgte am 6. Dezember 1955, die Freigabe zum Bau der drei Zellen am 11. Juni 1956 und der tatsächliche Baubeginn im September 1956. Das Entwicklungsteam stand unter der Leitung von Harrison „Stormy“ Storms und Charles Feltz. Ihm gehörten auch alle, ursprünglich dem Programm zugeteilten Piloten an; an ihrer Spitze der durch seine Mach-2-Flüge mit der Douglas „Skyrocket“ einschlägig erfahrene Scott Crossfield. Der Bau des Flugzeugs selbst nahm etwas mehr als zwei Jahre in Anspruch. Das erste Exemplar mit der Air Force-Nummer 56-6670 hatte seinen Roll-out am 15. Oktober 1958 und wurde anschließend zur Edwards AFB transportiert. Während der fünfmonatigen Flugvorbereitungen präparierte man bei North American die zwei vorgesehen Trägerflugzeuge, eine Boeing B-52A und eine B-52B, die nach erfolgter Umrüstung die Bezeichnungen NB-52A und NB-52B trugen. Am 10. März 1959 erfolgte der erste von mehreren Starts der NB-52A/X-15-Kombination mit Crossfield am Knüppel der unbeladenen X-15. Der erste freie Gleitflug folgte am 8. Juni 1959. Es zeigte sich, daß die Steuerung noch einer Feinabstimmung bedurfte, denn bei der Landung hatte Crossfield alle Hände voll zu tun, um die wild bockende Maschine heil zu Boden zu brigen.

Da das vorgesehene 25 t Schub produzierende Triebwerk Thiokol XLR99 noch nicht zur Verfügung stand, verwendete man für die ersten „scharfen“ Flüge zwei der bewährten, mit je 3600 kp Schub aber erheblich schwächeren Triebwerke XLR11. Die ersten drei dieser Flüge unternahm Crossfield mit der X-15 Nr. 2 (56-6671) ab dem 17. September 1959, wobei er schon beim ersten Flug eine Geschwindigkeit von 2242 km/h gleich Mach 2,11 erreichte. Der dritte Flug am 5. November 1959 endete allerdings mit einer Bruchlandung: nach einer Triebwerksexplosion mit anschließendem Brand hatte der restliche Treibstoff vor der hastigen Landung nur teilweise abgelassen werden können. Dadurch knickte der Rumpf der übermäßig schweren Maschine beim harten Aufsetzen auf den Rosamond Dry Lake direkt hinter dem Cockpit so stark ein, daß er auf die Piste absackte, glücklicherweise ohne Feuer zu fangen. Das Flugzeug wurde zur Reparatur ins Werk zurückgeschafft und beteiligte sich, mit verstärkter Zelle, erst ab Februar 1960 wieder am X-15-Flugprogramm. Die X-15 Nr. 1, geflogen vom NASA-Piloten Joseph Walker, überschritt am 12. Mai 1960 erstmals die Mach-3-Grenze (3397 km/h / M 3,19), und am 4. August lauteten die Werte schon 3534 km/h / M 3,31. Höhere Geschwindigkeiten waren erst nach der ab Sommer 1960 erfolgten Umrüstung auf das erheblich schubstärkere Einzeltriebwerk Thiokol XLR99 zu erwarten. Das erste dieser Triebwerke baute man im Sommer 1960 in die X-15 Nr. 3 (56-6672) ein. Bei einem Standlauf am 8. Juni 1960 kam es dabei allerdings zu einer kräftigen Explosion, glücklicherweise wiederum ohne ernsthafte Personenschäden. Auch die X-15 Nr. 3 wurde zur Reparatur wieder ins Werk zurücktransportiert.

X-15 (2. Version) unter NB-52

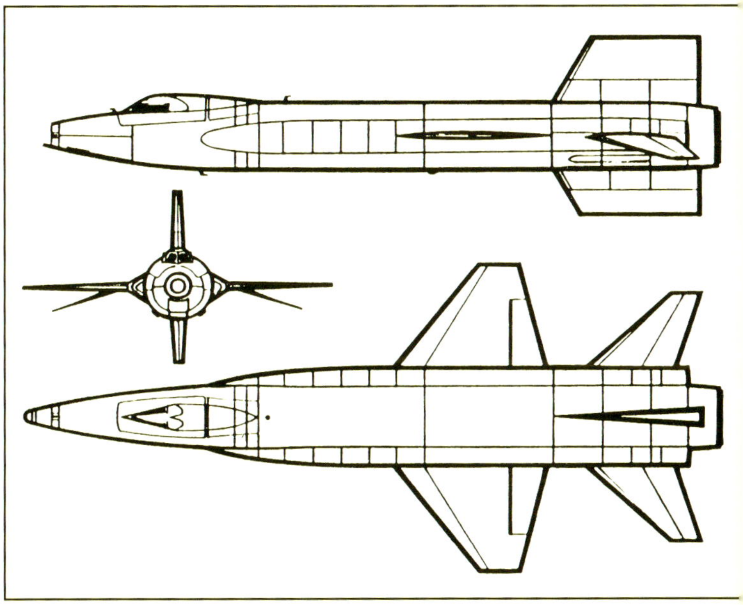

North American X-15 (2. Version)

North American X-15 (2. Version)

Nachdem dann auch die beiden ersten Exemplare der X-15 ihre neuen Triebwerke erhalten hatten, konnten die erreichten Machzahlen im Verlaufe der folgenden Monate schrittweise auf Mach 3,50, 4,43, 4,62, 4,95, 5,27 und 5,74 gesteigert werden, um am 9. November 1961 schließlich auf 6587 km/h in 31 km Höhe gleich Mach 6,04 zu klettern. Der Pilot war in diesem Fall der Air Force Captain Robert White gewesen. Ihm gelang es ein gutes halbes Jahr später, am 17. Juli 1962, mit dem dritten Exemplar der X-15 einen absoluten Höhenweltrekord von exakt 95 935,99 m (!) aufzustellen. Der galt für Maschinen, die von Trägerflugzeugen aus gestartet wurden und wurde von der FAI anerkannt (wobei man sich fragt, welche FAI-Experten diesen lächerlichen Umrechnungswert der vernüftig gemessenen 314 750 feet festlegten). White erhielt dafür als erster X-15-Pilot das begehrte Astronauten-Abzeichen für einen Weltraumflug, für den man als Grenze 80 km Höhe über dem irdischen Nullpegel bestimmt hatte. Fast genau ein Jahr darauf, am 19. Juli 1963, konnte NASA-Pilot Walker diesen Wert auf 106 000 m, und einen Monat später sogar auf genau 107 960 m erhöhen — allerdings inoffiziell.

Am 9. November 1962 kam es mit der X-15 Nr. 2 wegen eines Triebwerkschadens erneut zu einer schweren Bruchlandung; diesmal jedoch mit einem erheblich verletzten NASA-Piloten, John McKay. Man entschloß sich, die stark beschädigte Maschine beim Wiederaufbau gleich in die vergrößerte Variante X-15A-2 zu verwandeln, was ungefähr anderthalb Jahre in Anspruch nahm. Die erste und dritte X-15 setzten inzwischen das Testprogramm fort, wobei der Air Force Major Robert Rushworth am 5. Dezember 1963 mit 6466 km/h in knapp 31 km Höhe die Höchst-Machzahl auf 6,06 steigern konnte. Die um 0,67 m verlängerte X-15A-2 war mit über 25 t Startgewicht — einschließlich zweier abwerfbarer Zusatztanks — auch um 80 Prozent schwerer und nahm im Juni 1964 ihren Flugbetrieb wieder auf. Mit ihr gelang es dann, am 18. November 1966, in 30 km Höhe 6840 km/h gleich Mach 6,33, und ein Jahr später, nämlich am 3. Oktober 1967, in 31 km Höhe, 7214 km/h gleich Mach 6,70 zu erreichen. In beiden Fällen hatte sie Air Force Captain William Knight geflogen. Für diesen schnellsten aller X-15-Flüge hatte man die Cockpitfenster mit Abdeckungen, und das gesamte Flugzeug mitsamt den beiden großen, kanuförmigen Zusatztanks mit einem weißen, hitzedämmenden sogenannten Ablationsüberzug versehen. Unter der verkürzten unteren Heckflosse, die genau wie die obere ein dickes Keilprofil aufwies, hatte man außerdem noch die Attrappe eines kleinen Überschall-Staustrahltriebwerks (Scramjet) montiert, die dann kurz vor der Kufenlandung des Flugzeugs abgesprengt wurde.

Der bislang überaus erfolgreiche Verlauf des X-15-Programms wurde leider sechs Wochen später durch den tödlichen Unfall des Majors Michael Adams überschattet. Die X-15 Nr. 3 war bei Durchführung eines Testprogramms ins Trudeln geraten und nach erheblichem Überschreiten (± 15 g) der Festigkeitsgrenzen von + 7,33 und — 3,0 g in über 30 km Höhe auseinandergebrochen. Mit den beiden verbliebenen Maschinen wurde das Testprogramm dann noch etwa ein Jahr lang weitergeführt. Der 199. und letzte Flug einer X-15 erfolgte am 24. Oktober 1968. Von der Firma North American vorgeschlagene Weiterentwicklungen kamen nicht zur Ausführung. Sie umfaßten Varianten mit Deltaflügeln (X-15-3) und auch mit Staustrahlantrieb. Die Gesamtkosten des X-15-Programms mit allen Hard- und Softwarekosten beliefen sich auf knapp über 300 Millionen Dollar, ein nach heutigen Maßstäben ausgesprochen günstiges Kosten-/Nutzen-Verhältnis.

Natürlich konnten die von den drei X-15 kurzzeitig erreichten Supergeschwindigkeiten keine offiziell anerkannten Geschwindigkeitsrekorde darstellen, denn sie waren durchaus nicht immer im dafür vorgeschriebenen Waagerechtflug, erst recht nicht über einer genau bestimmten Meßstrecke und schon gar nicht in Hin- und Rückflug erzielt worden. Dennoch sollten sie im Rahmen einer Abhandlung über die schnellsten Flugzeuge der Welt keinesfalls fehlen.

North American X-15A-2

Doch gab es zu Beginn der sechziger Jahre noch zwei andere Hochgeschwindigkeitsprogramme mit weniger zivilem Charakter. Das erste begann schon im Herbst 1954. Damals forderte der Air Force General Curtiss LeMay, Chef der Fernbomber des Strategic Air Command (SAC), die Entwicklung eines Nachfolgemusters für die gerade in Dienst gestellten achtstrahligen Boeing B-52. Diese lösten ihrerseits die riesigen Convair B-36 ab, welche mit ihren sechs Kolbentriebwerken plus vier nachträglich montierten Strahltriebwerken kaum mehr den Einsatzforderungen entsprachen. Das neue Waffensystem WS-110A sollte, bei gleicher Tragfähigkeit und Reichweite, die B-52 aber im Hinblick auf Geschwindigkeit und Gipfelhöhe weit übertrefffen. Mit 30 Exemplaren sollte es bereits 1963 seinen Dienst aufnehmen. Genauer gesagt, dieser Bomber sollte zunächst in großer Höhe, mit einer Marschgeschwindigkeit von Mach 0,9 in Richtung seines Ziels fliegen, um dieses dann über die letzten 1850 km hinweg mit „Vollgas“ (Mach 2 oder darüber) anzupreschen und — nach erfolgtem Bombenabwurf — wiederum mit Mach 0,9 heimzufliegen.

XB-70A „Valkyrie“

Da alle anderen geeigneten Flugzeughersteller mit Staatsaufträgen restlos ausgelastet waren, erklärten sich lediglich Boeing und North American — obwohl selbst stark in Anspruch genommen — zur Teilnahme am entsprechenden Entwurfswettbewerb bereit. Beide Firmen unterbreiteten ihre Angebote im Mai 1956; und beide Firmen schlugen zunächst riesige, dreiteilige Flugzeuge vor, deren kraftstofftragende, beweglich angelenkte — „frei schwimmende“ — Außenflügel zu Beginn der Hochgeschwindigkeitsphase abgeworfen werden sollten. Dieses Konstruktionsdetail, das auch die Flügelstreckung und damit den Wirkungsgrad erheblich verbesserte, war eine Idee des ehemaligen Blohm & Voß-Chefkonstrukteurs Richard Vogt gewesen, und es war auch schon in der Praxis erprobt worden. Man hatte zunächst ein Kleinflugzeug vom Typ Culver NR-D — ein ehemaliges ferngelenktes Zielflugzeug — an der rechten Flügelspitze einer Douglas C-47 angekoppelt. Nach erfolgversprechenden Resultaten erprobte man dann auf ähnliche Weise eine Boeing B-29 mit zwei, an beiden Flügelspitzen hängenden Republic F-84, und präsentierte diese Kombination in 6 km Höhe über New York. Doch leider kam es kurz darauf zu einem schweren Unfall. Eine angekoppelte F-84 rollte sofort nach Einschalten der falsch eingestellten automatischen Kurssteuerung auf den Flügel der B-29 und brachte die ganze Kombination zum Absturz. Alle fünf Besatzungsmitglieder fanden den Tod. Weitere Versuche mit einer Beech L-28 und geflügelten Zusatztanks an beiden Flügelspitzen bestätigten zwar die Reichweitenverbesserung, wurden aber aus einer Reihe von Gründen nicht in die Praxis umgesetzt.

Was nun die WS-110A-Ausschreibung betraf, so legte Boeing unter der Modellnummer 724 nicht weniger als 28 unterschiedliche vier- und sechsstrahlige Entwürfe vor, vier davon mit Wasserstoffantrieb. North American war beim sechsstrahligen Modell NA-239 ähnlich vorgegangen. Diese ausgefallenen Konstruktionen waren aber selbst dem zukunftsorientierten SAC-Chef zuviel. Mit den Worten: „Zurück zu den Zeichenbrettern. Das sind keine Flugzeuge — das ist ein Verbandsflug!“ lehnte er die Vorschläge kategorisch ab, und beide Konstruktionsteams fingen im März 1957 wieder von vorne an.

Diesmal wandte man sich noch intensiver der Nutzung neuer Forschungsergebnisse und fortschrittlicher Technologien zu. Zu ihnen gehörten beispielsweise die Flächenregel, Schwenkflügel, Grenzschichtkontrollsysteme, verstellbare Lufteinläufe und dergleichen. Man fand heraus, daß bei Anwendung derartiger Erkenntnisse eine durchgehende Marschgeschwindigkeit von Mach 3 in einer Flughöhe von 18 km im Bereich des Möglichen lag. Die neuen Entwürfe wurden im August 1957 vorgelegt. Schon im September fand die Attrappenbesichtigung bei Boeing statt und einen Monat später bei North American. Bei beiden Entwürfen handelte es sich um sechsstrahlige Maschinen in Entenbauweise, wobei der Boeing-Entwurf B-804 einen rautenförmigen und der North-American-Entwurf NA-259 einen deltaförmigen Flügel besaß. Nach zweimonatiger Auswertung erhielt North American den Zuschlag und im Januar 1958 den Entwicklungsauftrag. Die Firma Boeing, die seit nahezu zwanzig Jahren praktisch das Monopol für schwere Bomber besaß, protestierte gegen diese Entscheidung und schaltete sogar den US-Kongreß ein. Es erwies sich dann allerdings, daß der Konkurrenzentwurf einen entscheidenden Vorteil hatte, der die getroffene Entscheidung bekräftigte: Zwei Jahre zuvor hatten die beiden NASA-Aerodynamiker Syvertson und Eggers den sogenannten Kompressionsauftrieb formuliert. Ihm zufolge konnte ein mit Überschallgeschwindigkeit fliegendes Flugzeug bei entsprechender Auslegung auf dem selbst erzeugten Luftstau „reiten“, was den aerodynamischen Wirkungsgrad um bis zu 30 Prozent verbessern würde. Das Boeing-Team hatte diesem Effekt bei weitem nicht die Bedeutung beigemessen wie seine Konkurrenz unter der bewährten

North American XB-70A-1 „Valkyrie“ (20001) und X-15A-2

Leitung von „Stormy“ Storms und Charles Feltz. Dort hatte man zur Bestätigung dieser Theorie nicht weniger als 10000 Windkanalstunden aufgewandt. Und das hatte sich jetzt ausgezahlt.

Nun wollte man die 18monatige Verzögerung wie üblich in größter Eile wieder wettmachen. Der Erstflug des nunmehr als XB-70 bezeichneten Flugzeugs sollte im Dezember 1961 erfolgen und SAC sollte sein erstes Geschwader — von 30 auf 12 Maschinen reduziert — im August 1964 in Dienst stellen können.

Die XB-70 bot ein eindrucksvolles Bild: ein weit aus dem großen Deltaflügel herausragender, schlanker Rumpf mit kurzen, trapezförmigen Entenflügeln hinter dem weit vorn liegenden Cockpit. Die Flügelspitzen waren bei höheren Geschwindigkeiten zwecks Verbesserung der Stabilität und des „Wellenreiter“-Effekts bis zu 65 Grad abklappbar ausgebildet. Darunter befanden sich, nebeneinander in einem großen kastenförmigen Gehäuse mit geraden Flanken untergebracht, sechs je 14 t Schub leistende Nachbrennertriebwerke General Electric YJ93-GE-3 mit einem durch eine senkrechte Schneide geteilten, zentralen Lufteinlaß unter dem Flügelvorderteil. Die beiden Seitenleitwerke ragten knapp über die Flügelhinterkante hinaus. Im ersten Halbjahr 1958 führte die U.S. Air Force einen Wettbewerb zur offiziellen Benennung ihres neuen Superflugzeugs durch und wählte im Juli aus den über 20000 Vorschlägen den Namen „Valkyrie“ (Walküre) aus. Im März 1959 führte man die Attrappeninspektion durch. Doch danach ging's bergab.

Im September 1959 wurde zunächst der Mach-3-Jäger NA-257/F-108 „Rapier“, der von North American parallel zur XB-70 entwickelt wurde und eine zweistrahlige Version der „Valkyrie“ war, zugunsten des inzwischen bei der Firma Lockheed insgeheim heranreifenden CIA-Aufklärers A-12 gestrichen. Im Dezember traf es die XB-70 selbst — die inzwischen dramatisch angestiegene Leistungsfähigkeit der gegnerischen Flugabwehrraketen einerseits und andererseits der Radarquerschnitt der B-70, der dank der großen, platten Flanken des Lufteinlaufs riesig war, hätten ihren Einsatz von vornherein zum Scheitern verurteilt. Immerhin sollte der im Bau befindliche erste Prototyp fertiggestellt werden, wobei man den für Dezember 1961 angesetzten Erstflug um genau ein Jahr verschob. Intensive Bemühungen der Firmenlobbyisten brachten es wohl mit sich, daß im September 1960 noch ein Auftrag auf eine einzelne YB-70B (NA-274) erteilt wurde. Im April 1961 hieß es dann: zwei XB-70 und eine YB-70B würden ausschließlich für Zwecke der Hochgeschwindigkeitsforschung gebaut. Ein verzweifelter Vorstoß der verwöhnten Air Force, statt dessen 210 Exemplare einer Fernaufklärerversion RS-70 zu beschaffen, lief ins Leere. Ein Jahr darauf wurde auch die YB-70B gestrichen. Die beiden, inzwischen XB-70A benannten Ur-Exemplare würden, so hieß es, als Erprobungsträger des geplanten US-Überschall-Airliners SST (Supersonic Transport) dienen.

Rollout der ersten XB-70A war am 11. Mai 1964, doch verzögerten leckende Tanks den Erstflug bis zum 21. September. Die zweite Maschine, XB-70A-2, konnte am 17. Juli 1965 erstmals starten. Die Machzahl 3 wurde von der XB-70A-1 zum ersten Mal bei ihrem 17. Flug überschritten (M 3,02 in 21,3 km Höhe) und von der XB-70A-2 ein knappes Vierteljahr später, am 3. Januar 1966 (M 3,05 in 22 km Höhe), ebenfalls bei ihrem 17. Flug. Die beiden schneeweißen Maschinen waren fortan als „Triplesonic Twosome“ bekannt, wobei sich die zweite als die schnellere erwies: am 8. April 1966 erreichte sie während eines 16minütigen Mach-3-Fluges einen Spitzenwert von M 3,07, vier Tage später einen von M 3,08. Im darauffolgenden Monat flog sie 32 Minuten lang mit Mach 3+. Doch das sollte ihr Schwanengesang sein — genau zwanzig Tage später stürzte sie auf spektakuläre Weise ab. Bei diesem, dem 46. Flug hatte man im Anschluß an das reguläre Testprogramm zwecks Firmenwerbung für General Electric einen Formationsflug mit vier anderen Flugzeugen geplant, die ebenfalls von GE-Triebwerken angetrieben wurden: je eine F-104, F-4, F-5 und T-38. Kurz nach der Werbeveranstaltung, die von einer

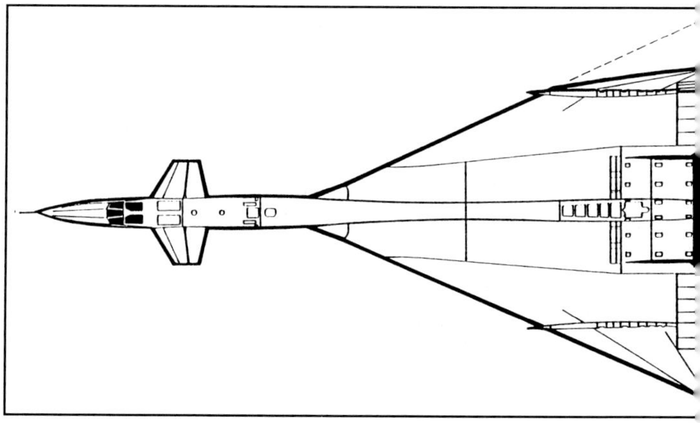

North American XB-70A „Valkyrie“

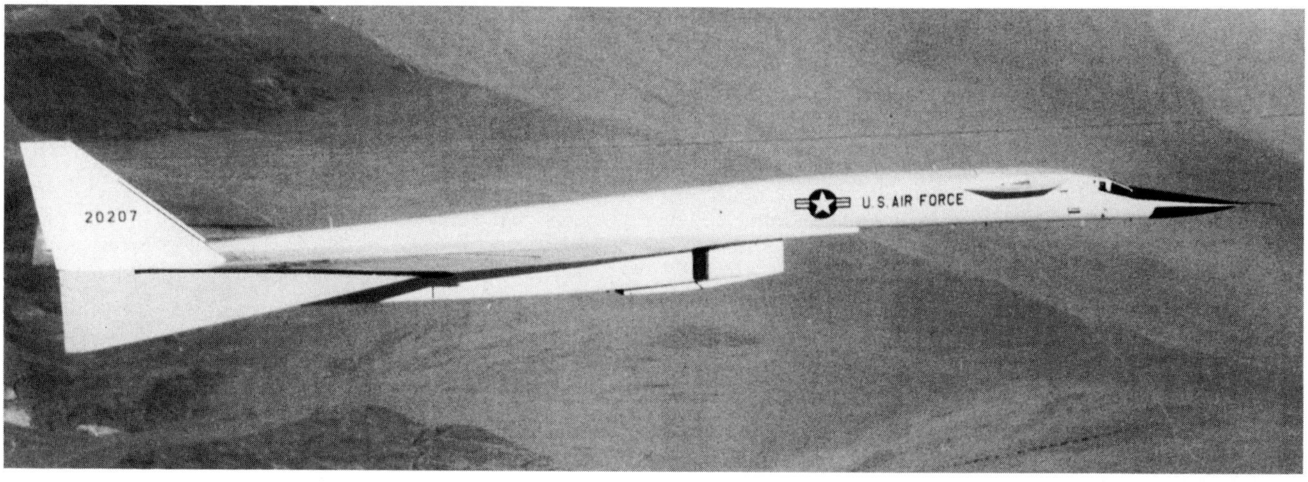

North American XB-70A-2 „Valkyrie“ (20207)

Lockheed A-12 („Oxcart")

„Learjet" aus gefilmt wurde, rammte die vom ex-X-15-Piloten Joseph Walker geflogene F-104 mit ihrem linken Höhenruder die abgesenkte rechte Flügelspitze der XB-70A-2, rollte anschließend rücklings über die „Valkyrie", wobei sie deren beide Seitenruder demolierte, und schlug schließlich, immer noch im Rückenlage, auf deren linke Flügeloberseite auf und explodierte. Die tödlich verwundete XB-70 flog noch 16 Sekunden lang weiter, um dann abzutrudeln. Während XB-70-Pilot Al White noch der Absprung gelang, kamen sowohl der Copilot Major Carl Cross als auch F-104-Pilot Joe Walker ums Leben. Die erste Maschine XB-70A-1 wurde vom November 1966 an noch weitere 34mal geflogen, wobei sie ihr 83. und letzter Flug am 4. Februar 1969 zur Wright-Patterson AFB in Dayton, Ohio, führte. Dort kam sie dann ins Air Force-Museum.

A-12 „Oxcart", YF-12A, SR-71 „Blackbird"

Doch nicht allein die effektive Flugabwehr des potentiellen Gegners Sowjetunion hatte die B-70 überrundet, sondern auch eine noch effektivere Konkurrenz aus den Vereinigten Staaten selbst: die „Blackhawk", ein Erzeugnis der von Clarence „Kelly" Johnson und Ben Rich geleiteten „Skunk Works" der Firma Lockheed. Dort waren im Februar 1959 alle Arbeiten an den beiden im Bau befindlichen Prototypen der mit Wasserstoff betriebenen Mach-2-Fernaufklärer CL-400 mit dem Codenamen „Suntan" eingestellt worden. Es waren begründete Zweifel an ihrem sinnvollen Einsatz entstanden. Bei der Central Intelligence Agency (CIA) war man sich nichtsdestoweniger der wachsenden Bedrohung des äußerst erfolgreichen, jedoch verhältnismäßig langsamen Bildaufklärers U-2 durch verbesserte sowjetische Fla-Raketen bewußt. Diesem Handicap suchte man bei Lockheed zunächst im Rahmen des „Project Gusto" durch einige Entwürfe mit sehr geringer Radarsignatur durch entsprechende Formgebung und Verwendung neuer Radarabsorptionsmaterialien (RAM) zu begegnen. Die zweistrahlige „Gusto G2" wies dabei übrigens eine erstaunliche Ähnlichkeit mit dem deutschen Nurflügeljäger Horten Ho IX/229 des Jahres 1944 auf. Ein von der U.S. Navy stammender Vorschlag hingegen sah eine aufblasbare Konstruktion von der Größe der B-70 vor, die zuerst mit Hilfe eines riesigen Ballons von eineinhalb Kilometern (!) Durchmesser auf große Höhe gehoben werden sollte, um dann mit Hilfe von Schubraketen die für ihre Staustrahltriebwerke in 45 km Höhe erforderliche Anfangsgeschwindigkeit zu erreichen. Das war wohl doch nicht das Wahre, denn man war inzwischen zu der Überzeugung gelangt, daß zusätzlich zur möglichst geringen Radarsignatur extrem hohe Geschwindigkeit und Flughöhe erforderlich seien. Bereits im Herbst 1957 hatte man sowohl Lockheed als auch Convair über diese Forderungen informiert und sie zu entsprechenden Vorarbeiten ermuntert, vorerst jedoch ohne staatlichen Auftrag und auf rein privater Basis.
Der Vorschlag der Firma Convair hieß anfänglich „Super Hustler" und betraf einen „ogivalen" Deltaflügler, der von einer vierstrahligen Convair B-58 „Hustler" auf große Höhe und Überschallgeschwindigkeit gebracht werden sollte. Staustrahlantrieb würde ihn anschließend auf Mach 4 beschleunigen, während die Landung mit Hilfe kleinerer TL-Triebwerke erfolgte. Im Verlaufe der Entwicklung änderte man den Namen zunächst in „Fish" und dann in „Kingfish". Letzterer war ein zweisitziger Aufklärer aus hitzefestem und radardämpfendem Keramikmaterial, der in 38 km Höhe mit einer Geschwindigkeit von Mach 6,25 kreuzen sollte. Start, Beschleunigung und Landung sollten durch zwei einziehbare TL-Triebwerke General Electric J85 bewerkstelligt werden, während der Hauptantrieb durch zwei Marquardt-Staustrahltriebwerke erfolgen würde. Später scheint der Entwurf allerdings erneut modifiziert worden zu sein, denn er war nunmehr für eine Dauergeschwindigkeit von Mach 3,2 ausgelegt – wie die des Konkurrenzentwurfs von Lockheed. Dort hatte man in Anknüpfung an im Rahmen des „Project Suntan" (Sonnenbräune) entstandene Entwürfe die Projektreihen „Arrow" (Pfeil) und „Archangel" (Erzengel) gestartet. Erstere betraf stark gepfeilte Deltaflügler, während bei letzterer anfänglich Ähnlichkeiten mit früheren „Suntan"-Entwürfen erkennbar waren. Der zweistrahlige Schulterdecker „Archangel I" vom Oktober 1957 sollte mit einer Marschgeschwindigkeit von Mach 3 in 27 bis 29 km Höhe 7400 km weit fliegen können. Der Mitteldecker „Archangel II" hingegen wog 61 t und wies zwei Pratt & Whitney-TL-Triebwerke unterhalb sowie zwei Marquardt-Stau-

strahltriebwerke von 1,9 m Durchmesser an den Spitzen der gedrungenen Trapezflügel auf. Damit sollte dieselbe Reichweite in über 30 km Höhe und bei Mach 3,2 erreicht werden. Nach Begutachtung der von beiden Firmen vorgelegten Vorentwürfe durch den US-Präsidenten Eisenhower Ende November 1958 wurden von diesem die Gelder für deren weitere Entwicklung freigegeben. Sie entstammten dem „Contingency Reserve Fund" (Notreservefond) der CIA. Bei beiden Firmen begann nun unter strengster Geheimhaltung die detaillierte Ausarbeitung der Vorentwürfe. Bei Lockheed liefen diese Entwürfe, an die Codenamen „Archangel I und II" anknüpfend, unter den Bezeichnungen A-3 bis A-12 und wiesen recht unterschiedliche Konfigurationen auf. Während der Doppeldelta-Entwurf A-6 zwei Leitwerksflossen und zwei Triebwerke dicht nebeneinander im Heck aufwies, zeigte der Entwurf A-10 eine Zentralflosse und zwei Triebwerke unter den Außenflügeln. Die bei diesen Entwürfen angestrebte geringe Radarsignatur erwies sich aber als ungenügend. Deswegen legte „Kelly" Johnson im April 1959 den Entwurf A-11 vor, der darauf überhaupt keine Rücksicht nahm und rein auf Geschwindigkeit getrimmt war. Erstaunlicherweise sah er wie eine zweistrahlige Variante der B-58 „Hustler" des Konkurrenten Convair aus. Im Juli 1959 einigte man sich dann auf eine Kompromißlösung A-12, welche die besten Eigenschaften der Modelle A-6 und A-11 vereinen würde.

Die beiden von Lockheed und Convair ausgearbeiteten Entwürfe wurden im Juli 1959 von Präsident Eisenhower gebilligt und zur endgültigen Entscheidung an ein aus Vertretern der CIA, des Department of Defense und der U.S. Air Force zusammengesetztes Auswahlkomitee überwiesen. Beide Entwürfe waren grundverschieden, wiesen aber vergleichbare Leistungen auf. Das Convair-Projekt wog 46 t, war 24 m lang und hatte 17 m Spannweite. In 26 bis 28,6 km Höhe würde es 6300 km weit mit einer Geschwindigkeit von Mach 3,2 fliegen können. Lockheeds A-12 hatte 50 t Masse, eine Spannweite von 17,4 m und eine Länge von 31 m. Sie würde in Höhen von 26 bis 30 km eine Reichweite von 7630 km besitzen, ebenfalls bei einer Marschgeschwindigkeit von Mach 3,2. Der Erstflug des Prototyps wurde in beiden Fällen 22 Monate nach Auftragserteilung zugesagt. Die Entscheidung fiel Ende August 1959: Lockheeds A-12 erhielt den Zuschlag und den Codenamen „Oxcart".

Das Besondere des siegreichen Entwurfs des Johnson-Teams lag darin, daß wegen der bei der geforderten hohen Dauergeschwindigkeit auftretenden Luftreibungstemperaturen von weit über 300 Grad Celsius praktisch jedes Einzelteil des großenteils aus Titan B-120 gefertigten Flugzeugs bis hin zum kleinsten Niet und zur winzigsten Schraube gewissermaßen neu zu erfinden war. Das schloß die Kabel ebenso ein wie das Quarzglas der Kamerafenster. Den Antrieb besorgten zwei von der Firma Pratt & Whitney völlig neu konzipierte, kombinierte Turbinen-/Staustrahltriebwerke JT11D alias J58. Sie wurden mit dem ebenfalls neu gebrauten und schwer entzündlichen Spezialkraftstoff PF-1/LF-2A alias JP-7 betrieben, der für einen Temperaturbereich zwischen −67°C und +340°C ausgelegt war. Die Turbinensektion des Triebwerks war praktisch nur für Start und Landung vonnöten — der Schub für den Überschallflug wurde fast vollständig von der Staustrahlsektion erzeugt. Der Pratt & Whitney-Auftrag lautete zunächst auf drei Versuchstriebwerke XJ58 für die Bodenerprobung und drei Versuchs-Flugtriebwerke YJ58. Was die Flugzeugzelle anbetraf, so hatten sich bei den umfangreichen Radarmessungen die aus Metall bestehenden Seitenruder, Lufteinlässe sowie Rumpf- und Triebwerksflanken als extrem starke Reflek-

Lockheed YF-12A „Blackbird" (606936)

toren erwiesen und mußten durch besonders widerstandsfähigen Kunststoff ersetzt werden. Aus denselben Gründen wurde auch der ursprünglich runde Querschnitt von Rumpf und Triebwerksgondeln durch Hinzufügung seitlicher „Ausläufer" abgeflacht. Darüber hinaus sorgten in die Flügel- und Rumpfseitenkanten eingelassene RAM-„Zwickel" für eine weitere Reduzierung der Radarsignatur. Im Gegensatz zu Johnsons Befürchtungen hatten diese Änderungen aber keine negativen Auswirkungen auf die Aerodynamik. Ein Projekt dieser Größenordnung bedurfte natürlich weiterer außergewöhnlicher Maßnahmen. Dazu gehörten sowohl die Auswahl der passenden Piloten — höchstens 1,83 groß und 79 kg schwer — als auch die Wahl und Vorbereitung eines geeigneten Flugplatzes — das abgelegene Versuchsgebiet Groom Lake in der Wüste von Nevada.

Am 1. Mai 1960 erwies sich, wie wichtig die von der CIA geforderte Kombination von großer Flughöhe, hoher Geschwindigkeit und kleiner Radarsignatur war. An diesem Tag, fast vier Jahre nach ihrem Ersteinsatz, wurde eine U-2 über Swerdlowsk das Opfer einer sowjetischen Fla-Rakete. Der Pilot Frank Powers geriet in Gefangenschaft und der ganze Vorfall zu einer von der UdSSR dankbar ausgeschlachteten Propaganda-Affäre. Die Wichtigkeit des „Oxcart"-Programms erhöhte sich dadurch auf dramatische Weise. Aufgrund der Komplexität des Programms, insbesondere durch unvorhergesehene Schwierigkeiten beim Bau der Titanflügel und der Triebwerke, mußte aber das Datum des Erstflugs laufend verschoben werden: vom 31. Mai 1961 auf den 30. August, auf den 1. Dezember, dann auf den 27. Februar und schließlich auf Ende April 1962. Doch selbst dann standen noch keine flugfähigen Triebwerke J58 zur Verfügung, so daß man für die Anfangserprobung auf schwächere J75-Triebwerke zurückgreifen mußte, obwohl dies die erreichbare Höchstgeschwindigkeit drastisch beschnitt. Der am 26. April vom Lockheed-Piloten Lou Schalk durchgeführte 40minütige Flug der „Werknummer 121" war zwar erfolgreich, aber inoffiziell und wurde von ihm vier Tage später offiziell wiederholt. Schon beim zweiten offiziellen Flug am 4. Mai konnte die Machzahl 1,1 erreicht werden. Am 5. Oktober flog die Maschine erstmalig mit einem J58 und einem J75; doch es sollte bis zum 15. Januar 1963 dauern, ehe sie mit zwei J58-Triebwerken die Flugerprobung aufnehmen konnte. Immerhin gelang es auf diese Weise, bis zum Jahresende 1962 eine Machzahl von 2,16 und eine Höhe von über 18 km zu erzielen. Im Laufe der folgenden Monate gelang es dann ganz allmählich und trotz zahlreicher Rückschläge, die vorhergesagten außergewöhnlichen Flugleistungen des Lockheed-Entwurfs in der Praxis zu bestätigen. Mach 3 wurde erstmals am 20. Juli 1963 erreicht, Mach 3,2 im November desselben Jahres, Mach 3,23 Anfang Januar 1965 — sogar für fünf Minuten — und schließendlich, im Herbst 1965, Mach 3,29. Letzteres geschah im Rahmen eines Validierungsprogramms vor einem geplanten Einsatz über Nordkorea und der Volksrepublik China unter dem Codenamen „Black Shield". Als Ausgangsbasis dieser Flüge diente Kadena Air Base auf der Pazifikinsel Okinawa. Der allererste operationelle Aufklärungseinsatz war übrigens schon am 10. November 1964 im Rahmen des Unternehmens „Skylark" über Kuba geflogen worden — von einem Lockheed-Piloten, da noch kein ausreichend qualifizierter CIA-Pilot zur Verfügung stand. Der erste „echte" CIA-Aufklärungsflug mit der A-12 fand erst am 31. Mai 1967 statt und galt Nordkorea. Der 29. und letzte, ebenfalls über Nordkorea, wurde am 8. Mai 1968 geflogen.

Da der Einsatz bemannter Aufklärungsflugzeuge über „unfreundlichem" Territorium erhebliche politische Risiken in sich barg, entstand in Lockheeds „Skunk Works" im Rahmen der Programme „Senior Bowl" und „Tagboard" eine Mini-A-12 unter der Bezeichnung Q-12, die von einem speziellen A-12-Mutterflugzeug aus gestartet wurde. Sie besaß ein Marquardt-Staustrahltriebwerk RJ43-MA-11 mit einem Schub von 6800 kp und besaß eine Reichweite von 5500 km. Zwei speziell mit einem Rückenpylon versehene zweisitzige A-12-Exemplare erhielten die Bezeichnung M-21 (Mother) und die Q-12 die Bezeichnung D-21 (Daughter). Die Flüge des gefesselten Gespanns wurden von Dezember 1964 bis Anfang 1966 durchgeführt. Der erste Trennstart erfolgte im März 1966, gefolgt von zwei weiteren erfolgreichen Trennflügen im April und Juni. Beim vierten Flug am 30. Juli 1966 allerdings rammte die D-21 unmittelbar nach der Trennung bei Mach 3,5 ihre M-21 und beide stürzten ab. Daraufhin modifizierte man die verbliebenen 34 Drohnen als D-21B für den Unterschallstart mit Hilfe starker Schubraketen von speziell dafür hergerichteten Bombern des Typs Boeing B-52H aus. Vier von ihnen kamen zwi-

Lockheed YF-12A „Blackbird" (606936)

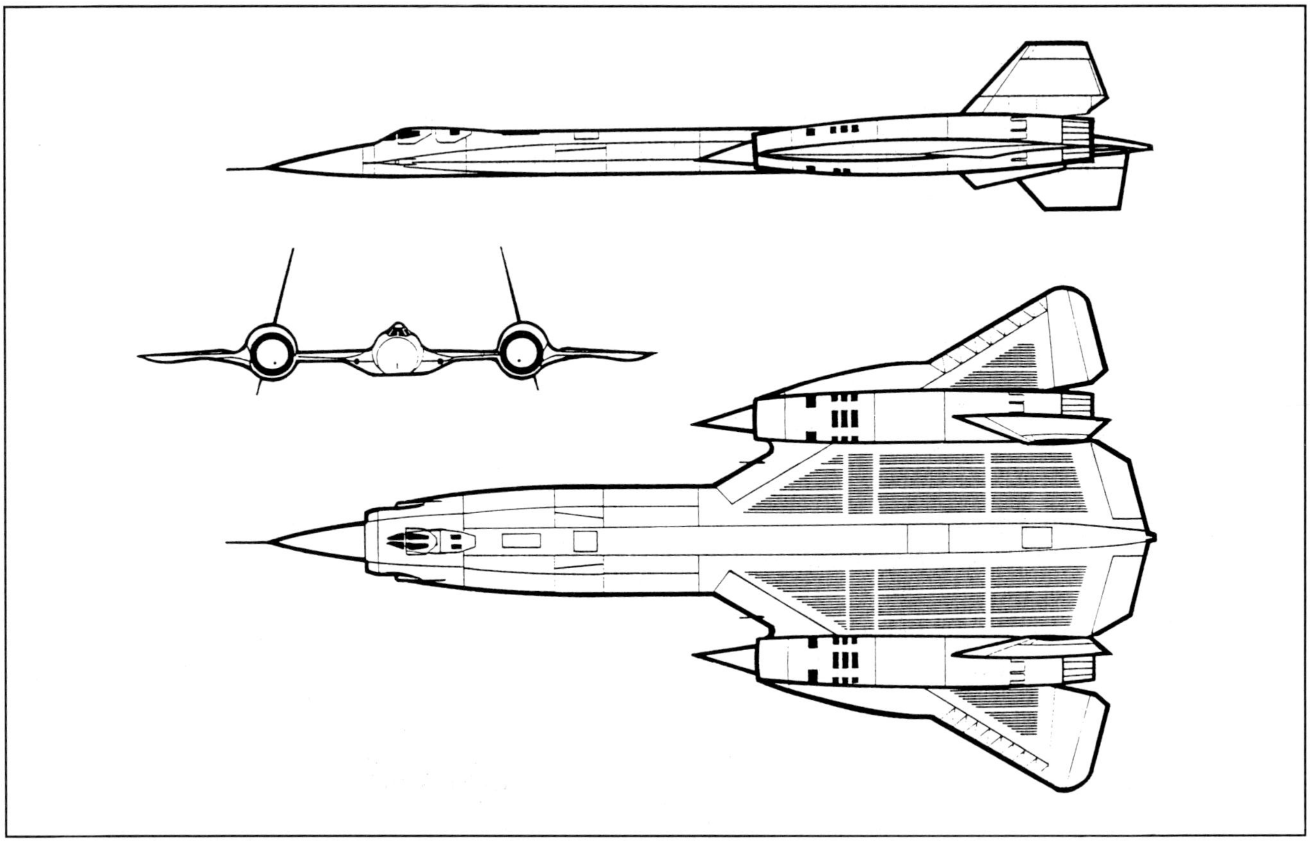

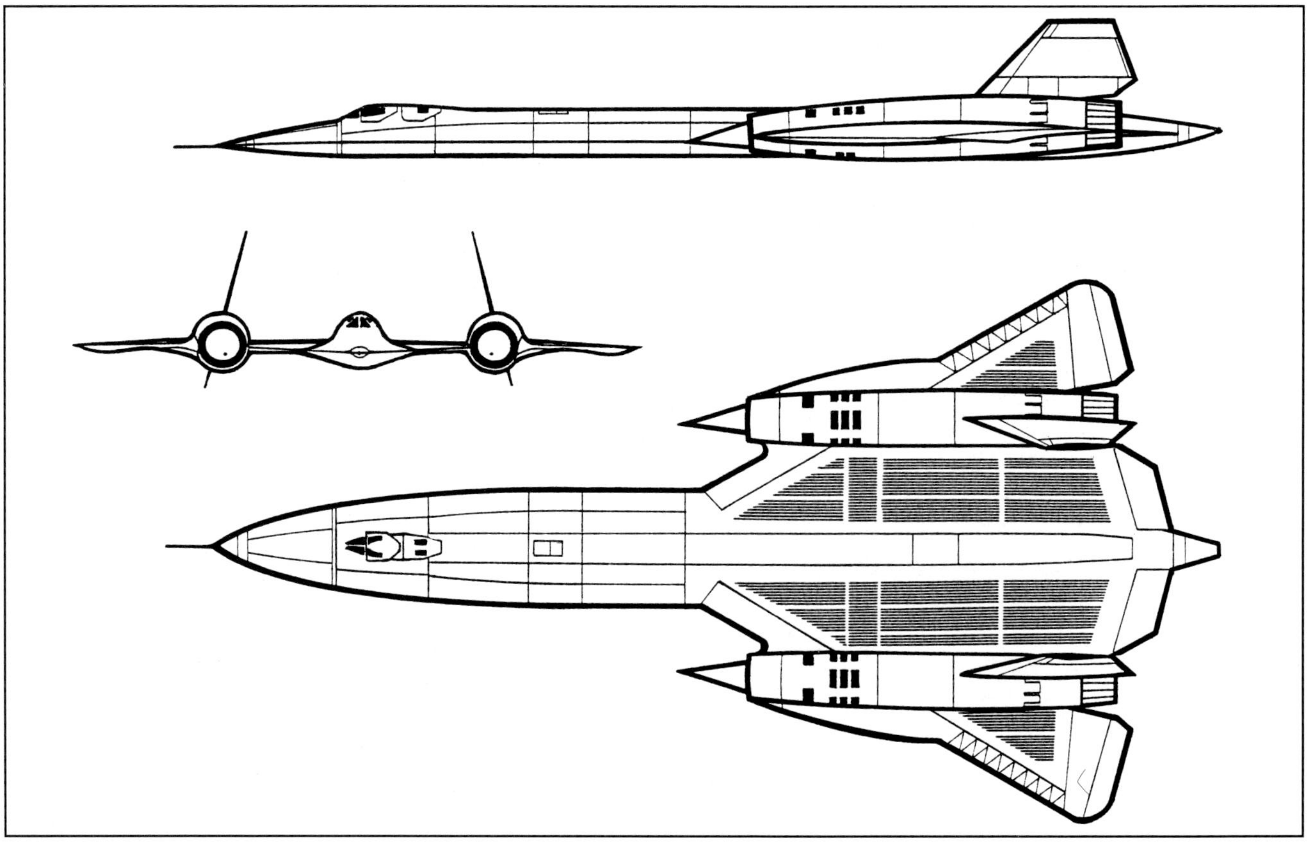

Lockheed YF-12A „Blackbird" (oben) · Lockheed SR-71A „Blackbird" (unten)

schen November 1969 und März 1971 zum operationellen Einsatz, doch ohne nennenswerten Erfolg. Die restlichen wurden dann ebenso eingemottet wie die verbliebenen acht Exemplare der 13 gebauten A-12 und die einzige überlebende M-21.

Doch das sollte nur den Anfang des „Blackbird"-Programms darstellen. Es überrascht kaum, daß sich die für den logistischen Teil des CIA-Programms zuständige Air Force sehr für einen im März 1960 unterbreiteten Lockheed-Vorschlag interessierte, der die Schaffung eines aus der A-12 abgeleiteten Jagdzweisitzers AF-12 betraf. Er war als Ersatz für die kurz zuvor „abgeschossene" F-108 „Rapier" von North American gedacht und würde deren Hughes-Feuerleitradar und FK-Bewaffnung übernehmen können. Dies hatte auch eine Änderung des Rumpfbugs der ansonsten weitgehend der einsitzigen A-12 entsprechenden Maschine zur Folge. Dies wiederum machte die Hinzufügung von drei Heckflossen erforderlich, deren mittlere bei Start und Landung abgeklappt wurde. Schon im Oktober 1960 gab die Air Force ihre Absichtserklärung zur Beschaffung von drei Exemplaren ab, und am 31. Mai des folgenden Jahres kam es zur Attrappenbesichtigung. Der Erstflug der nunmehr als YF-12A bezeichneten Jägervariante fand zwei Jahre später, am 7. August 1963 statt.

War es bis dahin gelungen, das ganze Programm weitgehend geheimzuhalten — wenigstens der Öffentlichkeit gegenüber; der sowjetische Geheimdienst war eine andere Sache —, so änderte sich dies schlagartig im Februar 1964. Der seit der Ermordung John F. Kennedys im vorangegangenen November amtierende demokratische Übergangspräsident Lyndon B. Johnson befand sich mitten im Wahlkampf um die volle Präsidentschaft und war von seinem konservativen Rivalen Barry Goldwater beschuldigt worden, die „heilige Kuh" nationale Sicherheit zu vernachlässigen. Am 24. Februar 1964 gab LBJ auf einer speziell anberaumten Pressekonferenz bekannt, daß dieses Lockheed-Programm existierte und mehrere Experimentalmaschinen des Typs A-11 (!) bereits auf der Edwards AFB erprobt würden, was er durch Fotos belegte. Diese zeigten allerdings die YF-12A. Zur Untermauerung der LBJ-Angaben sorgte man für die sofortige Überführung der zu diesem Zeitpunkt fertiggestellten zwei Exemplare der YF-12A zur Edwards AFB zwecks offizieller Vorstellung. Das geschah wohl ein wenig zu hastig, denn als die Maschinen sofort nach der Landung noch stark aufgeheizt in den Hangar gerollt wurden, aktivierten sie prompt die automatische Sprinkleranlage, die das dort wartende Empfangskomitee abduschte. Die weitere Karriere der F-12 verlief allerdings nicht ganz so erfolgreich, denn die von der Air Force georderten 93 Exemplare einer verbesserten F-12B wurden vom Verteidigungsminister McNamara zugunsten anderer Programme gestrichen (die dann aber zum Teil ebenfalls dem Rotstift zum Opfer fielen). Ähnlich erging es einer ins Auge gefaßten Bomberversion B-12. Die schließlich verbliebenen zwei YF-12A wurden später der NASA übergeben, wo sie noch einige Jahre lang der Überschallforschung dienten.

Fünf Monate nach seiner ersten Bekanntgabe, nämlich am 24. Juli 1964 und wiederum im Eifer des Wahlgefechts, gab Johnson in einer weiteren Pressekonferenz die Existenz einer A-11-Variante SR-71 bekannt, eines speziellen Fernaufklärers. Es wird zuweilen behauptet, LBJ habe verkehrt abgelesen, denn die richtige Bezeichnung habe RS-71 gelautet (Reconnaissance, Strategic, Type 71) — anderen Quellen zufolge sogar RS-17. Schon die von ihm im Februar benutzte Bezeichnung A-11 sei in Wirklichkeit AI-1 (Airborne Interceptor 1) gewesen. Man soll es vorgezogen haben, dem US-Präsidenten nicht zu widersprechen und seine Fassung auch offiziell zu übernehmen. Wie auch immer, LBJ war mit seiner SR-71-Ankündigung ein wenig voreilig gewesen, denn der Erstflug dieses Musters fand erst fünf Monate später statt, nämlich am 22. Dezember 1964. Die Air Force hatte schon frühzeitig den Wert des CIA-Aufklärers A-12 erkannt und ihr Interesse an einer eigenen, zweisitzigen Version erkennen lassen. In den „Skunk Works" entstanden daraufhin im Frühjahr 1962 zwei Attrappen zu einem Aufklärer/Bomber RS-12 und einem reinen Fernaufklärer R-12. Unter der Codebezeichnung „Senior Crown" orderte die Air Force im April 1963 sechs Exemplare der zweiten Variante. Später kamen noch 25 weitere Exemplare hinzu. Sie unterschieden sich von ihren Vorgängern A-12 und F-12 unter anderem durch ein höheres Gewicht und einen verlängerten Rumpf, dessen Bug auch noch einen um 2% höheren Anstellwinkel erhielt. Die ersten dieser offiziell in SR-71A umbenannten Fernaufklärer wurden der Air Force zwar schon 1966 ausgeliefert, erwiesen sich aber aufgrund zahlreicher und ernsthafter technischer Probleme als nur bedingt einsatzfähig. Dennoch übernahmen einige von ihnen ab März 1968 in Kadena die „Black Shield"-Aufgaben der in die USA zurückgeführten A-12. Eine vom unermüdlichen „Kelly" Johnson noch 1965 vorgeschlagene reine Bomberversion B-71 blieb auf dem Papier.

Nachdem nun die Katze aus dem Geheimsack gelassen worden war, entschied man sich — getreu der amerikanischen Devise „if you can't lick 'em, join 'em" (in etwa: Wirst du mit der Konkurrenz nicht fertig, werde ihr Partner) — zur Flucht nach vorn: nämlich in Form spektakulärer offizieller Rekorde. Etliche der von der Sowjetunion gehaltenen FAI-Weltrekorde waren schon seit Jahren routinemäßig, doch inoffiziell von Lockheeds A-12 und YF-12A überboten worden. Am 14. August 1964 übermittelte deshalb das Verteidigungsministerium die Bitte, diese unerfreuliche Situation mit Hilfe der YF-12A zu revidieren. Technische Schwierigkeiten verzögerten zunächst die Umsetzung dieses Wunsches in die Praxis, doch im April 1965 gab auch die Air Force ihre Zustimmung. Man wollte Rekorde. Schließlich war immer noch die Sowjetunion im Besitz des absoluten Geschwindigkeitsweltrekords (mit der geheimnisvollen „E-166"). Und gerade erst, am 16. März 1965, hatte sie mit einer ebenso geheimnisvollen „E-266", auf einem einzigen Flug über eine geschlossene 1000-km-Bahn, mit 2319,12 km/h gleich drei neue internationale Geschwindigkeitsrekorde aufgestellt. Das schmerzte. Deswegen bereitete man auf der Edwards Air Force Base zwei der drei YF-12A und drei Besatzungen auf einen Rekord-Großeinsatz vor. Er fand am 1. Mai 1965 statt. Den Anfang machte die Besatzung Walter Daniel/James Cooney, die auf ihrem 1000-km-Flug in geschlossener Bahn die sowjetischen Rekorde ohne, mit 1000 kg und mit 2000 kg Nutzlast mit einer Geschwindigkeit von 2718,006 km/h bei weitem übertraf. Dann nahm man sich den 500-km-Rekord in geschlossener Bahn vor, der von der Besatzung Walter Daniel/Noel Warner auf 2644,220 km/h gesteigert wurde. Es folgte die Besatzung Robert Stephens/Daniel Andre mit einem neuen absoluten Höhenrekord von exakt 24642,596 m (wobei man sich natürlich fragt, an welcher Stelle des Flugzeugs der Millimeterwert wohl gemessen wurde) und schließlich mit dem alles krönenden, absoluten Geschwindigkeitsweltrekord über die 16,1 km lange Meßstrecke: er lautete jetzt auf 3331,507 km/h gleich Mach 3,17.

So groß war dieser Weltrekord-Überschuß, daß diese Absolutmarke über elf Jahre lang Bestand hatte und erst dann von einem anderen Flugzeug übertroffen wurde: der weiterentwickelten SR-71A, die in der Zwischenzeit unter den Namen „Blackbird" und „Habu" zu einer Legende geworden war. In allen Teilen der Welt und über (fast?) allen Staaten hatte sie ihre Aufklärungseinsätze geflogen, von denen nur ein geringer Teil bekannt geworden ist. Während dieser stundenlangen Flüge mit Geschwindigkeiten um Mach 3 heizte die Zelle sich nicht nur an manchen Stellen bis auf über 500 Grad Celsius auf,

sondern dehnte sich in der Länge um bis zu 280 mm aus. Die schließlich im Sommer 1976 für erneute Rekordangriffe ausgewählten beiden Maschinen hatten schon eine Dienstzeit von zehn Jahren hinter sich.
Wiederum war die Edwards AFB die Ausgangsbasis für die geplanten Rekordangriffe, die — ähnlich wie elf Jahre zuvor — drei Rekorden galten. Besonders auf die Möglichkeit, den seit Oktober 1967 in sowjetischer Hand befindlichen 1000-km-Rekord („E-266", 2920,67 km/h) auch offiziell überbieten zu können, hatte man fast neun Jahre lang gehofft. Für die Rekordvorhaben hatte man den 27. und 28. Juli 1976 vorgesehen und dafür neben den beiden Maschinen auch drei verschiedene Besatzungen bestimmt. Der Countdown begann eine Woche davor und umfaßte unter anderem auch maßgeschneiderte Einsätze im Simulator, jedoch keine echten Probeflüge. Die Besatzung Adolphus Bledsoe/John Fuller startete also am 27. Juli als erste, um den 1000-km-Rekord zu attackieren. Wie erwartet, gelang das auch auf Anhieb: 3367,221 km/h lautete das Ergebnis, fast 450 km/h über dem alten E-266-Rekord. Am folgenden Tag folgte zunächst die Besatzung Robert Helt/ Larry Elliott, die mit gleichem Erfolg den Höhenrekord auf 25929,031 m (wieder ein völlig irrealer Wert) schrauben konnte. Zum Schluß kam der absolute Geschwindigkeitsrekord an die Reihe, für den man die Besatzung Eldon Joersz/ George Morgan ausersehen hatte. Nach dem Start stieg die SR-71 stufenweise auf die vorgesehene Flughöhe von 80000 Fuß (24400 m) und beschleunigte dabei auf die vorgegebene Machzahl. Der erste Durchgang durch den imaginären Meßkorridor erfolgte gegen den Wind und nahm 16,7 s in Anspruch. Die dann sofort eingeleitete Wende bestand zunächst aus einer 90-Grad-Linkskurve, gefolgt von einer 270-Grad-Rechtskurve — was insgesamt 20 Minuten dauerte und sich über 1200 km erstreckte. Der zweite geforderte Durchgang dauerte mit dem Wind im Rücken 16,21 s. Dann drehte Captain Joersz zum 400-km-Heimflug ab. Das Resultat: ein neuer Weltrekordschnitt von genau 3529,56 km/h.
Das war wohl ein weiterer Höhepunkt, doch keineswegs das Ende der „Blackbird"-Karriere, die erst zu Beginn des Jahres 1990 ihr offizielles Ende fand — nach mehr als einem Vierteljahrhundert. Im November 1989 waren die Einsatzflüge für die U.S. Air Force beendet, und das Flugzeug stellte man im Januar 1990 außer Dienst. Beim allerletzten USAF-Flug am 6. März 1990, der Überführung nach Washington, D.C., wurden gleich noch vier offizielle Streckenrekorde aufgestellt, mit Geschwindigkeiten zwischen 3419 und 3524 km/h. Zum Vergleich: man stelle sich vor, ein Flugzeug des Jahres 1914 hätte 1939 den Geschwindigkeitsweltrekord erflogen.

Mikojan E-155R-1 (E-266)

E-155P, R, „E-266"

Wie schon erwähnt, waren der Sowjetunion die amerikanischen Entwicklungsarbeiten am Mach-3-Fernaufklärer A-12 doch nicht so verborgen geblieben, wie man in den USA annahm. Jedenfalls begann man beim OKB Mikojan Ende der fünfziger Jahre, sich in realistischer Einschätzung der dadurch entstehenden Bedrohung mit der Planung eines Mach-3+-schnellen Abfangjägers zu befassen. Aufbauend auf den praktischen Erfahrungen mit den Versuchsmaschinen der Reihe E-150-152 entstand schließlich der Entwurf E-155, ein konstruktiv so einfach wie möglich gehaltener, zweistrahliger Schulterdecker mit moderat gepfeilten Flügeln und doppeltem Seitenleitwerk. Der Grundentwurf stammte von Artjom Mikojan und lehnte sich an ein gerade vorgestelltes amerikanisches Beispiel an: den um 15 Prozent größeren Navy-Bomber North American A3J-1 „Vigilante", von dem man eine Reihe von Anregungen übernahm, einschließlich der kastenförmigen, abgeschrägten, variablen Lufteinlässe. Mit den Detailentwürfen wurde am 10. März 1961 begonnen. Die Zelle der E-155 bestand größtenteils aus Nickelstahl (80 Prozent); nur die Flügelvorderkanten waren aus Titan (8 Prozent) und die Ruder aus hitzefestem Dural (11 Prozent). Für den Antrieb hatte man zwei, in ihrer Zuverlässigkeit erheblich gesteigerte Mikulin/Tumanskij-Triebwerke R-15B-300 von je 10200 kp Nachbrennerschub vorgesehen — obwohl ihre Lebensdauer 150 Stunden nie übersteigen sollte. Gleichzeitig mit dem Abfangjäger E-155P, der nur mit Luft-Luft-Raketen bewaffnet war, entstanden auch Pläne für einen daraus abgeleiteten Aufklärer E-155R.
Im Februar 1962 wurden diese Pläne vom Ministerrat der UdSSR gebilligt, nachdem Mikojan optimistisch eine Entwicklungszeit von nur zwei Jahren veranschlagt hatte. Natürlich gab es dabei die üblichen unvorhergesehenen Schwierigkei-

Lockheed SR-71A „Blackbird" (617958)

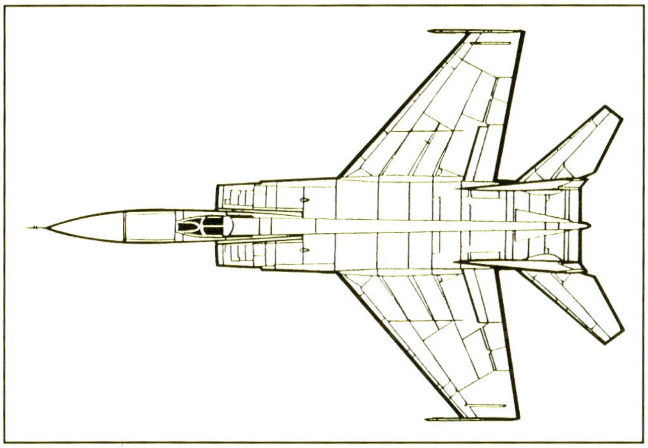

Mikojan E-155R (E-266) (oben+unten)

sehr bald entschieden, mit Rekorden dieser Prototypen der Welt die Überlegenheit sowjetischer Produkte zu demonstrieren. Am 16. März 1965 stellte also Chefpilot Fedotow mit einer Geschwindigkeit von 2319,12 km/h einen neuen internationalen 1000-km-Rekord in geschlossener Bahn auf, sowohl ohne als auch mit 1 t und 2 t Nutzlast. Das Flugzeug wurde als „E-266" bezeichnet, was im Westen wieder einmal für Verwirrung sorgte. Die U.S. Air Force erholte sich als erste von dem Schock und konterte schon sechs Wochen später nicht nur mit einer viel höheren 1000-km-Geschwindigkeit, sondern auch gleich mit einem drastisch gesteigerten absoluten Geschwindigkeitsweltrekord — für alle Fälle. Das Geheimnis der „E-266" blieb zunächst bestehen.
Erst als im Juli 1967 bei der Luftfahrtschau vier E-155-Vorserienmaschinen im raschen Vorbeiflug als neue Mach-3-Jäger präsentiert wurden, sah man ein wenig klarer. Daß sich unter ihnen, mit der deutlichen Kennung „3155", der dritte Prototyp E-155R-3 befand, nahm man allerdings im Westen nicht weiter zur Kenntnis, sondern bezeichnete das neue

ten, aber auch einige unübliche: zur Wärmedämmung im Triebwerkraum war für gewisse Bereiche ein 0,003 mm dicker Silberüberzug vonnöten. Es bedurfte eines langwierigen Papierkriegs, bis dem OKB Mikojan von der staatlichen Organisation Gosplan pro Flugzeug exakt 5000 Gramm Silber zugeteilt wurden, und kein Gramm mehr.
Trotz aller technischen und bürokratischen Schwierigkeiten gelang es dem Mikojan-Team tatsächlich, den Zeitplan einzuhalten und die ersten Prototypen bis zum Jahresende 1963 fertigzustellen. Die ersten Rollversuche fanden im Januar und Februar 1964 statt, und am 6. März 1964 konnte MiG-Chefpilot Aleksandr Fedotow den Erstflug durchführen. Beim ersten Prototyp handelte es sich allerdings um die Aufklärerversion E-155R-1 mit der Zahl 1155 auf beiden Seiten des Rumpfbugs. Sie wurde etwas später fertiggestellt als die Jägerversion E-155P-1. Ihre Flügel besaßen 41 Grad Vorderkantenpfeilung, aber keine V-Stellung und trugen an den Spitzen 600-l-Zusatztanks, die mit großen Flossen versehen waren. Außerdem befanden sich an den Außenseiten der beiden Lufteinlässe stromlinienförmige Sockel zur geplanten Aufnahme zusätzlicher Frontruder. Der zweite Prototyp E-155P flog erstmals am 9. September und besaß auf halber Flügelhöhe eine Vorderkantenpfeilung von 42 Grad 30, die im äußeren Teil auf 41 Grad verringert worden war. Die Flügel der späteren Serienmaschinen aller Varianten wiesen dagegen eine negative V-Stellung von 5 Grad, einheitlich gerade Vorderkanten und Vibrationsdämpfer an den Spitzen auf. Außerdem waren die Seiten- und Kielflossen erheblich kleiner.
Obwohl die Flugerprobung nicht ohne Probleme verlief, wurde

Muster zunächst mit dem NATO-Codenamen „Foxbat" und später als MiG-23. Das stimmte leider nicht, denn die Maschine wurde als MiG-25 in die sowjetischen Luftstreitkräfte eingeführt — allerdings erst im Jahre 1972. Im Oktober 1967 stellte man sowohl einen neuen 500- als auch 1000-km-Rekord auf. Doch es gelang weder zu diesem Zeitpunkt noch später, die absoluten „Blackbird"-Weltrekorde mit den allesamt als „E-266" bezeichneten drei Prototypen E-155R-1, R-3 und P zu überbieten. Ein weiterer Weltrekordversuch am 30. Oktober 1967 endete mit dem Absturz der Maschine durch Flügelbruch und mit dem Tod des Piloten Igor Lesnikow.
Doch auch sonst sollte der Name „Foxbat" viele Jahre lang für Unbehagen in der westlichen Militärwelt sorgen. Die von sowjetischer Seite angegebene Mach-3-Fähigkeit hielt man anfänglich für pure Angeberei. Deshalb war der Schock umso größer, als im Herbst 1971 vier Vorserienexemplare der MiG-25R per Transporter Antonow An-22 auf dem Flughafen Kairo West eintrafen, um von dort aus ein halbes Jahr lang im Rahmen ihrer Truppenerprobung Aufklärungsflüge über der Sinai-Halbinsel und Israel durchzuführen. Bei Start und Landung wurden die mit „X-500" bezeichneten, unbewaffneten Maschinen von vier Jägern MiG-21 beschützt, was sich nach Erreichen ihrer Mach-2,5-Einsatzgeschwindigkeit erübrigte. Diese durfte in der Regel nur auf maximal M 2,83 erhöht werden, anfangs für nur 3 Minuten, später für 8 Minuten. In zumindest einem Fall wurde diese Grenze allerdings überschritten, als sich nämlich der Pilot Aleksandr Beshewets mit über Mach 3 vor israelischen Raketen in Sicherheit bringen mußte. Da die israelischen Abfangjäger erstaunlicherweise immer entlang

der geplanten Einsatzroute postiert waren, wandten die sowjetischen „Berater" einen Trick an; sie meldeten einen Triebwerksstandlauf an, starteten dann aber in letzter Sekunde durch. Sofort danach, so wird berichtet, seien sämtliche ägyptischen Flugplatzangestellten zum nächsten Telefon geeilt, um „irgendwo" anzurufen. Insgesamt wurden von der MiG-25 bis zum Jahre 1982 über 700 Exemplare hergestellt. Die sechs führenden Mitglieder des Konstruktionsteams wurden mit dem Leninpreis ausgezeichnet, an ihrer Spitze die Konstrukteure Rostislaw Beljakow und Nikolai Matjuk.

T-4

Eine zweite sowjetische Mach-3-Konstruktion war weniger erfolgreich, weniger aus technischen als aus politischen und taktischen Gründen. Es handelte sich dabei um den in Konkurrenz zum zweistrahligen Schwenkflügelbomber Tupolew Tu-22M entstandenen, vierstrahligen Deltaflügler Suchoj T-4 alias Su-100. Im Gegensatz zur herkömmlichen Duralkonstruktion der Mach 2,1 schnellen Tupolew bestand die Suchoj „Sotka" weitgehend aus Titan und rostfreiem Stahl. Der 1963 geschaffene Entwurf des Suchoj-Konstruktionsteams, unter Leitung des Chefkonstrukteurs N. Tschernjakow und seinen Mitarbeitern W. Agejew und W. Jakowlew, lehnte sich — wie zuvor schon die Mikojan E-155/MiG-25 — an ein amerikanisches Vorbild an: die fast fertiggestellte North American XB-70A „Valkyrie". Die T-4 war allerdings mit einem vorgesehenen Fluggewicht von 100 t nur halb so schwer und wies bei vergleichbarer Nutzlast auch nur die halbe Reichweite ihres amerikanischen Vorbildes auf. Aber sie war mit einer Höchstgeschwindigkeit von 3200 km/h und einer Marschgeschwindigkeit von 3000 km/h genauso schnell. Abgesehen von der geringeren Größe unterschied sie sich von der XB-70A dadurch, daß sie nur vier Triebwerke hatte und ein einzelnes Seitenleitwerk. Außerdem waren ihre Flügelspitzen starr und konnten nicht abgeklappt werden. Dafür wiesen ihre vorgezogenen Flügelwurzeln eine stärkere Vorderkantenpfeilung auf, was im westlichen Sprachgebrauch als LEX (Leading Edge Extension) bekannt ist. Schließlich war die Rumpfspitze vor dem Cockpit bei Start und Landung absenkbar — genau wie schon bei der britischen Fairey „Delta 2", der anglo-französischen „Concorde" und ihrem russischen Gegenstück Tupolew Tu-144. Zahlreiche Schwierigkeiten technischer und bürokratischer Art sorgten dafür, daß die T-4 erst am 22. August 1972 zum Erstflug starten konnte. Am Steuer saß Suchoj-Chefpilot Wladimir Iljuschin, Sohn des bekannten Flugzeugkonstrukteurs Sergej Iljuschin. Die weitere Flugerprobung zog sich mit vielen Unterbrechungen bis zum Jahre 1975 hin und wurde, nach dem zwölften Flug, ganz eingestellt. Das zweite, im Bau befindliche Exemplar und die Bruchzelle wurden verschrottet. Die Gründe waren wohl dieselben wie bei der XB-70: das Flugzeug war nicht mehr zeitgemäß. Dennoch erhielt es im Westen eines Tages die vorläufige NATO-Codebezeichnung „Ram H" und tauchte ab 1979, mit schöner Regelmäßigkeit über zehn Jahre lang, in den alljährlichen publizierten Listen der amerikanischen Fachzeitschrift „Aviation Week & Space Technology" als „Marschflugkörper tragende Tu-144" auf. Während aber die Tupolew Tu-22M mit rund 400 gebauten Exemplaren in Serie ging und als „Backfire" das Vokabular des Kalten Krieges bereicherte, wanderte die erste Suchoj T-4 — genau wie ihr amerikanisches Vorbild — ins Museum.

F-104RB „Red Baron"

Der absolute Geschwindigkeitsweltrekord wurde das letzte Mal im Juli 1976 von einer amerikanischen Lockheed SR-71A „Blackbird" mit einem Schnitt von 3529 km/h errungen. Da ihn

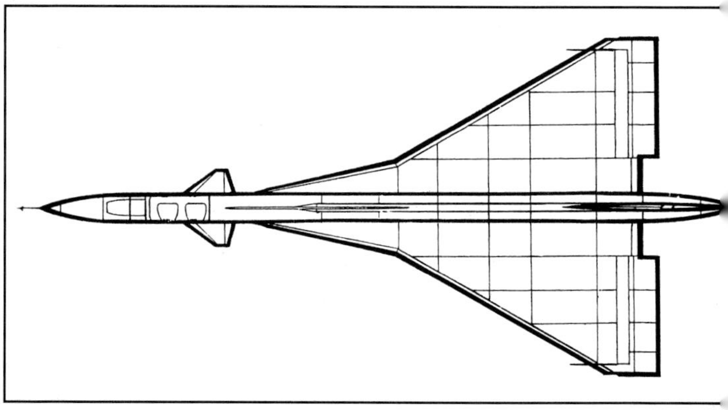

Suchoj T-4 (oben+unten)

Lockheed F-104RB „Red Baron"

die Maschine in 24 km Höhe und in zweimaligem Durchgang durch eine 16,1 km lange Meßstrecke erflogen hatte, erfüllte er die Kriterien der FAI-Kategorie „15/25 km". Ihnen zufolge war eine Strecke dieser Länge in beliebiger Höhe zweimal zu durchmessen. Doch verblieb noch der in den fünfziger Jahren zum internationalen Rekord „degradierte" 3-km-Rekord, dessen Meßstrecke in maximal 100 m Höhe viermal hintereinander durchflogen werden mußte. Er war letztmals im August 1961 von einer amerikanischen McDonnell F4H-1 „Phantom", im Rahmen der Aktion „Sageburner", mit 1452,777 km/h aufgestellt worden; wobei es aber bei den ersten Testflügen zu einem tödlichen Unfall gekommen war. Deswegen wurde diese Rekordkategorie mehr oder weniger zu den Akten gelegt, jedenfalls amtlicherseits. Nichts konnte jedoch eine Privatperson namens Darryl Greenamyer daran hindern, sich dafür zu interessieren. Er war Lockheed-Testpilot und außerdem seit 1969 Inhaber des Propellerrekords. Den hatte er mit seiner modifizierten Grumman F8F-2 „Bearcat", genannt „Conquest 1", und erreichten 776,449 km/h dem deutschen Piloten Fritz Wendel abgenommen. Wendel war bekanntlich im April 1939 mit seiner speziellen Me 209 V1 755,138 km/h schnell gewesen. Zehn Jahre lang sammelte Greenamyer in der ganzen Welt „herumliegende" Einzelteile von „Starfightern", von Deutschland bis Puerto Rico, und baute sie zu einem Rekordflugzeug zusammen. Die etwas geringere Schubleistung des ihm zur Verfügung stehenden Nachbrennertriebwerks General Electric J79-GE-10A steigerte er durch ein spezielles Wassereinspritzsystem mit 80 Düsen in jeder der beiden Lufteinlauframpen. Zu den zahlreichen weiteren Modifikationen gehörte unter anderem auch eine Rückstoßsteuerdüse im Rumpfbug zur besseren Handhabung der Maschine in Bodennähe bei Überschallgeschwindigkeit. Die finanzielle Unterstützung kam großenteils von der amerikanischen Privatfirma „Red Baron Flying Service"; deshalb trug die im September 1976 fertiggestellte, rot-weiß-gelborange gestrichene Maschine die Bezeichnung „Greenamyer (Red Baron) F-104RB Starfighter" und die zivile Kennung N104RB.

Schon im nächsten Monat unternahm Greenamyer seinen Rekordangriff. Als Strecke hatte er sich den Mud Lake in Tonopah, Nevada, ausgesucht. Am Sonnabend, den 2. Oktober 1976, untenahm er drei Probeflüge, um am Sonntagmorgen den eigentlichen Rekordangriff zu starten. Beim ersten Versuch versagte eine Kraftstoffpumpe des Nachbrenners. Die Schadensbehebung dauerte bis zum Nachmittag. Dann startete Greenamyer erneut, denn die Tagessätze des offiziellen Zeitnehmerteams waren hoch. Diesmal lief alles wie am Schnürchen, und die erforderlichen vier Durchgänge konnten ungehindert geflogen werden. Stoppuhrmessungen deuteten auf einen inoffiziellen Schnitt von etwa 1625 km/h hin. Doch dann kam die große Enttäuschung: die Zielfotos waren extrem unscharf und ließen sich mit dem besten Willen nicht verbessern. Sie waren zur exakten Zeitbestimmung ungeeignet, weshalb der ganze Rekordversuch nicht gewertet werden konnte.

Doch Greenamyer gab nicht auf. Ein Jahr später erschien das „Red Baron"-Team erneut auf dem Mud Lake. Der Start erfolgte am späten Nachmittag des 24. Oktober 1977, um 18.15 Uhr, und die Landung um 18.35 Uhr. Dazwischen lagen vier 3-km-Durchgänge mit Geschwindigkeiten von 1572 bis 1609,297 km/h. Deswegen lag der offizielle Rekord — diesmal hatten die Kameras funktioniert — mit 1590,45 km/h knapp unter der angestrebten 1000-mph-Marke (1609,344 km/h). Doch Greenamyer hatte sich außerdem noch vorgenommen, den Höhenweltrekord zu überbieten, den am 31. August 1977 sein russischer Konkurrent Aleksandr Fedotow mit einer „E-266M" — einer E-155M — auf 37650 m hochgeschraubt hatte. Diesmal hatte er aber wirklich Pech, denn bei einem letzten Probeflug im Februar 1978 fuhr das linke Fahrwerk nicht richtig aus. Zwei Landeversuche auf der Edwards AFB schlugen fehl, und so hatte Greenamyer keine andere Wahl, als mit seinem „Red Baron" zu einem geeigneten Gelände zu fliegen und dort in 3000 m Höhe auszusteigen. Seine farbenprächtige Rekordmaschine wurde beim Absturzt weitgehend zerstört. Die Überreste sollten ursprünglich im Oktober 1978 versteigert werden, wurden aber dann wieder von Darryl Greenamyer erworben. Zu weiteren Flügen des „Red Baron" ist es seitdem nicht mehr gekommen. Immerhin stand über lange Jahre hinweg ihr sehr echt aussehendes Ebenbild auf dem deutschen Luftwaffenflugplatz Nörvenich.

„Aurora"

Die letzten absoluten Geschwindigkeitsrekorde wurden vor über anderthalb Jahrzehnten aufgestellt — die offiziellen jedenfalls. Inoffiziell wird schon seit Mitte der achtziger Jahre von geheimnisvollen amerikanischen Superflugzeugen berichtet, die mit Hyperschallgeschwindigkeiten von Mach 5 und darüber in Höhen über 30 km fast die halbe Erde umrunden sollen. Besonders auffallend sei bei diesen unter dem durchgesickerten Codenamen „Aurora" bekannt gewordenen Flugzeugen ihr Antrieb, möglicherweise eine moderne Form des

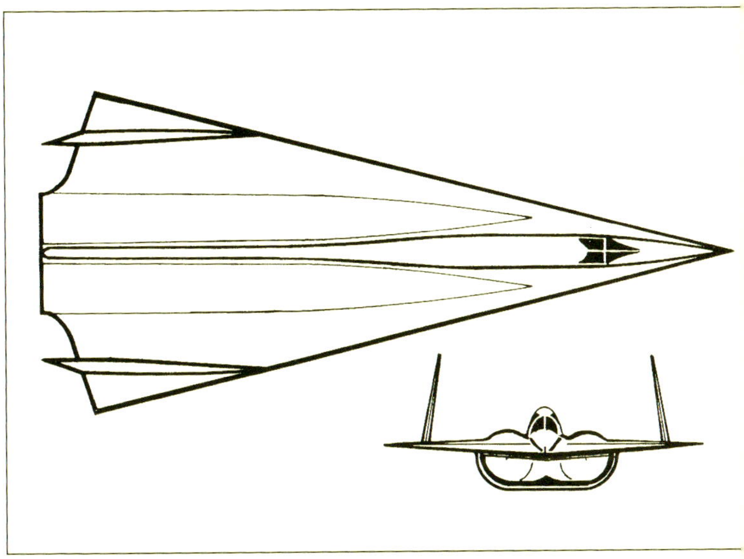

Lockheed „Project Arrow I" (1960)

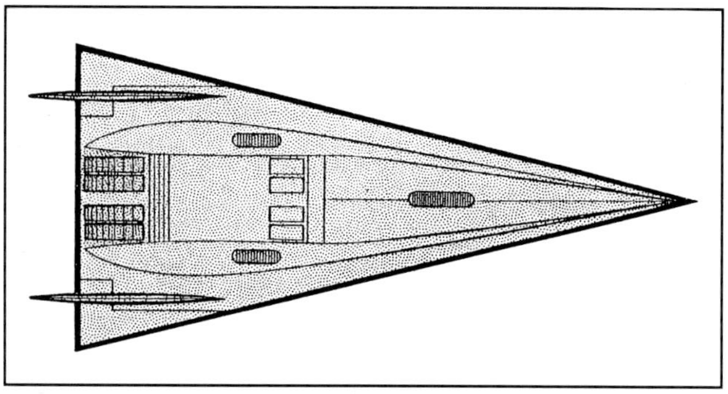

Hyperschallflugzeug (oben + unten)

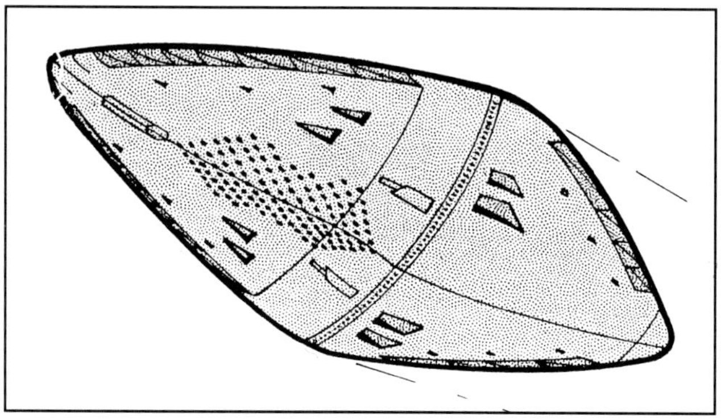

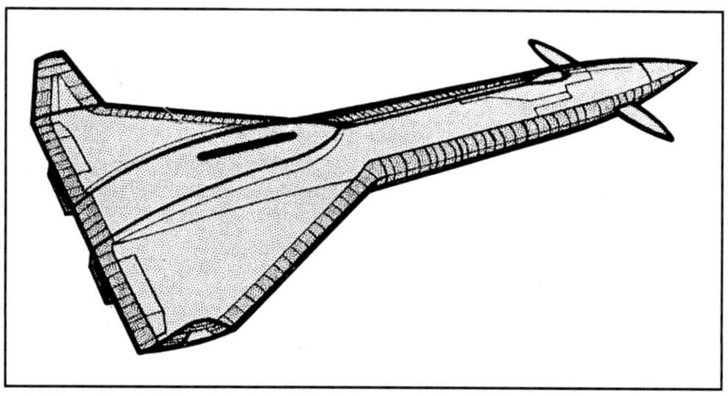

Hyperschall-Trägerflugzeug

intermittierenden Staustrahltriebwerks, das vor 50 Jahren bei der deutschen Fieseler Fi 103 — der sogenannten „Vergeltungswaffe V 1" — verwendet worden war. Jedenfalls sollen diese Flugzeuge einen höllischen, pulsierenden Lärm verursachen, weshalb auch schon von sogenannten „Pulsern" gesprochen wird. Außerdem hinterlassen sie in großer Höhe eine ganz besondere Art von Kondensstreifen, die von amerikanischen Augenzeugen mit „donuts on a string" (etwa: Ringe auf einer Schnur) beschrieben werden. Die von anderen Augenzeugen beschriebenen Formen — es handelt sich höchstwahrscheinlich um verschiedene Objekte — reichen von Deltaflügeln bis Rhomboiden, von kleinen Ogivalflüglern bis großen Entenflüglern, in der Größe mit der XB-70 „Valkyrie" vergleichbar. Obwohl sie viele Experten der Firma Lockheed zuschreiben, erinnern zumindest einige der auch über Europa gesichteten Flugzeuge in ihrer Form und in ihrer Leistung sowohl an frühere Lockheed-Projekte („Arrow"/„Aurora"?) als auch an die General-Dynamics-Projekte „Super Hustler", „Fish" und „Kingfish", die damals in Konkurrenz zur Lockheed SR-71 entstanden waren.

X-30, NASP, HOTOL, Sänger, AGV, Tu-2000

Es ist allerdings recht unwahrscheinlich, daß derartige Flugzeuge eines Tages in den friedlichen Wettstreit um den offiziellen und absoluten Geschwindigkeitsrekord eingreifen werden, allein schon wegen ihres ultrageheimen militärischen Charakters. Doch auch von ziviler Seite ist — zumindest in absehbarer Zeit — kein Rekordangriff zu erwarten. Die Pläne für Hyperschall- und sogar Raumflugzeuge (Aerospace Vehicles) sind nach anfänglicher Euphorie inzwischen allesamt auf Eis gelegt worden, sei es in den USA (X-30, National Aero-Space Plane [NASP], Orient Express), in der GUS (Newa-M7, Tupolew Tu-2000), in Japan (Hope), in China, in Großbritannien (Hotol), in Frankreich (Hermes, AGV) oder in Deutschland (AST-230, Sänger). Die Gründe dafür sind simpel und einleuchtend: es mangelt an Geld und es gilt derzeit, weitaus wichtigere Probleme zu lösen als die Schaffung von Hyperschallverkehrsflugzeugen. Dieser Auffassung läßt sich mit gutem Gewissen nicht widersprechen — und das gilt, wenn wir es recht bedenken, auch für die Aufstellung neuer absoluter Geschwindigkeitsrekorde. Mit anderen Worten: ein faszinierendes Kapitel der Technikgeschichte hat wohl seinen Abschluß gefunden.

National Aerospace Plane X-30 (USA) (Modell)

Project HOTOL (UK) (Modell)

Projekt „Sänger-D" (Modell)

Anhang

Entwicklung der Flugzeug-Geschwindigkeitsrekorde (Stand Frühjahr 1994)

Datum	Pilot	Land	Flugzeug	Geschwindigkeit km/h[1]	Entfernung km	Konfiguration[2]
12.11.1906	A. Santos-Dumont	(F)	Santos-Dumont 14 bis	41,292	0,08	1D+
26.10.1907	H. Farman	(F)	Voisin-Farman I	52,768	0,77	1D+
20.05.1909	P. Tissandier	(F)	Wright A (France)	54,795	57,5	1D+
23.08.1909	G. H. Curtiss	(US)	Curtiss Reims Racer	69,822	10	1D+
24.08.1909	L. Blériot	(F)	Blériot XII	74,318	10	1E+
28.08.1909	L. Blériot	(F)	Blériot XII	76,956	10	1E+
23.04.1910	H. Latham	(F)	Antoinette VII	77,562	7,24	1E+
10.07.1910	L. F. Morane	(F)	Blériot XI (mod)	106,509	5	1E+
29.10.1910	A. Leblanc	(F)	Blériot XI bis	109,756	5	1E+
12.04.1911	A. Leblanc	(F)	Blériot XI bis	111,801	5	1E+
11.05.1911	E. de Niéport	(F)	Nieuport IIN	119,760	100	1E+
12.06.1911	A. Leblanc	(F)	Blériot XXIII	125,000	5	1E+
16.06.1911	E. de Niéport	(F)	Nieuport IIG Astra	130,058	5	1E+
21.06.1911	E. de Niéport	(F)	Nieuport IIG	133,136	10	1E+
13.01.1912	J. Védrines	(F)	Deperdussin Course	145,161	5	1E+
22.02.1912	J. Védrines	(F)	Deperdussin Course	161,290	10	1E+
29.02.1912	J. Védrines	(F)	Deperdussin Course	162,455	10	1E+
01.03.1912	J. Védrines	(F)	Deperdussin Course	166,821	10	1E+
02.03.1912	J. Védrines	(F)	Deperdussin Course	167,910	10	1E+
13.07.1912	J. Védrines	(F)	Deperdussin G Bennett	170,777	10	1E+
09.09.1912	J. Védrines	(F)	Deperdussin G Bennett	174,100	20	1E+
17.06.1913	M. Prévost	(F)	Deperdussin G Bennett	179,820	10	1E+
27.09.1913	M. Prévost	(F)	Deperdussin G Bennett	191,898	10	1E+
29.09.1913	M. Prévost	(F)	Deperdussin G Bennett	203,850	10	1E+
07.02.1920	S. Lecointe	(F)	Nieuport 29V	275,862	1	1D+
28.02.1920	J. Casale	(F)	Spad-Herbemont S. 20 bis 4	283,464	1	1D+
09.10.1920	B. de Romanet	(F)	Spad-Herbemont S. 20 bis 6	292,683	1	1D+
10.10.1920	S. Lecointe	(F)	Nieuport 29V (bis)	296,643	1	1D+
20.10.1920	S. Lecointe	(F)	Nieuport 29V (bis)	302,529	1	1D+
04.11.1920	B. de Romanet	(F)	Spad-Herbemont S. 20 bis 6	309,013	1	1D+
12.12.1920	S. Lecointe	(F)	Nieuport 29V (bis)	313,043	1	1D+
26.09.1921	S. Lecointe	(F)	NiD Sesquiplan	330,275	1	1E+
21.09.1922	S. Lecointe	(F)	NiD Sesquiplan	341,232	1	1E+
18.10.1922	W. Mitchell	(US)	Curtiss R-6	358,923	1	1D+
15.02.1923	S. Lecointe	(F)	NiD Sesquiplan	375,000	1	1E+
29.03.1923	R. Maughan	(US)	Curtiss R-6	380,751	1	1D+
02.11.1923	H. J. Brow	(US)	Curtiss R2C-1	417,590	3	1D+
04.11.1923	A. J. Williams	(US)	Curtiss R2C-1	428,397	3	1D+
11.12.1924	F. Bonnet	(F)	Bernard (SIMB) V.2	448,171	3	1E+
04.11.1927	M. de Bernardi	(I)	Macchi M.52	479,290	3	1ES
30.03.1928	M. de Bernardi	(I)	Macchi M.52R	512,776	3	1ES
12.09.1929	A. H. Orlebar	(UK)	Supermarine S.6	575,743	3	1ES
29.09.1931	G. H. Stainforth	(UK)	Supermarine S.6B	655,798	3	1ES
03.09.1932	J. R. Doolittle	(US)	Gee Bee R-1	(473,820)	3	1E+
10.04.1933	F. Agello	(I)	Macchi-Castoldi MC.72	682,078	3	1ES
04.09.1933	J. R. Wedell	(US)	Wedell-Williams No.44	(490,080)	3	1E+
23.10.1934	F. Agello	(I)	Macchi-Castoldi MC.72	709,209	3	1ES
25.12.1934	R. Delmotte	(F)	Caudron C.460	(505,848)	3	1E
13.09.1935	H. Hughes	(US)	Hughes Special 1B	(567,115)	3	1E
11.11.1937	H. Wurster	(D)	Messerschmitt Bf 109 V13	(610,950)	3	1E
05.06.1938	E. Udet	(D)	Heinkel He 100 V2	(634,473)	100	1E

Datum	Pilot	Land	Flugzeug	Geschwindigkeit km/h[1]	Entfernung km	Konfiguration[2]
30.03.1939	H. Dieterle	(D)	Heinkel He 100 V8	746,606	3	1E
26.04.1939	F. Wendel	(D)	Messerschmitt Me 209 V1	755,138	3	1E
07.11.1945	H. Wilson	(UK)	Gloster Meteor F.III/IV	975,464	3	2J
07.09.1946	E. Donaldson	(UK)	Gloster Meteor F.IV	990,786	3	2J
19.06.1947	A. Boyd	(US)	Lockheed P-80R	1003,594	3	1J
20.08.1947	T. F. Caldwell	(US)	Douglas D-558-1	1030,820	3	1J
25.08.1947	M. E. Carl	(US)	Douglas D-558-1	1047,130	3	1J
10.12.1947	J. Cochran	(US)	N. American P-51C-10	(755,668)	100	1E
15.09.1948	R. L. Johnson	(US)	N. American P-86A-1	1079,600	3	1J
18.11.1952	J. S. Nash	(US)	N. American F-86D 20	1124,137	3	1J
16.07.1953	W. S. Barnes	(US)	N. American F-86D-35	1151,883	3	1J
07.09.1953	N. Duke	(UK)	Hawker Hunter F.3	1170,760	3	1J
25.09.1953	M. Lithgow	(UK)	Supermarine Swift F.4	1184,000	3	1J
03.10.1953	J. B. Verdin	(US)	Douglas XF4D-1	1211,746	3	1J
29.10.1953	F. K. Everest	(US)	N. American YF-100A	1215,298	15	1J
20.08.1955	H. A. Hanes	(US)	N. American F-100C-1	1323,312	18,1	1J
10.03.1956	P. Twiss	(UK)	Fairey FD.2	1822,000	15,53	1J
12.12.1957	A. E. Drew	(US)	McDonnell F-101A-5	1943,500	16,1	2J
16.05.1958	W. W. Irwin	(US)	Lockheed YF-104A	2259,538	16,25	1J
31.10.1959	G. K. Mossolow	(USR)	Mikojan E-6/3 (66)	2388,000	17,6	1J
15.12.1959	J. P. Rogers	(US)	Convair F-106A	2455,736	18,1	1J
24.03.1960	I. M. Suchomlin	(USR)	Tupolew Tu-114	(871,380)	1000	4PT
09.04.1960	I. M. Suchomlin	(USR)	Tupolew Tu-114	(877,212)	5000	4PT
07.08.1961	N. Andriewskij	(USR)	Berijew Be-10	(911,980)	17,6	2JS
28.08.1961	H. Hardisty	(US)	McDonnell YF4H-1F	(1452,777)	3	2J
22.11.1961	R. Robinson	(US)	McDonnell XF4H-1	2585,425	16,1	2J
07.07.1962	G. K. Mossolow	(USR)	Mikojan E-152/1 (166)	2681,000	17,7	1J
01.05.1965	W. Daniel	(US)	Lockheed YF-12A	(2718,006)	1000	2J
01.05.1965	R. Stephens	(US)	Lockheed YF-12A	3331,507	16,1	2J
16.08.1969	D. C. Greenamyer	(US)	Grumman F8F-2mod	(776,449)	3	1E
27.01.1971	D. H. Lilienthal	(US)	Lockheed P-3C	(806,100)	16,1	4PT
27.07.1976	A. Bledsoe	(US)	Lockheed SR-71A	(3367,221)	1000	2J
28.07.1976	E. W. Joersz	(US)	Lockheed SR-71A	3529,560	16,1	2J
24.10.1977	D. C. Greenamyer	(US)	Lockheed F-104RB	(1590,450)	3	1J
14.08.1979	S. Hinton	(US)	N. American P-51D-25mod	(803,152)	3	1E
30.07.1983	F. Taylor	(US)	N. American P-51D-25mod	(832,120)	15	1E
21.08.1989	L. Shelton	(US)	Grumman F8F-2mod	(850,263)	3	1E

[1] Internationaler Rekord/Klassenrekord

[2]
1, 2, 4 Zahl der (Kolben-)Triebwerke
J Strahltriebwerk
PT Propellerturbinentriebwerk
D Doppeldecker
E Eindecker
S Wasserflugzeug/Flugboot
+ Starres Fahrwerk

Die schnellsten Jets der Welt/Rekordleistungen

Datum	Ort/Land	Pilot (Nationalität)	Flugzeug	Kennung	Lfd. Nummer
20.06.1939 21.06.1939	Peenemünde (D)	Erich Warsitz (D)	Heinkel He 176 V1		114
1939	(X) (D)	(X) (D)	Heinkel He 176 V2		115
05.04.1941	Rostock (D)	Paul Bader (D)	Heinkel He 280 V2	GJ+CA	116
08.1941 09.1941 02.10.1941	Peenemünde (D)	Heini Dittmar (D)	Messerschmitt Me 163 AV4	KE+SW	131
01.1943	Lagerlechfeld (D)	. (D)	Messerschmitt Me 262 V2	PC+UB	135
20.03.1943	Wien (D)	Fritz Schäfer (D)	Heinkel He 280 V2	GJ+CA	117
27.03.1943	Magnitogorsk (UdSSR)	G. J. Bachtschiwandschi (UdSSR)	Beresnjak-Isajew BI-1		501
20.09.1943	Hatfield (UK)	Geoffrey de Havilland (UK)	de Havilland DH.100 (Spider Crab)	LZ548/G	311
03.10.1943	Lagerlechfeld (D)	Gerd Lindner (D)	Messerschmitt Me 262 V3	PC+UC	135
1943	. (D)	. (D)	Messerschmitt Me 163 B-0 „Komet“		132
08.01.1944 13.01.1944	Muroc AAF Cal. (USA)	Milo Burcham (USA)	Lockheed L-140 XP-80 (Lulu Belle)	4483020	431
02.1944	Rechlin (D)	. (D)	Messerschmitt Me 262 V6	PC+UF	136
10.06.1944	Muroc AAF Cal. (USA)	Tony LeVier (USA)	Lockheed L-141 XP-80A (Gray Ghost)	4483021	432
25.06.1944	Leipheim (D)	Fw Herlitzius (D)	Messerschmitt Me 262 S2	VI+AG	136
06.07.1944	Lagerlechfeld (D)	Heini Dittmar (D)	Messerschmitt Me 163 BV18 „Komet“	VA+SP	133
12.1944	Wien- Schwechat (D)	Gotthold Peter (D)	Heinkel He 162 V1 200 001		111
12.1944	. (UdSSR)	W. I. Rostorgujew (UdSSR)	Jakowlew Jak-3RD		521
12.1944	. (UdSSR)	G. M. Schijanow (UdSSR)	Lawotschkin La-7R		531
1944/1945	. (D)	. (D)	Arado Ar 234 V20 (C-1)	PI+WY	101
1944/1945	. (D)	. (D)	Arado Ar 234 V21 (C-3)	PI+WZ	102
1944/1945	. (D)	. (D)	Heinkel He 162 A-1		112
1944/1945	. (D)	. (D)	Heinkel He 162 A-2		113

Höchstgeschwindigkeit			Höchstgeschwindigkeit			Höchstgeschwindigkeit — Rekord —				
theoretisch km/h	in Höhe km	Mach-zahl/M	erzielt km/h	in Höhe km	Mach-zahl/M	gemessen km/h	in Höhe km	Mach-zahl/M	Meß-strecke/km	Sonst.
900	0	0,74	800 (?)	0	0,66					
			850 (?)	0	0,70					
1000	0	0,82								
900	6	0,80	780	6	0,68					
850			840							Schlepp
			920							Schlepp
						1003,67	4	0,84	3	Schlepp
800+			820	5						
900	6	0,80	800	3						
1020	10		900+	2						
788			814							
800+			960 ■	5	0,83					
950	10	0,88	850	0	0,70					
			950	10	0,88					
805			788 ■							
			808	6	0,71					
860			870							
888			890	6	0,78					
860			1004 ■	5						
950	10	0,88	1130 ■							
838	6		788	0						
820	8	0,74	782							
795	6		752							
830	0									
872	6									
798	0									
853	6									
880										
860	0									
905	6									

Schlepp = Flugzeugschlepp TrSchl = Tragschlepp durch Trägerflugzeug ■ im Bahnneigungsflug erzielt IR = Internationaler Rekord WR = Weltrekord

Datum	Ort/Land	Pilot (Nationalität)	Flugzeug	Kennung	Lfd. Nummer
03.1945	Oranienburg (D)	Erwin Ziller (D)	Horten Ho 229 V2 (Ho IX V2)		121
09.03.1945	Magnitogorsk (UdSSR)	M. K. Bajkalow (UdSSR)	Beresnjak-Isajew BI-7		502
1945	X (D)	X (D)	Messerschmitt Me 262 HGII		137
1945	X (D)	X (D)	Messerschmitt Me 163 C-1a „Komet“		134
1945	X (D)	X (D)	Messerschmitt P 1101 V1		138
05.1945	. (UdSSR)	G. Komarow (UdSSR)	Suchoj Su-5 (I-107)		561
06.1945	. (UdSSR)	I. T. Iwaschtschenko (UdSSR)	Mikojan N-2 (I-250)		541
06.1945	Hatfield (UK)	Geoffrey de Havilland (UK)	de Havilland DH.100 „Vampire F.1“	TG274	312
07.07.1945	Jokosuka (J)	Inosuka (J)	Mitsubishi J8M1 „Shusui“		251
1945	. (UdSSR)	A. W. Dawidow (UdSSR)	Lawotschkin La-120R		532
19.10.1945	Moreton Valence (UK)	Philip Stanbury (UK)	Gloster G.41E „Meteor F.III/IV“ (Britannia)	EE454	331
31.10.1945 07.11.1945	Herne Bay (UK)	Hugh Wilson (UK)			
07.11.1945	Herne Bay (UK)	Eric Greenwood (UK)	Gloster G.41E „Meteor F.III/IV“ (Yellow Peril/Forever Amber)	EE455	331
1946	Muroc AAF Cal. (USA)	Kenneth G. Chilstrom (USA)	Lockheed 80 P-80A-1 „Shooting Star“	4485214	433
09.07.1946	Avonmouth (UK)	Roland Beamont (UK)	Gloster G.41F „Meteor F.IV“	EE549	332
14.08.1946	Littlehampton (UK)	Edward Donaldson (UK)	(Star Meteor)	EE549	
07.09.1946		William Waterton (UK)		EE550	
		Edward Donaldson (UK)		EE549	
08.09.1946	Muroc AAF Cal. (USA)	Martin L. Smith (USA)	Republic AP-23 XP-84 „Thunderjet“	4559476	481
27.09.1946	Egypt Bay (UK)	Geoffrey de Havilland (UK)	de Havilland DH.108 „Swallow“	TG306	313
10.1946	Muroc AAF Cal. (USA)	Martin L. Smith (USA)	Republic AP-23 XP-84 „Thunderjet“	4559476	481
02.10.1946	Muroc AAF Cal. (USA)	Albert Boyd (USA)	Lockheed 80 XP-80R „Shooting Star“	4485200	434
1946	X (UK)	Eric Brown (UK)	Miles M.52 (E.24/43)		351

Höchstgeschwindigkeit			Höchstgeschwindigkeit			Höchstgeschwindigkeit — Rekord —				
theoretisch km/h	in Höhe km	Mach-zahl/M	erzielt km/h	in Höhe km	Mach-zahl/M	gemessen km/h	in Höhe km	Mach-zahl/M	Meß-strecke/km	Sonst.
920	0		800							
960	12									
1020	10		860							
910	0									
920	6									
880										
860	7									
			810	8						
			825	7						
			855							
900	10									
805			725							
1000+	0	0,81+	981,7	0	0,80	970,23	0	0,79	3	
			980	0	0,80	974	0	0,79	3	
			983,42	0	0,80	975,464	0	0,80	3	* WR *
1000+	0	0,81+	978,5	0	0,80	970,636	0	0,79	3	
1000+	0	0,81+				959	0		3	
1000+	0	0,81+	1017	0	0,83					
			1007	1	0,81+					
						988	0	0,81	3	
			1003,31	0	0,82	990,786	0	0,81	3	* WR *
1006	0	0,81+				983,3	0	0,80	3	
1000+	0	0,81+	1030	2	0,88					
1006	0	0,81+				993	0	0,81	3	
1022	0	0,82				965	0		3	
1600+	11	1,5+								

Schlepp = Flugzeugschlepp TrSchl = Tragschlepp durch Trägerflugzeug ■ im Bahnneigungsflug erzielt IR = Internationaler Rekord WR = Weltrekord

Datum	Ort/Land	Pilot (Nationalität)	Flugzeug	Kennung	Lfd. Nummer
1947	. (UdSSR)	Wiktor Juganow (UdSSR)	Mikojan Sh-2 (I-270)		542
17.06.1947 19.06.1947	Muroc AAF Cal. (USA)	Albert Boyd (USA)	Lockheed 80 P-80R „Shooting Star" (Racey)	4485200	435
20.08.1947 25.08.1947	Muroc AAF Cal. (USA)	Turner F. Caldwell (USA) Marion E. Carl (USA)	Douglas D-558-1 „Skystreak"	37970	412
09.1947	. (UdSSR)	I. E. Fjodorow (UdSSR)	Lawotschkin La-160 „Strelka"		533
10.10.1947 14.10.1947 06.11.1947 26.03.1948	Muroc AAF Cal. (USA)	Charles E. Yeager (USA)	Bell 44 XS-1 (Glamorous Glennis)	46062	401
05.09.1948 15.09.1948	Cleveland Ohio (USA) Muroc AAF Cal. (USA)	Richard L. Johnson (USA)	North American NA-151 P-86A-1 „Sabre"	47608 47611	461
19.10.1948	. (UdSSR)	I. E. Fjodorow (UdSSR)	Lawotschkin La-168		534
26.12.1948	. (UdSSR)	O. W. Sokolowskij (UdSSR)	Lawotschkin La-176		535
1949	Tjoplji Stan (UdSSR)	G. M. Schijanow (UdSSR)	Bisnowat 5-2		507
24.06.1949	Muroc AFB Cal. (USA)	Eugene May (USA)	Douglas D-558-2 „Skyrocket"	37975	414
1949	Ramenskoje (UdSSR)	S. N. Anochin (UdSSR)	Suchoj Su-17 (R)		562
01.02.1950	. (UdSSR)	I. T. Iwaschtschenko (UdSSR)	Mikojan SI-2 (I-330)		543
22.03.1950	. (UdSSR)	S. N. Anochin (UdSSR)	Jakowlew Jak-50	35	522
13.06.1950	Edwards AFB Cal. (USA)	John H. Griffith (USA)	Douglas D-558-1 „Skystreak"	37972	412
1950	Boscombe Down (UK)	Neville Duke (UK)	Hawker P. 1081	VX279	342
11.03.1951	. (UdSSR)	A. Kotschekow (UdSSR)	Lawotschkin La-190		536
07.08.1951	Edwards AFB Cal. (USA)	William B. Bridgeman (USA)	Douglas D-558-2 „Skyrocket"	37974	413
1951	. (UdSSR)	G. A. Sedow (UdSSR)	Mikojan M (I-350)		544
14.09.1951	Tjoplji Stan (UdSSR)	Wolfgang Ziese (D)	DFS-Beresnjak 346D		506
1951	X (UdSSR)	X (UdSSR)	Jakowlew Jak-1000		523

Höchstgeschwindigkeit			Höchstgeschwindigkeit			Höchstgeschwindigkeit — Rekord —				
theoretisch km/h	in Höhe km	Mach-zahl/M	erzielt km/h	in Höhe km	Mach-zahl/M	gemessen km/h	in Höhe km	Mach-zahl/M	Meß-strecke/km	Sonst.
1000	0	0,81								
1000+	0	0,81	1041	0					3	
			1018	0		1003,594	0		3	* WR *
1050	0		1051,5	0		1030,820	0	0,83	3	* WR *
			1050,28	0		1047,130	0	0,83	3	* WR *
			1050	6	0,92					
		1,1	1075	12	0,99					TrSchl
			1127	12	1,06					TrSchl
			1456	15	1,35					TrSchl
			1540	15						TrSchl
1090			1110	0		1077,424	0		3	
			1082,71	0		1079,600	0		3	* WR *
			1084	3	0,98					
			1105	7	1,0+					
1200	12	1,13								TrSchl
		1,0	1175	7	1,05					TrSchl
1252	0	1,02								
			1114	2						
			1170	0	1,03					
1050					0,99					
			1114	0	0,91					
			1190	5	1,03					
		1,5	2028	20	1,88					TrSchl
1240	0									
1266	10									
			1100 (?)	12						TrSchl
2000		1,88								

Schlepp = Flugzeugschlepp TrSchl = Tragschlepp durch Trägerflugzeug ■ im Bahnneigungsflug erzielt IR = Internationaler Rekord WR = Weltrekord

Datum	Ort/Land	Pilot (Nationalität)	Flugzeug	Kennung	Lfd. Nummer
1952	Edwards AFB Cal. (USA)	William B. Bridgeman (USA)	Douglas D-499D X-3 „Stiletto“	492892	411
19.11.1952	Salton Sea Cal. (USA)	James S. Nash (USA)	North American NA-165 F-86D-20 „Sabre“	512945	462
09.12.1952	Edwards AFB Cal. (USA)	Russell Roth (USA)	Republic AP-31 XF-91 „Thunderceptor“	46680	482
16.07.1953	Salton Sea Cal. (USA)	William S. Barnes (USA)	North American NA-173 F-86D-35 „Sabre“	516145	463
07.1953	X (UK)	X (UK)	Hawker P. 1083	WN470	343
31.08.1953 07.09.1953	Littlehampton (UK)	Neville Duke (UK)	Hawker P.1067 „Hunter F.3“	WB188	341
25.09.1953 27.09.1953	Castel Idris (Libyen)	Michael Lithgow (UK)	Supermarine 546 „Swift F.4“	WK198	372
28.09.1953 03.10.1953	Salton Sea Cal. (USA)	James B. Verdin (USA)	Douglas D-571 XF4D-1 „Skyray“	124587	415
05.10.1953	Salton Sea Cal. (USA)	Frank K. Everest (USA)	North American NA-180 YF-100A „Super Sabre“	525754	464
14.10.1953	Edwards AFB Cal. (USA)	Scott Crossfield (USA)	Douglas D-558-2 „Skyrocket“	37974	413
20.10.1953 29.10.1953	Salton Sea Cal. (USA)	Frank K. Everest (USA)	North American NA-180 YF-100A „Super Sabre“	525754	464
20.11.1953	Edwards AFB Cal. (USA)	Scott Crossfield (USA)	Douglas D-558-2 „Skyrocket“	37974	413
12.12.1953	Edwards AFB Cal. (USA)	Charles E. Yeager (USA)	Bell 58 X-1A	481384	403
19.03.1954	. (UdSSR)	G. A. Sedow (UdSSR)	Mikojan SM-9/1		545
11.08.1954 13.08.1954	Warton (UK)	Roland Beamont (UK)	English Electric P.1A	WG760	316
02.1955	. (UdSSR)	F. I. Burzew (UdSSR)	Mikojan I-1 (I-370)		546
22.03.1955	Edwards AFB Cal. (USA)	Ray Goudey (USA)	Lockheed 83 XF-104 „Starfighter“	537787	436
05.04.1955	Warton (UK)	Roland Beamont (UK)	English Electric P.1A	WG760	316
20.08.1955	Palmdale Cal. (USA)	Horace A. Hanes (USA)	North American NA-214 F-100C-1 „Super Sabre“	531709	466
1955	Mojave Cal. (USA)	Robert W. Windsor (USA)	Vought V-383 XF8U-1 „Crusader“	138899	491
1955	Istres (F)	Charles Goujon (F)	SNCASO SO.9000-1 „Trident I“	F-ZWRY	221
11.1955	. (UK)	Peter Twiss (UK)	Fairey FD.2 „Delta 2“	WG774	321
1955	X (UK)	X (UK)	Avro 720	XD696	301

Höchstgeschwindigkeit theoretisch km/h	in Höhe km	Mach-zahl/M	Höchstgeschwindigkeit erzielt km/h	in Höhe km	Mach-zahl/M	Höchstgeschwindigkeit — Rekord — gemessen km/h	in Höhe km	Mach-zahl/M	Meß-strecke/km	Sonst.
		2,0	1046		0,95					
1150			1126	0		1124,137	0		3	* WR *
1583	14	1,49	1191	15	1,12					
			1336		1,2					
1150						1148,4	0	0,89	3	
						1151,883	0	0,90	3	* WR *
1317	0	1,08								
1273	11	1,20								
						1162,4	0		3	
			1193,6	0	0,96	1170,76	0	0,94	3	* WR *
			1199	0	0,96	1184,000	0	0,95	3	* WR *
						1196	0	0,95	3	
1200+			1225	0	1,01	1195,26	0	0,95	3	
						1211,746	0	0,96	3	* WR *
1440					1,38	1210	0	0,96	3	
		1,5	2114		1,96					TrSchl
1440						1220	0		3	
			1234			1215,298		1,09	15	* WR *
		1,5	2078	19	2,005					TrSchl
			2655	23	2,44					TrSchl
			1440		1,33					
		1,2			1,02					
					1,08					
			1452	11	1,33					
			2130		1,79					
					1,22					
			1487	11	1,39	1323,312	12	1,24	18,1	* WR *
			1690							
			1770							
			1700	10	1,63					
2100	12	1,97	1654		1,56					
		2,0								

Schlepp = Flugzeugschlepp TrSchl = Tragschlepp durch Trägerflugzeug ■ im Bahnneigungsflug erzielt IR = Internationaler Rekord WR = Weltrekord

Datum	Ort/Land	Pilot (Nationalität)	Flugzeug	Kennung	Lfd. Nummer
10.03.1956	Ford/ (UK) Chichester	Peter Twiss (UK)	Fairey FD.2 „Delta 2“	WG774	321
27.04.1956	Edwards AFB Cal. (USA)	Joseph Ozier (USA)	Lockheed 183 YF-104A „Starfighter“	552955	437
05.1956	Istres (F)	Charles Goujon (F)	SNCASO SO.9050-01 „Trident II“	T	222
22.05.1956	Edwards AFB Cal. (USA)	Frank K. Everest (USA)	Bell 52 X-2	46674	402
09.06.1956	. (UdSSR)	W. N. Machalin (UdSSR)	Suchoj S-1		563
23.07.1956	Edwards AFB Cal. (USA)	Frank K. Everest (USA)	Bell 52 X-2	46674	402
21.08.1956	China Lake Cal. (USA)	Robert W. Windsor (USA)	Vought V-383 F8U-1 „Crusader“	141345	492
27.09.1956	Edwards AFB Cal. (USA)	Milburn G. Apt (USA)	Bell 52 X-2	46674	402
03.11.1956	Mojave Cal. (USA)	J. O. Roberts (USA)	North American NA-212 YF-107A	555118	465
07.11.1956	Edwards AFB Cal. (USA)	George Watkins (USA)	Grumman G-98J F11F-1F „Super Tiger“	138646	421
1957	Boscombe Down (UK)	John Booth (UK)	Saunders-Roe SR.53	XD145	361
05.1957	Ramenskoje (UdSSR)	W. A. Newjedow (UdSSR)	Mikojan E-5		547
17.06.1957	Ramenskoje (UdSSR)	W. A. Wassin (UdSSR)	Mikojan E-50-2		549
29.06.1957	Fort Worth Texas (USA)	Beryl A. Erickson (USA)	Convair 4 XB-58A „Hustler“	55660	406
11.1957	Edwards AFB Cal. (USA)	. (USA)	North American NA-212 YF-107A	559119	465
12.1957 10.12.1957 12.12.1957	Edwards AFB Cal. (USA)	Adrian E. Drew (USA)	McDonnell 36W F-101A-5 „Voodoo“	532426	451
21.12.1957	Istres (F)	Yvan Littolff (F)	Leduc 022-01		201
12.1957	Ramenskoje (UdSSR)	N. I. Korowuschkin (UdSSR)	Suchoj S-1		564
1957	X (USA)	X (USA)	Republic AP-57 XF-103		483
05.1958	Ramenskoje (UdSSR)	W. A. Nefjedow (UdSSR)	Mikojan E-6/1		547
14.05.1958 16.05.1958	Edwards AFB Cal. (USA)	Walter W. Irwin (USA)	Lockheed 183 YF-104A „Starfighter“ (Speedy)	552969	438
14.08.1958	Edwards AFB Cal. (USA)	John Konrad (USA)	Vought V-401 XF8U-3 „Crusader III“	146340	493
06.10.1958	Istres (F)	Pierre Rozier (F)	SNCASO SO.9050-006	F-ZWUM	223

Höchstgeschwindigkeit			Höchstgeschwindigkeit			Höchstgeschwindigkeit — Rekord —				
theoretisch km/h	in Höhe km	Mach-zahl/M	erzielt km/h	in Höhe km	Mach-zahl/M	gemessen km/h	in Höhe km	Mach-zahl/M	Meß-strecke/km	Sonst.
2100	12	1,97	1846		1,75	1822,000	12	1,73	15,53	* WR *
			2100		2,04					
			1806		1,7					
			2641	10	2,49					TrSchl
1800			2000		2,0+					
			3058	21	2,87					TrSchl
1820						1634,173			15,1	
			3370	21	3,2					TrSchl
		2,3	2230	13	2,1					
2156			1960		1,85					
	13	2,4			1,33					
			1970							
			2460		2,33					
			2125		2,0+					
		2,3								
			1930							
						1915			16,1	
						1943,500			16,1	* WR *
2650	14	2,5	1310	6	1,15					
1800+						2170	12	2,05		
3930	21	3,7								
				12	2,05					
						2420	12		16,25	
						2310	12		16,25	
			2538	12		2259,538	12		16,25	* WR *
3140	11	2,9	2576		2,39					
			2070	22	1,95					

Schlepp = Flugzeugschlepp TrSchl = Tragschlepp durch Trägerflugzeug ■ im Bahnneigungsflug erzielt IR = Internationaler Rekord WR = Weltrekord

Datum	Ort/Land	Pilot (Nationalität)	Flugzeug	Kennung	Lfd. Nummer
1958	X (UK)	X (UK)	Hawker P.1121		344
1958	X (UK)	X (UK)	Saunders-Roe SR.177 (SR.54)	XL905	362
1958	X (USA)	X (USA)	Lockheed CL-400-10 (Suntan)		440
1958	X (UdSSR)	X (UdSSR)	Cybin RSR		511
1958	X (UdSSR)	X (UdSSR)	Suchoj T-37		565
1959	Ramenskoje (UdSSR)	G. K. Mossolow (UdSSR)	Mikojan E-152A		551
05.10.1959	Istres (F)	André Turcat (F)	Nord 1500-02 „Griffon II“	I	211
10.1959 31.10.1959	Podmorskonoje (UdSSR)	G. K. Mossolow (UdSSR)	Mikojan E-6/3 „E-66“		547
12.1959 15.12.1959	Edwards AFB Cal. (USA)	Joseph P. Rogers (USA)	Convair 8-24 F-106A „Delta Dart“	560459	407
12.05.1960 04.08.1960	Edwards AFB Cal. (USA)	Joseph A. Walker (USA)	North American NA-240 X-15	566670	467
07.02.1961	Edwards AFB Cal. (USA)	Robert M. White (USA)	North American NA-240 X-15	566670	468
07.03.1961				566671	
21.04.1961					
25.05.1961		Joseph A. Walker (USA)			
23.06.1961		Robert M. White (USA)			
1961	Ramenskoje (UdSSR)	A. W. Fedotow (UdSSR)	Mikojan E-150		550
08.1961 28.08.1961	Holloman AFB N. M. (USA)	. (USA) Hunt Hardisty (USA)	McDonnell YF4H-1F „Phantom II“ (Sageburner)	145307	452
12.09.1961	Edwards AFB Cal. (USA)	Joseph A. Walker (USA)	North American NA-240 X-15	566671	468
07.10.1961	Ramenskoje (UdSSR)	A. W. Fedotow (UdSSR)	Mikojan E-152-1 „E-166“		552
17.10.1961	Edwards AFB Cal. (USA)	Joseph A. Walker (USA)	North American NA-240 X-15	566670	468
09.11.1961		Robert M. White (USA)		566671	
22.11.1961	Edwards AFB Cal. (USA)	Robert B. Robinson (USA)	McDonnell XF4H-1 „Phantom II“ (Skyburner)	142260	452
07.06.1962	Podmorskonoje (UdSSR)	A. W. Fedotow (UdSSR)	Mikojan E-152-1 „E-166“		552
27.06.1962	Edwards AFB Cal. (USA)	Joseph A. Walker (USA)	North American NA-240 X-15	566670	468
07.07.1962	Podmorskonoje (UdSSR)	G. K. Mossolow (UdSSR)	Mikojan E-152-1 „E-166“		552

Höchstgeschwindigkeit theoretisch km/h	in Höhe km	Mach-zahl/M	Höchstgeschwindigkeit erzielt km/h	in Höhe km	Mach-zahl/M	Höchstgeschwindigkeit — Rekord — gemessen km/h	in Höhe km	Mach-zahl/M	Meß-strecke/km	Sonst.
2390	11	2,25								
		2,35								
2650	30	2,5								
3000	27	2,65								
3000	15									
			2500	20						
			2330	15	2,19					
									17,6	
			2504	13	2,35	2388,000	13	2,25	17,6	* WR *
									18,1	
			2470			2455,736			18,1	* WR *
			3397	24	3,19					TrSchl
			3534	24	3,31					TrSchl
			3661	24	3,50					TrSchl
			4675	24	4,43					TrSchl
			4947	32	4,62					TrSchl
			5322	33	4,95					TrSchl
			5798	33	5,27					TrSchl
		3,0	2890	19	2,65					
							0		3	
			1463	0	1,2	1452,777	0	1,2	3	* IR *
			5823	35	5,21					TrSchl
			2730			2401,000			100	* IR *
			6276	33	5,74					TrSchl
			6587	31	6,04					TrSchl
			2654			2585,425			16,1	* WR *
			3030	15,4					17,6	
			6605	38	5,92					TrSchl
			3030	14,3	2,85	2681,000	14,3	2,52	17,6	* WR *

Schlepp = Flugzeugschlepp TrSchl = Tragschlepp durch Trägerflugzeug ■ im Bahnneigungsflug erzielt IR = Internationaler Rekord WR = Weltrekord

Datum	Ort/Land	Pilot (Nationalität)	Flugzeug	Kennung	Lfd. Nummer
1963	Boscombe Down (UK)	Godfrey Auty (UK)	Bristol 188	XF923	306
20.07.1963 11.1963	Groom Lake Nevada (USA)	Lou Schalk (USA) Jim Eastham (USA)	Lockheed A-12 (Oxcart) „Cygnus“	606924	441
05.12.1963	Edwards AFB Cal. (USA)	Robert A. Rushworth (USA)	North American NA-240 X-15	566670	468
1964	Ramenskoje (UdSSR)	A. W. Fedotow (UdSSR)	Mikojan E-155R-1 „E-266“		554
16.03.1965	Podmorskonoje (UdSSR)	A. W. Fedotow (UdSSR)	Mikojan E-155R-1 „E-266“		554
01.05.1965	Edwards AFB Cal. (USA)	Walter Daniel (USA) Robert L. Stephens (USA)	Lockheed AF-12 YF-12A „Blackbird“	606934 606936	442
14.10.1965	Edwards AFB Cal. (USA)	Albert White (USA)	North American NA-259 XB-70A-1 „Valkyrie“	20001	470
11.1965	Groom Lake Nevada (USA)	. (USA)	Lockheed A-12 (Oxcart) „Cygnus“		441
01.01.1966	Edwards AFB Cal. (USA)	Albert White (USA)	North American NA-259 XB-70A-2 „Valkyrie“	620207	470
08.04.1966		Fitzhugh Fulton (USA)			
12.04.1966		Albert White (USA)			
18.11.1966 03.10.1967	Edwards AFB Cal. (USA)	William J. Knight (USA)	North American NA-240 X-15A-2	566671	469
05.10.1967	Podmorskonoje (UdSSR)	M. M. Komarow (UdSSR)	Mikojan E-155P-1 „E-266“		553
27.10.1967		P. H. Ostjapenko (UdSSR)	Mikojan E-155R-3 „E-266“		554
30.10.1967		Igor Lesnikow (UdSSR)	Mikojan E-155R-1		554
08.04.1973	Podmorskonoje (UdSSR)	A. W. Fedotow (UdSSR)	Mikojan E-155P-1 „E-266“		553
06.08.1973	Ramenskoje (UdSSR)	W. S. Iljuschin (UdSSR)	Suchoj T-4 (Su-100)		566
26.07.1976 27.07.1976 28.07.1976	Beale AFB Cal. (USA)	Adolphus M. Bledsoe (USA) Eldon W. Joersz (USA)	Lockheed SR-71A (RS-17) „Blackbird“	617958 617959	443
03.10.1976 24.10.1977	Tonopah Nevada (USA)	Darryl C. Greenamyer (USA)	Lockheed 683 F-104RB „Starfighter“ (Red Baron)	N104RB	439
1985	Groom Lake (USA)	. (USA)	Lockheed „Aurora“ (?)		444

Höchstgeschwindigkeit			Höchstgeschwindigkeit			Höchstgeschwindigkeit — Rekord —				
theoretisch km/h	in Höhe km	Mach-zahl/M	erzielt km/h	in Höhe km	Mach-zahl/M	gemessen km/h	in Höhe km	Mach-zahl/M	Meß-strecke/km	Sonst.
3180					1,88					
		3,3			3,0+					
				24	3,2					
			6466	31	6,06					TrSchl
		3,0	3000	13	2,83					
		3,0				2319,19	21		1000	* IR *
			3750		3,5	2718,006			1000	* IR *
						3331,507	24	3,17	16,1	* WR *
			3210	21	3,02					
		3,3		27	3,29					
			3245	22	3,05					
			3260	22	3,07					
			3277	23	3,08					
			6840	30	6,33					TrSchl
			7214	31	6,70					TrSchl
		3,0	3000			2981,50			500	* IR *
		3,0	3000			2920,67			1000	* IR *
		3,0	3000							
		3,0	3000			2605,10			100	* IR *
3200	3,0				1,3					
			3750		3,5					
						3367,221	24	3,20	1000	* IR *
						3529,000	24	3,36	16,1	* WR *
			1625	0					3	
			1658	0		1590,45	0		3	* IR *
8000 (?)	8,0 (?)									

Schlepp = Flugzeugschlepp TrSchl = Tragschlepp durch Trägerflugzeug ■ im Bahnneigungsflug erzielt IR = Internationaler Rekord WR = Weltrekord

Deutschland (D)

No.	Flugzeug Konstrukteur(e)	Triebwerk(e) Zahl/Typ/Leistung	Art[1]
101	Arado Ar 234 V20 (C-1) W. Blume, Rebeski	4x BMW 003A-1 4x 7,8 kN (800 kp)	ATL
102	Arado Ar 234 V21 (C-3) Blume, Rebeski	4x BMW 003A-1 4x 7,8 kN (800 kp)	ATL
111	Heinkel He 162 V1 (P. 1073, He 500) S. Günter, K. Schwärzler	1x BMW 003A-0 7,8 kN (800 kp)	ATL
112	Heinkel He 162A-1 „Spatz" („Volksjäger") Günter, Schwärzler	1x BMW 003A-1 7,8 kN (800 kp)	ATL
113	Heinkel He 162A-2 „Spatz" („Volksjäger") Günter, Schwärzler	1x BMW 003E-1/-2 9,1 kN (930 kp)	ATL
114	Heinkel He 176 V1 (P.1033) W. Günter, W. Künzel, H. Hertel	1x Walter HWK R I 203 5,9 kN (600 kp)	FLR
115	Heinkel He 176 V2 Günter, Künzel, Hertel, v. Braun	1x HPV RII 101a 9,8 kN (1000 kp)	FLR
116	Heinkel He 280 V2 Hertel, Schwärzler, R. Lusser	2x Heinkel He S8A (001) 2x 4,4 kN (450 kp)	RTL
117	Heinkel He 280 V2 Hertel, Schwärzler, Lusser	2x Jumo 004A 2x 7,8 kN (800 kp)	ATL
121	Horten Ho IX V2 (Ho 229 V2) R. + W. Horten	2x Jumo 004B-1 2x 8,8 kN (900 kp)	ATL
131	Messerschmitt Me 163AV4 A. Lippisch	1x Walter HWK R II 203b 7,4 kN (750 kp)	FLR
132	Messerschmitt Me 163B-0 „Komet" Lippisch	1x Walter HWK 509A-2 16,7 kN (1700 kp)	FLR
133	Messerschmitt Me 163BV18 „Komet" Lippisch	1x Walter HWK 509C-1 19,6 kN (2000 kp)	FLR
134	Messerschmitt Me 163C-1a „Komet" Lippisch, W. Voigt	1x Walter HWK 509C 17,7 kN (1800 kp)	FLR
135	Messerschmitt Me 262 V2, V3 (P. 1065) R. Lusser, W. Voigt, R. Seitz	2x Jumo 004A 2x 8,2 kN (840 kp)	ATL
136	Messerschmitt Me 262 V6, S2 Lusser, Voigt, Seitz	2x Jumo 004B-0 2x 8,7 kN (890 kp)	ATL
137	Messerschmitt Me 262 HGII Lusser, Voigt, Seitz	2x Jumo 004C 2x 11,8 kN (1200 kp)	ATL
138	Messerschmitt P 1101 V1 W. Voigt	1x Jumo 004B-1 8,8 kN (900 kp)	ATL

[1] ATL = Axialluftstrahlturbine
FLR = Flüssigkeitsraketentriebwerk
PTL = Propellerturbine (P = Propellerblattzahl pro Triebwerk
RTL = Radialluftstrahlturbine
SS = Staustrahltriebwerk

[2] Flügelstreckung (D x D: F)
Δ = Deltaflügel

[3] Flügelvorderkante

[4] MD, SD, TF = Mittel-, Schulter-, Tiefdecker
1, 2, 3L = 1, 2, 3 Seitenleitwerke
TL, YL, +L = T-, Y-, Kreuzleitwerk
1, 2, 3R = 1, 2, 3-Radfahrwerk (starr)
(1, 2, 3R) = 1, 2, 3 Radfahrwerk (einziehbar)
1, 2, 3K = 1, 2, 3 Kufen (starr)
(1, 2, 3K) = 1, 2, 3 Kufen (einziehbar)

Spann-weite m	Länge m	Flügel-fläche qm	Flügel-streckung[2]	Pfeilung[3]	Flug-gewicht kg	Leistungs-verhältnis kp/kg PS/kg	Flächen-belastung kg/qm	Konfigu-ration[4]		
14,41	12,84	26,40	7,9	7 ° 10 °	9 350	0,34	354	SD	1L	(3R)
14,41	12,84	26,40	7,9	7 ° 10 °	11 050	0,29	419	SD	1L	(3R)
7,20	9,05	11,16	4,6	0 °	2 460	0,33	220	SD	2L	(3R)
7,20	9,05	11,20	4,6	0 °	2 907	0,28	260	SD	2L	(3R)
7,20	9,05	11,20	4,6	0 °	3 027	0,31	270	SD	2L	(3R)
5,00	6,00	5,50	4,6		1 620	0,37	295	MD	1L	(2R)
5,00	6,00	5,50	4,6		2 000	0,60	364	MD	1L	(2R)
12,20	10,20	21,50	6,9	0 °	4 280	0,23	199	TD	2L	(3R)
12,20	10,20	21,50	6,9	0 °	5 100	0,31	237	TD	2L	(3R)
16,80	7,47	52,80	5,3 Δ	32 °	6 876	0,26	130	MD	0L	(3R)
8,85	5,60	17,50	4,5	27 ° 32 °	2 400	0,31	137	MD	1L	(1K)
9,30	5,75	19,60	4,4	27 °	3 885	0,44	198	MD	1L	(1K)
9,30	5,92	19,60	4,4	27 °	5 110	0,39	250	MD	1L	(1K)
9,80	7,04	20,50	4,7	27 °	5 000	0,36	244	MD	1L	(1K)
12,35	10,46	21,00	7,3	18 °	4 500	0,37	214	TD	1L	(3R)
12,65	10,60	21,70	7,2	18 °	6 100	0,29	282	TD	1L	(3R)
12,00	10,60			37 °				TD	1L	(3R)
8,24	9,17	15,85	4,3	35 °	4 060	0,22	256	SD	1L	(3R)

Frankreich (F)

No.	Flugzeug Konstrukteur(e)		Triebwerk(e) Zahl/Typ/Leistung	Art[1]
201	Leduc 022-01	1x	SNECMA „Atar 101D-3“	
	R. Leduc		21,6 kN (2200 kp)	ATL
		1x	Leduc Stato-Réacteur	
			64,0 kN (6500 kp)	SS
211	Nord 1500-02 „Griffon II“	1x	SNECMA „Atar 101E-3“	
	C. Flamant, J. Galtier, E. Sänger		34,3 kN (3500 kp)	ATL
		1x	Nord Stato-Réacteur	
			68,0 kN (7000 kp)	SS
221	SNCASO SO.9000-01	1x	SEPR 481	
	„Trident I“		44,1 kN (4500 kp)	FLR
	L. Servanty	2x	Dassault MD.30/ASV.5 „Viper“	
		2x	7,3 kN (745 kp)	ATL
222	SNCASO SO.9050-001	1x	SEPR 631	
	„Trident II“		29,4 kN (3000 kp)	FLR
	Servanty	2x	Dassault MD.30/ASV.5 „Viper“	
		2x	7,8 kN (800 kp)	ATL
223	SNCASO SO.9050-006	1x	SEPR 631	
	„Trident II“		29,4 kN (3000 kp)	FLR
	Servanty	2x	Turbomeca „Gabizo“	
		2x	10,8 kN (1100 kp)	ATL

Japan (J)

251	Mitsubishi J8M1 „Shusui“ (Ki-200)	1x	Ro-2 (KR10)	
	O. Tokahashi		14,7 kN (1500 kp)	FLR

[1] ATL = Axialluftstrahlturbine
FLR = Flüssigkeitsraketentriebwerk
PTL = Propellerturbine
(P = Propellerblattzahl
pro Triebwerk
RTL = Radialluftstrahlturbine
SS = Staustrahltriebwerk

[2] Flügelstreckung
(D x D: F)
Δ = Deltaflügel

[3] Flügelvorderkante

[4] MD, SD, TF = Mittel-, Schulter-, Tiefdecker
1, 2, 3L = 1, 2, 3 Seitenleitwerke
TL, YL, +L = T-, Y-, Kreuzleitwerk
1, 2, 3R = 1, 2, 3-Radfahrwerk (starr)
(1, 2, 3R) = 1, 2, 3 Radfahrwerk (einziehbar)
1, 2, 3K = 1, 2, 3 Kufen (starr)
(1, 2, 3K) = 1, 2, 3 Kufen (einziehbar)

Spann-weite m	Länge m	Flügel-fläche qm	Flügel-streckung[2]	Pfeilung[3]	Flug-gewicht kg	Leistungs-verhältnis kp/kg PS/kg	Flächen-belastung kg/qm	Konfigu-ration[4]		
9,95	18,21	22,10	4,5	32°	8 975	0,24 0,72	409	MD	1L	(3R)
8,10	14,54	32,00	2,0	57°	6 725	0,52 1,04	210	TD	1L	(3R)
7,57	14,37	16,58	3,5	0°	5 100	1,17	308	MD	YL	(3R)
6,98	12,70	14,50	3,3	0°	5 150	0,89	355	MD	YL	(3R)
6,98	13,00	14,50	3,3	0°	5 700	0,91	393	MD	YL	(3R)
9,50	6,05	17,73	5,1	27°	3 900	0,38	220	MD	1L	(K)

United Kingdom (UK)

No.	Flugzeug Konstrukteur(e)	Triebwerk(e) Zahl/Typ/Leistung	Art[1]
301	A V Roe Avro 720 (F.137D) S. D. Davis	1x DH „Screamer" 35,6 kN (3630 kp) 1x ASV.5 „Viper 5" 7,8 kN (800 kp)	FLR ATL
302	A V Roe Avro 730 (RB.156D) Davis	8x ASP.176 8x ? kN (? kp)	ATL + NB
306	Bristol 188 (ER 134) E. A. Russell, W. J. Strang	2x DH BS.50/DGJ.10R „Gyron Junior" 2x 62,2 kN (6350 kp)	ATL + NB
311	de Havilland DH.100 (E.6/41) „Spider Crab" G. de Havilland, R. E. Bishop	1x Halford H-1A 11,1 kN (1135 kp)	RTL
312	de Havilland DH.100 „Vampire F.1" de Havilland, Bishop	1x DH DGn.1 „Goblin 1" 12,0 kN (1225 kp)	RTL
313	de Havilland DH.108 „Swallow" (E.18/45) de Havilland, Bishop	1x DH DGn.3 „Goblin 3" 14,7 kN (1500 kp)	RTL
316	English Electric P.1A (E.10/47) W. E. W. Petter, F. W. Page	2x AS ASSa.5a „Sapphire 5A" 2x 36,0 kN (3675 kp)	ATL + NB
321	Fairey F.D.2 „Delta 2" (ER 103) C. H. Chaplin, G. W. Hall, Appleton	1x Rolls-Royce AJ.69/RA.5 „Avon 5" 53,4 kN (5440 kp)	ATL
331	Gloster G.41E „Meteor III" (III/IV) W. G. Carter	2x Rolls-Royce B.37/RD.7 „Derwent 5" 2x 15,6 kN (1590 kp)	RTL
332	Gloster G.41F „Meteor IV" (Star Meteor) Carter	2x Rolls-Royce B.37/RD.7 „Derwent 5" 2x 19,4 kN (1950 kp)	RTL
341	Hawker P.1067 „Hunter F.3" (F.3/48) S. Camm	1x Rolls-Royce AJ.65/RA.7R „Avon 7R" 43,0 kN (4354 kp)	ATL + NB
342	Hawker P.1081 Camm	1x Rolls-Royce RB.41/RN.2 „Nene 2" 22,2 kN (2270 kp)	RTL
343	Hawker P.1083 Camm	1x Rolls-Royce AJ.65/RA.19R „Avon 19R" 55,6 kN (5670 kp)	ATL + NB
344	Hawker P.1121 Camm	1x Bristol-Siddeley B.01.21R „Olympus 1" 129,0 kN (13150 kp)	ATL + NB
351	Miles M.52 (E.24/43) G. Miles, D. L. Brown	1x Power Jets W.2/700 17,8 kN (1815 kp)	RTL
361	Saunders-Roe SR.53 (F.124T, 138D) M. J. Brennan, R. Stratton	1x DH D.Spe.5A „Spectre 5A" 35,6 kN (3630 kp) 1x ASV.8 „Viper 8" 7,3 kN (745 kp)	FLR ATL
362	Saunders-Roe SR.177 (SR.54) (F.177D) Brennan, Stratton	1x DH D.Spe.5A „Spectre 5A" 44,5 kN (4540 kp) 1x DH BS.50/DGJ.10-1 „Gyron Junior" 62,3 kN (6350 kp)	FLR ATL
371	Supermarine 545 J. Smith	1x Rolls-Royce AJ.65/RA.14R „Avon 14R" 64,5 kN (6580 kp)	ATL + NB
372	Supermarine 546 „Swift F.4" (E.41/46) Smith	1x Rolls-Royce AJ.65/RA.7R „Avon 7R" 43,0 kN (4354 kp)	ATL + NB

Erklärung der Anmerkungsziffern siehe Deutschland, Frankreich, Japan, USA oder USSR.

Spann-weite m	Länge m	Flügel-fläche qm	Flügel-streckung[2]	Pfeilung[3]	Flug-gewicht kg	Leistungs-verhältnis kp/kg PS/kg	Flächen-belastung kg/qm	Konfigu-ration[4]
8,32	13,18	33,44	2,1	60° 62°	7 910	0,56	238	MD 1L (3R)
20,00	48,46	195,00	2,0	43° 63°	100 000		513	SD 1L (3R)
10,69	21,64	30,79	3,1	0° 38°	17 010	0,75	462	MD TL (3R)
12,19	9,37	24,71	6,0	10°	3 853	0,29	156	MD 2L (3R)
12,19	9,37	24,71	6,0	10°	3 905	0,31	158	MD 2L (3R)
11,89	7,47	30,47	4,6	43°	4 064	0,37	133	MD 1L (3R)
10,62	14,70	42,60	2,6	60°	12 700	0,58	298	MD 1L (3R)
8,18	15,93	33,44	2,0 Δ	60°	6 078	0,90	182	MD 1L (3R)
13,11	12,60	34,74	4,9	3° 12°	6 300	0,50	181	TD 1L (3R)
13,11	12,60	34,74	4,9	3° 12°	6 385	0,61	184	TD 1L (3R)
10,26	13,98	31,59	3,3	43°	7 350	0,59	233	MD 1L (3R)
9,60	11,37	23,97	3,8	40°	6 568	0,35	274	MD 1L (3R)
10,46	13,98	33,26	3,3	50°	8 030	0,71	241	MD 1L (3R)
11,28	20,27	44,03	2,9	40°	16 780	0,78	381	MD 1L (3R)
8,23	10,21	13,14	5,2	10°	3 720	0,49	283	MD 1L (2R)
7,65	13,72	25,45	2,3	43°	8 350	0,43	328	MD 1L (3R)
8,25	15,39	30,38	2,2	41°	11 700	0,93	385	MD 1L (3R)
11,89	14,33	35,30	4,0	50° 40° 30°	9 140	0,72	259	TD 1L (3R)
9,85	12,63	29,79	3,3	50° 40°	8 965	0,49	301	TD 1L (3R)

United States of America (USA)

No.	Flugzeug Konstrukteur(e)	Triebwerk(e) Zahl/Typ/Leistung	Art[1]
401	Bell 44 XS-1 (X-1) (MX-524) (MX-653) R. J. Woods, S. Smith	1x RMI XLR-11-RM-3 (6000C4) 26,7 kN (2720 kp)	FLR
402	Bell 52 X-2 (XS-2, MX-743) Smith, P. Emmons	1x Curtiss-Wright CW 343 XLR-25-CW-11-3 66,7 kN (6800 kp)	FLR
403	Bell 58 X-1A (MX-984) Smith, R. Frost	1x RMI XLR-11-RM-5 (E6000D4) 26,7 kN (2720 kp)	FLR
406	Convair 4 XB-58 „Hustler" (MX-1964) J. Irvine, A. Burstein, R. H. Shick	4x General Electric YJ79-GE-1 4x 64,5 kN (6580 kp)	ATL + NB
407	Convair 8-24 F-106A „Delta Dart" Irvine, Burstein, Shick	1x Pratt & Whitney J75-P-17 10,9 kN (11115 kp)	ATL + NB
411	Douglas D-499D X-3 „Stiletto" (MX-656) F. N. Fleming, H. Luskin, Burton	2x Westinghouse J34-WE-17 2x 21,6 kN (2200 kp)	ATL + NB
412	Douglas D-558-1 „Skystreak" E. H. Heinemann, L. Devlin, R. Donovan	1x Allison J35-A-11 17,8 kN (1815 kp)	ATL
413	Douglas D-558-2 „Skyrocket" Heinemann, Devlin, Donovan	1x RMI XLR8-RM-5 26,7 kN (2720 kp)	FLR
414	Douglas D-558-2 „Skyrocket" Heinemann, Devlin, Donovan	1x Westinghouse J34-WE-40 13,3 kN (1360 kp) 1x RMI LR8-RM-6 26,7 kN (2720 kp)	ATL FLR
415	Douglas D-571 XF4D-1 „Skyray" Heinemann, Devlin, Donovan, C. S. Kennedy	1x Westinghouse YJ40-WE-8 51,5 kN (5260 kp)	ATL + NB
421	Grumman G-98J F11F-1F „Super Tiger" J. Gavin	1x General Electric J79-GE-3A 66,6 kN (6800 kp)	ATL + NB
431	Lockheed L-140 XP-80 (MX-409) C. L. Johnson, W. P. Ralston, R. Palmer	1x de Havilland H.1B „Goblin 1" 11,0 kN (1116 kp)	RTL
432	Lockheed L-141 XP-80A (MX-409A) Johnson, Ralston, Palmer	1x General Electric I-40 J33-GE 18,0 kN (1815 kp)	RTL
433	Lockheed 80 P-80A-1 „Shooting Star" Johnson, Ralston, Palmer	1x General Electric J33-GE-11 17,1 kN (1746 kp) (24,0 kN/2450 kp)	RTL
434	Lockheed 80 XP-80R Johnson, Ralston, Palmer	1x Allison 400 J33-A-17 17,8 kN (1815 kp)	RTL
435	Lockheed 80 P-80R (Racey) Johnson, Ralston, Palmer	1x Allison 400 J33-A-23 20,4 kN (2090 kp)	RTL
436	Lockheed 83 XF-104 (WS-303A) Johnson, Ralston	1x Wright XJ65-W-3 46,7 kN (4765 kp)	ATL + NB
437	Lockheed 183 YF-104A „Starfighter" Johnson, Ralston	1x General Electric YJ79-GE-3 65,8 kN (6715 kp)	ATL + NB
438	Lockheed 183 YF-104A „Starfighter" Johnson, Ralston	1x General Electric J79-GE-3A 66,6 kN (6800 kp)	ATL + NB

[1] ATL = Axialluftstrahlturbine
FLR = Flüssigkeitsraketentriebwerk
PTL = Propellerturbine
(P = Propellerblattzahl pro Triebwerk
RTL = Radialluftstrahlturbine
SS = Staustrahltriebwerk

[2] Flügelstreckung
(D x D: F)
Δ = Deltaflügel

[3] Flügelvorderkante

[4] MD, SD, TF = Mittel-, Schulter-, Tiefdecker
1, 2, 3L = 1, 2, 3 Seitenleitwerke
TL, YL, +L = T-, Y-, Kreuzleitwerk
1, 2, 3R = 1, 2, 3-Radfahrwerk (starr)
(1, 2, 3R) = 1, 2, 3 Radfahrwerk (einziehbar)
1, 2, 3K = 1, 2, 3 Kufen (starr)
(1, 2, 3K) = 1, 2, 3 Kufen (einziehbar)

Spann-weite m	Länge m	Flügel-fläche qm	Flügel-streckung[2]	Pfeilung[3]	Flug-gewicht kg	Leistungs-verhältnis kp/kg PS/kg	Flächen-belastung kg/qm	Konfigu-ration[4]		
8,53	9,42	12,08	6,0	5°	5 557	0,49	460	MD	1L	(3R)
9,83	13,84	24,19	4,0	43°	11 300	0,60	467	TD	1L	(1R/ 2K)
8,53	10,87	12,08	6,0	5°	7 778	0,35	644	MD	1L	(3R)
17,32	29,50	143,30	2,1 Δ	60°	36 900	0,71	257	TD	1L	(3R)
11,67	21,66	64,83	2,1 Δ	61°	15 875	0,70	245	TD	1L	(3R)
6,92	20,35	15,47	3,1	23°	10 814	0,41	699	MD	1L	(3R)
7,62	10,88	13,94	4,2	2°	4 584	0,40	329	TD	1L	(3R)
7,62	13,79	16,25	3,6	38°	6 925	0,59	426	MD	1L	(3R)
7,62	13,79	16,25	3,6	38°	6 996	0,39	430	MD	1L	(3R)
10,21	13,84	51,75	2,0 Δ	58°	10 270	0,51	198	MD	1L	(3R)
9,64	14,30	23,22	4,0	57° 38°	10 718	0,63	462	MD	1L	(3R)
11,28	10,00	22,59	5,7	9°	3 910	0,29	175	TD	1L	(3R)
11,89	10,52	22,07	6,4	30° 8°	4 355	0,42	197	TD	1L	(3R)
11,84	10,52	22,07	6,4	30° 8°	5 216	0,33	236	TD	1L	(3R)
11,28	10,49	25,17	5,1	10°	5 400	0,34	215	TD	1L	(3R)
11,28	10,49	25,17	5,1	10°	5 427	0,38	216	TD	1L	(3R)
6,63	14,99	18,22	2,4	28°	7 120	0,67	391	MD	TL	(3R)
6,63	16,66	18,22	2,4	28°	8 159	0,82	448	MD	TL	(3R)
6,63	16,66	18,22	2,4	28°	7 856	0,87	431	MD	TL	(3R)

No.	Flugzeug Konstrukteur(e)	Triebwerk(e) Zahl	Typ/Leistung	Art[1]
439	Lockheed 683 F-104RB „Starfighter" (Red Baron) Johnson, Ralston, Greenamyer	1x	General Electric J79-GE-10 mod 80,0 kN (8165 kp)	ATL + NB
440	Lockheed CL-400-10 („Suntan") Johnson, B. Rich	2x 2x	Pratt & Whitney 304-2 43,0 kN (4385 kp)	ATL/SS
441	Lockheed A-12 („Oxcart") „Cygnus" Johnson, Rich	2x 2x	Pratt & Whitney J11D-20B J58-P 151,3 kN (15420 kp)	ATL/SS
442	Lockheed AF-12 YF-12A Johnson, Rich	2x 2x	Pratt & Whitney J58-P 144,5 kN (14740 kp)	ATL/SS
443	Lockheed R-12 SR-71A „Blackbird" Johnson, Rich	2x 2x	Pratt & Whitney J58-P 151,3 kN (15420 kp)	ATL/SS
444	Lockheed „Aurora" (?)	2x 2x	? 180 kN (18400 kp) (?)	SS ?
451	McDonnell 36 W F-101A-5 „Voodoo" D. S. Lewis, E. M. Flesh	2x 2x	Pratt & Whitney J57-P-13 64,4 kN (6575 kp)	ATL + NB
452	McDonnell 98YF4H-1 H. D. Barkey, Lewis, D. Freeburg	2x 2x	General Electric J79-GE-8 75,6 kN (7710 kp)	ATL + NB + PCC
461	North American NA-151 P-86A-1 „Sabre" Atwood, Greene, R. Rice, E. Schmued	1x	General Electric J47-GE-1 21,6 kN (2200 kp)	ATL
462	North American NA-165 F-86D-20 „Sabre" Atwood, Greene, Rice, Schmued	1x	General Electric J47-GE-17 33,4 kN (3400 kp)	ATL + NB
463	North American NA-173 F-86D-35 „Sabre" Atwood, Greene, Rice, Schmued	1x	General Electric J47-GE-33 34,0 kN (3470 kp)	ATL + NB
464	North American NA-180 YF-100A „Super Sabre" Rice, Schmued	1x	Pratt & Whitney XJ57-P-7 58,7 kN (5990 kp)	ATL + NB
465	North American NA-212 YF-107A Rice, Schmued	1x	Pratt & Whitney YJ75-P-7 104,6 kN (10660 kp)	ATL + NB
466	North American NA-214 F-100C-1 „Super Sabre" Rice, Schmued	1x	Pratt & Whitney J57-P-21 75,6 kN (7710 kp)	ATL + NB
467	North American NA-240 X-15 (Project 1226) H. Storms, C. Feltz	2x 2x	RMI XLR11-RM-5 (6000C4) 35,6 kN (3630 kp)	FLR
468	North American NA-240 X-15 Storms, Feltz	1x	RMI XLR99-RM-2 253,4 kN (25855 kp)	FLR
469	North American NA-240 X-15A-2 Storms, Feltz	1x	RMI XLR99-RM-2 253,4 kN (25855 kp)	FLR
470	North American NA-259 XB-70A „Valkyrie" (WS-110) Storms, Feltz, R. Schleicher	6x 6x	General Electric YJ93-GE-3 138,0 kN (14060 kp)	ATL + NB

[1] ATL = Axialluftstrahlturbine
FLR = Flüssigkeitsraketentriebwerk
PTL = Propellerturbine
(P = Propellerblattzahl pro Triebwerk
RTL = Radialluftstrahlturbine
SS = Staustrahltriebwerk

[2] Flügelstreckung
(D x D: F)
Δ = Deltaflügel

[3] Flügelvorderkante

[4] MD, SD, TF = Mittel-, Schulter-, Tiefdecker
1, 2, 3L = 1, 2, 3 Seitenleitwerke
TL, YL, +L = T-, Y-, Kreuzleitwerk
1, 2, 3R = 1, 2, 3-Radfahrwerk (starr)
(1, 2, 3R) = 1, 2, 3 Radfahrwerk (einziehbar)
1, 2, 3K = 1, 2, 3 Kufen (starr)
(1, 2, 3K) = 1, 2, 3 Kufen (einziehbar)

Spannweite m	Länge m	Flügelfläche qm	Flügelstreckung[2]	Pfeilung[3]	Fluggewicht kg	Leistungsverhältnis kp/kg PS/kg	Flächenbelastung kg/qm	Konfiguration[4]		
6,63	16,68	18,22	2,4	28°	6 500	1,26	357	MD	TL	(3R)
25,53	50,24	223,00	2,4	30°	31 732	0,28	142	MD	TL	(4R)
16,94	31,17	166,76	1,7 △	53°	54 430	0,57	326	MD	2L	(3R)
16,94	32,07	166,76	1,7 △	53°	57 600	0,51	345	MD	2L	(3R)
16,94	32,72	166,76	1,7 △	53°	78 000	0,40	468	MD	2L	(3R)
20 ?	29 ?	300 ?	1,3 ? △	75° ?	65 000 ?	0,57 ?	216 ?	TD ?	2L ?	(3R) ?
12,09	20,54	34,19	4,3	43°	19 050	0,69	557	MD	1L	(3R)
11,71	17,77	49,24	2,8	50° 53°	18 150 20 865	0,85 0,74	369 424	TD	YL	(3R)
11,31	11,44	25,45	5,0	37°	6 220	0,35	244	TD	1L	(3R)
11,31	12,27	26,75	4,8	37°	7 350	0,45	281	TD	1L	(3R)
11,31	12,27	26,75	4,8	37°	7 238	0,48	258	TD	1L	(3R)
11,16	13,78	34,93	3,6	48°	9 980	0,60	286	TD	1L	(3R)
11,15	18,53	34,93	3,6	48°	16 853	0,63	482	TD	1L	(3R)
11,82	14,36	35,78	3,9	48°	12 513	0,62	350	TD	1L	(3R)
6,81	15,19	18,58	2,5	38°	14 186	0,51	764	MD	+L	(1R/2K)
6,81	15,32	18,58	2,5	38°	15 105	1,71	813	MD	+L	(1R/2K)
6,81	15,98	18,58	2,5	38°	25 460	1,02	1370	MD	+L	(1R/2K)
32,00	59,74	585,00	1,75 △	65°	205 000	0,41	350	MD	2L	(3R)

No.	Flugzeug Konstrukteur(e)	Triebwerk(e) Zahl/Typ/Leistung	Art[1]
481	Republic AP-23 XP-84 „Thunderjet“ A. Kartveli	1x General Electric J35-GE-7 16,7 kN (1700 kp)	ATL
482	Republic AP-31 XF-91 „Thunderceptor“ Kartveli, R. G. Bowman, O'Donnell	1x General Electric J47-GE-9 26,9 kN (3020 kp) 1x RMI XLR11-RM-9 26,7 kN (2720 kp)	ATL FLR
483	Republic AP-57 XF-103 (MX-1554) Kartveli, Bowman, O'Donnell	1x Wright YJ67-W-3 93,3 kN (10025 kp) 1x Wright RJ55-W-1 166,0 kN (16965 kp)	ATL SS
491	Vought V-383 XF8U-1 „Crusader“ J. R. Clark, L. G. Joseph	1x Pratt & Whitney J57-P-4 58,7 kN (5990 kp)	ATL + NB
492	Vought V-383 F8U-1 „Crusader“ Clark, Joseph	1x Pratt & Whitney J57-P-12 72,1 kN (7350 kp)	ATL + NB
493	Vought V-401 XF8U-3 „Crusader III“ Clark, Joseph	1x Pratt & Whitney YJ75-P-6 131,2 kN (13380 kp)	ATL + NB + PCC

[1] ATL = Axialluftstrahlturbine
FLR = Flüssigkeitsraketentriebwerk
PTL = Propellerturbine
(P = Propellerblattzahl pro Triebwerk
RTL = Radialluftstrahlturbine
SS = Staustrahltriebwerk

[2] Flügelstreckung
(D x D: F)
Δ = Deltaflügel

[3] Flügelvorderkante

[4] MD, SD, TF = Mittel-, Schulter-, Tiefdecker
1, 2, 3L = 1, 2, 3 Seitenleitwerke
TL, YL, +L = T-, Y-, Kreuzleitwerk
1, 2, 3R = 1, 2, 3-Radfahrwerk (starr)
(1, 2, 3R) = 1, 2, 3 Radfahrwerk (einziehbar)
1, 2, 3K = 1, 2, 3 Kufen (starr)
(1, 2, 3K) = 1, 2, 3 Kufen (einziehbar)

Spannweite m	Länge m	Flügelfläche qm	Flügelstreckung[2]	Pfeilung[3]	Fluggewicht kg	Leistungsverhältnis kp/kg PS/kg	Flächenbelastung kg/qm	Konfiguration[4]		
11,23	11,40	24,15	5,2	4 °	5 985	0,28	248	MD	1L	(3R)
9,52	16,26	29,73	3,0	35 °	8 165	0,70	275	MD	+L	(3R)
10,91	24,00	37,25	3,2 Δ	55 °	16 000	1,69	429	MD	1L	(3R)
10,87	16,54	34,84	3,4	48 ° 50 °	9 980	0,60	286	SD	1L	(3R)
10,87	16,59	34,84	3,4	48 ° 50 °	10 730	0,68	308	SD	1L	(3R)
12,17	17,88	41,80	3,5	48 ° 50 °	14 660	0,91	351	SD	1L	(3R)

UdSSR

No.	Flugzeug Konstrukteur(e)	Triebwerk(e) Zahl/Typ/Leistung	Art[1]
501	Beresnjak-Isajew BI-1 A. J. Beresnjak, A. M. Isajew	1x Duschkin D-1A-1100 10,8 kN (1100 kp)	FLR
502	Beresnjak-Isajew BI-7 Beresnjak, Isajew	1x Duschkin RD-1 10,8 kN (1100 kp)	FLR
506	DFS-Beresnjak „346 D" F. Kracht, H. Rössing, Beresnjak	1x Walter Sh RD 109-510 36,7 kN (3740 kp)	FLR
507	Bisnowat „5-2" Matus Bisnowat	1x Gluschko/Duschkin RD-2M-3WF 15,8 kN (1610 kp)	FLR
511	Cybin RSR Pawel W. Cybin	2x Solowjow D-21 2x 49,0 kN (5000 kp)	T/SS
521	Jakowlew Jak-3RD A. S. Jakowlew	1x Klimow WK-105PF-2 910 kW (1240 PS) 1x Duschkin RD-1ChS 2,9 kN (300 kp)	V12 FLR
522	Jakowlew Jak-50 Jakowlew	1x Klimow WK-1 26,5 kN (2700 kp)	RTL
523	Jakowlew Jak-1000 Jakowlew	1x RD-500 15,9 kN (1620 kp)	RTL ATL
531	Lawotschkin La-7R S. A. Lawotschkin	1x Schwetzow ASch-82FN 1360 kW (1850 PS) 1x Duschkin RD-1 2,9 kN (300 kp)	S14 FLR
532	Lawotschkin La-120R Lawotschkin	1x Schwetzow ASch-82FN 1360 kW (1850 PS) 1x Duschkin RD-1ChS 2,9 kN (300 kp)	S14 FLR
533	Lawotschkin La-160 „Strelka" Lawotschkin	1x Merkulew RD-10F 13,2 kN (1350 kp)	ATL + NB
534	Lawotschkin La-168 Lawotschkin	1x Rolls-Royce RN.1 „Nene 1" 22,2 kN (2270 kp)	RTL
535	Lawotschkin La-176 Lawotschkin	1x Klimow WK-1 26,5 kN (2700 kp)	RTL
536	Lawotschkin La-190 Lawotschkin	1x Ljulka AL-5 49,0 kN (5000 kp)	ATL
541	Mikojan N-2 (I-250) A. I. Mikojan, M. I. Gurjewitsch, A. G. Brunow	1x Klimow WK-107A 1214 kW (1650 PS) 1x Cholschtschewnikow WRDK 995 kW (1350 PS)	V12 ATL
542	Mikojan Sh-2 (I-270) Mikojan, Gurjewitsch, Brunow	1x Gluschko/Duschkin RD-2M-3W 14,2 kN (1450 kp)	FLR

[1] ATL = Axialluftstrahlturbine
FLR = Flüssigkeitsraketentriebwerk
PTL = Propellerturbine (P = Propellerblattzahl pro Triebwerk
RTL = Radialluftstrahlturbine
SS = Staustrahltriebwerk

[2] Flügelstreckung (D x D: F)
Δ = Deltaflügel

[3] Flügelvorderkante

[4] MD, SD, TF = Mittel-, Schulter-, Tiefdecker
1, 2, 3L = 1, 2, 3 Seitenleitwerke
TL, YL, +L = T-, Y-, Kreuzleitwerk
1, 2, 3R = 1, 2, 3-Radfahrwerk (starr)
(1, 2, 3R) = 1, 2, 3 Radfahrwerk (einziehbar)
1, 2, 3K = 1, 2, 3 Kufen (starr)
(1, 2, 3K) = 1, 2, 3 Kufen (einziehbar)

Spann- weite m	Länge m	Flügel- fläche qm	Flügel- streckung[2]	Pfeilung[3]	Flug- gewicht kg	Leistungs- verhältnis kp/kg PS/kg	Flächen- belastung kg/qm	Konfigu- ration[4]		
6,48	6,40	7,00	6,0	3 °	1 650	0,67	236	TD	3L	(2R)
6,60	6,93			3 °	1 800	0,61		TD	3L	(2R)
9,00	13,45	20,00	4,0	48 °	5 230	0,72	262	MD	TL	(3K)
6,60	11,20			46 °				MD	1L	(1K)
10,36	28,00	58,40	1,8	58 °	21 000	0,48	360	MD	1L	(4R)
9,20	8,80	14,85	5,7	9 °	2 980		201	TD	1L	(2R)
8,00	11,18	16,00	4,0	45 °	4 100	0,66	256	MD	1L	(4R)
4,52	11,69	12,00	1,7 Δ	57 °				MD	1L	(4R)
9,80	8,75	17,59	5,5	10 ° 6 °	3 500		199	TD	1L	(2R)
9,80	8,75	17,59	5,5	10 ° 6 °	3 470		197	TD	1L	(2R)
8,95	10,07	15,90	5,0	35 °	4 060	0,33	255	MD	1L	(3R)
9,50	10,56	18,08	5,0	37 °	4 412	0,51	244	SD	1L	(3R)
8,59	10,97	18,25	4,0	45 °	4 637	0,58	254	SD	1L	(3R)
9,90	16,35	38,93	2,5	55 °	9 257	0,54	238	MD	1L	(3R)
9,50	8,18	15,00	6,0	6 °	3 930	0,76	262	TD	1L	(2R)
7,75	8,91	12,00	5,0	6 °	4 120	0,35	343	MD	1L	(3R)

No.	Flugzeug Konstrukteur(e)	Triebwerk(e) Zahl/Typ/Leistung	Art[1]
543	Mikojan SI-2 (I-330) Mikojan, Gurjewitsch, Brunow	1x Klimow WK-1 26,5 kN (2700 kp)	RTL
544	Mikojan M (I-350) Mikojan, Gurjewitsch, Brunow	1x Ljulka TR-3A (AL-5) 51,0 kN (5200 kp)	ATL
545	Mikojan SM-9/1 Mikojan, Gurjewitsch, Brunow	2x Mikulin AM-9B 2x 31,8 kN (3250 kp)	ATL + NB
546	Mikojan I-1 (I-370) Mikojan, Gurjewitsch, Brunow	1x Klimow WK-7 K-338 61,4 kN (6270 kp)	ATL + NB
547	Mikojan E-5 (I-500) Mikojan, Brunow, Beljakow	1x Mikulin AM-11 50,0 kN (5100 kp)	ATL + NB
548	Mikojan E-6/3 (E-66) Mikojan, Brunow, Beljakow	1x Mikulin R-11F-300 56,2 kN (5740 kp)	ATL + NB
549	Mikojan E-50-2 Mikojan, Brunow, Beljakow	1x Mikulin AM-9E 37,2 kN (3800 kp) 1x Duschkin S-155 12,7 kN (1300 kp)	ATL FLR
550	Mikojan E-150 Mikojan, Brunow, Beljakow	1x Mikulin/Tumanskij R-15-300 99,5 kN (10150 kp) (194,0 kN/19800 kp: Ejektor)	ATL + NB
551	Mikojan E-152A Mikojan, Brunow, Beljakow	2x Mikulin R-11F-300 2x 56,2 kN (5740 kp)	ATL + NB
552	Mikojan E-152-1 (E-166) Mikojan, Brunow, Beljakow	1x Mikulin/Tumanskij R-15-300 100,0 kN (10210 kp) (194,0 kN/19800 kp: Ejektor)	ATL + NB
553	Mikojan E-155P-1 (E-266) Mikojan, Gurjewitsch, Beljakow	2x Mikulin/Tumanskij R-15B-300 2x 100,0 kN (10210 kp)	ATL + NB
554	Mikojan E-155R-1 (E-266) Mikojan, Beljakow, Matjuk	2x Mikulin/Tumanskij R-15B-300 2x 100,0 kN (10210 kp)	ATL + NB
561	Suchoj I-107 (Su-5) P. O. Suchoj	1x Klimow WK-107A 1215 kW (1650 PS) 1x Cholschtschewnikow WRDK 995 kW (1350 PS)	V12 ATL
562	Suchoj R (Su-17) Suchoj	1x Ljulka TR-3 45,0 kN (4600 kp)	ATL
563	Suchoj S-1 Suchoj, J. E. Iwanow, E. S. Felsner	1x Ljulka AL-7F 93,1 kN (9500 kp)	ATL + NB
564	Suchoj, S-1M Suchoj, Iwanow, Felsner	1x Ljulka AL-7F-1 96,0 kN (9810 kp)	ATL + NB
565	Suchoj T-37 Suchoj, Iwanow, Felsner	1x Mikulin/Tumanskij R-15-300 99,5 kN (10150 kp) (194,0 kN/19800 kp)	ATL + NB
566	Suchoj T-4 (Su-100) N. Tschernjakow, W. Agejew, W. Jakowlew	4x Koljesow/Rybinsk RD-36-41 4x 157,0 kN (16000 kp)	ATL + NB

[1] ATL = Axialluftstrahlturbine
FLR = Flüssigkeitsraketentriebwerk
PTL = Propellerturbine
(P = Propellerblattzahl pro Triebwerk
RTL = Radialluftstrahlturbine
SS = Staustrahltriebwerk

[2] Flügelstreckung
(D x D: F)
Δ = Deltaflügel

[3] Flügelvorderkante

[4] MD, SD, TF = Mittel-, Schulter-, Tiefdecker
1, 2, 3L = 1, 2, 3 Seitenleitwerke
TL, YL, +L = T-, Y-, Kreuzleitwerk
1, 2, 3R = 1, 2, 3-Radfahrwerk (starr)
(1, 2, 3R) = 1, 2, 3 Radfahrwerk (einziehbar)
1, 2, 3K = 1, 2, 3 Kufen (starr)
(1, 2, 3K) = 1, 2, 3 Kufen (einziehbar)

Spann-weite m	Länge m	Flügel-fläche qm	Flügel-streckung[2]	Pfeilung[3]	Flug-gewicht kg	Leistungs-verhältnis kp/kg PS/kg	Flächen-belastung kg/qm	Konfigu-ration[4]		
9,63	11,26	22,64	4,1	49 ° 45 °	5 200	0,52	230	MD	1L	(3R)
9,73	16,65	36,00	2,6	60 °	8 000	0,65	222	MD	1L	(3R)
9,00	12,54	25,00	3,2	57 °	7 560	0,86	302	MD	1L	(3R)
9,00	12,70	25,00	3,2	57 °	7 030	0,89	281	MD	1L	(3R)
7,75	12,86	23,15	2,6 △	57 °	4 443	1,15	192	MD	1L	(3R)
7,15	13,46	23,00	2,2 △	57 °	6 850	0,84	298	MD	1L	(3R)
8,11	13,70	21,00	3,1	58 °	8 500	0,60	405	MD	1L	(3R)
8,49	18,14	34,62	2,1 △	60 °	10 175	1,00 (1,95)	294	MD	1L	(3R)
8,49	19,00	34,02	2,1 △	60 °	12 500	0,90	367	MD	1L	(3R)
8,79	19,66	40,02	1,9 △	54 °	14 350	0,71 (1,38)	359	MD	1L	(3R)
14,02	19,75	61,40	3,2	42 ° 41 °	34 920	0,58	569	SD	2L	(3R)
13,42	21,55	61,40	2,9	42 ° 41 °	37 000	0,55	603	SD	2L	(3R)
10,56	8,51	17,00	6,6	17 ° 5 °	3 804	0,67	224	TD	1L	(2R)
9,95	15,25	27,50	3,6	50 °	7 390	0,62	269	MD	1L	(3R)
8,93	15,90	27,60	2,9	65 °	9 423	1,00	341	MD	1L	(3R)
8,93	15,90	27,60	2,9	65 °	10 000	0,95	362	MD	1L	(3R)
8,65	18,30	34,00	2,2 △	58 °	10 750	0,94 (1,84)	316	TD	1L	(3R)
22,00	44,50	295,70	1,6 △	60 ° 78 °	114 000	0,56	386	TD	1L	(3R)

Danksagung

Besonders gedankt sei an dieser Stelle Herrn Heinz O. Göhring, Hamburg, für die durchaus kritische, doch hochwillkommene Durchsicht des Manuskripts.

Darüber hinaus haben mir die folgenden Privatpersonen, Firmen und Institutionen in dankenswerter Weise bei der Beschaffung von Informationen, Fotografien und Zeichnungen geholfen:

- ☐ Aerospatiale (F)
- ☐ Bell Aerospace Textron (USA)
- ☐ British Aerospace (UK)
- ☐ N A Eastaway & R J Ruffle, Russian Aviation Research Trust (UK)
- ☐ Harry Gann, Douglas Aircraft Company (USA)
- ☐ General Dynamics Corporation (USA)
- ☐ Dr. Volker Koos (Rostock)
- ☐ Lockheed-California Company (USA)
- ☐ McDonnell Douglas Corporation (USA)
- ☐ Vaclav Némecek (CR)
- ☐ Rockwell International Corporation (USA)
- ☐ Peter Stache und Mathias Gründer, Fliegerrevue (Berlin)
- ☐ Mike Stanton (UK)
- ☐ United States Air Force (USA)
- ☐ Vickers PLC (UK)
- ☐ Steven J Zaloga (USA)

Literaturverzeichnis

Es sind nur solche Publikationen aufgeführt, die ausschließlich oder überwiegend Flugzeug-Geschwindigkeitsrekorde behandeln.

Barker, Ralph: The Schneider Trophy Races. Chatto & Windus (UK) 1971

Berliner, Don: Victory over the Wind. Van Nostrand Reinhold (USA) 1983

Bowman, Martin W.: The World's Fastest Aircraft. Stephens (UK) 1990

Bridgeman, William: The Lonely Sky. Cassell (UK) 1956

Coggi, Igino: MC 72 & Coppa Schneider. Tatangelo (I) 1984

Crossfield, A. Scott: Always Another Dawn. Hodder & Stoughton (UK) 1961

Everest, Frank: The Fastest Man Alive. Bantam (USA) 1958/1990

Eyermann, K.-H.: Testpiloten, MiGs, Weltrekorde. D. Militärverlag 1969

Foxworth, Thomas G.: The Speed Seekers. Macdonald & Jane's (UK) 1974

Fradeani, Valfredo: Storia di un Primato. Mursia (I) 1976

Friedlander, Mark P.: Higher, Faster, Further. Morrow (USA) 1973

Guenther, Ben, etc: Bell X-1 Variants. Aerofax (USA) 1988

Guenther, Ben, etc: North American X-15/X-15A-2. Aerofax (USA) 1985

Gunston, Bill, etc: Guinness Book of Speed. Guinness (UK) 1984

Gunston, Bill: Faster Than Sound. Stephens (UK) 1992

Hallion, Richard P.: Designers and Test Pilots. Time-Life (USA) 1982

Heimann, Erich H.: Um die Wette mit dem Schall. Schwann 1969

Heimann, Erich H.: Die schnellsten Flugzeuge der Welt. Motorbuch 1978

James, Derek N.: Schneider Trophy Aircraft 1913-1931. Putnam (UK) 1981

Käsmann, Ferdinand C. W.: Weltrekordflugzeuge. Oldenbourg 1989

Käsmann, Ferdinand C. W.: World Speed Record Aircraft. Putnam (UK) 1990

Kinert, Reed: Racing Planes and Air Races. Aero (USA) 1967-1978

Lissarague, Pierre: The Race for Speed. 14th ICAS Congress (F) 1984

Miller, Jay: The X-Planes: X-1 to X-31. Aerofax (USA) 1988

Mondey, David: The Schneider Trophy. Hale (UK) 1975

Némecek, Vaclav: Nejrychlejsi Letadla Svéta. L&K (CR) 1992/93

Norden, Adalbert: Weltrekord, Weltrekord. Drei Masken 1940

Sweetman, Bill: High Speed Flight. Jane's (UK) 1983

Taylor, John W. R., etc: Record-Breaking Aircraft. Jane's (UK) 1978

Wragg, David W.: Speed in the Air. Osprey (UK) 1974

Yeager, Charles: Yeager — An Autobiography. Bantam (USA) 1985

Ziegler, Mano: Kampf um Mach 1. Ehapa 1965